"十二五""十三五"国家重点图书出版规划项目

China South-to-North Water Diversion Project

中国南水北调工程

● 文物保护卷

《中国南水北调工程》编纂委员会 编著

中国水利水电出版社
www.waterpub.com.cn
·北京·

内容提要

本书为《中国南水北调工程》丛书的第八卷，真实记录了南水北调中、东线一期工程文物保护工作，全面回顾文物保护工作历程，详细记述文物保护工作主要成果，系统总结文物保护工作经验，主要内容包括南水北调工程文物保护工作的管理体制和制度建设、规划及论证过程、实施情况及成果概述、学术成果综述、总体评价等。

本书内容翔实，图文并茂，为人们系统了解南水北调工程文物保护的工作全貌、突出成果、独特经验等提供全面 、准确、翔实的资料参考，也为大型建设工程如何做好文物保护工作提供了不可多得的经验借鉴。

图书在版编目（CIP）数据

中国南水北调工程. 文物保护卷 / 《中国南水北调工程》编纂委员会编著. — 北京：中国水利水电出版社，2018.11
ISBN 978-7-5170-7109-9

Ⅰ. ①中… Ⅱ. ①中… Ⅲ. ①南水北调—水利工程—文物保护 Ⅳ. ①TV68②K87

中国版本图书馆CIP数据核字 (2018) 第249146号

书　　名	中国南水北调工程　文物保护卷 ZHONGGUO NANSHUIBEIDIAO GONGCHENG WENWU BAOHU JUAN
作　　者	《中国南水北调工程》编纂委员会　编著
出版发行	中国水利水电出版社 (北京市海淀区玉渊潭南路1号D座　100038) 网址: www.waterpub.com.cn E-mail: sales@waterpub.com.cn 电话: (010) 68367658 (营销中心)
经　　售	北京科水图书销售中心 (零售) 电话: (010) 88383994、63202643、68545874 全国各地新华书店和相关出版物销售网点
排　　版	中国水利水电出版社装帧出版部
印　　刷	北京中科印刷有限公司
规　　格	210mm×285mm　16开本　31.25印张　776千字
版　　次	2018年11月第1版　2018年11月第1次印刷
印　　数	0001—3000册
定　　价	360.00元

◆《文物保护卷》编纂工作人员

主　　编：关　强

副 主 编：陈曦川　王宝恩

参编单位：国家文物局

　　　　　北京市文物局

　　　　　河北省文物局

　　　　　河南省文物局

　　　　　湖北省文物局

　　　　　山东省文物局

　　　　　江苏省文物局

　　　　　中国文物信息咨询中心

审稿专家：乔　梁　付清远

水是生命之源、生产之要、生态之基。中国水资源时空分布不均，南多北少，与社会生产力布局不相匹配，已成为中国经济社会可持续发展的突出瓶颈。1952年10月，毛泽东同志提出"南方水多，北方水少，如有可能，借点水来也是可以的"伟大设想。自此以后，在党中央、国务院领导的关怀下，广大科技工作者经过长达半个世纪的反复比选和科学论证，形成了南水北调工程总体规划，并经国务院正式批复同意。

南水北调工程通过东线、中线、西线三条调水线路，与长江、黄河、淮河和海河四大江河，构成水资源"四横三纵、南北调配、东西互济"的总体布局。南水北调工程总体规划调水总规模为448亿 m^3，其中东线148亿 m^3、中线130亿 m^3、西线170亿 m^3。工程将根据实际情况分期实施，供水面积145万 km^2，受益人口4.38亿人。

南水北调工程是当今世界上最宏伟的跨流域调水工程，是解决中国北方地区水资源短缺，优化水资源配置，改善生态环境的重大战略举措，是保障中国经济社会和生态协调可持续发展的特大型基础设施。它的实施，对缓解中国北方水资源短缺局面，推动经济结构战略性调整，改善生态环境，提高人民生产生活水平，促进地区经济社会协调和可持续发展，不断增强综合国力，具有极为重要的作用。

2002年12月27日，南水北调工程开工建设，中华民族的跨世纪梦想终于付诸实施。来自全国各地1000多家参建单位铺展在长近3000km的工地现场，艰苦奋战，用智慧和汗水攻克一个又一个世界级难关。有关部门和沿线七省市干部群众全力保障工程推进，四十余万移民征迁群众舍家为国，为调水梦的实现，作出了卓越的贡献。

经过十几年的奋战，东、中线一期工程分别于2013年11月、2014年12月如期实现通水目标，造福于沿线人民，社会反响良好。为此，中共中央总书记、国家主席、中央军委主席习近平作出重要指示，强调南水北调工程是实现我国水资源优化配置、促进经济社会可持续发展、保障和改善民生的重大战略性基础设施。经过几十万建设大军的艰苦奋斗，南水北调工程实现了中线一期工程正式通水，标志着东、中线一期工程建设目标全面实现。这是我国改革开放和社会主义现代化建设的一件大事，成果来之不易。习近平对工程建设取得的成就表示祝贺，向全体建设者和为工程建设作出贡献的广大干部群众表示慰问。习近平指出，南水北调工程功在当代，利在千秋。希望继续坚持先节水后调水、先治污后通水、先环保后用水的原则，加强运行管理，深化水质保护，强抓节约用水，保障移民发展，做好后续工程筹划，使之不断造福民族、造福人民。

中共中央政治局常委、国务院总理李克强作出重要批示，指出南水北调是造福当代、泽被后人的民生民心工程。中线工程正式通水，是有关部门和沿线省市全力推进、二十余万建设大军艰苦奋战、四十余万移民舍家为国的成果。李克强向广大工程建设者、广大移民和沿线干部群众表示感谢，希望继续精心组织、科学管理，确保工程安全平稳运行，移民安稳致富。充分发挥工程综合效益，惠及亿万群众，为经济社会发展提供有力支撑。

中共中央政治局常委、国务院副总理、国务院南水北调工程建设委员会主任张高丽就贯彻落实习近平重要指示和李克强批示作出部署，要求有关部门和地方按照中央部署，扎实做好工程建设、管理、环保、节水、移民等各项工作，确保工程运行安全高效、水质稳定达标。

南水北调工程从提出设想到如期通水，凝聚了几代中央领导集体的心血，集中了几代科学家和工程技术人员的智慧，得益于中央各部门、沿线各级党委、政府和广大人民群众的理解和支持。

南水北调东、中线一期工程建成通水，取得了良好的社会效益、经济效益和生态效益，在规划设计、建设管理、征地移民、环保治污、文物保护等方面积累了很多成功经验，在工程管理体制、关键技术研究等方面取得了重要突破。这些成果不仅在国内被采用，对国外工程建设同样具有重要的借鉴作用。

为全面、系统、准确地反映南水北调工程建设全貌，国务院南水北调工程建设委员会办公室自 2012 年启动《中国南水北调工程》丛书的编纂工作。丛书以南水北调工程建设、技术、管理资料为依据，由相关司分工负责，组织项目法人、科研院校、参建单位的专家、学者、技术人员对资料进行收集、整理、加工和提炼，并补充完善相关的理论依据和实践成果，分门别类进行编纂，形成南水北调工程总结性全书，为中国工程建设乃至国际跨流域调水留下宝贵的参考资料和可借鉴的成果。

国务院南水北调工程建设委员会办公室高度重视《中国南水北调工程》丛书的编纂工作。自 2012 年正式启动以来，组成了以机关各司、相关部委司局、系统内各单位为成员单位的编纂委员会，确定了全书的编纂方案、实施方案，成立了专家组和分卷编纂机构，明确了相关工作要求。各卷参编单位攻坚克难，在完成日常业务工作的同时，克服重重困难，对丛书编纂工作给予支持。各卷编写人员和有关专家兢兢业业、无私奉献、埋头著述，保证了丛书的编纂质量和出版进度，并力求全面展现南水北调工程的成果和特点。编委会办公室和各卷编纂工作人员上下沟通，多方协调，充分发挥了桥梁和纽带作用。经中国水利水电出版社申请，丛书被列为国家"十二五""十三五"重点图书。

在全体编纂人员及审稿专家的共同努力下，经过多年的不懈努力，《中国南水北调工程》丛书终于得以面世。《中国南水北调工程》丛书是全面总结南水北调工程建设经验和成果的重要文献，其编纂是南水北调事业的一件大事，不仅对南水北调工程技术人员有阅读参考价值，而且有助于社会各界对南水北调工程的了解和研究。

希望《中国南水北调工程》丛书的编纂出版，为南水北调工程建设者和关心南水北调工程的读者提供全面、准确、权威的信息媒介，相信会对南水北调的建设、运行、生产、管理、科研等工作有所帮助。

南水北调工程是为优化我国水资源配置、缓解北方地区严重缺水问题、保障我国经济社会全面协调和可持续发展而实施的一项具有重大战略意义的特大型工程，是直接关系到国家经济发展和人民生活水平提高的重要基本建设项目。南水北调工程涉及中国古代文化、文明的核心地区，其中线干渠线路和东线大运河段连接着夏商文化、荆楚文化、燕赵文化、齐鲁文化等中国历史上重要的文化区域，其文物工作的影响范围之大、涉及文物遗存内涵之丰富远超之前的其他建设工程。根据南水北调东、中线一期工程文物保护专题报告，该工程共涉及文物点710处（中线609处、东线101处），包括多处全国重点文物保护单位，价值重大。

南水北调东、中线一期工程文物保护工作得到党中央、国务院的高度重视。党和国家领导同志曾多次对南水北调工程文物保护工作做出专门批示。国务院南水北调办、水利部、国家发展改革委和国家文物局通力合作，积极协调，及时确立了文物保护先行的思路，成立南水北调工程文物保护工作协调小组，先后召开5次协调会议，研究、协调和解决南水北调文物保护工作中的重大问题。经协调小组协商决定，将保护工作量大、保护方案复杂、对南水北调东、中线一期工程建设工期构成制约的少数文物保护项目列为"控制性项目"，在南水北调一期工程总体可研批复前先行实施。南水北调东、中线一期工程共实施了三批文物保护"控制性项目"，既确保了文物安全，又保证了建设工程的顺利实施。

为保障工作的顺利开展，国家文物局联合国务院南水北调办印发了《南水北调东、中线一期工程文物保护管理办法》和《南水北调工程建设文物保护资金管理办法》，这是我国第一次针对工程建设文物保护工作制定的专门的规章制度，具有重要意义。此外，国家文物局组织编制完成的《南水北调中线一期工程文物保护规划》和《南水北调东线一期工程文物调查及保护专题报告》，成为南水北调东、中线一期工程文物保护工作的实施依据。南水北调东、中线一期工程沿线各省文物部门都成立了专门的南水北调文物保护办公室，根据各省实际情况，制定出台一系列的具有针对性的规章制度，统筹做好项目管理，有效确保了文物保护工作的顺利开展。

2003年6月，国家文物局、水利部联合印发《关于做好南水北调东、中线工程文物保护工作的通知》。2005年11月16日，国家文物局在郑州市召开南水北调工程文物保护工作动员大会，动员全国具有考古发掘团体领队资质的文物考古专业研究单位和高等院校，全力支持南水北调工程文物保护工作。自此，南水北调工程的文物保护工作全面展开。至 2012 年年底，文物保护项目的田野阶段全部完成，陆续进入后期室内整理和报告出版阶段。中国社会科学院考古研究所、中国科学院古脊椎动物与古人类研究所、全国各省（直辖市、自治区）的考古科研单位和设置考古专业的高等院校等共计 60 余家，专业人员共计 8000 余人全面参与南水北调工程文物保护工作，共搬迁地面文物 47 处，完成考古勘探 1575 万 m²，考古发掘 168 万 m²，其中新发现文物点 74 处，考古发掘和课题研究成果丰硕。

据统计，河南鹤壁刘庄遗址、河南安阳固岸北朝墓地、河南荥阳关帝庙遗址、河南荥阳娘娘寨遗址、河南新郑胡庄墓地、河南新郑唐户遗址、河北磁县东魏元祐墓、山东高青陈庄西周城址、山东寿光双王城盐业遗址等 9 个南水北调考古项目，陆续入选当年度的"全国十大考古新发现"。河南新郑胡庄墓地、河南新郑唐户遗址、河南荥阳关帝庙遗址、河南淅川沟湾遗址、湖北郧县辽瓦店子遗址等 5 个项目还荣获了当时的国家文物局田野考古奖。在课题研究方面，山东寿光双王城库区的盐业考古研究，被列为国家文物局"指南针计划"专项试点研究"早期盐业资源的开发与利用"的子课题和教育部重大项目"鲁北沿海地区先秦盐业考古研究"课题。河北省文物研究所启动了先商文化遗存的分布及其与周边地区先商时期文化遗存比较研究课题。湖北省文物局启动 14 项科研课题，内容涉及多学科、多领域。

南水北调东、中线一期工程文物保护工作的实施，充分体现了党中央、国务院、各有关部门及相关地方人民政府对文物保护工作的高度重视和大力支持，也充分体现了南水北调工程是一项名副其实的文明工程。在今天贯彻落实习近平新时代中国特色社会主义思想，推动社会主义文化繁荣发展，不断增强国民文化自信的新时期和新形势下，编撰《文物保护卷》，既是对南水北调工程文物保护工作进行忠实记录，也是为社会贡献一份绵薄之力。

《文物保护卷》真实记录南水北调中、东线一期工程文物保护工作，全面回顾文物保护工作历程，详细记述文物保护工作的主要成果，系统总结文物保护工作经验，主要内容包括南水北调工程文物保护工作的管理体制和制度建设、规划及论证过程、实施情况及成果概述、学术成果综述、总体评价等。该卷内容翔实，图文并茂，为人们系统了解南水北调工程文物保护的工作全貌、突出成果、独特经验等方面提供了全面、准确、翔实的资料参考，也为大型工程建设做好文物保护工作提供了不可多得的经验借鉴。

《文物保护卷》编撰工作始于 2012 年，得到了相关部门的大力支持。在国务院南水北调办和国家文物局的精心组织下，北京市文物局、河北省文物局、河南省文物局、湖北省文物局、山东省文物局、江苏省文物局积极配合，协助提供了大量的文字、图片和档案资料，中国文物信息咨询中心安排专人负责全书的整理、统稿、校核等工作。在此，向以上单位和同志一并表示感谢。

鉴于南水北调文物保护工作时间跨度较长，有些资料难以查齐，加之认识水平及总结能力有限，不足之处难免存在，欢迎大家批评指正。

目 录

第一章　文物保护是南水北调工程的重要组成部分

第一节　南水北调文物保护工作的背景

南水北调工程是优化中国水资源配置、保障中国经济社会全面协调和可持续发展的具有重大战略意义的工程。根据国务院批准的《南水北调工程总体规划》，南水北调工程分别在长江下游、中游、上游规划三个调水区，形成东线、中线、西线三条调水线路，与长江、淮河、黄河、海河相互连接，构成中国水资源"四横三纵、南北调配、东西互济"的总体格局。

南水北调东线工程将利用江苏省已建的江水北调工程，逐步扩大调水规模并延长输水线路。从长江下游扬州附近抽引长江水，利用京杭大运河及与其平行的河道逐级提水北送，并连通起调蓄作用的洪泽湖、骆马湖、南四湖、东平湖。出东平湖后分两路输水：一路向北，在位山附近经隧洞穿过黄河，经扩挖现有河道进入南运河，自流到天津；另一路向东，通过胶东地区输水干线经济南输水到烟台、威海。东线工程调水规模148亿 m^3，主要供水范围是黄淮海平原东部和胶东地区，达18万 km^2。主要供水目标，是解决津浦铁路沿线和胶东地区的城市缺水以及苏北地区的农业缺水，补充鲁西南、鲁北和河北东南部部分农业用水以及天津市的部分城市用水。东线工程除调水北送外，还兼有防洪、除涝、航运等综合效益，亦有利于中国重要历史遗产京杭大运河的保护。规划分三期实施。

南水北调中线工程从长江支流汉江丹江口水库陶岔渠首闸引水，沿线开挖渠道，经唐白河流域西部过长江流域与淮河流域的分水岭方城垭口，沿黄淮海平原西部边缘，在郑州以西孤柏嘴穿过黄河，沿京广铁路西侧北上，可基本自流到北京、天津，调水规模130亿 m^3，受水区范围15万 km^2。供水范围主要包括唐白河平原和黄淮海平原的中西部，供水区总面积约15.5万 m^2，因为汉江引水量有限，不能满足规划供水区的需水量要求，只能以提供京、津、冀、豫、鄂5省（直辖市）的城市生活和工业用水为主，兼顾部分地区的农业及其他用水。规划分两期实施。

西线工程是在长江上游通天河、支流雅砻江和大渡河上游筑坝建库，开凿穿过长江与黄河分水岭巴颜喀拉山的输水隧洞，调长江水入黄河上游。总体规划阶段，集中研究从通天河、雅砻江、大渡河三条河的引水方案，据初步研究结果，从这三条河最大的引水量约 170 亿 m³，其中包括通天河 80 亿 m³，雅砻江、大渡河干流 50 亿 m³，雅砻江、大渡河支流 40 亿 m³，供水范围为青海、甘肃、陕西、山西、宁夏、内蒙古 6 省（自治区）。规划分三期实施。

根据工程建设目标，决定先期实施南水北调东线一期、中线一期工程。东线一期工程：主要利用江苏省江水北调现有工程，扩大至抽江规模 600m³/s，过黄河 100m³/s，向山东半岛供水 50m³/s。向京沪铁路沿线和胶东片城市补充水量，改善苏北、鲁西南农业用水条件。工程包括江苏段和山东段，全长 1467km。山东段工程由南四湖至东平湖工程、穿黄河工程、鲁北段工程和胶东调水连接段组成。

中线一期工程：由水源工程、输水工程（即中线总干渠）和汉江中下游治理工程组成。中线工程水源地——丹江口水库大坝加高 14.6m，坝顶高程 176.6m，正常蓄水位从 157m 提高至 170m，相应库容达到 290.5 亿 m³，相应淹没影响面积 1052km²，新增淹没影响面积 307km²。中线总干渠为新开渠道，工程从加坝扩容后的陶岔渠首闸引水，沿线开挖渠道，经唐白河流域西部过长江流域与淮河流域的分水岭方城垭口，沿黄淮海平原西部边缘，在郑州以西孤柏嘴穿过黄河，沿太行山脉东麓北上，可基本自流到北京、天津，总干渠全线 1432m，流经河南、河北、天津、北京 4 省（直辖市）。汉江中下游治理工程由引江济汉工程、兴隆水利枢纽工程、河道整治以及闸站改造工程组成。其中引江济汉工程为新开渠道，工程从长江荆江河段引水到汉江兴隆河段，地跨荆州、荆门两地级市所辖的荆州区和沙洋县，以及省直管市潜江市，贯穿湖北省江汉平原腹地，渠线总长 67.23km。

东线一期工程于 2002 年 12 月 27 日开工建设，2013 年实现通水；中线一期工程于 2003 年 12 月 30 日开工建设，2014 年实现通水。

第二节　南水北调工程文物保护的重要性和必要性

南水北调工程涉及中国古代文化、文明的核心地区，其中线干渠线路经过的山前地带和东线大运河段连接着夏商文化、荆楚文化、燕赵文化、齐鲁文化等中国历史上重要的文化区域，是我国古代文化遗存分布非常密集的地区，其文物价值和意义非常重大。丹江口水库及其周边是古人类起源与演化的重要区域，自古便是长江流域通往关中的要道，也是我国古代南北、东西文化的交汇地，大量的文献记载和考古发掘成果表明这一地区的文物非常丰富和重要。在这片土地上，留存了大量地下、地面文物，其中包括郧县人、淅川龙城古城、下寺楚国贵族墓葬群和丹江口武当山古建筑群等一批特别珍贵的文化遗产。在丹江口水库淹没线下的遇真宫是武当山道教建筑群的九宫之一，永乐十六年（1418 年）明成祖朱棣敕建。现有保存完好的宫门、"八"字形壁墙、宫墙、龙虎殿、东西配殿和廊庑、东西宫门，保存了明初的建筑格局，是明代建筑艺术的杰作。1994 年遇真宫作为武当山古建筑群的一部分，被列入世界文化遗产名录。此外丹江口大坝加高还将影响到郧阳府学宫、浪河老街、郧县小西关传统民居等一批具有特色的地面文物。

东线工程涉及的大运河是世界上最长的人工河，它和长城并列为我国古代的两大工程奇迹。大运河是沟通海河、黄河、淮河、长江、钱塘江五大水系的南北大动脉，对中国的统一和经济、文化交流起了重大作用。大运河南北纵贯数千里，修建历史上千年，不仅是中华民族的珍贵文化财富和人类共同的历史遗产，而且直到今天仍发挥着重要作用。运河及其相关遗迹的历史文化内涵相当丰富，有运河河道、码头、船闸、桥梁，运河两岸的官仓、会馆、商栈、茶楼、酒肆和旅舍等，是中国古代文明的重要载体，对于研究我国古代的水利史、漕运史、经济史、工程技术史、交通史等都具有重要的意义。

南水北调工程中的文物保护工作是工程的重要组成部分，做好南水北调工程文物保护工作对于保护我国的历史文化遗产、确保南水北调工程的顺利实施具有十分重要的意义。具体来讲，南水北调工程文物保护工作的重要意义体现在以下几个方面：首先，文物保护工作是南水北调工程的重要组成部分。做好工程中的文物保护工作对于抢救保护我国的历史文化遗产、确保南水北调工程的顺利实施具有深远的历史意义和重要的现实意义。其次，南水北调工程文物保护工作是国家依法行政，保护历史文化遗产的伟大实践，也是贯彻文物工作方针，宣传和普及《中华人民共和国文物保护法》的重要机遇。最后，因南水北调工程建设而进行的大规模、多学科、高层次的文物抢救会战，既是对我国考古和文物保护总体水平的检验，也是向公众全面展示文物考古事业辉煌成就的一次很好的机会。这次文物抢救会战必将大大促进我们文物保护事业的发展和整体水平的提高。

第二章　南水北调文物保护工作的管理体制和制度建设

　　南水北调中、东线一期工程文物保护工作得到党中央、国务院的高度重视，胡锦涛等多位党和国家领导人曾多次专门作出批示，要求切实加强工程所涉及文物的保护工作，确保文物安全。国务院南水北调办、国家文物局、水利部、国家发展和改革委员会（简称"国家发展改革委"）等部门和南水北调中、东线一期工程沿线各省（直辖市）党委、政府遵照"保护为主，抢救第一；重点发掘，重点保护"的基本原则，积极发挥主观能动性，通力合作、创新管理，通过确立一系列行之有效的议事制度和法规制度等，切实保障了南水北调中、东线一期工程文物保护工作的顺利实施，取得显著成绩。

第一节　国家层面的管理体制和制度建设

一、国家层面主管部门的管理体制

　　南水北调中、东线一期工程文物保护工作作为工程建设的重要组成部分，在国务院南水北调建设工程委员会的总体领导下，涉及国家文物局、国务院南水北调工程建设委员会办公室、水利部和国家发展和改革委员会等四部门。为确保各项工作的顺利开展，2004 年 5 月，国家文物局会同国务院南水北调工程建设委员会办公室、水利部和国家发展改革委成立了文物保护工作协调小组。协调小组由国家文物局牵头，办公室设在国家文物局文物保护与考古司（时称"文物保护司"），采取不定期召开会议的方式，主要是对南水北调工程中文物保护的重大问题进行协商研究。协调小组自成立以来，先后召开 5 次专题会议，就南水北调中、东线一期工程文物保护工作中所涉及的前期考古调查、专项报告编制、控制性项目审批、专项法规制定重大议题进行讨论并形成相关决议，极大地推动了南水北调中、东线一期工程文物保护工作的顺利开展。

　　与此同时，国家文物局、国务院南水北调办、国家发展改革委、水利部始终保持密切沟通，通过联合调研、集中会商、联合发文等方式对南水北调中、东线一期工程文物工作作出指导。比如，2003年6月，国家文物局、水利部联合印发了《关于做好南水北调东、中线工程文物保护工作的通知》，强调了文物保护工作是南水北调工程的重要组成部分，对工程部门及时提供工程线路设计图纸、文物保护经费、施工中意外发现文物的保护等六个方面的问题提出了原则性的意见。同时，明确了正确处理工程建设与文物保护的关系，要求在东、中线一期工程规划设计时，工程线路尽量避开不可移动文物，如必须涉及不可移动文物的，应当按照有关规定，事先由工程建设管理单位按程序报批。工程管理部门要及时向省级文物行政部门提供准确的工程及辅助设施范围图，明确工程施工占地范围，为文物保护项目的实施合理预留实施时间，切实保证南水北调工程文物保护工作的顺利开展。2004年8月，水利部、国家文物局、国务院南水北调办组织召开南水北调工程文物保护专题报告编制工作会议，原则通过了《南水北调东线、中线一期工程文物保护专题报告编制大纲》。2005年5月，国家文物局会同水利部、国务院南水北调办、全国政协教科文卫委员会组成调研组，赴北京、河北、河南、湖北、江苏、山东、天津等省（直辖市），对南水北调中、东线工程沿线文物保护工作情况进行了专题调研。

此外，为加强南水北调中、东线一期工程文物工作，国家文物局于2004年专门组织成立了南水北调工程文物工作领导小组，由时任局长单霁翔同志任组长，时任分管副局长张柏同志任副组长，成员包括工程沿线7省（直辖市）（湖北、河南、河北、北京、江苏、山东和天津）文物局负责同志和国家文物局文物保护司负责同志。领导小组办公室设在文物保护司，日常工作由考古处承担。2005年11月，国家文物局在河南郑州召开南水北调工程文物保护工作动员大会，要求全国具有考古发掘团体领队资质的文物考古专业研究单位和高等院校，全力支援南水北调工程文物保护工作，最大限度地保护文物并支持南水北调工程的顺利施工。单霁翔局长在会上作了总动员，要求南水北调工程沿线各省、直辖市充分调集力量进行会战，以保证按时间、高质量地做好南水北调工程中的文物抢救保护工作，完成党中央、国务院和全国人民交给我们的光荣任务。他还要求各单位在开展南水北调工程文物保护工作时，一要切实做到统一思想，提高认识，抓紧工作，增强使命感、责任感和大局意识，以积极的态度投身南水北调工程文物抢救保护工作中。二要建章立制，规范程序，加强管理，认真总结开展基本建设中文物保护工作的成功经验。结合本次工作的实际，运用新的管理理念、新的运作模式，探索新形势下开展南水北调工程文物保护工作的新思路。三要树立课题意识，坚持质量第一，提高工作水平，在现有工作的基础上进一步加强横向联合，有计划地组织专业技术力量进行深层次的课题攻关，广泛开展专题和综合课题研究。四要加强防范，消除隐患，做好工地安全工作，进一步加强安全意识，提高防范能力，采取有效措施，消除各种隐患，确保工作人员和文物安全，坚决避免发生工地安全责任事故。五要把握大局，实事求是，做好南水北调工程文物保护的宣传工作，主动加强与新闻媒体的交流、沟通，实事求是地介绍情况，全面、客观、科学地报道南水北调工程文物保护工作，要加强正面报道，避免不负责任的炒作，使南水北调工程文物保护工作成为展现我国政府对历史负责的态度和保护文化遗产的坚强决心、展现我国文物保护工作者良好社会形象，宣传文物保护成绩的大舞台。

二、国家层面主管部门的制度建设

根据南水北调中、东线一期工程文物保护工作协调小组的决定，国家文物局组织编制了具有针对性的文物保护管理和资金管理法规。2008 年 3 月，国家文物局、国务院南水北调办联合印发了《南水北调东、中线一期工程文物保护管理办法》（文物保发〔2008〕8 号）和《南水北调工程建设文物保护资金管理办法》（文物保发〔2008〕10 号）。

《南水北调东、中线一期工程文物保护管理办法》对南水北调东、中线一期工程文物保护工作的责任主体、考古发掘程序、检查监督和监理等内容作出具体规定，对工程建设过程中发现文物的处理机制进行了明确，要求施工单位第一时间分别向省级文物行政部门和项目法人报告。尤其对以下内容作出了强调：①关于责任主体问题，明确了国家文物局、国务院南水北调工程建设委员会办公室、文物保护工作协调小组、沿线各省省级文物行政部门和征地移民部门的各自职责。②关于工作规范问题，再次强调了国家《考古发掘管理办法》《文物保护工程管理办法》和《关于加强基本建设工程中考古发掘工作的指导意见》的重要性，明确提出要坚持签订工作协议，不得转让项目，不得超范围多接项目要求，为确保工作质量奠定基础。③关于工作制度问题，强调了文物部门与征地移民部门以及项目法人之间的配合，明确提出要坚持监理制度，并对项目动态调整、项目验收、出土文物保存等问题作出详细规定。

《南水北调工程建设文物保护资金管理办法》明确提出文物保护资金管理遵循责权统一、计划管理、专款专用、包干使用的原则，并对包干协议的签订、项目资金调整、预备费和不可预见费的使用等方面作出具体规定。尤其明确了文物保护资金管理遵循责权统一、计划管理、专款专用、包干使用的原则，资金管理的责任主体为省级文物行政部门，由省级征地移民主管部门与省级文物行政部门签订文物保护投资包干协议，资金调整程序应由省级文物行政部门会同省级征地移民部门联合审批并报项目法人、国务院南水北调办、国家文物局备案，预备费和不可预见费按比例分类管理，包干结余资金可用于南水北调工程文物保护后续工作等，体现了对文物保护工作的重视，为文物保护工作的顺利开展奠定了基础。

第二节 省级层面的管理体制和制度建设

南水北调工程沿线各省（直辖市）党委、政府十分重视工程中的文物保护工作，纷纷成立协调机构，召开专题会议，对南水北调工程文物保护工作作出部署。沿线各省（直辖市）都成立了南水北调文物保护工作领导小组，下设办公室，专职负责南水北调文物保护抢救的日常管理工作。各省（直辖市）文物部门纷纷建章立制，规范文物保护工作，与本省（直辖市）相关部门联合下发了规范南水北调工程文物保护工作的相关规章制度，涵盖总体管理、项目监理、经费使用和考古发掘工作规范等多个方面。为适应工程的需要，各省文物部门均尝试出台了招投标、监理、检查、验收等各项制度，强化管理，深化了南水北调工程中文物保护的管理机制，并制定了一系列相关的管理办法。

一、南水北调中、东线一期工程沿线各省文物保护的管理体制

强有力的组织领导是做好南水北调中、东线一期工程文物保护工作的前提和基础。为做好相关工作，工程沿线各省（直辖市）文物部门纷纷成立了专门的领导小组，组建专门机构，指定相关专业技术单位牵头负责具体业务工作，并对相关市县文物部门提出明确的职责要求，极

大地保障了南水北调中、东线一期工程文物保护工作的有序推进。

北京市文物局成立了以局长为组长的北京市南水北调工程文物保护领导小组。北京市文物研究所成立专门的南水北调考古工作队，设立专门办公场所，成立专门队伍。

河北省文物局会同河北省南水北调办联合成立了河北省南水北调文物保护协调领导小组；还成立了由局长任组长，分管副局长任副组长，由省文物局相关处室领导、南水北调相关市文物行政主管部门领导、省直有关单位领导任成员的河北省南水北调文物保护工作领导小组，在河北省文物局内部专门设立了南水北调文物保护办公室。

河南省文物局成立了由局长任组长、分管副局长任副组长的南水北调中线工程（河南段，含库区）文物保护工作领导小组，设立了专门的南水北调文物保护办公室，指定河南省文物考古研究所、河南省古代建筑保护研究所作为牵头单位负责相关业务工作，并对相关地市的配合工作提出专门要求。

湖北省文化厅专门成立了"湖北省文物局南水北调中线文物保护工作领导小组"，下设办公室，配备专班专人负责文物保护工作，确定地市级文物行政管理部门为辖区南水北调工程文物保护工作的协调单位，县（市、区）级文物行政管理部门为协作单位；湖北省南水北调工程涉及地区各县（市、区）均成立了领导小组，县（市、区）文物行政管理部门作为当地领导小组成员单位，负责本辖区南水北调工程文物保护工作的协调、协作工作任务。

江苏省文化厅成立了"江苏省南水北调文物保护工作领导小组"和"南水北调东线工程江苏省文物保护规划组"。领导小组主抓南水北调东线工程江苏段文物抢救保护的实施管理，负责重大事项的决策和安排，及时处理工作中出现的困难和问题。领导小组下设办公室，承担计划安排、组织实施、资金管理、内部审计、对外协调等任务。

山东省文化厅组建了"南水北调工程文物保护工作领导小组"和"山东省文化厅配合重点工程考古办公室"，分别负责山东省南水北调工程文物保护工作的领导协调工作和总体工作计划制定、保护项目组织实施工作，指定山东省文物考古研究所、山东省文物科技保护中心作为牵头单位，分别负责地下和地上文物的调查、勘探、发掘与测绘、搬迁、复原，要求各相关市县的文物管理部门和业务单位分别与省属相关单位配合，负责本辖区的管理和业务工作。随后，为整合力量，加强管理，山东省文化厅合并改组成立"山东省文化厅南水北调工程文物保护领导小组"和"南水北调工程文物保护工作办公室"。

二、南水北调中、东线一期工程沿线各省文物保护的制度建设

建章立制，完善制度建设是做好文物保护工作的基础。为了加强对南水北调中、东线一期工程文物保护项目和资金的管理，工程沿线各省（直辖市）文物局根据工作实际情况，分别制定了专门的南水北调工程文物保护工作的规章制度，涵盖项目管理、经费管理、监理制度、验收程序、技术细则等多个方面，为各地南水北调工程文物保护管理工作奠定了基础。

北京市文物局制定了《南水北调考古工作队队内管理制度》《工地管理制度》《文物安全应急预案》等制度，并根据《田野考古工作规程》细化制定了《探方发掘记录要点》《灰坑发掘记录要点》《窑址发掘记录要点》《墓葬发掘记录要点》等技术规范，确保了南水北调工程北京段文物保护工作的科学性和规范性。

河北省文物局印发了《河北省南水北调中线干线建设工程文物保护管理暂行办法》《河北

省南水北调工程文物保护资金管理办法实施细则》《南水北调中线建设工程文物保护统筹经费使用管理办法》《河北省南水北调工程文物保护项目验收办法》《河北省南水北调工程文物保护项目考古发掘资料和出土文物移交办法》《河北省南水北调中线干线建设工程考古发掘项目监理试行办法》和《河北省南水北调中线干线建设工程考古发掘领队工作守则》等专项规章，并与河北省南水北调工程建设委员会办公室共同印发了《河北省南水北调工程文物保护应急预案》。

河南省文物局会同河南省移民办、河南省南水北调办联合印发了《河南省南水北调中线工程文物保护工作暂行管理办法》《河南省南水北调中线工程文物发掘项目经费拨付管理办法》《南水北调中线工程文物保护项目完工财务验收办法》等多项规定，为做好南水北调中线工程中的文物保护抢救工作提供了重要保障。

湖北省文物局会同湖北省移民局、湖北省南水北调办联合制定并下发了《湖北省南水北调中线工程文物保护管理暂行办法》，会同湖北省移民局共同印发了《湖北省南水北调中线工程丹江口水库文物保护经费使用管理办法》，会同湖北省南水北调工程管理局共同印发了《湖北省南水北调汉江中下游治理工程文物保护经费使用管理办法》，还先后出台了《湖北省南水北调中线工程文物保护安全管理办法》《湖北省南水北调中线工程文物保护档案管理办法》《湖北省南水北调中线工程文物保护宣传管理办法》《湖北省南水北调中线工程文物保护项目监理试行办法》《湖北省南水北调中线工程文物保护应急预案》《湖北省南水北调中线工程文物保护项目验收办法》等专项规章制度，为南水北调工程文物保护工作的规范开展奠定基础。

山东省文化厅南水北调文物保护办公室会同山东省南水北调工程建设管理局联合发布了《山东省南水北调工程文物保护工作暂行管理办法》，还出台了《山东省南水北调东线工程文物保护资金管理办法实施细则》《山东省南水北调工程文物保护监理工作暂行管理办法》《山东省文化厅南水北调文物保护工作办公室内部工作制度》《山东省文化厅南水北调文物保护项目管理规则》《山东省文化厅南水北调文物保护工作办公室内部财务管理制度》，制定了《山东省南水北调工程文物保护考古勘探发掘项目协议书》《山东省南水北调工程文物保护工作统筹经费比例的说明》《考古勘探与发掘项目成本核算要则》等专门的规范文件。

第三章 南水北调文物保护工作的规划及论证过程

第一节 南水北调文物保护早期工作

一、配合丹江口水库建设的考古和文物保护工作

为配合丹江口水库建设，1958 年 5 月至 1959 年 12 月，文化部、中国科学院考古研究所、长江流域规划办公室联合组建了"长江流域规划办公室考古队"，具体负责对库区范围的文物保护与考古发掘工作，调查发现了 100 多处古文化遗址、古墓葬。但由于历史的原因，限于当时的财力和认识水平，未系统开展文物保护工作，据不完全统计，只发掘了古遗址 23 处约 8800m²，古墓葬 15 处约 200 座，拆迁地面文物 11 处。

在这次文物抢救工作中，发掘了著名的李泰家族墓地、郧县青龙泉和大寺遗址、淅川下王岗遗址等，获得了一批丰富重要的实物资料，基本廓清了该地区历史文化发展的脉络。当时湖北省还在极其困难的条件下搬迁了位于原古均州城、被誉为武当山八宫之首的大型古建筑"净乐宫"的石质构件等一批地面建筑。

二、丹江口水库建成后到本次工程启动前的工作（2002 年 12 月 23 日之前）

1974 年丹江口水库蓄水以来，由于消落区地广人稀，居民多已外迁，交通极为不便，文物保护工作难度很大。库区经常有古遗址遭受破坏、古墓葬被冲毁或盗掘的事件发生，20 世纪 90 年代以后形势更为严重，发生了大规模的盗掘。国家文物局曾拨专款用于消落区文物的抢救发掘工作，获得非常重要的发现，并恢复了净乐宫大石牌坊。此外还积极和水利、计划等部门协调解决丹江口一期遗留的文物保护问题。水利部门原则同意将丹江口水库一期遗留问题纳入南水北调工程中。

为满足南水北调中线工程的建设需要，1994—1997 年，由长江水利委员会组织有关单位对

丹江口水库二期工程淹没区进行了一次较全面的文物考古调查。核实大坝加高涉及的文物点有287处，其中地上文物点38处，地下文物点189处，古脊椎动物与古人类化石地点60处。

三、工程开工建设后到系统文物调查开始前的工作（2003年6月16日前）

2002年6月，国家文物局组织召开南水北调工程文物保护协调会，南水北调工程沿线有关省（直辖市）文物行政主管部门及业务单位派员参加了会议。会议部署南水北调工程文物保护工作，要求各省（直辖市）在南水北调工程线路确定以后，由各省文物局组织进行一次详细的文物调查，将结果上报国家文物局；各省（直辖市）南水北调工程文物保护工作必须由省（直辖市）文物局组织实施。南水北调工程文物保护工作由此拉开了帷幕。

2002年6月，河北省文物局组织启动全省南水北调工程沿线文物调查工作，由河北省文物研究所组织实施，各市文物部门给予配合。调查历时半个多月，共发现文物遗存点150处，涉及磁县北朝墓群、临城山下邢窑遗址、燕南长城和赵王陵墓区4处全国重点文物保护单位；张柔墓、林村墓群、元氏常山郡故城、讲武城遗址等6处省级文物保护单位和何庄遗址、永年台口遗址、大赤土遗址等12处县级文物保护单位。2002年11月，《河北省南水北调中线工程文物保护规划（初稿）》编制完成，同时河北省文物局向河北省水利厅提出线路绕避全国重点文物保护单位和省级文物保护单位的意见。

第二节　南水北调工程沿线文物前期调查工作

2003年6月，在反复磋商的基础上，国家文物局、水利部联合印发《关于做好南水北调东、中线工程文物保护工作的通知》，明确指出南水北调工程中的文物保护工作是南水北调工作的重要组成部分；要求水利部淮河水利委员会和长江水利委员会通知工程沿线各省（直辖市）水利部门和南水北调工作机构及时向各省级文物行政部门提供准确的工程及辅助设施范围图，明确工程施工占地范围，并合理预留实施时间。针对工程建设与文物保护的冲突问题，通知要求，南水北调中、东线一期工程应尽量避开不可移动文物，如必须涉及不可移动文物的，应当按照有关规定，事先由工程建设管理单位按程序报批，涉及全国重点文物保护单位和省级文物保护单位的，应报国家文物局批准。通知还要求，各省级文物行政部门统一管理和协调各省（直辖市）南水北调工程中的文物保护工作，纳入部门年度计划，据此组织开展配合工程的文物保护和考古发掘工作，并根据已经完成的前期工作成果，对工程范围内的文物保护进行认真分析研究，确定需要补充调查或勘探的范围，在已有的南水北调前期工作和补充调查或勘探成果的基础上，拟定文物保护措施和方案，按程序报批后，尽快组织文物保护和考古发掘工作。由此，南水北调中、东线一期工程沿线各省（直辖市）纷纷开展系统的文物调查勘探工作，并编写完成分省（直辖市）的文物保护专题报告初稿，为今后文物保护专题报告的整合奠定了基础。

一、北京段文物调查

2005年7月，北京市文物研究所正式成立了南水北调考古工作队，严格按照《南水北调中线京石段应急供水工程（北京段）拆迁占地平面图》所提供的工程宽度，对南水北调中线一期工程北京段拒马河至大宁水库之间，管线所经过之地（无固定附着物）进行了全面的文物勘探。文物勘探工作至 2005 年 11 月底结束，共完成勘探总面积 272 万 m²。

二、河北段文物调查

2003 年 11—12 月，河北省文物研究所在 2002 年文物调查的基础上，组织专业人员分 6 组对南水北调工程沿线文物遗存再次进行复查，并对部分遗存进行了文物勘探和试掘工作。2004 年 3 月，河北省文物研究所在文物复查的基础上，编制了《河北省南水北调中线工程文物保护规划》。

三、河南段文物调查

（一）丹江口库区

2003 年 6 月至 2004 年 10 月，河南省文物考古研究所等单位配合长江水利委员会长江勘测规划设计研究院对淅川淹没区的地下、地面文物点进行了重点核查。双方对文物点采取现场与室内相结合的方式进行确定，其中现场确定文物点 33 处，室内确定文物点 100 处，共 133 处。在确定的 133 处文物点中，古文化遗址 34 处，古墓葬 87 处，地面文物 11 处。同时，中国科学院古脊椎动物与古人类研究所对淅川淹没区的古生物和古人类化石地点进行了核查，确定古生物和古人类化石地点 36 处。这次共确定各类文物点 169 处。在此基础上，河南省文物部门编制了《丹江口水利枢纽大坝加高工程水库淹没区河南省文物保护专题报告》。

该报告共确认文物点 169 处，建议普探面积 625.82 万 m²，重点勘探面积 85.61 万 m²，考古发掘面积 69.35 万 m²。总概算共计 46428.3149 万元。包括考古普探经费 876.1515 万元、重点勘探经费 1712.3 万元、遥感经费 311 万元、考古发掘经费 29242.0835 万元、地面文物投资经费 4139.1752 万元、库房建设经费 1270 万元、文物征集与保护经费 70 万元、其他费用 8807.6047 万元。报告送交长江水利委员会汇总并上报国务院南水北调办。

（二）南水北调中线工程总干渠

2003 年 9 月至 2004 年 11 月，由河南省文物考古研究所牵头，河南省工程沿线各地市县参与组成多支联合调查队，对干渠沿线进行实地调查、勘探，并会同河南省水利勘测设计院和长江勘测规划设计研究院的有关专家对干渠沿线文物点进行实地复查，共确定文物点 182 处。同年 12 月，完成了《南水北调中线工程河南省文物保护专题报告》。

初步核定普探的面积 12947557m²，重点钻探面积 1440515.73m²，考古发掘总面积 994426.4m²，投资概算 55210.17 万元。

四、湖北段文物调查

（一）丹江口库区

2004 年 2 月，湖北省文物局抽调 60 余名专业技术人员组成 10 多个文物复查组，在长江水利委员会 1997 年形成并经过专家论证的《南水北调中线工程丹江口水库淹没区文物调查报告》

成果的基础上，对原有文物点进行复查、对重点区域和地面民居类文物建筑等进行补充调查，并对重点遗址进行了勘探、试掘等工作。经调查复核并补充调查新发现的文物点，编制完成文物保护规划报告，共收入湖北省丹江口水库淹没区文物点 210 处，其中地下文物点 176 处、地面文物点 34 处。

（二）汉江中下游治理工程

2005 年 9 月，湖北省文物局委托湖北省文物考古研究所对兴隆水利枢纽工程涉及范围进行了文物调查，并编制完成文物保护规划基础报告，共涉及文物点 7 处。2006 年，湖北省文物局在组织开展全面考古调查勘探的基础上，编制完成了《南水北调中线引江济汉工程文物保护规划报告》，涉及文物保护项目 13 项。

第三节　南水北调中、东线一期工程文物保护规划

2004 年 5 月，南水北调工程文物保护工作协调小组在北京召开第一次会议，拉开了编制南水北调工程文物保护规划的序幕，要求编制南水北调工程文物保护专项报告，并且初步提出了编制时间、方式、内容等相关方面的要求。会议认为，南水北调工程文物保护专项报告的编制属于南水北调工程前期工作的一部分，由负责工程前期工作的国家行政主管部门统一安排，以省（直辖市）为单元，由各省（直辖市）负责南水北调工程前期工作的行政主管部门或责任单位组织省级文物行政部门会同水利工程设计单位共同编制，报南水北调中、东线工程技术总负责单位汇总。文物保护专项报告的主要内容是调查核实工程永久占地范围内的文物数量、评估文物价值、提出文物保护方案及投资估算。文物保护专项报告编制工作原则上应于 2004 年 10 月底以前完成，报告经南水北调工程协调小组讨论通过并经国家文物局同意后，纳入工程设计文件，按基建程序报批。

2004 年 8 月，国务院南水北调工程建设委员会办公室、国家文物局和水利部南水北调规划设计管理局在北京召开"南水北调东、中线一期工程文物保护专题报告工作会议"，对南水北调东、中线一期工程文物保护规划工作进行布置。

2004 年 8 月，水利部水利水电规划设计总院在北京召开"南水北调东、中线一期工程文物保护专题报告编制大纲审查会议"，通过了由长江勘测规划设计研究院、中水淮河工程有限责任公司和中国文物研究所共同编制的《南水北调东、中线一期工程文物保护专题报告工作大纲》。2004 年 9 月底，长江水利委员会召开专家工作组会议，讨论并通过了长江勘测规划设计研究院组织编写的《丹江口大坝加高工程水库淹没区文物保护专题报告编制细则》。该大纲和细则为文物保护专题报告的编制，提供了具体的依据和指导。

一、中线一期工程文物保护专题报告

（一）编制及论证过程

2004 年 12 月至 2005 年 1 月期间，南水北调中线工程沿线北京、河北、河南、湖北各省

（直辖市）在前期调查工作的基础上，编制完成了包括丹江口水库、总干渠输水工程以及汉江中下游治理工程在内的文物保护专题报告，并提交长江勘测规划设计研究院汇总，形成《南水北调中线一期工程文物保护专题报告》。2005年4月11—12日，水利部长江水利委员会邀请部分文物专家和水利专家，在武汉召开"南水北调中线一期工程文物保护专题报告专家咨询会"，就专题报告向专家咨询了意见，专家组肯定了专题报告中对于文物价值的评估、对于文物保护工作意义的认识以及对于文物保护措施的分类等成绩，并就淹没与占压文物实物指标的增删、文物保护措施的变更、地下文物勘探和发掘面积的删减以及文物保护经费的概算等提出了具体的意见，形成《南水北调中线一期工程文物保护专题报告专家咨询会咨询意见》。会后，相关部门根据咨询意见对《南水北调中线一期工程文物保护专题报告》进行了修改。

2005年8月10—12日，水利部水利水电规划设计总院受相关主管部门委托，组织文物、工程方面的专家在北京召开"南水北调中线一期工程文物保护专题报告审查会议"。会议成立了由文物、水利、移民、概算等方面13位专家组成的专家组，听取了报告编制汇总单位的汇报，对《南水北调中线一期工程文物保护专题报告（送审稿）》进行了审查，形成《〈南水北调中线一期工程文物保护专题报告（送审稿）〉审查会专家组评审意见》。评审专家在评审意见中认为，送审稿基本符合国家现行的法律、法规和规程规范，并具有较强的可操作性，经适当补充、修改和完善后，即可上报审批，并作为南水北调中线一期工程文物保护实施工作的依据。

2005年9月1日，南水北调中、东线一期工程文物保护工作协调小组在北京召开第四次会议。国家发展改革委农经司，水利部调水局，国务院南水北调办投资计划司、环境与移民司和国家文物局文物保护司的有关同志参加了会议，会议同意将丹江口库区157m水位以下的文物保护工作纳入《南水北调中线一期工程文物保护专题报告》，拟开展勘探、发掘的地下文物保护项目以定为A级、B级的古遗址、古墓葬为基础，排除其中长期淹没在水下、无法开展考古发掘工作的项目，补充C级文物中少量具有特别重要价值的古遗址、古墓葬。

综合专家评审意见以及协调小组第四次会议的意见对《南水北调中线一期工程文物保护专题报告》进行修改后，2005年12月，长江勘测规划设计研究院提出了《南水北调中线一期工程可行性研究总报告——文物保护规划》，后经国家文物局改定名称为《南水北调中线一期工程文物保护专题报告》。

（二）主要框架、原则及内容

《南水北调中线一期工程文物保护专题报告》是《南水北调中线一期工程可行性研究总报告》的附件四，共包括综述、规划依据、原则和标准、丹江口水库、输水工程、汉江中下游治理工程等5个章节。该报告回顾了报告编制的过程，对文物保护规划依据、规划原则、文物价值评估的依据和标准、文物保护费编制依据和标准、中线一期工程涉及区域文物基础资料等方面进行了说明。其主要框架、原则和内容如下。

1. 规划依据

《中华人民共和国文物保护法》；

《中华人民共和国建筑法》；

《中华人民共和国水法》；

《中华人民共和国文物保护法实施条例》；

《大中型水利水电工程建设征地补偿和移民安置条例》；

《南水北调工程建设征地土地补偿和移民安置暂行办法》；

《国家重点建设项目管理办法》；

《建设工程勘察设计管理条例》；

《田野考古工作规程》；

《考古发掘管理办法》；

《文物保护工程管理办法》；

《考古调查、勘探、发掘经费预算定额管理办法》；

《仿古建筑及园林工程预算定额》；

《水利工程设计概（估）算编制规定》；

《国务院关于南水北调工程总体规划的批复》（国函〔2002〕117 号）；

《关于做好南水北调东、中线文物保护工作的通知》；

《南水北调工程文物保护工作协调小组第一次会议纪要》；

《南水北调东、中线一期工程文物保护专题报告工作大纲（审定稿）》。

2. 规划原则

南水北调中线工程文物保护工作贯彻"保护为主、抢救第一、合理利用、加强管理"的方针。遵循"重点保护、重点发掘，既对基本建设有利，又对文物保护有利"的原则，尽可能采取各种措施把文物损失降到最小。要妥善处理好文物保护与工程建设、移民安置和社会经济发展的关系。

水库淹没区可以就地保护的地面文物尽可能采用加固措施或工程防护等保护方式，总干渠渠线应尽可能绕开避开文物，尤其是国家级或省级文物保护单位文物；渠线临时占地的开挖区应避开文物；移民安置区尽量避开地下文物分布区、保护好地面文物。

需要施行异地搬迁保护的地面文物，应严格遵守"不改变原状"的原则。

文物保护的过程是对文化遗产的认识过程，是科学研究的过程，加强文物保护的课题意识，有计划、有针对性地开展科学研究工作，积极探索把课题制引入总干渠渠线工程建设的文物保护工作中，与时俱进地引用新技术以增加文物保护的科技含量，提高文物保护工作的质量。

3. 文物实物指标及工作量

南水北调中线一期工程征地涉及文物 609 处（表 3-3-1），其中地下文物 572 处（古人类与古生物地点 74 处，古文化遗址 256 处，古墓群 242 处），地面文物 37 处。按照地域和工程范围区分，分别是：丹江口水库淹没区共有文物 295 处，其中地下文物 260 处（古人类与生物化石地点 73 处、古文化遗址 90 处、古墓群 97 处），地面文物 35 处（湖北 22 处、河南 13 处）。输水工程征地范围共有文物点 284 处，其中地下文物 282 处（古人类与古生物化石地点 1 处、古文化遗址 138 处、古墓群 143 处），地面文物 2 处。汉江中下游治理工程永久征地范围共有地下文物点 30 处（古文化遗址 28 处、古墓群 2 处），其中引江济汉工程 23 处（均为古文化遗址）；兴隆水库 7 处（古文化遗址 5 处、古墓群 2 处）。

表 3-3-1　　　　　　南水北调中线一期工程文物指标汇总表　　　　　　单位：处

工程	省（直辖市）		总计	地下文物				地面文物
				古人类与古生物地点	古文化遗址	古墓群	小计	
丹江口库区	湖北省	Ⅰ～Ⅳ线	132	33	47	31	111	21
		Ⅰ线以下	27	9	13	4	26	1
	河南省	Ⅰ～Ⅳ线	117	30	23	51	104	13
		Ⅰ线以下	19	1	7	11	19	
	全库小计	Ⅰ～Ⅳ线	249	63	70	82	215	34
		Ⅰ线以下	46	10	20	15	45	1
	小　计		295	73	90	97	260	35
总干渠渠线	河南省		160	1	57	100	158	2
	河北省		112		75	37	112	
	北京市		10		4	6	10	
	天津市		2		2		2	
	小　计		284	1	138	143	282	2
汉江中下游	引江济汉		23		23		23	
	兴隆水库		7		5	2	7	
	小　计		30		28	2	30	
总　计			609	74	256	242	572	37

注　表中Ⅰ～Ⅳ线代表丹江口水库不同阶段淹没高程。

全线 609 处文物中共有历年来各级政府公布的重点文物保护单位 113 处（表 3-3-2、表 3-3-3）。其中全国重点文物保护单位 2 处；省级文物保护单位 13 处；县级文物保护单位 98 处。

表 3-3-2　　　　南水北调中线一期工程涉及重点文物保护单位统计表　　　　单位：处

保护级别	丹江口水库			总干渠渠线					汉江中下游	全线小计
	湖北	河南	小计	河南	河北	北京	天津	小计		
国家级					2			2		2
省级	3	6	9	2	2			4		13
县级	34	19	53	32	11	2		45		98
合计	37	25	62	34	15	2		51		113

表 3 - 3 - 3　　　南水北调中线一期工程涉及国家级及省级重点文物保护单位一览表

省份	序号	文物名称		保护级别	时代	类别	位置
河北	1	战国燕长城遗址		国家级	战国	古遗址	易县、徐水县
	2	磁县北朝墓群		国家级	北朝	古墓群	磁县县城南部、西部、西北部
湖北	3	武当山古建筑群	遇真宫	省级	明	古建筑	丹江口市武当山特区遇真宫村
			嵩口泰山庙及戏楼		明、清、近代		丹江口市六里坪镇嵩口村三组
	4	青龙泉遗址		省级	新石器	古遗址	郧县杨溪铺镇财神庙村
	5	郧阳府学宫—大成殿		省级	明始建，清重修	古建筑	郧县郧阳汽车改装厂
河南	6	马岭遗址		省级	新石器	古遗址	淅川县盛湾镇贾湾村5组
	7	下寺墓群		省级	周、汉	古遗址	淅川县仓房镇侯家坡村东沟组
	8	下寨遗址		省级	新石器、周、汉唐	古遗址	淅川县滔河乡下寨村
	9	龙山岗遗址		省级	新石器	古遗址	淅川县滔河乡黄楝树村
	10	沟湾遗址		省级	新石器	古遗址	淅川县上集乡张营村杨营组
	11	贾沟遗址		省级	新石器、周	古遗址	淅川县上集乡贾沟村2组
	12	平高台遗址		省级	新石器、商、周	古城址	方城县赵河乡平高台村
	13	唐户遗址		省级	新石器	古城址	新郑市观音寺镇唐户村
河北	14	林村墓群		省级	汉	古墓群	磁县林村北、户村东、洞沟村
	15	常山郡故城遗址		省级	汉	古遗址	元氏县固村乡故城村

　　根据历年来文物考古工作成果，本次核查、考古勘探和试掘情况，并按照大纲的规定，对全线609处文物进行价值评估，依据文物在科学上和该区域历史上的重要性进行分级，把文物划分为A、B、C、D四个等级（表3-3-4）。609处文物中被确定为A级的61处（地下文物57处、地面文物4处）；B级153处（地下文物146处、地面文物7处）；C级308处（地下文物290处、地面文物18处）；D级87处（地下文物79、地面文物8处）。

表 3 - 3 - 4　　　　　　南水北调中线一期工程文物分级统计表　　　　　　　　单位：处

项　目	省（直辖市）	分级	A级	B级	C级	D级	小计
丹江口水库	湖北	地下文物	14	40	71	12	137
		地面文物	3	3	9	7	22
	河南	地下文物	14	33	65	11	123
		地面文物	1	3	8	1	13
	全库小计	地下文物	28	73	136	23	260
		地面文物	4	6	17	8	35
小　计			32	79	153	31	295

项　目	省（直辖市）	分　级	A级	B级	C级	D级	小计
总干渠渠线	河南	地下文物	14	36	84	24	158
		地面文物		1	1		2
	河北	地下文物	10	28	46	28	112
		地面文物					
	北京	地下文物	1	2	7		10
		地面文物					
	天津	地下文物			2		2
		地面文物					
	渠线小计	地下文物	25	66	139	52	282
		地面文物		1	1		2
	小　计		25	67	140	52	284
汉江中下游		地下文物	4	7	15	4	30
全线合计		地下文物	57	146	290	79	572
		地面文物	4	7	18	8	37
		总　计	61	153	308	87	609

　　专题报告规定，南水北调中线一期工程所涉及的地面文物保护主要采用搬迁复建、原地保护、登记存档三种方案，另对属于丹江口水库初期工程范畴的净乐宫采取部分建筑复建方案。对不能原地保护或避开的地下文物，以考古勘探和考古发掘为主要保护手段。39处地面文物中，规划搬迁重建23处，建筑面积8693m²；规划原地保护4处，建筑面积1439m²；11处采用登记存档，建筑面积12318m²；1处采取部分建筑复建方式，建筑面积832m²（表3-3-5）。

表3-3-5　　　　　　　南水北调中线一期工程地面文物保护方案统计表　　　　　　面积：m²

| 项　目 | 丹江口水库 | | | | | | 总干渠渠线 | | 全线合计 | |
| | 湖北省 | | 河南省 | | 全库小计 | | 河南省 | | | |
保护方案	处数	建筑面积	处数	建筑面积	处数	建筑面积	处数	建筑面积	处数	建筑面积
搬迁保护	11	4206	10	3965	21	8171	2	522	23	8693
原地保护	3	1289	1	150	4	1439			4	1439
登记存档	9	10985	2	1333	11	12318			11	12318
部分建筑重建	1	832			1	832			1	832
小　计	24	17312	13	5448	37	22760	2	522	39	23282

　　根据与沿线各省、市文物行政主管部门的协商结果和评审意见，规划对全线493处A、B、C级地下文物进行考古发掘1542975m²（丹江口库区661805m²、总干渠渠线808560m²、汉江中下游工程72610m²），普通勘探14033844m²（丹江口库区5460514m²、总干渠渠线

8449670m²、汉江中下游工程 123660m²），重点勘探 112000m²（丹江口库区 45000m²、总干渠渠线 65000m²、汉江中下游工程 2000m²）。详细情况见表 3-3-6～表 3-3-29。

表 3-3-6 南水北调中线一期工程地下文物保护工程量表 单位：m²

范 围	项 目	古生物	古文化遗址	古墓群	小 计
丹江口库区	处 数	73	89	98	260
	埋藏面积	705350	2564800	5611667	8881817
	发掘面积	30080	270360	361365	661805
	普通勘探面积		565180	4895334	5460514
	重点勘探面积		10000	35000	45000
总干渠渠线	处 数	1	138	143	282
	占压面积	13000	4037274	9246148	13296422
	发掘面积	500	461510	346550	808560
	普通勘探面积		489177	7960493	8449670
	重点勘探面积		25000	40000	65000
汉江中下游工程	处 数		28	2	30
	占地面积		969000	1000	970000
	发掘面积		72210	400	72610
	普通勘探面积		122860	800	123660
	重点勘探面积		2000		2000
全线合计	处 数	74	255	243	572
	埋藏或占压面积	718350	7571074	14858815	23148239
	发掘面积	30580	804080	708315	1542975
	普通勘探面积		1177217	12856627	14033844
	重点勘探面积		37000	75000	112000

表 3-3-7 丹江口水库湖北省 I～Ⅳ线古人类与古生物遗存一览表

序号	县市名	文物名称	行政隶属	遗址类别	高程/m
1	丹江口	黄家垭子化石地点	均县镇八庙村 4 组	化石	170
2	丹江口	黄沙河口旧石器地点	均县镇关门岩村	旧石器早期	159
3	丹江口	雷陂化石地点	均县镇黄家槽村西南 1km	化石	155～175
4	丹江口	外边沟旧石器地点	均县镇齐家垭村 1 组	旧石器早期	160
5	丹江口	大土包子旧石器地点	均县镇齐家垭村 1 组	旧石器早期	160
6	丹江口	双树旧石器地点	均县镇双树村 4 组	旧石器早期	159
7	丹江口	果茶场 2 号旧石器地点	习家店镇果茶场村	旧石器早期	160
8	郧县	刘家沟旧石器、象化石地点	安阳镇刘家沟村 2 组	旧石器中期、化石	155～160

序号	县市名	文物名称	行政隶属	遗址类别	高程/m
9	郧县	安阳口旧石器地点	安阳镇安阳口村	旧石器中期	160
10	郧县	大桥村1号旧石器地点	安阳镇大桥村5组	旧石器中期	163
11	郧县	大桥村2号旧石器地点	安阳镇大桥村码头	旧石器中期	158
12	郧县	青龙1号旧石器地点	安阳镇青龙村2组	旧石器中期	165
13	郧县	青龙2号旧石器地点	安阳镇青龙村6组	旧石器中期	160
14	郧县	寺柏庙2号旧石器地点	安阳镇青龙村寺柏庙	旧石器中期	160
15	郧县	寺柏庙1号旧石器地点	安阳镇青龙村寺柏庙渔场	旧石器中期	155～160
16	郧县	石板坡1号旧石器地点	安阳镇石板坡村	旧石器中期	150～160
17	郧县	石板坡2号旧石器地点	安阳镇石板坡村	旧石器中期	155～158
18	郧县	庙沟旧石器地点	安阳镇小细峪村1组	旧石器中期	162
19	郧县	周家坡旧石器地点	安阳镇小细峪村1组	旧石器中期	160～165
20	郧县	肖沟旧石器地点	安阳镇肖沟村	旧石器中期	160～165
21	郧县	崔家坪旧石器地点	安阳镇赵湾村3组崔家坪	旧石器中期	158
22	郧县	黄家窝旧石器地点	茶店镇黄家窝7组	旧石器中期	161
23	郧县	韩家洲旧石器地点	柳陂镇堵河村韩家洲组	旧石器中期	165～170
24	郧县	黄家坪旧石器地点	柳陂镇黄家坪村1组	旧石器中期	165～170
25	郧县	秦家沟旧石器地点	柳陂镇周家湾村秦家沟	旧石器中期	165～170
26	郧县	后房旧石器、脊椎动物化石地点	青曲镇后房村前房组	旧石器中期、化石	165～170
27	郧县	曲远河口旧石器地点	青曲镇弥陀寺村1组	旧石器中期	155～165
28	郧县	尖滩坪旧石器地点	青山镇石板沟村	旧石器中期	160
29	郧县	刘湾2号旧石器地点	杨溪铺镇刘湾村4组	旧石器中期	159
30	郧县	响河旧石器地点	杨溪铺镇响河大桥西村	旧石器中期	165
31	郧县	滴水岩哺乳动物化石地点	青曲镇弥陀寺村1组	化石	165～170
32	张湾区	沉滩河旧石器地点	方滩乡沉滩河村3组	旧石器中期	172
33	张湾区	徐家湾村旧石器地点	方滩乡徐家湾村8组	旧石器中期	170

表3－3－8　　　　丹江口水库湖北省Ⅰ～Ⅳ线古文化遗址一览表

序	县市名	文物名称	行政隶属	高程/m	时　代
1	丹江口	彭家院遗址	六里坪镇蒿口村13组	159～168	新石器、周
2	丹江口	金沙坪遗址	六里坪镇蒿口村13组	170	东周
3	丹江口	孙家湾遗址	六里坪镇孙家湾村1组	160	新石器
4	丹江口	花栗树遗址	六里坪镇花栗树村	160	汉

序	县市名	文物名称	行政隶属	高程/m	时　代
5	丹江口	小店子遗址	浪河镇老街西侧	169	汉
6	丹江口	薄家湾遗址	浪河镇薄家湾村1组	163	西周
7	丹江口	遇真宫村遗址	武当山特区遇真宫村	160	新石器、汉
8	丹江口	头道堰遗址	丁家营镇饶祖铺村	170	新石器
9	丹江口	熊家庄遗址	石鼓镇熊家庄村5、8组	169~172	二里头、东周
10	郧县	三官殿遗址	五峰乡黑滩垭村1组	162	汉
11	郧县	上宝盖遗址	五峰乡安城沟村2组	165~174	新石器、周、汉
12	郧县	中台子遗址	五峰乡尚家河村7组	161	新石器、东周
13	郧县	鲍家河遗址	五峰乡小石沟村3组	166	汉
14	郧县	小石沟遗址	五峰乡小石沟村3组	161	新石器、西周
15	郧县	刘家洼遗址	五峰乡小石沟村8组	162	东周、汉
16	郧县	三浪滩遗址	五峰乡安城大树垭村9组	162~172	新石器
17	郧县	前房遗址	青曲镇后房村2组	166	汉
18	郧县	店子河遗址	青曲镇店子河村4、5组	156~172	东周、汉
19	郧县	孙家湾遗址	青曲镇孙家湾村3组	168~175	东周
20	郧县	弥陀寺遗址	青曲镇弥陀寺村6组	152~170	新石器
21	郧县	大坪遗址	柳陂镇辽瓦五门村6组	162~172	汉代
22	郧县	辽瓦店子遗址	柳陂镇辽瓦村5组	153~172	西周、汉
23	郧县	刘家湾遗址	柳陂镇辽瓦村3组	165~180	周、汉
24	郧县	水磨沟遗址	柳陂镇黄坪村1组	160~172	新石器
25	郧县	鲤鱼嘴遗址	柳陂镇黄坪村8组	154~166	新石器
26	郧县	黄家湾遗址	柳陂镇周家湾村2组	156~160	汉
27	郧县	白鹤观遗址	柳陂镇兰家岗村5组	157~172	新石器
28	郧县	枇杷滩遗址	青山镇柏腊村3组	150~170	新石器、周、汉
29	郧县	胡家窝遗址	青山镇蓼池村胡家窝	154~170	新石器
30	郧县	杨家岗遗址	城关镇菜园村2组	158~159	东周
31	郧县	瞿家湾遗址	城关镇菜园村1组	162	东周、汉
32	郧县	刘湾遗址	杨溪铺镇刘湾村4组	154~163	新石器、周、六朝
33	郧县	郭家道子遗址	杨溪铺镇槐树村2组	165	新石器、周、汉
34	郧县	余嘴遗址	安阳镇余嘴村1组	150~165	汉
35	郧县	郭家院遗址	安阳镇西堰村4组	165~170	新石器
36	郧县	黑家院遗址	安阳镇小河村2组	169	新石器
37	郧县	龙门堂遗址	安阳镇龙门堂村1组	168~174	汉

序	县市名	文物名称	行政隶属	高程/m	时　代
38	郧西县	庹家湾遗址	观音镇庹家湾村	159～190	新石器、周
39	郧西县	张家坪遗址	河夹镇坪沟村 5 组	170	新石器、汉
40	郧西县	归仙河遗址	河夹镇归仙河村 7 组	168	新石器
41	张湾区	双坟店遗址	黄龙镇李家湾村 7 组	165～170	周、汉
42	张湾区	大东湾遗址	黄龙镇大东湾村	168～171	新石器、周
43	张湾区	犟河口遗址	黄龙镇黄龙滩村	165～174	新石器、周、汉
44	张湾区	高家坪遗址	方滩乡沉滩河村 1 组	165～170	唐、宋
45	张湾区	沉滩河遗址	方滩乡沉滩河村 3 组	165～170	新石器
46	张湾区	方滩遗址	方滩乡方滩村 8 组	163～172	新石器、六朝
47	张湾区	斜窝河遗址	方滩乡徐家湾村 2 组	164～170	六朝

表 3 - 3 - 9　　　　　丹江口水库湖北省 I ～ IV 线古墓群一览表

序号	县市名	文物名称	行政隶属	高程/m	时　代
1	丹江口	八腊庙墓群	均县镇八腊村	145～170	周、汉、晋、宋、清
2	丹江口	方家沟墓群	均县镇关门岩村 8 组	145～170	汉、晋、宋、清
3	丹江口	吴家沟墓群	均县镇关门岩村 8 组	145～170	汉、晋、宋、清
4	丹江口	牛场墓群	均县镇罗汉沟村 1 组外边沟	145～170	周、汉、晋、宋、清
5	丹江口	莲花池墓群	均县镇莲花池村 2 组	147～168	汉、晋、宋、清
6	丹江口	雷陂墓群	均县镇黄家槽村 2 组	147～170	汉、晋、宋、清
7	丹江口	蒿口墓群	六里坪镇蒿口村	160	汉、六朝
8	丹江口	马家岗墓群	六里坪镇马家岗村	158～170	汉
9	丹江口	何家湾墓群	习家店镇龙山咀村	146～170	汉、晋、宋、清
10	丹江口	行陡坡墓群	习家店镇行陡坡村	145～170	汉、晋、宋、清
11	丹江口	龙口林场墓群	习家店镇龙口村 1 组	146～170	汉、宋、清
12	丹江口	七里沟墓群	土台乡七里沟村	145～170	汉、晋、宋、清
13	丹江口	龙泉林场墓群	凉水河镇龙泉村龙泉林场	146～170	汉、晋、宋、清
14	丹江口	田家岭墓群	凉水河镇代家沟村 1 组陈家港	156～168	东周
15	丹江口	舒家岭墓群	牛河乡舒家岭村	147～170	汉、晋、宋、清
16	丹江口	连沟墓群	凉水河镇白龙泉村，原薛垭村	148～170	汉、晋、宋、清
17	丹江口	红土坡墓群	凉水河镇白龙泉村	146～165	汉、晋、宋、明清
18	丹江口	柳树沟墓群	武当山特区柳树沟村 3 组	147～169	汉、晋、宋、清
19	郧县	乔家院墓群	五峰乡肖家河村 4 组	170～190	东周、汉、六朝
20	郧县	熊家台墓群	五峰乡安城尚家河村 4 组	160～172	汉

序号	县市名	文物名称	行政隶属	高程/m	时　代
21	郧县	花栋湾墓群	五峰乡大树垭村6组	165～172	汉
22	郧县	韩家洲墓群	柳陂镇韩家洲村2组	148～185	汉
23	郧县	蓝家岗墓群	柳陂镇蓝家岗村4组	163～165	汉
24	郧县	徐家坪墓群	汽车改装厂	160～170	春秋、汉
25	郧县	李泰家族墓群	城关镇烟厂内	161～172	汉、唐
26	郧县	郧阳一中墓群	城关郧山路实验中学	160～170	汉
27	郧县	土埂坡墓群	城关镇西岭街小西关岗地	152～170	汉
28	郧县	尖滩坪墓群	青山镇石板沟村3组	160～185	汉、六朝
29	郧县	石板坡墓群	安阳镇赵湾村5组	160～167	汉
30	郧县	李营墓群	安阳镇李营村11组	166～169	汉
31	张湾区	焦家院墓群	黄龙镇黄龙滩村5组	166～170	宋、明

表 3-3-10　　　　　丹江口水库湖北省 I～Ⅳ线地面文物一览表

序号	县市名	文物名称	行政隶属	高程/m	年代
1	丹江口	双庙	均县镇曾家湾村	160	清
2	丹江口	石碑垭救谕碑	六里坪镇白庙村4组	160	明
3	丹江口	孙家湾过街楼	六里坪镇孙家湾村	165	1936年重修
4	丹江口	孙家湾山陕会馆	六里坪镇孙家湾村	160	民国
5	丹江口	老街红军标语及浪河民居	浪河镇土门沟村老街	171	清末—民国
6	丹江口	白庙	六里坪镇白庙村2组	170	清
7	丹江口	青徽铺古桥	武当山特区青徽铺村1组	158	清
8	丹江口	蒿口泰山庙古戏台	六里坪镇蒿口村3组	165.1	清—民国
9	丹江口	遇真宫	武当山特区遇真宫村	160	明
10	丹江口	遇真宫泰山庙	武当山特区遇真宫村	160	清
11	丹江口	遇仙桥	武当山特区遇真宫村	160	明、清
12	丹江口	老均县县城砖石	均县镇关门岩	160～165	清
13	丹江口	襄府庵	武当山特区遇真宫村	160	明始建清重修
14	郧县	郧阳府学宫	城关镇	164	明始建清重修
15	郧县	郧阳监所	城关镇小西关北	163	近现代
16	郧县	天主教堂	城关镇老城街小西关1组	165	近现代
17	郧县	赵保长老屋	安阳镇龙门堂村1组	170	民国
18	郧县	赵文同老屋	安阳镇小河沿村3组	171	民国
19	郧县	小西关民居	城关镇西岭街	167	1960年重建
20	郧县	武阳偃	大堰乡垱河村3组	158	明
21	张湾区	黄龙传统民居	黄龙镇	173～175	清末—民国

表 3-3-11　　　　丹江口水库河南省Ⅰ～Ⅳ线古人类与古生物遗存一览表

序号	名称	遗址类别	行政隶属	高程/m
1	岳沟 1 号旧石器地点	旧石器晚期	仓房镇陈庄村岳沟组西南 1km	152～160
2	岳沟 2 号脊椎动物化石地点	化石	仓房镇陈庄村西南 0.5km	150～160
3	核桃园 1 号哺乳动物化石地点	化石	仓房镇核桃园西北 300m	155～165
4	核桃园 2 号哺乳动物化石地点	化石	仓房镇核桃园村西 200m	155～175
5	吴家外石器地点	旧石器中期	合房镇侯家坡村东沟	155～160
6	狮子岗旧石器地点	旧石器中期	老城镇狮子岗村	160～170
7	狮子岗砖厂旧石器地点	旧石器早期	老城镇狮子岗村狮子岗砖厂	170～175
8	双河旧石器地点	旧石器晚期	老城镇双河村	165～170
9	险峰 1 号旧石器地点	旧石器中期	老城镇险峰村 1～3 组交界处	154～158
10	险峰 2 号旧石器地点	旧石器中期	老城镇险峰村 6 组	155～160
11	白渡滩旧石器地点	旧石器中期	马蹬镇白渡滩村河边组	160
12	东沟脊椎动物化石地点	化石	马蹬镇石桥村东沟组	160～170
13	坑南旧石器地点	旧石器中期	马蹬镇吴营村	160～165
14	李家楼遗址旧石器地点	旧石器中期	马蹬镇吴营村李家楼	154～162
15	后营哺乳动物化石地点	化石	上集镇后营村西北 200m	168～175
16	魏营旧石器、哺乳动物化石地点	旧石器中期、化石	上集镇魏营村 3 组（洞穴、裂隙）	170～175
17	陈营旧石器地点	旧石器中期	盛湾乡陈营村 3 组	154～162
18	王家山哺乳动物化石地点	化石	盛湾乡陈营村 3 组	170～190
19	贾湾 1 号旧石器地点	旧石器中期	盛湾乡贾湾村西北 1km	165～170
20	马岭 1 号旧石器地点	旧石器晚期	盛湾乡贾湾村马岭	165
21	马岭 2 号旧石器地点	旧石器晚期	盛湾乡贾湾村马岭	155～165
22	贾湾 2 号旧石器地点	旧石器中期	盛湾乡贾湾村 1 组	155～165
23	毛坪旧石器地点	旧石器中期	盛湾乡毛坪村东 300m	168～170
24	宋湾旧石器地点	旧石器中期	盛湾乡宋湾村 3 组码头东 300m	160
25	王庄 1 号旧石器地点	旧石器中期	盛湾乡王庄村 6 组	160
26	王庄 2 号旧石器地点	旧石器中期	盛湾乡王庄村 5 组	154～162
27	于家沟恐龙蛋化石地点	化石	滔河乡于家沟村 2 组	165～175
28	台子山旧石器、脊椎动物化石地点	旧石器中期、化石	香花镇台子山林场北 2km	156～160
29	东岗旧石器地点	旧石器中期	香花镇杨河村东岗西南 1km	153～160
30	黄土梁旧石器地点	旧石器中期	香花镇杨河村黄土梁子	154～158

表 3－3－12 丹江口水库河南省 Ⅰ～Ⅳ 线古文化遗址一览表

序号	文物名称	行政隶属	高程/m	时　代
1	白亭古城	滔河乡白亭村	167	战国、汉、唐、明、清
2	盆窑遗址	滔河乡门伙村1组盆窑村	170～172	新石器、汉
3	门伙遗址	滔河乡门伙村2组	168～172	新石器、商周
4	下寨遗址	滔河乡下寨村	159～165	新石器、周、汉、唐、明、清
5	下寨城址	滔河乡下寨村	162～163	清
6	申明铺遗址	滔河乡申明铺村4组	161～163	商、周、汉
7	水田营遗址	滔河乡水田营村	159～161	商、周
8	龙山岗遗址	滔河乡黄楝树村	170～179	新石器
9	兴化寺遗址	盛湾镇兴化寺村1组	164	汉
10	单岗遗址	盛湾镇单岗村3组	156～160	新石器、汉、唐、宋
11	马山根遗址	盛湾镇马山根村	168～170	新石器
12	沟湾遗址	上集乡张营村杨营组	168～170	新石器
13	简营北遗址	上集乡简营村2组	161～165	新石器、商周、汉
14	简营南遗址	上集乡简营村2组	161～164	汉
15	贾沟遗址	上集乡贾沟村2组	161～163	新石器、周
16	张湾遗址	金河镇张湾村1组	167～170	汉、宋
17	姚湾遗址	金河镇观沟村观下组	167～169	周
18	双河镇遗址	老城镇岵山村	164～169	新石器、周、汉
19	长岭遗址	仓房镇侯家坡村东沟组	151～161	新石器、战国
20	姚河遗址	香花镇土门村姚河组	159～162	新石器
21	东刘楼遗址	香花镇张寨村东刘楼组	157～162	商、周
22	大方湾古寨	香花镇太子山林场	168～171	年代不详

表 3－3－13 丹江口水库河南省 Ⅰ～Ⅳ 线古墓群一览表

序号	文物名称	行政隶属	高程/m	时代
1	柳家泉墓群	大石桥乡柳家泉村	170～172	汉
2	大石桥墓群	大石桥乡大石桥村	170～178	汉
3	东湾墓群	大石桥乡东湾村	163～170	汉
4	杨营墓群	大石桥乡杨营村	167～168	汉、明
5	西岭墓群	大石桥乡西岭村11组至12组间	168～175	战国、汉、隋
6	张湾汉墓群	大石桥乡张湾村张湾组	164～166	汉
7	水田营晋墓群	滔河乡水田村西	154～155	晋
8	严湾汉墓群	滔河乡严湾村3组	167～171	汉

序号	文物名称	行政隶属	高程/m	时代
9	梁庄汉墓群	滔河乡梁庄村3组	164～168	汉
10	刘家沟口汉墓群	滔河乡罗山村2组	160～161	汉
11	阎杆岭墓群	滔河乡水田营村西南	167～170	周、汉
12	老人仓汉墓群	滔河乡老人仓村	157～160	汉
13	六叉口汉墓群	滔河乡孔家峪村	163～170	汉
14	张庄墓群	滔河乡张庄村2组	161～169	汉
15	马川墓群	盛湾镇马川村	157	汉
16	马岭汉墓群	盛湾镇贾湾村5组	156～163	西汉
17	姜元汉墓群	盛湾镇陈营村2组	156～165	汉
18	毛坪墓群	盛湾镇陈营村毛坪组	163～173	周、汉
19	蛮子营墓群	上集乡蛮子营村2组	159～166	汉
20	新李营汉墓群	上集乡新李营村7组	160～164	汉
21	下吴店宋墓	金河镇下吴店村2组	170～171	宋
22	魏营墓群	上集乡魏营村2组	155	周
23	刘营汉墓群	老城镇石门村刘营组	166～168	东汉、六朝
24	陈岭墓群	老城镇陈岭村	161～162	汉
25	裴岭墓群	老城镇裴岭村3组	159～164	战国
26	下邢沟汉墓群	马蹬镇邢沟村下邢组	170～174	汉
27	张营墓群	仓房镇刘裴村张营码头南	156～161	汉
28	熊家岭汉墓群	仓房镇侯家坡村3组	152～168	汉
29	鳖盖山楚墓群	仓房镇侯家坡村东沟组	155～171	周
30	东沟长岭楚墓群	仓房镇侯家坡村东沟组	154～163	周
31	岳沟墓群	仓房镇侯家坡村岳沟组	156～167	汉、清
32	马家大包子汉墓群	仓房镇王家井村余家咀组	156～163	汉
33	王庄汉墓群	仓房镇党子口村王中组	151～165	汉
34	赵杰娃山头汉墓群	仓房镇党子口村四东组	151～164	汉
35	博山汉墓群	仓房镇党子口村四东组	157～168	汉
36	新四队汉墓群	仓房镇党子口村四西组	156～169	汉
37	虎头山汉墓群	仓房镇胡坡村胡中组	153～170	汉
38	余家岭汉墓群	仓房镇胡坡村胡中组	158～171	汉
39	兰沟汉墓群	香花镇土门村兰沟组	154～168	汉
40	烈士坟汉墓群	香花镇土门村	154～167	汉
41	北王营汉墓群	香花镇北王营村	155～166	汉

序号	文物名称	行政隶属	高程/m	时代
42	齐家岗汉墓群	香花镇土门村冯家沟组	155～165	汉
43	杨河墓群	香花镇杨河村北坡组北400m	156～172	战国
44	泉眼沟汉墓群	香花镇杨河村水产局农场	157～172	汉
45	张岗墓群	香花镇杨河村斗沟组	155～162	汉
46	三官殿墓群	香花镇杨河村杜沟组	155～164	汉
47	泉店汉墓群	香花镇东岗村泉店组	154～166	汉
48	杨岗码头汉墓群	香花镇杜寨村	154～165	汉
49	前张营汉墓群	香花镇杜寨村四组前张营岗	155～164	汉
50	张义岗汉墓群	香花镇张义岗村张义岗组南	155～163	汉
51	曹寨汉墓群	香花镇柴沟村狼洞沟组曹寨	155～168	汉
52	张北冲汉墓群	九重乡张北冲（渠首）	158～165	汉

表 3 - 3 - 14　　　　　　　　　　丹江口水库河南省地面文物一览表

序号	文物名称	行政隶属	年代	高程/m
1	大石桥	大石桥乡大石桥村4组	明、清	170
2	张湾土地庙	金河镇张湾村	清—民国	165
3	吴氏祠堂	盛湾镇吴家湾村3组	清—民国	172
4	《重修雷山迴阳观记》碑	盛湾镇宋湾村3组	清	168
5	白亭村商业店铺	滔河乡白亭村4组	清—民国	169
6	朱家桥	滔河乡朱山村	明、清	164
7	陈氏宗祠	上集镇蛮子营村	清—民国	165
8	蛮子营民居	上集镇蛮子营村供销社	清—民国	165
9	全家大院	金河镇	清—民国	165
10	王家大院	滔河乡	清—民国	168
11	后凹民居	金河镇后凹村1组	清—民国	168.7
12	贾氏民居	上集镇贾沟村3组	清—民国	163.5
13	印山祖师庙	金河镇魏岗村	清	185

表 3 - 3 - 15　　　　　　　丹江口水库湖北省 I 线以下古人类与古生物遗存一览表

序号	县市名	名称	行政隶属	遗址类别
1	丹江口	杜店旧石器地点	均县镇双树村	旧石器早期
2	丹江口	红石坎1号旧石器地点	均县镇八庙村红石坎码头东	旧石器早期
3	丹江口	黄家湾旧石器地点	均县镇八庙村黄家湾组	旧石器早期
4	丹江口	北泰山庙1号旧石器地点	均县镇关门岩村6组	旧石器早期

序号	县市名	名 称	行政隶属	遗址类别
5	丹江口	水牛洼旧石器地点	均县镇关门岩村水牛洼组	旧石器早期
6	丹江口	龙口旧石器、哺乳动物化石地点	习家店镇龙口村东2km	旧石器早期
7	丹江口	彭家河旧石器、哺乳动物化石地点	土台乡彭家河村3组（西北1.5km）	旧石器早期
8	郧县	刘湾1号旧石器地点	栎溪铺镇刘湾村4组（前岭）	旧石器中期
9	郧县	余嘴2号旧石器地点	安阳镇余嘴村1组	旧石器中期

表3－3－16　　　　　丹江口水库湖北省Ⅰ线以下古文化遗址一览表

序号	县市名	文物名称	行政隶属	高程/m	时 代
1	丹江口	南张家营遗址	浪河镇张家营村1组	150	新石器、周
2	丹江口	观音坪遗址	丁家营镇陈家营村	151	新石器
3	丹江口	玉皇庙遗址	土台乡戈余沟村	140～147	新石器、周、汉、晋
4	郧县	沈家坎遗址	柳陂镇彭家岗村1组	154	新石器
5	郧县	大寺遗址	城关镇后店村2～3组	150	新石器
6	郧县	小西关遗址	城关镇朝阳村老城街天主巷	146	新石器、周、汉
7	郧县	青龙泉遗址	杨溪铺镇财神庙村5组	150	新石器、周、六朝

表3－3－17　　　　　丹江口水库湖北省Ⅰ线以下古墓群一览表

序号	县市名	文物名称	行政隶属	高程/m	时 代
1	丹江口	北泰山庙墓群	均县镇关门岩村6组	145～170	周、汉、晋、宋、明、清
2	丹江口	金陂墓群	水产局金陂养殖场	145～170	汉、晋、宋、清
3	丹江口	温坪墓群	石鼓镇温坪村1～9组	148～170	汉、晋、宋、清

表3－3－18　　　　丹江口水库河南省Ⅰ线以下古人类与古生物遗存一览表

序号	名 称	行政隶属	高程/m	遗址类别
1	梁家岗2号旧石器地点	香花镇梁家岗村西北1km	150～158	旧石器晚期

表3－3－19　　　　　丹江口水库河南省Ⅰ线以下古文化遗址一览表

序号	文物名称	行政隶属	高程/m	时 代
1	全岗遗址	盛湾镇河扒村10、11组	151～153	新石器、周
2	下王岗遗址	盛湾镇河扒村5组	153～157	新石器
3	马岭遗址	盛湾镇贾湾村5组	157以下	新石器
4	马川遗址	盛湾镇马川村	153～158	汉
5	马蹬古城	马蹬镇向阳村西北组	145～150	汉、宋、现代
6	吴营遗址	马蹬镇吴营村	146	新石器、东周

表 3 - 3 - 20　　　　　　丹江口水库河南省 I 线以下古墓群一览表

序号	文物名称	行政隶属	高程/m	时　代
1	狮子岗墓群	老城镇狮子岗村 2 组	154～155	汉
2	下寺墓群	仓房镇侯家坡村东沟组	152～160	周、汉
3	徐家岭楚墓群	仓房镇沿江村郭家窑小组	153～160	周
4	吉岗墓群	香花镇吴田村徐岗组	151～159	周、汉
5	北坡墓群	香花镇杨河村北坡组	141～158	战国、汉、明、清
6	郭庄墓群	香花镇杨河村北坡组	139	战国、汉
7	三官殿楚墓群	香花镇杨河村杜沟组	142～143	周
8	台子山墓群	香花镇台子山林场	150～160	周、汉

表 3 - 3 - 21　　　　　　总干渠渠线河南段古生物地点一览表

序号	市	县	文物名称	行政隶属
1	南阳市	镇平县	姚寨古生物化石点	张林乡华沟村姚寨自然村

表 3 - 3 - 22　　　　　　总干渠渠线河南段古文化遗址一览表

序号	行政区划	文物名称	位　置	时　代
1	淅川县	张河遗址	九重乡张河	新石器
2	淅川县	王家遗址	九重乡王家村	汉
3	邓州市	孙河遗址	张村乡孙河村东	周
4	镇平县	姚寨遗址	张林乡华沟村姚寨自然村西	商、周
5	镇平县	毛庄遗址	侯集乡姜营村毛庄自然村西北	商、周
6	宛城区	襄汉漕渠遗址	新店乡熊庄西	宋
7	宛城区	夏响铺遗址	新店乡夏响铺村	不详
8	方城县	平高台遗址	赵河乡平高台村北	新石器、商、周、汉
9	方城县	陶岗遗址	古注乡陶岗村	战国、秦、汉
10	叶县	文集西遗址	常村乡文集村西	仰韶、龙山、汉、唐、宋
11	鲁山县	马厂遗址	滚子营乡马厂村东	汉—宋
12	鲁山县	商峪口遗址	马楼乡商峪口村	宋代
13	鲁山县	陶庄遗址	张良镇陶庄村	汉—宋
14	宝丰县	廖旗营遗址	城关镇廖旗营村 100m 西	战国、汉、隋、唐
15	宝丰县	史营遗址	肖旗营乡史营村	秦、汉
16	宝丰县	小李店遗址	杨庄镇小李店村西	不详
17	郏县	鲁庄遗址	安良镇鲁庄村南	龙山、商、周
18	郏县	山头张遗址	安良镇山头张村	龙山
19	禹州市	前后屯遗址	韩城街道办事处前屯村	新石器
20	禹州市	十里铺遗址	韩城街道办事处后屯村	汉
21	禹州市	阳翟故城	钧台街道办事处八里营村	战国

序号	行政区划	文物名称	位 置	时 代
22	禹州市	雍梁故城	古城乡古城村	东周
23	长葛市	芝芳遗址	后河镇芝芳村西	新石器
24	长葛市	山孔遗址	后河镇山孔村	新石器、商、汉
25	新郑市	唐户遗址	观音寺乡唐户村	新石器
26	新郑市	望京楼遗址	新村乡望京楼村东	新石器、商
27	中牟县	白庙遗址	三官庙乡白庙村	汉
28	中牟县	三官庙遗址	三官庙乡三官庙村	战国
29	中牟县	张庄遗址	张庄乡张庄村	宋
30	中牟县	大马遗址	张庄乡大马村	宋
31	中牟县	宋庄遗址	八岗乡宋庄	宋
32	管城区	毕河遗址	南曹乡毕河村	战国
33	管城区	小郑庄遗址	南曹乡小郑庄村	战国
34	管城区	二十里铺遗址	南曹乡二十里铺	战国
35	管城区	十八里河遗址	十八里河乡十八里河村	龙山—商周
36	管城区	站马屯遗址	十八里河乡站马屯村	新石器
37	管城区	站马屯西遗址	十八里河乡站马屯村	仰韶晚期
38	中原区	郑湾遗址	十八里河乡郑湾村	汉
39	中原区	马凉寨遗址	须水镇马凉寨村	汉
40	中原区	三里庄遗址	须水镇三里庄村	殷商—系周
41	中原区	柳沟遗址	须水镇柳沟村	汉
42	荥阳市	关帝庙遗址	豫龙镇关帝庙村	商代晚期
43	荥阳市	蒋寨遗址	豫龙镇蒋寨村	商周晚期
44	荥阳市	娘娘寨遗址	豫龙镇寨杨村	商周时期
45	荥阳市	丁楼遗址	广武镇丁楼村	西周早期
46	荥阳市	官庄遗址	高村乡官庄村南	商
47	荥阳市	新店遗址	五村乡新店村	商
48	荥阳市	薛村遗址	王村乡薛村	夏、商
49	温县	陈沟遗址	赵堡镇陈沟村	新石器
50	温县	靳冯齐遗址	靳冯齐村	汉
51	博爱县	西金城遗址	金城乡西金城村	龙山、汉
52	博爱县	东金城遗址	金城乡东金城村	龙山、汉
53	凤泉区	金灯寺遗址	潞王坟乡金灯寺村	商、西周、春秋、战国、汉
54	淇滨区	夏庄遗址	淇滨区夏庄村	战国、汉
55	淇滨区	杨树岭遗址	夏庄村东北杨树岭	仰韶、商、战国、汉
56	淇滨区	刘庄遗址	淇滨区大赉店镇刘庄村	仰韶、龙山、春秋、唐
57	安阳市	黄张遗址	龙安区东风乡	新石器、汉

表 3 - 3 - 23　　　　　　　　　　　总干渠渠线河南段古墓群一览表

序号	行政区划	文物名称	位　　置	时　　代
1	邓州市	姚营墓群	九龙乡姚营村王庄西	宋
2	邓州市	王河汉墓群	张村镇王河村北	汉
3	邓州市	朱营墓群	张村镇朱营村北	战国、汉、魏晋
4	邓州市	扁担张宋墓群	赵集乡扁担张村南	宋
5	邓州市	王营墓群	张村镇王营村东北	战国、汉
6	镇平县	马庄唐墓群	马连乡马庄村许庄西	唐
7	镇平县	房营汉墓群	侯集乡前房营村东	汉
8	镇平县	程庄汉墓群	安子营乡程庄村南	汉
9	卧龙区	李庄汉墓群	李庄村东	汉
10	卧龙区	前田洼墓群	前田洼村东北，北京路东	汉
11	卧龙区	邢庄汉画像石墓群	蒲山镇邢庄南	汉
12	卧龙区	大马营汉画像石墓群	蒲山镇大马营村北	汉
13	卧龙区	蔡寨西汉画像石墓群	蒲山镇蔡寨村西北	汉
14	方城县	黄土洼汉代墓地	杨楼乡黄土洼村	不详
15	叶县	魏岗铺汉墓群	保安镇魏岗铺村	汉
16	叶县	李庄汉墓群	保安镇李庄村	汉
17	叶县	高庄春秋墓群	旧县乡高庄村	东周
18	叶县	先庄汉墓群	夏李乡先庄村东南	汉
19	鲁山县	薛寨墓群	马楼乡薛寨村	汉
20	郏县	小卢寨墓群	渣元乡小卢寨村东南	战国、汉
21	郏县	马庄汉墓群	渣元乡马庄村	汉
22	郏县	黑庙汉墓群	白庙乡黑庙村	汉
23	郏县	赵庄汉墓群	白庙乡赵庄村	汉
24	郏县	芦河墓群	安良镇芦河村	不详
25	郏县	孔村汉墓地	安良镇孔村	汉
26	郏县	孔氏西林	安良镇孔村	唐—清
27	郏县	狮王寺汉墓群	安良镇狮王寺村	汉
28	郏县	狮王寺墓群	安良镇狮王寺村西	汉—宋
29	禹州市	酸枣树杨村墓群	张德乡酸枣树杨村	晋
30	禹州市	崔张汉墓群	梁北镇崔张村	晋
31	禹州市	新峰汉墓群	梁北镇苏王口村西	汉—宋
32	禹州市	苏王口汉墓群	梁北镇苏王口村西	汉
33	禹州市	观耙园墓群	梁北镇观耙园村	明
34	禹州市	山李墓群	张得乡山李村	不详
35	禹州市	贺庄墓群	张得乡贺庄村	不详

序号	行政区划	文物名称	位　　置	时　代
36	禹州市	席庄墓群	朱阁乡席庄村	明
37	禹州市	后燕井丰先生墓	钧台办事处后燕井村北	清
38	长葛市	张史马汉墓群	后河镇张史马村	汉
39	新郑县	端庄墓群	城关镇端庄村	东周—汉
40	新郑县	胡庄战国墓群	城关镇胡庄村北	战国
41	新郑县	王老庄清代墓地	城关镇刘庄村	清
42	新郑县	铁岭墓地	新村乡铁岭村	战国—汉
43	新郑县	冯庄汉墓群	新村乡冯庄村	汉
44	新郑县	吴陈墓群	新村乡吴陈村	汉—宋
45	新郑县	李垌墓群	新村乡李垌村	明—清
46	新郑县	赵庄墓地	新村乡赵庄村	汉
47	新郑县	周庄汉墓群	和庄镇周庄村	汉
48	新郑县	霹雳店汉代墓地	龙王乡霹雳店	汉
49	新郑县	庙后唐汉墓群	龙王乡庙后唐村	汉
50	新郑县	城李汉墓群	龙王乡城李村	汉
51	新郑县	耿坡墓群	龙王乡耿坡村南	明—清
52	中牟县	魏家汉墓群	三官庙乡魏家村	汉
53	中牟县	孙庄汉墓群	三官庙乡孙庄村	汉
54	中牟县	大关庄汉墓群	谢庄乡大关庄	汉、宋
55	中牟县	小李庄宋墓群	谢庄乡小李庄村南	宋
56	管城区	刘德城汉代墓地	南曹乡刘德城村	汉
57	管城区	于庄宋墓群	南曹乡于庄村	宋
58	中原区	小付庄汉墓群	须水镇小付庄村	汉
59	中原区	董岗西汉墓群	须水镇董岗村	汉
60	中原区	董岗墓群	须水镇董岗村	宋
61	荥阳市	晏曲宋墓群	豫龙镇晏曲村	宋
62	荥阳市	后真汉墓群	高村乡后真村	汉
63	温县	苏王墓群	北冷乡苏王村	汉、唐、宋
64	温县	徐堡墓群	徐堡镇徐堡村	西汉—明
65	博爱县	秦庄墓群	张茹集乡秦庄村	西汉—明
66	博爱县	东齐墓群	苏家作乡东齐村	战国—汉代
67	博爱县	聂村宋墓群	阳庙镇聂村北	宋
68	山阳区	恩村墓群	恩村乡恩村北	战国—元
69	马村区	苏蔺汉墓群	待王镇苏蔺村北	汉
70	马村区	山后墓群	九里山乡山后村西南	汉

续表

序号	行政区划	文物名称	位　　置	时　　代
71	马村区	聩城寨墓群	九里山乡聩城寨村西北	新石器、战国
72	修武县	苏立墓	方庄镇北盂村南	宋
73	辉县市	小落营汉墓群	薄壁镇小落营村西	汉
74	辉县市	早生商墓群	褚邱乡早生村北	商
75	辉县市	孙村墓地	高庄乡孙村	商、宋
76	辉县市	百泉墓群	百泉镇小官庄村北	宋、清
77	辉县市	大官庄墓群	百泉镇大官庄村西北	战国、汉、宋
78	辉县市	固围村墓群	城关镇固围村南	战国、汉
79	辉县市	毡匠屯战国墓地	县常村镇毡匠屯村	战国
80	辉县市	赵庄墓群	百泉镇赵庄村	汉、宋
81	凤泉区	郭柳墓群	潞王坟乡前郭柳村	汉、唐、宋
82	凤泉区	王门墓群	潞王坟乡王门村和东同古村北	战国、汉、唐、宋
83	凤泉区	老道井墓群	潞王坟乡老道井村	战国、汉
84	凤泉区	金灯寺墓群	潞王故乡金灯寺村	汉
85	卫辉市	大司马汉墓群	唐庄乡大司马村	汉
86	卫辉市	马林庄墓群	安都乡马林庄村	战国、汉、明
87	淇县	大马庄墓群	北阳镇大马庄村	战国、汉
88	淇县	小马庄墓群	北阳镇小马庄村	战国、汉
89	淇县	关庄墓群	北阳镇关庄村西	战国、汉
90	淇县	黄庄墓群	北阳镇黄庄村	战国、汉
91	淇县	西杨庄墓群	北阳镇杨庄村	战国、汉
92	淇县	北杨庄墓群	北阳镇杨庄村	战国、汉
93	淇滨区	桥盟墓地	桥盟乡桥盟村	战国、汉
94	淇滨区	刘庄东墓群	刘庄村	西周
95	汤阴县	长沙汉墓群	宜沟镇长沙村	战国
96	汤阴县	五里岗战国墓群	韩庄乡孙庄村	战国
97	汤阴县	羑河墓群	韩庄乡羑河村	汉、晋
98	龙安区	郭里汉墓群	京风乡郭里村	汉
99	殷都区	韩琦墓	北蒙办事处皇甫屯村西	宋
100	安阳县	固岸曹魏墓群	安丰乡固岸村	曹魏

表 3-3-24　　总干渠渠线河南段地面文物一览表

序号	市	县（区）	文物名称	行政隶属
1	焦作市	解放区	西于张家祠堂	王褚乡西于村
2	焦作市	解放区	王兰广故居	王褚乡西王褚村

表 3－3－25　　　　　　　　　总干渠渠线河北段古遗址一览表

序号	市	县（市）	文物名称	行政隶属	时代
1	邯郸市	磁县	南营村遗址	讲武城镇南营村东南约 150m 北岸台地	商、周、战国—汉
2		磁县	大营遗址	大营村西约 1000m	商、周
3		磁县	白村遗址	台城乡白村以北约 800m	商
4		磁县	圣泉寺遗址	南城乡南城村西约 200m	明
5		磁县	南城村遗址	南城乡南城村西北	战国—汉
6		邯郸市	霍北遗址	复兴区霍北村	战国—汉
7		邯郸县	郑家岗遗址	郑家岗村西约 100m	战国—汉
8		邯郸县	薛庄遗址	黄粱梦镇薛庄村西北约 500m	商、周
9		永年县	何庄遗址	大油村乡何庄村东 200m	商、战国
10		永年县	台口遗址	台口村西南 200m	商、战国—汉
11		永年县	邓底遗址	西阳城乡邓底村西南约 1000m	新石器、战汉
12	邢台市	邢台市	后留村北遗址	李村乡后留村北约 1000m	商、周
13		邢台市	后留村西遗址	李村乡后留村	商、周
14		邢台市	贾村遗址	市区中兴路与七里河之间 贾村、西董村、东先贤村一带	商、周
15		内丘县	南宋遗址	大孟村镇南宋村西约 150m	汉
16		内丘县	张夺 1 号遗址	大孟村镇张夺村东北	唐
17		内丘县	张夺 2 号遗址	大孟村镇张夺村东南部	汉
18		内丘县	南双流遗址	内丘镇南双流村与四里屯村东	唐、宋
19		临城县	解村东遗址	临城镇解村东约 500m 泜河南岸台地上	商、周
20		临城县	补要村遗址	临城镇补要村东 100m	商、周
21		临城县	张家台遗址	东镇镇黑沙村张家台东北	汉
22		临城县	方等遗址	鸭合营乡方等村西约 800m	战国
23	石家庄	赞皇县	孙庄遗址	赞皇镇孙庄西 300m 台地上	汉
24		元氏县	西于科遗址	沟北乡西于科村西南 200m	宋
25		元氏县	赵同遗址	赵同乡赵同村西北 1500m	宋
26		元氏县	龙正遗址	北程乡龙正村西 200m	汉
27		元氏县	陈郭庄西南遗址	北程乡陈郭庄村南 1000m	汉
28		元氏县	陈郭庄遗址	北程乡陈郭庄村西 400m	汉
29		元氏县	赵村遗址	北程乡赵村西约 400m	汉
30		元氏县	常山郡故城遗址	固村乡故城村西 300m	汉

序号	市	县（市）	文物名称	行政隶属	时代
31	石家庄	元氏县	殷村遗址	殷村乡殷村西北 1000m	唐
32		元氏县	南吴会遗址	万年乡南吴会村东 300m	汉
33		元氏县	北吴会遗址	万年乡北吴会村东 300m 台地上	汉
34		鹿泉市	山尹遗址	铜冶镇山尹村东南 500m	宋
35		鹿泉市	耿家庄遗址	铜冶镇耿家庄村西 800m	宋
36		鹿泉市	西良厢遗址	西良厢村西 1000m	汉
37		鹿泉市	南杜西遗址	铜冶镇南杜村西 500m	汉
38		鹿泉市	南杜北遗址	铜冶镇南杜村西北 200m	宋
39		正定县	永安遗址	永安乡永安村西北约 100m 台地上	战国
40		正定县	窑上遗址	新安镇窑上村东 1500m 台地	唐、宋
41		正定县	于家庄遗址	永安乡于家庄村西北约 200m	宋
42		正定县	南化遗址	西平乐乡南化村东约 500m	汉
43		正定县	西安丰遗址	西平乐乡西安丰村西北 800m	汉
44		新乐市	内营遗址	长寿镇内营村东北 200m	汉
45		新乐市	西名遗址	长寿镇西名村北 150m 台地上	宋
46		新乐市	黄家庄遗址	木村镇黄家庄村东南	辽金
47		新乐市	何家庄遗址	何家庄村北 300m	汉
48		新乐市	凤鸣遗址	良庄乡凤鸣村西北约 1000m	辽金
49		新乐市	良庄遗址	良庄乡良庄村西约 300m	年代不详
50		新乐市	良庄北遗址	良庄乡良庄村西约 300m	战国、汉
51		新乐市	北李家庄遗址	大岳镇北李家庄村西北 500m	宋、金
52		新乐市	北大岳遗址	大岳镇北大岳村西南 1000m	宋
53	保定市	唐县	都亭遗址	都亭乡都亭村东	汉、宋
54		唐县	淑闾遗址	高昌镇淑闾村西	商周、战国、汉
55		唐县	南放水遗址	高昌镇南放水村西	商、战国、汉
56		唐县	北放水遗址	高昌镇北放水村西	商
57		唐县	南固城遗址	山阳乡南固城村东稍偏北古河道南	汉
58		顺平县	常大遗址	常大乡常大村正西约 400m 台地上	汉
59		满城市	尉公遗址	石井乡尉公村西北约 800m	汉
60		徐水县	釜山遗址	南釜山村西 1km 台地上	汉
61		易县	燕南长城遗址	塘湖镇北邓家林村西 500m	战国
62		易县	中高村遗址	高村乡中高村西北台地上	战国—汉
63		易县	西市遗址	石庄乡西市村西南 50m	明清

序号	市	县（市）	文物名称	行政隶属	时代
64	保定市	易县	北市遗址	石庄乡北市村西南1000m	汉
65		易县	七里庄遗址	白马乡七里庄村南	商、战国
66		涞水县	安阳遗址	娄村乡安阳村东与城关镇色村、敦台村之间	战国
67		涞水县	西水北遗址	涞水镇西水北村西北	战国、汉
68		涞水县	大赤土遗址	石亭乡东赤土村东	新石器、商周
69		徐水县	东黑山遗址	大王店乡东黑山村南200m	战国、汉
70		徐水县	南孙各庄遗址	广门乡南孙各庄村东头向南约150m	战国、汉
71		徐水县	燕长城遗址	瀑河一带	战国
72		容城县	北张庄遗址	南张镇北张庄村东100m处	战国
73		容城县	沙河村遗址	沙河村西100m处	东周、汉、金、元
74		容城县	北城村遗址	容城镇北城村南约1400m	东周、宋、金
75		容城县	薛庄遗址	薛庄西南1000m	汉

表3-3-26　　　　　　　　　　总干渠渠线河北段古墓群一览表

序号	市	县（市）	文物名称	行政隶属	时代
1	邯郸市	磁县	磁县北朝墓群	磁县东南部	北朝
2		邯郸市	林村墓群	林村、户村东、酒务楼村一带	汉
3	邢台市	邢台市	塔玫墓地	李村乡西前留村西	明、清
4		内丘县	马尚德墓地	大孟村镇小孟村西	清
5		内丘县	凤凰墓地	内丘镇凤凰村	汉
6		内丘县	南中冯村墓地	内丘镇南中冯村东北砖厂及南部一带	唐
7		临城县	山下南墓地	临城镇山下村南约250m岗坡	明、清
8		临城县	解村南墓地	临城镇解村南约500m	汉
9	石家庄	赞皇县	南马墓地	赞皇镇南马村东北500m	汉
10		赞皇县	西高墓地	赞皇镇西高村南约2000m	北朝
11		元氏县	南白娄墓地	沟北乡南白娄村西南1000m处台地上	唐
12		元氏县	井下墓地	赵同乡井下村东北550m处台地上	宋
13		元氏县	殷村墓地	殷村乡殷村西北300m	汉
14		元氏县	南吴会墓地	万年乡南吴会村东北250m处	汉、清
15		元氏县	赤良墓地	万年乡赤良村东500m处	宋
16		鹿泉市	南龙贵墓地	铜冶镇南龙贵村西北800m处高台上	宋

序号	市	县（市）	文物名称	行政隶属	时代
17		鹿泉市	西龙贵墓地	铜冶镇西龙贵村西北 500m 处	汉、明、清
18		鹿泉市	西良厢墓地	铜冶镇西良厢村西南 1000m 处高台上	汉
19		石家庄	大安舍墓地	大安舍村北 2000m 处	汉
20		石家庄	杜北墓地	杜北村南 200m 处高台上	汉
21	石家庄	石家庄	西营墓地	西营村西 1500m 处	唐
22		正定县	野头墓地	城关镇野头村东南 50m 处	唐
23		正定县	西邢家庄墓地	永安乡西邢家庄村西约 1500m 处	唐
24		正定县	吴兴墓地	兴安镇吴兴村西	汉
25		新乐市	凤鸣墓地	良庄乡凤鸣村西约 600m 处	明、清
26		曲阳县	北平乐墓群	南留营乡北平乐村东 50m	汉
27		定州市	北古山墓地	砖路乡北古山村东偏南	宋金
28		唐县	高昌墓群	高昌镇高昌村唐河两岸	战国
29		顺平县	兔坡墓地	朝阳乡塔山坡村	汉
30		满城市	荆山墓群	神星乡荆山村西北黄土台地上	战国—汉
31	保定市	徐水县	枣园墓群	义联庄乡枣园村东约 500m 台地上	金元
32		徐水县	釜山墓地	釜山乡南釜山、西釜山、北釜山三村西	汉、金元
33		易县	南北林墓地	塘湖镇南北林村西 500m 台地上	汉
34		易县	厂城墓地	城关镇厂城村西北 200m	辽金
35		易县	留召墓地	留召乡南留召村东南	明
36		涞水县	中车亭墓地	文山乡中车亭村东北约 500m 山前平地	唐宋
37		徐水县	北北里墓地	东史端乡北北里村北	战国

表 3－3－27　　　　　　　　　总干渠渠线北京段古遗址一览表

序号	文物名称	位　置	时　代
1	坡庄—六间房遗址	房山区长沟镇坟庄村东北	新石器、商周、金
2	皇后台遗址	房山区韩村河镇皇后台村西北	商代至西周中期
3	丁家洼遗址	房山区城关镇丁家洼村西南	新石器、春秋、战国、汉
4	洪寺遗址	房山区洪寺村西沙河右岸	辽金

表 3－3－28　　　　　　　　　总干渠渠线北京段古墓群一览表

序号	文物名称	位　置	时代
1	惠南庄泵站—王庄—杨家庄文物埋藏区	房山区大石窝镇塔照村至北拒马河一带	秦、汉

序号	文 物 名 称	位 置	时代
2	前后朱各庄村墓群	房山区城关镇丁家洼村东南、羊头岗村北	金、元、明
3	岩上墓葬区	房山区长沟镇岩上村东南	汉—元
4	顺承郡王家族墓葬区	房山区长沟镇新街、周口、瓦井、辛庄、西周各庄等村	清
5	常乐寺（果各庄）墓葬区	房山区青龙湖镇常乐寺村	汉、明、清
6	乌古论家族墓地	丰台区王佐乡米粮屯村	金

表 3 - 3 - 29　　　　　　　　总干渠渠线天津段古遗址一览表

序号	名 称	地 址	时 代
1	王二淀遗址	武清区王庆坨镇王二淀村西南 800m	金元
2	张家地遗址	武清区王庆坨镇张家地村南约 1.1km	金元

二、东线一期工程文物保护专题报告

（一）编制及论证过程

2004 年 11 月至 2005 年 2 月，东线一期工程沿线山东、江苏两省分别编制了本辖区内工程涉及的文物保护专题报告，并上报水利部淮河水利委员会汇总。

2004 年 11 月，山东省文物考古研究所完成了《南水北调东线工程山东省文物调查报告》《南水北调东线工程山东省文物保护专题报告》，12 月，山东省文化厅在北京组织召开了专家论证会，对这两个报告进行了初步审核。

2004 年 12 月，江苏省文物局编制完成了《南水北调东线一期工程江苏段文物保护专题报告》，并于当月 29 日组织有关文物、考古、规划、水利等十余位专家对该报告进行了初步审核、论证。2005 年 1 月 26 日、2 月 25 日，江苏省水利厅、山东省南水北调工程建设管理局分别向水利部淮河水利委员会转报了《南水北调东线一期工程江苏省文物保护专题报告》《南水北调东线工程山东省文物调查报告》和《南水北调东线工程山东省文物保护专题报告》，水利部淮河水利委员会组织专家对两省上报成果进行了汇总和评审。2005 年 2 月 28 日至 3 月 1 日期间，淮河水利委员会在安徽省蚌埠市主持召开了"南水北调东线一期工程文物保护专题报告评审会"，会议成立了南水北调东线第一期工程江苏、山东两省文物保护专题报告评审专家组，对两省专题报告进行了评审，形成《南水北调东线第一期工程江苏省和山东省文物保护专题报告评审意见》，认为两省专题报告基本符合《南水北调东、中线一期工程文物保护专题报告工作大纲》的要求，就文物受影响程度、文物点发掘面积的确定、文物点的增删、调整、文物保护概算的编制等方面存在的问题提出了修改意见，并就完善工作机制、大运河遗产保护设计、工作经费的安排三个方面提供了建议。综合专家评审意见以及山东、江苏两省文化主管部门对汇总稿的意见对专题报告进行修改以后，2005 年 11 月，中水淮河工程有限责任公司编制了《南水北调东线第一期工程文物调查及保护专题报告》。

（二）主要框架、原则及内容

东线专题报告回顾了东线山东、江苏两省前期调查工作成果，分析了工程建设对于文物点的影响，评估了受影响文物点的价值，对文物保护规划的依据和原则、保护措施等做了说明。其主要框架、原则和内容如下。

1. 规划依据

《中华人民共和国文物保护法》；

《中华人民共和国建筑法》；

《中华人民共和国水法》；

《中华人民共和国文物保护法实施条例》；

《国家重点建设项目管理条例》

《大中型水利水电工程建设征地补偿和移民安置条例》；

《建设工程勘察设计管理条例》；

《水利水电工程水库建设征地移民设计规范》；

《中华人民共和国水下文物保护管理条例》；

《考古调查、勘探、发掘经费预算定额管理办法》；

《田野考古工作规程》；

《考古发掘管理办法》；

《文物保护工程管理办法》；

《仿古建筑及园林工程预算定额》；

《水利工程设计概（估）算编制规定》；

《南水北调工程文物保护工作协调小组第一次会议纪要》；

《关于做好南水北调东、中线工程文物保护工作的通知》及国家文物局《关于进一步做好配合南水北调工程文物保护工作的通知》（文物保函〔2003〕998号）；

《山东省文物保护管理条例》（1990年10月30日山东省第七届人大常委会第十八次会议通过）；

《山东省考古勘探、发掘管理办法》（2002年11月8日山东省文化厅颁布执行）；

《国务院关于南水北调工程总体规划的批复》（国函〔2002〕117号）；

《关于请报送南水北调工程文物保护规划的函》（文物保函〔2004〕135号）；

《水利建筑工程预算定额》（水总〔2002〕116号）；

《江苏省文物保护条例》（2003年10月25日江苏省第十届人民代表大会常务委员会第六次会议通过）；

《江苏省历史文化名城名镇保护条例》（2001年12月27日江苏省第九届人民代表大会常务委员会第二十七次会议通过）；

长江勘测规划设计研究院、中水淮河工程有限责任公司、中国文物研究所《南水北调东、中线第一期工程文物保护专题报告工作大纲（审定稿）》，2004年8月；

《南水北调东线第一期工程总体可研报告》；

国家及有关部委和省市人民政府的其他有关法规、规定等。

2. 规划原则

（1）坚持"保护为主、抢救第一"的原则。文物是一种不可再生的资源。只有坚持"保护为主、抢救第一"的原则，动员全社会一切力量，调动所有能调动的人力、物力和财力抢救好沿线及库区的文物，全面发掘古代文化内涵丰富、有重大价值的地下遗存，全面抢救和保护具有较高历史、科学、艺术价值的地上文物，才能保护好祖先留给我们的珍贵遗产，才能使工程涉及文物的损失减少到最低。

（2）坚持重点保护、重点发掘的原则。南水北调工程线路长、面积大，文物保护工作时间紧、任务重，因此，只有科学、合理地划分文物保护等级，突出保护重点，实事求是地制定文物保护措施，才能使投入到文物保护工作中的人、财、物发挥最大的效益，才能确保在规定的时间内全面做好文物保护工作。

（3）坚持抢前争先、考古先行原则。文物保护的自身规律要求，考古发掘工作必须抢在工程建设之前进行。工程建设部门也必须充分考虑文物考古工作的特殊性，给文物考古发掘工作留出足够的工作时间，唯有如此，才能做到既不影响工程建设，又有利于文物保护。

（4）坚持抢救与保护相结合的原则。根据工程的不同要求，对水库淹没区的文物进行全面的抢救发掘工作。对干渠经过的区域，在进行详细准确调查的基础上，发现有非常重要的遗存（如国家级保护单位、省级保护单位或其他价值较高的文物点），及时与工程部门通报、要求他们尽量避开对重要遗址所在区域的占用。

（5）坚持服从全局、服从大局的原则。文物保护工作作为社会主义精神文明建设的重要组成部分，必须牢固树立全局观念，坚持服务于经济建设大局，积极主动地配合工程建设做好文物保护工作。

（6）坚持突出课题、科学保护的原则。坚持文物保护工作的科学性，加强课题意识。根据调查的基础资料，设定基本的课题项目，在实际工作中，对与课题相关的遗存进行重点发掘。与时俱进地运用先进的科学技术手段，尽可能提取和保存历史文化信息，做好文物保护工作。

（7）坚持着眼未来、可持续发展的原则。文物是祖先留给我们的珍贵历史文化遗产，对于促进经济发展和精神文明建设有着不可替代的特殊作用，因此，在做好文物保护工作的同时，应坚持着眼未来、可持续发展的原则，使文物保护步入良性循环的轨道，成为地方经济可持续发展的重要资源。

3. 规划范围

根据长江勘测规划设计研究院、中水淮河工程有限责任公司、中国文物研究所 2004 年 8 月制定的《南水北调东、中线第一期工程文物保护专题报告工作大纲》的要求，文物保护的工作范围为"干线工程永久占地范围、干线工程临时占地范围、移民建房安置区"。其中，干线范围工程永久占地范围主要包括干线河道工程、泵站等建筑物工程、蓄水影响工程、调蓄水库淹没区；临时用地范围主要包括施工设施临时用地和施工工程临时用地。

4. 文物保护实物指标

根据工程规划设计资料和沿线文物调查资料，东线一期工程共影响地下文物 86 处，其中江苏省 24 处、山东省 62 处；影响古脊椎动物与古人类文物 6 处，全部在江苏省；影响地面文物 9 处，其中江苏省 3 处、山东省 6 处。经汇总，南水北调东线一期工程占地影响范围内共需开展考古调查 350km²，普通考古勘探 785360m²，重点考古勘探 815645m²，考古发掘

147046m^2，地面文物保护工程 8 项。

表 3 - 3 - 30　　　　　　　南水北调东线一期工程地下文物一览表

省份	序号	文物名称	单项工程名称	影响类型
江苏	1	项王城遗址	洪泽湖抬高蓄水位影响	淹没
	2	岗西遗址	三阳河	挖压
	3	陶河遗址	三阳河	挖压
	4	临西遗址	三阳河	挖压
	5	鸭州汉—唐代墓地	淮安四站	挖压
	6	泗州城遗址	洪泽湖抬高蓄水位影响	淹没
	7	三垛遗址	三阳河	挖压
	8	耕庭遗址	三阳河	挖压
	9	白马湖一区二窑明代墓	淮安四站输水河道	挖压
	10	板闸古粮仓遗址	截污导流	挖压
	11	瓦屋滩遗址	洪泽湖抬高蓄水位影响	淹没
	12	老庙滩遗址	洪泽湖抬高蓄水位影响	淹没
	13	陡北遗址	洪泽湖抬高蓄水位影响	淹没
	14	叶嘴遗址	洪泽湖抬高蓄水位影响	淹没
	15	旧后遗址	洪泽湖抬高蓄水位影响	淹没
	16	填塘遗址	洪泽湖抬高蓄水位影响	淹没
	17	戚洼汉代墓群	洪泽湖抬高蓄水位影响	淹没
	18	刘家洼汉墓群	洪泽湖抬高蓄水位影响	淹没
	19	龟山汉墓群	洪泽湖抬高蓄水位影响	淹没
	20	楚州元、明、清墓群	截污导流	挖压
	21	夹沟明、清墓群	截污导流	挖压
	22	小龙头遗址	洪泽湖抬高蓄水位影响	淹没
	23	王屋基遗址	洪泽湖抬高蓄水位影响	淹没
	24	铜山岛墓地	南四湖下级湖抬高蓄水位	淹没
山东	1	单庙墓地	梁济运河	挖压
	2	程子崖遗址	梁济运河	挖压
	3	梁庄墓地	梁济运河	挖压
	4	马垓墓地	梁济运河	挖压
	5	薛垓墓地	梁济运河	挖压
	6	郭楼墓地	梁济运河	挖压
	7	小北山墓地	穿黄	挖压

省份	序号	文物名称	单项工程名称	影响类型
山东	8	百墓山墓地	穿黄	挖压
	9	官口遗址	小运河	挖压
	10	七级码头遗址	小运河	挖压
	11	倪官屯遗址	小运河	挖压
	12	谭庄遗址	小运河	挖压
	13	西梭堤遗址	小运河	挖压
	14	土闸遗址	小运河	挖压
	15	丁马庄遗址	小运河	挖压
	16	河畏张庄砖窑址	小运河	挖压
	17	陈坟遗址	小运河	挖压
	18	范楼遗址	小运河	挖压
	19	师堤遗址	小运河	挖压
	20	龙王庄遗址	小运河	挖压
	21	郭堤口遗址	小运河	挖压
	22	后屯遗址	小运河	挖压
	23	赵沟遗址	小运河	挖压
	24	小屯南遗址	小运河	挖压
	25	小屯西遗址	小运河	挖压
	26	九营遗址	小运河	挖压
	27	百庄遗址	小运河	挖压
	28	肖那王庄遗址	小运河	挖压
	29	大吕王庄遗址	小运河	挖压
	30	前玄墓地	小运河	挖压
	31	前贾墓地	小运河	挖压
	32	丁王庄遗址	小运河	挖压
	33	亭山头遗址	济平干渠	挖压
	34	南贵平遗址	济平干渠	挖压
	35	潘庄遗址	济平干渠	挖压
	36	大街遗址	济平干渠	挖压
	37	兴隆墓地	济平干渠	挖压
	38	归南遗址	济平干渠	挖压

省份	序号	文物名称	单项工程名称	影响类型
山东	39	卢故城遗址	济平干渠	挖压
	40	三合村遗址	济平干渠	挖压
	41	小王庄遗址	济平干渠	挖压
	42	钟楼子遗址	济平干渠	挖压
	43	筐李庄遗址	济平干渠	挖压
	44	刘信南遗址	济南至引黄济青段河道	挖压
	45	胥家庙遗址	济南至引黄济青段河道	挖压
	46	陈庄遗址	济南至引黄济青段河道	挖压
	47	大张庄遗址	济南至引黄济青段河道	挖压
	48	南显河遗址	济南至引黄济青段河道	挖压
	49	疃子遗址	济南至引黄济青段河道	挖压
	50	东关遗址	济南至引黄济青段河道	挖压
	51	寨卜遗址	济南至引黄济青段河道	挖压
	52	07 遗址	双王城水库	淹没
	53	09 遗址	双王城水库	淹没
	54	011 遗址	双王城水库	淹没
	55	S01 遗址	双王城水库	淹没
	56	S02 遗址	双王城水库	淹没
	57	S06 遗址	双王城水库	淹没
	58	S08 遗址	双王城水库	淹没
	59	SS6 遗址	双王城水库	淹没
	60	SS7 遗址	双王城水库	淹没
	61	SS8 遗址	双王城水库	淹没
	62	SS14 遗址	双王城水库	淹没

表 3-3-31   南水北调东线一期工程古脊椎动物与古人类文物点一览表

省份	序号	文物名称	单项工程名称	影响类型
江苏	1	杨庄古生物化石地点	淮安四站输水河道	挖压
	2	周湾古生物化石地点	淮安四站输水河道	挖压
	3	七咀古生物化石地点	洪泽湖抬高蓄水位影响	淹没
	4	淮阴站化石出土地点	淮阴三站	挖压
	5	土桥化石地点	三阳河、潼河	挖压
	6	万民村化石地点	三阳河、潼河	挖压

表 3－3－32 南水北调东线一期工程地面文物一览表

省份	序号	文物名称	单项工程名称	影响类型
江苏	1	三垛清代民居建筑群	三阳河、潼河	挖压
	2	洪泽湖大堤	洪泽站	挖压
	3	板闸古税关	截污导流	淹没
山东	1	七级古港	小运河	挖压
	2	七级古码头	小运河	挖压
	3	七级北库	小运河	淹没
	4	土闸	小运河	
	5	戴闸	小运河	
	6	牛头石桥	济平干渠	

第四节 南水北调文物保护工作的 论证、审批

在总体可研报告审批阶段，为推进南水北调中、东线一期工程文物保护工作的开展，国务院南水北调工程建设委员会办公室和国家文物局联合组织工程沿线工程主管部门、文物主管部门上报、实施了三批控制性文物保护项目，并在 2009 年组织各相关部门上报了总体可研报告内计列的除上述三批控制性文物保护项目之外的文物保护初步设计方案，有力地推动了文物保护工作的进展，取得了丰硕的成果。遇真宫作为工程涉及的唯一一处世界文化遗产，备受重视，其保护方案经文物、水利专家多方论证，从最初的工程防护方案变更为垫高保护方案，已完成实施。

一、第一批控制性文物保护项目的论证与审批

2004 年 12 月 29 日，南水北调东、中线一期工程文物保护工作协调小组在北京召开第二次会议。国家发展改革委投资司、农经司，水利部调水局，国务院南水北调办投资计划司、环境与移民司和国家文物局文物保护司的有关同志参加了会议。会议总结了前一阶段南水北调东、中线一期工程文物保护前期工作，对文物保护专题报告的汇总并纳入工程总体可研报告、文物保护工作投资及重点文物保护项目的方案编制等问题进行了研究。为保证南水北调东、中线一期工程的顺利实施，应妥善解决文物保护工作时间与南水北调东、中线一期工程建设工期的矛盾。会议决定，有关省（直辖市）文物部门要对保护工作量大、保护方案复杂、对南水北调东、中线一期工程建设工期构成制约的少数控制性文物保护项目，尽快编制达到初步设计深度的文物保护方案和投资概算，由南水北调东、中线一期工程项目法人和省级文物行政部门联合报国务院南水北调办和国家文物局。国务院南水北调办商国家文物局组织对文物保护方案进行审查，并根据审定的文物保护方案对投资概算进行审核后报国家发展改革委核定。投资概算经核定后的相应的文物保护方案由国务院南水北调办会同国家文物局审批。其他文物保护项目仍

按照《南水北调工程文物保护工作协调小组第一次会议纪要》确定的程序汇总，并连同上述少数控制性文物保护项目一道，纳入南水北调东、中线一期工程总体可研报告。

2005 年 3 月 18 日，南水北调东、中线一期工程文物保护工作协调小组在北京召开第三次会议。国家发展改革委投资司、农经司，水利部调水局，国务院南水北调办环境与移民司和国家文物局文物保护司的有关同志参加了会议。会议传达并学习了胡锦涛总书记、温家宝总理关于南水北调工程文物保护问题的批示，总结了前一阶段南水北调东、中线一期工程文物保护前期工作的进展情况，对汇总文物保护专题报告、编制文物保护控制性项目和当年拟开工的四个单项工程的文物保护等问题进行了研究。会议强调，南水北调东、中线一期工程项目法人和省级文物行政部门应按照《南水北调东、中线一期工程文物保护工作协调小组第二次会议纪要》的要求，于 4 月 15 日前将达到初步设计深度的控制性文物保护项目方案和投资概算报国务院南水北调办和国家文物局。国务院南水北调办商国家文物局组织对文物保护方案进行审查，并根据审定的文物保护方案将投资概算和投资计划尽快报国家发展改革委核定。

（一）第一批控制性文物保护项目的上报、汇总

北京段第一批控制性文物保护项目上报 7 项。河北省第一批控制性文物保护项目上报 6 项。

2005 年 2—3 月，河南省文物局先后与南水北调中线水源有限责任公司（简称"中线水源公司"）、南水北调中线干线工程建设管理局（简称"中线建管局"）商定 11 项丹江口水库河南省淹没区、总干渠河南段控制性文物保护项目考古发掘工作方案。2005 年 4 月 26 日，河南省文物局与中线建管局向国务院南水北调办和国家文物局报送了《南水北调中线工程总干渠河南段控制性文物项目考古发掘工作方案》。

2005 年 3 月，湖北省文物局与中线水源公司联合编制上报了 2005 年南水北调丹江口水库淹没区控制性考古发掘项目 6 个。

2005 年 5 月 17 日，山东省文化厅和山东省南水北调工程建设管理局联合给国务院南水北调办、国家文物局呈报《南水北调东、中线一期工程山东段 2005 年控制性文物保护项目方案和投资概算》。

2005 年 5 月，江苏省文物局与省南水北调办公室一起，以淮委上报国务院南水北调办的《南水北调东线工程江苏省文物保护专题报告》为基础，根据各项目的工作量和工程轻重缓急，确定了 10 项保护工作比较复杂、工作量大、耗时长、可能制约当年工程进度的项目作为一期控制性文物保护项目。

（二）第一批控制性文物保护项目的论证、审批

2005 年 5 月 26 日，国务院南水北调办与国家文物局在北京联合召开会议，邀请黄景略、石俊营等六位专家对沿线各省上报的 52 项南水北调工程控制性文物保护项目进行了审查，形成《南水北调工程控制性文物保护项目专家审查会意见》，认为在总体可研报告批准之前，安排控制性文物保护项目是完全必要的，建议将韩琦墓、洪泽湖大堤之外的 50 项列入控制性文物保护项目，建议 2005 年度控制性文物保护项目经费控制在 7500 万元左右。2005 年 6 月 14 日，国家文物局与国务院南水北调办上报国家发展改革委《关于对南水北调东、中线一期工程控制性文物保护项目审查的意见》（文物保函〔2005〕633 号），建议 2005 年实施的控制性文物

保护项目以南水北调东、中线一期工程中线总干渠及东线为主，适当考虑丹江口库区，合计 45 项，建议 2005 年度安排项目经费 5262 万元。

2005 年 9 月 13—14 日，国家发展改革委国家投资项目评审中心在石家庄组织了有水利、文物和概预算专家参加的南水北调东、中线一期工程 2005 年度控制性文物保护项目投资概算审查会，专家组对所报项目逐一进行讨论，形成《南水北调东、中线一期工程 2005 年度控制性文物保护项目投资概算审查会专家组审查意见》，意见认为：由国务院南水北调办和国家文物局共同汇总提交的南水北调东、中线一期工程 2005 年度控制性文物保护项目投资概算，具有较强的可操作性，其文物保护项目的实物指标基本准确，概算编制的原则和依据基本合理。为尽可能使该概算体现公正、科学、合理的原则，专家组建议各省的"勘探""考古发掘"的单方标准和取费标准应统一执行国家《考古调查、勘探、发掘经费预算定额管理办法》（文物局〔90〕文物字 248 号），概算中规定的不可预见费按 248 号文件中规定的下限 3％计取，认可长江勘测规划设计研究院和各省文物考古部门提出的农民工日工资标准提高到 20 元，北京市、天津市提高到 30 元的意见，南水北调东、中线一期工程 2005 年度控制性文物保护项目考古发掘报告的整理、出版费用，应纳入南水北调工程文物保护专题报告经费总概算，可暂不列入本概算。

2005 年 10 月 24 日，国家发展改革委下发《关于核定南水北调东、中线一期工程控制性文物保护项目概算的通知》，核定南水北调东、中线一期工程控制性文物保护项目 45 项，项目投资为 5000 万元。

2005 年 11 月 10 日，国务院南水北调办下发《关于南水北调东、中线一期工程控制性文物保护方案的批复》，核定南水北调东、中线一期工程控制性文物保护项目 45 项，核定总投资 5000 万元，其中北京市 7 个项目投资 619 万元，河北省 6 个项目投资 1388 万元，河南省 11 个项目投资 1440 万元，湖北省 4 个项目投资 520 万元，山东省 7 个项目投资 621 万元，江苏省 10 个项目投资 412 万元。

二、第二批控制性文物保护项目的论证与审批

2006 年 4 月 11 日，南水北调工程文物保护工作协调小组在北京召开第五次会议。国家发展改革委投资司、农经司，水利部调水局，国务院南水北调办投资计划司、环境与移民司和国家文物局文物保护司的相关人员参加了会议。会议简要总结了前一阶段南水北调东、中线一期工程文物保护前期工作，结合 2005 年控制性文物保护项目实施情况的检查，对南水北调东、中线一期工程下一步文物保护工作进行了研究。会议议定，对照总体可研报告中的文物专题报告，对南水北调中线一期工程京石段文物保护项目（扣除京石段初设概算中已计列的文物保护费用）和 2005 年度已确定的 45 项控制性文物保护项目中尚未实施的建设内容，请有关单位尽快编制达到初步设计深度的实施方案，由国务院南水北调办、国家文物局对该实施方案进行审核后，报国家发展改革委核定其概算，使上述项目尽快具备使用相关经费的条件，并付诸实施，以确保京石段文物保护工作和工程建设的顺利开展。对于京石段和 2005 年已确定的 45 项控制性项目外的其他文物保护项目，一方面在国务院批准总体可研报告之前，有关部门应研究先期核定文物保护专题报告所列文物保护经费概算，或提前单独审批专题报告的可能性，以推动文物保护工作的顺利开展；另一方面，国务院南水北调办、国家文物局应立即着手就工程建

设的工期与文物保护工作工期问题进行协商，排定统一的时间表，确定需要优先实施的文物保护项目，并尽快开展工作。若文物专题报告投资概算不能提前单独核定，则继续上报一批新的控制性文物保护项目。

2006年10月13日，国家文物局与国务院南水北调办召集工程沿线五省的文化与水利部门到北京参加第二批控制性项目申报会议，要求各省于10月25日前上报第二批控制性文物保护项目的方案及经费概算。

2006年10月23日，南水北调东、中线一期工程沿线河北、河南、湖北、山东、江苏五省陆续上报第二批控制性文物保护项目，汇总为《南水北调东、中线一期工程第二批控制性文物保护项目方案和投资概算》，总计上报项目182项，投资概算31555.47万元。

2006年11月20日，国务院南水北调办与国家文物局在郑州联合组织召开南水北调工程第二批控制性文物保护项目审查会，对南水北调第二批控制性文物保护项目进行了审查。经讨论，会议认为：在总体可研报告批准之前，继续安排第二批控制性文物保护项目是完全必要的；原则同意将此次审查的169项文物保护项目列入第二批控制性文物保护项目；第二批控制性文物保护项目经费建议按照文物保护专题报告的标准计列；建议将考古资料整理基地费、考古资料出版费和监理费纳入第二批控制性文物保护项目概算；建议将遇真宫考古发掘费用纳入遇真宫保护工程经费中。

2007年1月9—10日，国家发展改革委评审中心在北京召开南水北调第二批控制性文物保护项目经费概算审查会。

2007年3月12日，国家发展改革委下发《关于核定南水北调东、中线一期工程第二批控制性文物保护项目投资概算的通知》，核定南水北调东、中线一期工程第二批控制性文物保护项目171项，核定项目总投资30149万元，扣除京石段项目已计列的文物保护投资620万元，需下达的投资计划数为29529万元。

2007年4月10日，国务院南水北调办下发了《关于南水北调东、中线一期工程第二批控制性文物保护方案的批复》，核定南水北调东、中线一期工程第二批控制性文物保护项目171项，核定项目总投资30149万元，其中河北省47个项目投资7470万元，河南省65个项目投资13414万元，湖北省25个项目投资4485万元，山东省19个项目投资2612万元，江苏省15个项目2168万元；河北省需扣除京石段已随工程投资下达的文物保护投资620万元。

三、丹江口库区 2008 年文物保护项目的论证与审批

为了加快丹江口水库湖北淹没区文物保护工作进度，确保2010年如期完成文物保护工作任务，根据国务院南水北调办《关于组织上报2008年丹江口库区文物保护项目保护方案及投资概算的通知》要求，湖北省、河南省分别选取一批水位低、保护价值高的项目，制定了2008年丹江口库区文物保护项目保护方案。

湖北省2008年丹江口库区文物保护项目保护方案中，涉及文物保护点32处，其中丹江口市11处、郧县16处，张湾区5处，发掘面积共计9.5775万 m²，普通勘探面积61.9724万 m²，重点勘探面积0.7万 m²，涉及古遗址16处、古墓群11处、化石点5处。其中，郧县沈家坎遗址、郧县曲远河口旧石器地点两个文物保护项目属第二批控制性项目，因第二批控制性项目申报时漏报发掘面积而补报。

河南省 2008 年丹江口库区文物保护项目保护方案中，涉及文物保护点 27 处，投资经费共计 46420302 元，其中直接用于考古发掘和勘探的费用为 43346520 元。直接费用中普探面积 1220400㎡，普探经费 1708560 元；发掘面积 93210㎡，发掘经费 41637960 元。

2007 年 11 月 21 日，国务院南水北调办与国家文物局在北京联合组织召开南水北调工程丹江口库区 2008 年文物保护项目专家审查会，对南水北调工程丹江口库区 2008 年文物保护项目进行了审查。经讨论，会议认为，在总体可研报告批准之前，继续安排南水北调工程丹江口库区 2008 年文物保护项目是完全必要的；原则同意将此次审查的 59 项地下文物保护项目列入丹江口库区 2008 年文物保护项目；遇真宫保护是南水北调工程文物保护工作的重要项目，其前期工作的开展是确定保护方案的必要条件，建议暂列工作经费 500 万元，待保护方案确定后，在其保护经费中扣除；丹江口库区 2008 年文物保护项目经费建议按照总体可研文物保护专题报告的标准计列；建议将考古资料整理基地费和相应的监理费、技术培训费、考古资料出版费纳入丹江口库区 2008 年文物保护项目概算。

2008 年 3 月 31 日，国家发展改革委下发《关于核定南水北调中线一期工程丹江口库区 2008 年文物保护项目投资概算的通知》，核定南水北调中线一期工程丹江口库区 2008 年文物保护项目概算总投资 8971 万元，其中河南省境内文物保护项目投资 4224 万元，湖北省境内文物保护项目投资 4747 万元。

2008 年 6 月 6 日，国务院南水北调办下发《关于南水北调中线一期工程丹江口库区 2008 年文物保护项目的批复》，批准南水北调中线一期工程丹江口库区 2008 年文物保护项目 60 项（含遇真宫保护前期项目），核定总投资 8971 万元。其中河南省 27 项，核定投资为 4224 万元，湖北省 33 项（含遇真宫保护前期项目），核定投资为 4747 万元。

四、2009 年文物保护工程初步设计阶段

2009 年，南水北调中线建管局等会同中线、东线一期工程沿线各省（直辖市）文物部门联合上报南水北调东、中线一期工程文物保护方案和投资概算，上报文物保护项目 376 项，投资概算 54572.67 万元。

2009 年 8 月 24—25 日，国务院南水北调办与国家文物局在河北省联合组织召开了"南水北调工程文物保护初步设计审查会"，组织文物、水利相关方面的专家对南水北调工程文物保护初步设计进行了审查，形成《南水北调东、中线一期工程文物保护初步设计专家组审查意见》。专家组同意本次上报的 376 项文物保护项目的实施，其中北京 10 项，河北省 25 项，河南省 167 项，湖北省 125 项，山东省 41 项，江苏省 8 项；建议按实际情况安排实施下寺墓群、徐家岭墓群、韩琦家族墓的文物保护工作，建议将丹江口水库淅川县险峰遗址等 11 个项目纳入初步设计实施项目，取消北京段洪寺遗址等 3 个项目，将新发现的南正遗址纳入初步设计实施项目，建议将遇真宫泰山庙及遇仙桥两个项目与遇真宫项目一并研究。

2009 年 8 月 25—27 日，国务院南水北调办与国家文物局在河北省联合组织召开了"南水北调工程文物保护初步设计概算评审会"，组织文物、水利相关方面的专家对南水北调工程文物保护初步设计投资概算进行了审查，形成《南水北调东、中线一期工程文物保护项目初步设计概算评审专家意见》，核定初步设计投资概算 52941.25 万元。

2009 年 10 月 13 日，国务院南水北调办下发了《关于南水北调东、中线一期工程初步设计

阶段文物保护方案的批复》，认为在总可研范围内的剩余文物保护项目开展初步设计工作一并进行审查是必要的，原则同意各省（直辖市）上报的文物保护方案，基本同意文物保护初步设计报告中项目经费概算编制的依据、原则及标准，核定文物保护经费投资 52941.25 万元，其中北京市 342.25 万元，河北省 4919.05 万元，河南省干线段 17196.28 万元，河南省库区8270.55 万元，湖北省库区 14254.90 万元，湖北省汉江中下游 3633.01 万元，山东省 3542.91万元，江苏省 782.30 万元。

五、遇真宫文物保护方案的论证与审批

武当山遇真宫位于丹江口库区南端，是武当山"九宫九观"之一。据文献记载，明初著名道士张三丰在此结庵修炼，名曰"会仙馆"。明永乐十年（1412 年），明成祖敕建遇真宫，五年后竣工，其主体由周长 857m 的宫墙环绕的中宫、西宫和东宫三部分构成，占地面积约 45 亩。西宫和东宫地面的建筑已经毁坏，现存中宫有宫门、宫墙、龙虎殿、真仙殿残迹、配殿等建筑，建筑面积 $1459m^2$。1959 年遇真宫被公布为湖北省文物保护单位，1994 年被列入世界文化遗产名录。遇真宫海拔 160m，因地势较低，处于南水北调中线工程丹江口水库淹没区，是南水北调中线工程涉及的唯一一处世界文化遗产。

（一）遇真宫保护方案论证情况

1. 前期工作

南水北调工程立项后，为科学做好遇真宫保护工作，湖北省文物局于 2004 年 4 月组织完成《南水北调中线工程丹江口水库淹没区湖北省文物保护规划》并召开专家论证会。根据论证会专家意见，遇真宫作为特殊项目单独编制保护方案。同时以"不改变文物原状，减少对文物的干预""全面地保存、延续文物的真实历史信息和价值""保护与文物本体相关的历史、人文和自然环境"为目标，组织相关单位就遇真宫保护方案进行实地调研，并初步形成了抬升、围堰、搬迁 3 种保护思路。

2. 保护方案的比选论证

2004 年年底，湖北省文物局邀请清华大学文化遗产保护研究所进行了武当山遇真宫 3 种保护方案的可行性研究，该所派出项目组进行了实地调研，听取了当地文物部门的情况，经过科学论证，于 2005 年 1 月完成了《遇真宫保护方案可行性研究报告》，对各方提出的围堰、抬升和搬迁 3 种方案进行了比选，提出有条件的推荐抬升方案。

此外，长江勘测规划设计研究院于 2004 年 7 月组织编制了《南水北调中线水源工程丹江口库区遇真宫防护工程可行性研究报告》；后根据湖北省文物局提出的三种保护方案，该院在《丹江口市遇真宫文物保护规划报告》中初步拟订了垫高方案、异地迁建方案和工程防护方案（又分为大围堰、小围堰和中围堰 3 种方案），并纳入 2005 年 6 月编制的《南水北调中线一期工程文物保护专题报告》中作了比选，认为"遇真宫的保护方案是在各种利弊之间的权衡……遇真宫保护方案的权衡首要问题不在投资，关键在于如何更有效地保护好文物"，并正式建议对遇真宫保护采取工程防护的方案，总费用 5604.6 万元。

遇真宫属世界文化遗产，其保护方案按有关规定必须由国家文物局审批并报中国联合国教科文组织全国委员会备案。为此，湖北省文物局于 2005 年 8 月将清华大学世界遗产保护中心编

制的《遇真宫保护方案可行性研究报告》和长江勘测规划设计研究院编制的《丹江口市遇真宫文物保护规划报告》一并上报国家文物局，并请求国家文物局尽快组织专家论证评审，确定最佳保护方案。

2005 年 11 月，国家文物局做出批复，指出遇真宫保护工程是南水北调工程最重要的文物保护项目之一，其保护意义重大，应慎重考虑保护方案，使丹江口水库大坝加高对遇真宫保护造成的影响降到最低；并要求湖北省文物局在对遇真宫进行考古调查、勘探和发掘工作的基础上，组织有关单位完善和细化三个方案，另行报批。

（二）考古清理和方案细化工作情况

根据国家文物局的批复意见，湖北省文物局于 2005 年 12 月制定并向国家文物局上报了遇真宫考古发掘清理方案，以搞清遇真宫建筑及其遗址的范围、内容、性质，明确保护对象为目标，组织湖北省文物考古研究所对遇真宫西宫遗址进行了全面发掘，发掘面积达 9000m²。发掘所揭示的遇真宫西宫建筑规模庞大，遗迹丰富，遗迹之间的关系复杂，较好地保护了明清时期的建筑布局和结构，为遇真宫保护方案的科学论证和最终确定提供了考古依据。在此基础上湖北省文物局组织陕西省古建研究所、长江勘测规划设计研究院、北京清华城市规划设计研究院等单位分别就搬迁、围堰、抬升三种方案进行了完善和细化，分别形成翔实的设计报告。

2007 年 4 月，国务院南水北调办致函国家文物局，转送了中线水源公司对丹江口库区遇真宫遗址保护的有关建议，称根据工程防护方案的深化设计，由于工程防护方案存在设计标准、汛期排涝、防护区内浸没侵蚀、运行管理等问题，防护方案无法确保遇真宫安全，建议另择方案。

2007 年 7 月，国家文物局致函国务院南水北调办综合司《关于丹江口库区遇真宫保护事宜的意见函》，提出采用工程防护方案对遇真宫实施保护是严格按照南水北调工程文物保护工作的程序，并征求专家意见后确定的，如确需变更，应由中线水源公司与湖北省文物局协商，组织专家对变更遇真宫保护方案的可行性和必要性进行论证，按程序报批。

2007 年 7 月 27 日，湖北省移民局在北京组织召开了遇真宫保护方案专家论证会，来自文物和水利两方面的专家共 14 人参加了会议，此外，来自国家文物局、国务院南水北调办、湖北省文物局、湖北省移民局、中线水源公司、长江勘测规划设计研究院、清华大学文化遗产保护中心等单位的代表参加了会议。与会专家对遇真宫保护方案的进行了热烈的讨论：水利专家认为工程防护方案确实存在中线水源公司所提出的设计标准、汛期排涝、防护区内浸没侵蚀、运行管理等问题，在后期实施过程中，存在威胁遇真宫安全的隐患，且极易对遇真宫造成毁灭性破坏，应另选方案对遇真宫实施保护；文物专家认为，会上提交的工程防护方案未能对该方案可能存在的风险进行充分的分析和论证，且中线水源公司也未提出该方案不可行的充分依据，而工程防护方案曾经过专家论证是可行的，故应由工程防护方案的设计单位进一步深化设计，分析工程防护方案存在的风险和问题，并提出可行的解决办法。会议还对提交讨论的遇真宫垫高保护方案进行了论证，认为如果工程防护方案确不可行，可采用垫高方案。会议决议，由国务院南水北调办负责组织、协调有关单位尽快开展遇真宫保护方案风险评估工作。

2007 年 9 月 27 日，国务院南水北调办环境与移民司会同国家文物局文物保护司协商遇真宫保护工作相关事宜，经双方协商，认为应按照 2007 年 7 月 27 日在北京召开的遇真宫保护方案专家论证会的意见，由中线水源公司委托相关专业单位进一步开展遇真宫保护工程防护方案的风险分析，形成科学的风险分析报告后，经湖北省移民部门和文物部门上报国务院南水北调办和国家文物局。国家文物局将商国务院南水北调办共同研复，若有必要，可再请专家论证。

2008 年 3 月，国家发展改革委按照《关于核定南水北调东、中线一期工程丹江口库区 2008 年文物保护项目投资概算的通知》，核拨遇真宫保护工程前期工作经费 500 万元。

2009 年 10 月，国务院南水北调办《关于南水北调东、中线一期工程初步设计阶段文物保护方案的批复》中明确指出"丹江口库区遇真宫、遇真宫泰山庙和遇仙桥等 3 个项目保护经费暂按 5644.41 万元计列，待保护方案确定后，以核定的投资为准"。

2010 年 2 月，国家文物局以《关于遇真宫保护工程的意见》批复同意采取原地垫高方案保护遇真宫，并要求组织有资质的单位，抓紧制定切实可靠的遇真宫垫高保护工程设计方案。

2010 年 3 月 7 日，湖北省文物局在北京召开遇真宫原地垫高施工设计方案专家咨询会，来自中国文化遗产研究院、故宫博物院、中国建筑设计研究院、北京清华城市规划建筑设计研究院等单位的文物、古建、水利等方面的 13 位专家就遇真宫原地垫高方案施工设计进行了研讨。

2010 年 3 月 24 日，湖北省文物局邀请故宫博物院、清华大学建筑设计研究院、湖北省文管会、湖北省古建筑保护中心、湖北省文物考古研究所、北京洛德国际文化发展有限公司等单位专家，在武当山召开遇真宫原地垫高方案施工设计讨论会，进一步讨论确定遇真宫原地垫高方案施工设计中的细节问题和重点工作内容。

2010 年 4 月，湖北省文物考古研究所对遇真宫东宫宫内及遇真宫山门外围进行了 7300m² 的考古发掘，明确了东宫内建筑基址布局。同时对遇真宫外神道、金水桥、遇真桥、排水渠等宫墙外的附属建筑进行了详细地勘探、发掘。发掘工作持续到 11 月中旬，在与文献资料系统梳理和相互印证后，基本掌握宫外的附属建筑设施的情况。

2010 年 9 月，就洽谈施工设计合同过程中遇到的关键问题，国务院南水北调办、国家文物局、中线水源公司、湖北省移民局、湖北省文物局在北京召开武当山遇真宫施工设计协调会。湖北省文物局汇报了武当山遇真宫考古清理与原地垫高保护施工设计前期工作有关情况，会议讨论了相关问题，初步研究拟定了遇真宫施工设计成果提交及工程进度时间表。

2010 年 10 月，武当山文物局委托长江勘测规划设计研究有限责任公司和清华大学建筑设计研究院开展遇真宫保护垫高工程设计。其中，长江勘测规划设计研究有限责任公司于 11 月 1—23 日对遇真宫原地垫高工程范围内地质进行了勘察，查明了地质、水文地质条件和不良地质作用、地质灾害，为设计、施工提供了所需的岩土参数并提出防治建议，同时查明天然建筑材料分布、位置、储量、质量、开采和运输条件。

2010 年 11 月 7—28 日，受湖北省文物局委托，科洛博（上海）数字科技顾问有限公司先后派出 8 名技术人员，使用徕卡 1202 全站仪在整个遇真宫内布置导线控制网，采用 HDS6000 数字激光扫描仪对遇真宫正门、中宫、东宫、西宫及外墙等现有建筑进行精密扫描，同时采用鱼眼相机拍摄遇真宫全景及各部分照片。后期对彩色点云数据进行拼接后，形成 3D 建模并绘制 2D 图纸。2011 年 1 月 4 日，湖北省文物局组织专家验收了上述成果。这一工作的开展，对高水平保留遇真宫原始精密数据具有重要意义，同时为原地垫高施工夯实了基础。

2011 年 1 月 24 日，为进一步加快武当山遇真宫原地垫高保护工作进度，明确并协调解决施工设计过程中遇到的问题，湖北省文物局组织清华大学建筑设计研究院、长江水利委员会建筑设计咨询公司、北京洛德国际文化发展有限公司、湖北省移民局、南水北调中线水源有限责任公司、湖北省文物考古研究所、湖北省古建筑保护中心、十堰市文物局、武当山特区文物局等单位的专家和领导，在武汉召开了武当山遇真宫原地垫高保护施工设计协调工作会议。会议进一步明确了施工设计过程中遇到的一些问题，进一步推进了设计工作。

2011年4月26—27日，国务院南水北调办征地移民司与国家文物局文物保护与考古司联合召开武当山遇真宫垫高保护工程设计审查及概算评审会，会议听取了设计单位关于武当山遇真宫原地垫高保护工程（初步）设计的汇报，与会专家经过认真讨论，原则同意遇真宫垫高保护工程（初步）设计报告设计概算编制的依据，并对工程造价、材料单位等提出修改意见。

2011年6月16日，国家文物局下发《关于遇真宫垫高保护工程设计方案的批复》，批准遇真宫垫高保护工程设计方案，提出修改意见。

依据国家文物局和南水北调办关于武当山遇真宫垫高保护方案专家评审会议的意见，设计单位修改、完善了《遇真宫垫高保护工程》设计报告，对方案概算进行了部分调整。2011年6月8—10日，专家组对修改后的报告概算进行了评审复审，调整投资概算为18524.11万元。

2011年6月28日，国务院南水北调办下发《关于南水北调中线一期工程武当山遇真宫垫高保护工程初步设计概算的批复》，同意在遇真宫垫高保护工程设计方案和概算中一并考虑遇真宫泰山庙及遇仙桥两个文物保护项目及遇真宫保护工程前期开展的考古项目；核定遇真宫垫高保护工程概算投资18524.11万元，其中文物修缮工程8423.95万元，山门、东西宫门顶升工程1847.74万元，基础垫高工程7474.02万元，遇真宫考古发掘经费778.4万元，扣除《关于南水北调东、中线一期工程初步设计阶段文物保护方案的批复》中暂列的5644.41万元，还需下达的投资计划数为12879.7万元；要求南水北调中线水源有限责任公司商湖北省移民局，督促湖北省文物部门抓紧组织实施，按照批复的保护方案实施，按时完工，满足水库如期蓄水要求。

第四章 南水北调文物保护实施及
成果总体概述

南水北调工程穿越中国古代文化、文明的核心地区，中、东线一期工程线路连接着夏商文化、荆楚文化、燕赵文化、齐鲁文化等中国历史上重要的文化区域，共计涉及文物点 710 处，其中世界文化遗产 2 处，全国重点文物保护单位 6 处，文物价值非常重大。2004 年以来，经过中央有关部委、各省文物部门、各地高校和科研院所文物工作者的努力，710 处文物保护工作得到了及时、有效的规划和实施。截至 2012 年年底，所有南水北调工程文物保护项目及其资金已获国家批复，完成发掘面积 170 余万 m²。南水北调东、中线一期工程文物保护项目的田野工作阶段全部完成。

南水北调工程考古发掘和课题研究成果丰硕。调查发现并发掘清理了一大批古生物与古人类地点、古代文化遗址和古代墓葬，搬迁保护了 40 余处古建筑、革命文物等地面文物，其中有史前时代的遗址，也有文明初年的城市和墓葬，还有历史时期的墓葬和陵园，或者社会发展所需的普通手工业作坊。据初步统计，考古发掘清理出土各类文物 30 余万件（套），具有重要的历史、艺术、科学价值。更有河南鹤壁刘庄遗址、河南安阳固岸北朝墓地、河南荥阳关帝庙遗址、河南荥阳娘娘寨遗址、河南新郑胡庄墓地、河南新郑唐户遗址、河北磁县东魏元祜墓、山东高青陈庄西周城址、山东寿光双王城盐业遗址等 9 个南水北调考古项目，因其在所处的时代或区域具有特别重要的价值，陆续入选当年度的"全国十大考古新发现"，河南新郑胡庄墓地、河南新郑唐户遗址、河南荥阳关帝庙遗址、河南淅川沟湾遗址、湖北郧县辽瓦店子遗址等 5 个项目还荣获了国家文物局田野考古奖。

考古资料整理和报告出版工作同步进行，北京、河北、湖北等省（直辖市）陆续出版了专项考古报告和出土文物专题图录，及时公布最新工作成果，《湖北省南水北调工程重要考古发掘（Ⅰ）》一书被评为"全国十佳文博考古图书"。同时，各省（直辖市）还举办了南水北调文物保护工作专题展览，取得良好的社会效益。

在课题研究方面，山东寿光双王城库区的盐业考古研究，被列为国家文物局"指南针计划"专项试点研究"早期盐业资源的开发与利用"的子课题和教育部重大项目"鲁北沿海地区先秦盐业考古研究"课题。河北省文物研究所启动了先商文化遗存的分布及其与周边地区先商时期文化遗存比较研究课题。湖北省文物局聘请故宫博物院、北京大学、天津文化遗产保护中心等单位专家，评审确立了"早期楚文化的考古学研究""汉水中游地区的文明化进程"等14个科研课题，内容涉及多学科、多领域。

为展示南水北调文物保护工作的成果，各省（直辖市）陆续开展了不同形式的宣传，及时地向社会大众展示考古成果。例如，河北省文物局在河南省博物馆举办了"南水北调工程文物保护成果展"，取得了良好的社会效益。

第一节　石　器　时　代

根据专题报告，南水北调中、东线一期工程，共涉及石器时代文物点160余处。自2005年起，经过数年考古发掘清理，50余处石器时代文物点得到了有效的保护，其时代跨越旧石器时代早期至新石器时代晚期，内容涵盖古生物与古人类化石、新石器时代城址、聚落遗址、墓葬等。

旧石器时代的遗存主要集中在丹江口库区。湖北省在郧县尖滩坪、丹江口双树等旧石器点发现的更新世中后期的手斧，代表了比较先进的加工方式，整个工具组合所表现出的类型与内涵十分丰富，为探讨和研究"郧县人"的生活环境及其旧石器文化的性质与内涵提供了必要的补充资料，对探索古人类的认知能力提供了有力的证据，对中西方旧石器时代手斧的对比研究提供了重要资料。大量文化遗物的出土也表明，在旧石器时代早期，古人类在汉水流域的活动比较频繁。这些资料对研究我国南、北旧石器时代文化同样具有重要意义。

2009年3—5月，中国科学院古脊椎动物与古人类研究所和中国科学院研究生院联合对岳沟1号、吴家外、白渡滩、宋湾、王庄2号、东岗和梁家岗2号等7处旧石器地点进行考古发掘。本次发掘历时两个月，共揭露面积2300余 m²。发掘获得石制品537件，具体类型为：石核53件、石片263件、石器33件和断块188件等。石制品原料除岳沟1号取自附近的基岩露头外，其余地点均取自阶地底部磨圆度较高的鹅卵石，岩性以石英岩为主，岳沟1号石制品原料为燧石。石制品类型以石片为主，个体以小型居多，中型也占一定比例。古人类剥片采取硬锤锤击法，剥片前不对石核台面进行修整。石器类型以刮削器和砍砸器居多，采取锤击法直接加工。石器面貌简单粗犷，显示南方砾石石器工业面貌，同时较高的石片含量和较小的个体也显示了我国北方石片石器工业的特点。从汉江流域地貌演化资料来看，丹江流域的第三级阶地红土大致形成于中更新世，而二级阶地则可能形成于晚更新世。因此，本次发掘揭露的岳沟1号地点古人类活动的时间大致发生在晚更新世，而其余地点古人类多在中更新世活动，具体年代尚需进一步测试确定。丹江是汉江的最大支流，该流域位于我国南北方气候过渡区，是南北方古人类迁徙和文化交流的关键地带。本次发掘丰富了该地区早期人类活动的资料，有助于研究中更新世至晚更新世古人类在丹江流域乃至汉江流域的生产及行为方式，同时对于研究中国南北方古人类迁徙、技术交流和文化发展等学术问题具有重要意义。

南水北调文物保护工作发掘清理了40余处新石器时代文化遗址。河北省新石器时代考古取得突破性进展。南水北调中线工程共发现7处新石器时代考古学文化遗存，通过发掘基本确立了后冈一期古学文化遗存的文化面貌和分布范围。涞水大赤土遗址雪山一期文化遗存是河北省乃至京津冀地区首次大面积揭露，基本弄清了该考古学文化性质。湖北省在郧县大寺遗址发现的彩陶、小口尖底瓶等半坡文化遗物，说明这一地区从新石器时代仰韶时期开始就与汉江上游的关中地区有着密切联系；在郧县青龙泉遗址发现的屈家岭文化、石家河文化居址、墓葬对于研究该地区新石器时代晚期的社会结构、聚落形态具有重要学术价值，遗址内仰韶、屈家岭、石家河三叠层，使人们对丹江口库区新石器时代文化发展序列以及江汉地区与中原、关中史前文化的相互关系有了基本认识，完善了该地区新石器时代考古学文化序列。此外，郧县店子河遗址、郭家院遗址、丹江口南张家营遗址、彭家院遗址均发现大量新石器时代晚期遗存。这一系列新石器时代遗存的发现，说明作为汉江通道要塞的鄂西北地区，从新石器时代开始就已经拥有高度发达的文化发展水平，是中国南北、东西文化交汇、融合的必经之路。山东省文物考古研究所承担的招远老店遗址为一处重要的龙山文化遗址，通过发掘，发现龙山文化时期的环壕及夯土台基，出土大量遗物，为研究胶东地区龙山文化的物质文化面貌提供了重要的物质资料。江苏邳州梁王城遗址发现大规模的大汶口文化晚期墓地，也是江苏境内新石器时代极为重要的发现。河南省新石器时代考古发现硕果累累，发现了大量裴李岗文化、仰韶文化、龙山文化等新石器时代中晚期文化遗存，为史前文化、文明起源的研究提供了丰富的材料，其中新郑唐户遗址发现跨越裴李岗文化、仰韶文化、龙山文化以及夏商周多个时代的聚落遗址，因其堆积丰富、意义重大而入选 2007 年度"全国十大考古新发现"。

第二节　青　铜　时　代

根据专题报告，南水北调中、东线一期工程，共涉及青铜时代文物点 80 余处。自 2005 年起，经过数年考古发掘清理，50 余处青铜时代文物点得到了有效的保护，其时代跨越夏代早期至春秋战国时期，内容涵盖早期文明城址、墓葬、手工业遗址等，出土大批青铜器、玉石器、骨器、陶器等。

北京市房山区丁家洼春秋时期聚落遗址的发现，大大丰富了东周燕文化研究的内容。河北夏时期考古成果丰硕，夏时期遗存的集中发现充分证明，太行山前平原地区是夏时期居民生活的重要区域，并形成了富有自身特色的考古学文化。同时，通过南城村、淑闸、北放水等遗址的发掘，也反映了河北地区夏时期考古学文化与山东、河南、晋中南以及北方地区夏时期考古学文化融合交流的关系。河南省是发现青铜时代文化遗存最多的区域，其中荥阳关帝庙商代聚落遗址、荥阳娘娘寨两周城址分别入选 2007 年、2008 年度"全国十大考古新发现"。山东省境内亦发现较多青铜时代文化遗存，其中寿光双王城商周盐业遗址、高青县陈庄西周城址的发现，极富特色且意义重大，分别入选 2008 年、2009 年度"全国十大考古新发现"。湖北郧县辽瓦店子遗址、丹江口熊家庄遗址出土了大量夏、商、周时期的遗迹、遗物，且很多都是首次发现，填补了这一区域文化发展的空白，建立起汉江上游区域文化发展序列的标尺，其中辽瓦店子遗址还在鄂西北地区首次发现了相当于二里头时期的城址。研究表明，该地区夏代至西周时期的遗存在不同时期体现出不同的文化面貌，时而具有明显的自身特点，时而又与中原或陕东南的同时期文化体现出不同程度的一致，勾画出该地区自夏代至西周时期不同文化之间交流、碰撞、融合的轨迹，文化发展序列完整，为探讨该地区自身文化的发展及与周邻文化的关系提供了重要线索。湖北在郧县乔家院墓群发掘清理出 4 座高规格的春秋楚墓，都有随葬品且都以随葬青铜器为主。4 座墓葬共出土青铜器 71 件，其中成组青铜礼器 36 件，部分青铜器上发现有铭文，对研究青铜器的国属及物主有重要意义。余皆为玉石器、骨器和陶器。这是迄今为止在鄂西北地区首次批量发现不同质地的春秋器物群。该墓群还普遍发现有殉人葬俗，是湖北省首次发现的春秋殉人墓地，对研究春秋人殉制度有着重大的学术价值。在丹江口北泰山庙墓群不仅发现大批楚墓，出土了大量精美的铜、玉器，还发现 2 座大型陪葬车马坑，长度均在 10m 以上，宽 4m，其中 2 号车马坑发现 5 车 15 匹马，4 号车马坑发现 3 车 6 匹马。此外在郧县辽瓦店子遗址、瞿家湾遗址、郭家道子遗址、丹江口市牛场墓群、熊家庄遗址、吴家沟墓群、小店子遗址、张湾区方滩遗址、大东湾遗址均发现了大量的楚文化遗存，为研究楚文化的来源和发展提供了重要线索。

第三节　战国秦汉以后

　　无论在前期考古调查阶段，还是后期实施文物保护工作过程中，南水北调中、东线一期工程涉及最多的，都是战国秦汉以后时期的文物点。根据专题报告，南水北调中、东线一期工程，共涉及战国秦汉至清末民国时期文物点 500 余处。自 2005 年起，经过数年考古发掘清理，近 200 处文物点的保护工作中发现了战国秦汉至清末民国时期的文物遗存，其内容涵盖城市遗址、王侯贵族陵寝、平民墓葬、寺庙建筑、手工业遗址和普通居住村落，出土大批陶瓷器、玉石器、金银器、铜器等，数量巨大，内容丰富。

　　南水北调中线、东线一期工程文物保护工作中，在河北、河南、湖北、山东省境内发现大量的战国时期的墓葬、数座城市遗址以及少量聚落遗址，其中包括楚、秦、赵、齐、韩、魏诸国的文化遗存。河南新郑胡庄遗址发现两座战国晚期韩王、后陵，填补了战国时期韩国陵园形态的空白，因此而入选 2008 年度"全国十大考古新发现"。沿线各省发掘了秦汉、魏晋南北朝至隋唐时期的墓葬，为汉唐墓葬的研究增添了丰富的资料。例如，河南安阳固岸、河北磁县发掘出土大规模、高等级、纪年明确的北朝墓地，对于北朝历史、考古的研究，具有重要的学术价值；湖北郧县发现的唐代李泰家族墓地，则是目前发现的唐代京畿之外唯一一处皇室家族墓地，其系统勘探与发掘为研究唐代政治、经济文化提供了大量实物资料。大批汉、唐、宋、元时期城市遗址、村聚遗址、寺庙建筑遗址的发现，为我国古代建筑、区域社会史的研究，提供了生动的素材。湖北郧县龙门堂遗址发现一个完整的汉代院落遗址，清理出 17 座房屋和长度 60m 左右的大型院落围墙，其中最大的房址面阔 40m，进深 7.5m 左右，同时发现大批婴幼儿墓葬，对于研究汉代地方豪强的经济与文化、社会习俗提供了重要线索。山东高青县胥家庙、河南平顶山文集、江苏盱眙泗州城遗址等多处发现大规模隋唐、宋、金、元时期的寺院建筑遗址，出土大量建筑构件和佛教文物遗存，对于古代建筑和佛教文化的研究具有重要价值。宋元墓葬出土的陶瓷文物，以及若干宋元时期窑业遗址的发现，对古代陶瓷史、宋元社会经济史的研究具有重要价值。明清时期的考古发现以墓葬为主，大量明清时期平民墓葬的发现，为明清社会史的研究提供了丰富的材料，明清时期地面文物的保护工作，也给古代建筑的研究增添了丰富的内容。

第五章　南水北调中线一期工程文物保护成果

第一节　丹江口库区文物保护成果

一、湖北省丹江口库区文物保护成果

（一）概述

美丽的丹江口水库以其优越的地理环境和突出的交通地位，承载了先民几千年来的繁衍生息，留下了悠久而灿烂的历史文化篇章。前期文物工作表明，从距今 100 万年的郧县人头盖骨化石到新石器时代的仰韶、屈家岭、石家河文化三叠层，从乔家院的青铜器铭文到规模庞大的北泰山庙墓地，从唐代京畿之外唯一的皇家墓地——李泰家族墓地到武当山古建筑群，丹江口水库承载了一部完整的历史编年。

2004 年以来，湖北省文物局邀请 43 家来自全国各地科研院所、大专院校，对湖北省南水北调工程丹江口水库淹没区考古发掘项目进行抢救性保护，累计对 134 处地下文物点进行考古发掘（含 19 处新增考古发掘项目），签订考古发掘协议书 202 份，涉及考古发掘面积 33.4 万 m^2，出土各时期珍贵文物 15 余万件，取得一系列重要考古发现，圆满完成规划文物保护工作量。

（1）旧石器时代遗存。累计实施 36 处，涉及考古发掘面积 2.11 万 m^2。

（2）新石器时代遗存。累计实施 21 处，涉及考古发掘面积 7.258 万 m^2。

（3）夏商周时期遗存。累计实施 25 处，涉及考古发掘面积 10.8545 万 m^2。

（4）秦汉及以后遗存。累计实施 52 处，涉及考古发掘面积 13.1775 万 m^2。

（5）地面建筑文物。累计实施 24 处，涉及建筑面积 1.6479 万 m^2。其中，搬迁保护项目 11 处，登记存档保护项目 9 处，原地垫高 3 处，重建 1 处。

（二）重要成果

2004 年以来的文物抢救保护成果，分时段概述如下。

旧石器时代。在丹江口双树旧石器地点、尖滩坪旧石器地点、郧县滴水岩旧石器地点等文物点出土的石质手斧，更新了学术界关于"莫维斯线"理论的认识。

新石器时代。在前期工作基础上，一系列新发现，填补了鄂西北地区新石器时代考古学文化的认识，建立了新的鄂西北地区新石器时代考古学文化系列。其中，在郧县廓家洲遗址出土的老官台文化遗物、在郧县店子河遗址出土的后冈一期文化遗物，在丹江口水库淹没区属首次发现。此外，在郧县青龙泉遗址清理出的屈家岭文化时期聚落，对于进一步促进聚落考古研究具有重要意义。

夏商周时期。夏商周三代是中国文明形成的重要阶段，但以往对该地区这一时间段，特别是夏商时期的文化面貌的了解和认识限于工作不多、材料较少，一直模糊不清。通过对郧县辽瓦店子遗址、乔家院墓群、丹江口北泰山庙墓群等文物点科学、系统的发掘，湖北省丹江口库区夏商周时期遗存得到极大程度的丰富，不仅为夏商周时期考古学研究提供了大量实物资料，而且在若干重大学术问题上取得一些突破。如郧县辽瓦店子遗址清理出夏时期一支新的区域文化类型，清理出的商文化遗存，填补了商文化在该区域的空白；在郧县乔家院墓群发现楚灭麇后楚人入主麇地后的楚墓，同时发现1949年以来湖北省首次发现的春秋殉人墓地。辽瓦店子遗址因其重大发现，被评为2007年度"全国十大考古新发现"。

秦汉以后。通过系统发掘，大量秦汉以后的各历史时期的遗存被揭露出来。郧县龙门堂遗址汉代聚落遗址、大量婴幼儿墓葬的发现与揭露，对于研究汉代地方豪强的经济与文化、社会居住与埋葬习俗提供了重要线索；大量汉、晋、宋、清时期墓葬，对于进一步研究各历史时期丧葬习俗提供了丰富的实物资料。

1. 郧县曲远河口旧石器地点

郧县曲远河口旧石器地点（即郧县人遗址）位于湖北省十堰市郧县青曲镇弥陀寺村。2006年12月起，为配合南水北调中线工程，湖北省文物考古研究所对该旧石器地点开展了2500m²的考古发掘，出土石器标本2300余件。经初步观察，石制品中大致有石核、石片、砍砸器、刮削器、石锤、手镐、碎片（碎块）和有打击痕迹的石块（砾石）等，其中更有许多加工较精美的手镐和半手斧。

郧县人遗址的石制品同南方广大地区发现的石制品有较多的共同点：锤击法打片为主，砾石石器多而石片石器少，有一定数量的两面器，缺乏尖状器、典型的端刮器等石片石器。两者间也有不同之处：郧县人遗址发现有多疤台面石核，这是修理台面的一种，在南方广大地区时代较早的石制品中似乎尚未见到有关修理台面的标本。比较起来，两者间共同点大于差别。从现有的材料判断，郧县人遗址发现的石制品比较接近南方广大地区发现的石制品，似乎可以把它们归于同一文化传统。而在这一传统中，郧县人遗址这一地点的材料具有较为充分的年代证据，其他地点的年代证据缺如或还存在一定问题。随着郧县人遗址第五次考古发掘的展开，新材料的大量发现会进一步推动郧县人遗址旧石器文化面貌的研究。

从伴出的哺乳动物化石看来，郧县人遗址发现的哺乳动物群，在性质上很接近蓝田县公王岭和山西芮城县匼河发现者，它们的时代大致相当，都可划归早更新世晚期，大致为距今100万年左右。

郧县人遗址发现的石制品，在旧石器时代考古学上为探讨南方砾石文化的起源与发展提供了重要的资料，对南方和北方旧石器时代早期文化的关系提供了有意义的信息。郧县人遗址的石制品似乎有可能把孤立的南北二元结合成为一体，对进一步认识中国旧石器时代文化的特点起到重要作用。从技术类型的角度看来，郧县人遗址的石制品包含了几种令人感兴趣的因素，其中一些因素具有一定的地方特色，有些因素分布较广，对确定工业特征具有重要意义。这些技术类型因素既有南方的特色，又有北方的特色，甚至还有西南地区的特色。这可能是一种值得重视和进一步探讨的文化现象。石制品的拼合结果表明它们是原地制造、原地埋藏，这有助于说明遗址的性质。

哺乳动物化石的研究表明郧县动物群具有南北过渡地区的特点，这对探讨我国早更新世动物群的演变和迁徙、气候环境的变化都是重要的信息。

郧县人遗址远景

手镐

多台面石核工具

手镐

刮削器

砍砸器

手镐

刮削器

手镐

砍砸器

象臼齿化石

第一节　丹江口库区文物保护成果

手镐

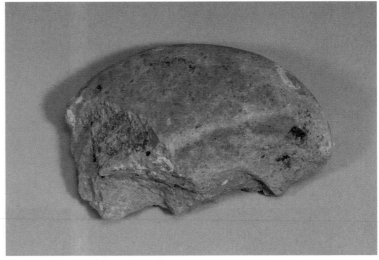

砍砸器

手镐

2. 郧县滴水岩旧石器地点

滴水岩旧石器地点位于湖北省十堰市郧县青曲镇弥陀寺村1组，保存面积约5000㎡，中心地理坐标为北纬32°49′55″，东经110°36′18″，海拔165～168m。该遗址于1994年由中国科学院古脊椎动物与古人类研究所与郧县博物馆共同调查发现。2004年2月南水北调中线工程丹江口水库淹没区湖北省文物保护规划组复查确认。2012年，湖北省文物考古研究所、十堰市博物馆联合对滴水岩旧石器地点进行了发掘，共布5m×5m探方84个，发掘面积2100㎡。

地层堆积分为四层，第1层为耕土层和扰土层；第2层应为新石器时代堆积，但保存堆积较少；第3、第4层为旧石器时代地层，出土丰富的旧石器时代石制品及少量的动物化石。

出土旧石器时代的原料及石制品600余件，其中有制作精美的砍砸器、手镐、手斧等标本，通过和滴水岩化石地点西边约800m的郧县人遗址传统的石制品进行对比研究，我们发现这两个遗址在石制品的岩性、石器的类型等方面非常相近，但它们的海拔高度却相差约50m，时代上有早晚之别。从二者所处的地质地貌来看，滴水岩化石地点为曲远河的二级阶地（晚更新世），郧县人遗址为汉江的四级阶地（早更新世），郧县人遗址的年代为距今100万年，我们可以推测滴水岩化石地点的时代在旧石器时代中晚期，年代为距今约20万～10万年。可它们的文化面貌却十分接近，说明在汉江流域旧石器时代文化面貌从距今100万～10万年左右基本上没有太大的变化，其中手斧标本的存在不仅仅证明中国存在着手斧，而且中国的手斧文化延续的时间远远长于非洲和欧洲，从一个侧面证明了中国的远古文化一脉相承，有自己的发生、发展体系。

郧县滴水岩遗址远景

手斧

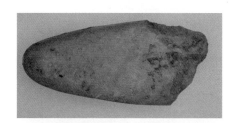 

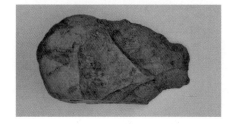 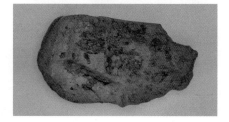

砍砸器

手斧

3. 郧县大寺遗址

大寺遗址位于十堰市郧县城关镇后店村 2 组、3 组境内。2006 年 10 月至 2007 年 2 月，湖北省文物考古研究所对郧县大寺遗址进行了抢救性发掘，发掘面积 1400m²。共清理遗迹单位 297 个，其中房基 13 座、窖穴 3 个、灶 1 个、窑 2 个、灰坑 232 个、灰沟 6 条、土坑墓 29 座、瓮棺 11 座。

大寺遗址经初步整理，其文化内涵以仰韶文化和屈家岭文化为主，龙山文化遗存较少。仰韶文化的尖底瓶、折腹鼎、彩绘钵、盆等均与仰韶文化庙底沟类型和下王岗类型相似。屈家岭文化的双腹豆、壶形器、斜腹杯、圈足杯等器型，与湖北京山屈家岭文化早期相同。龙山文化的罐形鼎、高领罐、圈足盘、豆等，属于龙山文化的典型器物。通过本次整理，对大寺遗址的文化特征有了初步的了解，为下一步整理的分期打下了良好的基础。

大寺遗址发掘现场

从大寺遗址新石器文化的陶器特征和灰坑特点分析，具有中原文化因素又具有地方文化特色，对研究汉江中上游原始文化、中原文化以及中原文化对汉江流域文化的影响提供了重要的原始材料。

大寺遗址全景

筛选采样

龙山时期高领罐

龙山时期陶瓮

屈家岭文化陶鼎

屈家岭文化陶缸

屈家岭文化高领罐

屈家岭文化圈足杯

屈家岭文化陶瓮

屈家岭文化斜腹杯

仰韶时期陶钵

仰韶时期陶钵

仰韶时期房基

仰韶时期尖底瓶

仰韶时期墓葬

仰韶时期陶瓮

仰韶时期瓮棺

仰韶时期瓮棺

4. 郧县店子河遗址

郧县店子河遗址位于郧县青曲镇店子河村，西南和韩家洲隔江相对，文化堆积主要分布于汉江北岸的二三级台地上，海拔 150～158m 之间。为配合南水北调文物保护工程建设，根据湖北省文物局工作安排，武汉大学考古博物馆专业于 2008 年 11 月开始对店子河遗址进行了第一次考古发掘，2009 年 5 月结束。发掘分两区，西部为Ⅰ区，东部为Ⅱ区，发掘面积共 3275m²。

仰韶时期瓮棺

店子河遗址堆积丰富，最厚达 5m 左右，时间跨度大，出土遗物丰富。主要有后冈一期文化、乱石滩遗存、二里岗文化、东周时期、汉代、唐代等文化遗存。出土石器、陶器、铜器、骨器、银器等，经初步整理，可复原器物有 80 余件。

后冈一期文化主要分布于Ⅱ区中部。主要遗迹有墓葬 1 座、灶 1 个、陶窑 2 座、灰坑 20 个。墓葬为土坑竖穴，仰身直肢，无随葬品；陶窑规模较小，由操作坑、火塘、窑室三部分组成。后冈一期遗存陶器以泥质红陶为主，夹砂红陶次之，绝大多数素面，有少量弦纹。器型有鼎、钵、罐、盆、壶、支座等，石器主要为石斧。其中 98 号灰坑（H98）性质特殊，在灰坑的底部发现鼎、罐、钵等陶器，部分陶器有火烧的痕迹。店子河遗址后冈一期遗存文化面貌与郧县朱家台相似。

二里岗文化仅在Ⅱ区发现灰坑1个。出土陶器、骨器等。陶器以夹砂灰陶为主，泥质灰陶次之；纹饰以绳纹为主，篮纹次之。器型有鬲、甗、盆、尊、簋等。遗存的文化面貌与偃师商城三期相似。

乱石滩遗存仅在Ⅱ区发现灰坑1个。出土陶器以夹砂灰褐陶居多，泥质灰胎黑皮陶次之，纹饰以篮纹为主。器型有圈足盘、釜、鼎、盉、罐等。文化面貌与宜都石板巷子相似。

东周文化遗存分布于Ⅱ区。发现灰坑28个。出土陶器以夹砂灰陶、夹砂红褐陶为主，纹饰以间隔绳纹为主，弦纹次之。可辨器型有鬲、盂、罐、豆、盆、甗、甗、壶等。其中H78可能为窖穴，出土一组完整陶器，有盆2件、甗1件、壶2件、瓮1件。东周遗存主要集中在战国中期，文化面貌与宜城郭家岗、郧县辽瓦店子、襄樊真武山文化面貌相同。

店子河遗址全景

汉代文化遗存在发掘区普遍分布。发现陶窑6座、瓮棺葬13座、灰坑50个、灰沟12条。陶窑规模较大，最大的长达7m，由操作坑、火塘、窑室、烟囱四部分组成。瓮棺葬葬具均为陶罐，有的在罐上扣一陶盆、器盖或板瓦，有的扣器盖和盆，有的无随葬品。汉代文化遗存出土了铜器、陶器等。铜器有弩机、箭镞、铜钱、盆等。陶器以泥质灰陶为主，绳纹为主，素面次之。器型有盆、罐、瓮、器盖、支座、纺轮、网坠等，另外出土了大量瓦当，以卷云纹为主。

六朝墓葬2座，唐代墓葬4座，砖室均被盗。六朝墓葬出土了壶、碗等陶器，另外出土了五铢铜钱、四乳四虺镜等。唐代墓葬出土了开元通宝铜钱、带扣、银簪等。

店子河遗址文化堆积丰富，其后冈一期文化、二里岗文化遗存的发现，丰富了丹江库区的文化遗存，尤其是后冈一期文化遗存的发现，对研究该地区后冈一期文化提供了重要材料。

店子河遗址出土汉代弩机

店子河遗址出土瓦当

店子河遗址墓葬（M8）

店子河遗址瓮棺（W3）

店子河遗址窑址（Y1）

5. 郧县刘湾遗址

刘湾遗址隶属郧县杨溪铺镇刘湾 4 组，位于汉江北岸一、二级台地上，海拔 160m。遗址总面积约 3 万 m²。整个遗址早年平整过，北部原为村民居住区，20 世纪 80 年代初搬迁东部岗地。它东距居民点约 300m；北距郧县县城约 10km，距青龙泉遗址约 3km，与青龙泉隔江相望；西、南为汉江。

根据湖北省文物局工作安排，湖北省文物考古研究所于 2009 年 6 月至 2010 年 7 月对该遗址进行了考古发掘，总发掘面积 3000m²。清理出的遗迹包括仰韶时期房址（1 座）、灰坑 122 个、新石器时代灰沟 3 条、灶 2 个、墓葬 45 座；东周时期灰坑 1 个、汉代砖室墓 1 座。陶器主要有鼎、罐、盆、钵、缸、杯、器座、纺轮等；石器较少，主要有斧、铲、锛、凿、钺、箭镞、网坠等。

该遗址出土的遗物中，如鼎、罐、红顶钵等陶器，反映出中原地区对汉江中游地区的影

67　　　第一节　丹江口库区文物保护成果

响。刘湾遗址位于长江流域和黄河流域的交汇之地的汉江中游地区，刘湾的发掘对于研究汉江中游新石器时期的区域性文化、黄河流域和长江流域的文化交流提供了重要的考古实物资料。

刘湾遗址航拍图

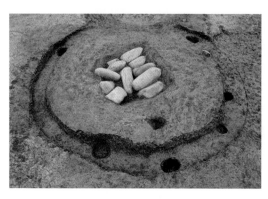

刘湾遗址（F1）

刘湾遗址出土陶鼎

刘湾遗址出土陶钵

刘湾遗址出土陶钵

刘湾遗址出土陶罐

刘湾遗址出土陶罐

刘湾遗址出土陶盆

刘湾遗址出土陶碗

刘湾遗址出土陶碗

刘湾遗址出土陶碗

6. 郧县青龙泉遗址

青龙泉遗址位于郧县杨溪铺镇财神庙村5组,西距郧县县城约10km,遗址南临丹江水库,现为丹江水库河漫滩,亦属玉钱山南坡二级阶地,北距207国道300m。青龙泉遗址由梅子园和王家堡两处地点构成,梅子园在西,王家堡位东。1958年11月至1962年5月,为配合丹江水利枢纽工程建设,中国科学院考古研究所重点对王家堡遗址进行了发掘,发掘面积1144m²,并出版了考古发掘报告《青龙泉与大寺》。青龙泉遗址发掘以后,引起了学术界的广泛关注。特别是遗址内仰韶、屈家岭、石家河文化三叠层,使人们对丹江库区新石器时代文化发展序列以及江汉地区与中原、关中史前文化的相互关系有了基本认识。

2006—2010年,为配合南水北调工程建设,根据湖北省文物局工作安排,湖北省文物考古研究所、中国社会科学院考古研究所、武汉大学等单位先后多次对青龙泉遗址进行了发掘。累计发掘面积约10300m²,遗存年代包括新石器时代、东周、汉代、宋代,其中以新石器时代遗存最为丰富,累计发现新石器时代房址137座,灰坑931个,土坑墓228座,以及祭祀坑、瓮棺、陶窑、灶等遗迹。

出土遗物中以陶器残片为最多且种类丰富,陶质分夹砂和泥质,以泥质陶居多,夹砂陶次之。泥质陶可细分为橙黄陶、黑陶、灰陶、红陶、黑皮陶等。夹砂陶可分为红陶、红褐陶、褐陶、灰陶等。最主要且有代表性的器物有平底袋足罕、鱼鳍形足鼎、罐形鼎、弦纹盆形鼎、扁条足釜形鼎、横篮纹大口尊、素面磨光高领罐、花瓣圈足篮纹罐、敞口尖唇薄胎红顶碗、圈足盂、斜方唇碗、敞口厚胎杯、花瓣形纽器盖、镂孔粗圈足浅盘豆和大量陶纺轮等。在一件大口尊的腹部发现有刻画符号。生产工具有石、骨、角器以及陶器等,以石器为主,多为磨制,也有部分打磨兼制。主要器型有斧、铲、锛、圭形凿、矛、刀、镞、杵、磨石等。骨角器有锥、镞、针、鹿角等。其他遗物有猪、狗、牛等家畜的骨骼,以及鹿骨、兽牙、鱼骨等。

青龙泉遗址是丹江口水库淹没区最为重要的新石器时代聚落遗址之一,遗址保存之完好、遗迹现象之丰富、出土遗物之多,在这一区域均不多见。发掘所揭示的遗迹、遗物,不仅进一步丰富了屈家岭文化、石家河文化的内涵,而且对于研究新石器时代中、晚期的农业、家畜饲养业和渔猎、手工业等,具有极其重要的意义,此外,大量房址的发现,为史前聚落形态研究提供了一个极其重要的个案。

发掘现场航拍图

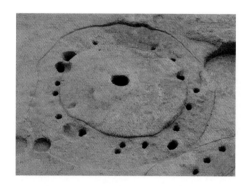

房址

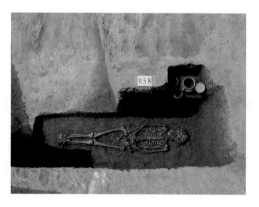

单人墓葬

房址与灰坑

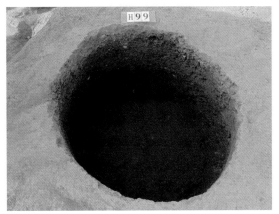

灰坑

合葬墓

单人墓葬

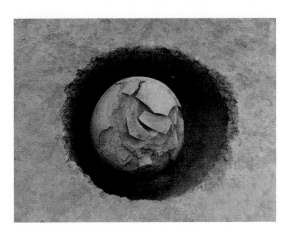

瓮棺葬

墓地局部

合葬墓

发掘场景

采样

鬲

罐

高领罐

杯

鬶

7. 张湾区双坟店遗址

　　双坟店遗址位于湖北省十堰市张湾区黄龙镇李家湾村7组双坟店自然村，处于汉江上游水系之一——犟河河畔的台地上，海拔165～170m。于2004年2月由南水北调中线工程丹江口水库淹没区湖北省文物保护规划组调查时发现。为配合南水北调中线工程建设，受湖北省文物局委托，厦门大学于2009年6—9月对双坟店进行抢救性发掘，发掘面积3500m²，遗存年代包括新石器时代晚期的石家河文化、周代、唐宋、明清时期，以石家河文化遗存最为丰富，发现6座新石器时代晚期的大型长方形排房建筑遗迹（F2～F7），以及12个灰坑（H3、H5～H8、H15、H16、H18、H21～H24）、17座瓮棺葬（W1～W17）和3个灶坑（Z1～Z3）。

　　遗址出土大量石器，打、磨兼制，通体磨光者较少，有石斧、石锛、石凿、半月形石刀、长方形穿孔石刀、手镰、石网坠、石镞等。新石器晚期的陶器、陶片属于石家河文化内涵。陶器主要有夹砂红陶、夹砂灰黑陶、泥质红陶、泥质灰黑陶等，器型有篮纹深斜腹圜底罐、缸、直颈高领黑衣罐、绳纹罐、红陶深斜腹杯、深腹鼎、高圈足豆、鬶、钵、盘等。

　　遗址位于汉江上游的鄂西北地区，从新石器时代开始就已经是中国南北、东西文化交汇、融合的重要通道。青龙泉遗址内仰韶、屈家岭、石家河三叠层使人们对鄂西北新石器时代文化发展序列以及江汉地区与中原、关中史前文化的相互关系有了基本认识。而双坟店遗址的发掘和深入研究，对于进一步认识犟河、堵河等汉江上游支流水系的新石器晚期人文变迁具有重要价值。尤其是第4层下的建筑遗迹和墓葬，是研究这一区域新石器晚期社会结构和聚落形态的重要资料。

张湾区双坟店遗址发掘现场航拍图

双坟店遗址穿孔石刀

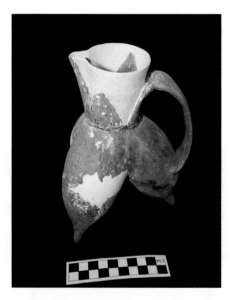

双坟店遗址出土的鬶

双坟店遗址出土的罐

双坟店遗址出土的壶形器

双坟店遗址出土的高领罐

双坟店遗址出土的斝　　　　　　　双坟店遗址出土的器物组合

双坟店遗址出土的器物组合

双坟店遗址出土的器物组合

8.郧县辽瓦店子遗址

辽瓦店子遗址位于湖北省郧县柳陂镇辽瓦村 4 组。2005—2011 年，为配合南水北调中线工程建设，根据湖北省文物局工作安排，武汉大学考古与博物馆学系、湖北省文物考古研究所对该遗址进行了多次发掘，发掘面积达 13500m² 。

通过系统的发掘和整理，发现在辽瓦店子遗址存在一批新石器时代晚期、夏、商、西周、东周、汉、唐、宋等几个大的时期的丰富的文化遗存，特别是夏、商、两周时期的遗存，其保持之完好、内涵之丰富、意义之重要，引起学术界广泛关注，并被评为 2007 年度"全国十大考古新发现"。

（1）建立起汉江上游区域文化发展序列的标尺。汉江上游区域包括了鄂西北、陕东南、豫西南这一片地区，历史上是中国南北、东西文化交汇、融合的重要通道。过去的工作基础较差，文化面貌不清晰。辽瓦店子遗址扼守汉江通道要塞，出土大量丰富的新石器时代、夏、商、两周时期的遗迹、遗物，且有很多遗存都是首次新发现，填补了这一区域文化发展的空白。辽瓦店子遗址夏及商早期的遗存总体自身特点突出，部分受陕东南同时期文化的影响，同中原二里头文化也有一定的联系。商代中期和中原典型的商文化如出一辙。商晚、周初的文化面貌又呈现出浓厚的自身特点，出现一组以扁足鬲为代表的新器物群。西周中期典型的周文化侵入此地，发展迅速，西周中期以后到东周则属楚文化的范畴。总之，辽瓦店子遗址文化序列完整、特征鲜明，可作为汉江上游区域文化发展序列的标尺。从更大的范围来看，过去我们每每提及长江文明、黄河文明，并视为中国文化发展的主流，但对沟通这两大文明的汉江文化则不甚了了，辽瓦店子遗址的考古发掘与重要发现为建立起对汉江文化、汉江文明的研究提供了重要的依据。

（2）辽瓦店子遗址是长江中游地区迄今为止发现的面积最大，遗迹、遗物最为丰富的一处夏时期遗址。20 世纪五六十年代，中国科学院考古研究所曾在郧县、均县做了一些考古调查和试掘工作，在均县乱石滩曾发现过类似的遗物，70 年代在房县七里河又有发现，但材料不多，不利于整体研究。辽瓦店子遗址夏时期遗存年代单纯，遗迹、遗物十分丰富，可以完整地建立起鄂西北地区夏时期文化遗存的时空框架。辽瓦店子遗址夏时期遗物以陶器为主，以鼎、釜、直颈瓮、罐、圈足盘和瓷为基本组合单位。实足三足器、圜底器和圈足器发达，少见空三足器，器型仅见盉、鬶等，兼有敛口盆、小平底杯、刻槽盆、甑、大口缸、带流盆、器盖等。

更为重要的是遗址保存了较好的聚落形态，具备了进一步做好聚落考古研究的条件。辽瓦店子夏时期遗迹分布具有一定的规律性，形成了一个相对独立的聚落。由墙体、山岗断崖、自然河道以及壕沟形成外围的防御圈，北部临江筑墙，西部利用山岗断崖，南部有壕沟连通东面自然河道。聚落内部中心为居住区，房屋集中，灰坑密集，北部为墓葬区，陶窑安排在西部近山岗处。辽瓦店子夏时期遗存的发现对于中华文明探源研究无疑是一批极其珍贵的材料。

（3）辽瓦店子遗址的商时期的文化属典型的商文化，它来去匆匆，同遗址中前面的夏时期和后面的商末以扁足鬲为代表的器物群都没有什么关联，反映了商人经营此地的历史。这是鄂西北地区首次发现典型的商文化遗存，对于商代历史、文化、地理等方面的研究都是重要的发现。

（4）西周时期的遗存是鄂西北、陕东南一带发现的一种新的区域文化类型，为探讨楚文化的起源和发展提供了重要的线索。

楚文化的起源和发展一直是一个重要的悬而未决的学术课题。辽瓦店子遗址地处楚文化起源的核心地带，遗址本身包含了商、两周时期丰富的内涵，彼此之间演变关系明显，而东周时期的遗存属典型的楚文化。这类遗址在所有的楚文化遗址中十分罕见。遗址中清晰的商、两周时期文化的演变关系为探讨楚文化的起源和发展提供重要的线索。

（5）东周时期的遗存进一步加深了有关楚文化区域类型的研究。

郧县辽瓦店子遗址 2007 年考古发掘现场

郧县辽瓦店子遗址出土陶鼎

郧县辽瓦店子遗址出土陶鼎

郧县辽瓦店子遗址出土陶罐

郧县辽瓦店子遗址出土陶鬲

郧县辽瓦店子遗址出土陶鬲

9. 郧县乔家院墓群

乔家院墓群隶属于湖北郧县五峰乡肖家河村，2006—2008 年，根据湖北省文物局工作安排，湖北省文物考古研究所对郧县乔家院墓地进行了勘探和发掘，发掘面积约 4000m²，清理春秋至明代墓葬 30 余座。不仅出土了一批青铜礼器，而且在部分青铜器上发现有不同国别的铭文，更为重要的是，已先行发掘的 4 座墓葬都有殉人，这是新中国成立以来在湖北境内首次发现的一处春秋殉人墓地，对研究春秋青铜器及楚国殉人葬制与葬俗有着重大的学术价值，乔家院的新发现必将引起学术界的广泛关注和探讨。

主要收获如下：

（1）4 座春秋时期墓葬的规模和规格都相当高，属中型墓葬，除 1 座墓葬曾被盗扰外，其余皆未盗掘。其墓坑的长度都在 5.35～6.5m、宽度在 4.8～5.35m、深度在 3.8～4.2m 之间。尽管棺椁已朽，但其棺椁朽痕都极为清楚，从棺椁朽痕判定，全都为椁分三室（即头相、边箱和棺室）的一棺一椁墓葬。这是首次在鄂西北经科学发掘的高规格春秋墓葬。对研究鄂西北地区春秋墓葬的葬制与葬俗提供了科学的依据。

（2）4 座墓葬都有随葬品且都以随葬青铜器为主，青铜器可分为青铜礼器、青铜兵器、青铜工具和青铜服饰器。每座墓葬的青铜礼器的组合一般为鼎 2 件、缶 2 件、簠 2 件、盥缶 1 件、盏 1 件、盘 1 件、匜 1 件、勺 1 件、匕 1 件。除青铜器外，还见有陶器、玉器、骨器和石器。4 座墓葬共编 99 个器物号，共出 132 件，其中青铜器 71 件。在整个青铜器中，成组青铜礼器 36 件。其他青铜器 35 件。余皆为玉石器、骨器和陶器。这是迄今为止在鄂西北地区首次批量发现不同质地的春秋器物群。

（3）所见器物形制与年代都比较确定，文化因素明确。器物的形制、花纹与风格与已发掘的当阳赵家湖、襄阳山湾、麻城李家湾、淅川下寺春秋楚墓所出的青铜器大多相似和相同，可确认为应是一批春秋中晚期的楚墓。郧县乔家院古属麇国地，约在春秋中期为楚所灭，这里所见楚墓，应是楚灭麇后楚人入主麇地后的楚墓，乔家院所见楚墓不仅对建立鄂西北地区楚墓年代学序列，而且对研究楚文化的西进旅程及楚麇关系无疑至关重要。

（4）部分青铜器上发现有铭文，对研究青铜器的国属及物主有重要意义。过去在乔家院墓地曾采集过两批铜器，且都有铭文，其国属涉及古申国和古唐国。本次科学发掘再次发现青铜器上与前出相同国名的铭文，更为重要的是，所属同一国的铜器所见人名不同，并出于不同的墓葬，说明他们可能存在着世系关系。多国铜器的出土，必将推动这一区域的青铜器的分国研究。

（5）普遍发现有殉人葬俗，对研究春秋人殉制度有着重大的学术价值。本次发掘的4座墓葬都有殉人，各墓殉1人。墓主与殉人在墓葬中的排列有着明显的主从和尊卑关系，墓主棺内皆有朱砂，殉人则无。殉人大多横置于墓主的足部，且无随葬品。殉葬是奴隶社会的旧有产物，春秋时期尽管还有所发现，但其墓葬的级别都比较高。目前，楚地已发掘有殉人的墓葬有鄂城百子畈5号墓、长沙浏城桥1号墓、新蔡葛陵楚墓、固始白狮子地1号墓和淅川下寺春秋楚墓。前三例皆为战国时期，后两例属春秋时期。本次所见殉人墓是继淅川下寺楚墓发掘后，在楚地所见比较集中的又一春秋楚国殉人墓地，也是新中国成立以来在湖北首次发现的春秋殉人墓地，必将引起学术界的广泛关注和探讨。

乔家院墓群全景（由北向南摄）

乔家院 4 号墓（M4）

乔家院 5 号墓（M5）边箱器物

乔家院 5 号墓（M5）

乔家院 6 号墓（M6）

乔家院墓群出土青铜鼎

乔家院墓群出土青铜簋

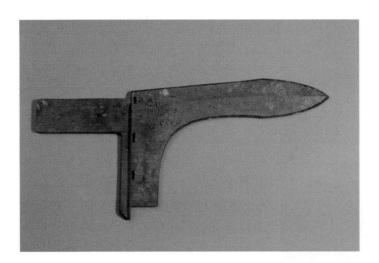

乔家院墓群出土青铜戈

乔家院墓群出土青铜壶

乔家院墓群出土青铜盘

乔家院墓群出土青铜勺

乔家院墓群出土青铜匜

乔家院墓群出土玉柄铁剑

10.丹江口牛场墓群

　　牛场墓群位于丹江口市均县镇土桥管理区齐家垭子村（现合并为罗汉沟村）。墓群范围北起罗汉沟村1组的黄沙河，南至罗汉沟村1组林场的外边沟南端，南北直线距离约1.5km。墓地分为南北二区，北区为齐家垭子区，墓葬较少，墓葬部分常年淹没在水中，少数暴露在外，多为两汉的土坑、砖室墓；南区即外边沟区。

丹江口牛场墓群全景

　　为配合南水北调工程建设，2005—2008年，根据湖北省文物局工作安排，湖北省文物考古研究所对牛场墓群进行了4次发掘，发掘面积约1200m²，清理墓葬242座，时代有东周、两汉，有土坑和砖室墓，出土陶、铜、料器、漆器等文物1100余件。东周时期墓葬多为长方形竖穴土坑墓，葬具多已腐烂，仅从朽痕可推测墓为一棺一椁，葬式多为仰身直肢，双手抱腹，组合为鼎敦壶。汉代墓葬有砖室墓和土坑竖穴墓两种，砖室墓多遭破坏，随葬品多为泥质灰陶。出盖鼎、壶、盘、钵和漆器，稍晚则多为井、仓、灶等，铜器中偶见铜鐎、铜釜，铜钱数量较多。

　　牛场墓群是丹江口库区一处大规模的战国至两汉时期墓群，墓葬数量大，出土文物丰富，对于战国至两汉时期墓葬制度研究提供了丰富的实物资料，具有重要的学术价值。

丹江口牛场墓群陶盒

丹江口牛场墓群铜鐎

丹江口牛场墓群陶鼎

丹江口牛场墓群陶井

丹江口牛场墓群陶仓

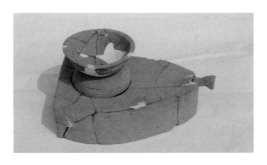

丹江口牛场墓群陶灶

丹江口牛场墓群陶碗

丹江口牛场墓群铜洗

11. 丹江口北泰山庙墓群

北泰山庙墓群位于丹江口市均县镇关门岩村 6 组，2004—2011 年，湖北省文物考古研究所对该墓群进行了勘探和发掘。共发掘墓葬 218 座，其中东周墓 157 座、汉墓 41 座、明清墓 8 座、无随葬品墓 12 座。另外，还发现 3 座东周墓陪葬了车马坑。出土青铜器、陶器、玉器等各类文物计约 2000 件。

丹江口北泰山庙墓群 2006 年度考古发掘鸟瞰

北泰山庙墓群水牛坡墓地全景

湖北省地处楚文化的中心区域，境内的大部分地区都有楚文化遗存发现，这些发现尚没有完全解决楚文化研究中的一些问题，如早期楚文化问题、早期楚都丹阳地望等问题，所以许多学者将目光投向地处鄂西北的汉江沿岸。由于这一区域楚文化遗存的发现相对较少，人们对这一地区的认识还很有限，所以对这一地区的楚文化考古显得非常重要，尤其是大型楚文化遗存的发掘对学术研究会有更高的价值。

　　在丹江口水库初期工程中，河南省淅川县曾发现楚令尹王子午墓，出土了大量带铭青铜器。还有学者认为楚早期郢都就在现淅川县淹没于丹江口水库中的龙城遗址。淅川县毗邻丹江口市，亦处于丹江口水库的中心区，与北泰山庙墓群相隔较近，而且地貌环境相似，从以往北泰山庙墓群发掘工作来看，该墓地清理出的墓葬明显属于楚文化墓葬，这更加重了它在楚文化研究中的地位。

丹江口北泰山庙墓群 2008 年度考古发掘现场

丹江口北泰山庙墓群出土青铜器

丹江口北泰山庙墓群出土青铜器

丹江口北泰山庙墓群出土青铜器　　　　　　　丹江口北泰山庙墓群出土青铜器

12. 丹江口莲花池墓群

莲花池墓群位于湖北省丹江口市均县镇莲花池村西南约 10km 的一处山梁之上（现为均县镇良果场所属）。山梁三面环汉江，自西向东由高到低伸向汉江。莲花池墓地墓葬由低向高分布于这一山梁。2006 年、2009 年，根据湖北省文物局工作安排，北京市文物研究所对莲花池墓群进行了考古发掘，发掘面积 4000m²，清理墓葬 121 座，其中战国时期墓葬 54 座、汉代墓葬 59 座、清代墓葬 8 座，出土陶、铜、铁、石、骨器等 576 件（套）。

战国时期墓葬皆为竖穴土坑墓，分为口大底小的竖穴式、直壁竖穴式、竖穴墓道土洞式 3 种。开口于耕土层下 0.15～0.25m，墓开墓口长 2.5～4.5m，宽 1.5～3.4m，底长 2～3.5m、宽 0.9～2.0m、深 0.9～3.8m 不等。葬具多为一椁一棺，棺痕多呈“亚”形，有两座为带竖穴墓道的土洞墓。人骨腐朽严重，从骨痕判断全为仰身直肢葬。随葬品多置于墓主头顶棺椁之间。墓葬基本组合为：鼎、壶、罐、敦、豆、杯、匜；缸、壶、豆；罐、壶、钵；罐、壶、釜；带盖壶、带盖罐等。其中带盖壶和带盖罐的组合墓最多。

汉代墓葬均为直壁式竖穴土坑墓。葬具多朽，个别为一椁一棺制，棺痕呈“亚”形。人骨保存较差，基本能辨认为仰身直肢。墓口距地表 0.15～0.25m，墓长 2～4m，深 0.8～4.1m。多随葬铜器，主要有鍪、盆、盂、带钩、印章等；随葬铁器以釜、鼎为主。陶器基本组合为：鼎、罐、壶；鼎、罐、钵；鼎、罐、壶、盆、盒、灶等仿铜礼器和生活用品。

明清墓皆为竖穴土坑墓，主要分布于山梁的顶部，离丹江相对较远。开口于耕土层下，个别墓葬内保存有较完整的民窑青花瓷器，均置于头龛之内。

莲花池墓群主要年代从战国晚期到西汉末期，从随葬器的类型上观察该墓地的文化来源有楚、秦、巴蜀三种文化因素，楚为本地因素，秦为输入后占统治地位的因素，巴蜀文化因素为秦灭楚后带入本地，是研究丹江地区战国晚期楚文化、楚被秦灭和西汉统一这三段重大历史时期的重要考古学资料。

莲花池墓群 2 区全景

莲花池墓群（M14）出土陶器组合

莲花池墓群出土陶鼎

　　　　　　　　　　　　　　　第一节　丹江口库区文物保护成果

莲花池墓群出土陶壶

莲花池墓群出土陶仓

莲花池墓群出土陶瓿

13. 丹江口金陂墓群

金陂墓群位于丹江口市均县镇饶家院村之南，丹江口水库由北向南再向西拐弯的三角处，现隶属于丹江口市水产局金陂养殖场。墓地东、西、南三面临水，西部和南部为丹江口水库，东部为鱼塘，紧邻墓地北部有一南北走向的岗地。墓地北部和东部为岗、冲相间的低矮山区。墓地海拔133～142m，高出周围水面3～8m，北部地势较高，南部略低，整个墓地由若干个台地组成，台地之间为低洼地，坡度平缓。台地上种植油菜和红薯，大部分为荒地。

为配合南水北调工程建设，根据湖北省文物局工作安排，荆州博物馆于2006—2011年，先后4次对金陂墓群进行了考古发掘。金陂墓地前后4次发掘共发掘探方136个，发掘总面积11088m²，共发掘不同时期的古墓葬256座，其中东周墓22座、秦墓17座、西汉墓25座、唐墓47座、宋墓5座、明墓23座、清墓116座，另有1座时代不明墓。发掘窑址1座，灰坑和灰沟各2个。

东周墓均为长方形竖穴土坑墓，头向大多朝南，墓坑口大底小，四壁斜直，底部较平。棺椁均腐，部分可见棺椁痕迹。有的墓葬残存骨痕，葬式为仰身直肢。随葬器物均有两套陶鼎、敦、壶、豆，为战国时期楚墓典型器物组合。根据墓葬形制及随葬器物等特征，推测墓葬的年代为战国早、中期。

秦墓中出土随葬器物以陶绳纹圆底罐、盂、釜为主，均为日常生活用器，普遍用陶釜随葬，应是金陂墓群秦墓的一大特点，几乎每座墓都用陶釜随葬，一般1～2件，最多的有3件，这在其他地区是很少见的。

西汉墓土坑墓出土有鼎、盒、壶、钫、釜、甑、盂、仓、瓮等陶器和鼎、钫等铜礼器，根据随葬器物组合及形制特点，墓葬的年代应属西汉早期。西汉砖室墓，分带短甬道的"凸"字形单室墓和带斜坡墓道的长方形单室墓两类，保存较差。砖墙采取单砖平砌的方法砌筑，在中部有倒"人"字形装饰。铺地砖为"人"字形。从墓葬形制和墓砖纹饰来看，时代应为西汉晚期。

唐墓扰乱严重，砖室券顶均无存，大部分墓葬残存墙砖和底砖，有的墓葬甚至严重扰乱至底部，剩少量底砖和碎砖。砖室分带短甬道的"凸"字形单室墓、长方形单室墓和窄长形的砖棺墓三种。"凸"字形单室墓和长方形单室墓，砖室平面多为亚腰形，即两侧墙砖内弧。砖墙都是采取三顺一丁的方法错缝砌筑，多"人"字形铺地砖。出土随葬器物有青瓷碗和陶碗，青瓷碗多保存完好，釉色晶莹。根据随葬器物特点，墓葬时代为唐前期。

宋墓中M173为同穴双室并列夫妻合葬墓，除M187砖室平面为圆形外，其余3座砖室平面均为长方形。长方形砖室墓两侧墙砖略向外弧。宋墓墙砖砌法多为单砖错缝平砌，底砖为单砖错缝平铺，室内装饰多仿地上建筑。宋墓出土随葬器物有瓷罐、瓷碗、瓷盏、釉陶碟、陶罐、漆盏托、银钗、铜钱和铁钱。其中M187出土的建窑瓷器兔毫盏，胎体轻薄，釉色滋润，釉层凝厚，光泽如新，保存完好。出土的铜钱铭文有"开元通宝""至道元宝""咸平元宝""祥符通宝""祥符元宝""天禧通宝""天圣通宝""天圣元宝""皇宋通宝""熙宁元宝""元丰通宝""元祐通宝""绍圣元宝""元符通宝"和"圣宋元宝"。在M187墓中一块方砖上刻有"政和八年三月□二日……"纪年文字，"政和"是北宋徽宗赵佶的年号，"政和八年"即公元1118年。根据墓葬形制、出土器物特点和纪年文字砖来看，5座墓葬的年代均为北宋时期。

明墓除M170为砖室墓外，其余均为小型竖穴土坑墓。明墓一般在头端坑壁上设有壁龛，壁龛内放置2件青花瓷碗和1件釉陶罐。青花瓷碗釉色大多滋润，白中泛青，青花内容广泛、题材丰富，有植物、动物、吉祥图案、山水写意等，具体可分为"缠枝莲托八宝纹碗""缠枝牡丹花纹碗""乳虎蕉叶纹碗""缠枝团花纹碗""双龙戏珠纹碗"等。时代从明初一直延续到明末。

清墓均为小型竖穴土坑墓，墓坑平面分长方形和梯形两种，一般用陶瓦和陶钵枕头。清墓一般只随葬1件陶钵和数枚铜钱。铜钱铭文有"顺治

金陂墓群2009年度发掘现场

通宝""康熙通宝""雍正通宝""乾隆通宝""嘉庆通宝""道光通宝""咸丰通宝""同治通宝""宽永通宝"。时代从清前期一直延续到清后期。

金陂墓地面积约20万m²，分布有东周、秦、西汉、唐、宋及明、清时期的古墓葬，墓地面积之大，墓葬分布之密集，延续时间之长，是整个丹江口库区少有的。对它的科学发掘，必将为研究丹江流域战国、秦汉、唐、宋和明清时期的社会经济及发展状况等提供重要的资料，特别是战国、秦汉时期墓葬的发掘，为研究丹江流域战国晚期至秦汉时期的墓葬发展序列提供

了年代标尺。一次发掘47座唐墓，这在整个南水北调考古工作中是少见的，大量唐代和宋代砖室墓的发掘，为研究唐宋砖室墓的形制特点、建筑方法等提供了重要的实物资料。出土的大批明代青花瓷碗，为研究明代民窑青花瓷器的制作工艺提供了宝贵资料。

金陂墓群（M187）　　　　　　　　　金陂墓群（M54）铜器出土情况

金陂墓群出土陶仓　　　　金陂墓群出土陶璧　　　　金陂墓群（M78）出土铜戈

14. 郧县龙门堂墓地

龙门堂墓地位于十堰市郧县安阳镇龙门堂村1组龙门川河东侧的五谷庙岭，根据湖北省文物局工作安排，2011—2012年，南开大学考古学与博物馆学系先后对其进行了两次考古发掘。总发掘面积5330m²，清理战国晚期至东汉墓葬49座。其中竖穴土坑墓29座，砖室墓20座，共出土陶、铜、铁、玉、玛瑙和银器等不同质地的各类文物500余件，其中陶器115件、铁器14件、银器2件、铜器50件、玉器及玛瑙器各1件、钱币300余枚。

土坑墓基本保存完好，皆为长方形竖穴墓，个别带有斜坡墓道。墓向以南北向为主，个别东西向。墓口规格从8m×2.6m至2.4m×1.3m不等，深度0.1～6m不等。墓葬绝大多数为一次葬，仅有二次葬墓一座（M58）。葬具多为一棺一椁，个别一棺，常施朱漆彩绘。人骨大部分腐朽，葬式多为仰身直肢，随葬品以陶器为主，数量不等，组合清楚，体现出一定的等级和时代差异。陶质以灰陶为主，有少量红陶，器型有鼎、敦、壶、豆、匜、盘、罐、盒、钵、灶、仓等，红陶器物一般保存不佳。另外也出土了少量银器、铜器、铁器，部分墓葬有漆器残痕，但器型不明，无法提取。墓葬时代从战国晚期至东汉。清理的20座砖室墓均遭严重破坏，但其中有两座墓底保存完整，出土器物组合清楚。从残存遗迹看，个别墓葬规模较大，构筑精细，存在前后室及耳室。墓向北、东、南皆有。人骨一般保存不佳，葬式不明。葬具亦较难辨识，至少一棺，多有朱漆彩绘。虽遭破坏，但也出土了一定数量的陶器、铜器、银器、玉饰件、玛瑙饰件、铁器残片及

龙门堂墓地考古发掘现场航拍图

"五铢""大泉五十""货泉"等钱币，部分墓葬随葬有漆器，因保存状况极差而无法判断器型亦无法提取，时代皆为东汉。

龙门堂墓地墓葬数量较多，分布密集，有一定的时间跨度和分布规律。墓葬形制、棺椁和随葬品都存在一定的时代和等级差异，对研究汉江流域尤其是鄂西北战国至两汉葬俗具有重要意义。

龙门堂墓地 M38 出土铜鼎

龙门堂墓地 M38 出土铜壶

龙门堂墓地 M56 出土铜镜

15. 丹江口龙口林场墓群

龙口林场墓群位于丹江口市习家店镇龙口村。西临丹江口水库，与均县老城肖川镇隔水相望，沿江北岸并列有多道山梁，山梁间谷峡水深、地貌多变，山坡上是退耕还林区域。龙口林场墓群自北向南分为潘家岭、红庙嘴、万家岭等数个墓地，海拔146～170m。1994年，中国社会科学院考古研究所与丹江口市博物馆调查发现有汉至明清时期墓葬。2004年2月，南水北调中线工程丹江口水库淹没区湖北省文物保护规划组复查。

2008—2010 年，根据湖北省文物局工作安排，成都市文物考古研究所、黑龙江省文物考古研究所、宁波市文物考古研究所 3 家单位对该墓群进行发掘。累计发掘面积约 13000㎡，清理各时期墓葬 199 座（其中战国时期墓葬 82 座、汉代墓葬 90 座、明清时期 23 座，余为近代墓葬）。

战国时期墓葬。均为长方形竖穴土圹式，无打破叠压关系，整体分布有一定规律。葬具有一棺一椁和单棺两类。葬式多为仰身直肢，双手交叉于腹前。出土器物包括陶器和铜剑、铜匕首、料石器等，尤以陶器为大宗。陶器组合可分为两类：一类为鼎、豆、壶、敦、盘、匜一类的陶礼器；一类为鬲、盂、豆、罐类的日用陶器。一部分墓室填土内见夯窝痕迹，许多墓壁上有修整壁面遗留下的工具痕迹。

汉代墓葬为土圹竖穴式和砖室两种，其中西汉时期多为土坑竖穴木椁墓，墓向多为东西向，呈南北向排列分布，出土器物以鼎、盒、壶为主要器物组合；东汉时期多为土坑竖穴砖室墓。

清代墓葬的分布很有规律，在海拔 156～160m 之间比较密集，一般两两成组，男位南，女位北；一组墓葬前有沟或砖垒的"墓帘"，如 M2 与 M6；墓圹梯形较多，单棺窄拚。基本无随葬品，存少量清代铜钱和银质饰品。有的铜钱背面有制造局省称，如"宁""原"等。

龙口林场墓群地处于汉江左岸的台地上，临近古均州所在。古均州是一座有 2000 多年建制的古城，据《均州志》记载："战国属楚谓之均陵，后属韩"，在秦汉时又属南阳和汉中二郡。这里自古以来就成了长江文明和黄河文明相互融合的重要通道，是秦文化和楚文化相互争夺的重要地区。争霸战争促进了民族融和，这里的战国墓葬具有的地方特色和强烈的楚文化风格正是这一特殊地域在墓葬形制、随葬器物上的反映。两汉时期的墓葬则反映了墓葬严格的等级制度已趋瓦解，私人财富逐渐积累，社会政局较为安定，社会经济逐渐繁荣等历史内涵。该墓群发掘所揭示的该地区独特的文化特征和相邻地域不同文化相互交流与影响，对研究鄂西北地区的古代历史、社会制度以及与周边地区的文化交流、文化传播等具有重要的意义。

龙口林场墓群（潘家岭墓地）2008 年度发掘现场航拍图

龙口林场万家沟墓地 2008 年度发掘现场航拍图

M1（战国晚期墓葬）陶器组合

M38（汉代）陶器组合

M12 出土器物

西汉 M40 清理后状况

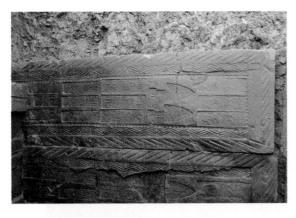

西汉 M46 后壁画像砖纹样

战国晚期 M8 出土陶器组合

16. 丹江口舒家岭墓群

舒家岭墓群位于丹江口市牛河乡舒家岭村，2010 年 6—8 月，根据湖北省文物局工作安排，湖南省文物考古研究所对该墓地进行了勘探、发掘，完成调查勘探面积 57300m²，发掘面积 3800m²。共发掘墓葬 47 座，其中西汉墓 37 座、明清墓 10 座，出土各类器物 300 多件，其中陶器 263 件、铜器 39 件、铁器 5 件、银器 2 件、墓志铭砖 1 件。

舒家岭墓群 2010 年度发掘全景

从此次发掘的情况来看，汉代墓地经过规划，每一片墓地之间有明确的界限；同一墓地之间存在打破关系的情况比较少见。同一墓地之间的墓葬分布也比较有规律，其中山梁中部的墓葬以东西向为主（与水流方向相同），两侧的墓葬以南北向为主（与山势的走向相同）；墓葬之间两座墓葬并向排列的情况比较常见，可能为夫妻异穴合葬墓，有些并穴墓由于距离太近，后下葬的墓葬打破了先下葬的墓葬。由于多年的水流侵蚀，此次发掘的墓葬都没有发现封土，许多墓葬的随葬器物已经暴露出现在的地表。墓葬规模以小型为主，形制比较简单，基本上都是竖穴土坑墓，墓坑多打破黄色生土，部分较深的墓葬打破黄色生土下的砾石层；墓壁做工规整，四壁垂直，即使是掘在砾石层中的墓坑，也还都比较整齐；坑内填土较紧密，系原土

（砂）回填，未见夯筑痕迹，少数可见使用白膏泥现象；随葬器物置于一侧，以陶器为主，组合为鼎、盒、壶、钫，此外还有罐、鍑、瓿、盆、钵、鬲、筒瓦等器类。器物以灰陶为主，器型高大，胎质厚实，火候较高。从墓葬形制、出土器物等来看，时代皆为西汉时期。

此次发掘还清理了 10 座明清时期的墓葬。皆为长方形竖穴土坑，其中一座墓（M21）有头龛，方形头龛高出坑底 44cm，龛前立有砖质墓志铭一方，可惜字迹全已脱落，龛内置陶单把罐 1 件以及清代铜钱 4 枚。有的墓葬（M2）墓穴上还残存有石砌的祭祀遗存。明清墓葬填土皆比较松软，一般棺木腐烂，人骨尚存，头部位置一般放置有三叠青瓦，有的墓葬（M21）坑足放置一青砖。明清墓葬一般随葬品都比较少，且多为首饰或铜钱等物。

M14、M15 全景

舒家岭墓群是从均县镇至丹江口市区约 100km 水路沿线发现的唯一一处面积较大的汉代墓群，保存较好，对探讨汉江流域两汉时期的历史文化具有重要意义。

陶瓿

陶罐

陶盒

双耳罐

陶鼎 陶壶

17. 武当山遇真宫垫高保护工程

为确保高质量做好遇真宫原地垫高保护工程，湖北省文化厅、湖北省移民局、十堰市人民政府共同成立了遇真宫保护工程领导小组，责成武当山特区管委会作为该工程责任主体，迅速成立了工作专班，全力推进各项工程建设任务。根据施工设计，遇真宫垫高保护工程分为文物解体工程、顶升工程、土石方垫高工程和文物复原工程四个工程，由北京方亭工程监理有限公司、湖北东泰监理有限公司负责监理（为文物及土石方工程甲级资质），各工程如下。

（1）文物解体工程。由北京市园林古建工程公司（文物保护工程施工一级资质）承担。2011年10月10日开工，2012年2月完工。已完成东西宫遗址、宫墙、中宫所有建筑、院落、甬道、崇台、地墁金砖等各类砖石木构件的解体工程，并按编号顺序运往料场，搭建文物保护大棚，对构件分类、分区堆放入库。

围墙拆除 起吊龟趺

（2）顶升工程。由河北省建筑科学研究院（文物保护工程施工一级资质）承担。2011年12月30日开工，采用密布孔桩、箱梁贯穿、浇筑预应力混凝土，形成基础托盘，设置钢筋混凝土防倾柱的顶升工艺，对山门和东、西宫门实施原位整体顶升。山门、东宫门、西宫门顶升均已安全到达到海拔175m；顶升高度为15m，施工过程中湖北省文物局派湖北省古建中心专家现场指导，组织专家对文物本体保护加固进行指导。工程已于2013年1月完工。

拆解梁架

拆解场景

千斤顶顶升

顶升状态监测

顶升作业场景

（3）土石方垫高工程。由湖北新七建设集团有限公司（土石方施工一级资质）承担。2012年3月10日开工，2014年完工。垫方达到海拔175m。东西两侧3个排水箱涵全部浇筑完毕，外围护坡基础毛石砌筑达5500m²，护坡植生块铺设约2200m²。已满足蓄水要求，并通过蓄水前验收。

土石方垫高施工场景

土石方垫高工程完工之后场景

（4）文物复原工程。与文物建筑解体工程属于一个标段，由北京市园林古建公司承担。对拆除的各类砖、石、木构件进行排查，对现有木构件进行了挖补、黏结加固，对复建区基础及文物构件进行白蚁防治处理，对残损的砖、石构件进行了黏结，最大限度地利用已解体的原始文物构件。复原工程已经完工。

遇真宫保护工程完成后效果图

此外，为了确保遇真宫的保护工作科学、忠实、有序地进行，还在工程范围内实施了考古工作。搞清了遗址的布局和兴废年代，出土了一批珍贵文物，抢救了这一珍贵的文化遗产。

遇真宫西宫遗址发掘后场景

出土的建筑构件

二、河南省丹江口库区文物保护成果

（一）概述

河南省丹江口库区完成 123 处地下文物点的考古发掘工作，9 处为新发现的文物点，完成考古发掘面积 32 万 m^2，出土文物 3.7 万余件（套）。

（二）重要成果

1. 淅川县坑南遗址

坑南旧石器地点位于淅川县马蹬镇吴营村坑南、坑北两个自然村以西。地处南阳盆地西南缘，汉江第一大支流——丹江左岸的第二级阶地之上。发现于 2004 年。经过实地调查发现，分为第一和第二地点，两个地点相距 500m，中间有河湾相隔。

坑南遗址远景

坑南第一地点位于坑北村西南，紧邻丹江东岸，在一处东北—西南走向的缓坡上。堆积主体是旧石器中期文化层。出土石制品数量较少。器物类型有石核、石片、断块、砾石和少量石器等。石料以脉石英、石英岩居多，有少量石英砂岩，原料是取自阶地底部或河滩磨圆度较高的鹅卵石。石器有砍砸器、刮削器、薄刃斧等，小石器占有一定比例。

坑南遗址原为坑南旧石器第二地点，属基座型阶地，直径约150m，相对高度20多m，其上堆积有2.5m多的土状堆

积，基岩为灰色石灰岩、粉砂岩和页岩，遗址面积约为25000m²。这里临近丹江和老鹳河两河交汇处，是典型的丹江宽谷，遗址所处的丹江左岸岗丘上的黄土是人类赖以生存的土地基础，也是人类优先选择的生活场所。

2010—2011年，为配合南水北调中线工程项目建设，中国科学院古脊椎动物与古人类研究所和中国科学院研究生院科技史与科技考古系合作，对该遗址进行考古发掘，揭露面积近3000m²。发现旧石器时代中晚期到新石器时代早中期各类石制品8000余件，同时出土新石器时代早中期陶器残片、石磨盘、研磨球、燧石制品等重要遗存。

发掘表明，坑南遗址包含五层堆积。其年代分属旧石器中晚期、旧石器时代向新石器时代的过渡阶段和新石器时代早中期。

综合坑南遗址考古发掘工作，可初步归纳以下五个方面的重要发现：

（1）发现了汉江流域迄今为止年代最早的陶制品。2011年春季的发掘中，在第3层堆积中发现一块陶器碎片，随后又在第2层中出土陶片20余片。经过对遗址出土陶片的观察以及和1层下灰坑出土陶片的比较，发现这批陶片具有以下基本特征：主要为夹砂陶，颜色以褐色为主，可分为红褐陶、灰褐陶、少量深褐陶和灰陶等，个别胎为红褐色，烧制温度较低；质地疏松；厚度中等偏薄，经测量胎厚0.5～0.8cm；羼和料多为石英砂粒，个别陶片中含少量云母或蚌壳末等，其中石英砂粒是人为添加的自然砂粒；器表多为素面，个别器表可能有较细的装饰花纹，但由于水磨或其他原因，多模糊不清。因保存状况较差，目前从陶片本身较难辨别制作工艺和装饰技法。但综合陶质、陶色和火候等因素分析，这批陶片当为迄今为止汉江流域发现的年代最早的陶制品。

（2）发现了石磨盘和研磨球。在第2层和第3层堆积中发现一件研磨球和几件石磨盘状遗物，质料多为褐色或黄褐色细砂岩，个别为石英砂岩。研磨球为不规则球形，有两个研磨面，从磨损情形看，应经过较长时间的使用。石磨盘形制分椭圆形、长方形和不规则形几种，一面留有磨蚀痕，局部下凹，个别器物表面遗留有摩擦形成的纤细凹槽。还有一件用砍砸器改制的石磨盘，形制呈不规则三角形，刃部有明显的加工和修整痕迹，在其中一面微下凹，凹陷部分留有较模糊的平行浅槽，应与使用有关。

（3）燧石制品和石叶遗存。在1层下的灰坑、2层和3层堆积中发现有石叶、石片和小石

器等遗物，分布比较分散，以燧石为原料，形制不规则，个别石叶有厚背脊且曲度比较大；小石器数量较少，但形制比较典型，器类有端刮器、尖状器、石钻等，数量较多的是加工石器过程中产生的副产品，即残片、碎屑和断块等，从其数量分析，这里并不以生产石叶为主，而是完整地保留了生产石英类制品的操作链，较高的石片含量和较小的个体也显示了我国北方石片石器工业的特点。

（4）新、旧石器过渡阶段连续的文化堆积。从坑南遗址的发掘情况看，第4层堆积出土遗物较少，以该层为分界的下文化层（第5层）和上文化层（第2、第3层）之间文化内涵区别明显。从出土文化遗物分析，上文化层所反映的生业模式也发生了变化，比如这层中开始出现数量较多的烧土块，研磨用器，说明人们也许已经开始使用石器加工农作物，而且在日常生活中大量用火，尤其是该层发现的陶器残片，反映出当时人们已经开始使用陶质炊具烹煮食物。由此可见，坑南遗址大致处于旧石器时代中晚期向新石器时代的过渡阶段，基本连续的文化堆积和丰富的文化内涵构成了该遗址的一大特色。

（5）石器加工场。从坑南遗址出土的大量石制品可以看出，该遗址附近一直是古人类活动的场所，而且在旧石器时代中晚期的相当一段时间还应该是一个石器加工场。

从汉江流域地貌演化资料来看，丹江流域的第三级阶地红土大致形成于中更新世，而二级阶地则可能形成于晚更新世。从目前发现的石制品形制结合地层土壤结构推测，坑南遗址第5层的年代距今约为30万年，第3层和第2层的年代应在距今1万年前后，这正是旧石器时代向新石器时代过渡的关键时期。

经过对遗址出土陶片特征的综合观察，以及同新密李家沟遗址、舞阳贾湖一期文化早期陶片的比较，初步认为第2层出土陶器残片可能稍晚于新密李家沟、早于舞阳贾湖一期，其绝对年代距今10000～9000年。

坑南遗址的发掘丰富了该地区早期人类活动的资料，为了解旧石器时代中晚期的文化面貌，进一步探索南阳盆地周围旧石器时代向新石器时代的过渡以及这一地区陶器起源与早期发展提供了重要依据。

126号灰坑

石器出土状况

2. 淅川县沟湾新石器时代遗址

沟湾新石器时代遗址原名下集遗址，位于淅川县上集镇张营村沟湾组东的老灌河（古称淅水）东岸二级台地上。周围群山环绕，地处盆地之中，东为小山，南为走马岭，西邻峰子山，北望小北山。1958年河南省文化局文物工作队（原长江流域规划办公室考古队河南分队）调查发现该遗址，并于1959年对其进行了小规模发掘，发现有仰韶、屈家岭、龙山三个时期的文化遗存。1989年该遗址被确定为河南省文物保护单位。2007年7月至2009年8月，为配合南水北调中线工程丹江口水库淹没区的建设，郑州大学历史学院考古系对其进行了考古勘探与发掘，发掘时分为北、中、南三个区域，发掘面积共5000m²。钻探与发掘表明，遗址东西长约310m，南北宽约190m，面积近60000m²，文化层厚3~8.5m。该遗址的发掘曾荣获2008年度"河南省五大考古新发现"和2007—2008年度国家文物局田野考古奖三等奖。

石家河文化房址

仰韶文化祭祀坑

屈家岭文化高足杯

该遗址发现了仰韶文化、屈家岭文化、石家河文化、王湾三期文化和历史时期的壕沟、房基、墓葬、灰坑、陶窑等各类遗迹920处，出土陶器、石器、玉器、骨器、蚌器及早期青铜小件各种遗物千余件。发掘和整理表明该遗址以新石器时代堆积为主，其中又以仰韶文化堆积为最丰富，该时期典型器物演变序列清晰，大体可分为四个时期，基本囊括了仰韶文化一到四期发展的全过程。

仰韶文化房址共发现65座，保存状况较差，大部分仅残存基槽或柱洞，除一座为半地穴式外，其余皆为地面式建筑。平面形状可分为圆形和方形两种，方形房址又分为单间和双间。圆形房址面积相对较小，2.3~18m²；方形房址面积相对稍大，2.6~22m²。灰坑共发现217个，平面形状可分为圆形、不规则形、椭圆形和长方形四种，主要分布于房址附近。

墓葬共发现99座，主要分布在发掘区北部和南部。均为长方形竖穴土坑墓，墓坑多较窄、浅，未发现葬具。以单人一次葬为主，另有少量单人二次葬，一次葬中多为仰身直肢，个别为仰身屈肢。少数一次葬人骨残缺不全，或缺头骨，或缺一侧股骨，或缺胸骨以下部分，较为特殊。少数墓葬出有随葬品，少者1件，多者3~5件，以陶器为主，器型有鼎、罐、钵和杯等；另外个别有石器和骨器出土。发掘区北部的墓葬均属仰韶文化早期，分布集中，排列整齐有序，东西成行可分数排，推测此处可能为该遗址仰韶文化早期的墓地。瓮棺葬共发现49座，均分布于房址附近，保存较差，大多仅残存陶器中腹以下部分。作为葬具的陶器种类以瓮为主，另外也有鼎、罐、尖底瓶、尖底缸等，上部倒扣盆、钵或器盖，也有少数为瓮和罐扣合而成。瓮棺内大多未见人骨，少数有人骨腐痕或牙齿。

勘探与发掘表明，沟湾遗址外围存在有仰韶文化不同时期大、小两个环壕，是一处保存比较好的仰韶文化环壕聚落。小壕编号为 G48，大壕编号为 G10。

G48 位于南区东南部，开口于 G10 下，坐落在生土之上，结合钻探情况可知，整体呈环形分布于遗址外围。剖面呈口大底小的倒梯形，沟壁人工痕迹清晰，系人为建造无疑。口部宽3.5～6.8m，底部宽 0.9～1.4m，深 1.8～2.2m，发掘区内长 43m。该小壕的建造与使用年代应不晚于仰韶文化第二期，至仰韶文化第三期已经废弃。

G10 位于北区北部、中区东部和南区东南部，开口于汉代层下，根据钻探和发掘情况推断，应为遗址外围的环壕。整体呈圆角长方形，除西北部被古河道冲毁以外，其余部分保存较好。口部宽 14～40m，深 4～7m，周长现残存约 600m。剖面呈口大底小的锅底形，沟内壁较陡直，人工痕迹较明显，沟外壁较平缓，人工痕迹模糊。沟内填土自上而下包含有汉代、王湾三期文化、石家河文化、屈家岭文化和仰韶文化第四期堆积，其中以屈家岭文化堆积最为丰厚。最下层为淤积层，填土较纯净，砂质明显，底部还有零散分布的鹅卵石。该遗址所发现的仰韶文化时期遗迹均分布于壕沟内侧，到屈家岭文化时期在大壕外侧出现了灰坑、窖穴、墓葬、瓮棺等遗迹，而在大壕底部有仰韶第四期堆积。结合这些因素来分析，表明大壕是在小壕废弃后才开始成为环壕，其使用年代主要是仰韶文化第三、四期，至屈家岭文化时期开始废弃，直至汉代才完全淤平。

根据壕沟的形制和规模推测，沟湾遗址原来可能是位于高台之上，台地周围地势低洼，仰韶文化第一、二期的居民就在低洼地带开挖了小壕，作为聚落的排水和防御设施。小壕淤平废弃后，第三、四期的居民将遗址外围台地边缘加以修整，使比较宽阔的低洼地带成为聚落的排水设施，兼具一定的防御功能，这可能即是大壕"沟内壁较陡直，人工痕迹较明显，沟外壁较平缓，人工痕迹模糊"的原因。

屈家岭文化、石家河文化和王湾三期文化遗迹相对较少，但地层中出土遗物丰富。各个时期的典型器物多有发现，如屈家岭文化的双腹豆、双腹碗、壶形器、高柄杯等；石家河文化的斜腹杯、花瓣形圈足罐等；王湾三期文化的侧扁三角形高足罐形鼎、钵形圈足盘等。

沟湾遗址处于黄河与长江中游文化区联结地带的汉江中游地区，新石器时代文化堆积深厚，延续时间很长，遗迹、遗物极为丰富，文化发展序列较为完整。尤其重要的是发现和探明了遗址外围仰韶文化不同时期的大、小两个环壕。这是汉江中游地区目前首次发现的具有环壕聚落特征的史前遗址，填补了该地区史前聚落考古的一项空白。因此，该遗址的发掘不仅可以研究汉江中游地区新石器时代文化的发展序列，揭示不同时期的聚落布局及其演变规律，探索当时人们与自然环境的关系，而且对探讨黄河与长江中游两地区的文化交流与融合都具有十分重要的学术意义。

3. 淅川县下寨遗址

下寨遗址位于淅川县滔河乡下寨村东北，北临丹江，东面和南面被源于湖北的丹江支流——滔河围绕，地处两河交汇处，地势平坦，周围群山环抱。西部有盆窑、门伙和前营遗址，西北部有刘家沟口东周墓地，东部有金营、申明铺等遗址和文坎东周墓地。

为配合南水北调中线工程丹江口库区建设，报请国家文物局批准，河南省文物考古研究所于 2009 年 3 月至 2013 年 1 月对下寨遗址进行了持续地、大规模地考古勘探和发掘，共揭露面积 16000m²。

勘探和发掘表明，遗址现存面积约 60 万 m²，文化层堆积厚约 0.8～2.0m，发现有明清、汉—唐、东周、西周、二里头时代早期、王湾三期文化、石家河文化和仰韶文化等时期遗存。其中以史前和东周时期遗存最为丰富。发现各时期遗迹共计 2869 个。出土银、铜、铁、陶、石、玉、骨、角等各种质地的小件 1600 余件，采集各种分析测试样本近 2000 余个（袋）。现将各个时期文化遗存介绍如下。

仰韶文化时期重要发现是环壕聚落一处，面积约 1 万 m²。遗迹有灰坑 179 个、灰（壕）沟 3 条、陶窑 1 座。其中 G30 规模较大，宽 2.95～3.3m，现深 2.1～2.7m，沟壁较陡，横截面接近 "V" 形，可称为壕沟。发掘和钻探表明，G30 南部已经与滔河相连，现存平面大致呈梯形。G30 外围还有一条与其平行且大致同时的小沟 G31，宽 1～1.5m。仰韶时期遗存主要分布于 G30 以内，北部基本不见。初步可以确定 G30、G31 是仰韶时期环壕聚落的界沟。该时期遗存未见居住基址。从东周时期灰坑中发现的较多大块红烧土分析，推测当时人们的房址已经基本上破坏殆尽。其原因可能有两种：①被滔河侵蚀冲刷；②受东周时期人们剧烈活动的破坏。该时期出土遗物主要是小口尖底瓶、钵、窄沿夹砂罐、釜形鼎、盆形甑等，根据其器物形态，初步判定为仰韶文化中期。

石家河文化时期遗存主要分布在遗址的南部，位于仰韶文化环壕聚落的东北部，面积约 2 万 m²。遗迹有灰坑 148 座、灰沟 1 条、水井 1 眼和房子 1 座。出土典型器物有红陶杯、横篮纹罐、横篮纹高领瓮、宽扁足鼎和擂钵等。

遗址最为重要的收获是发现仰韶晚期至石家河文化早期的墓地一处，发掘长方形土坑竖穴墓葬 117 座。按墓主头向的不同可分为四类。第一类大致朝南，共 58 座，时代为仰韶时代晚期。其中 M72 和 M106 各随葬陶器 1 件，其余墓葬出土玉钺、石钺共 22 件。钺的形制与灵宝西坡墓地同类器非常接近，含山凌家滩文化也有部分此类形制的钺。经科学检测，大部分钺都是蛇纹石。第二类大致朝西，共 43 座，其中 28 座墓葬随葬有陶器，陶器多放置于腰坑之中，且成组出现，组合为长颈小壶或圈足篹上放置一钵，钵底部有穿孔。M86、M89 和 M198 除腰坑随葬陶器外，人骨附近还随葬有红陶杯各 1 件。从随葬品分析，其年代大致在石家河文化早期或略早。第三类大致朝北，共 13 座，7 座有随葬品，其中有 4 座存在腰坑陶器和钺共存的现象。时代也应该为石家河文化时期，但是比第二类单出陶器的墓葬要略晚。其中 M207 长 2.6m，宽 1.5m，发现有葬具木棺的朽痕。棺内仰身直肢人骨 1 具，人骨左侧随葬玉钺、小石凿、玉环和小陶罐各 1 件。棺外东、西两侧放置罐瓮类陶器 6 件、泥质陶器 3 件。此外，墓主盆骨下腰坑中也发现放置有陶器。这是目前豫西南、鄂西北地区发现的规模最大、随葬品最为丰富的石家河文化墓葬。M207 已经整体搬迁至室内，将进一步开展实验室清理和加固保护。第四类大致朝东，仅 3 座，未见随葬品。从层位关系分析应为仰韶文化晚期至石家河文化时期。

王湾三期文化时期遗存主要分布在遗址的西南部，面积约 4 万 m²。遗迹有灰坑 214 个、瓮棺 45 个、沟 5 条、陶窑 1 座。瓮棺葬共发现 45 座，死者均为婴幼儿，布局密集。此区域当为集中埋葬婴幼儿的墓地。该时期出土陶器主要有侧装扁三角形足鼎、釜、小口高领瓮、大口篮纹罐、圈足盘、喇叭状粗柄豆、束腰器座等，纹饰以篮纹为主。另外在灰坑 H189 内发现了骨头雕琢的近 "C" 形骨龙 2 件。较完整的一件长约 2.7cm，头角分明，首尾相顾，十分罕见。

王湾三期文化末期至二里头时代早期遗迹种类单一，仅发现土坑竖穴墓葬 28 座，排列相对整齐，但头向不一，是一处经过完整揭露的该时期墓地。有 5 座墓见有陶器和石器，其中 M7 出土了陶豆、陶斝、陶双耳罐、石斧、石凿的器物组合。其他墓葬出土单个壶形器或单耳罐，颇有王湾三期文化遗风。M7 出土的斝和豆与二里头遗址同类器近似，可以确认是来自典型二里头文化的因素。但泥质灰陶双耳罐、单耳罐则显示了与丹江上游陕西地区夏时期遗存的密切关系。而随葬石器的传统，很可能来自江汉地区，呈现出明显的中原、关中南部和江汉平原西部文化交流与融合的特色。

西周时期遗存较少，仅发现灰坑 21 个。其中 H380 内出土完整的黑熊骨架 1 具，比较罕见。经鉴定为雄性，年龄 5 岁左右。该时期出土遗物主要是形态各异的鬲，另有豆、盂、罐、瓮等残片，时代在西周晚期。

东周时期遗存分布范围很广，基本遍布整个遗址，但未发现具有明显的居住区、作坊区、墓葬区等反映遗址聚落的功能布局。遗迹有灰坑 1069 个、圆形的水井 57 眼、小型土坑竖穴墓 9 座、灰沟 11 条、陶窑 7 座。该时期出土遗物主要有鬲、盂、罐、豆、盆、甑等陶器，属于楚文化遗存。

汉—唐时期遗存发现灰坑 774 座，水井 13 眼，灰沟 6 条，瓮棺葬 4 座，东晋、南朝及隋唐时期墓葬 57 座。另发现大致同时期的灰沟 2 条、陶窑 3 座、水井 9 眼。综合灰坑、不规则灰沟、水井和陶窑的分布规律及填土情况来看，初步推测为烧窑的工作区，长方形灰坑应与烧制陶器或瓦有关，其填土比较纯净，可能是沉淀陶土所用；而灰沟填土内出土大量的陶片、板瓦和筒瓦残片，推测为取土和排水所用，废弃后填埋垃圾；水井则为烧窑提供了充足的水源。该时期出土遗物主要是碗、盘口壶、罐、甑、仓、瓦、铜镜和铜发饰等。

元、明、清时期遗存数量相对较少，遗迹有灰坑 45 个、灰沟 15 条、房基 1 座、墓葬 8 座。出土遗物主要有瓷盘、瓷碗、瓷高足碗、陶瓦和铜钱等。

仰韶文化 846 号灰坑出土陶器组合

仰韶文化 67 号墓随葬玉钺及玉璜

王湾三期文化瓮棺葬墓地

王湾三期文化 19 号灰坑出土陶器组合

　　下寨遗址地处豫、陕、鄂三省交界，自古是三地文化交流的重要孔道。通过连续四年的发掘，初步弄清了遗址的主要文化内涵，建立了文化序列和编年，基本上确定了仰韶文化中期、石家河文化、王湾三期文化和东周时期的聚落分布范围，为完善丹淅地区的文化序列和开展聚落考古研究提供了重要资料。遗址发现的仰韶时代晚期至石家河文化时期墓地，墓葬集中埋葬、分布较为密集，填补了豫西南鄂西北地区同类遗存的空白。墓葬文化因素复杂，暗示出社会逐步复杂化的趋势比较明显，为我们认识丹江口库区交汇地带的文化面貌和社会发展状况提供了新的资料，具有极其重要的学术价值。王湾三期文化遗存的发掘，为研究豫西南地区相对独立、具有一定地方特色的考古学文化提供了丰富的材料，有助于推进学术的深入研究。王湾三期文化末期至二里头时代早期墓地的发现为研究二里头文化向南传播和夏王朝统治势力的扩张提供了极好的材料。两周时期丰富的遗存则有助于楚文化的探索和研究。遗址分布密集的汉代长方形灰坑形制特殊，非常罕见，少有报道，仅在丹江口库区有少量发现，这可能对于研究汉代这一区域陶器制作及烧制非常有益。此外，东晋、南朝及隋唐时期砖室墓在建造方式、随葬品特征等方面兼具同时期南北方文化的特色，是同时期该区域社会动荡、文化频繁交流、相互影响的集中反映。总之，遗址多个时期的文化堆积内容和呈现的较为复杂的文化因素，是研究边缘和交汇地带文化的极好个案。

4. 淅川县龙山岗遗址

龙山岗遗址曾被称为黄楝树遗址，位于淅川县滔河乡黄楝树村西，东北距县城约56km，北距丹江约2.5km。遗址现今地貌东南高、西北低，东南部依低矮的山丘，闹峪河经遗址西侧自南向北缓缓注入丹江。遗址所处的丹江下游属长江水系，这里古文化相当发达，遗址东西10km范围内的丹江南岸分布有下王岗、单岗、水田营、金营北、下寨等多处新石器时代聚落遗址。

为配合丹江口水库建设工程，早在1957年水库勘测前夕，长江流域规划办公室考古队河南分队对丹江流域进行文物普查时就发现了该遗址。1965年、1966年由当时的河南省文化局文物工作队（河南省文物考古研究所前身）对其进行了发掘，发掘面积980m²，发现了丰富的仰韶文化、屈家岭文化等新石器时代遗存，资料已经刊发（《华夏考古》1990年3期）。该遗址于1963年被公布为河南省文物保护单位。

2008年5月至2012年10月，报请国家文物局批准，河南省文物考古研究所对该遗址进行了大规模考古勘探和发掘。发掘面积13600m²。

龙山岗遗址外景

仰韶文化晚期 93 号房址

房址倒塌堆积及推拉门遗迹

屈家岭文化墓葬

勘探和发掘表明，遗址现存面积约 20 万 m²，新石器时代遗存堆积范围约 14 万 m²（遗址西部有因河水冲刷或农民取土而形成的高约 3m 的断崖，断崖剖面上发现有丰富的新石器时代遗存，表明遗址遭后代破坏较为严重，新石器时代遗存原来堆积面积应该更大）。遗址堆积丰富，以新石器时代遗存为主，包含仰韶时代晚期、屈家岭文化、石家河文化、王湾三期文化等时期遗存，另有少量西周、汉代、宋元、明清等历史时期遗存。发现有仰韶时代晚期的城墙、壕沟、河道及房址 75 座、路 1 条、祭祀遗存 7 个、陶窑 3 座、灰坑 84 个、沟 5 条、瓮棺葬 6 个；屈家岭文化房址 36 座、灰坑 202 个、沟 5 条、墓葬 6 座、瓮棺葬 11 个；石家河文化房址 1 座、灰坑 102 个、沟 5 条、瓮棺葬 4 个；王湾三期文化时期灰坑 187 个、瓮棺葬 5 个；西周时期灰坑 4 个、沟 1 条、墓葬 12 座；汉代灰坑 10 个、沟 3 条、墓葬 31 座；宋元灰坑 14 个、沟 2 条、墓葬 9 座；明清灰坑 1 个、沟 2 条、墓葬 16 座。出土铜、陶、石、骨等各类遗物上千件。

其中，仰韶时代晚期城址的发现是本次发掘最重要的收获。城墙依遗址当时所处的地理环境而建，共修筑两段，均位于现地表以下。一段位于遗址东北部边缘，沿古河道修建，呈东南—西北走向。长约 166.6m，方向 135°。另一段城墙位于遗址的东南部边缘，呈东北—西南走向，和遗址东北部城墙大体垂直。长约 165m，城墙外侧有壕沟，宽 17～20m，深约 5.6m。紧挨城墙的壕沟当为人工挖成，遗址南部东西向壕沟应是借助自然冲沟加以整修而成。

仰韶时代晚期堆积大致可以分为两个阶段。第一个阶段为城墙建造以前，在两段城墙下均压有这一阶段的遗存。这一阶段遗存堆积范围较广，遗迹类型丰富，这里应已经成为拥有相当人口规模的聚落。发现属于这一时期的遗迹主要有房址、灰坑、沟、瓮棺葬等。第二个阶段为城墙建造及其使用时期。这一阶段遗存堆积范围和前一阶段相当，比较引人瞩目的是出现了宽阔的道路、大型分间式房屋及祭祀区等一批大型遗迹。三座大型分间式房屋，面积较大，规格较高，在汉江中上游同时期文化遗址中非常罕见，应是当时的公共用房。祭祀坑位于遗址现存范围的西部。共发现 7 个埋藏猪下颌骨的坑。每个坑内埋葬的猪下颌骨数量不等，有的还有用火烤过的痕迹。这些祭祀坑所在的区域地势高于其他区域约 1m，应为祭祀区，面积约 600m²，是用纯净黄土铺垫而成，厚约 1m。另外，在遗址东南部城墙的内护坡上发现有属于这一时期的陶窑 3 座，均为横穴窑。Y2 保存相对较好，由火膛、窑室等几部分组成。窑室周围的活动面上残留有大量仰韶时代晚期陶器碎片。

屈家岭文化时期聚落规模仍然很大，遗存遍布城内，发现的遗存多承袭自仰韶时代晚期（朱家台文化）。发现的遗迹类型有房址、灰坑、墓葬、瓮棺葬等。在遗址东南部城墙内护坡上发现有这一时期的遗存叠压内护坡的现象，但在城墙顶部未发现有这一时期的遗存，城墙外的壕沟在这一时期尚未堆积平。发掘表明，这一时期城墙和壕沟尚未废弃，仍在使用。

石家河文化时期，虽然堆积范围仍然较广，但发现的遗存数量和前两个时期相比，明显减少。发现的遗迹类型主要有房址、灰坑、沟、瓮棺葬等。或许至石家河文化时期，城墙及壕沟的防御功能已经不复存在。另外，在发掘区西部发现的 H125 内出土有陶斝、尊、缸 3 件器物，相对较为完整，且陶斝内盛有鸟禽类的骨骼，该坑应具有特殊意义。石家河文化典型陶器主要有宽扁足鼎、斜腹杯、花瓣形圈足罐等，器物形制和湖北郧县青龙泉遗址出土的同类器物近似。

王湾三期文化时期的聚落规模显著缩小。这一时期的遗存集中分布在遗址北部，分布范围约 1 万 m²，在城内其他区域未发现有该时期遗存；在 TG2 内发现这一时期的文化层已经叠压至城墙顶部，城墙至这一时期已经彻底废弃。发现的遗迹类型比较单一，主要有灰坑、瓮棺葬等。灰坑较为规整，有圆形和圆角长方形两种形制，应为窖穴废弃后遗存。典型器物有侧扁高足罐形鼎、圈足盘、豆、高领罐等。

西周遗存被汉代及其以后各时代破坏严重，主要遗迹有灰坑、沟、墓葬等。在遗址中部集中发现有 12 座西周墓葬，应是一处小型西周墓地。墓葬均为小型长方形土坑竖穴墓，年代当为西周中期。

汉代遗迹有灰坑、沟、墓葬等，以墓葬居多。墓葬主要发现于遗址中北部，均为砖室墓，出土器物有铜器、陶器和釉陶器等。从墓葬形制及出土器物特征来看，这批墓葬的绝对年代多为东汉晚期，有些甚或晚至魏晋时期。

宋元和明清遗存发现较少，遗迹类型有灰坑、沟、墓葬等。发现的沟均长而窄浅，沟内有淤沙，应和当时的农田灌溉有关。地层中出土的瓷片、陶片磨圆度较好，应是经过多次搬运，这也从侧面印证了宋元、明清时期这里应为耕地的判断是合理的。

为了能够最大限度地采集考古信息，更好地从多角度解析古代社会，在发掘之前，就设计了多学科合作课题。获得如下认识：

（1）抵御洪水可能是龙山岗遗址仰韶时代晚期临河修建城墙的直接原因。在遗址东南部，挖断山梁，修建城墙，不仅可以利用壕沟疏浚山洪，也切断了由东南山丘进入聚落的通道，这样就利用古河道、壕沟、城墙，共同构成了一个坚固的防线。不仅防御了洪水，也起到了防御别的聚落居民或外族入侵的作用。

（2）一次性筑成城垣，工程量极大，非一般聚落所能完成，而且城内有大型房址、祭祀区等大型遗迹，这些都反映出仰韶时代晚期这里应是一处拥有相当人口规模和社会动员力的区域性中心聚落。从长江中游这一大的地域环境来看，龙山岗仰韶时代晚期城址是长江中游发现的众多城址之中始建年代较早、位置最靠北的一座，也是汉江中上游发现的唯一一座新石器时代城址。该城址的发掘和研究对于认识长江中游地区史前城址相关问题无疑具有重要意义。

（3）城址所处的丹江下游为南北两大史前文化系统的交汇地带，新石器时代文化遗存丰富，延续时间长，发掘表明，南北两大文化系统在这里此消彼长、相互交流与融合，留下了深刻的印记。该城址的发现、发掘和相关问题研究，对探讨该地域新石器时代各发展阶段聚落形态变迁及其演变规律，认识南北文化中间地带的文化面貌和性质，亦有着极其重要的学术价值。

（4）楚文化的起源及早期楚都问题是一个悬而未决的学术课题。据有关学者考证，文献记载的楚始都"丹阳"，最有可能位于丹江、淅水（今老灌河）交汇处的丹江下游地区。因此，这里每一处西周遗存的发现都能引起学术界极大关注。龙山岗遗址发现的西周遗存无疑为探索早期楚文化提供了一批新资料。该遗址发现的汉代及其以后遗存对解析后代各时期该地域的历史文化面貌也都具有重要意义。

5. 淅川县下王岗遗址

下王岗遗址位于淅川县盛湾镇河扒村东北。该遗址现处于丹江口水库库区内，东、北、西三面为丹江环绕，现存面积约 6000m²。2008 年 8 月，中国社会科学院考古研究所山西队承担了该遗址的钻探与发掘任务，9—12 月期间进行了第一次的钻探与发掘；2009 年 10—12 月，进行了第二次发掘；2010 年 3—7 月进行了第三次发掘。发掘总面积约为 3000m²。发现了仰韶文化、屈家岭文化、龙山文化、二里头文化、西周等不同时期丰富的考古学文化遗存。

遗址较高处的北部堆积最厚，最深近 4.5m。遗址较低处的南部堆积未见屈家岭文化层，其他文化堆积均见。

遗址文化堆积厚，延续时间长，文化内涵丰富。已清理墓葬 79 座，多为仰韶文化墓葬，包括 2 处小型墓地；瓮棺葬 30 个；灰坑 370 个，遗址各个时期灰坑均见，其中以龙山文化和仰韶文化灰坑为多；灰沟 29 条，其中 G14 为仰韶时期大型壕沟；房址 33 座，主要是仰韶文化的方形和圆形房址，另见因破坏严重仅余垫土的龙山时期较大面积房基 3 处；1 处二里头文化时期大型建筑基址；灶 4 个；墙 3 道，均为仰韶文化时期，其中一道具有围墙性质；窑 2 座；汉代路 1 条。

墓葬有 3 座明代墓、3 座宋代墓、4 座汉代砖室墓，属于龙山文化时期的墓葬 4 座。但若从出土陶器看，其中 M8 仅有的单耳罐则属于客省庄二期文化的典型器物，而非遗址本地常见的王湾三期文化陶器，M9 与之并列一处，也应属于客省庄二期文化墓葬。龙山文化时期多见其他周边考古学文化因素的存在是下王岗遗址的重要特点。仰韶文化墓葬形制多种多样，既有一次葬，也有二次葬，一次葬又可分为单人葬、双人葬、三人葬以及多人葬。同样，二次葬也可分为单人葬、双人葬、三人葬以及多人葬等。而每一种葬式又有不同的情况，如单人葬又见仰身、侧身屈肢、俯身等特点。值得注意的是，同是仰身直肢单人葬却明显见有两种不同的葬俗，一种是通常所见的仰身直肢单人葬，另一种虽为仰身直肢单人葬，但面部或头部却多用一个黑陶钵将其扣住覆盖，姑且称其为黑陶钵覆面葬，十分特殊，史前罕见，值得深思。

仰韶文化时期房址形制也多种多样，新发现中见有方形单间、双间或联间、多间与套间等等，且集中于遗址西南处，不同于以往发现的房址集聚区。仰韶文化时期的壕沟并非环壕，而只是有一长段壕沟，下王岗遗址三面临水，而壕沟恰恰横向分布于与陆地相接的一面，使之相隔。这样实际上就形成壕沟利用其他三面的丹江共同组成一体封闭的防御系统，充分利用自然地貌，十分巧妙。

龙山时期遗迹主要为灰坑，却较少见到居住遗迹，不似仰韶文化时期见有较多的房址，可能是被破坏的原因。下王岗文化堆积延续时间很长，各个时期的人们不断地在这一面积较小的区域生产生活，因此晚期对早期遗存的破坏是显而易见的，二里头文化时期与西周时期也少见建筑遗迹也说明了这一点。值得注意的是，残存的面积不小的房址垫土遗迹反映了当时居住建筑的存在，只是遭破坏严重，具体形制结构不得而知。

遗址出土了大量陶器、石器、骨器、玉器、铜器等遗物，具体不再赘述。其中有一些特殊的遗物其他遗址较为少见，如青铜矛、绿松石耳坠等。铜矛、阔叶、带倒钩，形制特殊，全国出土品中仅甘肃齐家文化见有，但其并没有明确的出土单位及层位关系，而下王岗铜矛有着明确的层位关系与遗迹单位，为此类器物的研究奠定了相关科学基础。绿松石器在下王岗遗址主要被作为耳坠，多出土于仰韶文化墓葬中，其他时期的地层与灰坑中也有零星出土，与同期中原地区其他遗址相比，下王岗出土绿松石数量较多，形状各异，但以不规则三角形与梯形为最多，佩戴与墓主人性别、年龄、社会地位无明显关系，但进入龙山文化之后，此类器物逐渐成为了一种奢侈品。下王岗绿松石器对于探索绿松石器的来源产地、形制演变和功能性质等积累了较为丰富的第一手资料。

仰韶文化方形房址

骨鱼钩

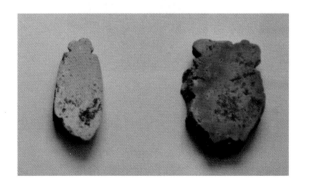

绿松石坠饰

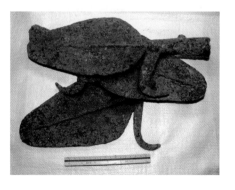

龙山时代灰坑中出土的齐家文化铜矛

遗址发掘取得重大收获，有着十分重要的学术意义。

（1）西周时期遗存丰富，可分三期五段，相当于西周早、中、晚期。中、晚期遗存已是较为典型的楚文化，而其早期遗存应该是早期楚文化最早遗存的代表。本次发掘的下王岗遗址西周时期遗存为探讨早期楚文化的特征、分布、来源等提供了重要的线索，一定程度上填补了研究早期楚文化考古学材料方面的空白。

（2）二里头文化时期是该遗址十分重要的一个时代，应该是豫西南地区二里头文化最典型代表。

（3）龙山文化遗存也十分丰富，有进一步分期的必要，目前可初步分为三期六段。对豫西南地区以及相邻区域龙山文化谱系或序列研究具有标尺作用，新发现必将推动豫鄂陕文化交汇区域考古研究。

（4）下王岗遗址仰韶文化时期微观聚落形态研究取得新突破，聚落布局、结构、演变等基本清晰。仰韶时期的墓葬、灰坑、房址、围墙、壕沟等重要遗存的发现，为仰韶文化时期聚落考古研究奠定了丰富的材料基础。下王岗遗址文化堆积面积约 6000m²，而已发掘面积就达 5300m²，可以说遗址是基本全面揭露，而全国能基本全面揭露的遗址十分罕见，加之面积虽小但遗存却十分丰富，且有重大收获。因此应成为全面系统动态的研究史前聚落完整面貌的典型个案。

另外，发现了一些与壕沟 G14 联通的附属沟，为史前考古所少见。

（5）龙山文化以及二里头文化时期多种考古学文化因素汇集于此的特点十分明显，进一步表明了下王岗遗址在黄河流域与长江流域之间文化交流孔道和码头的性质和作用。

6. 淅川县前河遗址

前河遗址原定项目为"淅川县滔河乡门伙村门伙崖墓与遗址"。因门伙崖墓的发掘已于2012 年 6 月完成，门伙遗址的发掘因为青苗赔偿存在问题，经请示河南省文物局南调办领导同意，改在朱山村前河遗址发掘。

龙山时代瓮棺葬

龙山时代陶罐

2012 年 10 月 11—27 日，对遗址进行了勘探，勘探面积逾 7 万 m²，确认遗址为不规则圆角长方形，南距滔河 35~50m，东西长 350~380m，南北宽 100~165m，面积约 64000m²。文化层厚 1.0~2.25m。有龙山文化、周代、汉代、元明时期等四个时期的文化堆积。随后，发掘了 3000m²。清理各时期灰坑 758 个，灰沟 66 条，墓葬 9 座，瓮棺 16 个，窑址 4 座，房址两座，出土小件器物 320 余件，已修复陶瓷器 45 件。前河遗址出土遗迹与遗物均十分丰富，是丹江流域文化内涵最为丰富的遗址之一。龙山文化时期的壕沟、瓮棺、周代祭祀坑、元明时期的陶窑等遗迹十分重要，出土了大量的陶器、骨器、铜器、铁器、瓷器等，为研究豫西南地区古代文化的发展、豫西南地区与黄河中游地区和汉江流域龙山时期文化的关系、楚文化渊源等重大学术问题提供了许多新的资料。

晋代墓葬

元明时期高圈足碗

7. 淅川县全岗遗址

全岗遗址位于淅川县盛湾镇河扒村 10 组与 11 组之间，丹江口水库南岸，西南距淅川县城约 25km。北面临江，东接公路，南为大堤，西靠山岗，地势较为低洼，常为库水淹没。总面积约为 14 万 m²。1974—2004 年，河南省文物考古研究所等单位对该遗址进行了五次调查，在遗址地表发现有新石器时代及周代的陶片。

元明时期窑址

从 2010 年春季开始到 2012 年年末，武汉大学考古与博物馆学系及武汉大学科技考古研究中心连续对全岗遗址进行了 3 次考古发掘，累计完成发掘面积 6100m²。

经过 2010—2012 年的发掘，证实全岗遗址是一处内涵十分丰富的古文化遗址。文化堆积平均深度为 2.5m，最深处达到 4.5m。本次发掘，发现了大量新石器时代、两周、汉、唐、宋、清时期的遗迹与遗物，其中主要是新石器时代相当于龙山文化时期的遗迹与遗物。遗迹的类别有：灰坑 518 个、房屋 39 座、墓葬 118 座、瓮棺 56 座、沟 14 条、窑 1 座。在系统的室内整理工作尚未展开的情况下，据初步统计，完整和可修复的小件器物有 1050 余件，遗物的类别有：陶、瓷、骨、石、银、铜、铁等。现按时期择其主要的遗迹与遗物介绍如下：

（1）新石器时代。本次发现的新石器时代遗存最为丰富，时代从朱家台文化时期到石家河文化时期。最重要的是，发现保存比较完整的屈家岭和石家河文化的聚落。聚落址由环壕、房屋、灰坑、墓葬、陶窑等构成。

1）环壕。本次发掘最为重要的收获是发现了一条屈家岭文化时期的壕沟，编号G5。除发掘确认的部分外，经勘探，G5围绕聚落址一周，东、南、西面保存较好，北部被江水冲毁。从发掘情况看，现已知G5平面最宽为29m，沟底距沟口最深处为2.8m。G5始建于屈家岭文化早期，一直沿用并废弃于屈家岭文化末期。另外，G5外围没有发现屈家岭文化时期的遗存，说明此时期居民生活在环壕以内。而壕沟废弃后，石家河文化时期的居民就跨越了环壕的界线。在壕沟的外围发现了石家河文化时期的遗存。

另外，还发现了一条呈东西走向、再折向北的一条沟，编号G2。最宽处为19m，现存最深处为2m。从沟内出土遗物判断，G2始建于石家河文化时期，废弃于汉代。从发掘情况看，G2内外都有大量石家河文化时期的堆积。G2在石家河文化时期的用途尚不明确。

2）房址。共发现屈家岭和石家河文化时期的房址39座。大体呈西北—东南走向的排状分布。部分石家河文化时期的房屋是在废弃的屈家岭文化房屋上续建的。也有部分屈家岭文化时期的房屋被属于石家河文化时期的G2破坏。39座房屋均为地面式建筑，以方形带墙基的最为常见，少有圆形的。其中，发现的一座石家河文化时期的五连间排房比较有特点，编号F26，位于发掘区的东北部。现存有门道、墙基槽、垫土、散水。东西通长20.4m，南北宽4m，中间四道墙基将房屋分隔成5间。

3）灰坑。灰坑近500座，坑口平面呈圆形、方形、椭圆形、不规则形等多种形状。坑内遗物丰富。其中H274比较特别，坑口平面近圆形，直壁平底，坑底用黄褐色夹红烧点颗粒土铺就，有夯层。夯土上放置人骨两具，侧身跪肢，头脚相对，其中一人身首异处。

4）墓葬。墓葬19座，均为长方形竖穴土坑墓，骨架保存较好，多为仰身直肢葬，少数有腰坑，在腰坑内放置随葬品。另有48座瓮棺葬，骨架皆已朽，但葬具保存较好，均为夹砂瓮棺，多有陶盘作盖。

新石器时代出土遗物丰富，初步统计有760余件。器类主要有陶鼎、壶形器、豆、罐、高圈足杯、圈足碗、圈足盘、红顶钵、红陶杯、斝、纺轮、鹿角等。

（2）两周时期。由于全岗遗址遭到洪水冲击以及晚期平整土地的破坏，遗址上部堆积大多被破坏。本次发掘仅发现两周时期的灰坑21座，其中西周时期7座，东周时期14座。西周时期灰坑坑内遗物丰富，出土陶器有鬲、盆、罐等。从器物组合及器型来看，属于西周中晚期，文化内涵与下王岗同时期遗存相当。东周时期的灰坑，坑内遗物亦非常丰富，器物组合有鬲、盂、罐、豆、甗等。为春秋早中期典型的楚文化遗存。

东周时期最为重要的发现是5座土坑竖穴墓葬和3座土洞墓。这批墓葬除2座为东西向外，余皆为南北向。并且分布规律比较明显，大致呈东西排状分布。而发掘区南部若干探方没有分布，推测应当与当时这一区域地势低洼有关。这批东周墓葬，长2～3.5m、宽1～2m、深1.5～4.5m，有的带生土二层台或壁龛，以单棺或一椁一棺多见。南北向墓头向均向北，葬式有直肢和屈肢两种。随葬品以陶质的双耳罐常见，几乎各墓都出，组合有双耳罐，双耳罐、钵，双耳罐、鍪，双耳罐、矮领罐、盂等。随葬品方面的这些特征，与本区域东周时期的楚墓差异明显，值得关注。

（3）汉代。汉代发现的遗迹有1座灰坑、5条沟和31座墓葬。这31座墓葬大多分布在G2

北侧，均为砖室墓，多数带墓道，几乎全部遭到盗扰。尽管如此，还是出土有铜镜、五铢钱、陶罐、陶瓷、陶仓、陶案、陶灶等大批精美的文物。本时期比较值得关注的是前面讲到的石家河文化时期的G2。G2一直延续到汉代，从沟底发现的大量清晰的车辙痕迹判断，G2在汉代被作为路沟使用。考虑到这批汉墓几乎全部沿着路沟分布，G2或许为这批汉墓的埋葬在交通上提供了很大的便利。从沟内出土遗物判断，G2在汉代或稍晚废弃。

（4）唐、宋、清时期。除发现一条宋代的沟以外，各时期的遗迹均为墓葬，其中唐墓两座、宋墓1座、清墓7座。宋代墓葬结构复杂，保存较好，编号M12。M12为大体呈"凸"字形的砖室墓，墓室长1.8m、宽1.22m、深1.8m。M12装饰与结构讲究，墓室内壁有砖砌的桌椅、门窗、衣柜、灯台等，还有模印的剪刀、尺、镜，另外在三道墙柱上部用砖砌出一斗二升的斗拱。M12出土遗物有褐釉陶罐、白瓷盏、白瓷盘等。

全岗遗址历时三年的发掘工作揭示了遗址所在地的古文化面貌及使用情况。总的说来，最早在朱家台文化时期，全岗遗址已有先民居住，只是规模较小。到了屈家岭文化时期，全岗遗址已经成为一座较大的新石器时代晚期聚落，发现有较大的环壕、成排布局的房址等，这一时期，人们主要生活在环壕以内。而石家河文化时期，随着壕沟的废弃，人们的居住范围已经不限于环壕内部。两周时期，发现的居住遗迹较少，可能与晚期的破坏有关。发现的东周灰坑，年代在春秋早中期，文化面貌属于典型的楚文化。而到战国晚期至汉代，全岗遗址不再有人居住，被作为墓地使用。汉以后，遗址基本废弃。

全岗遗址文化内涵丰富，学术意义突出，主要体现在如下几个方面。

（1）进一步完善了汉江上游地区新石器时代晚期文化序列。全岗遗址发现的新石器时代晚期文化主要有三种，即朱家台文化、屈家岭文化和石家河文化。学界此前对朱家台文化和屈家岭文化的区分并不是十分明确，而全岗遗址发现的几组明确的屈家岭文化时期灰坑打破朱家台文化时期灰坑的情况为这一问题的解决提供了新证据。另外大量的屈家岭、石家河文化时期遗迹、遗物的发现，有助于进一步完善汉江上游地区新石器时代晚期文化序列。

（2）为聚落形态研究提供了丰富的材料。全岗遗址保存完整的屈家岭、石家河文化时期聚落的揭示，有利于我们研究该遗址内部的聚落形态及其随时间的变迁，进而研究人口、社会复杂化等相关问题。同时全岗遗址的发掘对汉江上游地区新石器时代晚期聚落考古学研究也是一笔珍贵的材料。

屈家岭文化时期壶形器

石家河文化时期陶鬶

（3）东周墓葬的发掘对帮助我们区分楚、秦墓葬又增添了新资料。秦历二世而亡，在文化特征上，并未留下太多印记。这导致在楚地，我们很难从文化遗物上将秦与楚分开。此次发掘的这批东周墓的年代在战国晚期到秦，从墓葬形制、葬式、随葬品的器类及形态特征看，当属秦墓。这批秦墓的发掘，丰富了对于楚地秦墓的认识，为辨识秦楚墓葬增添了新资料。

8. 淅川县单岗新石器至宋元时期遗址

单岗遗址位于淅川县盛湾镇单岗村北，北临丹江，南距单岗村约 250m，面积约 20000m²。2011 年 7 月至 2012 年 1 月，为配合南水北调中线工程丹江口水库淹没区的建设，郑州大学历史学院考古系对其进行了钻探和发掘，发掘面积 5500m²。发现有灰坑、房址、窖穴、墓葬、瓮棺葬、灰沟等各类遗迹 465 处，出土陶、石、骨、瓷、铜、铁等各种质地的小件 400 余件。

从发掘和整理的情况来看，该遗址至少包含有旧石器时代晚期、屈家岭文化、二里头文化、两周时期、南朝、隋、宋元等多个时期的遗存，延续时间较长，其中又以屈家岭文化、两周时期遗存最为丰富。

旧石器时代晚期遗存发现极少，仅在地表和部分屈家岭文化遗迹当中发现有少量石叶、石核和断块之类的燧石遗物。

屈家岭文化时期遗迹主要有灰坑、窖穴、房址、墓葬、瓮棺葬等。

房址位于发掘区东北部，有半地穴式和地面式两种，保存状况较差。其中半地穴式 1 座，地面式 25 座，地面式建筑又可分为圆形、方形和连间排房 3 种，所有房址面积均较小。灰坑多分布在房址附近，平面形状多为圆形或椭圆形，另有少量不规则形和圆角方形。灰坑中出土遗物不多，部分灰坑则仅出土红烧土块。该遗址还发现了屈家岭文化时期的袋状窖穴 39 座，平面形状多为圆形，口小底大，除少部分位于房址附近之外，其余则多分布于发掘区中西部，形成屈家岭文化时期的窖穴群。而房址和窖穴群之间留有较大面积的空地，可能是当时人们的活动广场。值得注意的是，空地中部有方形建筑一座，编号 F27，由 9 个圆形柱洞组成，柱洞分为 3 排，每排 3 个，除 D4 外，其余柱洞皆发现有柱础石。根据柱洞排列情况来看，F27 并非一般居住房屋，初步推断其可能是具有放哨瞭望功能的干栏式建筑。墓葬仅发现 1 座，长方形竖穴土坑墓，单人仰身直肢葬，未发现随葬品。瓮棺葬发现 3 座，位于房址附近，以罐或鼎作为葬具，并覆以罐或盆，保存较差，亦未发现随葬品。

二里头文化遗存发现不多，仅发现灰坑 2 个。出土有大口尊和带有按窝的侧扁三角足鼎等。通过和典型二里头文化遗存进行对比，其时代大体在二里头文化四期之时。

西周晚期至春秋早期遗存发现两处，其中灰坑 1 个、房址 1 座，且二者相距较近。出土遗物有"瘪裆"鬲、折肩盂、带篦棱的喇叭口圈足豆和折肩瓮等。

东周时期遗迹共发现 210 处，包括灰坑、房址、陶窑以及灰沟等。

灰坑平面形状多为近圆形和椭圆形，另有不规则形和方形，出土有鬲、甗、盂、豆、罐、盆、器盖等。其中 H224 还出土有壶、敦等仿铜陶礼器数件。房址均为地面立柱式建筑，平面形状多呈近圆形或近椭圆形等，保存状况较差。陶窑发现 1 座，由操作室、火门、窑室、烟道等部分组成，保存状况一般。灰沟则多为自然冲沟。

该遗址还发现了南朝至隋代墓葬 8 座，位于发掘区西北部，均为竖穴土坑木棺砖椁墓，形制相同，且两两成组，男左女右，应该是一处家族墓地。这批墓葬在墓主头端多发现有随葬器物，少则 1 件，多则 2 件，器型为罐、壶或仓。从随葬品特征来看，这批墓葬多属南朝时期，其中 M8 出土带柄盘口壶则带有隋代遗存特征。

宋元时期遗存主要为灰坑、窖穴和灰沟，分布在发掘区西南部。灰坑多为不规则形、少量方形和圆形。出土大量陶瓦残片、瓷片及少量铜钱等。瓷器釉色以豆青釉为主，兼有少量姜黄釉，器型见有碗、盏、罐、瓶等。窖穴发现 2 座，两者相距约 3m，均为方形，直壁、平底，底部出土大量炭化粟粒和少量黍粒。其中 H97 还发现了残缺不整的人骨一具，显系被残害致死，结合两个窖穴内发现大量未被食用的粮食这一现象，初步推定，该地在宋元时期可能经历过兵燹。灰沟呈带状，其中 G59 最长，呈西北—东南走向，口部宽 3.5～4m、深 0.8～1.3m，具有一定的防御功能。

单岗遗址屈家岭文化时期的遗迹呈现出明显的分区现象，可大体分为居住区、窖穴区和活动广场区，形成了一个较为完整的小型聚落，这在丹江口库区为数不多的屈家岭文化遗址当中尚不多见；二里头文化遗存兼备伊洛河流域和陕东南地区同时期文化遗存的特征，为探讨豫、陕、鄂三省及其邻近地区二里头文化的交流提供了新的资料。两周时期遗存以春秋中期至战国中期遗存最为丰富，该时期典型器物早晚演变关系明显，序列清晰，可作为丹江口库区东周时期遗存分期断代的重要标尺。两周之际的遗存虽然发现较少，但是为探讨早期楚文化的来源问题提供了新资料。目前研究表明，丹江中下游地区可能是解决早期楚文化中心这一课题的关键区域。近年随着南水北调工程的开展，淅川下王岗、龙山岗、下寨等遗址均发现有相当于西周时期的楚式鬲，再结合该地区发现了众多的楚国贵族墓葬等一系列材料，楚都丹阳"淅川说"恐非空穴来风。

单岗遗址发掘区鸟瞰

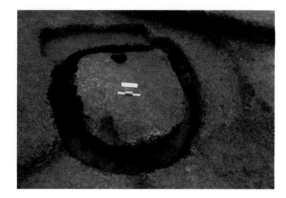

屈家岭文化房址

东周时期陶响器

战国陶文

隋代瓷壶

单岗遗址处于豫、陕、鄂三省交会之处，是南北方文化交流的重要通道，通过对该遗址的发掘，可以更好地了解这一地区古代文化面貌及南北文化交流的情况，对于完善豫西南和鄂西北地区古代文化展序列，进一步认识其文化面貌特征和年代，揭示不同时期的聚落布局及其演变规律，探索当时人们与自然环境的关系都具有十分重要的学术价值。

9. 淅川县上凌岗遗址

六叉口墓群（上凌岗遗址）位于淅川县滔河乡凌岗村6组的上凌岗自然村。盛（湾）滔（河）公路从其中东西向穿过。六叉口墓群（遗址）位处丹江河右岸的一级阶地之上，北距丹江口水库堤坝1000m，南离山地500m。东南邻张庄汉墓群，西边2km为龙山岗（黄楝树）遗址，东距下王岗遗址约7km。有一自然排水沟从墓群（遗址）西边经过，地势南高北低，东西趋于平坦。遗址范围大致为东西长180m，南北宽160m，面积28800m²。

六叉口墓群1994年由河南省文物考古研究所同南阳市文物考古研究所、淅川县文化局调查发现，2003年、2004年复查。

龙山时代遗迹剖面：灰坑与壕沟

龙山时代陶鬶

龙山时代玉器

2008年9月，为配合南水北调中线工程丹江口水库淹没区的建设，中山大学人类学系结合2006级本科生和2007级研究生田野考古教学实习，开始对淅川六叉口墓地进行考古勘探与发掘。实际完成勘探面积43000m²。钻探在六叉口墓群周围的孔家峪村以及凌岗村所在的盛（湾）滔（河）公路两侧一带大范围进行，但只发现零星墓葬，但在凌岗村6组的上凌岗钻探时，新发现龙山时代遗址，遗址范围大致为东西长180m，南北宽160m，面积28800m²。

随后，中山大学人类学系进行了两次发掘，面积3300m²。发现各时期房基5座、灰坑178个、灰沟120条、墓葬21座、瓮棺20座。分属新石器时代龙山时期、汉代至元代、清代多个时期。

遗址的主要堆积的年代为龙山时期。遗迹有房址、灰坑、灰沟、大型壕沟3条、墓葬、瓮棺葬等。

遗址中部发现高大土台及围绕土台分布的大型壕沟。壕沟之内，分布有密集的灰坑和瓮棺葬。围绕土台发现有3条大型壕沟，可见该处为龙山时期人们长期持续生活的重要据点。另发现墓葬2座、瓮棺葬20座，其中W18内还发现完整的婴孩骨架。

汉墓

遗址出土龙山时期器物极为丰富，陶器有砂质红陶鼎、釜、篮纹或绳纹灰陶罐、碗、盆、研磨盆、豆、圈足盘、橙红蛋壳陶鬶、盂、缸、灰陶高领壶、钵、陶塑小动物等；典型陶器包括豆、罐、鼎等，可以清楚地排出演变序列。石器200余件，都磨制精美，以长方形穿孔小石刀、圭形凿、斧、锛、镰、锥、石镞等为主，还有一件厚度不到0.4mm，长宽约10cm的刀片。骨器有笄等。玉器有钺、环、璧、半成品玉料等。

汉代至元代遗存发现有灰坑、砖石墓等。遗物有盆、钵、罐、耳杯、人物俑等陶器；铜镜、弩机构件等铜器。

清代遗存有灰坑、灰沟、竖穴土坑墓、房屋基址等。其中的牛牲祭祀坑保存完整。清代遗物有顺治、康熙年款的景德镇民窑青花瓷器、本地窑系的青瓷器。器型有盘、碗等。

本项目的主要收获可以总结为以下几点：

（1）六叉口墓地（上凌岗遗址）是一处主要时代为龙山时期、堆积丰厚的遗址，对于探讨丹江流域龙山时期文化遗存的面貌、性质、序列、南北文化的交流意义重大。

（2）六叉口墓地（上凌岗遗址）以高台地为中心，环绕龙山时期不同年代的环壕，是目前丹江流域唯一发现的龙山时期环壕，对于探讨丹江流域龙山时期的聚落形态、聚落分布、聚落层次意义重大。

（3）中山大学人类学系运用多学科研究手段、多方合作研究，为尽可能获取遗址多方面的信息资料提供了保证。

10.淅川县马岭遗址

马岭遗址位于淅川县盛湾乡贾湾村。该遗址为省级文物保护单位，1957年河南省文物工作队调查发现。2007—2010 年河南省文物考古研究所与武汉大学考古系合作进行了四次发掘，布 10m×10m 探方 1016 个，发掘面积 10000 余 m²。揭示出比较丰富的后冈一期文化、西阴文化、朱家台文化、煤山文化以及东周时期、汉晋时期、清代等不同时期的文化遗存。

后冈一期文化遗存在整个遗址都有分布，发现房址 24 座，主要为圆形地面房屋，一般直接在地面立柱起建。房基大致分为 2 个区。发现这一时期灰坑 398 座，形制一般都比较规整，大多为圆形或圆角方形，基本上都打入生土约 1m 以上，许多灰坑中出土有较完整的器物和动物骨头，坑底垫一层红烧土。窑址 2 座，破坏严重。灶 10 座，许多位于房屋和灰坑旁边，由一些石块组成。发现墓葬 188 座，均为土坑竖穴墓，葬式往往为仰身直肢。墓葬也可以分为东西两个区。两区在空间上相距约 10m，东区墓葬的头向一般为 310°左右，往往在死者头部扣一只泥质黑陶钵。西区墓葬头向一般为 270°左右，随葬品为鼎和罐。灰沟 6 条，其中发掘区东南部的 G12 宽约 4m，深逾 2m。沟外基本不见后冈一期文化遗存。马岭遗址是目前揭露最完整、内涵最丰富的后冈一期文化聚落。

出土遗物丰富，包括大量陶器、骨器、石器、玉器等。陶器器型有釜（仅见于早期）、鼎、罐、红顶钵、折沿盆、壶、黑陶钵（碗）、器座等。其中，墓葬中出土的陶器主要为黑陶钵、夹砂陶鼎、罐以及泥质红陶长颈壶。黑陶钵出土时覆于墓主头上，此类墓葬一般无其他陶器随葬品。鼎、罐以及长颈壶往往一起伴出于另一类墓葬中，这些器物尺寸一般较小，烧制比较粗糙，应该是专为随葬所用的明器。另外，在一些墓葬中随葬有石斧、骨针、绿松石等。灰坑和地层中出土陶器则以鼎、釜、红顶钵、红陶碗、器座为主。

鼎　　　　　　　　　　　罐　　　　　　　　　　　石镰

后冈一期文化器物

西阴文化遗存发现了 18 座灰坑和少量地层堆积。出土的陶器以夹砂红陶为主，少量泥质红陶。器型有夹砂罐、小口瓶、泥质曲腹盆、红陶钵等。彩陶少见。

本次发掘另一个主要的收获是揭示了一个比较完整的朱家台文化聚落。朱家台文化遗存主要分布在遗址西南部，发现了房基 55 座，灰坑 400 余座，土坑墓 8 座，瓮棺墓 8 座。清理了多座含有完整动物骨架的灰坑，这些灰坑应该是与祭祀活动有关的遗迹。这一时期的房子均为先挖基槽，再立柱起建，房屋有一定布局。房屋主要有圆形和方形两种，方形房屋面积较大。瓮棺葬一般以折沿罐和红陶钵为葬具，竖置叠放，无随葬品。

出土遗物以陶器为主，另外还有石器、骨器等。陶器中素面陶占绝大多数，另外有极少量彩陶。有的圈足饰有镂孔。具体器类有鼎、折沿罐、高领罐、瓮、盆、红顶钵、器盖、杯、缸、器座等。

发现屈家岭文化房屋 2 座，灰坑 64 个，陶棺墓 2 座。

F31 和 F36 位于发掘区的西南部，位置邻近，均为圆形地面式房屋，直径 3～4m，建筑方式为先挖基槽再筑墙，在基槽内发现十几个柱洞，填土中包含有红烧土颗粒和炭粒，可能经过烧烤，出土有罐、盆、鼎、钵等陶器。未发现门道等其他设施。在房屋以北发现 W18 和 W19 两个陶罐墓，可能与葬俗有一定的关系。先挖圆形斜壁平底的墓圹，再放置葬具，葬具为一个折沿罐。

陶器器型主要有折沿深腹罐、小口高领罐、圈足碗、钵、豆、泥质红陶杯、盆、鼎足、器盖、纺轮等。

煤山文化遗存主要分布于发掘区的中西部，以中部遗存最为丰富，共发现遗迹 114 个，包括房屋、灰坑、灶、陶棺墓等。

房屋 2 座。建筑时先挖基槽，在基槽内立柱后筑墙，基槽宽 18cm，槽壁陡直，加工规整，基槽内发现柱洞 16 个，房屋中部发现柱洞 1 个，直径 14cm，深 22cm，没有发现门道等其他设施；房屋内发现草木灰和红烧土块等用火痕迹，出土有折沿深腹罐等陶器和海贝。灰坑 105 个，主要分布于发掘区的中西部，尤以中部分布密集。灶 2 个，半圆形，直壁平底，填土分为 2 层，上层为红烧土，下层为黑灰土，灶内发现大量草木灰和木炭，出土有盆、罐等泥质红陶。陶棺墓 3 座，位于发掘区北部，F32 以北不远处。先挖圆形直壁平底的墓圹，再放置陶棺。葬具有三种组合：矮领瓮，折沿深腹罐，矮领瓮上加盖折沿深腹罐。

马岭遗址煤山文化遗存的出土物以陶器为主，此外还有少量石器、动物骨骼等。陶器器型较为单一，主要有鼎、折沿深腹罐、矮领瓮、圈足盘、盆、碗、豆等。

汉代遗址堆积分布于遗址的中东部，堆积较厚。发现了大量砖石墓葬，多为券顶。分布有一定规律。

明清时期遗存发现了一处墓地，应为家族墓地，墓地中有一座龟镇，反映了当时的丧葬习俗。

11. 淅川县盆窑遗址

淅川县盆窑遗址东北距淅川县城 52km，东南离滔河乡 1.5km，北距盆窑村约 600m。行政隶属淅川县滔河乡门伙村 1 组，因调查时在盆窑村发现而得名。遗址位于丹江右岸的河谷平原，东南紧邻丹江的支流滔河，东近 3km 为丹江、滔河交汇处。

遗址东西长 460～490m，南北宽 60～110m，面积约 50000m²。堆积沿河流分布，呈西北至东南走向。文化堆积一般厚 1.2～1.7m，最厚达 3.1m。地表采集有龙山时期、周代、汉代及明代遗物。

为配合南水北调中线文物保护工程，中山大学人类学系对盆窑遗址进行了勘探和发掘。2010 年 1 月 2—8 日，中山大学考古队对遗址进行了实地踏勘，原定遗址中心点只采集到陶片，未发现遗存堆积；2010 年 1 月 15—29 日，委托淅川县文物勘探队对遗址进行普遍勘探，勘探面积 21 万 m²，确定了遗址范围主要分布在门伙村，少部分在盆窑村；2010 年 10 月 3—7 日，中山大学考古队对遗址重点勘探，确定了发掘区范围。

2010 年度的发掘共 3200m²，采取以探方发掘为主的方法。除明代、汉代和龙山时期的文化层堆积外，还发现各类遗迹 498 个，其中灰坑 420 个、灰沟 35 条、墓葬 23 座、瓮棺 7 座、房屋基址 2 座、墙基 5 条、窑址 5 座、灶 1 个。涵盖明代、宋代、汉代、周代（西周和春秋）、商代、夏代、新石器时代龙山文化时期。其中以汉晋、周代、夏商时期、龙山时期的堆积较为普遍。

2011 年度的发掘面积为 2200m²，在 2010 年发掘区的东部和北部分别布方，分别称为东区和北区，其中东区探方 10 个、北区探方 12 个。共发掘 360 个遗迹单位，其中灰坑 294 个、灰沟 44 条、瓮棺 2 座、墓葬 8 座、灶 1 座、窑 1 座、柱洞 5 个、墙基 5 条。有二里头文化时期、两周时期、东晋、宋代、明清时期的堆积，极大的补充和丰富了 2010 年发掘的材料。其中主要为两周时期的遗存，西周卜骨、东周墓葬是本次发掘的新发现，对于完善两周时期楚文化的分期有积极意义。

盆窑遗址发现的从新石器时代晚期到宋元明时期的材料，对于本地区各时期的考古学研究都有较高的学术价值。

龙山时代灰坑

春秋时期铜斧出土状况

"唐至"铭墓砖

三彩香炉

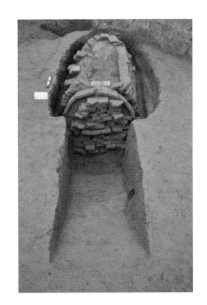

西周卜骨　　　　　　　　　　　　　宋墓

　　新获得的龙山时期考古学材料，有助于对豫西南地区龙山时期考古学文化面貌和性质的研究，以及龙山时期文化向二里头文化过渡的研究。

　　获得了豫西南地区夏商时期遗存的新信息。2010年度盆窑遗址发现有二里头三期到二里岗时期的8个灰坑，2011年度的发掘继续增添了新材料。

　　楚文化何时何地发源一直是学术界探讨的课题，丹江流域是文献记载中楚都丹阳所在地，下寺楚墓也是目前所见春秋时期规格最高的楚墓。2010—2011年度发掘的西周到春秋的材料十分丰富，包括有大量的灰坑、灰沟、祭祀坑、房屋基址以及窑址，其中第一次发掘区的西北发现房屋基址，中南部的窑址较为集中，中北部发现多个动物祭祀坑。灰坑遗迹则较为普遍，有多个大型灰坑，出土可复原器物较多，从西周中期到春秋中期都有十分典型的单位，可排出详细的文化分期。可复原陶器较多，一些器物如铜斧、角钻孔器十分珍贵，相信对于探讨楚文化的渊源是十分珍贵的材料。2011年度少量的西周时期遗存发现有卜骨，密布小型的圆形钻孔，表明了西周时期楚人的占卜方式和商周占卜的区别。两次发掘发现的西周时期遗迹的数量较少，也说明了当时的聚落规模略逊于东周时期。

　　两个年度发掘的汉晋时期的遗存有砖室墓和瓮棺葬。其中2010年度的发掘有5座砖石墓，大小相若，排列规整，方向一致，可能是一处家族墓地。有些墓葬还出土铜簪、铜镯、铜镜、瓷罐、陶仓等。其中一座墓葬的墓砖模印有"唐至"二字和刻写有"百""百五十""三百"字。对于丹江流域历史地理的研究可能是新的材料。瓮棺葬有以盆、罐为葬具的，也有以板瓦、筒瓦为葬具的。

　　两次发掘还将计划开展多项课题研究，考古学文化研究方面，诸如丹江流域龙山时期文化面貌和性质的研究、龙山时期文化与夏商时期文化变迁的研究、早期楚文化研究、龙山时期和两周时期聚落形态研究、滔河下游古代遗存调查等。另外还和中山大学地球科学系和广州地理研究所合作，开展环境考古的综合研究，诸如孢粉、植物硅质体、沉积粒度、炭屑、磁化率等分析，开展地貌分析和石器材质分析等。

12. 淅川县申明铺遗址

申明铺遗址位于淅川县滔河乡申明铺村北，为丹江口库区内丹江南岸二级阶地上的一处古文化遗址。遗址北侧紧邻丹江，局部已被江水冲蚀，村南为低山丘陵，遗址分布于一道西北—东南走向的岗脊上，略呈南北纵长方形，地形为西北高东南低。2007—2009年，为配合南水北调中线工程建设，河南省文物考古研究所与中国科学院研究生院科技史与科技考古系合作，对该遗址进行了系统调查和大规模发掘，揭露面积5500m²，取得重要收获。

经过调查发现，申明铺遗址的面积远远大于原来资料显示的20000m²，除了相当一部分被丹江冲毁外，现存面积约100000m²，南北长约600m，东西宽约150m，平面呈不规则长方形，发现的文化堆积有新石器时代的居住遗址、东周遗址与墓葬、两汉至魏晋时期墓葬、唐宋遗址、清代村落遗址和墓葬等。

考古工作中，结合传统钻探与试掘，还与河南省水利厅水利勘测总队合作，利用"天然电场选频法"和"高密度电阻率法"两种方法，对本遗址20000m²的范围进行物理勘探。结果发现，遗址区的墓葬、陶窑或灰坑等文化遗存所在区域均有不同的异常反应，而且两种方法测出的异常区相互吻合达70%左右，有些已得到文物钻探的印证。这种做法是一种新的尝试。

发掘表明，遗址文化内涵十分丰富，时代从新石器时代的仰韶文化、龙山文化，东周时期的楚文化，一直延续到西汉、东汉、魏晋、唐、宋、清等若干历史时期。共发现墓葬、灰坑、陶窑、窖穴、祭祀坑等各类遗迹530余处，出土金、银、青铜、铁、铅、陶、瓷、石、玉、釉陶、玻璃等各类文物2000余件。

仰韶文化时期遗迹类型主要有灰坑、柱洞和墓葬（竖穴土坑墓3座、瓮棺葬1座）。灰坑共计32个，出土典型器物包括红陶钵、夹砂罐、石礼器等。柱洞数量较大，计有125个柱洞及10个柱基坑，柱洞大多分布较为密集，填土中多夹杂红烧土颗粒。

龙山文化时期遗迹类型发现数量较少，主要为灰坑，仅4个。虽然数量较少，但出土器物均为典型的宽沿、沿面有一圈凹棱的陶罐，具有较强的龙山时期特征。

遗址堆积以春秋早、中期为主体，未见房址等居址类遗迹。但生活类遗存，如灰坑、窖穴、灰沟等遗迹和板瓦、铺地砖等建筑材料及陶鬲、盆、豆、罐、瓮等生活用具残片和石质生产工具等多有发现。灰坑成因多数应与窖藏或取土有关。

两周时期墓葬48座，均为长方形竖穴土坑墓。春秋时期墓葬数量较少，随葬器物以陶鬲、盂、豆、罐的组合为典型特征；战国时期墓葬数量较多，随葬器物组合可分为两个系统：一组以陶无耳鼎、盖豆、罐、壶为典型组合，另一组以陶鼎、敦、壶、豆的组合为代表，从文化面貌上来看，应属楚文化性质遗存。共清理灰坑101座。灰坑的年代集中在春秋时期，遗物以陶鬲、盂、罐、豆为主；少部分年代为两周之际，典型遗物有柄部带突棱的矮柄陶豆等。

西汉时期的墓葬共36座，包括竖穴土坑墓31座、长方形砖室墓1座、长方形积石墓1座、"甲"字形积石积炭墓2座、瓮棺葬1座。随葬器物有铜洗、镜、五铢、仿铜陶礼器、日用陶器、模型明器等。生活类遗存发现了灰坑2座、陶窑1座，陶窑主要用来烧板瓦和筒瓦等建筑材料。

东汉时期遗存发现了72座墓葬，16座灰坑，1座陶窑。东汉时期墓葬依据其形制及出土随葬品初步分为"甲"字形砖室墓（50座）、刀形砖室墓（11座）、长方形竖穴砖室墓（11座）。整体看来，东汉时期墓葬保存状况不佳，盗扰严重；发现的典型随葬品有陶双系罐、模型明器、釉陶壶、案、动物模型、剪轮五铢等。还发现有灰沟 1 条、陶窑 1 座，陶窑主要烧制花纹小方砖。

西晋时期墓葬清理了 12 座，分为两类，"甲"字形砖室墓 11 座，刀形砖室墓 1 座。从墓葬形制来看，本期墓葬依旧延续东汉时期的葬制。与东汉时期墓葬随葬器物相比，出现了新时代的典型器物盘口壶等。

遗址共清理汉晋以后的文化遗存 10 处，其中唐代灰坑 7 处、陶窑 1 座、灰沟 2 条；明代灰坑 1 处；清代灰沟 1 条、井 1 口；另发掘唐宋以后的墓葬 53 座，其中唐墓 28 座（有"甲"字形砖室墓、长方形砖室墓两类），宋墓 5 座（均为"甲"字形砖室墓），清墓 20 座（有长方形竖穴土坑墓、长方形砖室墓）。出土有瓷碗，罐，银簪，铁灯等。

仰韶文化祭祀坑

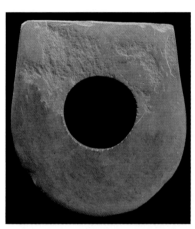

石钺

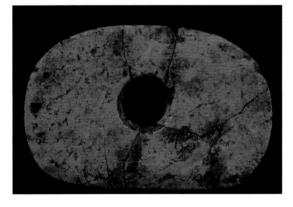

异形璧

战国时期墓葬出土陶器组合

经过三个季度对申明铺遗址的大规模发掘，对申明铺遗址的文化堆积状况有了初步的了解。虽然南北两个区在堆积年代和遗存形式上呈现出不同的特点，但总体来说，申明铺遗址的文化堆积大致可以分为五个不同的文化期，分别是新石器时代、两周时期、两汉及魏晋时期、唐宋时期和明清时期等。其中新石器时代的仰韶文化阶段和龙山文化阶段这里应该是一处小型村落遗址，这一阶段没有发现文化层，仅见柱洞、灰坑、窖穴、祭祀坑、墓葬等文化遗迹和丰富的文化遗物，但其主要堆积均遭到东周和汉代墓地的严重破坏。两周时期，西周时期只是发

汉墓　　　　　　　　　　　　　　唐代砖瓦窑

唐代铜镜

现了少量的文化遗物，如鬲、盂、豆、罐和瓮等，不见遗迹和文化层；春秋战国时期的堆积比较丰富，构成了申明铺遗址的堆积主体，有生活类遗存和墓葬等。两汉、魏晋时期除发现有西汉时期的生活类遗迹如灰坑、陶窑和窖穴和数量丰富的废弃建筑材料——板瓦、筒瓦、瓦当和铺地方砖外，主要的遗存形式是墓葬，在北区发现的一座东汉时期的陶窑，很可能也是就地烧制长方形花纹小砖的一个专业窑址。其中东汉墓葬分布集中，数量较多，曹魏及西晋时期的墓葬数量较少；唐宋时期遗存较少，这一地区仍然作为墓地被利用。清代晚期在遗址北区多发现小型墓葬，分砖室墓和竖穴土坑墓，应为家族墓地。这些发掘资料为我们了解南阳盆地乃至豫西南地区，特别是南北文化交流通道上不同时期考古学文化面貌，探讨其历史发展和文化演变规律等提供了珍贵的实物依据。

13. 淅川县文坎遗址

文坎遗址位于淅川县滔河乡文坎村。2011 年丹淅流域考古调查时发现，遗址大部分被文坎村房屋占压，丹江从遗址北缘自西向东流去，地表可采集到东周时期鬲口沿、鬲足等遗物。调查报告标注遗址面积约 20 万 m²，年代为东周时期。

2012 年 4—11 月，河南省文物考古研究所对文坎遗址进行了抢救性考古勘探、发掘，发掘面积 5000m²。发掘出土有新石器时期（石家河文化）灰坑、灰沟；夏代（二里头文化）灰坑；西周时期灰坑；东周时期房基 3 个、灰坑 10 个、灰沟 2 条、墓葬 45 座、车马坑 2 座；东汉晚期墓葬 15 座。发掘出土陶、石、骨、玉、铜等各类文物共计 350 余件，其中青铜器 100 余件。

东汉晚期墓葬 15 座。这些墓葬方向不一致，排列分布没有规律，由墓道、甬道和墓室组成，遭到不同程度破坏，残存有随葬品。从这些墓葬的形制看，砖圈、墓壁外弧以及出土的随葬品组合、特征都和这一地区的东汉晚期墓葬相一致。

本次发掘的楚墓，总共 45 座，分布整个发掘区域，全部为土坑竖穴墓，南北方向，东西排列，保存完整。依据墓葬的大小可分为甲、乙两类。

　　甲类墓，大部分集中分布在发掘区西部，共 16 座。墓坑长 4m 以上，宽 2m 以上，深 5m 以上。墓葬之间没有打破关系，平面基本为长方形，南北方向，直壁，平底，有腰坑。填土为五花土，较硬。葬具均为木质棺椁，仅存灰痕，多数棺上有彩绘痕迹。墓主骨骼保存一般，头向北。都随葬陶器、青铜器、玉石器、骨角器等，3～26 件数量不等，以青铜器为主，多数器物被挤压破碎，个别器物难以复原。随葬青铜器组合有鼎、簋，鼎、缶、簋、盘、匜，鼎、簋、壶、盘、匜等，各不相同，也有少量兵器、车马器。有的陶器上有彩绘。从甲类墓葬的建筑方法，埋葬习俗，出土青铜器器的组合以及特征来看，应为春秋到战国时期。甲类墓葬出土文物丰富，有青铜礼器、玉器，说明墓主的身份比乙类墓的身份要高，应为当时楚国的贵族阶层，具体身份需要对出土文物进一步整理。发掘出车马坑 2 座。车马坑一，位于 M10 的东南，四马驾一车；车马坑二，位于 M35 的东北，六马驾一车。推测为甲类墓的陪葬坑。

　　乙类墓，分布在发掘区中东部，共 29 座。墓坑长 3.5m 以下，宽 2m 以下，深 4m 左右。墓葬之间没有打破关系，平面基本为长方形，南北方向，墓壁近直，个别墓葬有壁龛，平底。填土为五花土。葬具均为木质棺椁，仅存灰痕。墓主骨骼保存一般，头向北。大部分墓葬随葬陶器，1～9 件数量不等，多数器物被挤压破碎，陶器质地较差，个别器物难以复原。有随葬鹿角的习俗。随葬陶器组合有鼎、敦、壶，鼎、豆、罐，鼎、豆、壶、盘、匜，鬲、盂、豆、罐等，各不相同。从乙类墓葬的建筑方法、埋葬习俗、出土陶器的组合以及特征来看，其年代应为春秋到战国时期。

楚墓出土铜器状况

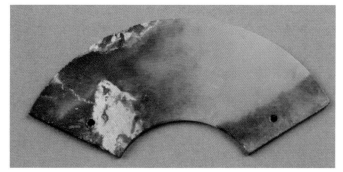

玉璜

玉戈

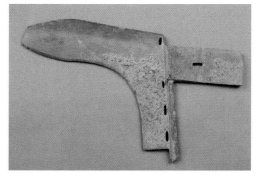

铜戈

铜鼎

铜车軎及车辖

发掘收获如下：

（1）通过调查和考古发掘掌握了文坎遗址的分布范围。东从文坎村旧址东，北至丹江河南岸边，西至文坎村旧址西，南到距丹江岸边 200m 的范围，面积约 6 万 m²。

（2）掌握了文坎遗址的文化内涵。是以东周时期以及东汉晚期墓葬为主的文化遗存，有少量石家河文化、二里头文化、西周时期的遗迹和遗物。

（3）发掘出土的东周时期的墓葬，揭露完整，保存完好，分布排列规律，出土文物丰富，为研究楚国或附属方国的社会、经济、文化、葬制、葬俗提供了重要的材料，也是南水北调中线工程考古发掘的又一个重大发现。

14. 淅川县徐家岭楚墓

徐家岭楚墓位于淅川县城西南 47km 的仓房镇沿江村郭家窑小组东南，此地又称凤凰头，即丹江口水库蓄水前丹江西岸的丘陵上。南距下寺、和尚岭 4km，西面为龙山，东、南面为丹江，东南约 24km 与宋港码头隔水相望。徐家岭是龙山的余脉，地势由东向西渐高。根据国家文物局和河南省文物局南水北调文物保护管理办公室的统一安排，受河南省文物考古研究所的委托，南阳市文物考古研究所承担了考古发掘工作。共发掘楚墓 3 座，分别为 M11、M12、M13，这批楚墓是丹江地区发现的规模较大、规格较高的东周时期楚国的贵族墓葬，对楚文化的研究有着重要的参考价值。

本次共发掘墓葬 3 座，形制、大小、随葬品等均不相同，其中 M11 为"甲"字形土坑竖穴木椁墓，M12 为近方形土坑竖穴木椁墓，M13 为小型长方形土坑竖穴木椁墓。

M11：该墓为一座"甲"字形墓，已经被盗。由墓道和墓室两部分组成，总长 18.7m，方向 90°。墓道位于墓室东部偏北，墓道口东西长 7.20m，东端宽 2.70m，西端宽 3.20m。墓室平面呈长方形，墓口东西长 11.50m，南北宽 10.0m；底东西长 6.25m，南北宽 6.0m，墓室深 10.5m。墓口至墓底有三级生土台阶。墓底四周有熟土二层台。墓室上部填较纯净的黄褐色五花土，下部填土中夹杂有鹅卵石和料姜石。填土均经夯实。墓室内棺椁已经腐朽。但可以确定该墓为一椁重棺。椁为长方形，东西长 4.40m，南北宽 3.70m。椁室中部偏北为墓主人棺，主棺又分内、外棺。外棺的南侧有放置随葬品的边厢；西侧北端置一陪葬棺，南北长 1.70m，东西宽 0.40m；北侧置一陪葬棺，东西长 1.80m，南北宽 0.37m。主棺外棺上有大量的铅质构件。外棺长 2.20m，宽 1.60m，内棺长 1.85m，宽 0.60m。棺下有一长 0.50m，宽 0.30m，深 0.12m 的腰坑，坑内有动物骨骼。墓室底部东、西两端各有一南北向的垫木槽，垫木已朽，断面呈长方形，垫木槽长 4.03m，宽 0.26m，深 0.16m。墓主人骨骼已朽，可以看出头向东，仰身直肢，双手交叉放于盆骨上。在西垫木槽的西侧及外棺北侧的两棺内各有一具殉人骨架。西侧殉人为仰身直肢，左手放于腹部，右手放于左肩部，头向南。北侧殉人，仰身直肢，双手交叉放于骨盆上，头向东。

该墓随葬品有青铜器、玉石器、木器、骨器、陶器和铅器等。青铜器：鼎5件，簠3件，尊缶2件，敦3件，壶2件，盘1件，匜1件，瓿1件，浴缶1件，蒍夫人鼎1件，鬲1件，勺4件；编钟10件；戈4件，矛1件；车軎、车辖12件（套），铜管2件，盖弓帽19件，合页2件，马衔8件，车构件4件，铆钉2件；棺钉8件。玉石器：玉牌1件，玉珩5件，玉璧7件，玉环4件，石编磬13件以及石贝、圆形石片等。另外有陶豆8件，罐2件以及骨杯2件、马镳12件等。

M11出土的两件铜器上发现有重要的铭文，其中小口鼎肩部阴刻明文两周49字为：

佳（唯）正月初吉，戠（岁）才（在）㲴（涒）灘（灘），孟甲，才（在）奎之遼（際），伮（蒍）夫人嬗（擇）亓（其）吉金，乍（作）鑄赴（赴）盅（鼎），㠯（以）和御湯，長購（賴）亓（其）吉，羕（永）壽無彊（疆），伮（蒍）大尹嬴乍（作）之，（後）民勿慳（忘）。

浴缶的肩部阴刻明文两周7字为：伮（蒍）夫人坖之赴（赴）鎬（缶）。

M12：该墓为近方形土坑竖穴木椁墓，墓口大于墓底，四壁向下内收，呈"斗"状，墓圹清除，墓壁平直、规整。墓口的西部和中北部两次被严重盗扰，墓口东西长7.0m，南北宽西侧6.5m，东侧6.30m；墓底东西长4.90m，南北宽3.62m，深7.0m，墓底四周有熟土二层台。由于该墓两次严重被盗，两盗洞在墓底贯通，棺室内被严重破坏，从残迹看，葬具为一椁一棺。椁室东西长3.6m，南北宽2.8m，残高1.10m，椁室底部近东西两端有两条南北向垫木槽，宽0.30m，深0.08m，西垫木槽宽0.20m，深0.07m，椁室中偏西部一置棺，此棺是否为陪棺无法确定，长方形，残高1.90m，宽0.50m，高度不详。骨架残长1.40m，头向东，面向上，仰身直肢双手交叉放于骨盆上。

该墓随葬品有青铜器、玉石器、陶器、骨器和铅器，在盗洞内出土有铅器和铜簠残片。铜器：浴缶2件，鼎2件，盘1件，匜1件，器盖1件，马衔2件。陶器：罐1件；玉石器：石贝4件；铅器：铅车軎2件。由于氧化和盗扰，已变形和残破。

M13：该墓为小型长方形土坑竖穴木椁墓。墓口东西长3.1m，南北宽1.8m，墓底长宽同墓口，墓深2.0m，墓底四周有熟土二层台。椁室被严重破坏，以残迹看，墓具为一椁一棺。随葬品全为陶器，有壶3件、鼎3件、敦2件、豆2件、提梁盉1件、盘1件、匜1件、鹿角2段。

徐家岭墓地远景

根据这批墓葬的形制、结构、随葬品组合及埋葬习俗等初步分析，这三座墓葬的分别为：M12是春秋晚期楚国高级贵族墓；M11是战国早期楚国大夫级高级贵族墓；M13是战国中期楚国中小贵族墓。本次发掘为丹江地区东周时期楚文化的研究提供了重要的实物资料，并且对研究楚国的埋葬习俗具有重要的参考价值。

11号墓（M11）墓底

编磬、编钟出土状况

铜鼎

铜簠

铜尊缶

玉佩

尤其是徐家岭 11 号墓虽曾被盗，但墓内随葬品铜礼器组合基本完整。根据该墓葬的形制、规模，铜礼器的数量、组合，并且随葬有编钟、编磬以及有殉人等方面分析，墓主的等级是比较高的。其中两件铜器发现有铭文尤为重要，为研究墓主人身份提供了重要依据。徐家岭 M11 是在南水北调中线工程中发现等级最高、保存比较完整且出土文物较多的一座大型楚墓。它的发掘，对研究楚国历史文化发展等有着极为重要的学术价值。尤其是小口鼎所铸刻的铭文同时使用了岁星纪年和太岁纪年两种纪年方法，为春秋战国之际历法用岁星纪年提供了坚实的证据。这是所见的最早的岁星纪年文字材料，对我国古代天文历法研究具有重要学术意义。

15. 淅川县东沟长岭楚汉墓群

东沟长岭楚汉墓群的考古发掘工作也是由南阳市文物考古研究所承担的。该墓群位于淅川县仓房镇陈庄村东沟组东南的长岭之上，西面不远为龙山，东、南为丹江口库区，向东约 20km 与宋岗码头隔水相望。地势从西北向东南逐渐降低，并延伸至库区。南邻淅川下寺楚墓和和尚岭楚墓。库区淹没墓地面积 45000m²。

本次共发掘墓葬 62 座，车马坑 5 座，其中战国土坑墓 46 座（5 座有车马坑），汉墓 16 座，共出土陶、铜、玉、石器等各种随葬品 900 余件（套）。

战国墓共 46 座，全部为竖穴土坑墓。根据墓葬形制可分为两种，其中长方形土坑墓 36 座，"甲"字形土坑墓 10 座。出土陶、铜、玉、石器等各种随葬品 479 件（套）。

这批土坑墓没有出土具有明确纪年的遗物或遗迹，其年代只能根据墓葬形制及出土器物（主要是陶器、铜器）的综合分析对其进行大致的推断。根据东沟长岭战国墓随葬品组合及其特征等变化、墓葬形制与它们的分布排列情况，并且参照邻近地区楚墓分期与断代等研究成果，如湖北雨台山楚墓、当阳岱家山楚墓、江陵九店东周墓、襄樊彭岗等地楚墓，湖南长沙楚墓、陕西丹凤古城楚墓以及丹江地区的毛坪楚墓、大石头山楚墓、徐家岭楚墓等。通过对比与分析，将它们分为两期三段：战国早期、战国中期前段、战国中期晚段。战国早期只有 1 座 M7，器物组合为鼎、豆、壶；战国中期前段以 M22、M24、M25、M28、M59 等为代表，器物组合主要以鼎、豆、壶，鼎、敦、壶，鼎、敦、豆、壶等为主，其中多数组合中还出有小口鼎、盘、匜、浴缶等；战国中期晚段以包括 M27、M21、M42、M43 等为代表，器物组合全部为鼎、敦、豆、壶及小口鼎、盘、匜、浴缶、盂等。

通过对这批战国墓分析对比，它们在墓葬排列分布、墓葬的结构、随葬器物等方面具有一定的共性：墓葬排列分布有一定规律，彼此之间无打破关系，依其自然地势分布，分别以规模较大"甲"字形 M25、M22、M59、M58 和它们西侧的车马坑为核心，分布有规模相对较小的长方形土坑墓。这批"甲"字形墓葬，规模最大，形成时间最早，随葬仿铜陶礼器组合规格也最高。因此，它们是东沟长岭战国墓葬中的核心墓葬；墓葬具有一致性，东沟长岭 42 座可辨头向的战国墓葬中，有 38 座向东，占总数的 80%；全部为土坑竖穴墓；能辨出棺椁形制的有 1 座一椁两棺、1 座单棺，其余全部为一椁一棺，占总数的 80%。因此，这批墓葬在结构、大小、方向、棺椁等方面多数具有一致性；随葬品的摆放有一定规律，全部在棺椁之间。其中鼎、敦、豆、壶等放于墓主人头的一侧，盘、匜、小口鼎、浴缶、提梁盂等放于墓主人的左侧，仅 M23 随葬品放置于棺的右侧。随葬品中的陶器组合多为仿铜礼器，不见日用陶器。陶器组合为鼎、敦、豆、壶、盘、匜，鼎、敦、壶、盘、匜，鼎、豆、壶，其中大部分还有小口鼎、浴缶、提梁盂等，另有少部分铜器和玉器，如铜剑、戈、车書、车辖及玉璧、玉珩等。但东沟长岭战国墓随葬陶器的总体风格与周边地区的同时期楚墓所出陶器有所区别，东沟长岭楚墓器物简洁、精致，相比之下，位于丹江上游的丹凤楚墓所出陶器比较古朴、厚重，而江陵、当阳、长沙等地楚墓的陶器则相对华丽、装饰复杂。总体分析，东沟长岭楚墓在墓葬形制结构和埋葬习俗方面最接近于丹江流域的郧县北泰山庙楚墓及淅川毛坪、大石头山、徐家岭楚墓等，与商洛地区的丹凤古城楚墓也较相似，相比之下这批楚墓与江陵、当阳、长沙等地楚墓差异稍大一些。

59 号战国墓（M59）车马坑局部

25 号战国墓（M25）

27 号战国墓（M27）出土陶器组合

铜剑

汉墓共 16 座，其中砖室墓 12 座、土坑墓 4 座。出土陶、铜器等各种随葬品 441 件（套）（其中铜钱 252 枚）。

淅川东沟长岭汉墓时代为西汉晚期至东汉晚期，历时 200 多年。这批墓葬随葬品以陶器为主，早期以灰陶为主，新葬以后红陶、红釉陶较多。器型包括仓、灶、井、磨、双耳罐、圈厕、熏炉、杵臼、狗、鸡等。另有部分铜镜、铜钱等。其文化特征鲜明，对研究丹江地区两汉时期先民活动状态及其文化面貌与社会发展具有重要意义。

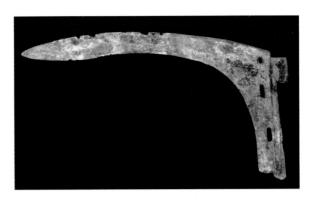

铜戈

淅川东沟长岭汉墓的埋葬形式及随葬器物，尽管文化特征鲜明，但由于这批汉墓在时间上有间断，没有连续性，所以这批墓葬在总体布局、埋葬排列、埋葬方向等方面，除 M50、M51、M54 外，其他埋葬并没有严格的统一性。M50、M51、M54 位于Ⅱ区北部，均为"甲"字形砖石墓，墓道位于东侧，三座墓排列有序，南北并列，形制相近，时代相同。东沟长岭汉墓总体上分布凌乱、布局没有一定规律，应为一处公共墓地。

55 号汉墓陶器组合

总之，通过对东沟长岭楚汉墓群的发掘，基本上弄清了这一带战国中小型墓葬的形制、结构、随葬品组合及埋葬习俗，为了解丹江口地区楚文化的发展序列和埋葬习俗提供了丰富的实物资料。

16. 淅川县大石桥墓群

大石桥墓群位于淅川县大石桥乡大石桥村，东北为古墓岭，西邻丹江，处于古墓岭与丹江之间的二级台地上。东西长约 1000m、南北宽 100～250m，总面积约 15 万 m²。墓地西侧为南水北调中线工程丹江口水库预设蓄水淹没区。受河南省文物局委托，2010 年 9—12 月，甘肃省文物考古研究所对大石桥墓地进行了抢救性勘探发掘，发掘集中于墓地西南预设淹没区。根据当地地形和行政区划，将发掘区划分为 I 区和 II 区。共揭露面积 2000m²，清理汉、晋和宋代墓葬 35 座，出土文物 103 件（组）。

（1）汉墓。本次发掘汉墓 9 座，其中 I 区 2 座，II 区 7 座。皆为长方形单室砖室墓，带斜坡墓道。墓道通常位于墓室前侧正中，仅 1 座偏向一侧墓壁，与墓壁平齐。5 座墓葬墓道与墓室之间带长方形短甬道。墓葬多为单人葬，双人和三人合葬墓各 1 座。墓葬均遭到不同程度的破坏和盗扰，多数葬具无存，人骨散乱，葬式不明。仅 II 区 M3 内见有简易盛放迁葬人骨的砖棺 1 具，另有木棺朽痕 2 处，棺底铺有一层草木灰。出土随葬品有陶仓、陶灶、小陶罐、陶磨、陶鼎、釉陶盒、釉陶耳杯、铜刀和铜钱等。

根据墓葬的形制、墓砖纹饰及出土器物形制及其组合等分析，汉墓的时代从西汉晚期一直延续到东汉中晚期。

| 7 号汉墓（M7） | 耳杯 |

（2）晋墓。共 16 座，集中分布于 I 区内。墓葬形制皆为单室砖室墓，墓葬是先开挖竖穴土圹后，再在土圹内砌筑砖室。根据墓葬结构的不同，分三型。

A 型 2 座，为 I 区 M1 和 I 区 M2。长方形单室砖室墓，"人"字形顶。墓葬是在竖穴土圹内用砖铺地，后在铺地砖上用花纹砖砌出四壁圹，葬人及随葬品后，再在壁上用砖纵向斜搭成"人"字形顶，双层，最后在"人"字顶上竖向铺砖一层用以封顶。墓室内随葬品有陶盘口壶、瓷四系罐、铜钗、铜小铃及铜钱等。

B 型 10 座，长方形单室砖室墓，带斜坡或斜坡阶梯墓道，券顶。墓葬一般由墓道、墓门和墓室组成，部分墓葬墓门顶部有照墙，个别墓葬有短甬道。墓道平面呈长方形，皆较短，多斜坡，仅 1 座呈斜坡阶梯式。墓门用砖砌筑，券顶。墓室内多单人葬，个别为双人葬，多数未见葬具，仅有少量墓葬可见棺木痕迹及铁棺钉。人骨保存皆较差，葬式仰身直肢。出土随葬品有陶碗、陶盘口四系壶、青瓷碗、青瓷罐、银镯、银钗、铁镜和圆形小珠。

C 型 4 座，长方形或梯形单室砖室墓。墓葬是先挖较浅的长方形或梯形土圹，在土圹底部铺砖后，沿土圹四壁砌筑砖室，砖室四壁较土圹开口高。多数墓壁用砖及铺地砖不完整，其中部分为汉代残砖。墓葬皆破坏严重，仅存铺地砖及四壁的一至三层砖。墓葬墓室内一般无葬具、人骨及随葬品。

16 座墓葬中出土随葬品共 57 件，有陶器、瓷器、铜器、铁器、银器、珠子及铜钱等。其中陶器 14 件，多为泥质灰陶，陶质较疏松，少量为夹砂灰陶，陶质坚硬。器类有盘口四系壶、钵和碗。瓷器 6 件，多为青瓷，灰白胎，部分瓷器是半釉，器类有四系罐、三系罐、盘口壶和碗等。铜器 6 件，器类有钗、镜、耳环及小铃等。银器钗和镯 7 件，集中出土在 I 区 M13。铁器 3 件，为铁镜和铁棺钉。铜钱 20 枚，部分锈蚀严重，字迹可辨者有五铢和货泉。根据墓葬形制及随葬器物的组合和特征，这批墓葬的时代以魏、晋为主。

1 号晋墓（M1）　　　　　　青瓷壶

（3）宋墓。共 10 座，其中 I 区内 9 座，II 区 1 座。墓葬分竖穴土坑墓、砖室墓及土坑砖券墓三种。长方形竖穴土坑墓，1 座。土坑砖券墓，共 4 座。砖室墓，共 5 座。出土随葬品 15 件，主要为瓷器，有罐、流口壶、炉、盂、碗和盏等，另有少量陶器、铁器以及钱币。从墓葬结构形式与出土器物，判断墓葬年代为北宋中晚期。其中，以 I 区 M8 保存较为完整。

I 区 M8 位于 I 区的东南部，墓口距地表深 1.4m，打破生土。方向 185°。土圹南北长 7.75m，东西宽 3.4m。由墓道、墓门及封门、甬道和墓室四部分组成。墓道位于墓室的南端，南北长 4.06m、东西宽 0.78～1.18m。共设有 10 级台阶，台阶宽 0.24～0.42m、高 0.14～0.38m，台阶底部与墓门间距 0.56m、宽 2.2m。墓门位于墓室南侧，为砖砌的仿门楼结构。墓门开口位于门楼的下部正中，方形，用砖砌出立颊、门额及门楣等，宽 0.78m、高 1.3m。立颊上部外露甬道券顶。甬道进深 0.92m，宽 0.8m，券高 1.16m，中间发券部分有一宽度为 0.16m 的凹槽，凹槽类似于门闸位。门楣上等距砌有大小相同的砖雕簪花三朵，簪花宽 8cm、高 9cm、间距 26cm。门楣之上有砖砌的门楼结构，主要为三组砖砌的重拱造式斗拱，每组均为一斗三升。其中，左侧、右侧斗拱下（即墓门立颊左、右侧）均有砖砌立柱，与墓门立颊相接。斗拱上有砖砌椽檐、瓦、滴水、墙脊等。门楼外表涂白灰，多已剥落。门楼底宽 2.2m、顶宽 1.8m、高 2.72m。门楼开口处用砖砌封门，封门墙由底向上一竖一平砌三组，其上再一平一竖砌一组，竖砖上再错缝平砌六层封堵墓门。用砖与门楼用砖相同，皆素面。规格：长 32～34cm、宽 16cm、厚 5cm。

墓室位于墓道的北部，保存完整。为八角形仿木结构单室砖室墓，室内后部设砖砌棺床，穹隆顶。墓室南北宽 2.4m、东西长 2.54m。墓壁为仿木建筑结构，周壁均匀分布有 8 根相同的砖砌立柱，使墓室形成等边八边形。立柱用 3 块砖错缝立砌，墓门（甬道口）两边立柱高 1.3m，在铺地砖上立砌，其余 6 根均在棺床上立砌，立柱间距 0.8～0.82m（边长）、高 1m、宽 0.15m。在每根立柱上平砌一层砖，上砌斗拱，其形状、结构相同。斗拱高 0.4～0.42m，宽 0.72m，一斗三升。墓壁由底向上 1.44～1.74m 开始砌券，共 29 层，下部 25 层用青砖错缝平砌，券厚 0.32m。顶中部有 4 层砖，用砖雕砌呈莲花瓣悬挂在墓室内顶中部，顶外部用小残砖块砌券顶，墓顶外总高 3m，券内高（棺床上）2.38m。

墓室周壁有砖砌的仿木结构图案，其中北壁下方有砖砌的仿木门结构，有立颊、门楣、门枕、门墩及门扇等，门扇为左右两扇，呈闭合状，每扇门高 0.34m、宽 0.17m。东壁和西壁上半部为砖砌直棂窗；东南壁砌一带底座的灯架，灯架大致呈"十"字形，其横架左右两端及支架顶端各有一圆形砖雕灯头，其中顶端灯头较大，突出壁面，上置一小瓷盏；西南壁面下部砖砌一桌两椅。

棺床位于墓室的北部，南距墓口 0.44m、高 0.3m。棺床上铺有地砖，呈南北向错缝平铺。棺床上放置人骨 2 具，未发现葬具。人骨头向南，其中东侧为一男性，中壮年，骨架较凌乱，大体呈仰身直肢状，其胫骨部分叠压西侧人骨，似人为摆放。西侧为一女性，中年偏老，骨架保存较完整，仰身直肢，其头骨西侧一块铺地砖上刻有太极图。

9 号墓墓门

经调查、勘探和发掘，大石桥墓群规模大，墓葬年代涉及汉、晋和宋等多个时代。从已发掘墓葬的规格看，墓葬多为中、小型墓，墓葬的砌筑方式较为简单，随葬品较少，应属一般的平民墓葬。少数墓葬如汉墓中的Ⅱ区 M8 规模较同时期墓葬略大，随葬品较丰富，显示出墓主人具有一定的社会地位或财力。从墓葬的布局看，各时期墓葬分布相对集中，且有一定的规律。汉墓主要分布于Ⅱ区，其中部分墓葬如Ⅱ区 M1～Ⅱ区 M5 等，时代较接近，方向一致，且成排分布，可能为同一家族墓群。晋墓和宋墓主要分布于Ⅰ区，其中晋墓中的Ⅰ区 M1～Ⅰ区 M6 和Ⅰ区 M12、宋墓中的Ⅰ区 M7～Ⅰ区 M10 等亦具有上述特征，应属家族墓群。从墓葬形制、随葬器物组合和器物形制上看，汉墓和晋墓中的带斜坡墓道的单室砖券墓、宋墓中的仿木结构砖室墓及其出土物与豫西南地区乃至中原北方地区相应各时期墓葬具有相同特征，但晋墓中的 A 型和 C 型砖室墓、宋墓中的土坑砖券墓其形制或随葬器物组合在其他地区少有发现，极具地方特征，形成了独特的区域风格。大石桥墓群的发掘，为了解大石桥乃至丹江流域汉、晋和宋等各时期的丧葬制度、习俗以及社会风貌等提供了准确的实物资料。

17. 淅川县马川墓地

马川墓地位于淅川县盛湾镇西北，北距县城约 21km，南距盛湾镇政府约 3km。墓葬分布在马川村周围及至江边的农田中，坐落在丹江南岸的二级地上，南北长约 1000m，东西宽约 400m，面积近 40 万 m²。墓地处于丹江、黄水河交汇处，南依山丘，西邻黄水河，属丘陵前的平地。墓地整体地势呈现南半部平缓，北半部为北高南低斜坡状。

调查显示，墓地周围分布有众多古代遗迹，东边与下王岗新石器时代遗址及全寨子汉墓群相距不到 1500m，且与全岗新石器时代遗址相连，西南与马山根新石器时代遗址隔黄水河相望，靠近黄水河处为范坑汉墓群，则墓地本身又坐落在马川遗址上。20 世纪 70 年代，群众在深翻耕地时发现有不少砖室墓。由于江水的冲刷，在江边的断崖处被江水冲出多座砖室、积石积炭及土坑墓。1981 年淅川县文管会抢救清理了一座秦人墓葬，遂被淅川县人民政府公布为文物保护单位。

2007—2011 年，受河南省文物局和河南省文物考古研究所的委托，驻马店市文物考古管理所对马川墓地进行了连续的全面普查及大规模考古勘探和发掘工作，并取得丰硕成果。

马川墓地共分为四个发掘区，其中 Ⅰ 区在墓地东北角，北边紧靠丹江，是勘探中发现墓葬分布的密集区。截至 2011 年年初，发掘共揭露面积 13000m²，主要针对 Ⅰ 区进行了清理。发现有龙山、东周、秦、汉、晋、唐、宋、清等时期的灰坑、灰沟、墓葬、瓮棺、陶窑、水井等遗迹 600 多座，其中墓葬 400 多座，出土玉、铜、铁、陶、瓷、漆器等不同质地的文物近 2000 件。它的发掘为探讨这一地区的葬俗和埋葬制度提供了新的资料。

发掘所见墓葬以东周时期为主，清理近 200 座，分布于发掘区的东北部和中南部，除一座较大型墓葬外，余均为中小型竖穴土坑墓，墓坑方向不一致，南北向、东西向均有。墓口平面一般为长方形，长 1.8～7m、宽 0.4～4m、保存深度 0.5～6m。墓壁不光滑，底部较平坦，大部分留有垫木槽。葬具均已腐朽，大多数的底部都残留有板灰的痕迹，少数墓在墓底积有一薄层黄沙或青灰色的土，可能是用作保护葬具的，从板灰痕迹看，多为一棺，部分为一椁一棺或一椁双棺，极少数为无椁无棺。人骨架均已严重腐朽，部分可看出人骨架的轮廓，能辨别的葬式均为仰身直肢，有单人葬和双人葬。随葬品主要为陶器，个别墓葬随葬有青铜兵器、小件及料珠和玛瑙珠等。按墓葬形制结构可分为长方形小型窄坑状墓、长方形中型墓和"甲"字形墓三类。

长方形小型窄坑墓主要分布于 Ⅰ 区的中东部，且较密集，相互之间没有发现打破和叠压现象，间距一般在 1～3m 左右。南北向者居多，墓口与墓底基本同大，墓口一般长 1.8～2.8m、宽 0.4～1.2m、保存深度 0.5～2.6m。墓坑多直壁，部分壁外张，且较粗糙，大部分留有壁龛，壁龛四壁规整但不光滑，有的还留有工具的痕迹，墓底则多平整。均为单人葬，棺椁朽成灰痕，从残留灰痕看，多数为一棺或无棺，少数为一椁一棺，人骨均已朽，能辨葬式为仰身直肢。随葬品多陶器，一般 1～8 件，组合为鬲、壶、豆，鬲、盂、豆，鬲、壶、豆、罐等，鬲、壶、罐、盂一般为单件，豆则 1～4 件不等，极少数有青铜剑和铁臿，放置位置多在壁龛或头龛内，也有放置在人骨的左侧和右侧的，其中两墓并列者较多，无论从规模、方向和随葬品方面基本一致，应是异穴合葬墓。

长方形中型墓多分布在靠近江边的东北部，比较零散，其间错落有个别小型墓。南北向者居多。墓口均大于墓底，墓口长 2.2～4m，宽 1.2～3m，保存深度 1.8～5.3m。多直壁，规整光滑，部分壁外张并留有 1～3 级生土台阶，底部平坦，少数留有垫木槽，墓坑内填黄褐色黏土杂姜黄色五花土，部分经夯打。均为单人葬，从残留灰痕看，多数为一椁一棺，少数为一棺或无棺。人骨均已朽，能辨葬式为仰身直肢。随葬品多为陶器 6～15 件不等，大部分陶器外表施有白色陶衣，组合有鼎、敦、壶、豆、盘、匜、小口鼎等，且鼎、敦、壶、豆多为双数，个别墓葬随葬有青铜兵器、小件及料珠和玛瑙珠等。

"甲"字形墓，共 4 座，均带墓道，3 座南北向，1 座东西向，墓坑四壁均留有 1～4 级的生土台阶，有单人葬、双人葬和三人葬。墓口一般长 3～7m，宽 2～6.4m，深 3～6m。其中 M118 为一较大型墓，总长 14.5m，墓道口长 7.5m，底坡长 10.5m，墓室平面近正方形，墓口南北长 7m、东西宽 6.4m。墓底南北长 3m、宽 2.85m，残存深度 6.05m。墓口至墓底有 3 级生土台阶。墓壁向下内收。墓室内棺椁朽成灰痕，从朽痕看，葬具为一椁三棺，椁室为正方形，3 具人骨已朽，初步判断为一男二女，均仰身直肢。随葬品共 112 件，主要为陶器，另有青铜兵器、铜铃及料珠、玛瑙珠等。陶器放置在椁室的北部与棺之间，分东西两组，西组为鼎 2 件、敦 2 件、壶 2 件、豆 4 件，东组为豆 4 件、壶 2 件、敦 2 件、鼎 3 件、盘、匜、小口鼎各 1 件，青铜戈、矛、矛镈放置东组陶鼎上面，从放置情况分析，原先应放在棺或椁上面，板塌落后所致。青铜剑紧挨椁室东壁。陶环全部覆盖在东边人骨上面，料珠、玛瑙珠及铜铃放置于西边棺内人骨的腿部。

马川墓地共清理秦墓 6 座，分布于墓地西北部。且两墓并列，相距 1m 左右。均为长方形竖穴土坑墓，东西向，墓口略大于墓底，口长 2.8～3.4m、宽 1.8～2.3m，深度在 4～6m 左右，墓壁陡直光滑，有些留有脚窝，墓底有生土和熟土二层台，两端有垫木槽，葬具已朽，有单棺和一椁一棺两种。可辨葬式为屈肢葬。随葬品有铜鼎、铜钫、铜蒜头壶、铜釜、铜勺、铜镜、琉璃耳塞、玛瑙环以及陶鼎、陶罐、陶壶、陶釜等。时代约为战国晚期至西汉初期，应为秦人墓。

汉代墓葬有随葬品的共 148 座，分布于整个发掘区，多东西向，有长方形竖穴土坑墓、积石积炭墓和砖室墓三种。

长方形竖穴土坑墓均未发现墓道，墓口略大于墓底，口长 2.8～3.2m、宽 1.5～2.2m、深 2～6.5m，墓壁陡直光滑，部分墓底留有生土或熟土二层台，葬具已朽，有单棺、双棺、一椁一棺、无棺无椁 4 种，人骨保存差，可辨葬式均仰身直肢葬，随葬品多放置在棺椁之间或棺内外。出土遗物主要有铜器、陶器、漆器、铜钱等，大部分陶器上面施有红白彩绘，年代为西汉时期。

积石积炭墓规模都不大，属中小型墓，墓葬形制较丰富，有长方形、方形、"甲"字形、"凸"字形、墓道偏置形 5 种，这些墓葬深度在 1～3.5m，墓室口略大与底，长 1.8～3.1m，由于积石积炭，墓壁多不光滑，墓底较平坦，个别墓葬留有二层台和垫木槽。葬具已严重腐朽，由于积炭很难辨清棺椁情况，积石的墓葬内只留灰痕，分别为木质双棺和三棺，人骨保存较差，从能够辨别骨架的可以看出均为仰身直肢，有单人葬、双人葬和三人葬。墓坑方向不一致，南北向、东西向均有。随葬品主要为明器，有陶器、铁器、木漆器、青铜小件和铜钱以及琉璃器、玛瑙器等，一般 4～30 件不等，放置位置均在头部或一侧。年代为西汉时期或两汉之际。

砖室墓分布于整个发掘区，分"甲"字形、墓道偏置形和单室三种，斜坡状墓道有长短之分，多被盗掘，残存有陶罐、瓮、鼎、仓、灶、釜以及绿釉红陶罐、陶猪、陶鸡、铜镜、铜刀、铜钱等，年代为西汉和东汉时期。

晋、唐、宋、清代墓葬共24座，依墓室结构可分为长方形竖穴土坑和砖室墓两种，砖室墓略多，且破坏严重，出土随葬品有瓷壶、瓷罐、瓷碗、瓷盏、铜带扣、铜钱等。

不明时代的墓葬共35座，马川墓地东部小型墓葬多留有头龛或壁龛，由于20世纪70年代平整土地大部分被破坏，随葬品无存，所以不好断代，另外有些墓葬原本就无随葬品，年代也不好判断。

通过发掘，基本弄清了墓地的布局、年代及墓葬的分布范围，马川墓地主要以东周、西汉墓葬为主，在布局上依据时代的不同有所选择，东周墓葬有春秋晚期、战国早期、中期和晚期，以独立的两部分分布在墓地的东北部和中南部，且中南部以小型长方形窄坑墓为主，其中两墓并列者较多，无论从规模、方向和随葬品方面基本一致，应是异穴合葬墓。

秦、汉墓葬主要集中分布于墓地西北部，中型墓较多，时代上早、中、晚期均有，从墓葬的排列看，家族墓和异穴合葬墓均有。

遗址的年代为龙山文化时期和东汉时期，龙山文化遗存仅发现5座灰坑，分布于墓地的东北部边缘，由于人们平整土地时取土，文化层堆积已被破坏。

东汉时期，人们开始在墓地的西部居住，并建窑烧制陶器，发掘清理保存较好的陶窑16座，除规模有大小之分外，形制基本相同，同时也有少量的墓葬出现，且有打破早期墓葬的现象，在发掘区内均有零星分布，到了晋、唐、宋、清代均有零星的墓葬出现，但规模都比较小。

初步整理的结果，马川墓地墓葬分布范围广、年代跨度长，延续性比较衔接，部分墓葬排列整齐，具有典型的家族性质，而且墓葬形制丰富，出土随葬品组合完整，为墓葬断代、分期提供了新的依据。尤其是近200座随葬品比较丰富的东周时期墓葬保存基本完整，随葬品修复率较高，为建立南阳地区东周时期考古学文化发展序列和文化演变提供了珍贵的实物资料。

积石积炭墓也见于中原地区少数大型战国墓，但像这里西汉中、小型墓普遍使用的情形，是其他地区同时代墓中所少见的，它的发掘为深入探索中原文化与楚文化的关系提供了新的佐证。

33号墓随葬铜器

93号墓（积石墓）

18. 淅川县熊家岭古墓群

熊家岭古墓群发现于 1991 年，位于淅川县仓房镇沿江村东部伸入丹江口水库的半岛上，北距淅川县城约 60km，西南距仓房镇约 10km。地势西高东低，西依山丘，北、东、南三面被丹江口库区所环绕。墓地面积约 30000m²。

2010 年 10 月至 2011 年 6 月，受河南省文物局和河南省文物考古研究所的委托，三门峡市文物考古研究所承担了熊家岭古墓群的考古调查、钻探和发掘工作，完成发掘面积 4860m²。共清理出战国、汉代和明清等各时期墓葬 82 座，出土丰富的陶、铜、玉、水晶、石、海贝和骨等各种质地的随葬品达 670 余件（枚）。

在熊家岭古墓群发掘清理 82 座古墓葬中，战国墓 67 座，占发掘墓葬总数的 81.7%；汉代墓葬 9 座，占发掘墓葬总数的 11%；明清墓葬 6 座，仅占发掘墓葬总数的 7.3%。

战国墓 67 座，均为竖穴土坑墓。依据墓葬的墓道、墓室结构的不同可分为"甲"字形竖穴土坑墓和长方形竖穴土坑墓两类。

"甲"字形竖穴土坑墓仅 1 座，编号 2012HXXM51。该墓位于墓地的东部，墓葬规模相对较大，由墓道和墓室组成，方向 97°。墓道位于墓室的东部，呈斜坡式。墓室口部东西长5.8m，宽 3.6m；墓底长 4.7m，宽 2.7m。因该墓被盗严重，葬具和人骨架不明，仅在墓底西南角发现 3 件随葬品，计有陶鼎 1 件、石璧 1 件、铜祕帽 1 件。

长方形竖穴土坑墓共 66 座。依据它们的棺椁情况又可分为四型。①A 型墓共 34 座，为单椁单棺鼎、敦、豆、壶，葬具皆已腐朽成灰白色或灰褐色痕迹。椁和棺均为长方形，在椁和棺之间放置随葬品，棺内墓主人葬式可以辨别的全部为仰身直肢。这类墓葬的规模一般较大，墓口长度在 2.0m 以上，宽度在 1.5m 以上。②B 型墓 1 座，为单椁双棺。墓口长 3.40m，宽2.32m；墓壁规整，上下垂直，平底，墓深 1.16m。在墓底四周设有生土二层台。在椁室底部近东、西两端各有一道枕木槽，用以放置枕木，以承托椁室。从已腐朽成灰白色痕迹可以看出其葬具为单椁双棺，棺内的人骨架均已腐朽呈黄灰色粉末状，头东足西，仰身直肢。从铜剑放置位置看，北侧为男性，南侧为女性，应为夫妇合葬墓。随葬品主要放置在棺椁之间的东部和棺内。③C 型墓 16 座，为单棺，葬具也已腐朽成灰白色或灰褐色痕迹。棺为长方形，在棺外放置随葬品，棺内墓主人葬式可以辨别的为仰身直肢或侧身直肢。这类墓葬的规模一般较小，墓口长度在 2.0m 以下，宽度在 1.5m 以下。④D 型墓 15 座，为无椁无棺，墓主人葬式可以辨别的一般为仰身直肢。在这批战国墓中，出土的随葬品有陶器、铜器、玉器、水晶和石器等。陶器主要有鼎、壶、豆、敦、盘、匜、鬲等器物组合；铜器有鼎、壶、豆、盘、匜、刀、剑、戈、镞、书、辖、衔、环、带钩、合页、饰件等；玉器有璧、环等；水晶有环、方管等；石器有环、圭片、珠管、椭圆形片等。此外还出土有海贝和鹿角等。根据这批战国墓出土的器物组合和器物特征推断，其时代为战国中晚期。

汉代墓葬共 9 座，可分为土坑墓和砖室墓两大类。①土坑墓仅 2 座（M27 和 M34）。这 2 座墓的形制结构基本相同，均由墓道和墓室两部分组成，方向分别为 87°和 97°。墓道位于墓室的东侧，为长方形斜坡状，墓道最深处高于墓室底部。墓室平面呈长方形，四壁光滑陡直。墓底除墓道位置外，其他三侧有生土二层台。墓主人为仰身直肢。在墓主人身下铺有一层草木灰。墓内放置的随葬品有陶罐、陶鼎、陶盆、陶灶、陶仓、陶磨、陶井、铜盆、铜钱等。根据该墓的形制和器物特征，推断 M27 和 M34 的时代为西汉晚期。②砖室墓 6 座，由墓道、甬道和墓室三部分组成，墓道为长方形斜坡状；甬道位于墓道和墓室之间，平面呈长方形。墓室平面近方形。由于砖室墓均被盗和被毁严重，甬道和墓室的上部结构不详；其下部为平砖错缝平砌。在这 7 座墓的墓室内填土中残存遗物有陶罐、陶磨、铜钱等。根据砖室墓的形制和铜钱特征，判断为东汉晚期墓葬。

明清墓 6 座，均为小型长方形竖穴土坑墓，多为迁葬墓。

熊家岭古墓群主要包含了战国至汉代的墓葬，它的发掘为进一步了解丹江地区战国和汉代墓葬的葬制及葬俗等提供了重要的实物资料。尤其是发掘的战国墓，占其发掘墓葬总数的81.7％，可以认定熊家岭古墓群是一处墓葬较为集中的战国墓地。这批战国墓葬依其自然地势分布，彼此之间无打破关系；墓中出土的随葬品组合完整，多为鼎、敦、豆、壶、盘、匜等，多数的鼎、敦、豆、壶为双数；再根据埋葬有着等级标准的棺椁情况看，墓地发掘的 67 座战国墓中，有单椁单棺墓 34 座（占墓葬总数的 50.8％）、单棺墓 16 座（占墓葬总数的 23.9％）、无棺墓 15 座（占墓葬总数的 22.8％）、葬具情况难以明确的 2 座。综合以上可以看出熊家岭战国墓是一处士级或士级以下阶层的中小型墓地。

| 4 号墓 | 44 号墓出土的水晶环 |

19. 淅川县阎杆岭墓群

阎杆岭墓群位于淅川县滔河镇水田营村南和西南部的阎杆岭上，大体呈东西向，东南有肖河由南向北注入丹江，墓群北边为上（上集乡）盛（盛湾镇）公路。面积 20000m²。1974 年淅川县文管会调查发现，1983 年公布为县级文保单位。

2005 年 6 月至 2006 年 12 月，经报请国家文物局批准，河南省文物考古研究所对阎杆岭墓群进行了发掘，发掘面积 7000m²，发掘墓葬 209 座。阎杆岭墓群分为三区，一区位于水田营村东南岭东端，发掘墓葬 32 座；二区居岭中部的北侧，发掘墓葬 7 座；三区在岭西部北侧一高地上，发掘墓葬 170 座。其中楚墓 33 座，秦人墓 63 座，汉墓 113 座。

楚墓 33 座，除 2 座为"甲"字形墓，余均为长方形竖穴土坑墓。墓坑四壁平整光滑，只有少数墓的墓壁不太平整。墓口大于墓底，墓壁近直，有个别墓葬由于受四周压力的作用，墓壁向下外张或中部内鼓。有生土二层台或熟土二层台。墓口长 1.9～3.2m，宽 0.7～1.7m；墓底长 1.62～2.35m，宽 0.65～1.65m，墓坑深 0.8～3.42m。其中 M7 是阎杆岭墓群中最大的一座楚墓，墓道设在墓室西南壁，墓道西南端有 4 级不规则的台阶，向东北为斜坡状，伸至墓室内，墓道壁斜直平整。墓道口长 4.9m，宽 1.2m，坡长 5.8m，深 2.2m。填土有黄褐色五花土

141　　　

第一节　丹江口库区文物保护成果

和黏性较强的青灰泥两种。有的仅填五花土，有的先填青灰泥，后填五花土。填青灰泥者仅填在棺或椁的四周。有壁龛的墓共 5 座，皆为单棺墓，墓葬规模较小。其中壁龛设在头向一端短壁上者 4 座（3 座高于墓底，1 座与墓底持平），设在头向一端长壁上者 1 座。葬具均已腐朽，仅能根据痕迹判断有无葬具或葬具的多少。按棺椁的有无、多少可分为无棺无椁、单棺、双棺、一椁一棺四种。有的墓内没有发现人骨架痕，有的仅存少量牙齿或肢骨，有的人骨架散乱，有的虽然保存了人骨架的大体轮廓，但腐朽严重，一触即碎，尚能看出其葬式。可看出葬式的皆为仰身直肢葬，墓主人双手交叉于腹部或胸部。有椁室的墓，随葬的陶器多放置在墓主人一侧的棺椁之间，有的在左侧，有的在右侧；随葬器物多者两侧皆有放置，少者或近头端，或近足端。随葬铜铃形的墓，铜铃形器位于墓主人脖子周围。出土石环的墓，石环置于墓主人头顶。有壁龛的墓，随葬品均放置在壁龛内。这些墓葬皆为楚国的小型墓，随葬品多为陶器，仅个别墓出土有铜铃形和玉器。陶器主要有鬲、罐、盂、鼎、豆、壶、敦、盘、匜。基本组合主要为鼎、敦、壶、豆（或加盘、匜）和鬲、盂、壶、豆（个别或缺豆、缺鬲或缺鬲、盂）。时代从春秋晚期到战国中晚期。

秦人墓 63 座，均为长方形竖穴土坑墓，墓坑较深，多数墓底有生土二层台，有的墓还有壁龛。墓口长 1.8～3.35m，宽 0.92～2.14m，墓深 1～3.86m。多数为单棺墓，其次为一椁一棺墓，还有 1 座墓为双棺。葬式以直肢葬为主，屈肢葬数量也不少，还有一部分墓葬的人骨已朽，葬式不明。随葬品少，一般为 1～4 件，最多的有 20 多件，有的墓无随葬品。随葬品有陶鼎、豆、壶、杯、盆、罐、双系罐、釜以及铜带钩等。陶器多为实用器，底部有烟熏痕。有的墓中还出土有彩绘陶，可惜彩绘多已不存。这些墓应为秦人墓，时代约为战国晚期至西汉初期。

汉墓 113 座，可分为土坑竖穴墓、积石积炭墓、砖室墓和瓦棺墓四种。

长方形土坑竖穴墓，墓坑一般较深，四壁斜直，多有生土二层台，一般随葬器物较少，为 1～4 件陶器。

积石积炭墓，为"甲"字形，由墓道和墓室两部分组成。墓道为斜坡状，没有积石积炭。墓室为长方形，四壁积石积炭。如 M35，被盗严重，随葬品所剩无几。墓室长 2.6m，宽 1.9m，但墓室四壁及底部用大小相对一致的鹅卵石摆砌的非常规整，尤其是在两长壁上，鹅卵石的大小一般为 8～14cm。鹅卵石之间和表面残存有多少不等的积炭。M38，也被盗。墓室长 2.82m，宽 2.48m，四壁的积石不如 M35 那样摆砌的规整，鹅卵石小且少，与炭混杂在一起。但随葬品保存较好，出土有近 40 件。主要有陶仓、壶、罐、釜、甑、磨、盆、井、灶、瓮、坛、带盖鼎以及铜钱等。

"甲"字形砖室墓，由墓道、甬道和墓室三部分组成，墓道为斜坡状，甬道和墓室四壁用砖砌成。个别墓葬内有排水设施。这里的汉墓皆被严重破坏，有的甚至连铺地砖也不存了，目前的墓葬深度都较浅。墓内的随葬品被破坏殆尽，有的残存有少量随葬品，有的仅在扰土中发现一些铜五铢钱和陶器碎片，个别墓葬出土物较丰富。

刀形砖室墓由墓道、墓室两部分组成，墓道为斜坡状，墓室四壁用砖砌成。这类汉墓皆被严重破坏，个别墓葬出土物较丰富。

瓦棺墓仅 1 座，为椭圆形，墓底和四周用碎瓦片铺垫，上面用碎瓦片覆盖。

土坑竖穴墓、积石积炭墓的随葬品较丰富，砖室墓皆被严重破坏，仅个别墓葬有随葬品。

随葬品以陶器为主，主要有鼎、仓、壶、罐、釜、甑、井、灶、瓮等，另外还有铜镜、弩机、铜钱、铜车马器、铜釜等。

根据墓葬形制和随葬品，初步判断，长方形土坑竖穴墓的时代为西汉时期，积石积炭墓的时代可能在西汉晚期或两汉之际，砖室墓的时代为东汉时期。

以前在淅川县境内发掘的楚墓多为大、中型楚国墓葬，曾发掘的小型楚墓主要有毛坪、吉岗、大石头山楚墓，并且数量较少。在阎杆岭墓群发掘的楚墓，陶器组合清楚，时代特点明确，延续时间长，从春秋晚期到战国中晚期。因此，它的发掘不仅为研究淅川小型楚墓提供了重要资料，而且对楚墓的综合研究也有一定的意义。据文献记载，战国晚期（公元前 298 年），该地已为秦国所有。这批墓葬中既有楚文化的遗风，又有秦文化的因素。因此，这批墓葬的发掘为研究秦楚关系提供了重要资料。

由以前的发掘资料可知，积石积炭的现象多出现在大中型墓葬中，在小型墓中少有发现这种现象。在这里的小型西汉墓中发现积石积炭现象，或可认为是这一地区的地方特点，同时也为汉墓的研究提供了有价值的资料。阎杆岭墓群中的砖室墓，虽然多被严重破坏，但墓葬的形制多有不同，为该地区乃至汉代墓葬的研究提供了丰富资料。

83号汉墓

20. 丹江口库区地面文物

丹江口库区淅川县分布有大量的古代碑刻、桥梁和清末以后至 20 世纪的古民居等地面文物。河南省文物部门在调查阶段建议对其中 13 处比较重要的地面文物进行搬迁或者原地保护。国务院南水北调办公室 2009 年批复的《关于南水北调东、中线一期工程初步设计阶段文物保护方案的批复》（国调办征地〔2009〕188 号）中确认对这 13 处地面建筑进行保护（表 5-1-1）。

表 5-1-1　　　　　　　　　　丹江口库区河南省地面文物搬迁保护表

序号	文物名称	行政隶属	时代	占地面积/m²	建筑面积/m²	海拔/m	级别	保护方案
1	大石桥	大石桥乡大石桥村 4 组	明清	75	75	170	A	搬迁
2	陈氏宗祠	上集镇蛮子营村	清	300	126	165	B	搬迁
3	吴氏祠堂	盛湾镇吴家湾村 3 组	清	777	530	172	B	搬迁
4	《重修雷山迴阳观记》碑	盛湾镇宋湾村 3 组	清		4	168	B	搬迁
5	白亭村商业店铺	滔河乡白亭村 4 组	清	1470	580	169	B	搬迁
6	朱家桥	滔河乡朱山村	明清	39	39	164	B	搬迁
7	蛮子营民居	上集镇蛮子营村供销社	清	576	326	165	B	搬迁
8	全家大院	金河镇	清	4600	881	165	C	搬迁

续表

序号	文物名称	行政隶属	时代	占地面积 /m²	建筑面积 /m²	海拔 /m	级别	保护方案
9	王家大院	滔河乡	清	1630	652	168	C	搬迁
10	贾氏民居	上集镇贾沟村3组	清	1720	752	163.5	C	搬迁
11	印山祖师庙	金河镇魏岗村	清	483	150	168.7	B	原地
12	张湾土地庙	金河镇张湾村	清	4000	1084	165	D	登记存档
13	后凹民居	金河镇后凹村	清	483	249	168.7	D	登记存档
合计				16153	5448			

南水北调工程丹江口库区搬迁地上文物新貌

为保障丹江口库区地面文物的搬迁和复建用地，淅川县人民政府在丹江大观苑划拨土地50亩用于地面文物的复建用地。搬迁复建工作已全部完成。这些复建的古建筑与其他民俗文物，反映丹江库区移民搬迁前的生产、生活情况。把这一批古建筑打造成移民寻根访旧、怀念故土的乐园，同时使外界能够通过这些建筑和遗物了解丹江口库区移民为了南水北调工程所作出的舍小家为大家的奉献精神，真正打造成一个移民主题博物馆。从而使人们了解移民生活、感动移民精神、记住移民奉献。

第二节　中线总干渠文物保护成果

一、河南省段文物保护成果

（一）概述

河南省南水北调中线工程文物保护工作自2005年4月正式启动以来，在国务院南水北调办、国家文物局的支持指导下，在河南省委、省政府的正确领导下，在省南水北调办公室、省政府移民办公室的大力协助下，河南省文物局坚持"既有利于文物保护，又有利于经济建设"的原则，创新方法，周密部署，科学管理，组织中国社会科学院考古研究所、北京大学、中山大学、南京大学、复旦大学、河南省文物考古研究所等来自全国的50余家文物考古科研单位和高等院校，组成了100余支考古发掘队伍，先后有数万民工参加了这场声势浩大的文物保护工作。总干渠发掘地下文物点142处，7处为新发现的文物点。完成考古发掘面积53万 m²，出土文物 6.9 万件（套）。

（二）重要成果

1. 荥阳市薛村夏商聚落遗址与汉唐宋元明清墓葬

薛村遗址位于荥阳市王村乡薛村村北，遗址地处邙山南麓，南距薛村约 1km，北距黄河约 0.8km。

遗址发现于 1987 年。为配合南水北调中线干渠工程，2004 年 9 月由郑州市文物考古研究所做了调查、试掘工作。调查遗址现存面积为 50 万 m²，干渠占压面积 20 万 m²，干渠从遗址中部穿过。《南水北调中线文物保护专题报告》遗址编号为 2004. HN. ZZ. XY. A－6，保护级别为 A 级。该遗址为夏商小型聚落和汉唐墓葬重叠分布的大型遗址，墓葬的分布范围远远大于夏商聚落遗址。

鉴于薛村遗址面积较大，为方便工作期间，根据遗址所在地的特点，以生产路和土崖坎为界限将其划分为四个发掘区，分别用罗马数字 Ⅰ～Ⅳ 表示。2005 年 4 月至 2006 年 12 月，河南省文物考古研究所对该遗址做正式抢救性发掘，近两年时间里共发掘 2 万 m²，发现夏商时期聚落遗址一处，以及汉唐及其以后小型墓葬 540 座。

由于受 20 世纪五六十年代坡地改梯田和常年耕种的影响，遗址遭受很大的破坏，遗址堆积的地层关系都比较简单，一般来说耕土层下或者第二层近现代层下就是夏商时期的灰坑、陶窑、墓葬等遗迹和汉唐及以后的墓葬。遗迹平面之间间或有打破关系，但基本没有复杂的地层堆积叠压关系。从土地利用史的角度看，从夏商时期的聚落遗址到汉代以后沦变成墓地，发生了巨大场景转换。下面就以这两大时期的年代先后顺序简介如下。

（1）夏商聚落遗址。夏商聚落遗址位于遗址发掘区的西北部，夏商聚落遗址现存约 1.1 万 m²，西部被小水库破坏。大部分位于南水北调中线穿黄工程占压范围内。

遗迹现象十分丰富，主要是大量的灰坑，少量的陶窑、水井、祭祀坑、墓葬等。另外，在薛村遗址上发现并确认了商代前期地震遗迹。

发掘清理二里头文化晚期到二里岗上层文化时期灰坑 620 个，水井 17 座，陶窑 14 个，房基 6 座，墓葬 5 座。其中灰坑既包括性质明确的窖穴、祭祀坑和取土坑，但更多的是性质不明的坑。可以确认的祭祀坑有牛头骨祭祀坑 H59 和羊牲祭祀坑 H78。另有可能为人祭遗存的 H142、H183 等。H58 为一典型的窖穴，平面整体略成圆角三角形，实则为一基本呈椭圆形坑的一个侧边凸出一个圆尖嘴状漫坡台阶，坑东壁中部向内掏挖有一壁龛，底部出土 11 件猪肩胛骨制作的卜骨。

陶窑均为竖穴升焰窑，其中以 Y3、Y6 保存较好。Y3 为一座带火门的平面近圆形的竖穴升焰窑，火门的前面有保存基本完好的带台阶的方形工作坑，坑底和台阶有坚硬的踩踏面。Y6 的基本结构同 Y3，唯形制稍小。

房址均为长方形半地穴式，大部分保存比较差。其中 F4、F5 的居住面和墙壁下部经火烧烤，加工考究。以 F4 保存较好，最具代表性，其平面略呈“凸”字形，有凸出的门道和烧灶。

水井均为长方形，直壁，部分有脚窝，深度都在 8m 以上还不到底。下部井壁都有不同程度的坍塌，大部分未能清理到底。个别井的性质也暂存疑。

特别重要的是，在薛村遗址的发掘中，发现并确认了时代属于商代二里岗下层时期至二里岗上层之间的地震遗迹,发现了因强地震导致的地堑和地裂缝,被地震水平错断的灰坑、水井等商代遗迹。经过与北京大学环境学院夏正楷教授的合作研究,确定了古地震的真实性,初步计算出薛村古地震震级在 6.8~7.1 之间。考古学年代确定在二里岗下层文化和二里岗上层文化之间,碳-14 测年得出的日历年龄在公元前 1500 年至公元前 1260 年之间。

出土遗物主要是骨锥、骨簪、骨铲等骨器和牛、猪肩胛骨做的卜骨,石刀、石斧、石铲等各种石质的生产工具和大量的陶器残片。经过对部分灰坑出土陶片的初步整理拼对,已复原二里头文化晚期到二里岗文化上层时期的陶器 400 多件。基本器类有深腹罐、各种圆腹罐、鬲、捏口罐、豆、杯、刻槽盆、大口尊、深腹盆、瓮、缸等。另外还发现有明显的属于下七垣文化辉卫型的代表性器类,如长颈鬲、长颈深腹罐,以及具有非中原文化遗存特征的乳状袋足鬲等,表明了郑州地区从二里头文化向二里岗文化演变的复杂过程和不同地域间的交流与融合。

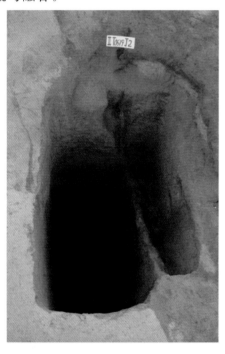

被古地震错开的二里岗文化水井

夏代晚期陶窑及其工作坑

夏代晚期兽面纹陶器

商代早期钻、灼痕卜骨

商代早期人祭遗存

乳状袋足鬲

（2）汉唐及其以后墓葬。薛村墓地的范围不易界定，可以说整个邙山上都或疏或密的分布有古代墓葬，因此墓葬基本遍布整个发掘区。墓葬层位关系都很简单，均开口于表土层或者 2 层下。除夏商聚落区的少数墓葬向下打破了早期遗迹外，其余大多墓葬都打破了红褐色或浅黄色的生土。墓葬以汉墓为最多，年代基本都在西汉晚期到东汉。次为唐代墓葬，另有隋、北宋、金、元、明、清各时期墓葬，数量不多。墓葬之间打破关系比较少，且多为唐宋墓葬打破汉墓。汉墓之间极少有打破关系，仅发现有个别墓的墓道有

早商祭祀坑内牛牲

打破关系。这可能与当时这些墓上都有明显的坟丘或者封土标志有关。墓葬基本都遭到不同程度的盗扰，但劫掠之余仍出土了大量的随葬品，计有陶器、釉陶器、瓷器、铁器、铜器、铅器、银器、玉器、玻璃器等小件器物 2000 余件（铜钱不计在内）。墓地收集的 300 多具人骨资料是考古人类学研究的珍贵资料。

1）汉代墓葬。薛村遗址发掘两汉墓葬 287 座，时代从西汉晚期至东汉晚期。按规模大小大致可分为三类。

第一类：大型汉墓，长 15～27m，深 4～7m，规模较大，结构较为复杂，土洞砖券，结构一般分为长斜坡墓道、过洞、竖穴墓道（天井）、封门、甬道、前室、东、西侧室、后室等几个部分。有的前室两侧还有明确的"庖厨"和"仓囷"结构。大型墓一般都为合葬墓。有的墓内不只两具棺或尸骨，埋葬多具人骨的合葬墓中死者的关系需要进一步研究。此类墓以ⅠM17 为代表。

第二类：中型汉墓，长 7～15m，深 2～4m，土洞砖券，由小台阶墓道（一般偏在竖穴墓道一侧）、竖穴墓道、封门、甬道、前室、后室等部分组成。前室两侧一般有放置器物的矮小侧室（龛）。此类墓以ⅠM25 为代表。

第三类：小型汉墓，带竖穴墓道的土洞或土洞砖券单室墓，包括部分空心砖墓。长度约 5～7m，深度 3m 左右，一般由竖穴墓道、封门、长方形拱顶墓室组成。

尽管绝大部分墓葬遭到不同程度的盗扰，但仍出土了大量的文物。以陶器为最多，主要有

盆、瓿、罐、壶、案、耳杯、仓、井、灶、楼、带厕猪圈、猪、鸡等，其中以彩绘陶器和釉陶比较精美。次为铜钱，每墓都有数量不等的铜钱，主要有西汉五铢、货泉、大泉五十、货布、一刀平五百、东汉五铢。另有少量的铁器、铜器和玻璃器。铁器主要是铁釜、铁剑、铁刀、铁戟，铜器主要是刀、带钩、镜、盆、釜、瓿、车軎、马衔、盖弓帽、弩机等，玻璃器主要是玻璃耳珰。许多墓葬发现有漆木器，但基本只残有漆皮，可看出有案、耳杯、奁、方盒等。部分漆器上镏金铜箍或镶嵌有铜柿蒂和水晶，应属所谓"金装钿器"。比较精美的器物有彩绘陶楼、彩绘灯熏、釉陶灯熏、绿釉或酱釉的铺首衔环陶壶、彩绘乐舞俑、铜格或玉格铁剑或铁刀、铁釜、铜釜瓿、铜盆、铜耳杯、铜镜、铜印章、蓝玻璃耳珰、银指环等。

2）唐代墓葬从初唐到晚唐基本都有发现，数量不如汉墓众多，但年代序列基本完整。基本形制为中型的带墓道、天井的单室砖券墓和小型的竖穴墓道土洞墓两种。中型墓长 12～16m，深 5～7m；小型墓长 4～7m，深 1.5～3m。

中型墓全部被盗扰，小型墓大多保存完好。出土器物一般为瓷器、红陶或白陶的彩绘俑类，以及具有浓郁生活气息的模型明器，另有少量的漆木器和铜镜。代表性的有白瓷塔式罐、白瓷盏与盏托、花釉瓷执壶、青釉瓷罐、铜镜、蚌质雕花梳背、彩绘红陶或白陶的天王、镇墓兽、骑马俑、文吏、武士、仕女俑、胡俑、牛及牛车、鸡、狗等。另出土有白瓷马一匹，精美异常。另外出土有石质或砖质的墓志 8 合，其中以线刻海石榴花，围绕四神十二生肖的石墓志最有代表性。

3）其他时代墓葬。隋代、北宋、金代、元代以及明清墓葬发现数量较少，均为带竖穴墓道的小型土洞墓。主要出土器物有黄釉瓷瓶、绿釉陶枕、白瓷罐、花瓷碗、青花瓷碗、环形小玉口琀等。

另外，在薛村遗址的汉代以后墓葬区里，还发现汉代古道路 1 条，汉代陶窑 4 座。古道路宽在 3m 左右，从遗址西北角拐弯成东西向，发掘确认部分长 200m。路上发现古代车辙痕迹。4 座汉代陶窑均为横穴半倒焰窑，结构分为工作坑、火门、火膛、窑室、烟囱（在窑室后壁上）。从这些窑内出土的废弃后堆积以及废弃堆积来看，这些窑很可能都是烧制建筑材料砖瓦的，其中一座窑内尚残存半窑未烧成的砖坯。

汉代陶博山炉　　　　　　　　　　汉代铜镜

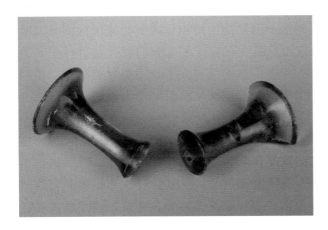

蓝玻璃耳珰

唐代墓志

唐代白瓷罐

唐代陶马

青釉瓷人骑马

三彩器

薛村夏商聚落遗址是黄河南岸邙山南麓的一处重要的二里头文化晚期到早商文化时期的聚落遗址，该遗址的发掘保护工作，对于研究夏商时期小型聚落的结构、内部功能区的划分及其性质，进一步理解距此约20km的荥阳广武大师姑二里头文化城址和郑州商城遗址的性质和地位，探讨夏、商文化的演变的态势和更替等问题有重要的学术意义。工地发掘收集的动、植物遗存、遗址堆积中的土样等相关研究，对探讨二里头文化晚期到早商时期的人地关系，环境变迁等问题有重要意义。

该遗址墓地从西汉晚期开始使用，历东汉、隋、唐、北宋、金、元、明、清，时间跨度大，时代序列较为完整，为研究中国传统丧葬文化演变传承和邙山墓葬区的形成、发展提供了重要的实物资料。特别是有明确纪年的唐代墓葬，为研究郑州地区唐墓的分期和瓷器断代等问题提供了科学的依据和标准。该墓地发现的汉代和唐代墓葬数量多，分布密集，呈片状按墓区分布，墓区之间有一定的空白地或稀疏区作为间隔地带。同区墓葬在相对位置、方向、形制结构等方面有一定的规律和共性，呈现出一定的家族墓地的特点，为研究汉、唐时期家族墓地及其墓地制度提供了珍贵的科学资料。

2. 鹤壁市刘庄遗址

刘庄遗址位于鹤壁市淇滨区大赉店镇刘庄村南，东距京广铁路300m，紧邻铁路以东的鹤壁市新城区。遗址位于淇河北岸的第二、三级阶地之上，淇河自西向东从遗址西部、南部环绕而行，属卫河流域。

刘庄遗址的西北与著名的辛村墓地相邻，东南1.5km为大赉店遗址。1932年，中央研究院历史语言研究所郭宝钧先生等在发掘辛村墓地期间调查发现该遗址曾"开探坑三十九个"。新中国成立后确定为仰韶文化遗址，1986年6月确定为鹤壁市首批重点文物保护单位，2006年11月被河南省人民政府公布为河南省第四批文物保护单位。

南水北调中线干渠从刘庄村南向村东由南向北穿越遗址南部、东部，共占压遗址7万m²。为配合南水北调中线工程文物保护工作，经报请国家文物局批准，2005年7月至2008年1月由河南省文物考古研究所会同鹤壁市文物工作队，邀请郑州大学、山东大学师生组成考古队伍，分4次对遗址进行了考古勘探和发掘。发掘分南北两个区域进行，发掘北区位于遗址东中部，发掘面积11150m²；发掘南区在遗址西南部，发掘面积4000m²。遗址文化堆积分为下七垣文化和大司空类型文化两个时期。遗址上层为较大规模的下七垣文化墓地，发现墓葬338座，布局清楚、保存完整、随葬品较为丰富，填补了下七垣文化发掘研究工作的一项空白。对下七垣文化墓葬制度、人种族属、社会结构、商人渊源、夷夏商关系等重要学术问题的研究将会起到推动作用。遗址下层为大司空类型文化遗存，发现有大量的灰坑、房基、陶窑、灰土堆积、陶片铺垫遗迹、灰沟以及大批居址柱洞等遗迹，出土大量陶、石、骨角器等遗物。为深入探讨大司空类型文化遗存及相关问题提供了重要材料。

2005年7月发掘之前，由赵新平领队拟定了科学的发掘计划与工作方法，严格按照《田野考古工作规程》进行发掘。发掘期间邀请植物考古、动物考古、环境考古、体质人类学研究等学科的专家学者进行现场采样、指导和交流，进行多学科信息采集和研究。

（1）大司空类型文化遗存。发掘的南北两区均有广泛分布，发现有灰坑、房基、陶窑、灰土堆积、陶片铺垫遗迹、灰沟以及大批居址柱洞等遗迹和遗物。

房基F1仅残存南北向基槽，可推知为地面式长方形房基，木骨泥墙。房址柱洞主要分布在发掘区中北部和西部，圆形袋状窖穴多成片分布在其周围，由此可知发掘北区的北部、西部应为居址区域。

灰坑有圆形、椭圆形、不规则形口几种，多为浅坑。灰沟均为西北—东南走向，有的可能与居址分布有关。HG6 长约 75m、宽 0.9m 左右，贯穿并延伸出发掘区域，沟底人工铺垫石块、下为碎小石子和砂粒，当同流水有关，经测量其北高南低、高差约 40cm，结合遗址地貌分析，该灰沟可能具有排水功用。这在以往史前遗址的考古发掘当中应不多见。HG8 长约 81m 贯穿并延伸出发掘区域，宽 0.8～4.0m，与 HG6 平行间隔大约 10m。此沟北宽南窄、北深南浅，北部深达 80 余 cm、南部浅至 10 余 cm，斜壁平底，沟底见有碎小砾石和砂粒，与 HG6 北高南低恰恰相反，其功用亦应有别。

发掘所见灰土堆积、陶片铺垫遗迹现象值得注意，前者类似以往所称不规则形灰坑，填土黑色或灰黑色，分布面积少则近百平方米、多则几百平方米，横跨五六个探方，一般较浅，底部坑洼不平，有的直接坐落在砾石层上，包含物远较一般窖穴、灰坑丰富。通过调查，这种遗迹现象在遗址其他边缘区域也有分布，颇具特点。后者为碎小陶片集中平铺于一个不规则的区域内，叠压第 4 层，现存面积大小不一，平面形状极不规则，厚度仅 10cm 左右，其性质尚待深入研究。

出土遗物主要为陶、石、鹿角器等。夹砂陶略多于泥质陶，有灰陶、褐陶、红陶等，夹砂陶往往陶色不够纯正。陶器以素面为主，纹饰有附加堆纹、篮纹、弦纹、划纹、席纹、压印纹等，其中以附加堆纹最多，腹部装饰鸡冠耳、口部压印花边风格较为流行。彩陶数量不多，均红彩、黑彩，纹样有弧边三角纹、斜线纹、竖线纹、同心圆纹、水波纹、平行条带纹、睫毛纹等，饰于泥质罐、盆、钵、碗等器。器类不甚丰富，夹砂陶器以素面罐最为常见，还有小罐、篮纹罐、盆、瓮、器盖等；泥质陶器有小口高领壶、折腹盆、罐、钵、碗、纺轮等，陶环数量较多。石器有大型石铲、斧、凿、锛、钻头、环、纺轮等。鹿角器见有角铲。骨器、蚌器极少，出土兽骨数量少，水生动物遗骸基本不见，与遗址紧邻淇河的地理位置极不相称，彩陶图案也多模糊不清，这些现象应同埋藏环境密切相关。

上述文化遗存和分布于豫北冀南地区的大司空类型面貌特征近同，当属大司空类型文化遗存。尽管堆积不厚、延续时间可能较短，但刘庄遗址面积达 30 万 m²，豫北地区这一时期聚落遗址经规模发掘的不多，本次发掘所得遗物较为丰富，遗迹分布也有一定规律可循，发掘过程中也特别注意了考古信息的多方面采集提取，这一切将有助于深入探讨研究大司空类型文化遗存及其相关问题。

（2）下七垣文化墓地。完全分布在发掘北区，基本完整揭露，发现墓葬 338 座，出土器物近 500 件。墓葬均开口于第 3 层下，打破早期遗迹和文化层，墓葬之间叠压打破现象很少。

墓地大致分布于东西 110m、南北 55m 的范围之内，在空间上分为东、南、西三大块，三者相连布局呈 U 形。以墓葬主流朝向为标准，可将其分为东、西两大区，然后依据空间分布差异将南部墓葬群称之为西 I 区、西部墓葬群称之为西 II 区。东区墓葬多头向东、南北成行排列，西区墓葬多头向北、东西成行排列，两区各有部分与墓区主流朝向不同的北向或东向墓葬分布，南向墓葬较少且多见于西区。各区均由若干排墓葬组成，少者七八排，多者十余排，排列较为规律。从墓区规模、墓葬数量上观察，西 II 区规模最大，分布墓葬 181 座，西 I 区、东区递减，东区分布墓葬不到 60 座。相对而言，东区墓葬分布稍显稀疏，西区墓葬排列较为密集。有趣的是东区、西Ⅰ区之间有一排东向墓葬将两者连接，使两者之间无法明确分界，这种排列布局原因何在值得探讨。

墓葬形制多为长方形竖穴土坑墓，个别口部为长椭圆形，一般较为狭长，大小稍有差别。墓坑一般较浅，最浅者仅深 0.10m 左右、最深者约 1.10m，多数墓葬深度为 0.30~0.50m，不能完全排除墓穴上部遭到晚期堆积破坏的可能。从墓葬大小角度分析，墓口面积最大，在 2.5m² 以上的，例如 M3，墓室长 2.60m、宽 0.86~1.14m、深 0.38m；M172，墓室长 2.66m、宽 0.90~1.00m、深 0.52m，仅占全部墓葬的极少数。墓口面积在 2.00m² 以上的墓葬 10 座，占墓葬总数的 2.95％。墓口面积不足 0.40m² 的墓葬 2 座，例如 M140、M184。多数墓葬长度为 1.60~2.10m、宽度为 0.40~0.65m，墓口面积为 0.60~1.50m²。例如 M176，位于墓地西Ⅰ区西南角、T4941 中部，墓口距地表 60cm，开口于第 3 层下，打破 4 层。该墓为圆角长方形土坑竖穴墓，直壁，平底，有熟土二层台。墓长 213cm、宽 66~72cm、深 28cm，墓向 13°。二层台两侧长 210cm、宽 5~20cm，两端长 70cm、宽 8~15cm，高 10cm。填土为深灰色，土质较硬，结构致密，包含有红烧土、炭粒及陶片。墓主人为单人仰身直肢葬，头向北，面向西，骨骼保存状况很差，残存头骨和部分肢骨，性别不详，年龄 25~30 岁。葬具为北宽南窄的长方形木质单棺，侧板长出横板。棺痕长 189cm，宽 34~50cm，板厚 2~3cm。随葬陶器 4 件，陶鬲、陶豆、陶盆、陶圈足盘各 1 件，集中堆放在墓室南部。

墓葬均为单人一次葬，葬式仰身直肢或俯身直肢，骨架保存一般较差，有的甚至仅见几颗牙齿。未见合葬墓和二次葬。多数墓葬不见葬具，见有木质单棺，有的墓葬在墓底残存有呈近长方形的纯净黑土痕迹，与墓葬填土明显不同，不排除为垫尸木板或其他铺垫物的可能。墓主头向常见北向和东向，南向较少，只有一座墓葬呈东南向。M145 为石棺墓，墓口长 2.61m、宽 0.65m，石棺由 13 块自然片石组成，长 2.25m、宽 0.45~0.50m，上部平盖三块片石象征棺盖，墓底未见石块。墓主俯身直肢，骨骼粗壮，应为男性，棺内、墓主脚部随葬陶鬲 1 件。另外，还有近 20 座墓葬在墓主头脚两端各放置一块或多块石头，推测为石棺的简化形式。

有随葬品的墓葬 208 座，占墓葬总数的 60% 以上，一般随葬陶器 1~6 件不等，大多放置在墓主脚部、头端。随葬陶器以夹砂灰陶居多，次为泥质灰陶，有一定数量的泥质褐胎灰皮或黑皮陶。陶器纹饰以绳纹为主，有凸弦纹、凹弦纹、绳切纹、压印圆涡纹等，有圆形和"工"字形镂孔。器类有鬲、罐、鼎、豆、圈足盘、盆、簋、鬶、爵、甑、尊、斝、器盖等，以鬲、罐、豆、盆、圈足盘最为常见。陶器组合差异明显，有近 40 种组合之多，其中随葬单件陶鬲墓葬最多，次为随葬单件夹砂罐的墓葬，其他稍多见的组合还有鬲、豆，鬲、盆，鬲、豆、盆，鬲、豆、圈足盘，罐、豆、簋等。少数墓葬随葬有石钺、绿松石串饰等。M35 出土的齿刃石钺加工精良，整体为横向长方形，与二里头遗址竖向长方形、两侧装饰扉棱的玉钺（戚）不同。值得注意的是，东区随葬陶器中鬲均为肥袋足鬲、多夹砂罐，西区则大多为卷沿鼓腹鬲、夹砂罐少，而且东区墓葬随葬品数量往往较少，两者墓葬主流朝向不同，其成因尚有待深入研究。随葬陶器 5 件以上的均为一类墓葬，应昭示着墓主人身份的不同。

还有一类墓葬无随葬品，有的可以看出墓主为少年，表现了壮年成人与少年人群共葬一处的历史画面。

墓地的年代，根据随葬陶器的类型学特征把握：M94 陶鬲为薄胎、高领、肥乳袋足，腹饰绳纹至实足根，表现了较早的特点，与河北徐水巩固庄采集：1 鬲有近似之处，唯后者圆唇、胎厚，应为李伯谦先生关于下七垣文化的相对年代的分期的一期范畴。其年代约与二里头文化二期的偏早阶段相当。而 M24：1 陶鬲侈口、卷沿、鼓腹，方唇微上折，则与二里岗下层 C1H9 陶鬲接近，年代亦应差距不大，已经进入商代。所以说刘庄下七垣文化墓地的相对年代的上限应当至少早到二里头文化二期的偏早阶段，下限也不会晚于二里头文化第四期的偏早阶段。

墓地南区

10 号墓

下七垣文化陶器

制作精良的齿刃石钺

4 号墓陶罐

4 号墓陶簋

第二节　中线总干渠文物保护成果

10 号墓陶豆

10 号墓陶鬲

11 号墓陶单耳罐

24 号墓陶鬲

218 号墓陶圈足盘

218 号墓陶鼎

　　中原地区如此规模的夏代公共墓地，尚属首次发现，为下七垣文化的发掘研究工作填补了一项空白，是该研究领域的一项重要学术突破。墓地布局清楚、保存完整、随葬品较为丰富，当属目前研究下七垣文化遗存最为丰富的资料之一。它的完整揭露无疑将对下七垣文化墓葬制度、人种族属、社会结构、商人渊源、夷夏商关系等重要学术问题的研究起到推动作用。

　　刘庄遗址下七垣文化墓地的重要发现，吸引了新华社、《人民日报》《中国文物报》《河南日报》等新闻媒体的报道，并引起了社会对南水北调文物保护工作的广泛关注。2006年5月，刘庄遗址的发掘入选2005年度"全国十大考古新发现"。2007年10月，刘庄遗址发掘项目荣获国家文物局田野考古奖三等奖。《鹤壁刘庄——下七垣文化墓地发掘报告》已于2012年6月由科学出版社出版。

3. 方城县平高台战国秦汉墓

方城县位于河南省西南部、南阳盆地东北隅，是沟通华北平原、南阳盆地和江汉平原的交通要道。平高台遗址位于方城县赵河镇平高台村北，东北距方城县城约20km。许（昌）南（阳）公路从遗址南部穿过，西部边缘是赵河的一条支流，属汉江流域。

平高台遗址于1961年河南省第一次文物普查时发现，遗址面积91万m²，文化内涵丰富，包含新石器、商、东周、汉代文化遗存。现在为河南省文物保护单位。作为首批实施的南水北调工程控制性文物保护项目之一，经国家文物局批准，2005年4月至2008年1月，由河南省文物考古研究所会同南阳市文物考古研究所、方城县博物馆组成考古队伍，分4次对遗址进行考古勘察和发掘工作。发掘探方在渠线占压区域内分东、中、西三个区域，布10m×10m探方121个，发掘面积12100m²，所见文化遗存以新石器时代遗存、战国秦汉墓葬为主。

平高台遗址发掘中区高空摄影　　　　　　　1号墓全景

铜带钩　　　　　　　　　　　　　出土陶器组合

　　干渠从平高台遗址的北部边缘穿过，在渠线内发掘战国秦汉墓葬142座，墓葬形制分为竖穴土坑墓、带墓道的竖穴土坑墓、带墓道的竖穴土坑小砖券墓。出土遗物包括陶器、铜器、铁器、玉器、玛瑙、水晶、琉璃、钱币等。这些遗存分为八期十四段，年代跨度从战国早期到王莽时期。通过对代表不同文化因素的陶器群组的分析讨论，可以看出不同文化之间彼此碰撞、融合，直到完成文化整合，并走向统一的历史进程。平高台墓地根据墓葬分布的密集程度及各墓群之间的距离，分为4个区域，其中北区在战国时期是一处邦墓墓地，墓主包括低级贵族士和平民两个阶层。

1号墓陶狗

1号墓陶猪圈

159号墓出土陶器组合

147号墓陶鼎

142号墓陶仓

152号墓陶壶

平高台遗址发掘战国秦汉墓共 142 座，大部分保存状况较好。总的来说都是竖穴土坑墓，根据构筑材料和有无墓道综合考虑，将这批墓葬分为三类：①竖穴土坑墓；②带墓道的竖穴土坑墓；③带墓道的竖穴土坑小砖券墓。其中竖穴土坑墓 138 座，带墓道的竖穴土坑墓 2 座，带墓道的竖穴土坑小砖券墓 2 座，分别占 97.2%、1.4% 和 1.4%。

142 座墓葬中，有 86 座使用了葬具，有单棺、单棺带边厢、单椁、一棺一椁、一棺一椁一边厢的，均为木质葬具，因受挤压、腐蚀，保存状况不好，残存灰痕。

头向清楚的 126 座，头向北的 68 座，头向东的 27 座，头向南的 25 座，头向西的 6 座，分别占 54.0%、21.4%、19.8%、4.8%。能够辨别葬式的 123 座，仰身直肢的 117 座，侧身屈肢的 4 座，仰身屈肢的 2 座，分别占 95.1%、3.3%、1.6%。屈肢葬屈肢程度都比较小，没有发现屈肢特甚的现象，葬式中还发现有手脚交叉的现象，如 M30 人骨的手脚均交叉，且有捆束现象，M119 人骨双手交叉于腹部，M132 人骨双脚交叉。

随葬品摆放位置因墓葬形制和随葬品的质地而有所不同，陶器摆放位置分棺外、椁内、椁外、头龛、壁龛、二层台等，其他质地的随葬品摆放位置或在人骨之上或在人骨附近。

142 座战国秦汉墓葬中，39 座未出土随葬品，M63 只出土铜带钩 1 件，M18、M146 所出陶器均残甚无法修复，其余 100 座墓葬共出土陶器 376 件，共有鼎 41 件、敦 17 件、盒 22 件、壶 72 件、钫 3 件、小壶 19 件、高柄小壶 2 件、豆 15 件、盂 31 件、釜 12 件、鍪 6 件、盆 2 件、钵 17 件、盘 6 件、匜 7 件、双耳罐 31 件、高领折沿罐 12 件、折沿无领罐 1 件、矮领罐 8 件、小罐 4 件、提梁罐 1 件、罐 3 件（残，未分类）、瓮 4 件、仓 16 件、灶 2 件、井 1 件、磨 1 件、猪圈 2 件、狗 2 件、鸡 2 件、鸭 2 件、马头 1 件、车轮 3 件，另有鼎盖 2 件、盒盖 3 件、壶盖 1 件、博山仓盖 2 件。

这批墓葬，打破关系不多，也未发现有纪年的材料，而且铜镜、钱币出土很少，只有 M1 出土大泉五十，M5 出土五铢，M148 出土日光镜，这些都给确定这批墓葬的年代带来相当困难。但是，这批墓葬大部分未被盗扰，保存较好，而且所出陶器的组合及演变关系有一定的规律可循，又为我们进行分期和年代研究提供了宝贵的信息。

平高台战国秦汉墓共 142 座，绝大部分是竖穴土坑墓，且延续时间较长，从战国早期一直到西汉晚期，王莽时期才出现竖穴土坑小砖券墓。随葬品以陶器为大宗，共 376 件，与陶器数量相比，其他质地的器物则很少。

通过对陶器形式和组合的分析以及年代的讨论，将方城平高台战国秦汉墓分为八期十四段，年代跨度从战国早期一直到王莽时期，约 500 年的时间。

通过对代表不同文化因素的陶器群组的分析讨论，可以看出不同文化之间彼此碰撞、融合，直到完成文化整合，并走向统一的历史进程。战国早期至战国中期，平高台墓地占主导地位的是楚文化，战国晚期随着韩、秦先后对方城的占领，出现了韩文化、秦文化因素，并且还出现了中原地区其他文化因素；战国末至汉初，不同文化因素继续相互融合；到西汉早期，不同文化因素的融合接近尾声，并且表现出一种逐步固定化的模式；西汉中期，这种固定化的模式基本形成，地方文化特征更显突出。上述文化演进的过程反映了两个阶段的重大历史事件：①公元前 301 年齐、韩、魏三国攻楚之方城，在垂沙大败楚军，韩、魏取得宛、叶以北的土地；公元前 291 年秦大良造白起率军伐韩，攻取韩的宛、叶。②汉武帝时期进一步剪灭地方割据势力，加强中央集权，实现真正意义上的大一统。

通过对平高台战国秦汉墓布局规律的分析，大体可以看出，楚墓中随葬仿铜陶礼器组合的各组墓葬，一般相距较远，每组墓葬有各自独立的区域，在其北面、西面分布随葬日用陶器的墓葬。北区墓葬通过对墓葬规模、葬具、随葬品的分析，并结合文献记载，可知墓主包括"士"和平民两个阶层，并且北区是一处战国时期的邦墓墓地。最后对平高台三组合葬墓进行了合葬行为时间性方面的分析，重点对 M35 合葬行为的时间性及合葬过程进行了探讨。

历年来南阳地区发表的东周时期的中小型墓葬资料较少，未能建立起东周时期的年代序列，无法揭示东周时期的整体文化面貌。方城平高台这批墓葬资料的发掘与整理，基本理清了战国时期方城小型汉墓的文化序列与文化面貌，这对于整个南阳地区战国时期文化序列的建立与文化面貌的认识也具有重要的意义。

随着南阳丰泰墓地、一中墓地资料的公布，南阳地区两汉时期墓葬的文化面貌和年代序列已经建立。方城平高台西汉至王莽时期的墓葬资料，与南阳市丰泰墓地汉墓在年代序列和文化面貌上基本相同，但也细微的不同之处，是对南阳地区汉代墓葬资料的丰富和补充。

4. 荥阳市关帝庙遗址

关帝庙遗址位于荥阳市豫龙镇关帝庙村西南部。遗址现存面积约 10 万 m^2。遗址东约 3km 处，有须水河自南向北流过，北部约 6km 处，索河自西南向东北流，两河在距遗址东北约 8km 处汇合成索须河继续向东北流，入贾鲁河而后入淮河。遗址北 18km 处，黄河自西向东流去。为配合南水北调工程中线工程，2006 年 7 月至 2008 年 8 月，河南省文物考古研究所对关帝庙遗址进行了连续的大规模发掘。共发掘面积 20300m^2，发现仰韶文化晚期、龙山、商代晚期、西周、东周、汉代、唐代、宋代、清代等时期的文化遗存，尤以商代晚期文化遗存最为丰富。发掘灰坑 1721 个、墓葬 269 座、水井 33 眼、陶窑 23 座、房址 22 座、灰沟 15 条、灶坑 4 座、路 3 条。出土包括青铜、陶、石、骨、蚌、角、铁、瓷等质地在内的文化遗物上千件。

仰韶文化堆积目前仅发现 1 座灰坑、1 条灰沟，皆位于遗址的西部。西周、东周—汉代、唐代、宋代、清代文化遗存较少，多以墓葬、窑、灰坑或水井等遗迹形式存在。在发掘区北部，发现较多的汉代长条形坑，坑内填土纯净，出土物较少，用途不详；发掘区南部，发现两座保存完整的汉代窑。

商代晚期的文化遗存是该遗址主要的文化遗存，主要分布在关帝庙遗址的东部和中部，遍布整个发掘区。该时期文化堆积较厚，文化遗迹丰富，灰沟、灰坑、路土、房基、陶窑、水井、墓葬、灶坑等大量发现。

房址皆半地穴式单间房，所见皆地下地穴部分，地面建筑部分不复存在。房屋地穴内亦不见倒塌堆积，房址上部有无墙体不详。除了在少数房间内外发现柱洞外，多数房址都没有发现柱洞。坑壁皆竖直，上未见有修整痕迹。平面形状有长方形（或方形）和圆形两种，方者居多。房址多有门道，门道皆南向，突出于房屋主体，呈台阶状或斜坡状下行；部分房址台阶旁下挖有圆形、略呈袋状的小深坑；房内多有在生土上挖建的连体的椭圆形或圆形灶，灶旁多另有火膛；部分房址内无灶，只有火塘，火塘形状不规则；个别房址的灶前有椭圆形的操作坑；部分房址内设有壁龛，个别壁龛上部有火烤痕，内有放置火把的小洞；在一座房址内，有经火烧烤的长方形烧结面，烧结面稍低于室内地面，似为房内的"炕"；在一座房址底部，发现排列有序、填土纯净的小圆坑，坑底分别置有陶器或蚌、石块，应为建筑物的奠基类遗存。

墓葬皆小型长方形或圆角长方形土坑竖穴墓，南北向者居多，东西向者较少，多长 1.5～

2m，宽 0.6～1m，保存深度 0.5～3m。多直壁平底，部分壁外张；部分有二层台和腰坑；墓内填土皆为黄褐色沙土杂褐色黏土形成的花土，土质较纯净，多经过夯打；部分墓葬填土或二层台或腰坑内殉葬有一两具狗骨架；多单人葬，偶见双人葬；墓主人仰身直肢或俯身直肢，个别的微侧身屈肢；部分有单棺，部分无棺椁；多无随葬品，部分人骨架口内含贝或手中握贝，有3座墓内随葬单件陶器，遗址内规模最大的一座墓被晚期墓墓室挖破，在二层台上有铜铃、铜箭头等小件青铜器。墓葬内的人骨架的脚趾骨及膝关节处多见有长期跪坐时留下的磨损痕迹，和商代晚期其他遗址如安阳孝民屯等地的商代晚期人骨架者相似。

水井开口平面形状多为圆形或椭圆形，个别的为圆角长方形。分两种，一种直壁向下 1～2m 后变为长方形，井较深；另一种相对较浅，开口较大，直壁向下，下部外张，为井水长期冲刷而致。这两种井的用途有别，前者为生活用井，后者分布于陶窑附近，应该和烧窑有关。

陶窑皆在生土或活土上挖制成形。皆为升焰窑，由操作坑、火门、火膛、窑室四部分组成。操作坑皆近椭圆形，个别操作坑壁留有半周二层台。火门呈圆形或近圆形。火膛位于窑室下方，略呈椭圆形，多较大，个别火膛自火门处向内后下挖很深，火膛底部远低于操作坑地面。窑室为圆形，直壁平底，或略呈袋状，窑算算眼排列整齐，皆由 4～8 个长方形或长条形者等距分布于窑算周边，一圆形者居中。窑室、火膛、火门之壁皆烧结为青灰色。每个窑的算眼内都塞满了已经烧结或烧成红色或青灰色的土块，这些土块是有意填塞用来分散火苗均匀窑室温度的。个别窑室周壁满布明显的长条形的工具痕。

遗址中发现有和制陶有关的工作坑，如遗址内发现的部分较大型灰坑，坑内填土比较纯净，几乎不见出土物，填土内杂有黏性成分和冲积土层等，这类坑应该和制陶时淘洗陶泥有关。

祭祀坑多为圆形或椭圆形。在祭祀坑内，发现有完整的或经过大块肢解的牛骨架，个别坑内有完整的猪骨架。部分坑内发现有人骨架。

发掘区南部，分布有大面积的灰土堆积，灰土成片分布，但片与片之间互相叠压却没有明确的分界，灰土内含大量的草木灰和炭屑。灰土堆积之下有较多的祭祀坑。祭祀坑为圆形或椭圆形，坑内填土多较纯净，有整牛骨架，个别的为猪骨架，也有人骨架。从地势看，这个区域为商代聚落内地势较高的区域，大面积的灰土堆积应该是燎祭的遗存，多座兽坑应为祭祀的瘗埋。

灰坑有圆形、椭圆形、长方形、不规则形等几种，以圆形为主。圆形坑根据其结构可分为直壁、斜壁、袋状等几种，平底居多，也有斜底和圜底者；部分坑壁向下到一定深度留有半周二层台，不少坑内底部挖有小圆坑形成子母坑；部分坑内挖有小壁龛，个别者在坑下部向外挖出较大的壁龛，应为储藏所用的窖穴。袋状坑一般制作规整，坑壁及底多经过处理，亦为窖穴。部分坑内留有上下用的台阶。其中两个坑壁经过火烤，形成较厚的红色烧结面；部分坑壁保存有较好的条形铲状工具加工的痕迹。部分灰坑体积很大，坑壁加工精细。

灰沟皆呈条状，走向不一。其中 2007HXYGG10 开口于第 3 层下，在遗址北部部分地段打破第 4 层。从整体上来看，该沟大体为条状环形，南部留有宽约 8m 的缺口。缺口中部地势稍低，有南北向的路土。因为晚期破坏，沟现存开口平面宽度不一，其开口宽一般为 0.4～0.8m，部分地段宽为 1.6m，个别地段沟宽仅为 0.2m，斜壁，底部很窄，多为 0.1m 左右，沟最深为 1.5m，沟底不平。沟内填土基本一致，多为红褐色黏土，土质比较纯净，结构比较紧密；在部分地段，红褐色黏土中有灰褐色或黄褐色夹层，沟底部填土为黄褐色，有部分地段的沟底填土中夹杂有较薄的黄灰色冲积土层。发掘沟的复原长度约为 580m。围沟环绕的区域约

25000m²。沟所在的区域地势南高北低，沟的底部也南高北低，南北高差超过1.5m。

商代墓地全景鸟瞰

商代晚期堆积内出土的文化遗物丰富，陶器器类有鬲、簋、罐、盆、甑、豆、瓿、钵、甗、勺、拍等，石器有镰、铲、斧、刀、圭形器等，骨器有簪、匕、锥、镞等，蚌器有镰、刀、镞等，角器有锥等，铜器有镞、铃等。部分器物制作精细，造型优美，如商代房址内的陶簋，器体较大，制作规整，器表纹饰精美；出土的纺轮，双面及周壁皆刻画生动的花纹；出土的石斧、蚌镰、骨匕等生产工具，或厚重、或精致、或灵巧，既有很好的实用功能，又有较高的艺术欣赏价值。在多个陶器尤其是陶钵的口沿或底部，发现刻划符号或陶文。另外，还发现有排列整齐的方形凿痕的卜骨和卜甲等。

发掘出土的角状足陶鬲、碗状深腹簋等器物的形体特征，同于殷墟文化二期者，少部分者可早到殷墟一期，个别者或可晚至殷墟文化三期偏早阶段。

商代房址

商代祭祀坑

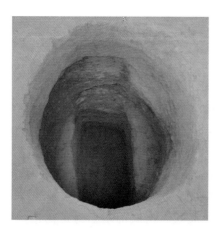

商代水井

商代陶窑

商代铜刀

商代陶钵

商代陶鬲

商代陶罐

商代陶簋

商代陶盘

商代陶盆

宋代墓葬出土瓷罐　　　　　　　　仰韶文化陶鼎

　　该遗址面积较大，历时长，但商代晚期的文化遗存是该遗址的最主要文化遗存。商代晚期遗存主要集中分布在关帝庙遗址的东部和南部。发掘表明，这里是一个商代晚期的小型聚落，聚落保存比较完整。商代晚期聚落内部有功能分区。发掘的大部分商代晚期文化遗存分布在一条围沟之内。因围沟随当时聚落所在的地势而建，底部高差较大，南高北低，北部无缺口或其他设施，故该围沟不是为排水所建。围沟的南部中段有缺口，缺口中部地势稍低，有南北向的断断续续的路土，表明此处的缺口应是进出聚落的通道。在通道西部的围沟内侧，发现门道东向、重复修建使用的房址，应该和聚落的防卫有关。陶窑散布商代聚落各处，窑室内的废弃物表明，陶窑的生产存在分工，泥质陶和夹砂陶分窑而烧。据陶窑和房址分布特点看，该聚落似是一个以作坊性质为主的聚落；但房址皆小型单间，房内各具灶或火塘，又似是以一个个小型家庭为生活单元的。聚落内南部是当时地势最高的区域，有较大型的祭祀场，除发现填土纯净、埋藏整牛骨架或猪骨架的祭祀坑外，还发现有大面积的灰土堆积，灰土堆积成片分布在祭祀坑之上。这里的祭祀遗存似乎有祭祀的中心点；各种坑和附近墓葬的分布，似乎也有一定的规律。墓葬分布主要集中在两个区域：一是围沟内东部中段，二是在围沟外侧东北部。围沟内东部中段墓葬中有相对来说较大的墓葬M3，M3周围有多座小型墓相围绕。围沟外侧东北部商代晚期时遗迹比较少，是专门规划用来作为墓葬区的，这里的墓葬排列比较整齐，以南北向者为主成排分布，东西向者较少，多成排插入南北向者排与排之间的空白地带，少见打破现象。

　　发掘的商代晚期的文化遗存，在层位上存在多组早晚叠压或打破关系。从陶鬲形制尤其是鬲足的高低看，大致可分三段，结合郑州人民公园和安阳殷墟等地的材料看，关帝庙遗址所分三段大体相当于殷墟一期、殷墟二期、殷墟三期，而以殷墟二期者为主。从初步整理的情况看，一段遗存主要分布在围沟内东部，二段遗存遍布聚落各处，围沟亦为二段遗存，三段遗存已经发展到围沟外。从所出陶鬲、簋的整体特征看，关帝庙遗址所出者和郑州人民公园所出者比较接近，但部分器物的形体特征晚于后者，二者的差别应是年代上的差别；关帝庙遗址所出者和安阳殷墟同期所出者有显著的区别而显示出自身的特点，这些特点是人群的不同还是地域性差别，需进一步工作确定。

　　本次发掘是关帝庙遗址第一次大规模的考古工作，关帝庙遗址也是目前该地区正式大规模发掘的第一个商代晚期聚落遗址，发掘所获文化遗存为复原该地区的历史文化面貌提供了重要的实物资料。关帝庙商代晚期聚落是黄河南岸地区首次完整揭露的商代晚期都城以外的中下层聚落遗址，该聚落功能齐全，并经过比较具体的规划。发掘所见商代晚期居址、墓葬区、手工业作坊址、祭祀区布局清晰，表明了聚落内部区域之间功能的差异。该聚落主体外有围沟，兼具居住区、祭祀区、墓葬区及多座零散分布的陶窑作坊，功能完备。这对于研究商代晚期聚落的功能分区、布局及当时人们的生活状况、宗教习俗、村社组织及管理、当时人们依托当地地理环境对村社的规划思维、房屋建筑结构、陶窑结构及陶器烧造过程、手工业的分工及形式、墓葬制度等都具有重要的意义。地质地貌、动物、植物、人骨、石制品以及各类测试土样等考古信息的全面采集为聚落考古、古代环境复原、生业、人类行为等学术课题的综合研究构建了基础。

5. 荥阳市娘娘寨遗址

娘娘寨遗址位于荥阳市豫龙镇寨杨村西北，遗址西北索河环绕而过，南部为龙泉寺冲沟。遗址是郑州市文物考古研究院于 2004 年配合国家重点工程南水北调文物点调查时新发现的，当时对其进行了试掘。因其文化层堆积较厚，文化内涵重要，被列入南水北调干渠先期发掘的文物点之一。

经勘探娘娘寨遗址发现有外城墙和护城河，城址东西长 1200m，南北长 850m，总面积 100 多万 m²。内城发现有城门、夯土基址、道路、陶窑等作坊遗迹等。

2005—2010 年，娘娘寨遗址发掘面积 15000m²，共清理各类遗迹 1700 多个，遗迹主要有城墙、城门、房址、夯土基址、墓葬、道路、排水设施、陶窑、灰坑、水井、灰沟、土灶等。出土遗物多为陶器，还有石器、骨器、蚌器、小型铜玉器以及鹿角等许多动物骨骼等。

（1）遗迹。

1）外城墙、外城壕。2008 年 6 月起，对娘娘寨遗址进行了大范围的勘探，经勘探，发现娘娘寨遗址外城墙。因娘娘寨遗址内城西、北部为索河，外城主要分布于内城的东、南部，外城东墙现存宽 7～9m，外城南墙现存宽为 2～8m 不等，南墙往西进入龙泉寺冲沟和索河，东墙北与索河相接，这样，娘娘寨遗址外城东南两面城墙和龙泉寺冲沟、索河一起形成封闭的城圈。勘探娘娘寨遗址外城发现有外城壕，外城壕仅在南城墙外发现，宽约 20m，保留深度 6m。因东墙外有一条宽 40m 的近代冲沟，城壕应被该冲沟破坏殆尽。经过对外城东、南城墙解剖，发现两面城墙结构相同，均是先挖基槽再筑墙，基槽宽 5m，墙体出地表加宽。根据解剖，发现外城墙分两次修建，第二次修建是在第一次建筑的基础上进行加宽，解剖确认外城墙始建年代为春秋时期，战国时期对城墙进行了扩建。

2）内城墙、城门、内城壕。娘娘寨遗址现保存有高出周围约 4m 的土台，该土台为娘娘寨遗址的内城城垣，内城文化层保存较厚，分布有丰富的遗存。内城目前尚保存有部分残城墙，根据现有迹象可以看出内城平面为方形，面积不大，约为 10 万 m²。对南北两面城墙分别做了解剖，经解剖，南北城墙墙体结构基本相同，夯土墙夯层明显，夯层厚 8～10cm，圜底夯窝非常清晰，不过南城墙上部破坏严重，仅残存墙基。北城墙从夯土的土质土色、包含物及夯筑结构看可以分为两个时期，北城墙下部被春秋早期的灰坑打破，下部城墙内的包含物均不晚于西周晚期，同时北城墙叠压有西周中晚期的遗迹。因此，判断内城墙年代上限为西周晚期，下限为春秋早期，结合城墙夯土自身的结构特点，内城墙始建年代应为西周晚期。此外，经勘探，在内城四面城墙中部均发现有缺口，对西、南、北三面进行了解剖，在东城墙缺口处也做了一个剖面。根据解剖情况，可以确认缺口为城门所在，城门与城内的道路相通。

在娘娘寨遗址内城外有护城河，围绕内城一周。解剖发现该护城河宽 48m、深 12m，两条解剖沟结构完全相同。该护城河上部坡度较缓，下部为一宽约 4m、深约 3m 的陡直的河底。护城河内填土均为淤土层，包含物较少，上部淤土中可见东周时期遗物，底部淤土中包含物较少，为西周晚期器物残片以及动物骨骼等，护城河在两周时期均使用。

3）夯土基址。娘娘寨遗址共发现8处夯土基址，编号F2～F9。其中F2～F5、F7、F8位于内城中部，这些夯土基址组成一组庞大的建筑群体。F6位于西城门内侧北部，F9位于内城东南部。夯土基址均破坏严重，均残存夯土台基部分，墙体多不复存在，部分建筑还存有柱洞残迹。夯土基址一般分上下两层，上部建筑时代多为春秋晚期至战国早期，下层建筑破坏严重，仅残存根基部分，经解剖，下层建筑时代为西周晚期至春秋早期。东周时期的建筑均在西周时期建筑的基础上建筑而成。

4）道路。娘娘寨遗址内城共发现3条道路，其中南北向道路1条，编号L1，L1两端通向南北城门，宽3～4m；东西向道路2条，编号L2、L3，L2、L3宽3～5m，L2部分叠压L3，这两条道路均通向东西城门。其中L1、L3为西周晚至春秋早期时的城内道路，L2为战国时期城内道路。

5）灰坑。娘娘寨遗址发掘的灰坑极为丰富，共发掘灰坑1600多个，灰坑形状不一，有圆形、椭圆形、方形、不规则形等，为生活垃圾坑、窖藏坑、祭祀坑等。

6）墓葬。娘娘寨遗址现发掘的墓葬较少，共发现墓葬近40座，均为竖穴土坑墓，时代有西周墓和战国墓。其中西周晚期墓葬10座，其余均为战国墓。部分西周晚期墓出有随葬品。

7）水井。娘娘寨遗址发现的水井较多，一般为圆形和方形，部分为长方形，水井一般深达10m，反映了当时人们掌握了非常先进的凿井技术。水井内壁均有两排对称的脚窝，底部为淤土，部分井内出有汲水用的陶罐以及溺水的动物残骸。

8）陶窑。娘娘寨遗址发现的陶窑较少，集中分布于内城东北部，有西周和战国时期之分。推测此处应为城址作坊区。

（2）遗物。娘娘寨遗址出土遗物非常丰富，遗物有陶、石、骨、蚌、铜、玉器等。其中以陶器为主，陶器极为丰富。陶器有泥质和夹砂之分，多为灰陶，有少量红褐陶。纹饰以绳纹、旋纹、弦纹、附加堆纹为主，有相当多的素面陶。器型有鬲、罐、豆、盆、碗、甑、簋等。其时代跨龙山、二里头文化、西周、春秋、战国几个时期，尤以西周和东周时期居多。娘娘寨遗址出土石器主要为石铲、石刀等；骨器较多，种类有骨针、骨簪、骨凿、骨镞等，此外有卜骨、鹿角以及用鹿角加工的角锤；蚌器种类有蚌刀、蚌镰、蚌锯等。娘娘寨遗址发现的铜器、玉器较少，铜器主要为小型的铜刀、铜箭镞等。

内城北墙剖面

西周玉璜

陶罐

陶鬲

陶盆

陶豆

（3）年代分期。从发掘情况来看，娘娘寨遗址文化遗存可分为五期，即河南龙山文化晚期、二里头文化、西周、春秋、战国。其中娘娘寨遗址西周文化地层被春秋战国时期的遗存破坏殆尽，多以坑状和墓葬等单位遗迹为主。从所出遗物特征来看，传统的西周文化早、中、晚三期均有，器物组合为鬲、罐、豆、盆、簋、瓮等，其中西周早期遗存较少，遗物特征为早期偏晚；西周中晚期遗存相对较多。在春秋战国时期的单位遗迹中发现有较多西周时期遗物，说明春秋战国时期人们在此活动频繁，将西周时期文化遗存扰乱。娘娘寨遗址发掘出土了大量的春秋战国时期陶器，为该时期文化分期提供了大量实物，从器物特征来看，可细分为春秋早、中、晚和战国早、中、晚几个时期。

（4）娘娘寨遗址的重要价值。娘娘寨城址的发掘具有重要的意义。①娘娘寨遗址是新发现的西周时期城址。②娘娘寨城址的发掘，对郑州地区乃至全国西周城址的研究提供了重要资料。目前，国内西周城址发现较少，西周城址的研究材料还比较匮乏，而娘娘寨城址发掘，为西周时期筑城方法、城墙结构、设防措施、功能布局尤其是宫殿基址的结构等研究提供了重要材料。③娘娘寨城址的发掘是郑州地区西周考古的重大突破。郑州地区的西周时期封国林立，而目前能够确认的西周城址还没有一座，而娘娘寨城址的发掘，证明其为西周时期的古城址，娘娘寨城址应是在郑州地区发现的第一座西周城址，具有重大的学术价值。④关于娘娘寨城址性质认识，可以解决一些重大历史问题。娘娘寨城址的性质，拟作以下探讨：娘娘寨城址目前能够确认为西周晚期城址，娘娘寨遗址早期城墙及下层建筑以西周晚期至春秋早期为主。考两周之际发生于郑洛地区最为著名的事件就是郑桓公东迁，娘娘寨城址与郑桓公东迁有很大关系。文献记载郑桓公为躲避幽王废太子宜臼后引发的申侯等与王室矛盾，利用司徒掌控成周土地财政人民之职，巧取豪夺郐、东虢十小邑。娘娘寨遗址的发现与发掘为探寻这一段历史提供了重大线索。娘娘寨遗址在地理位置和时代上与郑桓公东迁其民之事相合，如推测无误，娘娘寨城址当为郑桓公东迁其民之地。果如此，娘娘寨城址对探讨东虢国始封地位置也具有重要价值。娘娘寨城址在东周时期仍然沿用，这对探讨郑武公灭东虢国也具有重要的研究意义。总之，娘娘寨城址的发掘，对西周考古研究具有重大的突破意义。

6. 荥阳市蒋寨遗址

蒋寨遗址位于荥阳市豫龙镇蒋寨村南，南距郑上路 1000m，东距西环绕城高速路 200m，北距陇海铁路 400m。蒋寨遗址是 2004 年 8 月郑州市文物考古研究院配合南水北调中线工程荥阳段文物勘探、试掘、复核工作时新发现的。当时考古调查队沿南水北调干渠线路调查时发现荥阳市索河路两边的断面分布有明显的文化层和灰坑，陶片较多，确定其为一商周时期遗址。经文物调查、勘探，确认遗址东西长 850m，南北宽 400m，遗址总面积 30 多万 m²。遗址地势较平坦，东西两边界均有宽 20m 的自然冲沟。遗址部分被蒋寨村庄所压，中心区大多为果林和农业大棚分布。荥阳市索河东路从遗址中心穿过，而南水北调干渠东南—西北向穿过蒋寨遗址中心区，干渠占压面积为 8 万 m²。占压区内遗迹分布较为密集，文化内涵较为丰富。随后郑州市文物考古研究院对其进行了试掘，经试掘，蒋寨遗址遗存主要为西周时期，遗物较为丰富，遗迹主要为灰坑，另外有唐宋时期墓葬。

2007 年 10 月 8—20 日，郑州市文物考古研究院对蒋寨遗址进行了再次勘探，确认遗址范围，并由河南省地理所对遗址地形进行了测绘。10 月 20 日蒋寨遗址考古发掘正式开始，至 2011 年共发掘面积 10000m²。发掘部位基本位于遗址的东部边缘地区，文化堆积厚为 1～2m。蒋寨遗址地层共分五层，其中第 3、第 4 层为西周时期文化层，第 5 层为龙山文化层。其中晚商时期遗存多为灰坑，未发现商代文化层。共发现 1400 多个遗迹单位，出土了大量遗物，年代主要为西周早期和商代晚期，发现有少量的河南龙山文化晚期遗存。遗迹主要有房址、墓葬、灰坑、水井、灰沟等。出土遗物多为陶器，有石器、骨器、蚌器以及小型铜器等。

（1）遗迹。

1）灰坑。蒋寨遗址发掘的灰坑极为丰富，共发掘灰坑 1000 多个，灰坑形状不一，有圆形、椭圆形、方形、不规则形等，为生活垃圾坑、窖藏坑、祭祀坑等。

2）墓葬。蒋寨遗址发掘墓葬 92 座，其中多为唐宋墓，西周时期墓葬近 40 座。西周墓均为长方形竖穴土坑墓，基本不见棺椁，葬式多为仰身直肢，除少量墓葬随葬有 1 豆、1 罐、贝币外，基本不见随葬品。西周墓葬分布较为分散且没有规律，埋葬方向也不相同，因此目前尚不能确定遗址的墓地所在，根据已发掘的西周墓分布范围，只能推测墓地可能在遗址的东南部。

3）房址。蒋寨遗址发现的房址近 20 座，均为西周时期房址。房址集中分布在遗址的东南部，均为半地穴式。形状多为长方形，有少量圆形和椭圆形的房址。房址有单间和双间之分，门道较窄，门道宽 0.5～0.7m。房址内灶址保存的相当好，有单灶和双灶之分。在部分房址内发现有取暖痕迹。目前发现的房址门道方向不尽相同，因此这些房址存在分期的可能。根据发掘情况可以确认当时的居住区在遗址的东南部。

4）陶窑。蒋寨遗址仅发现 1 座陶窑，位于遗址东部边缘，圆形，仅残存窑算和火膛，在发掘此陶窑的地方为林木分布区，勘探发现有零星的烧土分布，初步推测此区域为遗址的作坊分布区。

（2）遗物。蒋寨遗址遗物有陶、石、骨、蚌、铜。其中以陶器为主，陶器极为丰富。

1）陶器。蒋寨遗址出土陶器器类主要有鬲、簋、盆、罐、豆、瓮、甗、器盖等。其时代跨龙山、晚商、西周几个时期，尤以晚商和西周时期居多。晚商陶器具有明显的地方特征。西周陶器以商式为主流，典型的宗周文化因素较少。

2）石、骨、蚌、铜器。蒋寨遗址出土石、骨、蚌、铜器较少，主要为石铲、石刀、骨簪、骨镞、蚌刀、铜镞等，此外有卜骨、鹿角等。

（3）年代分期。蒋寨遗址从发掘情况来看，其文化遗存可分为三大期，即河南龙山文化晚期、商代晚期、西周时期。其中河南龙山文化晚期遗存太少，不可再细分；商代晚期遗存最早可到殷墟二期偏晚阶段，多为殷墟三、四期文化遗存，器物组合主要为鬲、盆、钵等。蒋寨遗址的晚商遗物具有郑州地区的地方特色，和殷墟同期的文化遗物相比具有明显差别，和关帝庙晚商遗址陶器特征相似。蒋寨遗址西周文化遗存非常丰富，基本上为西周早期，有少量西周中期遗存。器物组合为鬲、簋、罐、豆、盆、瓮等。其中西周早期遗存文化面貌均具有浓厚

西周房址

的商文化因素，典型的宗周文化因素基本不见。西周中期遗物方具有宗周文化特征，说明西周早期郑州地区为商遗民大量聚居地区域，周人数量较少，此区域商文化因素仍占主流。

（4）蒋寨遗址的重要价值。蒋寨遗址发现有丰富的商末周初时期遗存，无疑对商周考古研究具有重要作用。初步认为，蒋寨遗址发掘具有以下重要意义：

1）填补了郑州乃至中原地区西周居住址的空白。郑州地区以往发现有西周时期遗存，但主要为西周墓地，如洼刘等。居住址发现较少，诸如董寨等西周居址，规模太小且发掘面积有限，并不能解决西周居址研究的重大学术问题。而蒋寨遗址规模大，文化遗存丰富，发掘面积较大，因而可以填补中原地区西周居住址研究的空白。

西周贝币

西周祭祀坑

西周时期铜镞

西周早期陶鬲

西周早期陶罐

豆西周早期陶簋

西周骨笄

2) 蒋寨遗址的发掘，可以树立中原地区商代晚期和西周早期文化分期的标尺。蒋寨遗址发现有殷墟晚期、西周早期的遗存。陶器器类丰富，因而可以对各类器物进行排队比较，从而建立商代晚期和西周早期文化分期的标尺。甚至可以结合娘娘寨遗址西周中晚期遗存，从而建立中原地区西周文化分期的标尺。

3) 蒋寨遗址的发掘，对于区分认识中原地区商末周初文化面貌具有重要的参考价值。周初中原地区为商遗民大量聚居的地方，周人数量较少，文化面貌具有浓厚的商文化因素，典型的周文化因素较少，区分认识商末周初文化面貌具有相当难度，学术界普遍认为殷墟应该存在有西周早期的遗存，但一直未能取得突破，蒋寨遗址发现有殷墟和西周早期遗存，因而通过蒋寨遗址的发掘和系统整理，有望全面认识商末周初文化面貌。

4) 结合有关文献，可以为西周封国研究提供了资料。文献记载，郑州存在于周初的西周封国当为管国，但相关遗存发现甚少。蒋寨遗址发现有丰富的西周初期遗存，西周中晚期遗存基本不见。因而蒋寨遗址当为隶属于管的一个大型聚落，可以为管国历史研究提供了资料。

7. 新郑市唐户遗址

唐户遗址是第六批全国重点文物保护单位。位于新郑市观音寺镇唐户村西部和南部，东北距新郑市区约 13.5km，北距观音寺镇约 1.5km。遗址东、西、南三面环水，地处溟水河与九龙河两河汇流处的夹角台地上，台地高出河床 7～12m，地势北高南低，南北长约 1860m，东西宽 300～860m，面积达 140 万余 m²。

唐户遗址航拍照

2006 年 6 月至 2008 年 12 月，郑州市文物考古研究院受河南省文物局的委托，对唐户遗址进行了连续的大规模发掘。发掘区集中于遗址西部南水北调渠线范围内，发掘面积近 1 万 m²，发现有裴李岗、龙山、汉代、宋元、清代等时期的文化遗存。共发掘各类遗迹 368 个，其中房址 65 座，灰坑 241 个，灰沟 13 条，墓葬 48 座，道路 1 条，并出土一批陶器、石器、玉器、瓷器等遗物。

裴李岗文化时期遗存发现房址 65 座，灰坑或窖穴 206 个，墓葬 2 座，灰沟 5 条。

龙山文化遗存仅发现灰坑 2 座，出土有少量夹砂方格纹、篮纹及磨光陶片。

汉代文化遗存发现有道路 1 条，灰坑 13 座，墓葬 3 座。灰坑形制有椭圆形、圆形，出土有板瓦和筒瓦等遗物。墓葬形制为长方形竖穴土坑，葬式单人直肢。

晋墓 1 座，长方形砖室墓，形制较小，内置小孩骨架 1 具。

宋金文化遗存较为丰富，有灰坑 9 座，墓葬 24 座。以长方形墓道土坑洞室墓为主，另有长方形竖穴土坑墓。出土有白瓷碗、盏、酱釉碗、罐、钱币等器物。

清代文化遗存发现墓葬 18 座。墓葬为土坑竖穴墓，多为二人合葬。

裴李岗文化时期的遗存是此次发掘最重要的文化遗存，分布于整个发掘区。此次发掘重大收获是发现了大面积的裴李岗文化时期居住基址，共揭露裴李岗文化遗存面积 8000m²，文化遗迹有房址、窖穴、灰坑、墓葬、冲沟等。

房址多为半地穴式建筑，平面形状呈椭圆形、圆形、不规则形和圆角长方形。房址分为单间式和双间式，均有门道，门道方向以南向为主，另有东向和西向，突出于房屋主体，呈斜坡式和阶梯式下行，出现双门道房址。房内居住面和墙壁均经处理，踩踏面多较平坦，部分中间略低。填土内含少量碎陶片及石块。一些房内发现有用灶迹象，灶设在房屋中间或门道一侧。

个别房内有火塘，火塘形状多为椭圆形。房址周围分布有圆形或椭圆形柱洞，门道两侧分布较对称的一组柱洞，一些房址内部中间也设有柱洞。部分房址两侧基本对称分布一个灰坑。

灰坑或窖穴多分布在房基的周围。按其平面形状，可分为椭圆形、圆形、长方形及不规则形等几种形状，以椭圆形为主。坑壁有直壁、斜壁、弧壁之分，以斜、弧壁为主。多为平底，另有少数圜底及不规则形底。坑口直径和坑的深度多在1m左右，最大的直径为2.6m，最深的1.3m。

灰沟基本分布在居住区周围，形状多为长条形。G13位于第Ⅳ发掘区的西南部，暴露长度22.5m，口宽0.20～0.90m，沟深0.15～0.20m。有三条支流依地势由北向南延伸，汇流在一起，向西南流出。斜直壁，下部内收，底近平，填土共一层堆积，土色灰褐，土质略较硬，结构稍疏松，含炭粒、烧土颗粒及植物根系等，出土有较少的陶片及石块。

墓葬仅发现2座，均为长方形竖穴土坑。墓壁斜直，底略小于口，葬式仰身直肢。

出土遗物主要有陶器、石器、动物骨骼等。所出遗物特别是陶器均为残片，能复原的较少。按其用途分为生活用具、生产工具等。陶器均为手制，质较疏松，分泥质和夹砂等几种，陶色以红陶为主，次为红褐陶，少量褐陶、灰陶，发现有黑陶陶片。器表大部分素面，部分磨光，施有陶衣，有些器物内壁亦被磨光。纹饰有箆点纹、划纹、绳纹、乳钉纹等。器型有鼎、壶、钵、碗、罐、盆、甑、纺轮等。石器多为生产工具，器型包括磨盘、磨棒、铲、镰、刀、凿等。另外，还发现有较多石器残片和石料。分为打制石器和磨制石器两类。打制石器多为石核和石片，器型有砍砸器、刮削器和尖状器；磨制石器有石磨盘、石磨棒、石铲、石镰、石刀等。

唐户遗址经过近3年的考古发掘，确认是一处跨时代的聚落群址。特别是发现了裴李岗文化时期的大型聚落居址，从其布局来看，可分为5个相对集中的居住区。

第一居住区：位于第Ⅲ发掘区的西南部，九龙河在此转向东南流。该区面积约400m²，发现灰坑（窖穴）7个，冲沟1条。

第二居住区：位于第Ⅲ发掘区的西北部，发现房址2座（F1、F2）。因其西侧紧邻九龙河，推测其西部遗迹可能被河道冲刷破坏。

第三居住区：位于第Ⅱ发掘区的东南部及西部，发现房址6座（F6～F7、F15～F18），灰坑（窖穴）38个，沟1条（G10）。

第四居住区：位于第Ⅲ发掘区的东北部和第Ⅳ发掘区的西北部，与第Ⅱ发掘区的东南部相连，略呈带状环绕分布于壕沟（G11）内侧的阶地上。发现房址共计23座（F3～F5、F8～F14、F19～F20、F52～F54、F57～F59、F61～F65），灰坑（窖穴）22个，壕沟1条（G11）。经勘探和发掘初步认定G11呈东南—西北向，向西呈环状与九龙河相接，为一条自然壕沟。跨发掘Ⅱ区、Ⅲ区、Ⅳ区，已知长度300m，宽10～20m，最宽处达40m，深2～4m。该区房址在选址方面有意识地将居住基址定在沟旁阶地上，房屋依沟的自然走向布局，一方面便于生活用水、排水及废弃物的处置，另一方面也起到了防御野兽侵扰的屏障作用。

第五居住区：位于第Ⅲ发掘区的东南部和第Ⅳ发掘区的西南部，发现房址34座（F21～F51、F55～F56、F60），灰坑139个，沟2条（G12、G13）。该区房址基本呈西北—东南向布局，分为南、北两组。北边一组共有房址18座，以面积最大、方向呈南北向的F46为中心，其外围的F39、F40、F45、F47、F50等5座房址门向基本朝向F46，此外，F35～F38、F41门向基本向南，呈环状分布于F46的前方，具有内向凝聚式布局和前排防卫的性质。南面一组共有房址 16 座，该组房址以门向朝南的 F42 面积最大，周围的 F24、F26、F27、F29、F34、F43 等房址的门向朝向 F42，也具有以 F42 为中心内向布局特征。从考古发掘来看，西安半坡、临潼姜寨等仰韶文化遗址聚落布局为典型的内向凝聚式布局，聚落以广场为中心，房址分布在广场周边，门向均朝向广场，这种布局方式和唐户遗址裴李岗文化时期的房址布局有相似之处，唐户遗址裴李岗文化聚落中出现的内向凝聚式布局为仰韶时代半坡、姜寨等遗址的内向凝聚式布局找到了源头。

G12 呈西北—东南向环绕于Ⅳ区居住基址的外围。东北部有一处宽约 0.8m 的间隔，当是居址出入外部的通道。推测该沟内可能立有篱笆栅栏，当为居住基址外围的防护设施。

G13 由三条支流依地势由北向南延伸，汇流后向西南地势低洼处流出，虽然与灰坑之间存在打破现象，但其流经区域均从房址外围穿过，推测应为居住基址内的排水系统。排水沟的发现，表明当时的人们已充分考虑到人地关系，懂得利用自然地势来建造排水设施，保持居住区的干爽，反映了当时人们先进的建筑构思。

在 F26、F39 等房屋中发现有加工石器的迹象，这些房址地面均不平整，在地面上发现有呈扇面分布的碎小石片，特别是 F39 内发现的一件细石器石核，具有明显的打击痕迹，说明这些房屋不仅具备居住功能，而且已经作为生产工具的加工场所。同时从石制生产工具种类的分化，可以看出农业生产工具的专业化倾向增强，如舌形石铲用来翻地，石镰或石刀用来收割，石磨盘、石磨棒用来碾磨粮食等。这些足以证明当时的农业生产技术水平已达到一定的高度。

发掘区局部

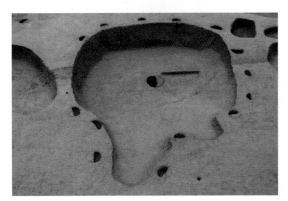

裴李岗文化房址

裴李岗文化陶器组合

玉管

石磨盘和磨棒

陶三足钵

唐户遗址裴李岗文化时期大面积居住基址的发现进一步丰富了郑州地区裴李岗文化的内涵，居住基址的分区、分片布局，从社会学角度为探讨以血缘为纽带的社会家庭组织的出现提供了重要资料。这对于深入研究新石器时代早期裴李岗文化的聚落形态、房屋建筑方式、家庭、社会组织及裴李岗文化的性质、分期等具有非常重大的学术价值。

8. 宝丰县小店遗址

小店遗址位于宝丰县杨庄镇小李庄村西北约500m的应河台地上，地势西高东低。遗址北临应河，东邻小店村，南邻小李庄村，西接翼庄村。大致呈东西向，东西宽约200m，南北长约300m，总面积约为60000m²。南水北调中线工程主干渠从该遗址东部边缘穿越，占压面积约3000m²。遗址发掘分南北两个区域，共布21个探方，发掘面积总计2100m²。

（1）遗迹。小店遗址共发现各类文化遗迹408处，包括壕沟1条、灰坑365座、灰沟9条、排水沟2条、陶窑2座、灶坑2座、水井3眼、房基7处、墓葬17座。依其年代大致可分为仰韶、龙山、二里头、殷商、西周、春秋、汉魏、隋唐等八个时期，尤其以仰韶、二里头及商周时期的遗存最为丰富。其中仰韶文化时期的遗迹112个，包括房址3处、祭祀遗迹1处、灰坑106座、灰沟2条。

据初步整理，这里的仰韶文化更多地表现出大河村类型的特征，大致可分为早晚两期：其中早期遗存以两座长方形房基与一处集中埋葬的瓮罐群为代表。这两座房屋基址属于较大型地面式建筑，但上部破坏较为严重，其主要特征是皆在形状不一的柱坑内放置一青石块作为柱础石。在房基附近有一批集中埋葬在一起而且排列有序的泥质红陶钵、夹砂红陶罐等。推测它们可能是某一次较大型祭祀活动所用盛装祭品的器具，或者说是一批由于某种流行疾病而导致多人死亡的瓮罐墓葬群。现已将这批陶器整体起取运回室内，待今后仔细清理与研究。晚期遗存则以一座近椭圆形房基与一些灰坑为代表，分别打破早期的长方形房基与瓮罐群。另外，在遗址的南部边缘有两道较深的聚落环壕，是否分属于仰韶文化的早晚两期尚待研究。

另外一个重要发现：大约在西周晚期至春秋时期挖成至隋唐时期废弃的水利设施。该设施兼具排灌功能，由东西流向的应河、一条西南—东北走向的大渠、两条东西走向的小沟槽以及沟槽上所挖的数个用来蓄水的池塘等四部分组成。其中大渠的北端与应河相接，中部特意设置有一个向西拐折的 U 形弯道，就像是黄河的河套一样，而两条小沟槽恰好嵌入 U 形弯道即"小河套"之中。当天旱之时，人们首先引北侧的应河水流入大渠内，即所谓一级提灌；然后再从大渠内的三个方向往"小河套"内注水，即所谓二级提灌，由于西高东低的地势，致使河水通过小沟槽顺势东流；最后人们再用水瓢、钵、碗之类盛具从小沟槽上的池塘内舀水灌溉农田。当多雨季节来临，由于大渠底部南高北低的地势，可将位于台地上聚落内的积水排泄于北侧的应河之中。

（2）遗物。文化遗物主要以陶器为主，另有瓷、铜、铁、石、骨、角、蚌等。这些遗物可分为生活用具、生产工具、生活用具、兵器、建筑材料等。其中生活用具除一件为青瓷碗之外，其他计有陶罐、缸、瓮、罍、鬶、盂、鬲、甗、鼎、壶、豆、甑、爵、钵、簋、盒、洗、盆、盘、碗等；生产工具计有石斧、石刀、蚌镰等；生活用具计有陶纺轮、陶支垫等；兵器计有铜镞、铁镞等；建筑材料计有板瓦、筒瓦、瓦当、砖块等；其他有铜钱（货币）、骨笄（装饰品）等。

较为重要的是，在仰韶文化时期的灰坑里，出土有彩陶红顶钵、红陶釜形鼎、红陶外卷唇大口罐等大河村乃至后冈类型文化遗物；在二里头文化时期的灰坑与墓葬里，分别出土了诸如平口白陶鬶、三足盘、大口尊、深腹圜底罐等一批典型的二里头三期文化遗物；在商周之际的灰坑内发现了高圈足陶簋、素面陶罍，与数块经钻凿且灼烧过的用于占卜的龟甲，以及一个炼铜用的陶坩埚残片；在西周晚期至春秋时期的墓葬或灰坑里出土了折沿矮裆空足绳纹陶鬲、宽折沿折腹陶盂、矮柄豆等器物；在隋唐时期的灰坑与灰沟里出土了饼状底足陶碗、圆形薄胎陶粉盒等器物。

（3）价值与意义。小店遗址是一处地势较高的台地，北侧紧临应河，是古代社会人类生存发展的理想场所。因此，仰韶、龙山、二里头、殷商、西周、春秋、汉魏、隋唐等八个时期的先民们，先后不断来到这里安居生活。从发掘情况可以看出，该遗址不仅使用时间较长，而且遗存所属年代前后衔接紧密，自仰韶至春秋时期基本上没有中断。就发掘区的文化主体而言，该遗址属于仰韶、二里头和商周等三个不同时期的大型聚落遗址。尤其是仰韶文化时期的埋葬

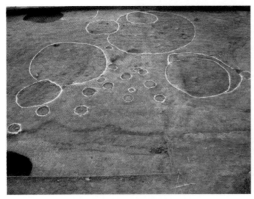

仰韶文化瓮棺葬

二里头文化房基

有 15 个红陶瓮或缸、罐的祭祀遗迹（或认为是瓮棺墓），揭示了当时人们的朴实的思想或宗教情结；而埋有许多柱础石的长方形房屋基址，则反映了当时社会的科学技术水平与人们的生存能力；至于两周之际的兼抗旱、排涝双重功能于一体的水利设施，凸显出古人利用自然、改造自然的能力。

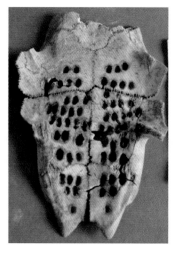
商周之际的卜甲

二里头文化罐形鼎

二里头文化陶罐

白陶鬶、盆、罐、豆

三足盘

陶杯

瓮棺葬

釜形鼎

罐形鼎

殷商时期用以占卜的龟甲与用来炼铜的坩埚，充分表明了这个聚落遗址在青铜文化与占卜习俗方面与商王朝的一致性，揭示了这个聚落的主人可能是商王朝派到此地的一位高级贵族。

发掘出土的自仰韶至春秋时期的大量遗迹、遗物，揭示出当时平顶山地区的政治、经济、丧葬习俗等古文化面貌，是一部埋在地下的反映平顶山地区先秦时期社会生活、物质文化水平的史诗，为建立平顶山一带的考古学文化编年谱系提供了宝贵的实物资料。

9. 博爱县西金城龙山文化遗址

西金城遗址位于博爱县金城乡政府驻地西金城村，西北距县城 7.5km，北距太行山地 10km。受河南省文物局南水北调文物保护管理办公室委托，山东大学考古系自 2006 年夏季开始对该遗址进行大规模发掘，至 2007 年冬季连续工作两个年度四次发掘和钻探，共计发掘面积 5200m²。

发掘区的文化层平均厚 2m 左右，共分五层。发掘共清理各类遗迹 200 余个，计有城墙、壕沟、灰坑、灰沟、墓葬、房址、灶址和水井等。出土遗物计有陶、石、骨、铜、铁、瓷器和自然遗物等七大类，具体器型有陶鼎、鬲、罐、鬶、甗、杯、碗、器盖、釜、瓮、缸、盆、砖、瓦等，瓷碗、壶、罐、盘等，石斧、铲、刀、镰等，铜钱、镞等，铁镢、斧、刀等。完整或可复原器物近 400 件，典型标本近千件，分属龙山文化中晚期、东周至汉代和唐宋时期。

龙山文化石钺

龙山文化陶甗

龙山文化城址发掘场景

龙山时期陶单耳小罐

龙山时期陶罐

龙山时期陶盆

龙山时期陶瓮

（1）龙山文化城址概况。城址位于西金城村的中东部，绝大部分压在村舍之下，城墙位于地表 1.5m 以下，残高 2～3m。城址的平面形状大致呈圆角长方形，唯西南角向内斜收，面积 30.8 万 m^2，城内面积 25.8 万 m^2。北墙长 560m、西墙长 520m（含斜收部分）、南墙长 400m、东墙长 440m，周长近 2km。北、西墙宽 25m 左右，东墙宽 10m 左右，南墙宽度介于两者之间。在西、南墙中部可能有城门，北、东、南墙外侧发现有小河或排水沟环绕形成的防御壕沟。

壕沟可分两部分。一部分为一条由北向南流过的小河紧贴北墙和东墙外侧构成，河沟宽在 10m 左右，在东侧北段为一条（G26），南段分为两条（里侧为 G27、外侧为 G26），两沟之间为一条长 250m、宽 2～25m 的沙洲。另一部分为南墙外的一条更小的河沟，TG03 的解剖显示，此沟宽度和深度仅 2～3m，沟壁较直，很可能是人工挖就或修整的排水沟。在城址东南角外侧汇合形成较大的积水洼地，之后继续南流离开遗址范围。从两沟紧密环绕城址三面的趋势和走向看，可视为城址的防御性壕沟。初步推断，城址的建筑和使用年代应在河南龙山文化中晚期。

发掘区主要在城址以外的东南部，出土龙山文化遗存不丰富，其中完整或可复原陶器 20 余件，另有典型陶片标本 500 余件。其中罐类占大多数。其他器型见有豆、壶、鬶、斝、盆、双腹盆、刻槽盆、单耳杯、甗和鼎等。整体文化面貌介于王湾三期文化和后冈文化二期之间，更多接近后者之孟庄类型。出土各类龙山文化石器 170 余件，多为残断，主要器型为铲、刀、镰，另有少量斧、镞、砺石和石芯等。制作普遍较规整，但石质多为石灰岩，质量和硬度较差。

（2）多学科综合研究概述。2006 年夏季的发掘过程中发现，发掘区的第 5 层为灰色或灰褐色细砂土，经有关地质专家现场判断为泛滥平原（沼泽）堆积，出土有丰富的田螺壳，龙山文化石器绝大多数也出自这层堆积中，且无明确的出土遗迹，出土深度也深浅不一，应是在劳作过程中就地丢弃的，发掘区很可能是龙山时期的经济生产区。根据这一情况，及时确立了"西金城遗址多学科综合研究课题"，陆续邀请多位多学科研究专家来遗址实地工作，并以此为基础组成课题组，下设十余个子课题，以复原该遗址龙山时期的人地关系演变为主要目标，积极运用多种跨学科研究手段，从事古地貌、古气候、植物、动物、石器，以及经济区划、遗址资源域、聚落考古等几方面的研究与探索。

古地貌环境的研究认为，西金城遗址周围的生土是晚更新世以来形成的泛滥平原沉积物，泛滥平原形成过程中发育的决口扇或自然堤位置相对较高，适于人类居住，西金城遗址坐落的黄土丘（生土）就属于此类地貌；龙山堆积层（即第 5 层）是漫溢沉积，即泛滥平原沉积。

古气候环境的研究认为，龙山中期植被类型是以针叶林为主的温带湿润针阔混交林，气候趋向变暖变湿，气候条件温和潮湿，降水较多，可能是修筑城墙的环境背景；龙山晚期植被类型为温带半干旱针阔混交林，气候进一步变湿，降水增多使沁河水位上涨，形成泛洪水流，淹没了西金城城址。

通过古植物方面的研究，从龙山时期浮选样品中发现粟、黍、水稻、小麦和大豆等炭化作物遗存。其中水稻可能种植于城外的沼泽地带，其他旱作作物可能种植于城外缓土岗附近。

通过古动物方面的研究，龙山层出土的动物遗骸种类包括家养的猪、狗，野生的大型鹿、斑鹿，龙山人主要通过饲养家猪来获得所需的肉食，同时也利用周围的丰富野生动物资源作为肉食的补充；龙山堆积层出土的丰富蚌壳其采集季节在春季，正是季节性的粮食短缺期间。

石器方面的研究认为，龙山层出土的石器以石质较脆较软的石灰岩为主，较硬的岩浆岩类较少，选材上有一定的盲目性，石料产地来自遗址以东司家寨附件的古河道。

经济区划的恢复：通过对城址周围近百万平方米的系统钻探，在西、东墙外分别发现大面积的泛滥平原（沼泽）堆积和缓土岗，土岗高处有小片龙山时期的居住堆积，在此处的灰坑中浮选炭化粮食作物。推测城外的沼泽和缓土岗应是种植粮食作物的生产经济区，其中水稻可能种植于沼泽地带，其他旱作物可能种植于缓土岗上，田螺等软体动物应采自沼泽地带，缓土岗的高处则是从事季节性生产的临时住地。

遗址资源域分析认为，西金城遗址周围存在一个椭圆形的资源域范围，东西直径约8.5km、南北直径6.5km，面积约50km^2；在这一范围内，共发现3处龙山文化遗址（东金城、史庄和南邱），面积只有数千至数万平方米，应是西金城遗址附属小聚落，构成一个聚落群。

聚落考古分析认为，西金城聚落区控制着周围3～4个聚落群，这些聚落群应向西金城贡纳粮食、肉类、山区珍贵石材和木材等自然资源，以及人力资源，后者则通过石钺等权力象征物的再分配控制前者，以西金城为中心是一个相对独立的聚落及社会区域。

10. 安阳县固岸北朝墓地

固岸北朝墓地位于安阳县安丰乡固岸村、施家河村东，漳河南岸的高台地上，南水北调中线总干渠728km处，地理坐标为北纬36°13′、东经114°19′，海拔87～93m。在南水北调沿线文物调查时发现。通过考古发掘可知，这是一处涉及朝代较多，纵跨时间较长的特大型墓地，其中既有战国时期、两汉时期、魏晋时期的墓葬，又有十六国、南北朝时期的墓葬，以及少量隋唐墓葬，最晚至清代中叶。但是以北朝晚期的东魏、北齐墓葬为最多。因此，这是一处以北朝晚期为主的墓葬群。

为配合南水北调中线总干渠工程建设，经报请国家文物局批准，从2005年9月开始，经过2006年、2007年和2008年上半年四个年度的连续考古发掘，揭露面积2.6万m^2，共清理墓葬353座。其中北朝时期的150余座（东魏墓葬90多座，北齐墓葬60多座，北魏墓葬8座）。在这些墓葬中，除了少数被盗掘破坏外，绝大多数墓葬保存完好，出土有完整的器物组合。尤其重要的是在一些东魏、北齐墓葬中出土有墓志砖，上面记录有墓主人的姓名、埋葬时间等情况，为我们准确判断墓葬年代提供了重要依据。

北齐时期的墓葬集中在Ⅰ区，东魏墓葬、北周时期的墓葬主要集中出土于Ⅱ区。所清理出来的纪年墓葬的埋葬时间主要集中在武定五年、武定六年。北齐墓葬的埋葬时间主要集中在天保元年至天保六年。

（1）固岸北朝墓地的墓葬特征和出土器物。东魏墓葬多数为平民墓，少数为贵族或官僚墓葬。如Ⅱ区M51，为一座东魏时期斜坡墓道的单室砖室墓，墓室平面呈外弧方形，攒尖顶。随葬有镇墓兽、武士俑、仪仗俑、文吏俑、力士俑、侍女俑、劳作俑和陶鸡、陶狗、陶羊、陶牛等动物俑，以及牛车、灶、仓、厕、磨、井，瓶、罐、碗等明器，器物组合完整，共计52件。

这座墓所随葬的陶俑和动物俑，具有以下特点：①器型明显偏小，其中武士俑高仅20cm。②人物面部明显有鲜卑人特征，面部狭窄，鼻梁高挺。③动物俑造型十分逼真生动，如其中的簸箕女俑（M51：42），头梳扇形单髻，内穿白色长裙，外着红色阔袖右衽小袄。双腿跪坐，长裙及地，拖曳于身后。双手前伸，捧一簸箕，做劳作状。该俑单髻高耸，头发乌黑，面施白彩，面庞较窄长，高鼻梁，深眼窝，与汉人有明显的区别。所捧簸箕，制作精细，柳条编制的纹理清晰可见。④动物俑均为雌雄成对，雌性动物一般侧卧，身旁依偎着幼崽作吃奶状。雄性动物呈卧姿，头高昂，作警戒状。

Ⅱ区M57，为一座东魏时期带有天井的铲形洞室墓，墓底距地表达10m。墓室内随葬有一座围屏石榻，石榻上并列平放着两具骨架，未见棺木等葬具。石榻东、北、西三面围以石屏，石屏内壁线刻有精美壁画，北壁中间两幅为墓主人夫妇画像，它们两边为孝子图。其西为"郭巨夫妻埋儿"，其东为"丁兰刻木事亲"，东西两壁为出行图。其南面为一道石墙，中部有门，门两旁为一对子母阙。

榻床上部为莲花瓣饰边，中部有12幅图画，内容分别为青龙、凤鸟、麒麟和千秋万岁等珍禽神兽，每幅画面外围用金箔贴出四方形画框。石榻有三足，三足上各浮雕出一怪兽，作支撑状。根据墓志砖记载，墓主人姓名为谢氏冯僧晖，死于武定六年二月廿五日，即公元548年。对照其他墓地出土的同时期石榻和棺床来看，此墓很有自己的特点，同时期其他墓葬出土的石榻或棺床，所刻绘的人物多为粟特人形象，壁画内容多反映的是粟特人的生活。而此石榻所刻的内容反映的是当时在汉族人中流行的孝子故事。而每个故事都用2幅图以连环画的形式表述故事内容。所画人物形象和服侍等均为汉人特征，此石榻的石阙为汉阙，故初步判断墓主人当为汉人。这是汉人与中亚民族文化融合的又一例证。

Ⅱ区M23，为一座东魏时期带有狭长斜坡墓道的铲形洞室墓，墓道后部有一个天井，墓室为穹隆顶。此墓未被盗掘，随葬器物达76件。除有完整的陶俑组合外，还出土了一批青瓷器，其中有造型精美的耳杯、熏炉等。熏炉溜肩直壁，大平底，呈鸟笼状，口开于顶部，上有一盖。在熏炉的肩部，周遭有三扇直棂窗，两窗之间分别透雕有太阳、月亮和窗户等。此熏炉造型奇特，典雅别致，从窗户的形状看，似受佛教文化的影响。其出土的牛车具有典型东魏北齐时代特征，出土的陶马造型十分精美，其头、颈、胸、臀部均佩金贝、金花。鞍上罩红袱，装饰华丽，为贵族出行专用坐骑。根据出土的器物，推定此墓为东魏时期规格比较高的一座墓葬。

Ⅱ区M24，为一座带石墓门的东魏时期大型砖室墓，门额和石门上有精美的凤鸟图案，墓室内随葬有石棺床，可惜被盗掘，遭到严重破坏，发掘时仅存部分石棺床构件。

北齐墓多为带狭长墓道的土坑洞室墓，少数为单室砖室墓。墓道为斜坡式或竖井斜坡式两种，墓室有铲形墓和刀形墓。在这两种类型墓葬中，以铲形洞室墓规格较高，随葬品相对较多。如Ⅰ区M2，距地表6.3m，为土坑洞室墓。墓向南，为竖井斜坡式墓道，墓室顶部为斜坡状，平面呈铲形。随葬瓷器13件，陶俑27件，另外还有灶、井、仓、舂、车、磨、常平五铢等，共计72件。其中瓷器有豆、罐、碗、盏；人物俑有武士俑、风帽俑、侍女俑、文吏俑，出土时彩绘十分鲜艳；镇墓兽2件，其中一件为人面兽身，另一件为狮面兽身，威猛而有气势；动物俑有牛、羊、猪、狗，其中羊、猪、狗三类都是雌雄各一，雌畜都带有数量不等的幼畜，这些小动物围绕在母亲腹部作吃奶状，其样子生动可爱。

Ⅰ区M72为一座北齐时期带有狭长斜坡墓道的铲形洞室墓，砖封门。墓室内随葬有大型青瓷高足盘、四系莲花瓷罐等完整青瓷器10件。

Ⅰ区M46为一座北齐时期带有狭长斜坡墓道的北齐砖室墓。坐北朝南，四壁微向外弧，穹隆顶，在墓室的东壁有一壁龛。砖砌棺床位于墓室北部。此墓顶部虽然坍塌，但是其结构保存基本完整，出土有墓志一盒，纪年砖一块，另有青瓷碗、酱油小口罐、陶灯、陶转盘圆桌灯出土。

23 号墓出土瓷熏炉

23 号墓出土陶马

48 号墓出土捧盆女俑

48 号墓出土青瓷瓶

48 号墓出土陶公猪

48 号墓出土陶俑头

51号墓出土牛车

51号墓出土镇墓兽

57号墓出土酱釉盘口罐

23号墓出土仕女俑

Ⅰ区M20为一座北齐时期带有斜坡墓道的刀形洞室墓，随葬有圆陶托盘、灰陶碗和灰陶罐等。

另外，在一些被盗掘的墓葬中，个别仍保留有部分非常精美的随葬品，其中Ⅱ区M48是一座规模巨大的带有天井的铲形洞室墓。墓室深达12m，盗洞位于天井上，盗墓贼从墓门进入墓室内。器物绝大部分被洗劫一空，仅留有陶俑2件，为孕妇俑和劳作俑；俑头3个，其他陶器有井、磨、碓、灶、猪等。从出土的器物看，此墓随葬品制作极为精美，形象生动逼真。如孕妇俑，面部浮肿，发髻挽于脑后，身披红色外袍，下身着长裙，腹部隆起，胸部袒露，鼓胀的双乳毕现。其目光下视，面容安详坦然。

35号墓刻花青瓷盘

72号墓瓷豆

72 号墓绿彩瓷双系罐

72 号墓青瓷碗

72 号墓出土的四系罐

2 号墓陶俑

固岸北朝墓地出土的北齐和东魏时期的瓷器有白瓷、青瓷、绿瓷、酱釉瓷、黑瓷。其中青瓷有盘口龙柄鸡首壶、四系莲花罐、小口鼓腹罐、高足盘、高足莲花盘、盏、刻花盘、碗等。白瓷有白釉绿彩双系罐。酱釉瓷器有盘口壶、四系罐、盘口束颈鼓腹罐和小盘口罐等。黑瓷主要为碗。

固岸北朝墓地出土有墓志砖的墓葬达数十座，虽然它们记述的内容非常简单，绝大多数仅记录了死者姓名，入葬的时间，但却提供了墓葬的准确年代。如Ⅱ区 M6 随葬的墓志砖内容为"武定五年岁丁卯十二月甲子九日，故人□□"，M12 墓志砖的内容为"武定六年太岁戊辰三月□□□廿日□□许白墓铭"，M30 墓志砖的内容为"大魏武定六年三月十五日司州魏郡邺县民高林仁为忠母记"，M119 墓志砖的内容为"天保三年岁次壬申七月丁卯朔杨氏女铭□□"，M76 墓志砖的内容为"皇建二年二月六日邺县女民侯文敬妃铭"，M46 墓志砖的内容为"天保四年十一月二十六日故人张冀（存疑）周妻王墓"。有的没有刻录其入葬年代，仅仅记录了墓主人的姓氏，如Ⅰ区 M57 墓志砖的内容为"朱氏妻霍记"，M73 墓志砖的内容为"天保白墓记"等。

（2）固岸北朝墓地的特点。

1）该墓地的东魏、北齐墓葬分布较为集中，分布排列整齐有序，比较集中，具有明显的家族性质，如北齐墓葬主要集中在Ⅰ区，东魏墓葬主要集中于Ⅱ区。相同级别的墓葬随葬品组合基本一样。

2）具有明显的等级，根据发掘资料初步分为五个级别。

最高一级，为斜坡墓道的砖室墓。这类墓葬一般墓门南向，有砖雕仿木结构门楼式墓门，砖封门或石质墓门。石质门框上雕刻有精美壁画，墓门上有彩绘壁画，墓室为方形，四壁微向外弧，四角攒尖顶，墓室内有砖砌的棺床或石座榻。随葬有成组的陶俑，如Ⅱ区M24。

次一级，为带天井和斜坡墓道的土坑洞室墓，墓室平面呈方形或梯形，整体呈铲形。这一类墓葬方向也为南向，棺木横放在墓室的后部。随葬有成组的陶俑或瓷器，多随葬有墓志砖，墓志砖或摆放于墓道，或摆放于天井内。有的有砖砌的棺床，个别的以围屏石榻为葬具，如Ⅰ区M57等。

再次一级，为没有天井的斜坡墓道的铲形土坑洞室墓。这一类墓葬也为南向，有仿木结构的砖雕门楼式墓门，墓室平面一般为长方形或梯形，有砖砌棺床，棺木横放于墓室后部的棺床上。随葬有成组的陶俑或瓷器，个别随葬有墓志砖，墓志砖摆放于墓道或天井内。没有明显的棺床，如Ⅰ区M49的墓门。

这三类墓葬，棺木摆放绝大多数呈横向，与墓道基本垂直，人骨架一般是头西脚东，葬式为仰身直肢。

其下为斜坡墓道的刀形土坑洞室墓。墓南向，墓室平面呈三角形或不规则梯形，墓室的东壁与墓道的东壁基本成一直线，棺木沿西壁摆放，墓主人头向南，没有棺床。一般随葬有简单的陶器或瓷器数件，如Ⅰ区M20。

最低一级的为较浅的土坑竖穴墓。墓葬呈长方形，一般随葬有一件陶罐或数枚铜钱，如M35。另外，小孩子均采用此种墓葬形制，一般用瓦作为葬具，如M117。

（3）重要学术意义。东魏、北齐时期的墓葬过去多出土于河北磁县、山西大同市境内，在河南北部的安阳、濮阳也有零星出土。所发现的均为皇室或贵族墓葬，总计数量20多座。而像固岸这样大量集中出土的平民墓葬尚属首次。

固岸墓地东距邺城遗址仅8km，漳河北岸为东魏和北齐皇室和贵族墓葬区，它们都应该是邺城遗址的重要组成部分。

过去，该时期平民墓葬出土的缺失，始终是学术界研究邺城遗址的一大遗憾。固岸墓地的发现解决了这一重大课题，为全面揭示邺城遗址的布局提供了珍贵文物资料。该墓地的发现和发掘也为研究东魏、北齐时期中、下层人民的葬俗、葬制和社会经济状况提供了宝贵的实物资料，它们所提供的信息，更能准确地揭示出东魏、北齐时期的社会生产力水平、文化特征。结合先前发现的同一时期的皇室和贵族墓葬，将会更加全面准确地揭示出东魏、北齐时期的文化特质。

固岸墓地出土的东魏、北齐时期的墓志砖纪年明确，其所出土的随葬品为今后研究和判断该时期墓葬提供了标准器物。尤其是该墓地墓葬等级清晰，排列有序，家族性质明显，随葬器物组合完整，文化内涵极为丰富，为全面揭示东魏、北齐时期的丧葬制度、家族葬俗、墓地布局，排列规律提供了丰富的实物资料，具有非常重要的科研价值，填补了这一领域的学术空白。

鉴于此墓地的重要性，2006年被评为全国重要考古发现；2008年4月，被评为2007年度"全国十大考古新发现"。

11．宝丰县史营遗址

史营遗址位于宝丰县肖旗营乡史营村东南，南水北调工程中线总干渠270km处。遗址位于岗地上，最高处高出周围地面约4m，面积为72万㎡，其中干渠占压面积13万㎡。

史营遗址考古勘探

2010年6—9月，为配合南水北调工程中线总干渠建设，郑州大学历史学院考古系组成史营遗址考古队，在平顶山市文物局、宝丰县文物局、史营村委会的大力配合和支持下，对该遗址进行了考古勘探、发掘。共钻探面积1.3万 m²，布置10m×10m探方24个，实际发掘面积2000m²。通过对地层关系、墓葬形制及出土遗物的分析，该遗址的主要年代应为战国晚期至两汉时期，部分遗存为宋至明清时期。

地层堆积可分四层：第1层为耕土层，厚0.15～0.25m。第2层为扰土层，厚约0.20m。第3层为汉文化层，厚约0.15m，浅灰色土。墓葬、灰坑等遗迹多开口于该层下。第4层亦为汉文化层，厚约0.15m，灰黑土，分布于部分地段。第4层下为次生土和生土层。

共发现灰坑41个、灰沟4条、墓葬41座。除2座墓葬为宋金时期、1座为明墓，其余遗迹单位皆为战国至汉代时期。灰坑依坑口形状，可分为圆形、椭圆形、圆角长方形、梯形、不规则形5类。战国至东汉时期墓葬38座，根据其形制可以分为三大类：竖穴土坑墓8座，小砖室墓18座，空心砖室墓12座。

出土遗物近百件，有陶器、青铜器、铁器、瓷器、骨器、石器等。陶器器类有壶、罐、钵、瓮、盆、瓶、狗、井、灶、俑头、空心砖、小砖、印纹小砖、画像砖、绳纹瓦等；铜器有鉴、带钩、钱币等；铁器有釜、锛、犁、镊、刀、剑、铁块等；瓷器有罐；骨器为带刻花纹的装饰品；石制品为画像石墓门。

M8为长方竖穴土坑墓。墓壁稍直，有二层台。墓口长3.1m，宽1.72m，墓坑深1.84m。葬式为仰身直肢，头向偏北。葬具为木棺。随葬品放置于墓主人头部，共6件陶器，包括罐、釜、蒜头壶、钵（盒）等。时代属于战国晚期至西汉初期。

M37为长方竖穴土坑墓。墓室长3.82m，宽1.94m，深2m。底部四周有生土二层台。人骨、葬具保存较差。随葬品主要放置于墓室北部，出土有陶罐、陶俑头、铁鍪、骨饰，另在墓室南部出土1件三角形铁块。出土铁鍪为侈口，粗短颈，扁圆腹，圜底，上腹有双环形耳，一大一小，绳索状提梁，与目前发现的秦至西汉初期的铜鍪形制基本一致，唯多一绳索状提梁。

彩绘陶俑头具有西汉早期的特征。综合分析，M37 的时代当为西汉早期。

M28 亦为竖穴土坑墓。墓口长 3.3m，宽 1.5～1.56m，墓坑深 1.4m。墓底四周有二层台。墓底中部有人骨架及随葬品。人骨保存较差，头向北。墓底有少量灰痕，推测葬具应为木棺。随葬品共 16 件，有罐、釜、钵（盒）等陶器 4 件，铜带钩 1 件，分别放置于墓主人头部；铁刀 1 件，放置于墓主人腰部右侧；铜钱 10 枚，叠放于墓主人腹部。随葬器物具有西汉前期特征，如陶罐小口、深鼓腹、平底；陶钵（盒）敛口、直腹、平底；陶釜束领、折肩、垂腹、圜底，肩部有对称双系。铜带钩为琵琶形，短钩、鸟首，圆柱近于一端。10 枚"半两"钱皆圆形方穿，无内外郭，穿之两侧有篆文"半两"二字，其形制与汉文帝前元五年（前 175 年）铸行的"四铢半两"钱基本一致，故 M28 的时代应属于西汉前期。

M29、M41 为小砖室墓，均有墓道。M29 墓道位于墓室北端，长方形，斜坡状，直壁。长 5.6m，宽 1.8～1.96m，最深处 2.1m。封门已毁，形制不详。墓室平面近长方形，直壁平底。长 2.8m，宽 1.2～1.4m，深 2.1m。从墓室填土出有较多的碎砖推断，墓室部分或全部以小砖垒砌而成。在墓室东壁距墓口 0.4m 处有一略呈圆形的洞，与东侧的 M41 墓室连通。M41 由墓道、封门、甬道、前室和后室五部分组成。此墓曾被盗扰，墓道位于墓室北端。近长方形，斜坡状，直壁。长 5.6m，宽 1.76～1.9m，最深处 2.16m。墓门位于墓道与甬道之间，由门楣 1 个、门柱 2 个、门扉 2 个、门槛 1 个共 6 块红色砂石组成。墓门整体宽 1.52m，高 1.48m。其中门楣朝向墓道口的一面以浮雕法雕刻双鹤衔鱼图。两侧门柱以阴线雕刻连续的三角纹。两扇门朝向墓道口的一面均以阴线雕刻出一名门吏，地纹为雕刻阴线，二人做推门欢迎状。M29、M41 两墓东、西紧邻。M41 为典型的石门砖室墓，墓室分前、后两室，墓顶为子母砖券顶。石门画像内容简单，门扉上为门吏，门楣上为鹤、鱼等仙禽神兽，这些特点与以往发现的东汉早中期墓葬风格较为一致。两墓方向接近，墓葬形制相似，且两墓墓室部分以孔洞连接，故推测两墓应为夫妻异穴合葬墓，时代相同或接近，即大约为东汉早中期之际。

M34 为空心砖墓。由长斜坡墓道、封门和长方形墓室三部分组成，总长 11.3m。曾被盗扰。墓道位于墓室北端，宽于墓室。墓门由门柱砖和门扉砖两部分组成。柱砖由多块画像砖拼对成一空心柱砖，分为上、下两部分。上部为八棱柱体，纹饰模糊，可辨者为虎纹、龙纹、玉璧。下部为四方体，正面饰铺首、神龟、虎纹、几何纹等，侧面饰龙纹、玉璧、常青树、几何纹等。柱砖上部长 17cm，下部长 18cm，整体残高约 68cm。残存墓门画像砖碎块均为单模压印而成，纹饰包括几何纹、常青树、龙纹、玉璧、人物等

41 号墓封门画像石

种类。墓室近长方形，壁较直，平底。墓口长 4.1m，宽 1.4～1.5m，墓坑深 2.3m。墓底北部残存铺底空心砖 2 块。墓室中出土有较多空心砖碎片，推测应以空心砖垒砌墓室。填土中发现少量陶片，可能为随葬陶器，器类有壶、器盖等。

史营遗址的考古发掘，发现了较为丰富的汉代文化遗存以及少量东周、明清时期的文化遗存，对于了解豫中南地区的古代文化面貌具有重要意义。遗址中发现了不少别具特色的汉墓，

形制可分为土坑竖穴墓、小砖券墓、空心砖墓等类型；出土一批纹饰精美的空心砖、画像砖、画像石和栩栩如生的陶俑头等文物，对于了解汉代墓葬形制、葬俗以及墓葬制度提供了重要的实物资料。

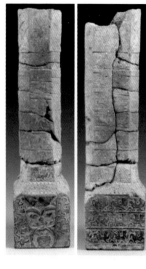

34号墓墓门柱砖正面和侧面

8号墓陶罐

8号墓陶钵

8号墓陶蒜头壶

8号墓陶釜

28号墓陶釜

28号墓陶罐

28 号墓铜带钩

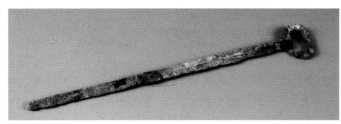

28 号墓铁刀

37 号墓陶罐

37 号墓铁鍪

12. 鲁山县杨南（马厂）遗址

杨南（原名马厂）遗址位于平顶山市鲁山县磙子营乡杨村之南，南邻沙河的支流丑河，北距沙河约 10km，东连黄淮大平原，西接逶迤绵延的伏牛山区。为做好南水北调中线工程的文物保护工作，在河南省文物局南水北调文物保护管理办公室的指导协调下，2010 年 3 月初至 12 月，广州市文物考古研究所对杨南遗址进行了调查、勘探和发掘，发掘面积达 4500m²，发掘布方采用象限法，用全站仪测绘与电脑制图软件相结合进行布方。共揭露探方 46 个，发现有墓葬、房基、灰坑、窑灶以及井等遗迹 500 余处，出土完整或可复原的瓷、陶、铁、铜、石、骨、银等各类器物千余件，陶瓷片近千袋。勘察和发掘揭示出这是一处大型古代村落集镇遗存。面积达 18 万 m²，遗存以汉代和宋金元时期为主。其中最有价值的是出土瓷器，数量较多，种类较全，含

37 号墓陶俑头

宋、金、元三个历史时代，既具有磁州窑类型瓷器的基本特征，又有汝官窑瓷器、钧釉瓷器、青釉瓷器、青白釉瓷器和定窑瓷器的产品，基本囊括了当时中原地区主流瓷器品种，为宋金元瓷器的研究和断代提供了殊为难得实物资料。

地层堆积和分期——杨南遗址的文化层厚度一般在 60~80cm 之间，最厚为 1m，文化堆积大体相同，但扰乱现象相当严重，这和农民长期生活居住有关。遗址自上而下可分五层：1 层：现代耕作层，出碎砖瓦和少量宋金元甚至明清的陶瓷片。2 层：元代文化层，出土瓷片以白瓷为大宗，另有白瓷黑花、黑瓷、青瓷、褐瓷、钧釉瓷、三彩瓷、黄釉瓷、白瓷红绿彩等。3 层：

金代文化层，出土陶瓷片较上层减少，瓷片以白瓷为主，其他瓷片有黑瓷、白瓷黑花、白瓷红绿彩、青瓷、绿釉瓷，三彩等。4层：宋金文化层，出土陶片较多，以板瓦为主；瓷器仅见白瓷、黑瓷片，且数量和种类较少。5层：汉代文化层。仅在层表出土零星绳纹板瓦、罐、盆之类的碎片。遗物中不见瓷器，而以汉代常见的板瓦为多，此层发掘时定为次生土，与生土很难区分开来，为汉代人们的活动遗存，还发现有属于二里头文化的残灰坑底部。

发现并清理灰坑 340 座、灰沟 126 条、灶坑 28 处、墓葬 18 座、水井 18 眼、房址 17 处、窑址 3 座、路基 3 条。灰坑的数量最多，占全部遗迹的 3/5，以不规则的圆形最多，基本上是生活垃圾坑。灰沟的数量仅次于灰坑，少部分用于填埋生活垃圾，但大部分灰沟填土纯净，作用不甚明朗。房屋建筑基址保存状况较差，大多仅剩残部，如金代房址 F7，仅存一段东南—西北走向的墙基及垫土，垫土面积约 200m²，可分为六层，出土器物较多，有瓷碗、盏、罐、铁币、铜币、石器等。垫土内共出瓷片 2396 片，以白瓷为主，另有黑瓷、青瓷、三彩、褐瓷、褐红瓷等。房基使用时间长，出土物有重要的断代意义。

F16 是汉代房基，残存有基坑、石砌墙基。在房基内中部残存有少许屋顶瓦面结构，为顺放并列平铺绳纹板瓦构成瓦垅，其上用绳纹筒瓦扣在板瓦并列的瓦缝上。依屋顶瓦面倒塌堆积残存状况推测为两面坡式结构。房址内堆积可分为三层，出土陶板瓦、筒瓦、铁犁、铁锛、货泉等，年代为西汉末年王莽时期。

Y1 为汉代窑址，口部平面形状呈马蹄形，方向 24°。由窑前工作坑、窑门、火膛、窑室、烟囱构成，总长约 5.9m、宽约 2.4m，现存残高 0.4～0.9m。窑上部被扰无存。窑内堆积可分为两层，出土有汉代板瓦、筒瓦片。推测为专门烧制陶瓦的窑。

J6 为汉代水井。口部平面呈近圆形，直径约 2.4m、井深约 6.8m。井壁规整呈斜壁向下内收状，其中井之东壁上部因坍塌不甚规整，底部平面呈圆形，直径约 1.2m。井内中西部在距井底深约 2.8m 处向上立砌 10 节对扣套接的筒瓦，筒瓦外饰绳纹，每节高约 0.4m，整体垂直，最上一节被扰，其用途不明。

Z25 是元代灶坑，平面呈"中"字形，长约 1.53m、宽 0.3～0.6m、深 0.24m。上部被扰无存，仅存下部，由火膛及两侧火道、烟道构成。火膛平面形状呈圆形，北侧长方形坑应是进材的通道，南侧长方形坑应为烟道。

二里头文化石铲　　　　　　　　　　汉代大陶瓮

以瓷器为主的出土遗物丰富。从年代上看，最早是属于二里头文化的陶器和石器，还有汉代的陶器、铁器、铜器、石器等，有宋金元时期的陶瓷器等各类器物1000多件。其中瓷器数量较多，种类较全，含宋、金、元三个历史时代，既具有磁州窑类型瓷器的基本特征，又有汝官窑瓷器、钧釉瓷器、青釉瓷器、青白釉瓷器和定窑瓷器的产品，基本囊括了当时中原地区主流瓷器品种，为宋金元瓷器的研究和断代提供了殊为难得实物资料。

元代铁釜

金代瓷枕

北宋珍珠地划花"寿齐"瓷枕

北宋黑釉凸线纹罐

北宋青釉印花敛口碗

北宋青釉印花折沿碗

元代钧釉碗

金代绿釉五足炉

北宋汝官窑洗

遗址的性质和出土瓷器的窑口——发现的遗迹和遗物表明，在相当于夏代的二里头时期这里已有人类居住，汉代则成为以烧制砖瓦为主的手工作坊区，北宋中晚期直至金元，更成为当地重要的村落集镇。

鲁山县周称鲁阳。汉置鲁阳县，属南阳郡。唐初始名鲁山县，属汝州，以后宋金明清皆因之（仅元代和洪武初，属南阳府）。汝州是宋代五大名瓷汝瓷的故乡，宋金时期以盛产瓷器而闻名天下。据统计，在宋时汝州辖区的鲁山、宝丰、郏县和汝州四地，已发现的唐宋元时期的瓷窑遗址达46处之多。而鲁山县已发现的瓷窑遗址有四处，皆位于距今县城北不远的梁洼附近。其中，以段店窑遗址面积最大，烧制瓷器自唐至元，延续千余年，又以宋金为鼎盛时期，现为全国重点文物保护单位，距杨南遗址约30km。从路程上讲，段店窑是距杨南最近的也是最大的窑址，两地属本州本县，本乡本土，交通便利，是最佳的瓷器货源地。段店窑烧制的瓷器，是北方著名的磁州窑类型民间瓷器的品种。从釉色上看，段店既有一般的白釉、黑釉瓷器，也有白釉绿彩、白釉红绿彩、白釉珍珠地划花、黑釉凸线纹和三彩等，更有大量的白地黑花瓷器，以及中原地区民窑常见的青釉、钧釉瓷器。这与杨南遗址所出者基本相同。段店常见的黑釉内饰六边形涩底盘、碗和黑釉盏，黑釉凸线纹罐，黑釉器盖；青釉印花碗，钧釉盘；各种白釉瓷碗，白釉罐，白釉炉，白地黑花盘；酱釉瓷碗和盘；三彩和单色黄釉、绿釉低温釉瓷器，如此等等，不胜繁举，两者都完全相同或基本相同。尤其是珍珠地刻划花瓷器，大套小的珍珠布局和划花水波纹所呈褐色的纹样，是两处所共有的。在枕面上刻有繁体双钩文字"寿齐"二字的瓷枕，更是被陶瓷界确认为段店窑的产品。总体而言，杨南出土瓷器的特征特点，除个别是临近的宝丰清凉寺汝官窑产品，抑或有定釉瓷器外，绝大部分应该归口于段店窑，属段店窑产品。

13. 博爱县聂村墓地

聂村墓地位于焦作市博爱县阳庙镇聂村周围、太行山南侧、沙河南岸的冲积扇平原上，地势平坦，土地肥沃。墓地西北临焦作—温县高速公路，南临詹泗公路。地理坐标北纬35°10′、东经113°9′，海拔110.4～111.1m，20世纪80年代发现。1989年被博爱县人民政府公布为文物保护单位。南水北调中线干渠工程从墓区的村东部分由西南向东北斜穿而过，干渠占压墓区面积3万 m²。为配合南水北调中线工程建设，2006年7—10月，焦作市文物工作队对南水北调工程途经的博爱县文物保护单位"聂村墓区"的河道占压部分，进行了考古勘探发掘。本次发掘在干渠涉及区域内布10m×10m探方23个，面积达2300m²，发掘唐、宋、明清墓葬22座、灰坑10个、古道路2条，出土一批唐三彩器、瓷器、铜器、纪年墓志等70多件珍贵文物，取得重要的考古收获。

（1）唐墓。博爱聂村墓地共发现唐墓13座，为本次发掘的重点。墓葬均为砖室墓，共分A、B、C、D四型。

A型：4座。墓室平面呈近似方形，攒尖顶单室墓，由墓道、甬道、墓室三部分组成。B型：1座。主室平面呈近似方形，攒尖顶，侧室为长方形砖棺墓。侧室位于主室西侧，平面呈长方形，四角攒尖顶，叠涩起券。墓东壁南端有一甬道与主室相通。从发掘情况看，墓侧室与墓主室不是同时修建，侧室应为后期修建，用以安放迁葬骨殖。此种葬法在焦作地区为首次发现。C型：1座。墓室平面呈长方形，攒尖顶。墓志被放置在墓道回填土中。D型：7座。墓室为长方形砖棺墓。

聂村墓地13座唐墓中，各墓葬出土的器物因墓葬形制的不同而多寡不一，共出土器物70多件。其中铜器7件：铜洗1件、铜勺1件、铜铛1件（残碎）、铜手镯1对、铜戒指3个。铜洗：素面，侈口，直腹，近底部下收，平底。瓷器6件：青釉瓷碗3件、黄釉瓷碗1件、青釉瓷瓶2件。青釉瓷碗：敞口，圆唇，弧腹下收，平底，假圈足，碗内施釉，釉不及口沿，外部未施釉，露胎，胎色灰白色。青釉瓷瓶：盘口外侈，束颈，鼓腹，圈足，内外施青釉，外部施釉至腹下部，不及底，露胎，胎呈白色，胎上施以白色化妆粉。三彩器7件：三彩钵5件、碗1件、小壶1件，以团花纹三彩钵和瓜棱纹三彩钵最为精美。团花纹三彩钵：2006JBNM6：3，口径14.8cm，腹径21.6cm，高14.3cm。敛口，方唇，鼓腹，圜底，口沿部饰一凹弦纹，口沿下肩部饰对称葫芦形双耳，耳上半部有一圆穿，一耳上部残缺。钵外部施翠绿釉、白釉、黄釉至腹中部，釉过口沿，钵内部未施釉。以绿釉为底色，上饰以白釉为底，黄釉为线，描绘成"品"字形排列的团花纹图案一周。团花间饰以点彩施釉法勾点的白釉块状点。腹下部未施釉，露胎，胎呈白色，胎上饰白色化妆粉。瓜棱纹三彩钵：2006JBNM7：3，口径13cm，腹径18cm，高12.5cm。敛口，方唇，鼓腹，小平底，口沿部饰凹弦纹一周，口沿下肩部饰对称葫芦形双耳，耳上部有一圆穿。钵外部施深绿釉、黄釉、白釉至腹中部，釉过口沿至钵内，钵内部未施釉。翠绿釉、黄釉带状间施，描绘成瓜棱纹状图案，上饰以白釉描成圆点纹装饰。腹下部未施釉，露胎，胎呈白色，胎上饰白色化妆粉。铜镜3枚：四神十二生肖镜1枚、花鸟菱花镜1枚、仙骑镜1枚。花鸟菱花镜：2006JBNM6：8，菱花形，圆钮，凸弦纹分为内区和周边，内区四禽鸟同向排列绕钮，其中对称两鸟口衔花枝，四禽鸟间饰以祥云菱花镜的周边配以花枝和祥云各四组，内区与边缘相映成趣，构成一幅美丽的花鸟祥云图案，直径11cm。陶俑8件：其中男幞头俑1件、风帽女俑2件、高髻女俑2件。墓志4块：方形墓志2合、长方形墓志砖2方。墓志2006JBNM5：4，正方形，边长34.7cm，墓志盖呈盝顶。志文为墨书，磨损严重，仅有部分志文可识别，记述：故云骑尉向君陈夫人墓志一□并序君讳□字文积河内山阳人也三仁之苗裔一□之□芳公已□□之郡守于马间作嗣子千骄不朽□祀馀立园之□□□□之有你曾祖兴随任卫□□骑尉祖□随任泽州陵川县□□□□锦□文□□力于百里祠□□□□丝歌于同□□于□侣之间□光□□人之内父师等者之通称王者之封侯封侯为□□之□□□□之□君能能温可以受斯人之载栗□□一子□□□□春秋八十咸亨二年□月七日。

另有陶镇墓兽、陶马、陶骆驼、陶罐、陶瓮、陶壶、陶碗、蚌壳、"开元通宝"等器物。

（2）宋墓。聂村墓地发现宋墓2座，形制相同，由墓道、甬道、墓室组成，为仿木结构。墓室形状平面呈八边形，小砖砌砌筑。每角在上部砌出立柱，立柱之间联以阑额和普柏枋，转角处的普柏枋上砌柱头铺作。铺作形制为栌斗上托泥道拱，拱上置三升。在每朵铺作的升之间均砌出各种枋相联系。枋上起券，呈穹隆形。

宋墓仅出土白釉瓷碗1件，敞口，方唇微卷，斜直腹，圈足，内外施白釉，外部施釉至腹中部，下部未施釉露胎，胎上饰白色护胎粉，胎呈土黄色。

除了以上唐宋墓葬外，又清理了明清墓葬7座，灰坑8个，灰沟1条，水井2个，水窖2个，宋金及元明古道路各1条。

三彩钵

陶马

幞头俑

镇墓兽

风帽女俑

女俑

陶骆驼

三彩小壶

三彩钵

三彩钵

开元墓志　　　　　　　　　　天宝墓志　　　　　　　　　　咸亨墓志

聂村墓地位于历史上河内县的东部，现博爱县的东中部，夏属冀州之覃怀领地，商周时期为畿内地，春秋属晋，战国属魏，秦为三川郡，汉置野王县，隋为河内郡，唐宋为怀州。地处黄河之北，与唐东都洛阳隔河相望，是洛阳通往黄河以北的重要交通要道和门户，在此地发现和发掘唐代墓葬具有重要意义。此外，发现的宋代连接修武县经宁郭邑至怀庆府的古官道，对研究焦作地区宋金元时期的道路交通状况有重要意义。

聂村墓地的考古工作虽然发掘遗迹较多，但最重要的考古收获为唐代古墓葬的发掘，它不仅出土了精美的三彩器等一批珍贵文物，而且解决了焦作地区以往只有零星唐代墓葬，没有唐代墓葬群的空白，证明了唐代的焦作地区（古怀州）不仅是黄河以北通往唐东都洛阳重要交通咽喉要道，而且是东都北邻的富饶繁华之地。

14. 邓州市王营墓地

王营墓地位于河南省邓州市张村镇王营村西北部，堰子河从墓地北部、东部蜿蜒流过。墓地位于南北延伸的岗地东侧，墓葬分布也顺岗呈南北延伸，墓地中心坐标为北纬 32°50′36″，东经 111°51′38″，海拔 148m。

自 2010 年 3 月南阳市文物考古研究所组队开始发掘，到 2011 年 1 月 3 日发掘结束，共清理墓葬 233 座（渠道外 112 座墓葬未发掘），其中 11 座为砖室墓，其余全部为竖穴土坑墓。墓葬时代为东周、东汉、清 3 个时期，共出土陶、铜、玉、瓷等各种质地的随葬品 900 余件。

（1）砖室墓。共 11 座，从平面形制来看，有单室墓和多室墓。多室墓由墓道、甬道、前室、后室组成。墓葬残损较为严重，仅存很少的壁砖和铺地砖，出土随葬器物不多。从墓葬扰土中发现有少量陶片，可辨器型有井、磨、仓等。根据墓葬形制和出土器物判断墓葬时代为东汉时期。

（2）土坑墓。共 222 座，保存均比较完好。其中 219 座为东周墓，3 座为清代墓。

东周时期墓葬全部为竖穴土坑墓，平面形制呈长方形，少量有斜坡形墓道。墓葬方向以南北向居多，头多朝向北方。从出土的陶器组合看可分两类，一类以鬲、盂、豆、壶或鬲、盂为主。葬具多为一棺，人骨仅存朽痕，葬式为仰身直肢。墓长一般为 230cm，宽 110cm，深 200cm 左右。墓葬时代大致为春秋时期，如 M195、M225。

M195 位于 T1634 的西部，东邻 M194，平面呈长方形，南北向。开口长 200cm，宽 60cm，填土为红褐色五花土，土质稍致密，直壁光滑。清理距开口 30cm 时，北壁有壁龛，高 20cm，进深 16cm，龛内有盂 1 件、罐 1 件。又清理距开口 100cm 到底，底部没有发现棺及人骨痕迹。

M225 位于 T2240 的东南部。开口长 230cm，宽 130cm，填土为红褐色五花土，土质稍致密，斜壁光滑。清理距墓口 140cm 处到底。底部有棺及人骨痕迹，人骨头朝南，仰身直肢。棺底铺有朱砂，棺内手关节处随葬铜剑 1 件，棺外南部西侧随葬有陶器：壶 1 件、罐 1 件、盂 1 件、豆 2 件。

另一类以鼎、敦、壶、豆为主，部分墓葬还随葬有盘、匜，有的还随葬有剑、镞、戈、矛等青铜兵器及玉璧、玉璜等精美的玉器和鹿角等。这类墓最多，一般长 300cm，宽 150cm，深 200～400cm。葬具多为一棺一椁，人骨仅存朽痕，葬式为仰身直肢，器物多放于头箱内。墓葬的时代大致为战国时期，如 M17、M29、M125、M224。

M17 位于 T0910 东北部，南北向。墓口长 280cm，宽 150cm，填土为红褐色五花土，土质较坚硬致密，墓壁光滑陡直。清理到 230cm 到底。底部有椁、棺及人骨架痕迹，人骨头朝北。椁痕长 240cm，宽 100cm。棺痕长 190cm，宽 70cm。北部棺外椁内有随葬品，其中陶器有鼎 2 件、壶 2 件、敦 2 件、盘 1 件、匜 1 件；铜器有剑 1 件、镞 1 件。棺内东部有矛 1 件，且显木柄痕迹。

M29 位于 T0915 的西北部，南北向。墓口长 250cm，宽 150cm，填土为红褐色五花土，土质较坚硬致密。墓壁光滑陡直，清理距开口 220cm 到底，没有发现棺椁痕迹。北部有随葬陶器：鼎 1 件、壶 1 件、敦 1 件、盘 1 件、匜 1 件，还有鹿角 1 支。

M125 位于 T0923 的北部，北部被 M143 打破，东西向。开口长 300cm，宽 140cm，填土为红褐色五花土，土质稍致密，直壁光滑。清理到距开口 210cm 左右，发现有铜器盖、铜刻刀和陶豆、陶钵出土。以为到底，但不见棺椁及人骨痕迹。照相、绘图后继续向下清理，又清理 20cm 到底，底深 280cm。底部有不明显棺痕。人骨蜷缩在西部档头，骨骼较细小，不似成年人。随葬器物，东部有陶器：鼎 1 件、壶 1 件、盘 1 件、匜 1 件、豆 2 件，都朽碎难取。棺底部分散有玉器：玉璧 5 件、玉牌饰 1 件、玉璜 8 件；有骨器：骨管饰 15 件、不知名骨器 2 件；还有铜带钩 1 件。

M224 位于 T2140 的东部，东邻 M222，西邻 M225。M224 平面平面呈"甲"字形，由墓道和墓室组成，墓道向北。开口长 520cm，宽 172cm，填土为红褐色五花土，土质较致密，直壁光滑。墓道为斜坡墓道。清理距墓口 240cm 处见熟土台，东宽 26cm，南宽 10cm，北宽 20cm，西宽 46cm，清理到底部，发现有一椁一棺。随葬器物在西部，出土有陶器：壶 2 件、鼎 2 件、敦 2 件、豆 2 件、盘 1 件、匜 1 件，还有石质玉璧 1 件。

3 座清代墓葬全部为竖穴土坑墓，平面形制呈长方形，部分人骨架保存较为完好，葬具为一木棺，葬式为仰身直肢，一般头枕几块板瓦，随葬品主要有瓷罐、铜钱等。

东周墓的发掘可以初步得出以下认识：①墓葬分布比较集中，大部分为南北向，头向北，排列有一定规律。这批墓葬南北延伸几千米长，朝向东、南、西、北都有，但以南北向的尤多。多数还残留有棺、椁的白膏泥痕迹，是一棺一椁，仰身直肢。头朝向北，这与一直认为的楚墓向东观点有出入，有待进一步研究。②墓葬保存较好，随葬器物组合清晰。春秋时期墓葬出土主要陶器组合以鬲、盂、豆、壶或鬲、盂为主；战国时期墓葬出土主要陶器组合以鼎、敦、壶、豆或鼎、敦、壶、豆、盘、匜为主。值得关注的是有部分墓葬随葬的青铜兵器，不是

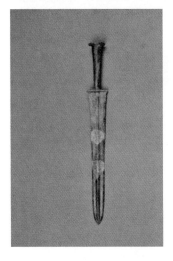

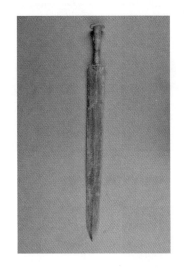

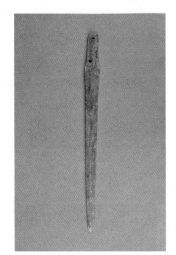

铜剑　　　　　　　　　　铜剑　　　　　　　　　　铜铍

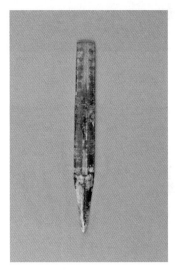

铜铺首衔环　　　　　　　　　　铜刻刀

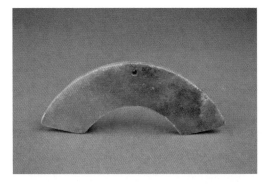

玉牌饰　　　　　　　　　　玉璜

玉璜

玉璧

玛瑙

铜匕首

铜镞

铜匕首

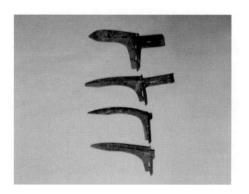

铜戈

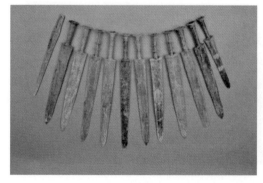

铜剑

放在棺内的人骨身边，而是和陶器一起放在头箱里。个别剑上有砍杀所留下的豁口，推测这是为楚国作战时所用的兵器，很可能这批人平时耕作，战时参战。这种类型的墓葬个别还随葬有鹿角，推测鹿角是插在木质镇墓兽的底座上，木质朽完后，只残存有鹿角了。③该墓群出土了不少铜戈、铜剑等青铜兵器及玉璧、玉璜、玉牌饰等精美的玉器，部分玉器纹饰精美，造型古朴，属于文物精品。总之，这次发掘的219座东周墓集中在数千平方米范围内，是邓州区域内发现的最大的春秋战国时期楚国墓群，丰富了南阳地区楚文化的内涵，为研究该区域的历史文化、埋葬习俗、宗教信仰等提供了极其重要的实物资料。

15. 郏县狮王寺墓地

狮王寺墓地位于平顶山市郏县县城东北 15km 的安良镇狮王寺村的西部，地理坐标为北纬 $34°02'49.3''$，东经 $113°17'50.8''$，海拔 136m。墓地为西北高东南低的岗坡地，东部汝河支流蓝河自北向南流过，东南距郑尧高速约 7.5km，南水北调干渠自墓地的西南部向东北斜穿墓地。为配合南水北调中线工程施工，焦作市文物工作队、洛阳市文物工作队受河南省文物局的委托，并报请国家文物局批准，于 2010 年 3—9 月对干渠占压部分进行了考古勘探发掘。共清理古墓葬 83 座，其中西汉墓葬 61 座、东汉墓葬 18 座、其他墓葬 4 座。现将古墓葬发掘的有关情况总结如下。

（1）西汉墓葬。本次发掘的狮王寺墓地大部分为西汉时期的墓葬，墓葬类型有三种：空心砖墓、土洞墓和土坑墓，数量大致相当。

西汉墓葬中，出土器物绝大多数为陶器，有少量五铢钱、铜镞和铁釜等；在陶器中，以陶壶的数量最多，种类最齐全，其次为陶罐，另有少量的盆、碗、奁、钵、耳杯等。

（2）王莽"新"朝至东汉早期墓葬。王莽"新"朝至东汉墓葬在狮王寺墓地发现的数量较少，共计 16 座。均为砖室墓，墓顶全部坍塌，损毁严重。根据墓室的情况，分为单室墓和双室墓两种，单室砖墓 13 座，双室砖墓 3 座。现存的随葬器物较少，主要为陶器，另有铁釜、铜带钩和钱币等。出土的画像石墓门，是这批墓葬的珍贵所在。

陶器 45 件，均为泥质灰陶，大多为素面，器型有罐、壶、仓、灶、井、盘、耳杯、猪圈等。

（3）狮王寺墓地发掘的意义。从本次发掘的 83 座墓葬来看，主要是以西汉时期的空心砖墓、土洞墓和土坑墓为主，共计 61 座。出土器物以陶壶、陶罐等陶器为主，陶壶中带铺首及圈足的陶壶占比例较大，陶罐中有折腹罐等，具有鲜明地西汉时期特征。从墓葬形制和出土器物判断，该墓地的上限应为西汉中期。东汉时期的墓葬散布在西汉墓葬中间，没有规律，从墓

陶碓

陶耳杯

釜形罐

陶狗

陶罐

陶壶

陶猪

陶灶

陶鸡

陶磨

石砚

陶奁

陶井

石瓢

葬形制和出土的器物判断，应为王莽"新"朝至东汉前期。因此，狮王寺墓地的时代应为西汉中期至东汉早期的家族墓地。

西狮王寺墓地位于狮王寺村西部的三级岗地上，西北部高，东南部低，墓葬的分布为从岗地由西北向东南延伸，墓葬主要集中于高地及中间地域，南部墓葬分布比较少；墓葬的方向大多为南北向，头向北，头枕高岗，这种现象是汉代人生住高台建筑、死葬高山的习俗在狮王寺墓地的体现和验证。

狮王寺墓地的西汉墓葬均为小型墓葬，从形制判断，应为一般平民墓葬。东汉墓葬出现了多室砖墓，特别是东汉画像石墓葬的出现，提高了该墓地的规格。M38、M39、M40 由于早期破坏，出土器物不多，但遗存的 3 套红色砂岩画像石墓门，是墓主人身份、地位较高的体现，以 M38 的画像石墓门最为珍贵。M38 画像石墓门由门楣、左右门柱、左右门扉和门枕石组成，门楣为近似方柱形条石，正面的中间雕刻出硕大的高浮雕羊头，羊头右侧雕刻青龙图案，左侧雕刻白虎图案，寓意龙虎吉祥；两侧门主上刻出门吏图案，两扇墓门上部雕刻出展翅飞翔的朱雀图案；中部雕刻出铺首衔环图案；下部雕刻出向右侧行走的白虎图案，三幅图案构成了墓门完整的画面，布局协调，图案生动，线条流畅，是不可多得的汉代画像石精品。东汉墓葬的形制及画像石墓门的使用，与西汉墓葬形成了鲜明的对比，说明东汉时期，该家族的后人曾获得了较高的社会地位。

从出土器物来看，陶壶和铺首与洛阳烧沟汉墓出土的器物相似，折腹罐也与洛阳相同，圈底罐与洛阳西部及三门峡一带出土的器物相近，带有秦文化的风格，这说明狮王寺墓地的文化属性带有更多洛阳汉文化的元素，属于洛阳汉文化的体系。

狮王寺墓地的发掘，理清了墓地的时代、文化属性，为研究郏县范围内的汉代墓葬的相关情况，提供了实物资料。

16. 焦作市聩城寨墓群

聩城寨墓群位于焦作市马村区九里山乡聩城寨村西北，聩城寨河由西北向东南穿墓地而过，把墓地分为西、东两个区。墓地北临太行山脉，东北距云台山风景区约 15km。地理坐标为北纬 35°19′，东经 113°24′，海拔 96m。墓地 1984 年修焦枝铁路时发现，2001 年 7 月 17 日被公布为焦作市文物保护单位。

墓地及遗址面积 42 万余 m²，中心文化层厚 2～3.5m，位于南水北调中线干渠里程 546km 处，干渠占压面积 13.6 万 m²。2006 年 5 月至 2007 年 10 月，河南省文物考古研究所组成考古队，对聩城寨墓地进行发掘工作。发掘面积 5500m²，清理战国、汉代、墓葬 61 座，灰坑 144 个，灰沟 17 条，出土一批战国、汉代和仰韶文化时期的重要文物。

墓地及遗址分为Ⅰ区、Ⅱ区和聩城寨遗址三部分组成。Ⅰ区发掘 10m×10m 探方 26 个，面积 2600m²，发掘战国墓 11 座、汉代墓 8 座、汉代及仰韶时期灰坑 24 个、灰沟 2 条。Ⅱ区发掘战国墓 11 座、汉代及仰韶时期灰坑 71 个、灰沟 12 条。聩城寨遗址是在发掘墓地Ⅰ区时发现的，从断崖上可看到文化层堆积和灰坑，为仰韶时期。发掘 10m×10m 探方 11 个，面积 1100m²。清理战国墓、汉墓等 31 座、仰韶及汉代时期灰坑 49 个、灰沟 3 条。出土有小口尖底瓶、釜形鼎、彩陶钵、罐、鹿角等遗物。时代应为仰韶文化中、晚期。

战国墓葬均为长方形竖穴土坑墓。头向北略偏西，方向大致相同，为 350° 左右。葬式为仰身屈肢、俯身屈肢、侧身屈肢三种。M1、M2、M7、M13、M16 等随葬品组合完整，基本组合为鼎、豆、壶，根据身份地位不同有 1 鼎、2 豆、2 壶组合，除基本组合外有另加石圭、骨簪、铜带钩，为战国时期代表性墓葬。

汉代墓葬均为"甲"字形小砖室墓，坐南朝北，墓道方向大致相同，为 355° 左右。一般由墓道、前厅、后室三部分组成。另外还有由双后室、耳室和较短的甬道组成的。墓群Ⅰ区 M11、M19 和遗址 M7 出土器物组合基本完整。以 M19 为例介绍如下。

该墓为"甲"字形小砖室墓，由墓道、前厅、后室三部分组成。总长 12.75m，墓深 1.75m，墓道长 6.6m，宽 1.1m；前厅长 2.9m，宽 2.8m；后室长 3.25m，宽 2.25m。随葬器物主要放置在前厅。

出土遗物有：五层大型彩绘陶楼、陶鼎、陶俑、陶壶、陶盒、陶杯、陶奁、陶井、陶案、陶灶、陶勺、陶磨、陶杵、陶猪圈、铜泡、铜钱（五铢）等。这批汉墓的时代应为西汉中、晚期至东汉晚期。

陶器组合

这次对聩城寨墓群的考古发掘，初步搞清了该墓地为汉代和战国两个时期相互重叠的家族墓地，且排列有序，下层有仰韶、周朝时期的文化层。在墓群Ⅰ区西部有周朝时期的文化层。Ⅰ区东部 M14 的汉墓墓道打破了仰韶文化时期的灰坑 H8。说明古人在仰韶文化时期和周朝曾在此活动。特别是 M19 出土的五层彩绘陶楼和 M7 出土的陶仓楼保存完好，丰富了陶楼的研究资料，为研究豫西北焦作一带汉代和战国时期的埋葬制度和埋葬习俗提供了重要的实物资料。

陶楼

陶壶

陶豆

陶鼎

陶仓

铜带钩

17. 郏县黑庙墓群

黑庙墓群位于平顶山市郏县白庙乡黑庙村西北的一处台地上，南水北调中线工程主干渠从墓群的中部穿过，占压墓群面积约有 40000m²。2010 年 7 月至 2011 年 1 月，由河南省文物考古研究所主持，与平顶山市文物局联合组建考古队，在郑州大学考古专业师生的配合下，对南水北调中线工程主干渠占压范围内的墓群进行发掘，共发掘探方107个，清理战国末年至东汉时期的墓葬190座。

这批墓葬大部分都被盗掘过，遭到严重破坏。就墓葬形制而言，少数为土坑竖穴墓，约占5％，也有不少土坑竖穴空心砖墓，约占30％，绝大多数是带有长梯形斜坡墓道的小砖券室墓，约占65％。其中小砖券室一般都建筑在墓道前方或两侧的洞室内。除少数较大型墓葬为由墓道、甬道、前室、后室组成的多室墓外，一般都是单室墓，规模最小的墓葬长度只有1.5m，可能是小孩墓。在较大型或中型墓葬中，往往有石门、石门楣等画像石类建筑物，其正面大都雕刻有双龙食鱼、龙虎争羊首、伎人乐舞、武士执盾守门、武士脚踏厥张弓弩、文吏迎客、朱雀、龙、虎、铺首衔环等内容。在空心砖上大都模印有乳丁纹、树叶纹、松树纹、卷云纹等，并有一座空心砖墓仿自画像石墓，在其墓门上模印有铺首衔环图案；小砖绝大多数是长方体的平砖，也有少量的子母砖与楔形砖，不少砖的侧面模印有"五"字形纹或重叠"人"字形纹。

该墓地的M79是很少几座没有被盗掘过的画像石墓之一，它不仅形制规模最大，连同墓道总长度计有11.8m，宽4m，而且出土有金、银、铜、铁、陶器等60余件。据其规模推测，这是东汉时期一位庄园主的墓葬。该墓由长梯形斜坡墓道、甬道、前室、后室四部分组成，除墓道外皆由小砖铺地、垒砌券顶，前后室皆设置有画像石的墓门与室门。前室为横长方形，后室可分为南北并列的3个棺室，且设有3个室门。每个棺室的人骨架虽然已经腐朽，但根据随葬器物可推知其中间的棺室的墓主人应为男性，南北两个棺室的主人为女性，是男性墓主人的嫡妻与侍妾。据发掘时对填土的观察，此3具木棺应是先后分3次埋入这座墓葬中的。估计在为男性墓主人建造墓穴时，特意为另外两个棺室预留了位置。前室主要放置陶罐、瓮、盘、豆、灶、井、釉陶盘口壶、铜盘、铜樽、铁剑等器物；后室中3个棺室的随葬器物因性别的不同而有较大差异，在中间的棺室内放置有一柄铜剑、铁削、铁刀等，墓主人戴有2枚金戒指，两旁的墓主人戴的是银戒指、银手镯与水晶、玛瑙、琥珀串珠串联而成的腕饰；3个棺室相同的是各随葬有一面铜镜和数十枚五铢铜钱。

值得一提的是，在该墓地中发现一座战国晚期墓与一座秦人墓，战国晚期墓中的鼎、盒、壶、盉陶器组合显示出战国末期的特征，秦人墓所出小口广肩陶罐明显带有秦文化的风格。

随葬器物计有485件，可分为陶、铜、金、银、铁、玉、水晶、玛瑙、石器等九类，其中陶器计有罐、壶、仓、瓮、樽、灶、豆（灯）、钵、耳杯等；铜器计有樽、簋、洗、釜、镜、剑、钱币等，其中铜钱币皆为五铢钱；铁器有剑、削、刀等；金银器有金戒指、银戒指、银手镯等；玉石、玛瑙、水晶器主要是串联成组的腕饰等；石器是指墓内建筑的石门、石门楣、石门框等画像石而言。

铜簋

陶器组合

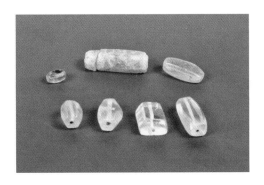

水晶珠

铜樽

青铜饰件

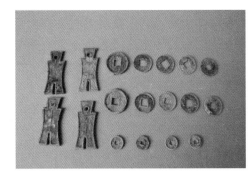

钱币组合

墓门

玛瑙珠

戒指

铜器组合

　　　　　　　　　第二节　中线总干渠文物保护成果

从墓葬形制与随葬器物可以看出，这批墓葬的埋葬年代始于战国末年，历经秦代、西汉早中期，至东汉时期。其墓主人的身份绝大多数是西汉至东汉时期的平民，也有个别富裕地主或庄园主。

这次考古发掘，为研究郏县乃至平顶山一带两汉时期考古学文化面貌，与当时的东汉时期的地主庄园经济以及地主、平民的生活状况提供了一批较为重要的实物资料，为建立汝颍河流域平顶山地区的古文化编年谱系新增添了一批新材料。

18. 淇县大马庄墓地

大马庄墓地位于鹤壁市淇县北阳镇大马庄村西约 2000m，地理坐标为北纬 35°36′，东经 114°08′，海拔 93m。地势由西北向东南倾斜，刘庄河穿其东南部而过。

大马庄墓地所在地淇县历史悠久，该地古称沬乡，亦称沬邑，商王武丁、武乙曾迁都于沬。帝乙时定都于此，其子帝辛（纣）在此即位，易沬为朝歌，扩建都邑，并在此兴建鹿台等建筑。武王伐纣后封帝辛之子武庚于此。后将此地封给康叔。康叔徙封卫地后，以卫为国名，建都于此，历时 403 年。春秋时为朝歌邑。西汉时设朝歌县。王莽篡权后，改朝歌为雅歌。三国时设朝歌郡。

该墓地现为县级文物保护单位，过去有 10 多座大冢。自 1988 年以来于取土时发现的墓葬已有近百座，主要为土坑墓、砖室墓以及少量画像砖墓，出土有铜壶、铜镜、铜带钩、铜剑、铁剑、陶壶、陶罐、陶圈、仓楼等战国至东汉时期文物。

在干渠经过范围内，共发掘清理墓葬 54 座，其年代从战国至东汉时期。战国墓葬排列整齐，大体东西向南北两排，大部分两两一组，方向较为一致，汉墓排列也较为有序。

战国墓形制简单，均为竖穴土圹墓，大部分底部有生土二层台，葬具多为单棺，二层台上有椁板，少数无椁板或葬具，骨架大部分被扰乱，可辨者多为仰身直肢。墓葬大部分被盗，出土随葬品质地有铜、铁、陶、石等，器类有陶壶、豆、钵、罐，铜带钩、铃、镜，铁铲、锛，石肛塞、斧等。

东汉墓均为砖室墓，墓道有竖穴和斜坡两种，墓室分为单室和多室。斜坡墓道砖室墓除两座墓道东西向外，其余墓道为南北向，坡度基本在 20°～30° 之间。竖穴墓道砖室墓的墓道均为东西向，竖穴墓道之前均有一段阶梯状斜坡。前室一般为大开挖修筑，而后向外掏出后室和侧室及耳室。后室中往往用一道或两道砖墙分割为并列双、三后室。侧室较发达，个别墓室侧室的两侧又向外延伸成耳室，放置随葬品。墓葬也大部分被盗，出土器物质地有铜、铁、陶等，器类有陶壶、罐、仓、灶、奁、耳杯、勺、魁、猪圈、井、仓楼、盘、碗、釜、甑、瓮，铜钱、铁刀、铁剑等。

明清时代墓葬 2 座，均为竖穴土圹墓，墓葬较浅，葬具为木棺，骨架保存较完整，均为仰身直肢，双人合葬。

还发掘沟 1 条，平面呈 "L" 曲尺形，竖穴土坑式，口大底小，两壁斜直内收。沟底平整。沟整体由西北向东南稍倾斜。坑口宽 2.9～4.5m，底宽 1.5～2.5m，深 0.7～1.0m。沟的南北段长 30m，东西段长 33m。沟内填五花土，其中包含残砖块、绳纹板瓦、残陶器片、云纹瓦当残块等，沟渠边沿及底部有明显水浸痕迹。

陶井及陶水桶

陶灶

陶器组合

陶仓房

陶仓房

器物组合

陶圈厕

通过大马庄墓地的发掘，可以看出该处墓地的几个特点。

第一，该处墓地的砖室墓在修筑方法上均采用大开挖式，即先从地面向下挖方形或圆形的墓圹直至墓室底部，然后再用条砖建筑墓室、耳室、侧室。这种建筑方法明显不同于关中地区汉墓的建筑方法，相比较关中地区由甬道开始向内挖出墓室再用条砖建筑墓室的方法，这种大开挖的形式更加简单。

第二，在砖室墓葬形制上，该处墓地存在有并列双后室、三后室的形式。这种形式即用条砖在后室的中部平砌一道或两道砖墙，将后室均分成两个或三个后室，每个后室都发现有棺灰痕迹，可以推测这种墓室形制是用作合葬。这种并列双后室、三后室的墓葬形制也是有别于其他地区的，具有地方特色的形式。

第三，在出土的随葬品中，该墓地出土大量陶三足罐，这种陶三足罐形制基本相似，多为敛口、宽平沿、尖唇、矮领、圆鼓肩、鼓腹、平底，底部边缘均匀粘接三足，器身高大约20cm。这种罐豫北地区发现较少，且一般形体较小，像该地出土的这种器型较大制作精良的三足罐基本不见，应该是该地区东汉墓中较有特色的器物。出土的陶仓、陶井与洛阳地区东汉墓中出土的陶仓和井十分相似。另外在出土的陶罐中，有个别的罐口部分似在埋葬前被有意敲打成花边状。

第四，在器物的装饰纹饰上，具有浓郁的地方特色。该墓地所出土的陶罐腹部，多见一种在凸旋纹上按压斜线纹的纹饰，在出土的陶猪圈、井上均装饰有同心圆圈纹和重菱形纹，这种纹饰少见于其他地区，应该是豫北地区所特有的装饰纹饰。另外，出土的陶灶、仓楼上的纹饰均为单线条刻画而成，线条流畅，图案虽然简单却生动形象，也是比较有特色的地方。

第五，出土陶器做工精良，表面光滑，反映出陶质的细腻。在某些陶质器物的表面，还发现有一层类似化妆土的银色粉状物，也反映出东汉时期豫北地区陶器制作工艺的细致高超。

大马庄墓地西临太行山山脉，东依淇水，该地地势较为平坦，较为符合古人选择葬地"背山面水"的观念。从发掘情况来看，这里是一处墓葬分布较为密集且有序，时间延续较长的墓地。另外，在与大马庄墓地相邻的黄庄及西杨庄，也发现有大面积、分布有序的墓地。由此我们可以推测，在包括大马庄、黄庄、西杨庄的范围内，应该是战国至东汉时期淇县及其周围地区主要的墓葬地。因此，该墓地的发掘，不仅为研究豫北地区战国至东汉时期墓葬形制的演变及随葬品的变化规律提供了新的资料，也为研究该地区墓葬的年代及丧葬习俗提供了重要的依据，具有十分重要的意义。

19. 淇县关庄墓地

关庄墓地位于淇县北阳镇关庄村西，南水北调干渠从墓地的中部穿过，干渠占压墓地面积5万 m²。

2006年8月至2007年1月，受河南省文物考古研究所委托，濮阳市文物保护管理所、淇县文管所对墓地进行勘探发掘，发掘面积5700m²，清理汉代墓葬40座，清代墓4座，汉代沟3条，长达190m，汉代水井1眼，出土陶、釉陶、铜、铁、金、银首饰等一批重要文物。

关庄汉代墓葬共出土陶器325件，均为泥质灰陶，器型包括罐、小罐、小口大平底罐、三足罐、壶、仓、瓮、仓楼、三足釜、奁、樽、灶、盘、盆、碗、博山炉、耳杯、量、器盖、三足陶仓、鼎、魁、耳杯盒、勺、井、圈厕、泥塑陶鸡等；铜器41件，器型包括铜镜、带钩、筒形器、铜洗、碗、辖、軎、铜铺首、马衔、镳、軏、勺形器、盖弓帽等；铁器16件，器型包括铁剑、铁削、铁刀、铁盉等。印章1枚，铜钱400枚。

关庄墓地汉代墓葬40座。其墓葬形制有竖穴墓道单室洞室墓，竖穴墓道两端带墓室，带台阶式竖穴多室墓和弯形斜坡墓道多室墓4种。

竖穴墓道多室墓的墓道一端或一侧多有狭窄台阶墓道，多室墓一般为前后室，前室多为穹隆顶砖室，一侧或两侧有耳室，后室有土洞和砖室券顶两种。单后室居多，双后室洞室仅发现一座。墓室封门有砖、大鹅卵石封门和石门。竖穴墓道洞室墓中，墓道、墓室均为长方形，直壁，洞室的顶部，横截面一般呈弧形，纵剖面为平顶。

清理砖室墓13座，未发现有葬具痕迹。墓葬方向不一，排列没有明显的规律。随葬品有陶壶、罐、仓、灶、耳杯、瓮等。以 M31、M32 为例，由于盗扰严重，发现随葬品极少。但墓葬形制为弯形斜坡墓道多室砖墓，墓道一侧带狭长台阶墓道，有甬道、石门，前室为穹隆顶，后室为券顶，前室两侧有对称的耳室。该墓葬墓道口距地表 0.25m，长 15.48m，宽 1.16m，东深 0.50m，西深 6.80m，台阶墓道长 3.90m、宽 0.58m，每级台阶长 0.58m、宽 0.38m、高 0.30m；甬道长 2.70m、宽 1.16m；前室长为 2.74m、宽 2.86m，墓室距地表深 6.80m；后室长 2.62m、宽 2m；南耳室土圹门高 1.70m、宽 1.14m，进深 1.86m；侧室土圹门高 1.70m、宽 1.44m，进深 1.80m。墓中长方形砖的规格为 30cm×16cm×15cm。墓室、甬道底部与斜坡墓道底部未在同一平面。墓葬建筑讲究，这是两座比较大的墓葬。

洞室墓 27 座。其墓葬形制均为竖穴墓道加洞室的结构。以 M29、M37、M44 为例，墓室宽度与墓道宽度同宽。墓室宽度大于墓道宽度的墓葬有 M17、M18、M23、M24、M26、M38 等 6 座。墓室底部与墓道底部位于同一平面。

从出土器物分析，关庄汉墓应该是西汉中晚期、新莽时期、东汉晚期墓葬。西汉中晚期墓葬有 20 余座。约在成帝—王莽之间（公元前 32 至公元 6 年）。王莽时期墓葬 10 座。东汉晚期墓葬 4 座。

该墓地盗扰严重，其中 M4、M32、M33、M42、M44，未发现随葬品和葬具痕迹。

清代墓葬为土坑墓。其中 M9、M25 分别出土两合墓志。M9 为清康熙四十三年（1704 年）夫妇合葬墓，出土墓志篆书阴刻"孙公墓志"，二行四字。墓志记载，墓主人孙振仍为淇县北阳镇南阳人，墓主人姓孙，讳振仍，字麟公，皇清敕授明威将军陕西西安府抚标右营守备，生于顺治二年（1645 年），卒于康熙三十八年（1699 年），享寿五十四岁。元配刘恭人为前进士通议大夫山东抚军刘易泛之次女，名族淑媛，贤而且慧，生于顺治六年（1649 年），卒于康熙三十九年（1700 年），得寿五十二岁。该墓出土金质首饰，头饰为圆形，图案为梅花喜鹊，寓意为喜上眉梢，金丝镂空，直径 12.8cm，耳坠为石榴形，长 4.3cm，造型优美，制作精细，纹饰饱满瑰丽，充满青春活力，是难得的艺术珍品，与《淇县县志》记载相吻合。为研究淇县历史及历史人物提供了重要的实物资料。

M25 为清代乾隆二十年（1755 年）的墓葬，出土墓志一合，志盖阳刻篆书"皇清承德郎孙公之墓"，三行九字。志文共 36 行，满行 36 字，共 1302 字。楷书阴刻，字体秀丽，笔力挺拔。

从墓志文记载可知，墓主人孙泰，字子昌，号鲁峰。为明威将军陕西西安府抚标右营守备孙振仍之子，孙泰生于康熙丁巳年（1677 年）七月十日，卒于乾隆丁巳年（1737 年），得寿 61 岁。官拜皇清承德郎，署广东分巡雷琼道按察使司副使，通判高州府事加一级。元配敕封孺人高太君，享寿 74 岁，于乾隆二十年（1755 年）九月廿五日，合葬于淇县马庄西地。

勘探发掘表明，关庄墓地与临近的大马庄、黄庄墓地同属西汉中晚期至东汉晚期的大型墓群。墓群年代、墓葬形制、器物组合明确，陶器制作工艺精致，种类繁多，也出土有少量釉陶器器盖。关庄墓地汉墓特点，极具地方特征。在墓室建筑方法上，据已发掘墓葬所知，凡砖室墓多采用大开挖的方式，即先从地面向下挖方形或圆方形的墓圹，然后在墓圹底部，用条形砖砌筑长形或圆形墓室，前室为穹隆顶，后室为长方形券顶或掏挖土洞墓室。有的后室掏洞完成后，仅从地面砌筑几层砖或未砌砖，一般后室都是掏洞。这与当地的土质有关，该地的土质较硬，当地群众称为立土，极有利于掏洞来建筑墓室。在墓葬形制方面，竖穴墓道单室墓，一般为单洞室墓，也有极少数并列双室墓。

在随葬品方面，该墓地出土大量灰陶仓、壶。尤其值得注意的是出土的灰陶三足罐，罐的形制基本相同，罐体规整，陶质细腻光亮。多为直口、矮领、平缘、圆鼓肩、鼓腹、底部饰有三兽足，肩、腹部饰有三四道凸弦纹，为其他地区少见。在器物装饰方面，地方特色较为明显。由于该墓地盗扰严重，仅发现少量釉陶器盖和小釉陶鸡，陶壶、陶仓腹部多饰几组凸弦纹，弦纹表面按压竖、斜短线纹，绹纹。器物口沿部饰竖短线花边纹，模型明器上多饰同心圆圈纹、多重菱形纹、刻线网格纹、铁索纹、仙鹤和短线纹。灶面上多饰有鱼纹、三角纹、模印花纹等。而在部分陶器表面，施有一层类似化妆土的银色粉状物。

陶井

陶壶

陶盒

灰陶灶

陶熏炉

陶壶

陶仓

印章

陶器

陶魁

玉簪花

墓志盖

墓志

金质头饰

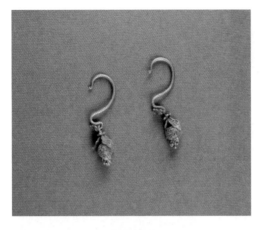

金质耳坠 冠饰

陶三足罐 陶仓 陶罐

通过对关庄墓地的发掘可知，该墓地以汉墓为主，也有少数清代墓，并且汉代和清代部分墓保存较好，出土物较为丰富，为研究淇县汉代的埋葬习俗和埋葬制度以及历史人物提供了丰富的考古资料。

20. 淇县西杨庄、黄庄墓地

西杨庄、黄庄墓地，分别位于淇县北阳镇杨庄村西南地和黄庄村东地。两者南北相距约320m。南水北调中线工程穿越其间。墓地地处太行山东麓。西杨庄墓地面积5km²，黄庄墓地4km²。

发掘地点位于南水北调中线工程干渠约632.5～644km处，干渠占压面积：西杨庄墓地168000m²、黄庄墓地126000m²。

发掘共计布探方57个，面积5700m²。其中西杨庄布探方35个，面积3500m²，发现墓葬30座，灰坑17处（个），灰沟6条，水井1个；黄庄布探方22个，面积2200m²，发现墓葬22座，灰坑4处（个），灰沟2条。共计发现墓葬52座，灰坑21处（个），灰沟8条。

墓葬方面：分为洞室墓、土坑竖穴墓、土圹砖室墓、空心砖墓、砖结构多室墓四种类型，年代跨战国、西汉、东汉、宋元4个不同历史时期。以土洞墓多见，以两汉时期墓葬为主要内容，战国墓葬仅见一座，系土坑竖穴，南北向分布，见生土二层台，仰身直肢葬，随葬器物罐、钵。

西汉时期墓葬的形制有洞室墓、土洞砖圹墓等。墓道大多为竖井式。其中2006QXⅠM8为洞室墓，死者仰身屈肢葬，随葬器物置于木棺的北端；土坑竖穴砖圹墓，均单人葬。2006QXⅠM10形制有异，呈土圹竖穴，无墓道，出土器物见有仿早期的青铜礼器，如陶钫、敦、鼎等，其年代推断为西汉初期。2006QHM17、M18为空心砖墓，系单人葬，其中M18则为空心砖与小砖的混合结构，其结构特点，以小砖砌筑墓室，以空心砖封堵墓门并覆盖墓室。出土器物与2006QXⅠM10基本相同。

东汉墓大多被盗严重，土洞墓多见，少数以封门砖封堵洞室。小砖多室墓分三种墓葬形制，均斜坡式墓道。其中2006QXⅠM4、M12为前穹隆后拱券的夫妻合葬墓，2006QXⅠM3、M14则为前后穹隆顶的夫妻合葬墓。2006QXⅠM3与M12形制不同，但存有相同之处，如在墓前室西侧出现平台，其作用结合王莽时期用于祭祀作用的墓葬前室增高的特点，应与生者祭祀死者有关。2006QXⅠM27为砖结构单室墓。

宋元墓葬发现7座，其中M25、M26为土圹洞室墓。

儿童墓3座，其中2006QXⅠM18为汉代墓葬，不见死者遗骨，随葬器物多达6件。

灰坑共发现21处，多为汉代，其中2006QXⅠH为宋元时期。

灰沟共发现8条，从其特点看，均为当时人类生产、生活所形成，分析推测，应与当时的族墓地埋葬制度以及埋葬习俗有关。

出土器物按照时代先后，战国墓出土器物有罐、钵；西汉墓葬出土的有陶钫、敦、鼎等仿青铜礼器以及铁釜、平沿束颈绳纹罐、平沿束颈折腹罐等；东汉时期的遗物有陶仓、四足仓、耳杯、方盒、水井、陶院落、陶狗、陶猪圈、陶灶、陶甑、陶魁、陶案、陶罐、陶瓮、陶盘以及女俑头、陶马俑头、陶猪俑、石碓、五铢钱、铅镜、铜镜、带钩等；宋元时期的白釉瓷碗；元代钧釉瓜棱罐、铜钱等。

陶筒杯

陶斗

陶奁

陶圈厕

陶灶

陶鼎

铜带钩

陶勺

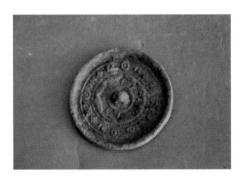

铜镜

铜盆

青铜筒形器

提梁卣

青铜钫

铜釜

西杨庄、黄庄墓地排列有序，分布规律明显。特别是在汉代墓葬中，多发现有在死者的头部放置家禽动物的骨骼的习俗，是该地区以往同时期墓葬所不见。

21. 卫辉市大司马墓地

大司马墓地位于卫辉市唐庄镇大司马村北，太行山余脉谷驼岭以南，为西北高东南低之丘陵地带。地理坐标为北纬 35°27′30″，东经 113°59′34″，海拔 97～104m。墓地总面积约 70 万 m²，为市级文物保护单位。南水北调中线干渠从西南至东北穿过墓地，占压面积 18.7 万 m²。

2006 年 6—10 月，四川大学考古学系会同新乡市文物局、卫辉市文物局对其进行了勘探发掘。揭露面积 3000m²，清理墓葬 28 座，其中汉墓 1 座、西晋墓 4 座、唐墓 1 座、宋墓 3 座、明清墓 17 座，另有 2 座带长斜坡墓道之土洞墓（06WDM14、06WDM15），因部队光缆通过墓室，仅发掘墓道部分，墓室情况不详。出土文物近 400 件，取得重要收获。发掘分别在Ⅰ区、Ⅱ区、Ⅳ区进行。汉墓分布在Ⅳ区，晋唐墓主要分布在Ⅱ区，宋墓主要分布在Ⅰ区，而明清墓在三个发掘区都有分布。

画像砖

汉墓为大型砖室墓，坐南朝北，由封土堆、墓道、耳室、墓室四部分组成。该墓历史上多次被盗，仅残存陶案、镇墓瓶、樽、耳杯、盘等陶器，以及釉陶罐、五铢钱等，时代为东汉中晚期。墓道北侧发现附属建筑一处，从残存的散水、磉礅及房基周围出土的大量板瓦、瓦当看，应为一大型地面建筑，其性质应为享堂。

晋墓皆为前带长斜坡墓道之土洞墓，坐北朝南，墓道长 16～24m，多以大型空心砖封砌墓门，墓室与墓道之间以短甬道相接。墓室为长方形单室或双室，有的还带有耳室。M18 为长方形单室，墓门以绳纹长方形小砖封砌。尽管严重被盗，但仍出土陶钵、盘、碗、罐，釉陶壶，石板、铁镜、铁剪刀，骨器，珍珠，金片、金饰，柿蒂纹铜饰、铺首、布泉等随葬器物 20 余件。M19、M20、M21 为三墓并列，一座长方形单室，两座为前后双室，墓门皆以大型空心砖封砌。随葬品组合完整，出有镇墓兽、武士俑、男女立俑、牛车，罐、盘、樽、碗、空柱碗、碟、耳杯、长方形多子槅，灶、井、磨、碓、仓、鸡、狗，另有铜镜、弩机、五铢钱等。三座墓葬排列有序，墓室构筑方式相同，随葬器物的种类、组合和风格特点亦很相似，推测应为一时代相差不会太远的西晋家族墓地。

　　唐墓为长方形单室土洞墓，坐北朝南，由墓道、天井、甬道、墓室四部分组成。石门一套，位于甬道南端，由门楣、立颊、门下坎、门扇、石狮等青石构件组成。由于盗墓者的破坏，门扇折断损毁成若干块，散落甬道及墓室南部。墓室和甬道带红、黑、绿等彩绘。出土墓志2方、四神石刻1套、石灯6件；青瓷碗、器盖等；陶俑无一完整，破碎不堪，经修复较完整的有近40件，种类有文吏俑、骑马俑、立俑等，多施彩绘，个别描金。墓主为隋代"使持节柱国西河郡开国公"乞扶令和及夫人郁久闾氏。乞扶令和曾仕历三朝，北齐时任开府仪同三司右武卫大将军；北周时被诏封为柱国西河公；隋代曾先后任寿州总管，凉州总管，徐州总管，荆州总管领潭、桂二总管，秦州总管等。大业六年（610年）薨于雍州大兴县（今陕西西安），贞观元年（627年）葬。乞扶令和夫人郁久闾氏，开皇八年（588年）薨于卫州汲县（今河南卫辉），次年葬于汲县。墓志中，有若干内容不见于《北史》《隋书》等正史文献记载。

　　宋墓均为带竖井式墓道之土洞墓，有夫妻合葬，亦有单人葬。随葬器物不多，仅有瓷碗、罐、碟及数目不等的钱币。

　　明清墓分土洞式和竖穴土坑式两种类型。以葬式而论，可分单人葬、夫妻同穴合葬和夫妻异穴合葬三种情况。随葬器物不多，一般为瓷罐、钱币，有的则随葬朱书板瓦，个别随葬铁犁铧。

　　两汉、晋唐和宋明清等各个不同时段的墓葬在大司马墓地均有发现，证明该墓地的延续时间很长。汉墓的附属建筑问题，过去大家关注的焦点是帝王和王侯墓葬，而对中小型墓葬则注意不够，公布的材料不多。此次将汉墓的附属建筑较为完整地揭露出来，是本次发掘的一大收获。晋、唐墓葬规模较大、形制清楚、出土器物丰富，在整个豫东北地区都是不多见的。朱书板瓦的出土，则为研究明清时期道教对墓葬制度的影响提供了新的实物史料。

珍珠

陶器组合

武士俑

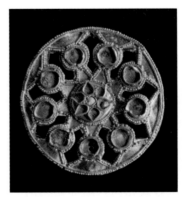

金饰

四神石刻

镇墓兽

22. 淅川县水田营遗址

水田营遗址位于淅川县滔河乡水田营村东北部，属村民 3 组土地，地处闹峪河与丹江交汇处，闹峪河（硝河）由南向东、北绕遗址流过，地势稍高，南隔河与龙山岗遗址相望。据前期考古调查提供数据，遗址面积约 15000m²，文化层堆积厚度在 2.5m 以内。

本次发掘工作从 2007 年 10 月至 2009 年 1 月，跨越三个年度，布 10m×10m 探方 35 个，发掘遗址面积 3500m²，发掘遗迹现象包括有房基、墓葬、窑、灶、井及灰坑等，时代从龙山时代晚期至汉代。

（1）河南龙山文化末期至二里头文化一期文化遗存。水田营遗址河南龙山文化末期至二里头文化一期文化遗存，其上为东周文化遗存，下为生土层。文化堆积较厚，遗迹、遗物较为丰富。由于时间跨度较小，器物演变较为连贯，初步分为三期，一期为河南龙山文化末期遗存；二期为河南龙山文化末期向二里头文化一期过渡时期遗存；三期为二里头文化一期遗存。

2007—2008 年间，三次发掘的龙山末期至二里头一期文化层遍布 20 个探方，遗迹、遗物较为丰富。发现灰坑 99 个，除 H12、H13、H52、H47、H154、H155，6 个灰坑开口于东周层外，其余均开口于龙山末期至二里头一期文化层。存在打破关系的 9 处，其中灰坑之间 8 处，另有 1 处为瓮棺葬打破灰坑。灰坑平面形状以椭圆形为主，圆形、不规则形次之，另有极少数为长方形；结构主要为长方形，袋状占总数的 10% 左右，另有少数为坡状和倒 "凸" 字形；坑底多为平底，斜坡和圜底较少。发现墓葬 7 座，均开口于本层下。发现房址 2 处，均开口于龙山末期至二里头一期文化层之上，其编号分别 F2 和 F3。F2 位于 T0906 中部偏南，被属东周文化层的 F1 打破，现存柱洞 14 个，分布较为散乱，难辨其平面形状。房址内未发现其他遗物。F3 位于 T1007 中部，其东北部被属汉代文化层的 M29 打破，东南部被属东周文化层的 H103 打破，发现柱洞 4 个，其平面形状为长方形。房址内未发现其他遗物。

出土遗物包括石器、骨器、陶制品。石器共 53 件，分为生产生活用具和武器两类。遗址中的生产用具主要为由于农业生产的石器和用于手工业生产的纺轮，共 52 件。包括石刀 22 件、石斧 21 件、石凿 4 件、石锛 3 件、石铲 1 件、无名器 1 件。通体磨光为主，极少数局部磨光，有孔器占一定比例，钻孔中单面钻、双面钻皆有。绝大部分已经残破，个别保存完整。武器类石器仅发现 1 件，为石矛头，残长约 9.5cm，宽 0.4～2.2cm，厚 0.01～0.3cm，灰色，柳叶形，双刃，无脊，骹端为两边内凹三角形，可与柲相榫接。骨器发现 1 件，为发簪头，残长约

4.5cm，宽 0.2～1.0cm，厚 0.2～0.9cm，梭形，灰黑色。陶制品分为生活器皿、陶纺轮和动物捏塑三类。纺轮共 31 个，皆泥质陶，以褐色为主，也有一定数量的灰陶。形制皆为扁圆柱体，中有单面钻圆孔，均为素面。保存状况大部分残破，个别较为完整。捏塑仅发现 1 件，为陶鸟，已残，无首，羽尾一侧有缺，长约 5.0cm，宽 0.9～2.4cm，残高 0.4～3.4cm，泥质褐陶，其颈部昂起，翅羽下斜，尾羽后张略上翘，整体做起飞状，形态栩栩如生。

参考周边已发掘的同时期的淅川下王岗、郧县大寺、均县乱石滩等遗存，可初步将水田营遗址本阶段一期的年代定为龙山文化末期。同样，通过对比偃师二里头、淅川下王岗等同时期文化遗存，能够判断三期的年代应该和二里头文化一期相当。结合本遗址器型演变的连续性，可以将三期的年代定在龙山末期至二里头一期之间，暂称之为过渡期。

淅川县位于河南省西南端，其西北邻接陕西省商南县、南与湖北省郧县相邻，在龙山时代早期，陕西、河南和湖北都产生了自身独具特色的文化面貌，它们依次为客省庄二期文化、王湾三期文化和代表石家河文化早中期的青龙泉三期文化。水田营遗址处于三省交接的特殊地理位置，也是各文化频繁交流之区域，从以上的初步观察可以发现在龙山时代晚期，相当于王湾三期文化晚期的煤山二期，这里已经是河南龙山文化的势力范围了。此前，该区域发掘的同时期遗址的研究表明，龙山文化末期与二里头文化一期之间存在着明显缺环。水田营遗址的发掘填补了这一缺环，为本区域龙山文化至二里头文化时期文化演变的研究，及对考察两种文化的相同性与差异性的分析提供了重要的考古学资料，对两个文化时期的时间框架的研究与构建有着特殊的意义。这也就是水田营遗址发掘研究的学术价值之所在。

（2）东周时期文化遗存。水田营遗址东周地层分布范围较广，多数探方均可见到该地层。地层厚 0～75cm。东周时期的遗迹现象包括墓葬 3 座、灰坑 139 座、陶窑 4 座、灶 5 座，另外还有井 19 口。

水田营遗址出土的东周时期遗物十分丰富。从质地看，包括陶器、石器、骨器、铜器等。

陶器包括甗、鬲、豆、盂、罐、壶、盆、钵、纺轮等。从已修复的器物看，鬲多为夹砂，其余器物多为泥制。多数器物为灰色，个别器物为红色、褐色，亦有少量黑皮陶。纹饰方面绳纹是主要的纹饰，可细分为粗绳纹、中绳纹、细绳纹，鬲、罐腹部多饰绳纹。弦纹亦较多见，盂的肩部常被装饰弦纹，个别器物上还发现有暗纹、附加堆纹、指窝纹等。

石器多为生产用具，主要有凿、磨棒、镰、刀、斧、范等。值得重视的是，该遗址出土的一件石范，长 17.7cm，一角残损，完整一头宽 8cm，高 3.8～5.5cm。两面均可铸造铜器，一面铸造凿，一面铸造甬，均是生产工具。

骨器主要有锥、簪、镞等。另外还有龟背甲一个，残破，上有钻凿痕迹，当是与当时的宗教活动有关。

铜器仅发现镞、削、鱼钩、环等。

从出土的器物的形制看，该遗址出土的东周文化遗存多数属于春秋中期，个别器物早至春秋早期，另有个别器物晚至春秋晚期偏早阶段。

水田营遗址出土的东周时期遗物（纺轮、石镞、铜镞、石斧、石凿、鱼钩等）十分丰富，对于探讨当时该地区的经济形态及人地关系具有十分重要的意义。遗址所在的丹水流域在春秋时期属于楚地。据文献记载，西周成王时楚国在丹阳立国，公元前 689 年，楚国迁都郢（即今江陵纪南城）。从西周早期至春秋早期，丹阳始终是楚文化的中心地区。学界一种观点认为丹阳位于今淅川境内，但存在争议。从文化特征看，水田营遗址东周时期文化遗存属楚文化范畴，但发现遗物多数和同时期中原文化遗存有着相似的特征，如鬲、豆、盂等器物均是中原地区春秋时期常见的器物，其形制亦多同于中原地区同类器。但另外一些器物具有特征明显的地域特征，如短颈双系壶、侈口双系罐等。这些地域特征明显的器物年代相对较晚，大致已经进入春秋晚期，这种变化这对于探索在春秋时期楚文化的发展历程及与中原文化的关系具有重要价值。

（3）汉代文化遗存。水田营遗址在汉代被作为墓地使用。汉代遗迹主要有两类：一类为墓葬，另一类为钱币坑。

汉代墓葬遗存遍及 20 个探方，共 29 座墓葬，一座（M32）形制不明。形制清楚的 28 座墓中，"甲"字形墓（含近"甲"字形墓）17 座，刀形墓 4 座，长方形墓 7 座。"甲"字形墓葬中，有带甬道的 9 座。M3、M9、M10、M26 形制形同，方向较一致，间距较近，应为一规划完善的家族墓地，大部分墓葬盗扰严重，个别出土有随葬品，以 M37 为代表。

该墓位于 T0904 东南部、T1004 西南部，横跨两方，方向 201°，"甲"字形砖室墓，总长 9m。由墓道、甬道和墓室组成。墓道长 3.0m，宽 0.82～1.22m，平面形状为梯形，北宽南窄，剖面为南高北低斜坡状结构；甬道长 1.24m，宽 1.68m，平面形状为近长方形，剖面为长方形结构；墓室长 4.8m，宽 3.65～4.30m，平面形状为近长方形，东西壁略弧，剖面为长方形结构。该墓被盗，未见人骨，出土随葬品相对较多，共 13 件，陶器 11 件，其中陶仓 2 个、陶井 1 个、陶灶 1 个、陶釜 2 个、陶甑 1 个、陶水壶 1 个、陶器盖 1 个、陶狗 1 个、陶鸡 1 个；铜器 2 件，为铜镜 1 件、铜钱 1 枚。

汉代钱币坑共 3 个，坑内皆放有大量铜钱，铜钱上方均盖有筒瓦。

K1：位于 T0905 西南部，近圆形，铜钱中除"五铢"钱外，还有剪轮"半两"1 枚，"货泉"4 枚。

K2：位于 T1206 探方西壁北端，打破 H158，椭圆形，铜钱中除"五铢"钱外，还有剪轮"半两"2 枚和"货泉"7 枚。

K3：位于 T0804 中部偏东，打破 H177，圆角长方形，铜钱中处"五铢"钱外，还有剪轮"半两"1 枚、"货泉"21 枚和"大泉五十"1 枚。其钱币数量最多，比 K1、K2钱币数量总和还要多。

根据三个钱币坑出土的钱币情况，结合相关发掘资料比对，推测其年代应为东汉时期。

对钱币坑的性质有两种猜测。据了解，当地人有在其家族墓地附近埋葬钱币祭祀的习惯。这三个钱币坑其性质也可能与祭祀有关。但检索文献，并未发现汉代

铜削刀

存在这种祭祀方式。另外，从钱币坑与墓葬位置关系分析，三个钱币坑距离周边相邻墓葬的距离远近不等，并不能发现其与某个特定墓葬间存在明确的对应关系。

通过三个钱币坑所出钱币种类，初步将其年代定为东汉时期。这期间南阳地区战乱频繁，

当时人们为躲避战争，逃命异乡，可能将无法带走的财物埋藏在墓地，并在其上盖有筒瓦，作为寻找钱币坑的标记。

通过以上分析可以发现钱币坑的性质最大的可能是躲避战乱窖藏坑。

双耳罐

盖豆

鬲

甗

圈足盘

圜底罐

陶碗

陶罐

鼎

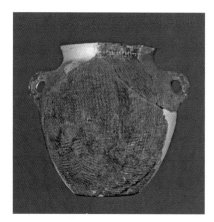
双耳罐

出土器物群

出土器物群

23. 辉县市百泉墓群

百泉墓群位于辉县市百泉镇小官庄村北，为太行山余脉韭山之前的岗坡地带，南水北调中线工程 596.9km 处。地理坐标为北纬 35°28′，东经 113°48′，海拔 112m。南水北调干渠从墓地中间穿过，占压墓地面积 4 万 m²。

发掘面积 2535m²，发现东汉、唐代、宋—清代墓葬 46 座，唐代陶窑 3 座，灰坑 1 座，出土文物 200 余件。百泉墓地 46 座墓葬中有东汉墓葬 11 座、魏晋—唐代墓葬 3 座、宋—清代墓葬 30 座，年代不明墓葬 2 座。东汉墓葬形制较大，分砖室和土筑两种，一般分墓道、墓门、前室、后室、侧室（耳室）等部分。魏晋—唐代墓葬有砖室墓和土洞墓。砖室墓仅 1 座，为斜坡土墓道，方形穹隆顶墓室。土洞墓形制为前有斜坡墓道，后有土洞墓室。宋—清代墓葬有土洞和土坑竖穴墓两种，土洞墓形制为前有斜坡墓道，后有土洞墓室。土坑竖穴墓有梯形和长方形两种。随葬品中东汉墓主要有铜镜、铜带钩、铁剑（刀），陶器有罐、瓮、仓、灶、井、猪圈、案、耳杯、魁、勺、盘、鸡、狗等。魏晋—唐代墓随葬品较少，有青釉瓷注子、青釉盂、小铜盆、铜镜、陶罐、灶、案、耳杯等。宋—清代墓葬随葬品有瓷罐、瓷碗、陶板瓦（瓦符）和铜钱等。3 座陶窑均为唐代，系专门烧制筒板瓦的。陶窑的结构为：前有圆形工作间；中有窑门、长方形火塘和半圆形窑室；后有烟道和三角形出烟口。灰坑为不规则形，应为烧制筒瓦、板瓦时的废物堆积坑。

百泉墓群年代从东汉到清代，中间基本无缺环。其墓葬形制和随葬品是研究该地区埋葬制度演变的珍贵实物资料。

陶鸡

瓷碗

陶罐

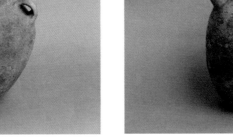

注子

瓷罐

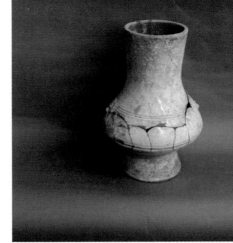

釉陶壶

釉陶罐

铜镜

铜镜

陶猪圈

陶灶

陶奁

陶水井

陶罐

铜镜

铜盆

24. 新乡市王门墓地

王门墓地位于新乡市凤泉区王门和东同古村北，墓地东北朝向太行山余脉凤凰山南麓，处于凤凰山向西北延伸的岗坡地带。地势由西北向东南倾斜。南水北调中线总干渠河道标段的614.5～616.5km 之间，从墓地中心部位穿过。海拔 103m。干渠占压墓地的面积约 20000m²，分东西两个区域。

根据考古钻探结果确定了布方范围和面积，共布方 43 个。布方面积一般为 10m×15m 或 10m×20m。该墓地地层较简单，共分三层，第 1 层为耕土层（灰褐色），较松软；第 2 层为扰土层（黄褐色），较硬；第 3 层为生土（黄色含砂礓），坚硬。墓葬（除一座清代墓）和遗迹均开口于第 2 层下。

本次共发掘灰坑 3 座、墓葬 62 座（其中战国墓 3 座、两汉墓葬 56 座、宋代墓葬 2 座、清代墓葬 1 座）、汉代陶窑 1 座。此次发掘共出土各类器物 1551 件。其中陶器（含残器）828 件，有鼎 12 件、壶 97 件、仓 110 件、罐形仓 24 件、罐 131 件、盘 64 件、盆 13 件、灶 32 件、猪圈 18 件、案 15 件、魁 23 件、勺 11 件、耳杯 82 件、井 18 件、长盒 13 件、带柄长盒 1 件、圆盒 11 件、奁 19 件、长方奁 2 件、碗 35 件、樽 27 件、豆 6 件、匜 1 件、甑 5 件、釜 2 件、博山炉 6 件、四足炉 2 件、狗 4 件、鸡 7 件、鸮 5 件、器盖 32 件。出土铜器 42 件，其中铜镜 15 件、带钩 11 件、铜盆 4 件、管状器 1 件、泡钉 3 件、铜饰件 2 件、铜印 1 件、铜削刀 1 件、铜环 1 件、柿蒂纹饰件 1 件、剑首 1 件、剑格 1 件。出土铜钱 623 枚。铁器 41 件，其中剑 11 件、刀 8 件、削刀 10 件、铁钩 5 件、铁带钩 2 件。铁锄 1 件、斧形器 2 件、铁矛 1 件、铁支架 1 件。石器 2 件，为砚板和研墨石。骨环 3 件。琉璃耳铛 2 件。玉器 10 件，其中蝉 4 件、耳塞 1 件、鼻塞 5 件。

发掘的 56 座墓葬，其形制可分为三大类，即竖穴土圹墓、土洞（洞室）墓和斜坡墓道砖石墓。这批墓葬没有具有明确纪年的遗迹或遗物，其年代只能根据墓葬形制及出土器物的综合分析，暂分为五期。

第一期。本期 3 座墓葬，皆为竖穴土圹墓，生土二层台。随葬器物组合明确，且该期的器物组合中，鼎、壶有明显的承继演变关系，因此第一期墓葬年代应为战国早期。3 座墓中从器物演变看也有早晚之分，M7、M8 为战国早期偏早，M9 为战国早期偏晚。

第二期。本期 2 座墓葬，皆为竖穴墓道土洞墓，平面呈"卜"字形，墓道与墓室等宽。墓中皆出土五铢钱，其中 M19 出土 1 枚磨郭五铢，因此，第二期墓葬年代应为西汉中期偏晚。

第三期。本期 11 座墓葬中，以竖穴墓道土洞墓最为流行。随葬器物组合以鸮、仓、灶、樽为主，不见井、猪圈、魁；所出土的四乳镜、日光连弧纹镜是流行于西汉武帝后到新莽时期的镜型。因此，第三期墓葬的年代应为西汉晚期。

第四期。本期 12 座墓葬，已不见竖穴墓道，竖穴斜坡墓道流行，土洞墓与洞室墓并存。随葬器物组合不见鸮，新出现了井、猪圈、魁等；所出土的日光镜、昭明镜也是西汉中后期到新莽时期的镜型；货泉 2 枚与五铢同出。因此，第四期墓葬年代应为西汉后期偏晚至新莽时期。

第五期。本期 25 座墓葬，流行长斜坡墓道，个别有土洞墓并存。随葬器物组合新出现了案，表明以反映生活用具和模型类器物为主要随葬品的形式已彻底完成。本期墓葬出土的铜镜以博局镜为主。博局镜是流行于王莽到东汉中期的镜型。因此，第五期墓葬年代应为东汉时期。

这次发掘虽然只是发掘清理了南水北调中线工程新乡段占压王门墓地的很小一部分，但基本再现了战国至两汉时期新乡地区中小型墓葬的演变历程，从一个侧面反映了当时中下阶层的生活习俗和精神风貌，也折射出新乡地区种种社会文化习俗的嬗变。

从墓葬数量看，王门墓地的战国时期墓葬仅有 3 座；西汉时期：中期 2 座、晚期 11 座、晚期偏晚至新莽时期 12 座；东汉时期 25 座。无论是分布范围还是墓地墓葬的密集程度，都反映了新乡地区在两汉时期的人口增加及经济生活的富裕。

从墓葬看，规模较小，大多是单棺墓，表明墓地本身就是中下阶层的埋葬地域，墓主身份不是太高。

从墓葬形制上看，战国时期以竖穴土坑墓为主；西汉时期则以土洞墓为主；西汉晚期偏晚至新莽时期为土洞墓与洞室墓并存，以洞室墓为主导墓形，显示出仿地上建筑的目的更加明确化；东汉时期则以洞室墓和砖室墓并存，并向砖室多室墓发展。在西安，洞室墓在西汉中期以后就成为主导墓形，新乡地区洞室墓则在西汉晚期才成为主导墓形，显然，新乡地区的洞室墓受西安的影响。

从随葬品组合看，战国时期为鼎、豆、壶；西汉中晚期以鸮、仓、灶、樽为主；东汉新出现了井、猪圈等。西汉中晚期以后，仓、灶、猪圈等模型明器代表的"财富"与"生活"色彩日益浓厚，反映了汉代先民对死后世界的认识。东汉时期最终形成汉代厚葬的制度与风俗。

从随葬器物看，60% 以上的汉墓随葬五铢和新莽钱，表明两汉时期中下阶层的殷实，但磨郭、剪轮五铢的出现，表明东汉时期（特别是晚期）社会货币的凋敝和经济的衰退。

铜镜

铁锄

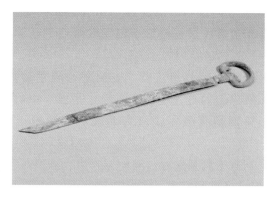

铜削刀

铜带钩

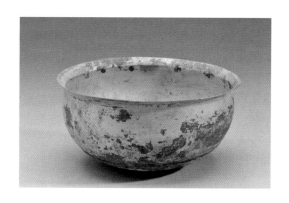

镏金铜盆

耳珰

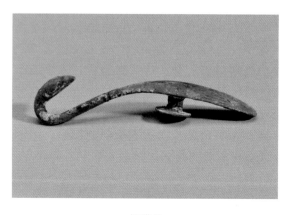

铜带钩

王门墓地 56 座墓葬仅仅是新乡地区战国、两汉中下层阶级的"葬制"的反映，虽然不能完整再现新乡地区战国、两汉"丧葬礼仪"的内涵，但足以说明"周制"向"汉制"的过渡与确立。

25. 新郑市胡庄墓地

胡庄墓地位于新郑市城关乡胡庄村的西北岗地上，是东周时期郑韩故城外围的重要墓地之一，东距故城西墙约 1.5km。墓地为南北向长方形，长 910m，宽 360m，面积 32.76 万 m²，南水北调中线干渠呈南北向从墓地的中部和西部穿过，占压面积 11.375 万 m²。

2006 年 10 月至 2009 年 10 月，河南省文物考古研究所对干渠占压区的中部进行了发掘，发掘面积 19000m²，分为西南、西北和大墓 3 个小区。发掘证实，胡庄墓地是以一处战国时期韩国王陵为核心的大型墓地，主要分为春秋中小贵族家族墓地、战国平民墓地、战国韩王陵 3 部分，还有少量汉代以后墓葬。

共清理春秋中小型墓葬 91 座，殉马坑 1 座；战国中小型墓葬 376 座，殉马坑 4 座，夯基沟 1 条；战国末年韩王陵 1 处 2 陵，陵园围沟 3 条，大型陵旁建筑基址 1 处，水井 1 眼，窖藏坑 1

座；西汉空心砖墓2座，以及少量宋、明墓和时代不明墓葬。初步统计，共出土鼎、敦、壶、舟、镜、编钟、编铃、带钩、璜、印、扣、条形器、戈、构件等青铜器765余件，铺首、节约、环、扣等银器46件，圭、璧、环、璜、印章等玉器151件，镢、带钩、铁盒等铁器7件，鬲、盂、豆、罐、盆、敦、盘、鼎、壶等陶器400余件，环、簪等骨器46件，还有大量的铜镞、铜珠、骨贝、骨珠、玉贝等。发掘取得多项重要发现，被评为2008年度"全国考古十大发现"与2007—2008年度全国田野考古奖二等奖。

（1）春秋墓。均为长方形竖穴土坑墓，数量较少，在3个发掘区均有分布，是典型的郑国家族墓地，既有随葬青铜礼器和仿铜陶礼器的中型贵族墓，又有数量较多的随葬生活陶器的小型墓，个别小型墓没有随葬品。时代多数为春秋晚期，个别为春秋中期。墓葬以南北向为主，东西向的也有一定数量。木质葬具均已朽成灰痕。

中型贵族墓葬具均为一棺一椁，多数为"工"字形，个别椁下中部有一腰坑，内葬1狗；因多数被盗，人骨和随葬品保存极少。残存的人骨均为仰身直肢双手交叉于腹上，随葬有铜礼器的基本组合为鼎、敦、盘、舟、匜和车马杂器兵器等，随葬陶礼器的组合基本与铜礼器相同，但增加有罍和盖豆等。保存完整的男性贵族墓随葬品齐全，女性贵族墓则只随葬食器铜敦、舟和陶鬲等。铜陶礼器和食器鬲多放在头厢中，车马杂器多放在边厢内。M222保存较好，出土鼎、敦、盘、舟、匜、方扁壶等青铜礼器各1件，戈1件，陶鬲1件和车马杂器、骨贝等，是1座下等武士墓。被盗严重的M96是整个墓地中形制最大的春秋墓，出土了带玉鞘的玉首青铜短剑、大型带花纹铜戈、异形铜矛等珍贵文物，说明墓葬的级别较高。

小型墓葬具单棺，为长方形或"工"字形。葬式与中型墓相同，随葬品均为陶器，基本组合为鬲、盂、豆、罐，个别缺少罐，具备郑韩故城周围郑墓的共同特点。

另清理葬2匹马的殉马坑1座，马骨保存完整，侧躺放置，头向西，是中型贵族墓的陪葬坑。

（2）战国墓。战国墓均为中小型，分为长方形竖穴土坑墓和空心砖墓两种。头向多向北，国别属韩。排列非常密集，在3个发掘小区均有分布，多处发现打破春秋墓的现象。在陵墓区，发现多处战国墓被韩王陵打破和叠压现象。

中型墓多有"工"字形单棺单椁，葬式仰身直肢，双手交叉于腹上，人骨上发现少量铜璜、水晶环等小件文物。较大的随葬品为鼎、敦、盘、舟、匜等仿铜陶礼器，一部分放在棺椁之间，多数放在壁龛中。这些壁龛位置不固定，不同于周围地区韩墓壁龛多分布在北壁椁盖正上方的规律，北、东、西三面墓壁上均有分布，多数高于棺椁，个别甚至与墓底齐平，是韩墓中的新现象。壁龛的形状既有常见的拱顶平底，又有长条形和不规则形。随葬品的完整组合为鼎、敦、盘、舟、匜和鬲，只有个别形制较大的墓葬有。多数墓为鼎、豆、壶组合，个别墓只有一种陶器。棺下多压有红陶鬲1只。

小型墓葬具为长方形或"工"字形棺，多数棺下压有1件红陶鬲或釜，没有其他随葬陶器，少数墓葬女性墓主的头旁还随葬有1面铜镜。

空心砖墓分为竖穴式和洞室墓两种，以洞室墓最为罕见。空心砖为长方形，一般长1.05m、宽0.35m、厚0.12m左右，周身饰米格纹。用这种空心砖砌成小型椁室，取代了木质椁。砖椁由1层平铺底砖、2层立砖、1层平盖砖组成，大部被盗严重。从个别保存较好的墓葬看，砖椁内是有木质长方形葬具的，出土错金银铜带钩、玛瑙环等珍贵文物。竖穴式空心砖墓为长方形竖穴土坑状，长 2.5m、宽 1.3m 左右，深浅不一，最浅的在地表显露，最深的近 3m。陶器多放置在砖椁内的头厢处，人骨多数保存不佳，仰身直肢葬式，一些墓主头部和腰部发现有铜璜、水晶环等。洞室类空心砖墓由长方形竖井墓道和拱形洞室组成，只发现有 2 座，墓道较窄，洞室较低，只可勉强垒砌砖椁。其中 1 座洞室墓 M53 保存完好，出土有铜璜、玛瑙环、水晶环、错银铜带钩等 10 件。

（3）战国韩王陵。这是一组带封土的战国末年韩王夫妇"中"字形陵墓，M1 在东为后陵，M2 在西为王陵，南北向竖穴土坑，积石积炭，规模之宏大国内罕见。M1 南北总长 75m，封土残高 7m，墓室平面为不规则长方形，南北长 18.45~26m，东西宽 18.4~21.3m，深约 8m。M2 南北总长 78m，封土残高近 10m，墓室南北长 26m，东西宽约 36.5m，深 11.5m 左右，东部被 M1 打破约 10m。取得多项重要发现如下：

1）环壕与陵园。在陵墓的周围发现了 3 条隍壕类的近长方形封闭环状壕沟。各沟相互平行，南部中央留有正对陵墓的位置沟口较窄，应是桥道所在。环沟间距 20m 左右，横截面呈倒梯形，因所处岗地起平，内环沟保存浅而差，沟口宽 1m 左右，底宽 0.3m，残深 1~1.5m；中环沟和外环沟保存较好，口宽 4m 左右，底宽 0.3m，最深 5m 左右。中环沟的西南角还发掘出了直径 20m 左右向南凸出的半环形突出部，疑为角楼的位置，可惜此处已被起土数米，角楼遗迹荡然无存；在渠道外的中环南部段东南角，也探出此类半环形状。各沟底部均发现有淤土层，底面向一面倾斜，局部还有残砖破瓦铺成的防冲底，说明当时沟内是有水的。最外围的 G3 南北长约 237m，东西宽约 165m，沟内面积达 40000m² 左右。内环沟和中环沟的西南角、中环沟和外环沟的西北角另挖有形制类同的沟槽相互沟通，外环沟的东北角开有通往双洎河的出水口。环壕组成了面积宏大的陵区排水和防御体系。此前，东周时期隍壕遗迹只在秦陵中发现过。

由 2 座"中"字形大墓、"中"字形封土、"中"字形封土上建筑、1 座拐角形墓旁建筑、3 条环壕组成了完整的陵园形态，是韩陵考古最为重要的发现之一。

2）封土。均为"中"字形夯土冢，范围仅涵盖墓室东西壁外 1m 和墓道口部分。夯层水平分布，厚 10cm 左右，夯窝圆形平底，直径 10cm 左右。M1 的封土仅残存东北部，M2 封土保存较好。结合对郑韩故城以西许岗、苗庄、王行庄、柳庄、暴庄等韩国王陵级大墓的封土考察，发现它们几乎全呈"中"字形。这次发掘证实战国韩陵的封土形态确为"中"字形，与国内齐、赵、楚、燕等国的大型墓显著不同。其他列国陵墓的封土多呈圆形或方座圆形，覆盖范围也大得多。

3）冢上建筑。在 M2 的封土距地面约 3m 高的半腰上还发现了"中"字形冢上建筑遗迹，由保存较好的散水、壁洞、柱石和部分屋顶瓦砾层等组成。

从残存的部分柱灰上的红漆痕分析，柱子髹有红漆。

散水内侧封土表面局部发现有涂白涂朱现象，白涂层在下，朱色层在上。

在筒板瓦上发现了和郑韩故城能人大道官营建材厂同类产品相同钤刻姓氏图章，提示了两者的内在关系。

4）墓旁建筑。是 1 处曲尺形的建筑，只剩下夯基部分，东部分打破 M2 之墓道填土，南北长 33m，东西宽 5m 左右，深 1~2.5m，底部特别不平，落差很大。

5）墓室墓道建筑技法。墓室墓道分两次筑成，即墓室中夯筑至与木椁口齐平后，使用单面版筑技法先行夯筑墓道，其中 M1 有 2 层版筑台，M2 有 1 层版筑台，上台口与地面平。

本次发掘完整揭示了单面版筑的技术流程，为研究战国土作技法提供了新材料。主要体现在单面版筑高台、收分式基础台和重要部位的绳筋加固等方面。

6）临时建筑与防水设施。在 M1 中与椁口平行的活动面上，发现了东西两排各 3 个大型柱坑迹象，坑口挖开很大，柱坑内有长方形或圆形的大柱洞，坑壁上铁臿痕迹密布，说明此处是建椁过程中的临时建筑，木柱上应有临时房顶或大棚，建好椁室后又进行了拆除，这种现象在古代大型陵墓中是十分罕见的。防雨水可能是这种临时建筑的主要功能。

在 M2 椁室底部以东发现 1 处大型排水坑，平面近长方形，长同墓室，宽 10m 左右，底与椁底生土近平，坑南壁上有 1 道供上下的阶道直通东壁上口。坑底有明显的淤土层，与椁室东石椁相连部分是青色人工和制的泥，说明此坑除了防水外，还用来和制抹墓壁和石墙用的泥料。

7）墓室建筑特色与加固技术。陵墓的所在地生土为含沙量很大的黄沙生土，很容易塌方，建墓者将墓口开得很大，墓壁和墓道壁倾斜度也很大，造成了胡庄大墓比其他韩国大墓要宽得多的现象，是胡庄王陵的地方特点。

陵墓积石墙均采用了大量的卵石和片石，极易溃塌。为了将卵石垒至与椁口齐平，两墓采取了夯筑、垒石、砌木椁同步进行的方法。木椁至口后，又在墓道中使用单面版筑技法夯筑高于椁口的夯土台，不仅利于上下，也有利于防塌。M1 有 2 层夯土台，M2 有 1 层夯土台，与这种技法有关的遗迹有版痕、夯土内绳洞、立支杆的柱洞等，完整再现了整个工艺流程，是东周建筑技术的一项重要发现。

M2 东散水和西南散水下的夯土中采取的绳筋加固法，是郑韩两国颇具特色的地基处理技法。

墓室、墓室壁上还发现大面积的草泥层，泥层上有涂白现象，近底部高约 0.8m 的白色层上还涂有朱砂层，非常美观。墓道底经过夯打处理，上面发现多道车辙。

8）椁顶建筑。2 座大墓均发现了由整层草泥、椽木、檩木、棚木和夯土组成屋顶形的椁顶结构，和长方形的下部椁室组成了两面坡式的仿木住房形状，象征墓主人的卧房，在国内同期墓葬系首次发现。证实了《左传·成公二年》"椁有四阿，棺有翰桧"越制记载的可靠性。

为了防塌防盗，M1 的椁脊顶上部夯层中铺设了 1 层粗细不匀的圆木，M2 的椁脊内夯土内铺设了 4 层同类圆木，十分奇特。

由卵石和木炭搅在一起构成石炭椁，不同于常见的积石积炭分内外两层结构，是韩国积石墓的新发现。

9）棺椁。均为双椁双棺，朽成灰痕。椁室由边长 30cm 左右的素方木构建，外椁"工"字形，内椁长方形。M1 外椁南北长 7.25m、东西宽 5.2m、残高约 2.2m；M2 外椁南北长 7.5m、东西宽 7m、残高约 3.5m。内外棺均为"工"字形，外棺位于椁室的中间，与椁壁形成较宽的"回"字形空间，用于存放礼器、乐器、车马器、杂器等随葬品。内棺放在外棺内，西南北三壁与外棺相连，东壁有近 50cm 的空间。内外棺里外均髹有红漆，严重被盗，墓主骨骸保存很少，葬式不明。

10）随葬品。M1 为夫人墓，严重被盗，几乎一空。M2 被盗亦重，已清出青铜礼器、乐器、兵器、车马器、杂器、玉器、陶器、骨器等各种质地文物 380 余件，是韩国文物的一次重要发现。青铜礼器主要有小圆鼎 1 件、高柄豆 1 件。青铜乐器主要有钮钟 2 件、大铜铃 4 件和较多的小铜铃，钮钟形制与洛庄汉墓相类，饰有精细的蟠虺纹；还清理出石磬 10 件以上。兵器主要有戈 3 件和成捆的铜镞。车马器有铜车軎、马衔、各种节约、串珠和骨马镳等，一些节约上有镏金、错银等装饰。还发现圆环形、兽头形等银器 7 件，以及一些错金银、错宝石等小件文物。青铜杂器以式样繁多、大小各异的构件为大宗，数量在 150 件以上，许多类型为国内首次发现，其中既有器型厚重的组合式柱头，又有带转轴的双盖弓帽，形态各异、设计精巧，体现了韩国高超的青铜器铸造技术和机械设计水平。杂器中发现有形态生动的鸭爪和小立兽，柄形器上还有绚丽的错金花纹，体现了韩国杰出的雕塑与装饰工艺。杂器有钟磬架、大帐等物品。玉器残存有精美的璧、圭、璜、珠等，以长 27.3cm、宽 8.3cm 的玉圭最为珍贵。还发现有质地考究的玛瑙环、水晶环等。经过初步去锈，已在铜鼎、削、盖弓帽、车辖、鞋底形铜足等 100 余件铜器上发现刻铭，内容多为方向序号，其中在铜鼎和银箍扣上发现有"王后""王后官""太后"刻铭，在盖弓上发现"少府"、在铜戈上发现"左库"等韩国官署名称，可以确定这是一组战国晚期韩国王陵。

西南区环沟墓葬发掘图

"少府"铭铜樽

铜礼器

马坑

玉柄玉鞘铜匕首

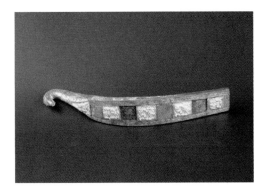

镶金玉错金银镏银铜带钩

胡庄韩王陵部分银器

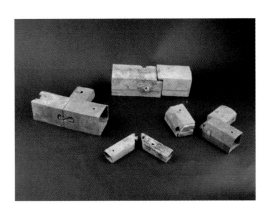

韩王陵套接式铜构件

胡庄铜鼎肩沿上"王后"铭

胡庄有铭铜戈

（4）发掘主要收获与认识。确定了这是一处由夫妇两座大墓为核心的战国晚期韩国王陵。由环沟、"中"字形封土与墓上建筑、陵旁建筑和可能存在的角楼构成的陵园形态填补了韩陵发现空白。

陵园布局规整，应该进行了详细的规划，特别是 M1 打破 M2 东西宽近 12m，而墓室的方向、大小、封土及冢上建筑布局上相当一致，体现了陵园平面设计和施工的严密性。

本次发掘完整揭示了韩陵的建造与埋葬过程，为研究古代陵墓制度意义重大。500 余件各类珍贵文物的发现，是研究韩国陵墓制度和手工业、建筑工程等领域的重要资料。

春秋与战国早期郑墓排列有序，对研究郑国昭穆制度和埋葬制度提供了一批重要实物资料。

战国韩墓的发掘，不仅为研究新郑地区韩墓文化提供了新资料，其位置多变的壁龛是韩墓的新发现。较多战国空心砖墓的发掘，为厘清战国与西汉时期空心砖墓提供了重要的新材料。

丰富的随葬品的出土，不仅为研究郑韩两国墓葬文化断代提供了新材料，也为研究两国青铜、玉器、石器、骨器、陶器等手工业发展水平提供了重要材料。

26. 禹州市前后屯遗址

前后屯遗址位于禹州市韩城街道办事处前屯村北的冲积平原上，北距颍河 0.5km，东南距禹州市区约 2km，西距瓦店遗址约 2.5km。经钻探知，遗址南北宽约 200m，东西长约 300m，面积为 6 万 m²，陶片分布面积达 10 万 m²。此次发掘共布 10m×10m 探方 20 个，分为北、南两区。北区堆积薄，多数探方耕土层下即为各时期遗迹单位；南区文化层堆积较厚，各探方文化层厚度基本一致，平均深度达 1.5m 左右，含宋元、汉代、商周、龙山等时期的文化层。发掘面积 2000m²，发现和清理了各时期大量遗迹遗物，其中以龙山文化最为丰富。遗迹有房址、灰坑、墓葬、沟等 270 余座，遗物有陶器、石器、骨器、铜器、铁器、瓷器等近 600 件。

（1）遗迹。灰坑共计 230 余个，房址 5 座，墓葬 15 座，沟 22 条。

龙山文化时期的遗迹有房址 4 座，灰坑 175 个，沟 10 条，墓葬 3 座。4 座房址相距很近，排列有序，两两相对，有圆形和方形两种，均为半地穴式，残存较浅，地面经火烧烤，红烧土面位于中部。灰坑根据坑口形状的不同，可分为圆形（69 座）、椭圆形（16 座）、圆角长方形（20 座）、不规则形（70 座）共四种类型。多数较深，出土陶片较多，部分灰坑的壁面和底部可见加工痕迹，原应为窖穴。墓葬均为长方形土坑竖穴墓，墓主头向西，未见随葬品。沟呈长条形，宽度、深度、长度不一，但多数较直，其中 G9 规模最大，出土物极为丰富。

F2：位于 T2008 中部偏西，平面大致呈圆角方形，方向 357°。被多个灰坑打破，保存状况较差，仅残留部分居住面、墙壁（生土壁）和垫土。居住面南北长约 2.7m，东西最大残宽约 2.0m。居住面经火烧烤，烧烤厚度不均，一般 1～2cm，最厚处达 10cm。居住面中间位置有一处残存的半圆形黄色烧土硬面，非常坚硬，此处剖面上的红烧土也很厚，达 10cm，推测为长期用火所致，应为灶之所在。墙壁（以生土为壁）残高 18～22cm，表面亦经烧烤成为坚硬的烧土面，烧土厚度 1～2cm。垫土经解剖，可分为两层，分布范围不一。

F2 以东、南部有两大而深的圆形、直壁、平底的灰坑，形制规整，壁、底经过较好加工，可能为 F2 的附属设施。

F4：位于 T2207 中部偏东北。为平面圆形的半地穴式建筑，破坏较甚，仅残留部分居住面和垫土，未发现墙壁、立柱、门、门道、灶、柱洞等痕迹。居住面直径约 3m，经火烧烤成硬面。残存的地穴下部近生土壁也烧烤成硬面。居住面不甚平，略有凹凸。房屋中部偏西处有 2 块石块，顶面近平，或为立柱之用。东部对称位置亦发现类似石块。房屋中部近中心有一近椭圆形柱坑，被灰坑打破。烧烤居住面之下为垫土，厚约 8cm，灰白色，质硬密实，夹少量黄褐土，似经夯打。

居住面之上为倒塌废弃堆积，夹杂大量烧土块、草木灰等，含陶片、石块、兽骨较多。陶片可辨器型有罐、鼎、盆、瓮等。出土完整骨镞 1 件。

F4 之西有 H80，壁面较直，深度较大，出土小件较多，可能是 F4 使用时期的窖穴；房址以东的 2 个灰坑也可能是 F4 使用时期的附属设施。

H35：位于 T2008 东南部。近圆形，直壁、平底，壁面十分规整。口径 2m 左右，深 1m，底部偏南有小柱洞。底部似经过一定加工，较平整、较硬。填土浅灰褐色，夹杂较多水锈，结构致密，质地较硬，无分层现象。内含陶片、动物骨骼等。出土有石器、纺轮等小件。

H80：位于 T2207 东北部。壁较直，底部凹凸不平。坑口长 1.04～2.2m，宽 1.42～1.92m，坑底长约 1.96m，宽约 1.74m，深 1.48～2.04m。在底部东侧有一个近曲尺状浅坑，其内又有一圆角长方形的圜底浅坑。另外，在曲尺形浅坑南部还有一长条形浅坑。壁面有较为清晰的工具加工痕迹，似为铲类工具。填土分为四层，含较多陶片、石块、动物骨骼等。第 4 层出土石刀、石铲、骨簪以及残石器、残骨器各 1 件。

G9：位于 T2407、T2406 东部，近南北向，方向 4°。斜壁，近平底。清理部分长 19m，宽 3～4.75m，深 1.7～1.9m，沟底宽 2～4m。沟壁未见明显加工痕迹。

沟内填土分为 5 层，各层均出土有较多陶片、石器、骨器、兽骨、贝壳等遗物。陶片中可辨器型有鼎、罐、壶、盆、杯、盘、豆、钵等。共出土小件 101 件，其中 99 件出土于第 1～3 层，第 4 层未出土小件，第 5 层仅有 2 件残石器。小件中石制品 79 件，陶制品 11 件，骨器 8 件（另有人骨 1 件），蚌器 2 件。石器种类包括石刀、铲、凿、锛、斧等，但是大多数残破，难辨器型者计有 61 件。

该沟以西遗迹较为丰富，打破关系复杂，而沟以东遗迹数量明显偏少，相互间打破关系较为简单；而且该沟长、宽、深都较大，出土大量残石器，因此推测 G9 对于该聚落具有特别的意义。

商周时期的遗迹有灰坑 44 个，分布于南、北两区。多为圆形和不规则形，有的坑壁有加工痕迹，坑底有一层硬面，推测原为窖穴。总体而言，此期遗存以东周为主，西周较少，个别可能早到晚商时期。

H85：位于 T2108 西南部，平面形状为近半圆形（西半部被压在隔梁下），近直壁，平底，直径约 2.7m，坑壁有加工痕迹，坑底有一层硬面，似经特殊加工。坑内填土分为两层。此坑规模较大较深，坑壁、坑底规整，应为特殊用途挖成，如用作窖穴等。

汉代遗迹有灰坑 9 个，沟 4 条，分布于南、北两区。出土大量泥质灰陶板瓦、筒瓦和石块，堆积密集。

H7：位于 T2207 中部，平面为圆形，近直壁，底部近平但有凹凸。坑口直径 3.54m，坑底直径 3.24m，残深 1.06m。坑壁规整，但未见明显加工工具痕迹。填土分为四层。该坑出土大量陶片、石块，共收集 25 袋，以泥质灰陶板瓦、筒瓦为主，堆积密集，多外施绳纹，内有布纹。此坑规模较大较深，坑壁较规整，应为特定用途挖成，废弃后在较短时间内堆积大量瓦片，推测周围可能有汉代的砖瓦建筑。

宋元时期的遗迹有墓葬 4 座，保存完整，仅分布于南区。均为洞室墓，由天井式墓道和长方形墓室组成。时代、形制大致相同，相距较近，似有一定的联系。随葬器物较丰富。

M4：位于 T1504 西北部，延伸至北隔梁下。为洞室墓，总长 5.64m，宽 0.8～1.24m，方向 10°。其中墓道平面为近长方形，墓室呈长方形，长 2.64m，宽 1.24m。墓道与墓室接合处垒砌有封门砖，墓室铺有地砖。人骨腐朽严重，葬式、性别、年龄等均不详。随葬品位于墓主头部、四肢骨附近和人骨西侧，共 16 件：青铜镜 1 件，"开元通宝"铜钱 11 枚，白釉瓷碗 1 件，瓷瓶 1 件，陶罐 1 件，铁鼎 1 件。

（2）遗物。此次发掘出土各类遗物 577 件，按质地划分有陶、石、骨、蚌、铜、铁、瓷等，器型包括陶鼎、瓮、罐、鬲、壶、盆、豆、钵、碗、盘、杯、纺轮、砖、瓦等，瓷碗、瓶、罐，石斧、刀、镰等，青铜洗、镞、簪等，铁鼎、削，骨簪、锥、镞等。其中石制品数量最多，共 246 件，陶制品次之，177 件。

龙山文化遗物共 377 件，其中以石器为最多，其次为陶器，再次为骨（角、牙）器，蚌器较少。陶制品 100 余件，有泥质、夹砂两种，以灰、黑陶为主（灰陶数量略占优势），褐陶、黄褐陶次之，红陶、红褐陶数量较少。器表以素面和篮纹为主，另有方格纹、压印纹、绳纹、弦纹、附加堆纹、凸棱纹、按窝纹。器类有罐、鼎、甑、鬲、盆、钵、壶、瓮、杯、器盖、纺轮、圆陶片等，其中陶纺轮最多，其次为罐、杯。石器近 200 件，以磨制为主，器型规整，磨制精细。均为生产工具，绝大多数残缺，可辨器型者仅占总数的约三分之一，有刀、铲、锛、斧、凿、镰等，以刀、铲、锛数量最多。骨、角、牙器 60 余件，以骨镞、骨锥、骨簪数量最多，占可辨器型中的一半以上。

商周时期遗物中陶片较多，可辨器型有鬲、罐、瓮等，纹饰中以绳纹较常见。鬲多为圆唇、折沿，弧裆较低。另见有方唇盘口鬲残片。罐见有折肩并饰绳纹者。小件共 81 余件。其中石器占总数的近一半，均为生产工具。30 余件陶制品中以纺轮数量为最。铜制品仅见镞 4 件、残铜块 2 件。

汉代出土陶片以泥质灰陶为主，可辨器型中以板瓦、筒瓦居多，多外施绳纹、内施布纹或折线纹。另有空心砖、带榫卯结构的实心砖、罐、杯、纺轮等。出土石、陶、骨器等小件 21 件。

宋元时期出土小件 59 件。除陶石器外，以铜、铁、瓷器为最多，均出土于 4 座墓葬中，包括铜镜、铜钱、铜簪、铁釜、铁削、铁刀、瓷灯、瓷碗、瓷壶、瓷罐。

通过调查、勘探和发掘，整个遗址陶片分布面积 10 万 m²，文化堆积南区以商周、汉代和宋元时期堆积为主，龙山文化时期堆积虽有一定厚度，但包含物较少；北区的龙山时期堆积虽受后世严重破坏，但残留的灰坑、房址较多，应是龙山文化时期聚落的中心部位，东部边缘的 G9 可能是界壕所在。从目前资料看，此次发掘出土的龙山期遗存为龙山文化早期，这在颍河上游还是比较集中的一次发现，遗址本身又紧邻瓦店遗址，显示出重要的学术价值。

龙山陶鬶

龙山陶鼎

龙山陶鼎

龙山陶豆

龙山陶罐

龙山陶罐

龙山陶壶

龙山陶鼎

龙山陶甑

商周时期陶鬲

宋代瓷瓶　　　　　　　　　　　　　　　　宋代瓷碗

27. 禹州市十里铺遗址

十里铺遗址位于禹州市韩城街道办事处后屯村，东南距禹州市区约 4km，北临颍河，西距著名的禹州瓦店遗址约 4km，为颍河上游史前聚落群中的重要遗址之一，同时也是一处汉唐时期的墓地。

遗址发掘区

本次发掘共布方 19 个（10m×10m），扩方 240 余 m^2，共计发掘面积 2140m^2。工地一次布方，分两批发掘，于 2010 年 11 月 3 日结束野外发掘。

十里铺遗址文化堆积共分四层，第 1 层为耕土层、第 2 层为扰土层、第 3 层为龙山文化层、第 4 层亦为龙山文化层。其遗存较为丰富，初步统计已发现的龙山文化、汉代和唐代各个时期的遗存有：墓葬 28 座、房址 4 座、灰坑 52 个、灰沟 5 条。出土的龙山文化、汉代和唐代各个时期的遗物小件 500 余件（龙山文化时期文物 311 件、汉唐墓葬文物 225 件）。陶器有鬶、斝、罐、甑、壶、研磨钵、豆、器盖（碗）、杯形器、垫、纺轮以及仓厨明器、花纹砖与空心画像砖等；石器有斧、锛、刀、镞、画像石墓门（2 套）等；玉器有蝉（琀）、眼罩、瑱、塞玉等；铜器有镜、带钩、洗、钱、书刀等；铁器有刀、剑等；以及蚌、骨器等。

此次发掘的龙山文化时期重要遗迹有：①2010YHG2，纵贯发掘区西部，东北—西南走向，已揭露的部分长约 40m、宽 5m、深 2.5m；2010YHG4 与 2010YHG2 并行，长 8m、宽 1.5m、深 5m，其地层关系清楚、规模较大、沟内出土遗物丰富，对探讨龙山时期聚落布局中的沟壕现象有十分重要的意义。②发现多个较完整的小孩瓮棺葬，有的墓圹清晰、瓮棺完整、骨骸犹存，是了解此时人们丧葬习俗和社会意识形态的典型材料。③发现较完整的白灰居住面的堆积和较完整的房基，为了解此时期先民居住特征提供了新资料。④灰坑分为方形、长方形、圆形、不规则形，其中新发现的圆形袋状带长条形洞室的灰坑（2010YHH40）形制十分奇特，使人们对此时较多存在的各式灰坑的用途有了新的认识。⑤本次发掘所发现的一批可复原的典型陶器，如鬶、斝、壶、研磨钵、夹砂厚胎罐、彩陶纺轮、红陶杯形器等，为充实和佐证禹州瓦店遗址的龙山文化陶器类型以及河南龙山文化王城岗类型的内涵研究提供了很有价值的资料。

陶瓮棺

陶斝

陶鬶

陶壶

陶环

汉墓封门

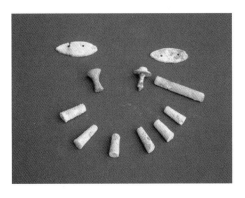

葬玉

铜镜

陶圈厕

瓷盒

十里铺遗址的发掘中，共发现了15座汉代墓葬。这批墓葬等级有别、形制多样，延续东西两汉，有石椁墓、三竖穴过洞式砖室墓、双竖穴过洞式砖室墓和竖穴刀形砖室墓等。尤其是这次发现的三竖穴过洞式砖室墓，根据当地特有的土层特性，设计合理、构思巧妙，三竖穴深挖后前后相通、各具功能，反映了汉代墓葬"深埋厚葬"的葬制特点。这批汉代墓葬虽多已被盗，但也留下了一些有价值的遗存，它们大都用花纹砖或带有花纹图案的空心砖砌筑而成，如2010YHM11的墓门由11块印有人物建筑及车马出行等图案花纹的空心砖组合砌筑而成，图案精细清晰，已整体揭取可供复原；其他如出土的七乳铜镜，保存较好的铁剑、铁刀、铜带钩，以及成组的陶壶、罐等，对了解当时的社会状况都有一定的价值和意义。此外，还提取了两组东汉画像石墓门，雕刻的装饰图案粗犷奔放，其门楣、框、扉、栏较为完整。

另外，在遗址的考古发掘中，还发现了2座较为完整的唐宋小型土坑墓。

发掘场景

28. 禹州市新峰墓地

新峰墓地隶属于河南省禹州市梁北镇苏王口村和郭村两个行政村，北距禹州市区约3.5km。地理坐标为北纬34°6′17.83″，东经113°26′2.04″，海拔127～135.5m。

墓地处于东峰山东坡的梯级台地上，地势西高东低。东峰山是三峰山的组成部分，属于箕山山系，为伏牛山余脉，东峰山东与金鸡山相对，其间系吕梁江故道。该墓地东距省道231线（禹神公路）约210m，北止于郭村原砖窑厂，西邻平禹煤电公司（原新峰矿务局），南距陈口村约400m。新峰墓地南北长约1000m，东西宽约220m，面积约220000m²。

发掘总面积11350m²，清理出战国至明清各时期墓葬551座，出土遗物共计3164件。

新峰墓地墓葬时代跨度较大，可分为战国晚期、秦、汉、唐、宋、明、清等7个时期。共发现战国秦汉墓葬505座，唐墓7座，宋墓6座，明墓1座，清墓8座，时代不明墓葬24座。出土遗物种类丰富，包括陶、高温釉陶、瓷、铜、铁、银、铅、玉、水晶、玛瑙、琉璃、墨、骨、角、石等不同质地。对各个时代的墓葬形制、陶器组合及典型墓例依次介绍如下。

战国晚期墓葬形制有竖穴土坑墓、竖穴土坑空心砖墓、竖穴墓道土洞墓、竖穴墓道洞室空心砖墓等，出土随葬品陶器组合有鼎、盒、壶、小壶、豆、盆、匜、钵，鼎、盒、壶、盘、匜，鼎、盒、壶、盘、匜、罐、钵，壶、钵，罐、钵等（因盗扰，部分陶器组合不甚完整，下同）。M378为竖穴土坑墓，方向12°。平面长方形，壁略斜收，平底。墓口长316cm、残宽196cm，底长290cm、宽180cm、深210cm。单木棺，棺痕长190cm、宽80cm、厚2cm、残高10cm。骨架1具，位于墓室东部，仰身直肢，头向北。随葬品包括陶鼎1件、陶盒2件、陶壶2件、陶小壶2件、陶匜1件、陶豆6件、陶盆1件、陶钵3件、铁带钩1件、骨棋子8件。其中陶器位于棺外西侧，南北向排列，铁带钩位于棺内盆骨西侧，骨棋子位于棺内西北角。

秦代墓葬形制有竖穴土坑墓、竖穴土坑空心砖墓、竖穴墓道土洞墓、竖穴墓道洞室空心砖墓等，出土随葬品陶器组合有鼎、盒、壶、盘、匜、罐、钵，鼎、盒、壶、盘、匜、钵，鼎、盒、壶、小壶，壶、钵，罐、钵，壶、罐、钵，壶、小壶等。M23为竖穴土坑空心砖墓，方向106°。墓葬结构包括墓坑、空心砖墓室和器物室三部分。墓坑平面长方形，直壁（东壁被破坏），平底。墓口长354cm、宽140cm，墓底长292cm、宽128cm、深278cm。墓坑底部以空心砖构筑墓室。墓室长262cm、宽126cm、高134cm。器物室为墓坑东壁底部向外开设的小洞室，平面长方形，直壁，平顶，平底。洞室宽128cm、高86cm、进深88cm。单木棺，棺痕长222cm、宽85cm、残高2cm。骨架1具，保存极差，仰身直肢，头向东。随葬品包括陶鼎2件、陶盒2件、陶壶2件、陶小壶2件、铜镜1件。其中铜镜位于墓室东部，1件陶盒、1件陶壶和1件陶小壶位于墓室西部，其他随葬品位于器物室内。

西汉早期墓葬形制有竖穴土坑墓、竖穴土坑空心砖墓、竖穴墓道土洞墓、竖穴墓道洞室空心砖墓等，出土随葬品陶器组合有鼎、盒、壶、盘、匜、罐、釜，鼎、盒、壶、罐、钵，鼎、盒、壶、小壶，壶、钵，罐、钵，壶、小壶，壶、小壶、小罐等。M317为竖穴墓道洞室空心砖墓，方向195°。墓葬结构包括竖穴墓道、墓室两部分，墓道开口甚宽于墓室，底部宽度与墓室相等，平面呈"凸"字形。墓全长544cm、最宽190cm、深286cm。墓道平面长方形，四壁斜收，平底。开口长280cm、宽190cm，底长230cm、宽126～130cm、深270cm。墓道北壁下部向外开设洞室。墓室由空心砖构筑，平面长方形，直壁，弧顶，平底，底比墓道底低16cm，长282cm、宽128cm、高156cm。葬具、葬式不详。随葬品包括陶鼎1件、陶盒1件、陶壶1件、陶盘1件、陶匜1件、陶罐2件、陶釜1件、铜镜1件。其中陶罐1件位于墓室后部西侧，陶鼎、陶壶、铜镜位于墓室前部西侧，陶盒、陶壶盖、陶盘、陶匜、陶罐1件、陶釜位于墓室前部东侧。

西汉中期墓葬形制有竖穴土坑墓、竖穴土坑空心砖墓、竖穴墓道土洞墓、竖穴墓道洞室空心砖墓等，出土随葬品陶器组合有壶、小壶，罐、小壶等。M464为竖穴墓道洞室空心砖墓，方向15°。墓葬结构包括竖穴墓道、封门、墓室、耳室四部分，墓道与墓室等宽，平面呈"卜"字形。墓全长480cm、最宽140cm、深280cm。墓道平面长方形，直壁，平底，长226cm、宽100cm、深280cm。墓道南壁下部向外开设洞室。封门位于洞室口部，由3块空心砖并排竖立构成。墓室平面长方形，直壁，弧顶，平底，比墓道底低14cm，长240cm、宽100cm、高80cm。墓底分两列纵向平铺4块空心砖，空心砖嵌入墓底地表。耳室位于墓室前部西壁。平面长方形，直壁，平顶，平底，宽60cm、高50cm、进深40cm。单木棺，棺痕长214cm、宽

63cm。骨架1具，仰身直肢，头向北。随葬品包括陶壶2件、陶小壶2件。其中陶壶位于耳室内，陶小壶位于室内西侧。

西汉晚期墓葬形制有竖穴墓道土洞墓、竖穴墓道洞室空心砖墓、竖穴墓道洞室小砖墓、斜坡墓道洞室小砖墓等，出土随葬品陶器组合有鼎、壶、小壶、罐、盆、瓿、灶、釜，壶、小壶、罐、小壶等。M18为竖穴墓道洞室小砖墓，方向106°。墓葬结构包括竖穴墓道、墓室两部分，墓室宽于墓道，平面呈"凸"字形。墓全长618cm、最宽216cm、深120cm。墓道平面长方形，西壁不存，东南北三壁略斜收，平底。墓道开口长284cm、宽138～140cm，底长280cm、宽132～134cm，残深120cm。墓道西壁下部向外开设洞室。洞室内以小砖砌筑墓室。墓室平面长方形，直壁，券顶大部已塌陷，平底。墓室长334cm、宽216cm、残高120cm。葬具不详。墓底北部有白灰痕，东西长194cm、南北宽63～68cm；南部有炭灰痕，东西长120cm、南北宽54～70cm。葬式不详。随葬品包括釉陶鼎2件、釉陶壶2件、釉陶小壶2件、釉陶灶1件、釉陶盆1件、釉陶瓿1件、陶罐1件、铜镜2件、铜钱73件、铜带钩1件、铜铺首1件、铜盖弓帽4件、铜辖軎2件、铜衡末4件、铜车輨2件、铜节约2件、铜泡钉1件、铜辕饰1件、铁刀1件、铁削1件、铁镊1件、玉口琀1件、石蛹1件、骨簪1件。其中陶罐位于墓室近门左侧，9件釉陶器均位于墓室后部中间，其他随葬品散落于墓室中部。

王莽时期墓葬形制有竖穴土坑墓、竖穴墓道土洞墓、竖穴墓道洞室空心砖与小砖混筑墓、斜坡墓道洞室小砖墓等，出土随葬品陶器组合有鼎、壶、小壶、罐、樽、熏炉、魁、盘、案、灶、釜、盆、瓿，壶、小壶、罐、樽，壶、小壶、罐、缸、小罐，壶、小壶、罐、耳杯等。M336为竖穴墓道土洞墓，方向8°。墓葬结构包括竖穴墓道、封门、洞室三部分，墓道窄于墓室，位于墓室北端西侧，平面呈刀形。墓全长696cm、最宽204cm、残深160cm。墓道平面长方形，南壁已不存，东西北三壁略斜收，平底。开口长276cm、宽106～124cm，底长270cm、宽100～106cm，残深150cm。封门位于洞室口部，双层空心砖封门，已被破坏。墓室平面不太规则，大体呈长方形，东西南三壁略有弧度，顶塌陷，应为弧顶，平底，长420cm、宽204cm、残高160cm。墓室东南部有长方形棺痕，长170cm、宽72～80cm。骨架1具，仅存盆骨和腿骨，位于棺痕北端外，葬式不详，头向北。随葬品包括陶壶1件、陶小壶2件、陶罐1件、陶小罐1件、陶缸1件、铜釜1件、铜镜1件、铜钱110件、铜带钩1件、铜印章2件、铁削2件、玉口琀1件、玉耳鼻塞1件、骨簪1件。其中陶铜容器除1件位于墓室前部外，其余均位于棺痕外西侧；铜镜、铜钱位于棺痕内；其余器物位于墓室前部。

东汉早期墓葬形制有竖穴墓道洞室小砖墓、斜坡墓道土洞墓、斜坡墓道洞室小砖墓等，出土随葬品陶器组合有罐、瓮、魁、勺、案、灯、灶、碓、圈厕，盘、耳杯、案、瓿、井、灶、磨、碓、圈厕，罐、樽、魁、盘、勺、案、耳杯、井、炉、鸡、狗等。M3为竖穴墓道洞室小砖墓，方向196°。墓葬结构包括竖穴墓道、墓门、墓室三部分，平面呈"凸"字形。墓全长691cm、最宽220cm、深270cm。墓道位于墓室南部，平面长方形，东西南三壁略斜收，北壁直壁，平底。开口长288cm、宽145～149cm，底长286cm、宽142～146cm，深270cm。墓门由空心砖与子母砖混合封筑，由门柱、门扉、门楣、门额构成。其中，门柱、门楣及门扉均有画像。洞室平面长方形，直壁，弧顶，平底，长381cm、宽202cm、高185cm。残存有铺底砖及壁砖。墓室内残存内外两层棺痕。外层棺痕残长146cm、宽80cm、厚2cm，内层棺痕残长135cm、宽46cm、厚2cm，残高10cm。人骨不存，葬式不详。随葬品包括陶罐6件、釉陶灶1件、铁灯1件、石黛板 1 件。除 1 件陶罐及石黛板位于墓室中北部外，其余均位于墓室东壁一侧。

东汉中期墓葬形制有斜坡墓道土洞墓、斜坡墓道洞室小砖墓等，出土随葬品陶器组合有罐、樽、盘、耳杯、灯、灶、甑、井、磨、碓、圈厕，樽、奁、魁、盘、勺、耳杯、案、灯、釜、灶、圈厕、瓦当等。M152 为斜坡墓道土洞墓，方向 105°。墓葬结构包括斜坡墓道、封门、墓室三部分，墓道略窄于墓室，平面长方形。墓全长 972cm、最宽 138cm、残深 180cm。墓道平面略呈楔形，西端略宽于东端，壁略斜收，坡底。开口长 572cm、宽 90～118cm、深 180cm、坡长 586cm，坡度 15°。墓道西壁下部向外开设洞室。封门位于洞室口部，不太规整，单层子母砖横向侧立砌筑，分南、中、北三列，封门宽 128cm、高 146cm、厚 16cm。墓室平面长方形，直壁，墓顶塌陷不明，平底。墓壁和墓底均涂抹石灰层。墓室长 384cm、宽 138cm、残高 168cm。葬具不详。骨架 1 具，位于墓室后部的西北角，仰身直肢，头向西，面向南。随葬品包括陶罐 4 件、硬陶罐 1 件、陶盘 1 件、陶樽 1 件、陶耳杯 2 件、陶灯 1 件、陶井 1 件、陶猪圈 1 件、陶磨 1 件、陶灶 1 件、陶甑 1 件、陶碓 1 件、铜镜 1 件、铜钱 14 件。其中陶盘和 1 件陶耳杯位于墓室中部，铜镜位于头骨北侧，铜钱位于骨架肩部和胸部，其余随葬品位于墓室南壁东西向排列。

东汉晚期墓葬形制有斜坡墓道土洞墓、斜坡墓道洞室小砖墓等，出土随葬品陶器组合有樽、罐、魁、勺、耳杯、案，魁、方盒、勺、瓮、案、屋、井、鸡、狗等。M197 为斜坡墓道洞室小砖墓，方向 20°。墓葬结构包括斜坡墓道、封门、石门、甬道、墓室五部分，墓道与甬道窄于墓室，位于墓室北部偏东，整体平面呈刀形。墓全长 1322cm、最宽 310cm、残深 266cm。墓道平面略呈楔形，南端略宽于北端，壁略斜收，坡底。开口长 624cm、宽 132～160cm、深 266cm，坡长 478cm，坡度 21°。封门位于墓道南端。单层子母砖封门，错缝平铺，整体呈弧形外鼓，共有砖 28 层，平面宽 158cm、高 213cm。石门位于封门之后、甬道口，包括门槛、门柱、门楣、门扉，石质均为青石。门楣和门扉刻有画像。甬道位于墓室北端偏东，平面长方形，直壁，平底，顶已塌陷，南北长 132cm、东西宽 176cm。墓室平面长方形，直壁，平底，顶已基本不存，应为弧顶，长 552cm、宽 310cm、残高 266cm。残存铺底砖及壁砖。墓室底端南半部高于北半部，据此推测墓室应为前后室结构。葬具、葬式不详。随葬品包括陶樽 1 件、陶罐 3 件、陶魁 1 件、陶勺 1 件、陶耳杯 7 件、陶案 1 件、铜削 1 件、铜钱 58 件。其中 3 件陶耳杯、陶勺、陶魁及铜削位于南部后室底部，其余随葬品则位于北部前室底部。

唐代墓葬形制均为竖穴墓道土洞墓，出土随葬品陶器组合有罐，罐、瓶等。M199 为竖穴墓道土洞墓，方向 197°。墓葬结构包括竖穴墓道、封门、甬道、墓室四部分，墓道与甬道窄于墓室，位于墓室南部偏东，整体平面呈刀形。墓残长 576cm、最宽 150cm、残深 168cm。墓道平面呈楔形，北端宽于南端，壁略斜收，平底。墓道北端有由形状不规则且大小不等的石块堆砌而成的墓门，从俯视角度看，其底部到顶部逐渐向甬道方向叠砌收分，高 158cm。甬道位于墓道与墓室之间，土洞结构，但顶部已塌陷，底部平面近长方形，南北长 54cm、东西宽 106～116cm，高度不详。墓室为拱顶，但大部分已塌陷，直壁，平底，底部平面近长方形，长 312cm、宽 138～151cm、高 164cm。未见棺痕，葬具不详。墓室中北部偏西处发现人骨架 2 具，均为仰身直肢葬，头向均北，均面向上，保存状况较差，其中东侧骨架明显有人为摆放痕迹，应非一次葬，两者死亡时间不同，推测应为夫妻合葬。随葬品包括陶双耳罐 1 件、花釉瓷双耳罐 2 件、花釉瓷注子 1 件、瓷唾壶 1 件、铁刀 1 件、铁镰 1 件、铁盂 1 件、铜钱 8 件，主要置于人骨架周围以及甬道东壁一侧。

　　宋代墓葬形制有竖穴土坑墓、竖穴墓道土洞墓、斜坡墓道土洞墓等，出土随葬品陶器有罐。明代墓葬形制为竖穴墓道土洞墓。清代墓葬形制均为竖穴土坑墓，出土随葬品器物组合有瓷罐、镇墓砖、镇墓瓦、铜钱，瓷罐、铜钱等。

战国晚期墓葬陶器

东汉墓画像石墓门

陶狗

陶鸡

东汉墓出土陶樽

东汉墓出土铜带钩

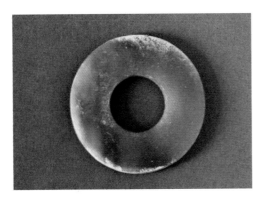

东汉墓出土玉环

秦墓出土骨串饰

王莽时期铜印章

秦墓出土玉环

通过对禹州新峰墓地的发掘，对其所涵盖的各个时期的墓葬形制及陶器组合的特点都有了一个初步的认识。在此基础上，通过认真地观察和分析，也取得了不小的收获。

新峰墓地虽然年代跨度较大，但其绝大多数墓葬都集中在战国晚期至秦汉这一历史阶段。战国晚期至秦代墓葬规模不大，随葬品的等级不高，揭示出墓主人应为身份地位不高的平民阶层。其次，墓葬的墓位排列看不出所谓的"昭穆"次序，这也反映了该墓地不是传统意义上的"邦墓地"，应属当时社会上平民阶层的公共墓地。

新峰墓地 M10 和 M16 的方向较为特殊，其墓道与墓室并不在一条直线上，M10 的墓道呈折曲状，M16 的墓道与墓室作垂直相交。结合墓地地理环境，可以认为，两墓的墓道之所以呈这样一种状态，是因为墓地所在的东峰山山脚下即为吕梁江故道，使得墓地各墓葬的方向随河道的弯曲而改变，但一般都以朝向河道为原则。正是出于这样的考虑，M10 与 M16 为了将墓道朝向河道的方向而使墓道与墓室之间形成这样的格局。另外，值得注意的是战国晚期至秦时期，新峰墓地的墓葬中就已出现有两两并排，方向一致，距离较近且墓葬形制、规模及随葬品等基本相同，时代接近的并列墓葬，这种现象一直延续至西汉时期，推测二者应为夫妻异穴合葬的可能性较大。

陶器组合方面，模型明器在新峰墓地的流行，显示出较为强烈的地域特点。模型明器进入新峰墓地的时间是西汉晚期后段，相对于洛阳等其他地区要略晚，而且与其他地区往往最先出现的是仓不同，新峰墓地最先使用的是灶以及磨。而西汉时期流行的 2 件大壶与 2 件小壶相配的葬制，其文化背景和制度基础如何，还有待进一步考察。

在葬俗方面表现较为突出的是，西汉晚期至东汉时期，新峰墓地各墓随葬的各类饮食器具器表盛行涂朱，包括高柄壶、圆肩罐、尊、樽、奁、魁、耳杯、勺、案等，非常普遍，几乎每器皆有涂朱。

29. 禹州市阳翟故城遗址

阳翟故城遗址位于禹州市钧台街道办事处八里营村南，南水北调工程中线干渠 332km 处，地理坐标为北纬 34°11′，东经 113°29′，海拔 127～130m。

共开设 10m×10m 探方 76 个，10m×20m 探方 2 个，2m×20m 探沟 1 条，总发掘面积 8052m²。清理灰坑 913 个，沟 12 条，井 29 口，灶 28 个，窑 4 座，墓葬 24 座，道路 1 条，夯土基址 1 处。

发掘区

灰坑多呈圆形，少数有长方形、椭圆形、不规则形状等。

井呈圆筒形，无井圈结构。最深者近 4m。

遗址清理出较多陶灶，一般仅存底部，平面略呈梨状，圜底，底部有红烧土层，但往往没有坚硬的烧结面。其长在 0.7～1.2m 之间。

4 座陶窑中，1 座破坏严重，仅存部分窑底。其余 3 座保存较好，均由操作坑、火膛、窑室、烟囱组成。其中 Y1 平面略呈长马蹄形，长 5m，宽 2.5m，上部已不存，残高 0.3m，壁、底有很厚的青灰色烧结面，硬度高。操作坑仅存底部，略呈椭圆形，长约 1.7m，宽约 1m；残存部分窑门；火膛平面略呈三角形，前窄后宽，长约 0.9m，最宽处 1.5m，比窑室深约 0.6m；窑室平面近方形，上部已不存，长约 1.9m，宽约 1.7～2m；烟囱位于后壁，有左右两个烟道，残高 0.4m。

24 座墓葬中，20 座为土坑竖穴墓，集中分布于 3 个探方内，应是一处早期墓地。墓葬多成排分布，从南向北大体可分为四排，仅有少量墓葬存在打破关系，显示出墓地布局具有明确的规划。墓向以南向为主，其次为西向和北向，另有 1 座 M10 因未发现人骨及葬具，不能确定南向或北向。南向墓葬共 9 座，位于墓地中部，由南向北共 3 排。北向墓葬共 4 座，除 M11 位于墓地中部外，其余 3 座集中于墓地北端。西向墓葬共 6 座，散布于南北向墓葬的东西两侧。这批墓葬皆为长方形竖穴土坑墓，直壁平底，少数带有生土二层台、腰坑或壁龛。一般长 2m，宽 0.8m 左右，单棺，骨架皆保存较好，葬式仰身直肢为主，少数仰身屈肢。多于口内含贝，数枚至数十枚不等。只有 2 座随葬有陶器，1 座随葬陶鬲，1 座随葬陶罐。

道路位于东发掘区，西南—东北走向，最宽处 3.2m，最窄处残宽 1.6m，发掘长度约 50m。路面有 3 层，第 1 层厚约 0.15m，黑煤渣夹杂较多烧土粒，十分板结；第 2 层厚约 0.05～0.12m，灰褐土十分板结，夹杂较多碎瓦片、瓷片及小石子；第 3 层厚约 0.05～0.1m，深褐色板结，有明显踩踏面。

夯土基址长方形，东西向，暴露长度 30.2m，东段延伸至现代公路下方未明。东宽 17.2m，西宽 14.2m，残高 0.35m。是在原始地面上铺设垫土 2～6 层，在垫土上开挖基槽，于基槽内由下至上逐层夯土。残存夯土 4 层，每层厚约 0.06～0.1m，夯窝圆形，直径 0.05～0.12m。因为保存下来的内涵极少，且未发现除夯土层外其他任何遗迹、遗物，故其性质并不清楚。

出土瓷、陶、釉陶、玻璃、银、铜、铁、骨、贝、石器等遗物 2000 余件。种类有碗、钵、盆、盘、碟、杯、盏、罐、釜、瓶、擂钵、器盖、簪、梳子、砚、灯、针、枕（残片）、纺轮、瓦、镞、俑、骰子、围棋子、象棋子、石球、钱币等。

瓷器出土的数量最多，约 1200 件。器类有碗、钵、盆、盘、碟、杯、盏、罐、瓶、器盖、枕（残片）、人俑、动物俑、围棋子、象棋子等。包括白瓷、青瓷、黑瓷、钧瓷等，而以白瓷为多，以素面为主，少量有黑彩或褐彩，有的有姓氏或诗文。出土有数量较多的围棋子、象棋子、骰子等，充分反映了当时民间的社会文化生活。

对钧窑瓷片的检测结果显示，金元钧窑与北宋钧窑样品的胎釉化学组成很相似。这表明金元时期的钧窑瓷器是在北宋钧民窑瓷器制作工艺的基础上继续发展的，两者在所用原料的类别和配方上存在着继承和发展关系。但是金元钧窑样品胎釉化学组成的变化范围大，表明金元时期的钧窑瓷器在所用原料的选择和原料配方的掌控上，已不及北宋时期那么严格。这一点可从钧窑的烧造历史得到印证。北宋时期是钧窑烧造的鼎盛期，在生产的各个环节毫无疑问都做得最好，故此时的钧瓷产品质量最优。而到了金元时期，钧窑已处于衰落阶段，产品质量大不如前。

陶器出土不多，种类亦少，目前能复原的主要是盆、盘。对于了解金元时期生活中使用的陶器有一定意义。另外发现少量豆柄、罐口沿等东周陶器残片。

玻璃簪出土有 10 余件，但均残断不完整，色泽有白、蓝、浅绿等色泽。检测结果显示，这些玻璃分别属于钾钙玻璃、钠钙玻璃和铅钾钙玻璃，而没有中国古玻璃中常见的铅钡玻璃。

遗址时代包括西周、东周、汉、金元时期，其中西周遗存只有墓葬材料，东周及汉代仅见零星陶片，另外 1 号窑的年代可能属东汉或稍晚。而主要遗存以金元时期为主，所出大量陶瓷器及灰坑、井、灶、窑、路等遗迹均属于这个时期。

阳翟故城遗址发掘出土的一大批金元时期的遗迹、遗物，显示出这是一处不多见的金元时期普通平民的生活遗址，而且过去对这一时期这种类型的遗址发掘不多。因此，本次发掘所获相关资料，对于了解金元时期一般民众的社会生活状况非常有价值。

瓷碗

瓷碗

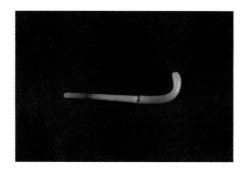

玻璃簪

瓷盘

瓷碗

瓷碗

瓷碗

瓷瓶

瓷棋子

瓷俑头

瓷碗

30. 镇平县程庄墓地

程庄墓地位于镇平县安子营乡程庄村南，墓群分布在程庄与安子营之间，西傍由北南流的淇河，东邻镇平至穰东的 244 省道。此次发掘共清理龙山时期灰坑 15 座、瓮棺 1 座，东周、汉、唐及明清时期的灰沟 3 条、水井 1 座、墓葬 215 座。其中，东周时期墓葬 121 座，汉代墓葬 46 座，唐代墓葬 7 座，明清时期墓葬 25 座，年代难以确定的墓葬 16 座，无随葬品墓 35 座。

程庄墓地鸟瞰

（1）东周时期墓葬。东周时期墓葬共 121 座，分布较为集中，相互间具有打破关系的墓葬仅有两组，其余墓葬间均无打破或叠压关系，说明墓地有一定的规划。墓葬方向相对杂乱，其中以东向者居多。

从平面形状上看，这批墓葬可以分为两类。第一类是带墓道的墓葬，共 3 座，均只有一条墓道。其中，M87 的墓道为斜坡式，位于墓室西壁略偏北。M174 的墓道为阶梯式，位于墓室东壁，共两阶。M180 的墓道则是竖井式，位于南壁中部。第二类是长方形竖穴土坑墓，共 118 座。墓葬平面呈长方形，多数直壁平底，少数口大底小或者口小底大，但口、底尺寸相差都不大。

东周墓葬的规模相差较大，墓室长度为 160～270cm，宽度为 32～197cm，墓室面积为 0.6～4.7m²。墓口距地表在 15～35cm，墓深 60～190cm。葬具有一棺一椁的共 22 座；仅有一棺的 41 座；还有 26 座墓葬内仅见一椁，而未见棺痕；其余 32 座墓葬则未发现葬具痕迹。

东周墓葬中，大多数都有随葬品，以陶器为大宗，另有少量铜饰件和小件铁器。仅 26 座墓葬中未见任何随葬品。

17座有壁龛的墓葬，均将随葬陶器置于壁龛内。其余多将陶器置于墓主两侧，有棺椁的墓葬中，陶器多在棺椁之间。部分墓葬将陶器放置在墓主头端，个别的放置在胸部或腿部。程庄墓地东周墓葬的形制以长方形竖穴土坑墓为主，只是在第二期偏晚阶段以后才开始出现带墓道的墓葬。

不同规模的墓葬在棺椁的有无，以及随葬品的数量上，也有一定的差别。在26座无随葬品的墓葬中，墓室面积在2m²以下有17座。第一期墓葬的葬具惟见有棺，不见有椁。第二期墓葬中，墓室面积在2.2m²以上的大多有棺有椁；而墓室面积在2.2m²以下的墓葬中，则未见有椁的，多是单棺或无葬具。不过，第一、二期不同等级墓葬在随葬品的种类和数量上未见明显的差别，仅第二期高等级墓葬中随葬壶的比例稍高。第三期墓葬中，墓室面积在2.2m²以上的，基本都有棺有椁，随葬陶器种类、数量较多，且以仿铜陶器为主；而墓室面积在2.2m²以下的墓葬中，多未见葬具或仅有一棺，随葬陶器基本都是鬲、盂、豆、罐、壶等，不见仿铜的鼎、敦，更未见盘、匜、小口鼎、簠、盉等器类。

总体来看，程庄墓地东周墓葬的随葬品以陶器为主，不见铜礼器、兵器等，葬具最多也只是一棺一椁，缺乏高等级的墓葬，其性质应为一处平民墓地。东周时期墓葬在程庄墓地首次集中发现，尽管规模普遍偏小，随葬品也不算丰富，但其保存状况却相对较好，陶器修复率高，因而对研究当时的埋葬制度、建立南阳地区春秋战国时期考古学文化发展序列及研究楚文化与中原文化交流等问题均有重要价值。百余座东周时期的墓葬方向不一，随葬品组合有别，但其相互间又基本上不存在打破关系，这种现象对研究当时的埋葬制度具有重要价值。程庄墓地东周时期墓葬随葬品组合和形制均与湖北荆门一带东周楚墓的随葬品组合和形制相近，而与郑洛地区东周时期墓葬随葬品组合和形制明显有别。这对研究楚文化的北渐具有重要意义。

（2）汉代墓葬。汉代墓葬共46座，汉代墓葬主要有砖室墓和土坑墓两种形制。

砖室墓38座，出土随葬品41件，钱币200多枚。形制多为斜坡墓道、长方形券顶墓，有单室、双室、三室三种类型，小砖砌造。均遭严重盗掘，个别墓葬残存有少量随葬品。

土坑墓8座，出土随葬品55件，钱币150多枚。墓葬形制可分为竖穴土坑和斜坡土坑两种，多保存完整。出土随葬品组合为鼎、壶、罐、仓、灶、井、磨、猪圈，猪、狗、鸡、鸭、铁剑、铜镜、铜钱等。

程庄墓地的汉代墓葬多遭盗扰，但从发掘所获随葬品的组合和形制来看，该墓地还是有自身特色的。其陶器以仓、灶、井、磨、猪圈为基本组合，伴出有狗、猪、鸡、鸭等。战国以来的鼎、盒、壶等仿铜陶礼器仍然存在，双耳罐较为多见。陶器形制上，博山炉式器盖较为盛行，鼎、盒、仓等器物的盖均为博山炉式。陶鼎的足呈熊形或人形，仓均平底。此外，一侧内折的简易猪圈也是有特色的器物。

（3）唐代墓葬。唐代墓葬7座，均为砖室墓，有方形和长方形两种，均被盗掘。竖穴砖室墓4座，墓室被破坏严重，随葬品仅见有开元通宝钱。在3座带斜坡墓道、甬道的墓葬中，其中M115墓室呈弧边方形，甬道位于墓室南部正中，砖砌棺床位于墓室北壁之下。随葬品较少，残存瓷碗、砚台和开元通宝钱等。

（4）明清墓葬。明清墓葬25座，主要集中分布在发掘区南部，墓葬形制皆竖穴土坑，其中7座为双人合葬，葬具为一人一棺，随葬品多为1件小酱釉敛口瓷罐或带执手和短流的瓷罐。

陶灶

陶磨

陶鸭

出土器物部件

陶狗

陶猪

陶鸡

陶仓

31. 地面文物

南水北调中线工程总干渠河南段在初步设计方案中共列入两处地面文物，均位于焦作市（表5-2-1）。地面文物分别是张家祠堂和王兰广故居。

表5-2-1　　　　　　　　　　总干渠河南段地面文物一览表

序号	市	县（区）	文物名称	行政隶属	年代	建筑面积/m²	保护级别
1	焦作市	解放区	西于张家祠堂	解放区王褚乡西于村	清代	330	市级
2	焦作市	解放区	王兰广故居	解放区王褚乡西王褚村	清代	192	市级

张家祠堂，市级文物保护单位，位于焦作市解放区王褚乡西于村。该建筑保存较好，干渠占压建筑面积353m²。由山门、拜殿、大殿组成，保存完好。该建筑群是保存较好的清代祠堂建筑，具有典型的清代民间风格，其硬山卷棚、鼓镜柱础、柱头之间置荷叶墩、异形斗拱等手法是河南的地方手法。该建筑群为研究河南清代民间建筑和当地民俗提供了实物资料，具有很高价值。

王兰广故居，位于焦作市解放区王褚乡西王褚村，故居保存较好，干渠占压古建面积150m²，为市级文物保护单位。对研究清代建筑和人文历史具有较为重要的价值。

张家祠堂搬迁前　　　　　　　　　　　　　　王兰广故居搬迁前

焦作市文物部门后来在调查的过程中，在拆迁范围内新发现的几处古建筑，除规划中列入的王兰广故居和张家祠堂之外，还有翰林故居、盐商故居、定和明清故居、和圣祠等明清古民居。2009年3月20日，焦作市文物局为此向河南省文物局上报《关于抢救保护焦作南水北调城区段河道内文物所需经费的紧急报告》，建议对这些地面文物进行搬迁重建。

2009年6月5日上午，河南省文物局南水北调文物保护管理办公室就此在焦作组织召开了焦作城区地面文物保护工作座谈会。与会同志首先对焦作城区的地面文物王兰广故居、张家祠堂、翰林故居、盐商故居、定和明清故居、和圣祠等明清古民居进行了实地考察，并听取了焦作市文物局有关地面文物情况的汇报。专家认为对于这些民居应当进行搬迁复建，使这批地面建筑能够得到保护和利用。

随后，焦作市文物部门组织专业人员积极协调这几处文物的搬迁保护工作，并着手进行测量和绘图等工作。

2009 年 3 月 17 日搬迁前的定和明清故居　　　　　2009 年 3 月 17 日搬迁前的和圣祠

　　焦作市政府对南水北调中线工程总干渠文物
保护工作高度重视，划拨土地 50 亩用于王兰广
故居、张家祠堂、翰林故居、盐商故居、定和明
清故居、和圣祠等明清古民居的复建用地，集中
复建在圆融寺靠近山门的位置。这样既能够与周
围环境相协调，也能够与圆融寺融为一体，便于
对这批古建筑将来的开发和利用。

2013 年 9 月 5 日地面文物复建现场

二、河北省段文物保护成果

（一）概述

　　南水北调工程总干渠河北段自河南省安乐镇穿漳河进入河北省，经过邯郸市的磁县、邯郸
县、永年县，邢台市沙河市、邢台县、内丘县、临城县，石家庄市赞皇县、元氏县、鹿泉县、
正定县、新乐县，保定市曲阳县、唐县、顺平县、满城县、徐水县、易县、涞水县，从涿州市
穿拒马河进入北京市，全长 463km。一期工程除总干渠外，还修建了从河北省徐水县西黑山村
北引水，途径河北省保定市徐水县、容城县、高碑店市、雄县，廊坊市固安县、霸州市，向东
进入天津市的外环河，全长 130km 的天津干渠。

　　河北省西倚太行山，北枕燕山，东临渤海，南接中原腹地。湿润的气候和肥沃的土地孕育
了古代灿烂的历史文化。自 170 万年前，人类就在这片土地上生息、繁衍，这里是华夏文明发
源地的核心区域之一。南水北调中线工程所经之处大部分为太行山东麓的山前平原，是古代文
化遗存埋藏最丰富的地区。从解放初期开始，考古工作者相继发掘了邯郸涧沟遗址、永年台口
遗址、易县北福地遗址、七里庄遗址、涞水渐村遗址、大赤土遗址等比较著名的新石器时代遗
址，并以"涧沟类型"命名河北南部地区龙山时代文化。仰韶文化后冈类型在河北中南部地区
分布非常广泛。夏商时期，太行山东麓是商先民活动的主要地区，大量的先商文化遗存分布是
其最好的见证。邢台是商王祖乙的都城所在地，从石家庄正定到保定徐水等地，分布有许多商
代方国遗存。春秋战国时期，南部的赵国、中部的中山国、北部的燕国，在中国历史上都占有
非常重要的历史地位，为此，河北又被称为"燕赵大地"。汉代，北有中山，中有常山等诸侯

国。曹魏时期，曹操建都城于邺，直到北朝时期，邯郸地区是中国北方地区的政治、经济和文化中心。隋唐时期，邢台是我国北方白瓷的烧造中心。宋代，河北省曲阳、定州的定窑是宋代五大名窑之一。元、明、清三代，河北成为京畿要地。

为做好南水北调工程文物保护工作，自 2006 年 4 月至 2010 年 9 月，河北省文物局邀请国内 23 家考古研究机构、省内 10 家文物保护及研究机构参与开展了南水北调中线工程文物保护大会战，这是河北省自新中国成立以来规模最大的基本建设工程中的文物抢救保护工程。在历时 5 年多的时间里，完成了 100 处（34 处古墓葬群，66 处古遗址）不可移动文物遗存的考古发掘工作，勘探面积 3886500m²（批准计划为 2895070m²），发掘遗址（含古墓葬）面积 274800m²（批准计划为 270000m²），发掘大、中、小型古墓葬 2633 座，出土文物 21177 余件（套），保障了南水北调中线工程建设的顺利进行。2014 年，南水北调中线工程京石段开始向北京供水。

（二）重要成果

1. 燕长城遗址（包括易县燕长城和徐水县燕长城）

易县燕长城是燕国南界筑于南易水沿岸的长城，是由易水堤防扩建而成的，一称"易水长城"，又称"长城堤"及"燕南长城"。其走向起自今易县西，沿古南易水北岸东行，经今徐水、容城、安新、雄县境，再转向东南入文安境。它既是燕国的边界军事设施，又是防范水患的大型水利工程。易县境内燕长城走向基本为南北向，北端向东直角转折，东西向穿越北邓家林村。长城墙体保存状况较差。地表现存两段墙体，南部一段现存约 25m，基宽 12m，高 4～5m；北部一段地表现存约 15m，基宽约 8m，高 2m。南水北调工程从易县北邓家林村西约 300m，西南距沈村约 200m 一带燕长城遗址穿过。2006 年 5 月，经过考古发掘证实，易县燕长城大致沿瀑河北岸而建，走向随地形而定，弯曲不直，墙基宽约 4m。建造方法先顺断崖边向下挖宽 4m、深约 2m 的基槽，然后再层层夯筑。筑法为版筑，即断崖外侧一面用木板，内侧用生土壁作挡板，层层夯筑。墙体外侧尚存板痕，木板宽约 0.2m。地表上墙体和护墙用灰褐色黏性土，夯层之间有铺草痕迹，估计是用来防止黏夯具。基槽内用黄褐土，采用轻夯和重夯相间筑成。夯层厚 0.08～0.2m 不等，夯窝直径 0.02m，夯具为束夯和棍夯两种。据史料记载，该段长城为燕昭王所筑。燕国为了防御赵、中山等国，先后修筑南北两道长城。

徐水县燕长城是燕南长城中保存较好的长城遗存，从与易县交界处至徐水县城西村，总长 13500m，地面残留城墙 9691m。其中，瀑河水库内残存城墙 5260m，呈间断型出现，墙体最高处达 12m，最宽处达 25m。瀑河水库外到城西村，这一段破损比较严重，在 8240m 的全程中，残存断续城墙 4881m，墙体最高处达 17m，最宽处达 35m。其他地方城墙地表已无痕迹。

徐水县燕长城夯层 · · · · · · · · · · · · · · · · · 徐水县燕长城延伸状况

徐水县境内的燕长城走向，由易县曲城村进入徐水境内，穿过瀑河水库，经解村村西、大马各庄村北、大庞村村北、城西村村南、张华村村北。至此，燕长城均沿瀑河北岸修筑，以后，由张华村向东，越瀑河，沿瀑河南岸东行，经谢坊、王马、南张丰、前所营至徐水城关。城关分水闸将瀑河分为两支即北瀑河、南瀑河。燕长城继续沿北瀑河南岸东行，经大寺各庄、南梨园，到南徐城后不再沿河而筑，自林水村经崔庄、商平庄，进入容城县黑龙口村。2006年5月，经过考古发掘证实，徐水燕南长城墙基宽8～9m，建造方法与易县燕长城相同。

易县燕长城断面夯层 　　　　　　　　　　易县燕长城走向状况

2. 易县七里庄遗址

七里庄遗址位于河北省易县城东北3km处的七里庄村南，南水北调中线工程由西向东横穿遗址区。2006年4—10月，经过考古发掘，发掘总面积达7000m²。发现新石器至商、周等5个时期的文化遗存，其中尤以第二至第四期的商、周时期文化遗存最为丰富。

第二期遗存的年代约相当于夏商时期。出土陶器有鬲、盆、罐、甗、甑等，其中以鬲最具典型。本期遗存的文化面貌与下岳各庄一期、塔照一期基本相同，同时与张家园下层、围坊二期、大坨头遗址等遗存也有不少近似之处。

第一发掘区 　　　　　　　　　　　　　二期陶窑

第三期遗存的年代大约相当于商代晚期或到商周之际。出土有鬲、甗、甑、盆等，其中尤以花边口沿鬲最具特色，另外还有一种形体较小的带耳花边鬲。本期遗存的文化面貌与北福地三期、渐村三期、塔照二期等遗存基本相同，同时与张家园上层、围坊三期的某些陶器存在一些近似之处。

第四期遗存约相当于商周之际到西周中期。出土有鬲、甗、甑、盆等，其中仍以花边口沿鬲最具特色。另外，存在少量绳纹矮裆袋足鬲和绳纹厚唇簋等西周文化陶器。本期遗存的文化面貌与炭山二期、镇江营七期等遗存基本相同，同时与张家园上层、古冶晚期的较多陶器存在不少近似之处。

三期灰坑

三期花边口沿鬲

四期叠唇口沿鬲

商代陶缸

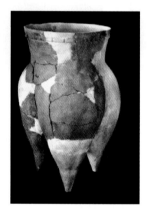

商代陶鬲

五期陶盒与石璧

综上所述，从遗址的文化内涵来看，易县七里庄遗址第二期遗存与燕山南麓的大坨头文化（或夏家店下层文化大坨头类型）、太行山东麓南部的下七垣文化，都存在着一定的相似性，但同时其本身似乎更具有不少的独特性。

学界曾将易水流域视为夏家店下层文化与下七垣文化交界地带，但这一时期这一区域的文化遗存以往发现并不系统和丰富，此次发掘将有助于该问题研究的推进。第三期遗存与太行山东麓南部的商文化区别明显，但其与燕山南麓的所谓"围坊三期文化"之间的差异，以往因资料欠缺似未得到应有的注意。第四期遗存与太行山东麓南部的西周文化区别明显，但其与琉璃河居住遗址西周遗存的差异程度，因人而歧见，此问题直接影响到关于"燕文化""姬燕文化""土著燕文化"等燕系统文化诸概念的认定。而此次发掘将有助于促进燕系统文化的研究；与燕山南麓的张家园上层文化之间的差异，以往似亦未得到应有的足够注意。另外，三个阶段遗存间的连续性关系问题，尤其是第三期与第四期遗存之间的关系，以往因资料欠详而学界多有分歧，或认为属于一支文化，或认为分属前后两支文化。此次所发现的第三、第四期两种遗存先后共存于一处遗址，此前似并不多见，因此对解决上述问题多有帮助。花边鬲是一种时间跨度长、地域分布广泛的鬲种，其使用人群应包括众多繁杂的族群及部族等。七里庄遗址出土的大量花边鬲标本，为研究花边鬲这一重要课题提供了新的实证资料。

河北中部乃中国古代北方文化与中原文化的交错地带，再具体而言，即是保定地区的易水流域一带。因此，易水流域是研究南北方文化融合与碰撞的关键地域。位于北易水北岸的七里庄遗址的发掘，建立了易水流域乃至太行山东麓北部地区夏商周时期一个比较详尽的编年系统，展现出该地域青铜时代文化比较清晰的演进轨迹，树立了一个重要的研究标尺。

3. 徐水县东黑山遗址

东黑山遗址位于徐水县西北，大王店乡东黑山村村南，处于西部低山向平原过渡的丘陵地带。整个遗址位于东黑山村村南200m、西黑山村村东200m处。其位置正好处于狭长的山口地带，易县至徐水、满城至定兴、保定至定兴三条道路交汇处，地理位置十分重要。遗址地势西北高东南低，总面积约150万 m²。南水北调天津干渠东西向从遗址中、北部穿过，占据遗址面积约20万 m²。2006年5—10月，对遗址进行田野考古发掘，发掘区位于整个遗址的西南部。共分四区，发掘面积5400m²。根据发掘和勘探情况来看，遗址地层堆积明确，自战国、两汉、唐宋、金元时期一直延续至明清时期，内涵十分丰富。以Ⅱ区地层堆积最具代表性，厚80～150cm。地层可分为8层，第1层为耕土层，第2层为明清时期，第3层为金元时期，第4层为唐宋时期，第5层为东汉时期，第6层为西汉后期，第7层为西汉早期，第8层为战国晚期。共清理各类遗迹包括瞭望设施1处、城址1处、墓葬23座、房屋基址22座、灰坑380座、灰沟10条、道路6条、水井7眼、灶5座，共计455处遗存。

| 遗址全景 | 二区全景鸟瞰 | 三区全景鸟瞰 |

军事瞭望设施位于遗址东南侧斑鸠山顶上，遗迹残留长7m、宽3m，为单间房址，南北长2.5m、东西残宽1.5m，北、南侧和西侧为石子泥土混合物筑成的墙体，西侧墙基外侧有长方形灰坑。

战国城址位于遗址西北部，城西北角被破坏，东西长160m，南北宽160m，平面基本呈正方形。城址中部被宽5m的一条隔墙分为南、北两城。隔墙距西城垣20m处有1座城门，宽6.8m，并有宽4m的道路一条与南、北城相通。南城道路两侧各有台基1座。城东、北、西城垣正中各有1座城门，东城门残宽15m，北城门残宽6m，西城门残宽6m，小城护城河宽5m。南城东西长160m，南北宽80m，南城垣完整，底残宽9m，上口宽7m，高2.5m。北城略小，东西长140m，南北宽80m。

遗址以西汉中晚期—东汉早中期遗存最为丰富，计发现房屋基址16座、墓葬16座、灰坑341座、灰沟8条、道路3条、水井7眼和灶2座。16座房屋基址分地面建筑、带火炕的浅地穴房屋和半地穴式3种形制。地面建筑1座，破坏严重，屋内南北长12.2m、东西宽6.1m，内部有踩踏痕迹，踩踏面下为黄白色垫土，门道位于房屋东部南侧，宽0.6m，房屋墙体残留底部的土坯痕迹，土坯用黄褐土制成，一般长0.5m、宽0.3m，时代为西汉中期。带火炕的浅地穴房屋11座，其中双室4座，单室7座。单室面积在10～12m²，火炕长3.0～3.5m、宽0.5～

0.8m，有 2 条或 3 条烟道，烟道宽 0.2～0.3m，用黄褐土筑成，地势由灶口一侧向烟囱一侧逐渐升高，顶部高出地面 0.2～0.4m，有的烟道上面还残留有铺设的薄石板。带火炕的房子大多为西汉晚期，部分为东汉早、中期。

房屋建筑组（群）　　　　　　　　　　　　　　火炕

　　16 座汉代墓有瓮棺墓、瓦棺墓、砖室墓和土坑竖穴墓。无墓道的砖室墓葬 1 座，带墓道的砖室墓 4 座，随葬品有五铢和货泉铜钱和大量陶器。瓮棺葬 7 座，一般用 2 个泥质或夹砂的红陶釜和灰陶罐口部相对，内葬有儿童骨架。341 座灰坑依平面形状可分为圆形、椭圆形、长方形和不规则形，结构为直壁、斜壁、平底、圜底和不规则形，以圆形直壁平底坑为最多。汉代道路 3 条，其中 L3 为西南—东北走向，宽 4～5m，路面由较多的碎砖瓦和石子铺设而成。水井 7 眼，井口为圆形，多遭破坏。

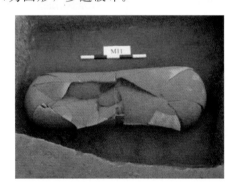

11 号瓮棺葬　　　　　　　　　　　　　　　　19 号墓

　　遗址内出土有大量汉代遗物，分陶器、铁器、铜器、玉石器等类。陶器分建筑构件和生活用器。建筑构件多为泥质灰陶，火候高，少量的泥质红褐陶，有板瓦、筒瓦、瓦当和砖等。瓦当分半瓦当和圆瓦当，瓦面为云纹。板瓦正面后半部为绳纹、前半部为素面或凸棱纹，内部一般为菱形纹或圆形斑点纹，少量的布纹。筒瓦外绳纹，有粗细之分，内饰布纹。瓦的背面边缘均有从内向外切割的痕迹。生活用具陶质以泥质灰陶、夹砂、夹蚌灰陶为主，以及少量的泥质红陶、泥质灰褐陶、夹砂红陶、夹砂红褐陶，火候较高，轮制为主，纹饰最多的为绳纹，有粗细之分，其次为素面，另有交错绳纹、涂抹绳纹、剔刺纹、刻划纹、回曲纹、篮纹、波折纹、凸棱纹、弦纹、附加堆纹等。器类有敞口上折沿红陶釜、敞口小平底、圜底罐、卷沿灰陶盆、折腹碗、矮柄深腹豆、小口瓮、纺轮、钵、杯、弹丸等。铁器有铁铤铁镞、铁铤铜镞、矛、环首刀、犁铧冠、镰、铲、臿、叉、斧、锥、凿、权、马镳、马衔等。铜钱，有半两、五铢、剪轮半两等。铜器有镞，多数为铁铤，少数为全铜质、鎏金铜眉刷，镀银铜针、环、管、带钩、削刀、盖弓帽等，玉石器有磨（砺）石、斧、凿、铲、璧、饰件等。战国时期遗物较少，主要有红陶釜、泥质灰陶豆、瓮等。

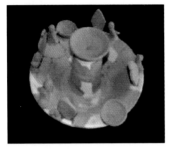

陶灯

铁锛

铁臿

铁铲

铁斧

铁环首刀

铁钁

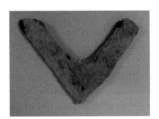

铁犁铧

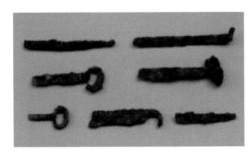

铁兵器

铁工具

东黑山遗址面积达近百万平方米，其范围之大，内涵之丰富，是近年来河北发现的战国到汉代时期遗址中很少见的。其中城址属于燕南长城外围的附属小城，往北可进入燕国腹地，东、北距燕南长城约6km，联系到遗址东南斑鸠山顶上的哨所遗迹及其附近燕长城遗存，可以推测这个区域历来是一处军事要地，城址的性质应该是重要军事设施。汉代房址的发现为研究汉代的聚落形态研究提供了丰富的实物资料。火炕是中国北方民居取暖的设施，一般用泥坯和砖块砌成，上面铺席，下有火道和烟囱相通。东黑山遗址内的房址中大多带有火炕，结构完整，形制较为成熟，带有2条或3条烟道，这是华北平原地区的首次发现。中国以前考古资料所发现火炕的遗迹多分布在东北地区，其时代最早的为东汉晚期，而本次东黑山遗址中发现的火炕，其年代最早可到西汉早、中期，这是迄今发现最早的火炕，不仅将火炕出现的历史又向前推进了一步，同时对火炕起源的研究提供了新的材料。

4. 唐县北放水遗址

北放水遗址位于唐县高昌镇北放水村西北台地之上，处于太行山东麓丘陵与平原混合地带，地势由西向东倾斜。由于自然和人为原因，遗址被数条自然冲沟和人工取土坑分隔，形成多个大小、形态各异的台地。遗址南起放水河、北至北部东西向冲沟以北约 100m 处，东接北放水村，西距龙虎庄约 200m，总面积约 110000m²，其中南水北调渠线占压面积约 40000m²。2005 年、2006 年，河北省文物研究所实施考古发掘，发掘总面积 5650m²。发掘依地形特点划分为 6 个区域，共计发现各类灰坑 558 个，半地穴式房址 7 座，灰沟 24 条，竖穴土坑墓 4 座，瓮棺 10 座。出土陶片、石器残件 8 万余件，其中可复原陶器 100 余件。主要分夏时期、东周、西汉三个时期的文化遗存。

北放水遗址中部台地全景　　　　　第Ⅵ区探方全景　　　　　Ⅰ区 0102 号探方北壁剖面

夏时期遗存以形态各异的灰坑为主。依平面形状可分为圆形、近圆形、椭圆形、长方形和不规则形，结构为斜壁、直壁、袋状，平底、圜底、不规则形底等，多为人工挖掘以倾倒废弃物或利用自然坑穴堆积遗弃物。

5 号、6 号灰坑　　　　　　Ⅰ区 13 号灰坑红烧土块及陶器残件出土情形

夏时期遗物以陶、石器为主，另有小型玉器、骨器等。陶器陶质有夹云母黑皮红陶、灰陶，夹砂黑皮红陶，夹砂灰陶、红陶，夹蚌红陶，泥质红陶、灰陶及泥质磨光黑陶等。器类有卷沿高领袋足鬲、饰附加堆纹甗腰、鼓腹罐、弧腹罐、弧腹盆、折腹盆、敛口蛋形圈足瓮、敛口折肩平底瓮、深腹豆及纺轮等，以侈口卷沿高领鬲、长颈袋足鬲和敛口内勾蛋形圈足瓮最富特征，纹饰有细绳纹、中绳纹、弦断绳纹、锁链状附加堆纹、细线刻划纹、楔形戳印纹、压印圆涡纹等，小件陶器有蘑菇状器钮、陀螺状纺轮、圆形陶片、弹丸等。石器种类有长条形穿孔石刀、弯月形

石镰、亚腰形石铲、梯形石斧等。玉器为片状穿孔小饰件，骨器为圆锥状残骨簪。

房址皆为简陋的近圆形半地穴式，直壁或斜坡状壁，活动面为略经踩实的生土硬面，较平或中部略凹，局部有不规则烧土硬面，环壁一周发现有大小不一的柱洞底残迹，门道向南或东，其中一座房址在近门道处发现有近圆形土坑灶。

房址分布状况

Ⅵ区1号房址

东周时期遗迹有灰坑、灰沟和土坑墓、瓮棺，灰坑为平面近圆形或不规则形斜壁圜底状；灰沟多为自然冲沟，平面形状不规则，宽窄不一，斜壁，圜底；土坑墓为竖穴长条形，无葬具、无随葬品，葬式为仰身直肢，保存极差；瓮棺为夹蚌红陶釜对接，未发现人骨。出土遗物有夹蚌灰陶折沿方唇乳突状足根粗绳纹鬲、泥质灰陶细柄碗形豆及夹蚌红陶敞口沿上翘长腹圜底釜及三棱状小铜镞、弧刃拱背环首小铜刀。

西汉时期遗迹发现一处素面青砖砌就的长方形简易建筑址，内填充不规则形条石块及板瓦、筒瓦、敞口卷沿鼓腹罐等残件。西汉时期遗物有绳纹板瓦、筒瓦及卷沿灰陶盆等。

穿孔石刀

石镰

高领鬲

长颈鬲

折腹盆

豆

蛋形圈足瓮

北放水遗址夏时期文化遗存的发现是近年来保定地区夏商周考古的重要收获。以往对于此类遗存只进行过调查或小范围试掘，且多集中于保北地区，学者称之为"保北型"先商文化或

"下岳各庄"文化。北放水遗址发现的夏时期文化遗存与豫北冀南发现的下七垣文化、晋中夏时期文化、北方夏家店下层文化等既有联系，又有区别，有鲜明的地域特征，应是夏时期一种新的文化类型，对于研究商人古部族的分布及文化属性，夏时期北方与中原青铜文化的交流和碰撞，商族和商文化的渊源等有重要价值。北放水遗址因此被评为"2005年度中国重要考古发现"之一。

5. 唐县都亭遗址

都亭遗址位于唐县县城西南4km之东都亭村东侧。遗址南北长1030m，东西长350m，总面积360500m²。南水北调中线干渠自遗址中部穿过，渠线穿越的遗址面积约10万m²。2006年4—7月，对都亭遗址进行了发掘。发掘总面积2540m²，共清理灰坑96个、灰沟8条、灶址4座、窑址4座、房址2座、墓葬29座、井5眼、道路1条，共149个遗迹单位，出土陶、瓷、铁、铜、石等各类完整或可复原器物218件。

全景照片　　　　　　　　　　　　遗址地层剖面

都亭遗址共分四个发掘区，其中Ⅰ区、Ⅲ区及Ⅱ区北部为都亭遗址区，内夹杂有汉、北魏及金元时期墓葬13座；Ⅱ区南部及Ⅳ区为墓葬区，共清理西汉、东汉、宋金墓葬19座。

第Ⅰ发掘区，发掘面积1556m²。地层堆积共分五层，其中第3～5层为西汉时期文化层，内含遗物较为丰富。该区最大的收获是西汉时期窑场的发现，此次发掘揭露出了窑场的取土坑、土料堆、水池、陈泥池、泥坯、晾坯场、井、窑、看窑房等一系列制陶遗迹，在取土坑及窑场废弃堆积中还发现有陶范、陶拍及大量烧流的砖瓦、陶器残块等遗物。发掘区内共发掘窑址4座，以Y3最为典型，形状近似马蹄形，全长4.62m，由工作室、火门、火膛、窑床、烟道、烟室、烟囱等组成，保存均较完整。该区出土遗物，以建筑构件与陶片为大系，其中建筑构件板瓦约占87.2%，另有筒瓦、瓦当等。陶器器型，以盆、甑为主，另有碗、釜、炉、锅、陶垫等。

1号窑全景　　　　3号窑整体结构　　　　3号窑火膛　　　　窑场取土坑

| 窑场水池 | 窑场陈泥池 | 窑场晾坯场 |

　　第Ⅱ发掘区，地层堆积较简单，共发掘面积115m²，清理灰坑8座、灰沟4条、道路1条、房址1座、墓葬2座。出土遗物较少。

　　都亭遗址共发掘墓葬32座，其中西汉晚期7座，东汉中晚期4座，北魏2座，宋金15座，金元4座。在西汉晚期7座墓葬中，5座瓮棺葬（M3、M5、M8～M10），除M3以夹砂灰陶瓮为葬具外，其余4墓均为两夹砂红陶釜对扣所成。另有长条形竖穴砖室墓1座，洞室墓1座。根据墓葬与遗址层位关系，推测其年代为西汉晚期。东汉中晚期墓葬4座，发掘前均已被盗。宋、金、元墓葬19座，发掘前墓均遭不同程度盗扰，有部分墓葬暴露于地表，4座墓葬为圆形穹隆顶仿木构砖室墓，由墓壁可明显看到简化的仿木结构。出土各类随葬品37件，其中瓷器26件，陶器3件，另有铜器、铁器、石器及铜钱等。

| 陶钵 | 陶釜 | 陶罐 | 陶拍 |

| 陶盘 | 陶盆 | 陶圈 |

| 陶瓦当 | 陶甑 | 陶支脚 |

通过发掘，基本搞清了该西汉窑场的规模、烧窑水平、产品、性质、延续时间，对了解西汉时期该地区的聚落规模、社会结构、生活习俗、经济形态等有重要帮助。西汉、东汉、北魏、宋（金）、元时期一系列墓葬的发掘使人们了解了自西汉以来该地区葬俗、葬式的发展、演变脉络，双墓道带后龛用隔墙间隔的墓葬做法在北方地区非常少见；有明确纪年的北魏墓及其刻字砖铭对了解北魏时期该地的墓葬形制、葬俗及经济形态等有重要帮助。

6. 唐县淑闾遗址

淑闾遗址位于唐县高昌镇淑闾村西的太行山东麓平原地带。2006 年 5—9 月，为配合南水北调中线干线工程建设，河北省文物研究所对该遗址南水北调渠线所涉及的部分遗址进行了抢救性发掘。发掘总面积 4060m²，发现夏时期、东周、汉、明清等多个时期的遗存，发掘灰坑202 座、灰沟 9 条、墓葬 3 座、窑址 1 座、夯土墙 1 处、石砌墙基 1 处。出土陶、瓷、石、玉、铜、铁、骨、蚌等文物 140 余件。

Ⅰ区全景鸟瞰

夏时期遗存的发现是本次工作的主要收获，这一时期遗存集中分布于第Ⅰ发掘区的中西部。遗迹包括灰沟 2 条、灰坑 48 座。两条沟几近平行，均近南北向分布于夏时期遗存东部。根据两条灰沟的位置、结构推测，它们可能是当时聚落外围的壕沟。除壕沟外，还发现夏时期有一种平面近圆形或不规则形，壁、底不甚规整的灰坑。这些灰坑一般个体较大，直径 5m、深 1m 左右。部分坑内有柱洞、灶存在，说明它们在废弃前可能是房址或有其他的特定功能。坑内堆积多为灰褐色或灰黑色土，一般包含有较多的炭、烧土和陶片。夏时期遗物多发现于这些灰坑内。以 H3 为例，在该灰坑夏时期文化遗存中，以高领鬲为代表的山西白燕四期文化遗存、尊形鬲为代表的北方夏家店下层文化和以垂腹鬲为代表的当地土著文化在此交汇，结合其他遗迹出土的下七垣文化因素的遗物，反映了该地区夏时期复杂的考古学文化面貌。淑闾遗址地处中原与北方古文化的中间地带，对深入研究当地夏时期青铜文化面貌、土著文化与周邻文化的关系提供了重要资料。

东周时期文化遗存发现墓葬 3 座，墓葬形制大体相同，均为长方形土坑竖穴墓，长 2m，宽 1m 左右。从出土鬲、盂、罐等陶器随葬品来看，其年代应为春秋中期，文化特征具有明显的鲜虞文化因素，同时，一些器物还具有燕文化特征。因此，它为探索鲜虞（早期中山）文化和燕文化的关系提供了重要线索。该遗址被评为"2006 年度全国重要考古发现"。

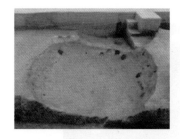

夏时期Ⅰ区 38 号灰坑

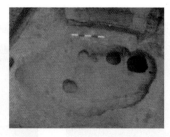

夏时期Ⅰ区 159 号灰坑

夏时期Ⅰ区 176 号灰坑出土陶鬲组合

夏时期Ⅰ区38号灰坑出土器物组合

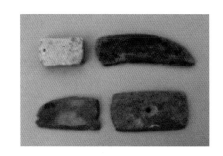

夏时期石器

夏时期石镞

夏时期陶拍

夏时期铜片

7. 唐县南放水遗址

南放水遗址位于唐县东北 15km，南距高昌镇 2.5km。遗址坐落的台地西倚太行山余脉——庆都山，北临放水河，现存面积 2 万 m²。吉林大学边疆考古研究中心于 2006 年 4—7 月对该遗址进行考古勘探、发掘，揭露面积 3125m²。按发掘区文化堆积状况及出土遗物的差别，发现了夏、西周和东周三个时期的遗存，其中，西周时期遗存最为丰富。

夏时期遗存完整的灰坑仅发现 1 座，出土的陶器有夹砂灰陶细绳纹敛口瓮、侈口束颈鼓腹罐和弯月形石镰。另外，个别探方的早期堆积中发现的内勾平沿蛋形瓮、深腹豆、蘑菇状器钮和锥状实足根等，也属于这一时期的遗物。南放水夏时期遗存与相邻的北放水遗址夏时期遗存及下岳各庄一期、塔照一期遗存文化面貌相似，应属于性质相同的考古学文化。

南放水遗址发掘区全景鸟瞰

西周时期遗存，共清理灰坑（窖穴）163 个、墓葬 13 座、灶址 2 处。灰坑坑口有圆形、椭圆形、长方形，坑体有直壁筒形、斜壁倒梯形、直口袋形、锅底形和二层台结构等多种形式。其中，发掘区西部发现的一组圆形灰坑的坑壁多经人工修整，有的坑底垫有黄褐土掺红烧土末，平坦而坚硬；有的坑底见有疑似柱洞的圆窝；有的坑底存留有完整陶器。从平面布局来看，其排列一直延续到发掘区以外，应该是一组或多组窖穴群。墓葬位于发掘区西部，基本为东北—西南向，土坑竖穴，有二层台的占一半。绝大多数墓底有腰坑，殉狗现象普遍。从残存的板灰分析，葬具一棺一椁者少，有棺无椁者多，个别板灰和人骨上还残留有红色漆皮。葬式均为单人仰身直肢，现场鉴定年龄在 25～40 岁，属正常死亡。随葬品主要有陶器，还见有陶圆饼、石牌饰、海贝等。这一时期的陶器以夹砂灰陶和红褐陶为主，次为泥质灰陶，有少量的黑皮陶。器表多饰粗绳纹，一般纹理较深，拍印清晰。从器型来看，灰坑中出土的宽折沿低裆乳足鬲、方唇矮领鼓腹罐、敞口深折腹雷纹簋，墓葬中出土的斜直领折肩弦纹罐、敞口折肩绳纹罐、带扉棱的折沿平裆鬲等典型器类，明显具有西周文化的特征。与满城要庄、邢台南小汪、葛家庄和磁县下潘汪、界段营等遗址同时期遗存文化面貌相比较基本一致，与长安张家坡、客省庄西周墓葬出土陶器也很相似。

东周时期遗存，清理灰坑22个，灰沟2条。灰坑形态以圆形或椭圆形直壁平底为主，个别灰坑口径大，坑体深，坑壁留有夯土版筑痕迹，填土可分层。两条灰沟平行位于发掘区东部，南北走向，剖面呈倒梯形，发掘区内清理长度35m。此期陶器以泥质灰陶细柄豆、碗式豆、折沿盆、夹蚌折沿平裆乳足鬲和泥质黑皮陶弦纹盂等为典型器，其中细柄豆和粗绳纹鬲陶片出土的数量最多。文化性质属燕系统。

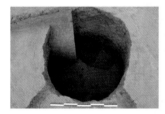
灰坑

墓葬

出土器物

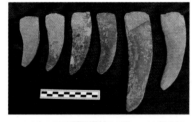

出土石镰

陶鬲

陶瓮

唐县南放水遗址地处太行山东麓北部，这一地区以往西周时期的考古是一个薄弱环节，即墓葬和遗址发掘不均衡，尤其缺少大面积遗址的发掘，同时资料报道也不够完整、系统。为此，该遗址西周时期遗存的大面积揭露是本次发掘的主要收获，就其学术意义提出四点认识：①立足本次的发掘资料，结合相关遗址层位和器物形态分析，确立以陶器为标尺的分期与编年，将推进太行山东麓西周文化年代学研究；②通过遗址西周遗存揭示的诸多遗迹现象分析，特别是窖穴群排列、组合及功能的考察，可以丰富对西周文化聚落的认识；③针对以往研究中的薄弱环节，充分利用各种科技手段，对本次发掘所搜集的人骨、动物骨骼和各种人工遗物进行检测，最大限度地获取人种类型、遗传性状、经济形态及环境背景方面的信息，为开展多学科综合研究提供了帮助；④太行山东麓的西周文化是周人向东扩张在原商人领地上发展起来的，与关中地区典型周文化比较，存在着地域上的差别。南放水遗址的发掘，对于认识西周时期周人与商遗民的关系以及其文化因素反映的与北方诸文化的关系，解读西周文化历史地位的确立和区域研究具有十分重要的意义。

8. 唐县李家庄墓地

李家庄墓地位于唐县高昌镇李家庄村东。2006年8月初，南水北调施工过程中发现该墓地。同年 10—12 月，河北省文物研究所对该墓地南水北调渠线所涉及的部分进行了抢救性发掘。总计发掘面积 3200m²。共抢救发掘汉代墓葬 46 座，东晋（北朝）墓葬 2 座、唐墓 8 座，金代墓葬 15 座，明代圆圹方室砖砌墓 1 座。出土陶、瓷、铜、铁等各类随葬品 420 件（组）。

汉墓多为长方形砖砌单室墓，也有个别小型土坑墓，布局上最大特点是大多墓葬以两三个墓葬并列成组，一组中的两座墓一般是一大一小、一男一女。部分砖室墓（时代较晚者）的墓道与墓室间有直壁券顶的甬道存在。随葬器物有罐、碗、壶、魁、尊、案、盘、耳杯、勺、匜、盆、灶、井、奁、厕圈等陶器，铜盆、铁带钩以及五铢钱等金属器，其时代为西汉后期至东汉。

彩绘陶壶（汉代）　　　　铜镜（汉代）　　　　　铜带钩（汉代）　　　铜当卢（汉代）

宋、金时期墓葬均为带墓道的圆形砖室墓（均被严重盗扰），部分墓葬墓壁处可见桌、椅、门等砖雕结构。这时期墓内仅出土有瓷碗、铜镜、铜钱等遗物。

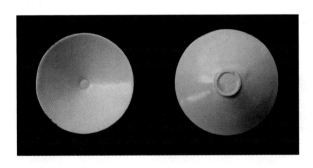
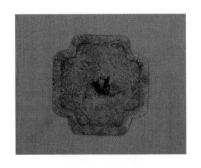

瓷碗（宋、金时期）　　　　　　　　铜镜（宋、金时期）

李家庄这批墓葬的发现，清晰地反映了保定地区两汉至清代 1800 多年间中小型砖室墓的演变过程。自西汉后期长方形直壁券顶砖室墓至清代同样形制的砖室墓，中经东晋、北朝弧壁四角攒尖顶砖室墓、唐代穹隆顶圆形有柱分间仿木结构砖室墓、金代穹隆顶圆形无柱不分间仿木构砖室墓、明代方形券顶砖室墓，显示出清晰的变化轨迹。就其地域特征来看，不重壁画而采取砖雕方式的表现特征相当突出，强调多重院落、假门及高门重阁（4.63m）为其地方特色。出土的随葬品，绝大多数属于日常生活常用必需品和设施，是研究当时社会生产、生活的重要见证。金代墓葬砌砖龟镇的发现，特别是在龟腹中的金代小白瓷盖罐，为研究该葬俗发生、发展的历史，提供了重要的实物资料。唐、金墓所出的瓷器有些属于定窑产品，有的则属于有别于定窑传统的特色，这为研究定窑瓷器来源和定窑全貌都提供了可贵标本。

9. 涞水县西水北遗址

西水北遗址位于涞水县涞水镇西水北村，遗址总面积约 150000m²。因取土或雨水冲刷形成的两条大沟将遗址分为四个区域，根据地形，将其分别划分为南、中、北、西四区。南水北调工程中段干线穿越南、北两区中部并跨越中区小部分。根据初步钻探，选择北区进行重点发掘，中区和南区少量发掘以了解堆积情况和遗迹类型，钻探面积约 60000m²，发掘面积 4125m²。发掘的遗迹和出土的遗物以战国时期为主，共清理战国时期遗迹 249 个，其中灰坑 223 个、灰沟 22 条、墓葬 1 座、陶窑 4 座（5 个窑室）。本次发掘出土的战国时期遗物 420 多件，种类有陶器、玉石器、铁器、铜器和骨器等。陶器数量多达 300 件。陶容器有 40 多件，主要为鬲、釜、罐、杯、盆、豆、钵、碗、碟等，其中釜、豆、钵较多。陶工具主要是陶拍、纺轮以及制作纺轮的圆形陶片等。建筑构件主要有板瓦、筒瓦及瓦当，数量较多。其中瓦当约 80 件，主要是战国时期燕国流行的半瓦当。玉石器 57 件，种类有石斧、石锤、石镞、石璧、石球、石环、玉装饰品等。铁器 32 件，除少数可以辨认出为铁钩、铁钉、铁锥外，都由于锈蚀严重，难辨形制与用途。铜器 4 件，包括锥 1 枚、镞 3 件。骨器仅有骨笄一种。

建筑遗迹

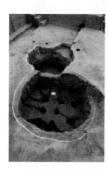

1号窑

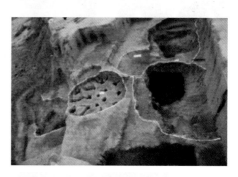

2号、3号窑

遗物出土情况

出土陶器

出土石器

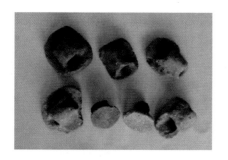

制陶工具

控火器

釜

鬲   瓦当

    本次发掘清理了以灰坑和陶窑为主的大量遗迹，出土了大批遗物，极大地丰富了本地区的考古资料。尤其是对 4 座陶窑的发掘，为认识古代的筑窑、陶器烧制以及火候控制等方面的技术，提供了重要资料。根据遗迹、遗物并结合陶窑以及大量制陶工具的发现，加之发掘与钻探均未发现墓葬区与房址，初步判断该遗址是一处以制陶为主的作坊遗址。同时，由于该遗址距离易县燕下都遗址仅数十千米，并且与燕下都遗址出土的同时期遗物有较强的一致性，推测它很可能是燕下都外围的一个陶器制作中心，为探讨燕下都遗址周围遗址的文化性质和文化内涵提供了实物证据。

    10. 涞水县大赤土遗址

    大赤土遗址位于涞水县石亭乡八岔沟村东北约 80m，拒马河西约 2000m，属丘陵地貌。遗址分布在俗称"大赤土、玉皇顶"丘陵岗地东西两侧的中下部阶梯状台地，地表较为平坦。南水北调干渠工程东西向穿过遗址，2004 年曾在此遗址进行过探沟式试掘。根据前期调查及试掘资料，确定为新石器时代遗址。共发掘遗址面积 3000m²，发现灰坑 39 座、沟 5 条、墙基 1 处。出土的陶器大多为器物残片，复原器物不多。遗址出土、采集的生产工具除陶纺轮外均为石器，未见骨器。现有实物资料表明遗址居民少有甚至缺乏渔猎生产活动，其主要经济形态应是原始农业和采集。

热气球航拍   工作场景   遗物出土情况

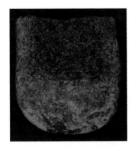

石斧   石球

作为生活用具的陶器，接捏抹痕较明显的手制制陶技法，较单一的陶质，简单的器类，较为低下的控制焙烧火候的技能，体现出遗址居民制陶技能、技术相对较为粗略落后。

 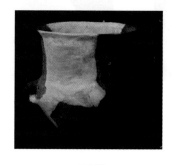 

石镞　　　　　　　　　　　双耳罐　　　　　　　　　　　陶豆

大赤土新石器时代遗址出土的陶器大多为器物残片，复原的器物不多，但所反映出的文化面貌在太行山东麓的保定北部地区较特殊，对比周边现有考古资料，其文化面貌与北京雪山一期文化、蔚县三关遗址三期遗存、阳原姜家梁墓地、内蒙古赤峰大南沟墓地文化面貌相近似，高领罐、豆、钵等同类器物基本相同或相似，所以，应属同一文化系统。

11. 容城县北张庄遗址

北张庄遗址位于容城县南张镇北张庄村境内，西为京广铁路，西南有萍河，北、东、南三面有拒马河、大清河、白洋淀，该遗址坐落于萍河与拒马河的冲积扇区。天津干渠从西向东由北张庄遗址北部边缘穿过。渠线内耕地以种植小麦为主。发掘分三个区，发掘面积计 1025m²。共清理灰坑 14 座，沟渠 6 条，道路 2 条，井 1 眼，墓葬 11 座，出土小件文物 230 件，陶片标本 1800 余片，瓷片标本 450 余片，建筑构件标本 600 余片，时代为先商、战国、唐、明、清时期。

灰坑是本次发现较多的遗迹，除 7 座为唐代至清代外，其余全部为先商时期。该遗存的发现为研究先商文化的分布范围、文化类型及族属提供了重要资料。发现 6 条沟渠，沟的底层多有数层薄薄的淤泥、淤沙，根据其形制特点、开口层位及出土遗物分析，应是农田灌溉的水渠，年代分属唐及明、清各代。此外，还发现 1 眼坍塌的残井，时代亦为唐代。据《容城县志》载，容城县"旱灾极为严重，平均五年一遇"，但民国年间以前却没有发现农田灌溉的记载，上述发现显然对容城县古代农田水利的研究具有非常重要的价值。发现道路 2 条，保存较好的 1 条为明清时期，路面宽约 13m，分多层堆积，路土很厚，每层路面均有很深的车辙痕迹，说明使用时间较长。据县志记载，从明清到民国，境内主要大道有两条，"一条是从容城西去经沙河达固城、北河，与进京官道相接"。北张与沙河村相邻，本次在两村之间所发现的大道，经勘探得知向东南方最少还能延伸百余米，部分路段宽达 16m 多，因此，其很可能就是当时从容城西去与"进京官道相接"的大道，这对研究容城县的交通史无疑具有重要的意义。

共清理 11 座墓葬。除 1 座为唐代外，其余为清代家族墓地。其中一处为清代早期，共发掘 8 座墓葬。另一处为清代中期，俗称"刘家老坟"，"文化大革命"期间已遭破坏，本次只清理了 2 座土坑竖穴夫妇合葬墓。据传说及县志记载可知，该处应为清代北张村生员并有多部著述传世的刘耀、刘炜及其家族的墓地。上述墓葬的发现，为研究当地历史及当时的丧葬习俗提供了重要依据。

Ⅰ区5号探方先商时期
4号灰坑

Ⅲ区1号沟及2号道路三层
路面与车辙痕

Ⅲ区1号道路局部

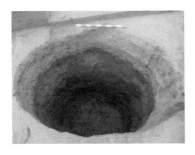

Ⅱ区唐代1号水井

清代水渠叠压唐代水渠

先商单孔石刀

先商石斧

先商灰皮褐陶罐

先商灰陶鬲

先商灰陶盆

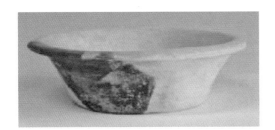

先商灰陶盆

夹蚌夹砂红陶釜
（战国到汉代）

泥质灰陶甑（战国到汉代）

清代早期家族墓地　　　　　　清代酱釉双系罐　　　　　　清代石碑残片

12. 容城县北城村遗址

北城村遗址位于容城县容城镇（县城）北偏东约2km，北城村南约1.4km，容城镇至北城村一条简易公路的东侧，西南距包含新石器时代早期磁山文化遗存的上坡遗址约3km。2006年4—7月，为保障南水北调中线天津干渠工程建设，对北城村遗址进行发掘。

发掘区大致位于遗址分布范围内的西南部，是遗迹、遗物分布最集中的地方。正中有一条大致呈南北向的约50cm高的陡坡，以此陡坡为界，发掘区被分成东西两部分。东部因地势较高，保存的文化堆积也较厚，平均厚约1.15m，划分有5个大的地层。西部地表因低于原地面，即上部被挖掉而使地表降低，因此文化堆积也较薄。

发现的遗迹包括房址、灰坑、灰沟、井、沟五类。

房址，15个，均为半地穴式，长方形或不规则长方形，门道有三种，即斜坡式、阶梯式和竖穴式。门道的方向不一致，但多大致朝西、南或东，个别朝东北方向。房址大小一般长约3.5m，宽约2～2.5m，地穴深0.6～0.9m。门道宽约0.7m。

遗址全貌　　　　　　　　　　3号房址　　　　　　　　　　13号房址

灰坑，82个，坑口平面多为圆形或椭圆形，少量形状不很规则；坑壁分直壁、斜壁或弧壁两类；坑底多为圜底，少量平底。灰坑中填土多含红烧土、炭渣和较多的草木灰，土色呈灰黑色，土质较疏松。坑内包含遗物丰富，主要是陶片。

灰沟，6条，属新石器时代。

井，3口，均圆形直壁深井，井口平面呈圆形。井内堆积包含较多的青砖渣、料姜石和炭渣，包含较丰富的青、白、青花等多种瓷片，也出土少量红陶片。

墓葬，1座，位于发掘区东南角，开口于第2层下。墓葬平面呈圆形，土坑竖穴，墓壁直，墓底平。墓葬因盗掘已被完全破坏。据层位关系、墓葬形制与青砖特征等判断，该墓似应属元代。

共出土石、陶、青铜、瓷等各类遗物5000余件（片），其中石器100余件，复原陶器18件，陶片5000余件，青铜器1件，瓷片数百件。

石器，100余件，除1件玉簪为装饰品外，均为生产工具，器类以斧、磨石、磨盘、磨棒为多，也有杵、锥、镰、石叶、石球、砍砸器等。除玉簪外，石器均出土于新石器时代文化层及其遗迹。

陶器，复原新石器时代陶器18件，基本上是生活用具，种类有釜、鼎、罐、壶、小口瓶、盆、钵、碗、器盖、支座、纺轮、环等。

| 双系陶壶 | 陶盆 | 陶碗 | 陶支脚 |

北城村遗址地层关系总体上比较清晰，地层分布齐整，主要包含金、元、明时代和新石器时代中期两个阶段的文化遗存。新石器时代文化遗存的发现是这次发掘最重要的收获。北城村遗址出土陶器特征明显，包含有多种文化因素，与本地区其他新石器时代中早期文化比较，虽然距离上坡遗址只有几千米远，但二者相关因素并不明显。从陶器组合特征看，北城村遗址文化面貌较接近于后冈一期偏早阶段。后冈一期文化的年代距今约6600年，据此推断，北城村遗址的时代应大致与其相当或略早。北城村新石器时代文化遗存的发现，为冀中平原乃至华北地区新石器时代早期中期文化发展演变提供了新的材料，由于其还显示出包含有多种文化因素，因此将有助于推进这一地区早期不同文化之间相互关系的研究。

13. 唐县高昌墓群

高昌墓群位于唐县高昌镇高昌村唐河两岸，1982年被当地政府公布为县级文物保护单位。1990年，为配合西大洋水库引水工程，曾经对高昌墓群经考古调查、勘探发现的30余座战国和汉代墓葬进行了发掘。2002年和2004年，为编制《南水北调工程（河北段）文物保护专题报告》，两次对高昌墓群进行调查和复查。2006年5—10月，对高昌墓群进行勘探、发掘。勘探面积50000余m²，发掘古墓葬131座。其中，战国时期土坑墓7座，西汉时期土坑墓92座，两汉砖室墓20座，北朝至隋代砖室墓6座，宋代砖室墓1座，清代土坑墓1座，年代不明墓葬4座。出土陶器、铜器、铁器、玛瑙器、瓷器、玻璃器、漆器等遗物710余件（套）。

高昌墓群鸟瞰

战国墓是该地区常见的"宽短"型竖穴土坑墓，其年代应为战国中晚期。

两汉时期墓葬是该墓地的主体，共112座，大致可分为西汉早期、西汉中期、西汉晚期、西汉末到东汉早期和东汉中晚期五个时期。两汉时期墓葬又分为土坑墓和砖室墓两种。土坑竖穴墓，填土多经过夯打，夯层厚15～20cm，墓葬方向以南北向居多，葬具多为木质棺椁，随葬品以陶器为主，另有铁器、铜器、玉石器、骨器等。砖室墓的随葬品与土坑墓组合相仿。

北朝至隋时期的墓葬多被盗扰。

宋代墓葬发现1座，为南向单斜坡墓道圆形砖室墓。随葬品皆为瓷器。

15 号墓

94 号墓墓底局部

陶壶

陶罐

女侍俑

男侍俑

滑石璧

铜环

陶鼎

陶豆

六博棋

铜铃

铜带钩

| 璜形饰 | 玛瑙环 | 铜带钩 | 铜铺首 |

高昌墓群墓葬较多而集中，是一处内容比较丰富、时代比较清晰的古墓葬群。这表明高昌一带至迟在汉初已形成较大规模的定居村落。在西汉中后期砖室墓中，发现了几座用木板盖顶再平铺两层砖的少见形制，而且还发现有较大的木椁，木板盖顶同时也是木椁的顶板。再者，墓群中存在的北朝末至隋代墓葬虽然不多，但出土了具有一定规模的中型砖室墓葬，而且还发现有从墓室北壁掏洞成室，这种砖室和洞室混合在一起的做法风格独特而且鲜见。隋代及其后的宋墓、清墓等如星星般点缀其中，为高昌墓群增加了丰富的内容。这些不同时期和风格的砖室墓都彰显出与汉代砖室墓的较大差异，从其形制和随葬品等方面都可以反映出战国、汉到隋以至宋代跨越千余年历史该地区翻天覆地的变化。

14. 徐水县北北里遗址、墓地

北北里遗址、墓地位于徐水县北北里村。遗址现存面积约 2 万 m²，属于渠线施工范围面积近 1 万 m²。发掘点南距徐水县城 15km，北距高碑店市约 40km，西边毗邻 107 国道。历年生产施工致使该遗址已遭到不同程度的扰乱。2006 年 4 月下旬至 7 月底对遗址进行发掘，发掘遗址面积 2180m²，出土了一批重要的遗迹、遗物。特别是新发现的一批先商文化遗存为重要收获。

遗址分为东、中、西区。东区和西区主要为汉代和汉代以后的遗存，地层堆积较厚，发现有金、元、清代墓葬；中区原为一处高出四周的台地，主要为较大面积的先商文化遗存，发现少量汉代和金、元时期的遗迹。

北北里墓地中区全景

本次发掘共发现历代灰坑 36 座、灰沟 6 条、房址 7 座、路基 1 条、灶 3 座、水井 4 座、墓葬 16 座（其中竖穴土坑墓 11 座、砖室墓 5 座）。出土陶器（包括复原的器物）、石器及部分铜器、铁器、瓷器等 110 余件，另出土各类陶片及石器残片等近 2 万片，以发现的先商时期遗存最为重要。

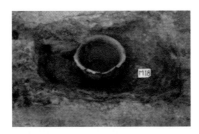

| 3 号房址清理后情况 | 18 号墓清理情况 | 14 号墓清理情况 |

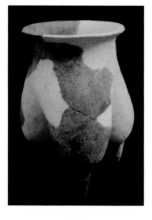

早商陶鬲　　　　　　　　早商陶罐　　　　　　　　陶瓮

早商陶平底盆　　　　　　早商深腹盆　　　　　　金代白瓷碗

　　先商遗迹有灰坑 21 座、灰沟 4 条、房基 6 座、灶 3 座、路基 1 条、墓葬 1 座。先商文化遗物主要有陶器和石器。陶器种类有卷沿高领袋足鬲、长颈鬲、鼓腹罐、卷沿瘦腹平底罐、直腹盆、折腹盆、弧腹盆、敛口蛋形深腹平底瓮、深腹豆、斜腹豆、纺轮、器盖盖钮、器耳以及较多的甗腰残片等。石器种类有弯月形石镰、梯形石刀和穿孔石刀、穿孔砺石、石球等，其中 1 件穿孔砺石近孔一端有两组由点、线交叉串联的刻划符号。

　　北北里遗址发现的先商文化遗存，均与北放水遗址以及淑闾遗址的同类遗迹、遗物相似，说明北北里遗址与上述遗址基本属于同一文化类型。值得注意的是，该遗址不但发现有成组合的先商文化陶器，而且在有限的发掘范围内集中清理出一批不同形态的房基，房基附近还发现可能属于祭祀坑的遗迹，这些对于进一步研究保北地区先商时期聚落形态及聚落功能等提供了重要的线索。先商文化遗存的发现，对于研究这一地区本土文化与周邻文化的关系以及商族与商文化的渊源等具有重要意义。

　　15. 新乐市何家庄遗址

　　何家庄遗址位于新乐市何家庄村北约 300m 处，北距中同村 300m，遗址上部因早年取土破坏严重。2006 年 4—8 月对遗址进行发掘，发掘面积 3025m²。文化堆积可分三层，包含 6 个时期的考古学文化遗存。

　　（1）西阴文化遗存，没有发现该时期的遗迹，发现的遗物有小口尖底瓶、罐、钵、盆等。

　　（2）夏商时期文化遗存，发现的遗迹以灰坑为主，遗物以陶器为主。

　　（3）西周文化遗存，发现的遗迹有灰坑和墓葬两类，出土器物有陶鬲、当卢、马镳、节约、泡饰等青铜马具和青铜戈。

（4）战国时期文化遗存，遗迹以坑为主，遗物以陶器为主，器型有鬲、罐、盆、盘、豆、碗、钵、瓮、甑、饼、拍、纺轮、瓦当等。

（5）汉代文化遗存，遗迹仅发现房址1座，由于破坏严重，仅存房基部分，为圆形房址，直径330cm。

（6）金代遗存，发现圆形砖室墓1座。

新乐何家庄几个时期文化遗存的发现，对研究新乐市以及石家庄市北部地区的历史文化提供了十分重要的资料。

何家庄遗址发掘现场

发掘剖面

遗迹清理

马坑

西周陶器出土情况

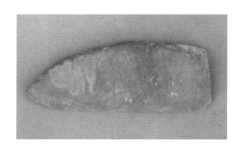

石刀

石斧

陶鬲

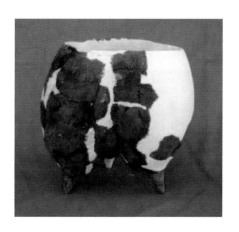

陶鬲

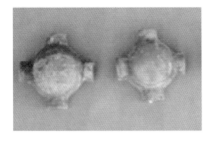

青铜节约

铁舌

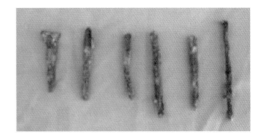

铁钉、环首锥、钩形器

铁环

铁犁铧

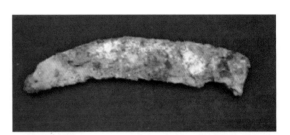

铁镰

铁铚

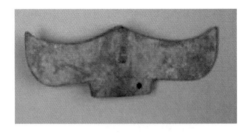

铜剑格

圆形铜泡饰

16. 赞皇县南马遗址

南马遗址位于赞皇县邢郭乡南马村东北 175m 处，西距省道（S393）810m，西距赞皇县城 7km。地处太行山东麓平原地带，地势较为平坦。南水北调渠线从遗址内东部穿过。2010 年 5—8 月，对该遗址实施抢救性发掘，实际发掘面积 2050m² 。

南马遗址航拍图

南马遗址全景

1 号窑址全景（中商时期）

28号灰坑

28号灰坑出土的陶器残件

32号灰坑

48号灰坑

99号灰坑陶器组合

99号灰坑出土石器、骨器及
小铜刀等（先商）

鬲

陶鬲

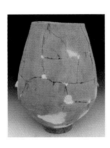

蛋形瓮

陶角

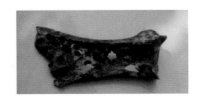

卜骨

骨针

石刀

遗迹有灰坑、灰沟、窑址、土坑墓和瓮棺葬五类。灰坑 198 个，除少量属西汉时期外，余皆属先商和中商时期。窑址为土坑竖穴升焰式。根据窑膛内出土物推断窑址属中商时期。

土坑墓均为小型长方形竖穴土坑式，出土有镇墓瓦及铜钱等，属清代。瓮棺葬使用盆和罐作葬具，时代属中商时期。

遗物共发现陶、石、骨、铜、铁、瓷等六类遗物，以陶器为主，器类有鬲、甗、豆、盆、罐、瓮、鼎、斝、爵、角、钵、器钮、纺轮及釜、板瓦、筒瓦、井圈等。骨器有骨笄、骨锥、骨匕、卜骨等；石器有石铲、石斧、石镰、石刀等；铁器有铁臿、铁镬、铁刀等；瓷器为青花碗口沿及腹部残片；铜器有小铜刀及铜钱等。

南马遗址地处太行山东麓山前平原地带，地近滹沱河流域。现今考古发现证实这里是史前乃至夏商时期南北、东西交流的重要陆路通道。南马遗址发现的夏时期文化遗存，表现出与冀南下七垣文化的诸多共性，同时又表现出与太行山西麓晋中地区夏时期文化的许多相似性，特别是发现的具有二里头文化特征的陶质酒器，反映出二里头文化居民利用横切太行山脉的河流谷地向东迁徙并发生着互动式的文化交流。而这种陶质酒器在太行山东麓下七垣文化中的发现，或可说明二里头文化因素不仅是自晋西南，经太原一带沿太行山西侧向北进入西辽河流域夏家店下层文化当中，而且这种文化因素也进入了太行山东侧，进一步说明太行东西两翼在夏时期各种文化发生着深刻的交流和广泛的传播。

南马遗址发现的中商时期遗存，与已发现的藁城台西、北龙宫、正定曹村、灵寿北宅等中商时期遗存具有许多相同或相似性，这一较密集的中商文化分布区，说明冀中石家庄地区是商王畿之外的又一个中心聚邑区，对于研究商文化特质、商文明形成及商文化格局等具有重要意义。

17. 赞皇县西高李氏家族墓地

西高李氏家族墓地位于赞皇县西高村南约 2000m 的太行山东麓，南距延康农场约 300m，西距高邑至赞皇省道约 2000m。墓群所在岗坡地带南北绵延数千米，西高东低。1958 年以来这里的坡地逐渐被平整为层层抬升的台阶状。南水北调设计渠线自东南向西北斜穿该墓地，以渠线范围为中心，通过考古钻探，在渠线内共发现 9 座墓葬，分东西两排。经发掘了解到，这些墓葬均坐西朝东、南北并列成排。中国社会科学院考古研究所河北工作队与北京大学考古文博学院分别负责南区 5 座墓葬（M51、M52、M3、M4、M6）和北区 4 座墓葬（M1、M2、M7、M8）的发掘清理工作。此次清理的部分墓葬被破坏或盗掘，但仍有 4 座幸未被盗，资料比较完整；绝大多数墓葬均出土有墓志。考古资料表明，该墓地为北朝时期赵郡李氏家族墓地。

西高墓群墓葬形制包括砖室墓和土洞墓两种。砖室墓 M52 出土各类随葬品总计 32 件，种类包括陶器、瓷器、铜器、铁器和玻璃器等，其中女性棺内头部出土的铜步摇冠残片、玻璃坠饰等形制独特，推测原物是一个比较精美的步摇冠。墓中出土墓志两方，据志文记载：墓主人为北魏尚书左丞、镇远将军、光州刺史李仲胤，其夫人为河间邢氏。北魏永熙三年（534 年）合葬于此。

土洞墓 M4 出土各类随葬品 39 件，种类包括陶器、青瓷器、陶俑、陶质模型、铜器、铁器和石器等。墓中出土墓志为一盖两志，志石与志盖相互叠压放置，据志文记载墓主人为北魏平北将军、散骑常侍、使持节、都督定州诸军事、定州刺史李翼及夫人博陵崔氏，北魏永熙三年（534 年）迁葬于此。

西高李氏家族墓地的考古发掘是南水北调中线工程河北段的一项重要发现。该墓群规模大，排列有序，是已发现少有的北朝家族墓地，具有重要的学术价值和历史意义。墓葬排列遵

陶女俑

镇墓兽

陶俑

青瓷碗

青瓷单耳罐

青瓷盏托

青瓷唾壶

青瓷鸡首龙柄壶

青瓷笔架

青瓷虎子

青瓷覆莲座烛台

青瓷辟雍砚

青瓷三足镳斗

循的是长辈居前（东侧一排），以左为尊的原则。迄今，在太行山东麓、今河北省赵县、元氏、临城、高邑、赞皇一带，发现一些赵郡李氏各支家族墓葬，此次发掘的赞皇西高墓地是河北乃至北方地区第一次科学全面发掘的北朝大族墓群，其完整的格局和较丰富的出土遗物，对于重新研究早年清理或发掘的北朝封、甄、高、邢氏墓地，对于深入研究北朝制度具有重要的意义。各个墓葬出土的墓志，为研究北朝赵郡李氏家族及其当时社会提供了翔实可靠的信息。根据出土墓志志文的记载来看，东侧一排父辈的墓葬应属原即规划于此，北魏太和以后陆续葬于此；而西侧一排子辈墓葬则多原葬于洛阳等地，北魏永熙三年（534 年）迁葬于此，在北魏最后一年同时集中迁葬绝非是一种巧合。归葬故乡是中国古代礼制中的一个重要部分，秦汉以来门阀林立，汉族上层人士阶层多形成地方宗族势力，故乡和族墓是重要的联系纽带。李氏宗族多在永熙三年归葬故里，应是利用了迁都邺城的契机。此外，墓志中还记载了赵郡柏仁乡永宁里、房子城、五马山等历史地名，这为赞皇地区本地的历史地理学研究提供了重要资料。

18. 正定县吴兴墓地

吴兴墓地位于正定县新安镇吴兴村村西，南距正定县城 15km，距石家庄市 20km。京广铁路在墓地东南 2.5km 处南北向穿过，滹沱河在墓地南 12km 处自西向东流过。墓地地势平坦，2006 年 4 月下旬至同年 11 月底勘探发掘，共发掘墓葬 121 座，其中战国墓葬 6 座，西汉墓葬 98 座，东汉墓葬 7 座，唐代墓葬 9 座，清代墓葬 1 座。出土各类遗物 440 件。

战国墓葬形制可分为中型和小型墓葬两类，墓葬彼此之间无打破关系。当为赵国境内的中山国遗民墓葬。

数量最多的是西汉时期墓葬，又分为土坑墓和砖室墓两种，为典型的两汉平民墓葬。其年代可划分为早、中、晚期。

唐墓中单室圆形和"舟"形墓，是北方地区唐中晚期流行的主要形制。

3 号墓揭露情况

67 号墓揭露情况

器物出土情况

高足灯

残口长颈瓶

双系陶罐

瓷碗

三足罐

瓷钵

带盖陶壶

黄釉高足碗

| 酱釉三足炉 | 铜剑 | 五铢钱 |

综上所述，吴兴墓地应是冀中平原目前发现的一处较大的平民墓地，墓葬时代从战国到唐代，葬式多样，特征显明，时代特点强烈，为认识这一地区的埋葬习俗提供了重要材料。

19. 元氏县南白楼墓地

南白楼墓地位于元氏县苏阳乡南白楼村西南约500m的山前台地上。墓地西倚绵延不绝的太行山脉，东面广袤无垠的华北平原。墓地占地面积约50000m²，2009年6—9月武汉大学考古队对南白楼遗址渠线所占部分（台地东部）进行了钻探和发掘。钻探发掘面积3000m²。

发掘各类墓葬37座（战国时期23座、唐宋时期6座、金元时期2座、明清6座），出土文物194件（陶器80件、瓷器9件、青铜器91件、铁器5件、玉器5件、石器3件、金属器1件）。

| 发掘区航拍侧视图 | 发掘区航拍鸟瞰图 | 墓葬布局航拍图 |

（1）战国晚期墓葬。位于南部发掘区，发现了23座土坑竖穴墓。绝大部分墓葬有棺有椁，在棺的头部放置随葬品。出土随葬品以陶器为主，部分墓葬有带钩，少量墓随葬玉环。大致从战国中晚期延续到战国末年。

| 战国墓葬 | 压花陶鼎 | 鸭形陶尊 |

玉镯

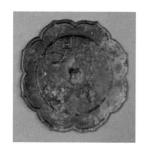
月宫故事铜镜

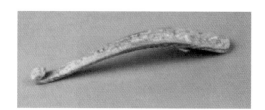
铜带钩

彩绘盒

彩绘盘豆

彩绘陶杯

彩绘陶壶

彩绘陶盘

彩绘柱盘

唐代墓葬

（2）唐代土洞墓。位于西区，共发现6座较大型墓葬。随葬品以漆木器和纺织品为主，有一定数量的铁器。M2、M3和M32的墓主人分别为李守璞、李无畏和李仙童，均为李旷之孙。另外当地文管部门还在发掘区东部的取土区获得一块李旷之子李寿谛的墓志。这批唐代李氏家族墓葬在布局上大致反映出了昭穆制度。

恢
↓
华（宁夏）
↓
延世
↓
旷（子远）
┌──────┴──────┐
武随　　　寿谛
┌──┴──┐
M32仙童　进M2　　无畏M3
　　　　（守璞）
┌──┴──┐
光嗣　　　思宅

唐代墓葬　　　　　　　墓主人世系

黄釉双系罐　　　　玛瑙环

20. 元氏故城遗址

元氏故城遗址位于元氏县殷村镇故城村东北 300m 处，遗址西南约 400m 处为汉代常山郡城址。遗址南起小留村通往故城村的东西向水泥路，北到故城村通往殷村镇的西南东北向小路，长约 300m，宽约 200m，东部进入小留村地界，总面积约 70000m²，南水北调渠线从遗址中心区南北贯穿。2009 年 11 月至 2010 年 9 月，河北省文物研究所考古队对元氏故城遗址进行了考古发掘，发掘面积 4000m²，发掘各类遗迹 342 座，其中包括灰坑 302 座、灰沟 20 条、道路 3 条、墓葬 10 座、井 2 眼、灶 3 座、窑 2 座。出土陶器、瓷器、铜器、铁器等各类完整或可修复器物 150 余件。

东城墙夯土　　　　　　　灰坑堆积　　　　　　　隋代灰坑

陶窑　　　　　　　　建筑构件　　　　　　　卷云纹瓦当

筒瓦

铁铲

铁刀

铁犁铧

陶罐

瓷碗

长颈瓶

铸钱模版

汉代遗迹比较单一，仅发现灰坑和灰沟两类。出土遗物器型按用途分为容器类、炊器类、建筑类、工具类。容器类有盆、碗、豆、罐、纺轮；炊器类有甑、釜；建筑类有筒瓦、瓦当、井圈；工具类有纺轮、器座、陶拍。

发现有北朝—隋代灰坑、灰沟、窑址、灶址等文化遗存。遗物有陶器、瓷器、铜器、铁器等。陶器器型以平沿斜腹盆为大宗，红陶碗也占一定数量。另有莲花纹瓦当、板瓦、筒瓦等。瓷器数量少，可辨器型有碗、钵、杯、瓶。

发现有隋唐时期灰坑、灰沟、墙基、井、墓葬、路、灶址等遗存。遗物有陶器、瓷器、铜器、铁器等。陶器器型以平沿斜腹盆为大宗，另有罐、瓮、碗等。另有大量建筑用陶器，有莲花纹瓦当、板瓦、筒瓦、砖等。瓷器可辨器型有青釉饼足杯。铜器有铺首、残片等。铁器有刀、有孔器。

金、元时期遗存，发现4座墓葬。2座为土坑竖穴墓，另2座为圆形砖室墓，破坏比较严重。出土酱釉双系瓷罐、小口瓶和泥质灰陶罐。

由于遗址邻近汉常山郡故城址，遗址的文化遗存常山郡故城有密切的联系，应该属常山郡周边的居民聚落遗址。通过此次发掘并结合对遗址周边区域的调查、勘探，对汉常山郡故城遗址为核心区域遗址研究、探索古城址的文化内涵提供了实物资料和参考依据。

常山郡故城平面呈正方形，南北、东西都是1200m。20世纪70年代以前，这里的城墙基本完整。现城墙墙体除了西南角外，其他部分毁坏非常严重。南城墙和东城墙仅剩下断断续续的几段，西城墙因平整土地取土，剩下的墙体仅存100m，北城墙已荡然无存。城墙现存的高度有6m，坍塌后最宽处达23m，城墙夯土清晰可见。常山郡故城始建于战国赵孝成王十一年（公元前215年），汉高祖三年（公元前203年）在此设立恒山郡。汉文帝元年（公元前179年）为避文帝刘恒名讳而改为常山郡（古时常、恒通义）。东汉时期，郡县两级行政机构都设在常山郡城，是常山郡历史上的鼎盛期。这里亦曾是汉魏时期的政治经济文化中心。两汉时期，先后有13位皇子皇亲被封为常山王。西汉元鼎三年（公元前114年），出使西域归来的张骞曾到这座古城巡视。西晋时，常山郡的治所移至真定（今石家庄市东古城一带）。隋开皇六年（586年），元氏县的治所再次移到现在的元氏县城。隋朝末年，窦建德、刘黑闼领导农民起义，该城被刘黑闼所破，毁于兵乱。

21. 邢台市后留北遗址

后留北遗址坐落在邢台市桥西区李村乡的后留村南1km，西面不远即是太行山东麓，北濒七里河（滏阳河支流）。遗址东北距邢台市区14km，与北面和东北面的东先贤、葛庄、贾村、邢台粮库等著名商代遗址隔河相望。2007年5月开始发掘，2007年10月完成了该遗址的发掘工作。发掘揭露面积4100m²。遗址文化堆积深厚，厚度一般在1～3m左右，局部可达5m。除发现少量东周以近的遗迹外，余皆晚商时期遗存。

遗址全景

5号房址

8～10号房址夯土基址

26号灰坑

69号灰坑

71号灰坑的陶鬲

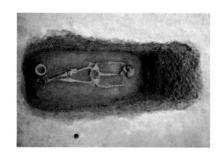

墓葬　　　　　　　　　　塑、刻人体的陶钵　　　　　　刻划纹陶拍正面

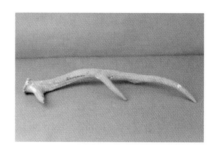

夹砂灰陶带字盆文字细部　　　　带鋬陶鬲　　　　　　　　鹿角

陶大口尊　　　　　　陶鬲　　　　　　　　陶簋　　　　　　　卜甲

　　殷墟三、四期土坑墓 34 座，瓮棺葬 24 座。晚商时期灰坑 71 个、房址 13 座、窑址 2 座、沟 1 条、路 1 条。

　　房址分早、晚两期。早期的为半地穴式，面积不到 10m²，但保存较好，结构清楚。晚期的为地面建筑，平面形状长方形，面积多在 50m² 以上，但保存欠佳，仅存夯土地基和墙基。

　　祭祀坑，这类祭祀坑往往存留一动物（牛、猪、羊、马、狗之属）骨架。个别祭祀坑存留多个个体动物，如 H69，底部经火烤成一层硬壳，上面整齐地安放四头大牛，牛头一律朝东。

　　陶鬲窖藏坑，H71 底部出土 18 件陶鬲，全部倒扣于一个斜坡上，摆放整齐，应是有意而为。

　　墓状坑，如 M34，长 3m、宽 2.2m、深 1.8m，四壁陡直而平整，内部填土隔层夯筑，夯层厚约 15cm，但"墓"内空无一物。

　　陶窑，火膛内残留较多陶鬲，有的是器坯。火门外的操作间堆满灰烬和残陶片，窑室多被破坏。

　　出土陶器 500 多件，石器 200 多件，骨器 200 多件，角器 20 多件，蚌器 40 多件，铜器 4 件，牛、猪、羊等动物骨架 20 多具。出土一批特色器物，如铸铜陶范残块，从内壁花纹可知所铸器型为青铜尊或瓿、爵类，上有纤细的卷云纹及云雷纹等，造型精致。一泥质红陶深腹钵外表塑一人面，其下线刻"大"字形人身，一手上折，一手下折。还出土一件带神秘刻划纹的陶拍，并发现多件卜骨、卜甲。

后留北遗址的发掘，证明这里晚商时期遗存主要经历了殷墟二期至末期的年代，而以殷墟三、四期为主；该遗址晚商时期的遗存面貌与安阳地区别无二致；柱足联裆鬲从殷墟三期发展到四期，脉络清楚，应是晚商文化中自有之物；后留北在七里河南岸的晚商时期遗址中具有代表性，从年代上看，比河之北岸邢台粮库、葛庄等遗址起始要晚，经历的时间也明显要短，由此或可推测，邢台市区附近的七里河沿岸商代遗址，在先民心目中当以河之北侧的更为重要，南岸的遗址略居次要的地位。

22. 临城县解村东遗址

解村东遗址地处临城县临城镇解村东约 500m 的泜河南岸的二级阶地上，地势平坦。遗址主要分布于南北向旧水渠两侧，北至解磐土路，东邻到棉站西围墙，南临南磐石与苗大线相连的村水泥路，西与苗大线公路相望，遗址现存面积约 25000m²。延续时间长，其中仰韶时期、先商时期文化遗存的揭示是本次发掘的重要收获，为研究冀中地区的新石器、夏时期的考古文化提供了一批重要的实证资料。

此次发掘面积 3000m²，遗址地层简单，共分两层，堆积厚 50～80cm，共清理灰坑 223 个，墓葬 5 座，房屋 1 间，灰沟 5 条，窑址 2 座，井 1 眼，经初步整理，可复原的陶、瓷器 120 多件，石、骨、角、铜、铁器上百件，时代分属为仰韶、先商、商、战国到汉代、唐宋、明清等六大时期。

临城解村东遗址地处太行山东麓南端，遗址面积大，延续时间长。其发掘有利于深入研究冀中南地区后冈一期文化的特征、年代及其分布地域，对促进下七垣文化的分期、地方类型的划分以及下七垣文化的综合性研究有推进作用。同时，该遗址发现的商代遗存与豫北地区的商代遗存基本相同，对于研究商代遗存的分布具有重要意义。战国到汉代、唐宋时期遗存的发掘为冀南地区战国、隋唐时期的研究提供了丰富的材料。

解村东遗址全景航拍　　　　　　0403 号探方东壁　　　　　　105 号灰坑（仰韶时期）

2 号窑址（先商时期）　　1 号房址（唐宋时期）　　　　　石器　　　　　　　　陶鬲

卜骨　　　　　　　　　　　陶碗　　　　　　　　　　　　陶仓

23. 临城县补要村遗址

补要村遗址位于临城县临城镇补要村与村东南镇楼公路南北两侧的农田中。经初步调查勘探，遗址面积约 6 万 m²，文化堆积厚 0.5～3.2m。北京大学考古文博学院会同邢台市文物管理处和临城县文物局对该遗址进行了较大规模的田野调查钻探与发掘，发掘面积约 4300m²，发现大批仰韶文化晚期、先商时期、晚商时期、汉唐时期遗迹与遗物。其中仰韶文化和夏商时期遗存丰富，且有自己的特色，尤为重要。

发现各个时期的灰坑 300 余座，墓葬 37 座，房屋 4 座，灰沟 19 条，窑址 5 座，地面青铜冶铸基址 1 处。已复原各个时期陶瓷器 200 多件，石、骨、木、角、蚌器及青铜小件逾千件。2013 年 5 月被国务院公布为第七批全国重点文物保护单位。

陶塔式罐　　　　　　唐代白釉碗　　　　　　　　　　唐代白釉盘

唐代黄釉三足炉　　　　　唐代黄釉双系罐　　　　　　　唐代黄釉碗

第一期：仰韶时期。集中分布在发掘区北部，发现窖穴与灰坑约 60 座，房基 1 座，陶窑 3 座，灰沟 6 条。房基仅残存底部，为半地穴式建筑。灰坑有圆形、椭圆形、不规则形，多数深约 1m。出土遗物主要为陶器、石器、鹿角器等。夹砂陶器以小口罐、甑最为常见，还有箍带纹小口高领瓮、罐、器盖、筒形杯、直口折沿小罐、小平底碗等。泥质陶器有小口高领壶、折腹盆、盆、罐、钵、碗等。石器有大型石铲、斧、凿、锛、纺轮等，石环数量较多。鹿角器有角锥。骨器有骨末。蚌器以蚌镰和穿孔蚌刀较为常见。水生动物遗骸以各类贝壳为多。上述文化遗存和分布于豫北冀南地区的大司空类型面貌有相似之处但又有较明显的差异，或属与大司空类型同时期的另一个仰韶文化地方类型。

第二期：先商时期。集中分布在发掘区南部，发现窖穴与灰坑近 20 座，房址 1 处。F3 为近长方形的半地穴式建筑，墙壁及地面加工良好。出土遗物主要为陶器、石器等。陶器器类有鬲、甗、鼎、豆、橄榄罐、深腹罐、折腹罐、小口瓮、平口瓮、鼓腹瓮、圈足蛋形瓮、盂、大敞口平底盆、深腹盆、尊、盘形豆、碗形豆、斝、器盖等。陶器器类组合较为固定。石器以石镰最为常见，另有铲、穿孔石刀、有肩石铲、斧等。玉器有玉璧 1 件。角器为鹿角锥。文化面貌受东方岳石文化和冀北地区同时期文化影响明显，与已发现的先商文化遗存相比，有自己独有的特色。

第三期：晚商时期。遍布整个遗址发掘区，发现窖穴与灰坑 200 余座，灰沟 2 条，墓葬 16 座，陶窑 3 座，冶铸地面遗迹 1 处，祭祀坑及"燎祭"场所 8 处。墓葬形制有竖穴土坑墓和瓮棺葬。竖穴土坑墓葬不见腰坑及殉狗。瓮棺葬大多数有较浅的墓圹，葬具以瓮和鬲最为常见。陶窑皆为升焰窑。冶铸地面遗迹可见密集的炭渣与烧土，地面可见烧流痕迹，地面踩踏痕迹较明显，散见陶范、坩埚及破碎铜器碎片与卜骨。祭祀坑分人祭和牲祭，用牲为牛、猪和狗。出土遗物以陶器为大宗，常见器物为鬲、鼎、盆、豆、假腹豆、罐、簋、瓮、敛口钵等，另有少量的觚、爵、卣、壶等器类。石器常见的有斧、镰、铲、刀、凿等。骨器可见末、耜、锥、笄、针等。铜器有镞和破碎的鼎、簋口沿。卜骨与卜甲较为多见。发现的人祭坑、铸铜陶范、原始瓷等说明补要村遗址在晚商时期是一处等级较高的遗址。

第四期：东周至秦汉时期。发现石砌墙基的房屋 2 座。

第五期：唐宋时期。主要遗迹为灰沟与墓葬。发现灰沟 10 条，墓葬 21 座。灰沟多为东西走向，应当与农田灌溉排水有关。墓葬多为土洞墓。随葬器物有瓷碗、盘、双系罐、三足炉、三彩炉、陶罐、瓮、塔式罐、铜镜、铜带扣、带铐、钱币、铁钗、铁剪、玛瑙珠、陶珠等。在多座墓葬中发现有穿孔的砖或石块随葬，可能与某种葬俗信仰有关。

河北省中南部除武安赵窑、磁县界段营、下潘汪、邯郸百家村等遗址以外，少有堆积丰富、地层序列完整的纯粹的仰韶时期遗存，中部地区众多遗址中仅有零星单位甚至仅发现零星的仰韶时期陶片。长期以来冀中地区仰韶晚期因缺乏系统的材料而被笼统地归入仰韶文化大司空类型。补要村遗址的发现提示研究者应重新审视河北中部地区的仰韶文化晚期遗存，冀中地区应是一个存在较为特殊地方特色的区域。补要村遗址所发现的先商时期遗存与先商文化下七垣类型十分接近，但又存在自己的特点，陶器组合与已经发表的考古材料略有差异，这或许为探索文献所记载的商先公所居"砥石"的地望与冀南西部太行山东麓地区的先商时期考古学文化提供了新的线索。补要村遗址唐宋墓葬的发掘为冀南地区晚唐、五代至宋、金时期瓷器制作工艺、产品流通、器物形态演变及葬俗信仰活动的研究提供了丰富的材料。

仰韶文化时期至夏代是中国古代文明孕育、诞生和初步发展的关键时期，河北省中南部地区又是当时文明产生、发展的中心之一。补要村遗址仰韶文化时期至夏代文化遗存丰富、系统、独具特色，是此次发掘收获的重中之重。这些材料的发现与进一步整理，将有力地促进中国古代文明起源的研究和夏商文化的研究。

24. 内丘县南中冯遗址、墓地

南中冯遗址、墓地位于内丘县五郭乡南中冯村东 1200m，内丘西关村西约 1200m。2002 年夏，河北省文物研究所在南水北调中线全线调查时发现，2003 年秋、冬复查，2004 年秋勘探、试掘。从勘探、试掘等了解的情况看，遗址和墓地范围广大，约南起东西向柏油路，北到南中冯废弃砖场南断崖，南北长约 800m，东西宽度不详。

2009 年 10 月至 2010 年 3 月，河北省文物研究所分两次对遗址和墓葬进行了发掘。遗址、墓葬所在地势平坦，南半部以墓葬为主，北半部以遗址为主。共完成发掘面积约 2000m²，其中商代、十六国时期遗址 860m²，商、十六国、唐、金、元、明清时期墓葬 49 座，其中商代 1 座，十六国时期 2 座，唐代 19 座，金代 15 座，元代 2 座，明清时期 8 座。2 座年代不明，出土可复原和基本复原的文物近 200 件。

南中冯北半部的商代遗址，内涵比较丰富，时代比较单纯，堆积层位清晰，是邢台地区又一处重要的商文化遗存。发现商代墓葬 1 座，为土坑竖穴式，被商代灰坑打破，有棺木朽痕，头前和胸下分别出有残陶豆 1 个和石铲 1 个。

南中冯遗址、墓地肇始于商代的遗址、墓葬，历经十六国时期遗址、墓葬、唐代墓葬、金代墓葬、元代墓葬、明清时期墓葬，时代上的延续和资料的丰富都很难得。十六国时期墓葬较为典型，砖室墓为长斜坡墓道，有封门砖，随葬品放置在棺前和门洞之间，有铜鼎和陶壶、陶罐，还有漆器等。土坑墓为土坑竖穴墓，随葬品在东壁中部有一龛形台上，有铜罐、陶壶和陶罐等。相对唐墓随葬品丰富的现象，此时的随葬品显得少而实用，如铜器鼎腹上布满烟熏痕，很显然下葬前经过多次使用，特点明显。

石铲　　　　　　　　　铜鼎　　　　　　　　　　铜罐

在 49 座各时期墓葬中，唐时期墓葬数量最多、随葬品也最丰富，其中的邢窑白瓷罐、三彩炉、武士俑等堪称精美，这也间接反映出邢窑隋唐时期的盛况和该地区经济的阶段性繁荣。

33 号墓瓷器出土情况　　　　　　　瓷碗组合　　　　　　　　　瓷罐

瓷盘

瓷罐

三彩炉

武士俑

女俑

文官俑

骆驼

25. 内丘县张夺2号遗址、墓葬

张夺2号遗址遗址区（Ⅰ区）主要文化遗存以陶窑为主，其他灰坑、井、沟、沉淀沟池等遗迹，或与陶窑相关联，或为陶窑附属遗迹。出土器物以陶板瓦为大宗，陶筒瓦次之，盆、罐、釜、炉类日用器较少。出土的板瓦、筒瓦多有烧连、烧变形等现象。这些现象均表明张夺2号遗址遗址区应为烧制陶瓦的烧窑遗址。盆、罐类器物表面多有使用产生的痕迹，釜、炉类等器物表面多有火烧痕迹，综合分析此类器应为窑工使用器。

张夺2号遗址遗址区俯视

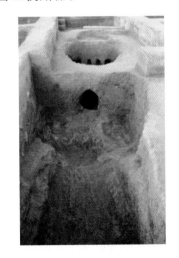

1号窑全景

张夺2号遗址墓葬区（Ⅱ区），时代为战国和汉代。从墓地整体看墓区内墓葬排列杂乱，分东西向和南北向两种，有南北向打破东西向的，同时也有东西向打破南北向的现象，另外也有东西向打破东西向、南北向打破南北向墓葬的情况发生。这种现象同一时代也有发生。

张夺2号遗址墓葬区俯视　　　　张夺村南2号墓地2号探沟俯视　　　　104号墓

81号墓随葬器物　　　　　　　陶钫

战国时期墓葬形制为斗形，填土经夯打实。秦代出现长方形竖穴土坑墓，此时墓葬仍流行填土经夯打实，个别墓葬出现未经夯打现象。西汉斗形墓室、夯土回填较为少见，逐渐被长方形竖穴土坑墓代替，墓葬逐渐变得较窄长。战国时期葬具一般为木棺、木椁，至秦代出现生土二层台形椁，汉代早期晚段出现砖铺底墓葬，西汉中期早段前后出现砖椁墓，此时砖椁墓和生土二层台形椁并行。

通过对这些墓葬进行排比，没有发现墓地分属于某个家族墓地的确切依据，但是在小范围内仍可发现有一定关系的单体墓葬存在，从墓葬形制来年，在战国时期开始使用，墓主葬式以屈肢葬为主，直肢葬次之，这时期墓葬已具有秦文化因素。在战国晚期，以屈肢葬为特点的秦文化与当地汉文化相结合，形成屈肢葬和直肢葬并存；进入秦代，以仰身后屈肢为代表的文化因素，进入张夺一带区域，形成侧身屈肢、仰身屈肢、仰身后屈肢葬和仰身直肢葬相结合的局面，进入汉代以后秦文化因素和以仰身后屈肢葬为代表的文化与汉文化融合，逐渐消失，被汉文化取代。多种文化的交融也可能是造成墓地不分属于某个家族的原因。由此来看，张夺2号遗址墓区是战国到汉代的平民墓葬，墓主人的贫富具有一定的差异，有的墓葬随葬20余件器物，有的墓葬无随葬品。此次发掘首次在邢台地区分理出秦文化因素，墓地从一个侧面反映了秦文化在张夺一带由开始进入、交融，逐渐融入汉文化的过程，为探索秦汉文化提供了重要资料。另外，出土了成组的具有地方特点的随葬品，为研究邢台地区战国到汉代葬俗提供了重要依据。

26. 沙河县高店遗址

该遗址位于沙河县十里亭镇高店村西南，遗址所处位置为半丘陵地带，东侧地势低洼，干渠工程从遗址穿过，发掘面积1000m²。共发掘遗迹单位31个，其中灰坑30个，灰沟1条。灰沟涉及范围较大，呈东西向，灰沟包含物较为丰富。遗址出土陶器以夹砂灰褐陶占绝大多数，泥质灰陶相对较少。器物以鬲、盆、罐、簋为常见，纹饰有粗绳纹、弦断绳纹、附加堆纹。遗迹单位分属仰韶、先商、晚商、西周四个时期。

13号灰坑　　　　　2号墓　　　　　陶鬲　　　　　陶豆

陶盆　　　　　陶鼓残片　　　　　陶樽　　　　　绿釉陶壶

仰韶时期遗存这次发掘面积较少，属后冈一期文化。

先商时期主要陶器组合有鬲、甗、豆、盆、瓮。这与邢台葛家庄先商遗址陶器组合基本一致。

晚商时期遗存，主体文化面貌应在安阳殷墟三期阶段，这一时期陶器组合仍以炊食器为主，鬲、罐、盆、甗、盂、豆、瓮等出土相对较多。分档乳足、宽折沿夹砂灰陶鬲，泥质磨光黑皮假腹豆，均表现出鲜明的特点。沙河高店遗址与东先贤遗址直线距离不足20km，其文化面貌两者表现出高度的一致性。邢台东先贤商代遗址第四期文化遗存，在时段上报告中称其与安阳殷墟文化第三期相当。

西周时期的B型夹砂灰陶仿铜器出脊扉棱鬲，在邢台地区多处西周遗址中普遍存在。

这次发掘涉及的文化遗存时代跨度较大，虽不能对每个阶段的文化内涵有一个完整的认识，但基本反映了各个时代本地文化的基本特点。仰韶遗存和一批先商、晚商、西周遗存的发现，为建立本地史前、商周文化考古序列和编年又增添了新的资料。

27. 磁县南营村遗址

南营村遗址位于磁县讲武城镇南营村东150m处，东距讲武城遗址（全国重点文物保护单位）170m。南水北调中线干渠自南至北从遗址、墓群中部穿越。2006年10月至2007年1月，河北省文物研究所会同磁县文物保护管理所对遗址进行考古发掘，共分两个发掘区，发掘遗址面积 5300m²；发现形状各异灰坑 56 座，灰沟 7 条，墓葬 57 座，出土一批铜、铁、陶、釉陶等珍贵文物，文化遗存的年代为早商、晚商、战国及汉代；墓葬时代为战国、汉、明清时期。

| 遗址全景 | 工作场景 | 遗址局部及窑炉遗迹 |

共发现灰坑 56 座，灰沟 7 条，文化遗存的年代为早商、晚商、战国、汉代、明清时期，出土文化遗物质地有陶、铜、铁、石等，器类有鬲、罐、敛口瓮、盆、釜、豆、壶、板瓦、筒瓦、石斧、石球、钱币等。

早商时期文化遗存遗迹以灰坑为主。发现遗物以陶器为主，少量石器；陶器可辨器型有鬲、罐、瓮、簋等。

晚商时期文化遗存多为灰坑。遗物以陶器为主，少量石器；陶器可辨器型有鬲、罐、瓮、簋、盆等。

战国和汉时期文化遗存遗迹以灰坑为主。发现遗物以陶器为主，少量石器、铜钱。陶器可辨器型有壶、罐、釜、盆、豆、盘等。

Ⅰ区发掘墓葬 55 座，墓葬大致分长方形土坑竖穴墓和带长方形竖井墓道洞室墓两种类型；其中长方形土坑竖穴墓 14 座，墓葬多为南北向，葬式为仰身直肢、屈肢葬，随葬品组合为鼎、豆、壶、小壶、盘、匜等，个别出土铜带钩、铜镜、铜剑等，时代为战国中晚期；带长方形竖井墓道洞室墓 38 座，墓葬南北向居多，有少量东西向，葬式为仰身直肢葬，随葬品组合为壶、小壶、罐、井、灶等，个别出土铜带钩、铜镜，时代为西汉、新莽、东汉时期。

Ⅱ区发现 2 座墓葬形制基本一致，皆为带长斜坡墓道前后双室砖室墓，墓道朝北，两者相距 20m，出土釉陶壶腹部下垂，且假圈足较高，以及出土剪轮五铢钱等，推测 2 座墓葬年代应在东汉晚期至曹魏时期。

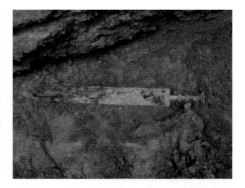

| 汉代墓葬 | 陶器组合出土情况 | 青铜剑出土情况 |

陶豆	青铜剑	铜镜

通过此次考古发掘，发现了较为重要的早商时期文化遗存，为探索先商文化起源及早商文化二里岗类型传播，构建冀南地区商代文化编年体系提供了重要实物资料。发现一批战国、汉代墓葬，数量较多，墓葬类型典型，器物演化关系明晰，对河北南部地区战国中晚期至汉代这一时期葬俗、文化遗物演变的研究有重要意义。

28. *磁县白村遗址*

白村遗址位于磁县台城乡白村以北 800m，贺兰村东 1100m 处，位于牤牛河北岸的二级台地之上，周围地形为岗坡与台地相互交杂。2009 年 10 月至 2010 年 7 月，河北省文物研究所会同磁县文物保护管理所组成考古队，对白村遗址进行考古发掘，发掘面积 3000m²。遗存以形状各异的灰坑为主，共发现 170 座灰坑，灰沟 13 条，陶窑 4 座，带斜坡长方形砖室墓葬 2 座。出土遗物有陶、石、骨、蚌、铜、角器；陶器有鬲、鼎、甗、瓮、豆、盆、罐、釜、纺轮、圆形陶片等；石器有石铲、穿孔石刀、石斧、石镰等。从出土遗物分析，遗址时代大致分为仰韶文化时期、龙山文化时期、夏时期、汉代、明清时期。

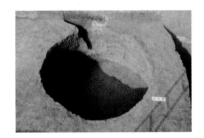

遗址航拍图	龙山时代灰坑	夏时期灰坑

小口瓮（龙山时代）	筒形杯（龙山时代）	器盖（龙山时代）

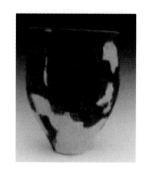

鼎（夏时期）　　　　　　　　鬲（夏时期）　　　　　　深腹罐（夏时期）

仰韶文化时期遗存发现遗物较少，文化遗存面貌为后冈一期文化。

龙山文化时期遗存，遗物有陶、骨、蚌、石等。文化遗存面貌为后冈二期文化晚期。

夏时期遗存遗物有陶、骨、石、蚌等。陶器有卷沿侈口高领鼓腹高锥足鬲、卷沿斜腹盆、浅盘豆、蛋形瓮等。

汉代遗存文化遗迹较少，出土遗物多为泥质灰陶板瓦、筒瓦残片。

明清时期遗物多为青花瓷片、黑釉瓷片、泥质灰陶布纹瓦、砖块等。

白村遗址所处太行山东麓山前地带，向西通过峰峰矿区穿越太行山脉直通晋东南、晋中地区，向南30km为漳河、安阳洹河流域，北侧为广袤的冀南平原，为南北相连、东西通衢之地，周围地形为岗坡与台地相互交杂。白村遗址是冀南地区下七垣文化漳河型重要考古收获，其文化遗存主体应为下七垣文化二期，个别器物早至一期，处于下七垣文化较早阶段。白村遗址分布较广，文化遗存内涵丰富，是磁县牤牛河流域夏时期遗址中具有代表性和典型性的一处遗址，对于廓清下七垣文化面貌有着深远意义。

通过对白村遗址第三期文化遗存的分析，包含以下几种文化因素：A组器物无疑来源于涧沟型龙山文化，应为冀南地区土生土长的本土因素；B组器物应来源于晋中地区夏时期文化；C组器物应来源于二里头文化二里头类型；D组器物来源应为二里头文化东下冯类型；E组器物应来源于山东龙山文化以及后继者岳石文化。根据分群情况看，A组、B组器物在白村夏时期文化遗存中占主导地位，应为该遗存的主体因素；夏时期文化遗存还存在二里头文化二里头类型、东下冯类型、岳石文化等因素，表明该区域与周围文化相互交流、融合。

白村遗址为冀南地区龙山文化晚期、夏时期考古研究工作提供了新的资料，具有重要学术意义。

29. 磁县南城村遗址

南城村遗址位于磁县南城乡南城村西北的太行山东麓山地向平原过渡的丘陵地带。地处古涧河主河道南岸台地上，呈东、西带状分布。经过考古勘探，遗址现存面积约12万 m²，南水北调工程从遗址西北穿过，渠线内遗址面积约4万 m²。发掘区位于整个遗址的西部，分三个发掘区，总发掘面积6580m²。共清理各类遗迹365处，其中房址5座、井5座、灰坑205座、灰沟21条、窑址5座、窖穴6座、墓葬116座、烧土遗迹2处。共计出土陶器、铜器、铁器、石器、玉器、骨器、蚌器、贝饰等各类文物679件。

其中，较为重要的发现有Ⅰ区的龙山文化堆积、商代文化堆积和Ⅱ区的先商时期墓葬。Ⅱ区发现的先商墓葬共82座，以小型墓为主，均为圆角长方形土坑竖穴。随葬品有陶器、玉饰、

南城遗址全景

Ⅰ区地层剖面

Ⅰ区房址

Ⅱ区窖穴

Ⅱ区3号墓葬

Ⅱ区先商墓葬

汉代沟渠发掘中

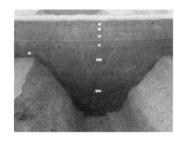

汉代沟渠及层位关系

龙山时代陶窑

鼎（先商墓葬出土文物）

鬲（先商墓葬出土文物）

豆（先商墓葬出土文物）

蚌饰、贝饰四类。陶器有鼎、鬲、簋、豆、盆、罐、瓮、玉饰、蚌覆面、贝饰，共出土随葬品63件。先商墓葬的发现，是河北省近年来发现墓葬数量最多、墓地范围较大、保存最为完整、获取材料最为丰富的一处先商墓地。先商墓葬中鼎的发现，丰富和充实了先商文化的内涵，为先商文化增添了新的内容。为探索这一地区先商文明的起源及特点，都起到极为重要的影响。磁县南城遗址是继邯郸涧沟、磁县下潘汪、界段营、永年何庄遗址后的又一次重要发现。南城遗址中的先商文化既有本地区文化特色的鼎，又有辉卫型和漳河型的鬲，还有与北方地区相似的豆，这也说明这一地区的文化正处在吸收，融合、发展阶段，体现了既有与其他文化相互联系又相互区别的发展特色。综上所述，磁县南城遗址先商文化，虽然有其他文化的因素，但其主体应属漳河类型的范畴，应为先商文化的中、早期。

30．邯郸县薛庄遗址

薛庄遗址位于邯郸县黄粱梦镇薛庄村西北约 500m 较平坦的台地上，被输元河分为南部和北部，现存面积约 3 万 m²。2006 年 8—12 月，在南水北调中线河北段建设工程中，吉林大学边疆考古研究中心对薛庄遗址进行了田野考古勘探与发掘。发掘地点选在遗址南部，总揭露面积 3025m²。共计发现灰坑（窖穴）310 个，墓葬 46 座（含 1 具瓮棺葬），灰沟 10 条，灶址 2 处，水井 2 眼，车辙 1 段。遗址出土了大量陶片，已复原陶器 90 余件，其他石、骨、蚌、铜、铁等各类人工制品千余件。

薛庄遗址全景航拍图

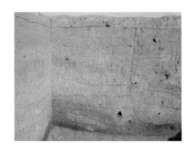
14 号探方东北角地层状况

22 号墓

薛庄遗址时代跨度较大，初步划分龙山、先商、晚商、战国、汉和隋唐时期的文化遗存，其中先商和晚商时期的文化遗存较为丰富。

龙山时期的文化遗迹较少，文化面貌与本地的涧沟、龟台以及豫北的辉县孟庄、卫辉倪湾等遗址发现的龙山文化遗存基本一致。

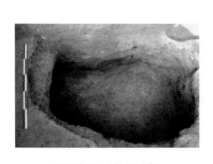
44 号灰坑（龙山时期）

陶鬲（龙山时期）

陶鼎（龙山时期）

先商时期的文化遗迹较多，以灰坑（窖穴）为主。出土遗物比较丰富，陶器可辨器类有鬲、甗、罐、鼎、瓮、盆、豆等，另有少量的杯、爵等。石器以斧、铲、镰、刀为主。骨蚌器以刀、匕、锥、针、镞等较常见。先商时期的墓葬仅发现 1 座。以上文化面貌与邯郸境内发现的磁县下七垣、永年何庄、峰峰矿区义井、北羊台等先商文化遗存基本雷同，均属比较典型的"漳河型"先商文化。

陶罐（先商时期）　　　　　陶鬲（先商时期）　　　　　陶鬲（晚商时期）

晚商时期的文化遗迹以墓葬为主，清理 42 座，均为小型的土坑竖穴墓，有的墓中还发现有死者口含贝葬俗。

战国汉时期的文化遗迹较少，灰坑中多出土泥质灰陶瓮、碗、钵等。另外清理的 1 座瓮棺葬，是由 2 件泥质灰陶瓮残片扣合而成，儿童骨骸保存较差。

隋唐时期的文化遗迹也不多。

邯郸县薛庄遗址地处太行山东麓南端，遗址面积大，延续时间长，其中发现的龙山、先商与晚商时期文化遗存是本次考古发掘的重要收获。这不仅有助于对冀南地区龙山文化遗存性质与年代的进一步了解，更有助于改变先商文化分期研究较为薄弱的现状，从而推进先商文化谱系的综合研究。此外，在薛庄遗址发现的晚商遗存与安阳殷墟基本相同，但在葬俗上表现出了一定的地域色彩。

31. 永年县邓底遗址

邓底遗址地处永年县邓底村西南约 1000m 的洺河北岸台地之上。遗址面积约 10000m²，文化层堆积厚 0.6～0.9m。2007 年 9 月至 2008 年 4 月进行考古发掘，发掘面积 4100 余 m²，发现灰坑窖穴 236 座，房址 7 座，墓葬 11 座，古路 1 条，水井 1 眼，灰沟 8 条，露炊遗迹 7 处，窑址 3 处；出土器物残件 40000 余件，小件标本 500 余件，可复原器物 300 余件。遗址堆积丰富，延续时间长，共发现新石器、晚商、战国和汉代四个时期的文化遗存。

工地全景航拍图

第一期遗存属新石器时代。遗迹有灰坑、房址、陶窑、墓葬等。房址皆为半地穴式建筑。墓葬多为长方形竖穴土坑墓，仰身直肢葬、头向南。窑址发现 3 座，比较典型，皆为横穴，由操作坑、火口、火膛和窑室组成。

房址　　　　　　　　　窑址　　　　　　　　　灰坑　　　　　　　　　一期陶器

出土遗物以陶器和石器为主，角器、骨器、蚌器次之。石器多石斧、石镰、石刀、铲状器、磨盘、磨棒、石球等，其中以磨棒最具特色。陶器以夹砂灰陶圆底罐、釜、鼎，泥质红陶钵、碗、盆、小口壶为主。三足鼎、红顶钵、彩陶钵为典型陶器。

磨盘与磨棒	犁形器	石斧	石铲

石球	研磨器	彩陶盆

红顶钵	三足罐	小口壶

第二期遗存为晚商时期。遗迹有房址、露炊遗迹、灰坑、墓葬等。2座房址最具代表性，均是半地穴式建筑，坐西朝东。露炊遗迹皆为地穴式，多为方形、长方形竖直壁，灯泡形较少。烧土面发育程度较弱。墓葬多为长方形竖穴土坑墓，仰身直肢葬，头向南，大多无随葬品。出土遗物主要有石器和陶器。石器有亚腰形磨光石斧、打制石铲。陶器器型有鬲、罐等。文化面貌与邢台隆尧双碑遗址有相似之处。

第三期遗存为战国时期。发现的遗迹以灰坑、窖穴、灰沟为主。出土物多为泥质灰陶。器型多为宽沿折腹盆、浅盘细把豆、圆底罐、陶量。本期文化面貌与邯郸腹地发现的战国遗存比较接近，应属战国赵文化。

第四期遗存为汉代。遗迹有灰坑、灰沟和水井。出土遗物多陶器少铁器。陶器皆为泥质灰陶，多宽折沿盆、鼓腹瓮、甑、饼足碗、高柄豆。纹饰多素面，少量在肩部饰旋纹、附加堆纹。另有较多的绳纹板瓦、筒瓦和极少量的铁铲出土。本期文化面貌与陕西杨陵遗址比较相近。

此次发掘发现了丰富的遗迹群，为分析研究当时人们生活、生产场所的分布格局，进而探讨这一时期的聚落形态提供了丰富的资料；出土的骨、角、蚌类遗物，为分析研究这一地区古动物种群，探讨当时的气候环境提供了依据。

32. 永年县台口遗址

台口遗址位于永年县西北与武安市交界地带的台口村西南约300m的一处台地上，距县城10km。遗址遍布整个台地，台地平面呈"凹"状，高出现地表12m左右。它地处太行山东麓高低起伏的丘陵地带，其西部为北洺河，由南向北折向东从此经过，属季节性河流，其南侧为一条东西走向的洺武路。台口遗址属龙山时期文化遗存，现为市级文物保护单位。

发掘工作划分两个区，Ⅰ区在台地南部，遗迹密集，遗物比较丰富；Ⅱ区在台地的北部，文化遗存相对较少。共发掘面积5500m²。两区共清理灰坑303座、灰沟1条、窑址5座。灰坑清理303座。灰沟细长，窄浅。窑址均属陶窑，由火塘和窑床组成，主要分两种形式：一种是圆形窑床、火道呈叶脉状，体积较大；另一种是半圆形窑床、猫耳式烟道，体积小。古墓葬，共清理15座，出土随葬品63件（套）。深浅不一，一般距地表深2.1~3.8m，距现开口深0.4~0.8m，浅的1.2m，最深的3.8m。主要有两种形制：一种为竖穴土坑墓，有的带二层台和存放器物的龛洞，有三组为并穴墓，应属汉墓；另一种为土洞墓1座，竖穴式墓道，墓门用卵石封堵，属元墓。

遗址出土文物约616件（套），主要有罐、盆、碗、杯、豆、甗、斝、甑、鬶、网坠、纺轮、环等陶器及大量器物残片，玉石器有镰、斧、锛、凿，骨器有锥、针、簪、镞等，蚌器个别有穿孔，多属饰件。另有牛、猪、狗等动物残骨。古墓葬中出土随葬品63件（套），多为陶器如鼎、豆、壶、盘、匜、罐、碗、俑等，还有铜器类的镜、带钩、印章等。

台口遗址是河北境内发现较早的新石器时代遗址之一。1960年初次发掘时，曾将台口遗存分为台口一期和台口二期，即仰韶时期向龙山时期过渡和龙山时期两个阶段，本次由于发掘位置所限，虽然未发现仰韶时期文化遗存，但龙山时期的文化遗存还是非常丰富的。不仅对台口遗址龙山时期文化遗存的面貌、性质及年代有了进一步的了解，同时也对该遗存的演变及发展有了新的认识：①台口遗存应大体相当于后冈二期文化晚期阶段；②台口遗址中的部分遗存单位，除具有明显的后冈二期文化特征外，同时含有某些新的文化因素或特点，似具有某些先商文化的特征，因此，怀疑其相对年代应稍晚，或已进入夏代纪年范围内，且很可能与先商文化漳河型存在着某种渊源或关系；③从台口遗址中的遗存还可以看出，后冈二期文化阶段曾与周围各相邻文化之间存在着密切的交往关系。其中最明显的是与典型山东龙山文化间的关系。

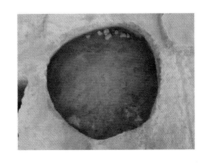

南区全景　　　　　　　　　　灰坑　　　　　　　　　南区遗迹组合

南区 6 号墓夯窝　　　　　　　陶器组合　　　　　　　　　陶甂

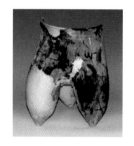   

陶罤　　　　　　　深腹罐　　　　　　　筒形罐　　　　　　　　罐

瓮　　　　　　　　卵形瓮　　　　　　　陶环

33. 磁县北朝墓群

北朝墓群分布于磁县的东南部，墓葬密集区位于磁县的东南部区域，在南北 15km，东西约 14km 范围内，分布有编号记录的墓葬达 134 座，其中有封土墓达 80 多座。最大的如天子冢、皇姑坟、磨盘冢、青冢等，一向误认为是"曹操七十二疑冢"和曹军粮墟。经发掘证实是东魏、北齐贵族墓葬群。20 世纪 70 年代以来，在这里分别发现了东魏昌乐王元诞墓、宜阳王元景植墓、司马氏太夫人墓、愍悼王妃李尼墓、北齐兰陵王高肃墓、北齐高欢第九子武皇帝妻茹茹公主墓和其十四子高润墓等。这些墓均用绳纹青砖砌成，墓室结构为单室墓，由墓道、甬道、墓室三部分组成。墓道为斜坡状，墓室外平面各呈方形四壁作弧状外，墓道两壁有红、蓝、黑、黄色彩绘。出土文物有珍贵的壁画和大批陶俑、瓷器金币等。其中茹茹公主墓和最近发掘的高洋皇帝墓不仅出土了大面积的珍贵的壁画，而且出土陶俑 1800 余件，排列成阵，气势壮观，有中国"小兵马俑"之称。1988 年国务院将这些古墓群更名为"北朝墓群"，公布为全国重点文物保护单位。

南水北调中线工程总干渠从磁县北朝墓群中部穿过。穿过的北朝墓群主要墓葬有 M001、M003、M026、M039、M063、M072 等几座大型古墓葬以及战国、秦、汉、唐、宋、明、清时期一些贵族、平民墓葬。同时北朝墓群所在区域也是战国、秦、汉、魏、晋、北朝、十六国时期遗存重点埋藏区域。通过2005—2009年的考古发掘工作，共计发掘面积40000m²，发掘大、中、小型古墓葬146座（战国37座、东魏4座、北齐2座、十六国1座、汉8座、唐代4座、宋代12座、明清78座），出土文物2519件。

M001是全国重点文物保护单位——磁县北朝墓群范围内新发现的一座墓葬，位于磁县讲武城镇孟庄村西南553m处，东北距磁县县城约10km，东距京广铁路约1.2km。西北距传为东魏孝静帝的西陵（M35，俗称“天子冢”）约3.5km，东北距东魏皇族元祜墓（M003）122m，南距已发掘的东魏墓葬（M72）217m。M001为竖穴土圹砖砌墓室墓葬，由墓道、甬道、墓室三部分组成，总长22.6m。墓道位于墓室南部，平面呈狭长条形，斜坡式。墓道与甬道衔接处有一道封门墙。甬道为砖筑券顶式，由于盗扰严重，仅保留两壁的底部砖墙残迹。甬道中部有一道石门，残留的构件有门扇、门轴、门槛条石等。墓室土圹平面近方形，上口发现一明显大于墓室的不规则形坑，应是早年毁墓的遗迹。土圹内砖砌墓室，墓室平面呈弧方形，面积24.5m²。墓室顶部塌毁，四壁仅存底部砖墙。南壁与甬道相通处有一道封门墙。墓室底部高低不平，残留一部分铺地砖。在墓室中部及东北部发现有零星的棺椁朽烂的板灰，人骨仅发现头骨的枕骨部位。葬具葬式不清。

甬道两壁、墓室四壁皆有壁画残迹，壁画残泐漫漶，模糊不清，极难辨认。在砖壁上涂刷一层极薄的白灰面，在白灰面上平涂线条，再敷色，从残迹辨识，东西壁皆绘身着广袖束带长裙，足蹬高头履的人物形象，头部缺失，从残迹推断应为真人大小。

该墓因早年遭毁，并多次被盗扰，只残留少量遗物，共出土可复原及遗物残片40余件，大部分出土于坍塌的堆积和盗洞中。出土物有陶罐、彩绘陶俑、陶牲畜模型、小件铜器及铜构件、铁器、漆器等类。彩绘陶俑有侍从俑、胡俑、击鼓俑、风帽俑、武士俑残件等；陶牲畜模型有牛首、马首及身体部位残件；小件铜器为造型生动的铜虎子；铁器主要是严重锈蚀的棺钉。

在墓室西南角发现有墓志盖，正面镌刻篆书“魏故兖州元公墓志铭”。结合文献记载，可判定该墓为东魏时期兖州元氏之墓。M001东北122m处发现的东魏皇族元祜之墓（M003），明确了东魏皇宗陵地域。M001正处于东魏皇宗陵茔域内，从其形制、规模及出土物看，墓主人元氏应是具有较高地位和身份的皇族。M001发现了与东魏时期墓葬M63相类似的毁墓大坑，也反映了北齐高氏对东魏元氏种族清洗的史实。同时，M001的发掘进一步明确了东魏皇族元氏茔域的布局和分布范围，为北朝墓群的科学研究和保护提供了重要参照。M001残存的壁画线条流畅、笔法自如；陶俑作品刻划精细、形神皆备，均体现了高超的技艺，是研究北朝时期历史文化艺术的珍贵资料。

M001全景

M001西壁北部壁画

胡俑（M001出土文物）

击鼓俑　　　　　　侍从俑　　　　　　　马首　　　　　　　　牛首
（M001 出土文物）　（M001 出土文物）

 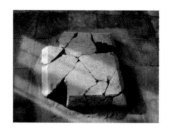 

青铜虎子　　　　　　　墓志盖　　　　　　　墓志盖拓片

　　M003，在地表上尚残存少量封土，封土下有斜坡墓道、过洞、天井、甬道和墓室，全长约25.5m。墓葬坐北朝南，南侧斜坡墓道两壁陡直，墓道之北有土洞券顶式过洞，洞口立面上方绘有壁画，表现的是有人字拱结构的建筑，土过洞顶部作券顶形，底部与斜坡墓道衔接，坡度相同，过洞与甬道之间有一长方形竖穴天井，天井开口部形状不甚规则，有曾经坍塌的迹象，底部也为斜坡状，与过洞地面坡度一致。天井北端设立封门墙，由三重砖构成，封门墙北侧为甬道和墓室，甬道为券顶形土过洞结构，甬道入口上方的立面有残存红彩，推测原有壁画，但因封门墙的挤压，内容已无法辨识，甬道北侧券顶与墓室顶部一同坍塌，底部为水平地面，甬道北端设立有封门墙，由三重砖构成。土洞墓室近方形，顶部坍塌，推测原为直壁穹隆顶结构，墓室大部分地面平铺青砖，四壁残存有壁画，墓室面积约22m²，墓室地面距北朝地面深达9.2m。

　　土洞墓室塌落，原来地表上大部分封丘也随之坍塌进入墓室空间，推测由于地表标志不显著，这座墓葬躲过了破坏和盗掘。墓室东西宽4.5～4.7m，南北长4.3～5m，可惜顶部塌落。墓室四壁残存有壁画，但由于墓室垮塌，壁画保存不佳，可以辨识的内容有青龙、墓主人及围屏坐榻等。通过发掘清理，在墓室中发现了完全朽坏的一棺一椁，棺椁位于墓室西侧，棺内有一具人骨，棺椁之东分布有随葬的陶俑、模型明器、陶瓷器，墓志等遗物。

　　墓室东侧的随葬品保存较好，共190余件，其中随葬的彩绘陶俑144件，种类包括镇墓兽、镇墓按盾武士俑、甲骑具装俑、仪仗侍卫骑马俑、仪仗侍卫立俑、家内侍仆俑等，陶俑原来均手持仪仗器具，有机质地器具已朽坏，但陶制的鼓、盾牌、弓囊、箭箙等仪仗仍保存完好。陶俑制作采用模制成型，局部雕塑修饰的手法，烧成之后通体彩绘。这批陶俑制作精细，人物的服饰、器具表现逼真，雕塑风格写实。其他类别的随葬品还有陶制牲畜家禽、陶模型明器、青铜明器、陶瓷器等。其中，陶瓷器、青铜器制作规整，具有较高的技术水平。

　　概括而言，该墓随葬品的艺术风格、制作技法与北魏洛阳有着密切的联系，其中的骑马俑、仪仗卫士立俑等人物的特征，与北魏洛阳城永宁寺出土的雕塑人物颇为神似。M003建造于东魏从洛阳迁都到邺城的538年，据文献记载，由于东魏初年迁都邺城的官署作坊工匠大多来自洛阳。当时贵族、官吏墓葬的随葬品多出自官营手工作坊。M003墓主人的随葬品也不例外，这些由东魏官营手工作坊生产的陶俑，以其技法和风格，印证了北魏分裂为东魏、西魏过程中技术传承的史实。

墓室中原绘有壁画，由于墓室顶部塌落，现仅残存四壁部分壁画，壁画虽然残缺，但是内容格局基本明确，墓室东壁的南部绘有一青龙图案，西部对称位置画面塌落，从残迹来看绘有白虎图案，青龙和白虎之后，各绘一官吏形象，官吏的胸部以上部分塌落，其上身着红色褶服，下身穿束膝大口裤，墓室北壁绘制一幅三足坐榻，正中端坐者为墓主人的形象，墓主人身后有七扇屏风，南壁壁画分东、西两部分，位居墓室入口东西两侧，壁画保存不佳，从残迹观察，推测两侧各绘有一个人物。整个墓室东、西、北均绘制出有三柱结构的建筑，三柱之上有横梁，横梁之上有人字拱，人字拱之上应为屋顶。青龙白虎绘制在墓室中的格局，在北朝墓葬中并不多见，可以说，M003墓壁画是迄今罕见的王朝画迹。

墓室入口的封门墙之下，出土一盒青石质墓志，墓志由正方形志盖和志石组成，边长约71cm。志盖磨光素面，为盝顶形状，顶部正中有一铁环。志石表面磨光，镌刻遒劲魏碑体文字，全文设计32行，每行32字，除去文末空白行和空白字，全文总计864字。据墓志可知，M003是葬于东魏天平四年（537年）的皇族、徐州刺史元祐之墓。元祐乃北魏皇帝拓跋焘的重孙，死后埋葬在东魏皇族元氏的陵墓茔域内。

磁县北朝墓群东魏皇族元祐墓的发掘具有重要的学术意义：①元祐墓出土的墓志，明确了磁县北朝墓群中东魏皇室陵墓的地域所在，这是认识元祐墓周边北朝墓葬性质的科学资料，也是进行磁县北朝墓群布局研究的一个突破，对全面科学地保护北朝墓群具有重要意义；②元祐墓是磁县北朝墓群中仅见的未被盗掘的墓葬，该墓年代明确，其墓葬形制和出土遗物成为北朝墓群研究的标尺，具有极高的学术价值；③元祐墓墓室壁画、雕塑作品技艺精湛，反映了东魏时期丧葬习俗和艺术特色，是研究北朝时期艺术风格之源流的宝贵资料。

M003俯瞰全景

M003墓室壁画
——青龙

侍仆俑
（M003出土文物）

仪仗俑
（M003出土文物）

镇墓兽
（M003出土文物）

　　M026位于磁县讲武城镇滏阳营村西北300m处的岗前平地上，为弧方形砖砌单室墓，坐北朝南，方向185°，平面呈"甲"字形，由墓道、甬道、墓室三部分组成。南北总长12.5m，东西宽3.5m，墓底距现地表深4m。墓道长7.5m，底部呈斜坡状，坡度15°，墓道壁较规整，底部抹有黄泥，较平滑。墓道北端接长1.7m的甬道，为直壁砖砌券顶结构。甬道前后共砌两堵封门墙。墓室平面略呈方形，四壁中部微向外鼓。墓室南北长3.3m，东西宽3.3m，面积10.89m²，四壁在高2.1m时开始向内斗合叠涩，聚成四角攒尖顶。墓顶现已坍塌，现存墓室内高3m，复原室内高度为4.3m，高出原地表1m许。

　　此墓曾遭多次盗掘，墓道和墓室附近都有盗洞，棺椁葬具已遭多次破坏或锈残，部分遗物位置多有扰乱，但另外一部分仍然保持原貌。

　　现存随葬遗物，基本都放置于甬道和墓室。在甬道北端两侧放置镇墓兽和镇墓武士俑，在砖砌棺上分布有生活用具的青瓷罐、盘口壶，另有孕妇俑、侍女俑等，东南部分布陶武士俑、文吏俑、女侍俑、鼓乐俑、仪卫俑，陶牛、驮马、骆驼、猪、鸡、狗等牲畜明器，以及陶井、磨、灶等模型，共计150余件。

　　M026未发现明确的纪年材料，但通过将陶俑、生活器皿等实物与河南安阳北齐范粹墓（575年）、河北平山北齐崔昂墓（566年）、河北黄骅北齐常文贵墓（571年）所出土的陶俑等遗物进行比较，发现M026出土的披光明铠武士俑、文吏俑、仪仗俑、执盾俑与范粹墓遗物极为相似，与崔昂墓遗物也非常接近；驮马、鸡、猪等陶质动物等与常文贵墓出土物非常相似。据此推断，M026的年代应当与范粹墓、崔昂墓、常文贵墓接近，应为北齐时期。M026虽未发现明确的关于墓主人身份的材料，但从墓葬形制来看，M026应该是皇室贵族墓葬。

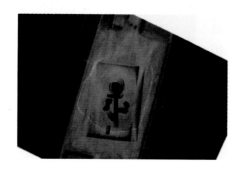
M026全景航拍图

青瓷盘口壶

陶鸡

陶牛

文吏俑

风帽俑

侍女俑

执盾俑

M039 位于磁县讲武城镇刘庄村西。封土底缘平面呈长圆形，南北长 41.5m，东西宽 30m，现存高度近 6m。封土以下部分由斜坡墓道、甬道、墓室三部分组成，墓葬坐北朝南，总长 25.7m。墓室平面为弧方形，面积约 30m²，为四角攒尖式结构。封土中部偏西有一直径 7m 的盗坑直达墓室内，对墓室西部、北部造成破坏，墓室内棺床、铺地砖荡然无存，葬具、葬式不详。

　　M039 现存彩绘壁画近 40m²。墓道两壁绘制手执仪仗人物基本对称，现各壁保存 13 人，人物最高者 1.4m，最矮者 1.27m。以西壁为例：前 4 人为第一组单元，在队伍前列，人物头戴平巾帻，上身着红色右衽褶服，下红色小口裤，脚穿黑色鞋，手执红色鼓吹；紧随其后 4 人为第二组单元，人物头戴平巾帻，上身着浅蓝色右衽褶服，下浅蓝色小口裤，脚穿红色鞋，手执一棍棒状物，棒端加囊套，尾部稍弯曲；随后 2 人为第三组单元，头戴软巾风帽，长条幅巾向下飘垂，身着红色对襟窄袖长袍，腰系带，带上装有缀饰，脚蹬黑色勒靴，手持黑色旗杆，上飘彩色三旌旗；其后 3 人漫漶不清，从仅存人物黑色勒靴及旌旗顶端仗矛，推测应与第三单元人物服饰、手执仪仗一致。甬道门墙及门券绘制云气纹、莲花纹、缠枝忍冬纹，外轮廓用墨线勾勒，内涂橘红色。甬道东西两壁残存莲花柱、侍卫图案，以东壁为例：靠近甬道南端绘制束莲火焰纹宝珠棱柱，通高 1.64m，柱体下端为覆莲瓣纹柱础，棱柱 3 个棱面分别涂红色、黑色、橘红色，中部以束莲瓣纹衔接，柱体上端饰覆、仰莲瓣纹，上托火焰纹宝珠，在其后残存人物橘红色褶服袖口，下着白色大口裤，手执黑色长杆。墓室四壁下端仅存人物靴子图案，其内容不详。墓道北部盗洞内发现两件石门扇，青石质，高 1.7m，宽 0.7m，上阴线刻绘"青龙、白虎"图案。墓室南部发现一件石门额，青石质，半圆形，残长 1.3m，高 0.7m，中心刻绘兽面，下绘制"青龙、白虎、玄武"等图案。

　　墓葬遭受盗扰严重，只残存少量遗物，出土可复原标本 80 余件，出土物有陶盘、陶仓、青瓷罐、彩绘陶俑、步摇冠金饰片、拜占庭金币等。彩绘陶俑有按盾武士俑、甲骑具装俑、仪仗仪卫立俑、女仆俑等；陶俑制作采用模制成型，局部雕塑修饰，烧制后通体彩绘。这批陶俑制作精良，人物面目表情、服饰表现逼真，风格写实。

　　在墓室东南角发现墓志盖 1 件，青石质，边长 0.8m，盝顶形，上篆书"大齐故修城王墓志铭" 9 个字，四角各残留铁环穿凿痕迹，四周刻绘"青龙、白虎、玄武、神兽"图案。《北齐书》卷十四："阳州公永乐，神武从祖兄子也……永乐卒于州……谥号'武昭'，无子，从兄思宗以第二子孝绪为后，袭爵，天保初，改封修城郡王。"从而证实了 M039 主人为北齐皇族修城王高孝绪。磁县北朝墓群北齐皇族高孝绪墓葬的发掘具有较高的学术价值。高孝绪墓出土墓志盖，是认识高孝绪墓周围北朝墓葬性质的科学依据，廓清了北齐皇宗陵域的大致范围，对磁县北朝墓群东魏、北齐陵墓兆域研究工作具有重要意义，为北朝墓群制定科学保护方案提供了重要资料。墓葬壁画是此次考古发掘最重要的收获，墓道绘制人物仪仗出行图，人物绘制圆润饱满，线条流畅简练，是古代疏体绘画的真实体现，同时为研究北朝时期的仪卫等级制度提供了实物资料；甬道内绘制的束莲花柱，为近年来北朝墓葬中首次发现，此柱形制在邯郸峰峰南北响堂山石窟中所见，揭示了墓主人与佛教有着密切的关系。墓葬封土建造技法较为独特，为近年来考古发掘所少见，为北朝时期墓葬封土构建方法的研究提供了新材料。

　　M063 位于河北省磁县讲武城镇孟庄村西南约 1500m 处，在地表上还残存有北朝时期建造的封土，是北朝陵墓群南部一座现存较大封土的墓葬。M003（元祐墓）位于 M63 之北，两者相距约 600m。

M039 封土远景　　　　　　M039 发掘后场景　　　　　　M039 墓道西壁壁画

M039 甬道西壁壁画　　　　"大齐故修城王墓志铭"墓志盖　　　　提盾步卒俑

　　M063 的封土平面呈圆形，直径 30m 左右，残高 4m。墓葬坐北朝南，封土下有斜坡墓道、砖筑甬道和墓室，全长近 29m。甬道、墓室被严重破坏，墓室四壁壁面依稀可以观察到零星壁画残迹。在接近墓室底部的扰乱地层中，较集中地出土了陶俑碎块、陶俑头等随葬品。随葬品以彩绘陶俑为主，较完整的陶俑出土近 40 件，同时还出土了大量陶俑残片，其中的种类有按盾武士俑、镇墓兽、仪仗侍卫骑马俑、仪仗侍卫立俑等。此外，还出土有墓志残块、步摇冠铜叶子、贴金云母饰片、少量珠饰等。这些遗物是研究当时社会制度、生产技术难能可贵的资料。M063 出土陶俑等遗物的雕塑风格写实、技艺精湛，是研究南北朝时期艺术风格的珍贵资料。墓内虽没有发现有确切纪年的实物资料，但从地域来看，其与 M003 距离较近（相距600m），据此推断 M063 亦应为东魏皇室贵族墓葬。

M063 地面封土解剖发掘　　　　　　M063 墓室情况　　　　　　仪仗俑

M072 为北朝墓群已知记录在册的墓葬，俗称"双冢"，位于磁县讲武城镇孟庄村西南约 500m，东北距磁县县治约 10km。现墓上封土无存。墓葬结构为土洞式，由墓道、过洞、天井、甬道、墓室五部分组成。墓道为狭长斜坡式，墓道北接过洞，过洞直通狭窄天井，天井北接短甬道。墓室只余底部，顶部及墓壁大部塌毁无存，底部平面略呈方形，墓室总深度为 9.5m，墓葬总长度为 26m。

墓室内因多次被盗扰，葬具只保留有棺椁的板灰残迹。从现状观察葬具为一棺一椁。人骨发现有零星骨渣及牙齿，葬式不详。墓室内东部发现有陶俑，扰乱，因自然坍塌、散土淤积及人为扰乱，皆已移位，散置无序。在盗洞内也发现部分随葬品。

出土遗物有陶、瓷、铜、铁四大类遗物。陶器类以俑为主，俑的种类有持盾武士俑、负箭箙俑、文吏俑、侍从俑、侍卫俑、女官俑、女侍俑、击鼓俑及骆驼、牛等动物模型残件，另发现有泥质灰陶壶、泥质红陶碗残片等。瓷器发现有青瓷碗，铜器有小型构件，铁器有钩、钉类。

从 M072 出土的陶俑形态、刻划风格看，与已发现的东魏茹茹公主墓、尧赵氏墓等出土的陶俑特征相近，种类也较齐全，有文武侍从、伎乐等，同样反映了墓主人生前的骄奢生活。该墓虽未发现墓志，但其北去约 300m 发掘的 M003 出土有墓志，刻铭为东魏"天平四年"（537 年），其西北约 2.5km 为东魏孝静帝元善见西陵，俗称"天子冢"，编号 M035。因此初步推断 M072 属东魏时期。东魏孝静帝元善见"天平元年（534 年）迁都于邺，"随即在邺西修筑"西陵"，元氏皇族死后则在此兆域安葬。

M072 结构为土洞室，带天井，其封土也未经夯打，直接堆垒，在河北省已往发现的北朝时期墓葬中所鲜见，丰富了此类墓葬的形制类型，为北朝时期葬制研究提供了新资料。出土的陶俑，塑造工艺精细，刻划细致入微，身着的衣服、甲胄等，都是研究东魏时期社会经济、历史文化的重要实物资料，对于北朝时期葬制研究及东魏时期社会经济、历史文化研究等都具有重要意义。

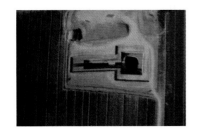

M072 全景航拍图

天井

墓室

墓室西壁

陶俑出土状况

陶俑

| 陶俑细部 | 青瓷碗 | 墓砖 |

34. 磁县南来村墓地

南来村墓地出土宋代壁画墓1座，保存较好，由墓道、门楼、甬道、墓室组成。其门楼和墓室内皆为砖雕仿木结构，八角形墓室内壁及穹隆顶四周皆施彩绘，其顶绘仙鹤、云朵，墓门两侧及后部砖雕门上绘有开芳宴、倚门俑等。壁画墓较突出的特点是绘画与砖雕相结合，其画中人物与墓壁的砖雕器物相结合，内容形式密不可分。这为研究宋代绘画、砖雕及建筑形式等均提供了宝贵的资料。

35. 磁县东窑头墓群

东窑头墓群位于磁县磁州镇东窑头村东约650m处的高岗地带（北朝墓群保护范围之内）。2007年3月16日至5月初发掘，清理墓葬24座，为宋、明、清时期的墓葬，出土各类文物220余件。从这些墓葬的分布排列来看，其中可以明显区分出5处家族墓地，有宋代1处，明代1处，清代3处，共18座墓。

宋代墓葬共有3座，形制相同，均为单墓道砖室墓，长方形阶梯状斜坡墓道位于墓室南侧，墓室平面近方形，四壁垂直平整，墓室中北部为棺床，都遭到过严重的盗扰，砖结构大部被毁，人架和随葬品几乎损失殆尽。仅在M12发现白釉灯盏、铜球、玉环各1件，在M17发现1件残损的白釉碗，再无其他随葬品。3座墓南北排开，应为祖孙三代的墓地。

明代墓葬均为土洞墓，在长方形竖穴土坑墓道的北端底部掏挖土洞墓室，墓室平面呈北宽南窄的梯形，洞壁较为平整，墓室顶部呈拱形。墓道底部呈缓斜坡状。M9、M10为单人葬，M4、M5分别为三人和四人葬，均有葬具，以黑釉罐和铜钱随葬，放置有朱符板瓦，以朱砂书写"镇墓大吉"之类的吉祥语。在M5墓道底部发现一青石墓志，志铭"明磁庠耆德昆泉常先生暨配孺人吴氏和氏合葬墓志铭"，"……卒于万历三十三年十二月二十一日……"。该墓志详细记载了墓主常遵道的生平及家庭婚姻状况。从排列上看，M4、M5并列于北侧，M9、M10并列于南侧，应该是同一个家族中两个家庭的两代人。M5的墓志铭文确定了这个墓地的时间上限为明万历三十三年（1605年）左右，推测其下限不会晚于明崇祯年间。

清代墓葬均为长方形竖穴土坑墓，个别的墓壁曲折，可看出是由于二次挖开进行合葬时造成的。发现的单人葬有7座，双人合葬有7座，三人合葬2座，四人合葬1座。多以铜钱及黑釉瓷罐随葬，有的还在躯干上发现有铜扣饰件。

在这批墓葬中，各个时期墓葬的形制比较单一，葬俗一致。不管从形制还是随葬品上都与冀南地区的清代墓非常接近，显示出当时大一统社会状况下一脉相承的埋葬习俗，反映了该地区相对稳定的社会结构。

除上述墓葬之外，在磁县北朝墓群保护范围内，还发现了不同历史时期的古文化遗址（遗址内含墓葬)。

36. 磁县槐树屯遗址及墓葬

槐树屯遗址及墓葬位于磁县磁州镇槐树屯村西、西南、南侧,在渠线内的分布区域总长 1740m。该段地形较复杂,地表沟壑纵横,南部为一大洼地,北部为岗坡地带。发掘遗址面积 5000m²,窑址 2 处、墓葬 49 座。

槐树屯遗址共有四层文化堆积,其中以第 4 层龙山文化堆积最为重要,文化层厚约 0.2m, 土质较坚实。槐树屯遗址发掘面积较小、地层关系简单,但仍出土了较为丰富的遗物,出土遗物 以泥质灰陶片和红陶为主,篮纹、绳纹为主要纹饰,可辨器型有罐、瓮、盆、碗、甗、甑、杯等, 时代为龙山时期。与槐树屯遗址相邻的同时期的文化遗存,南有磁县下潘汪、安阳后冈,北有邯 郸涧沟、永年台口等重要的文化遗存,从其出土遗物来看,其与邯郸涧沟、永年台口龙山时期文 化遗存具有相同的特征,为研究龙山文化在漳河流域的分布发展提供了新的资料。

在槐树屯遗址发掘的 49 座墓葬中,以 3 座西晋时期带有"天井"的墓葬最为重要。3 座墓 葬均开口于耕土层下,东西并列,形制相同,均为单墓道土洞砖室墓。墓向为坐北朝南,南有 露天斜坡墓道,中有"过洞"和长方形"天井",北有封堵的墓门及砖墓室,墓室砌筑于掏挖 的土洞中。3 座墓均遭受过盗掘,受到了一定程度的破坏。

3 座墓葬不仅形制几乎完全相同,其随葬的器物从种类和形态看也极为接近,均由狭长形 斜坡墓道、过洞、天井、甬道、墓室几部分组成。出土文物以陶器为大宗,另有少量铜器、铁 器、石器。陶器的种类较多,有罐、碗、盘、耳杯、酒樽、背壶等生活器具,奁、多子盒等化 妆用具,马、牛车等出行工具,井、灶、厕等模型明器,女仆俑、御者陶俑等,还有铜钱、铜 镜、铁刀、铁尺、石黛砚等。

墓室内出现的砖台结构,应该是南北朝时期棺床的早期雏形。当然,此时期的砖台并非放 置墓主棺木所用,通过一些迹象表明,应该是用来放置一些比较贵重的随葬品的,如漆器、铜 器等。

晋墓在邯郸县、永年县、临漳县、武安市等地均有发现,都比较零散,墓葬形制可分为土 洞墓、土穴墓、砖室墓,多为单室,部分带有耳室,逐渐改变了曹魏时期多室墓的做法,个别 的装设有石门,随葬品以日常生活用具和明器为主。从目前考古发掘资料来看,槐树屯西晋墓 "天井"结构的出现,是国内早期带有"天井"的墓葬之一。另外,槐树屯西晋墓设置砖台、 在土洞内砌筑砖墓室等结构都非常有特点。这都应该是在社会大变革背景下墓葬形制转型的体 现,起着承上启下的作用。这一发现填补了墓葬发展史上的空白,为研究古代墓葬形制在时间 和空间上的发展演变过程提供了非常重要的资料。

37. 磁县东武仕遗址及墓葬

东武仕遗址位于磁县磁州镇东武仕村西北 200m 处,地处太行山东麓低山丘陵地带,西南 为岳城水库和滏阳河,北距东武仕水库 1000m。南水北调干渠从遗址穿过。遗址现存面积 8000 余 m²,2007 年 3—9 月勘探发掘,发掘 3000m²。

遗址内发现房址 2 座,窖穴 10 座,灰坑 50 个,壕沟 5 条,墓葬 16 座。在渠线内还发现墓 葬 16 座。房址为圆形半地穴式,有门道和柱洞;窖穴圆形规整,直壁,平底。墓葬均为土坑 竖穴墓,呈斗形,个别有壁龛,葬式均为屈肢葬,有仰身和侧身两种;随葬品器物组合有鼎、 豆、壶、盘、匜,豆、壶,以及鼎、豆、壶三种,个别墓葬随葬铜带钩和玛瑙环。遗址出土遗物以陶器为主，出土少量铜器、铁器、蚌器、石器。陶器以夹砂灰陶为主，其次为泥质灰陶，器类较为单纯，以鬲为主，豆次之，盆罐较少。

　　墓葬形制均为斗形，葬式为仰身屈肢葬或侧身屈肢葬。墓葬的形制及出土的陶鼎耳和足的形式均具有秦文化的特征。遗址中的陶鬲在本地区为首次发现。在战国时期，陶鬲的使用少见，从已知的考古学文化中，只有秦文化和中山文化还在使用，但东武仕遗址出土的陶鬲与秦文化和中山文化存在着差异。该遗址的发现经初步推断，可能属于以鬲为主要炊器的新的考古学文化遗存。该遗址秦墓的发现，为探索赵文化和秦文化的关系提供了重要线索。

东武仕遗址地层剖面

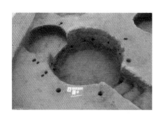
房址

罐形鬲组合

盆形鬲

陶鼎

陶盖豆

圆壶

酱红釉梅瓶

白釉瓜棱罐

白釉罐

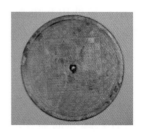
方格花卉纹铜镜

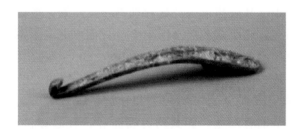
兽首琴式铜带钩

38. 磁县湾漳营遗址及墓葬

湾漳营遗址及墓葬位于磁县湾漳营村西、西南方向约 2km 处，遗址呈不规则三角形，面积约为 8000m²。南水北调渠线占去遗址的东半部。2006 年 10 月至 2007 年 1 月，发掘遗址 240.5m²，墓葬 1000m²。遗迹有道路 5 条，灰坑 13 个，沟 7 条，陶窑 1 座，墓葬 33 座。

遗址内发现陶窑 1 座，平面呈马蹄形，火膛、窑床、烟道、窑门、窑前坑均保存，窑的顶部及左右两壁的大部分被破坏。在窑内及窑前坑内出土有大量的饰布纹的板瓦、筒瓦残片，并保留有部分完整器；另外还出土莲花纹瓦当 1 个、青釉碗残片等，陶窑的时代为北朝时期。

从湾漳营遗址发现的遗迹来看，在魏晋及北朝时期，这里为陶瓷、砖瓦烧造的作坊所在地。湾漳营遗址距离邺城遗址仅几千米之遥，其魏晋及北朝时期文化遗存的发掘，为研究以邺城为中心的魏晋及北朝历史提供了新的实物资料。

39. 磁县滏阳营遗址

滏阳营遗址位于磁县滏阳营村西约 700m，处于山前丘陵向平原过渡的边缘地带，向东即为平原。2006 年 10—12 月发掘，发掘面积 530m²，发现灰坑 15 个、沟 11 条、陶窑 3 座。该遗址先商遗存出土遗物主要为陶器残片及石器。陶片以夹砂陶为主，纹饰上主要为细绳纹，可分辨的器类有鬲、盆、罐、瓮、豆等生活器具。出土石器多为石铲残片，有少量石镰、石斧、石刀及仅经过打制的石器毛坯。邯郸是商族的发祥地，先商文化有着广泛的分布，学术界多将其称之为"下七垣文化"。滏阳营遗址南距著名的磁县下七垣遗址 15km，它的发现对于研究下七垣文化的分布状况、当时的经济发展水平、陶器烧造技术等有着重要的价值。

40. 磁县西槐树遗址

西槐树遗址位于磁县磁州镇西槐树村东南 500m 丘陵及丘陵西侧的平地上，发掘 1000m²。

西槐树遗址发掘区因现代砖场取土商代文化层被破坏殆尽，仅存灰坑遗迹。出土遗物有陶器、石器、骨器、铜镞、卜骨。陶器器类有罐、鬲、盆、簋、豆等。石器仅见残石镰、石刀。骨器有笄、镞、锥、匕。出土铜镞 2 件，均双翼后锋，脊较高，四棱形铤。卜骨有钻有灼无凿。

西槐树遗址为晚商遗存，年代相当于殷墟一期。纺轮、石刀、石镰在小件器物中占的比重较大，可以看出生活在这里的人群以农业占主导地位，其次为渔猎。可以推测应该有房子和储藏粮食的窖穴存在。随着更多的墓葬和遗址地层的发掘，为认识滏阳河上游和太行山东麓丘陵地区商代晚期遗存特征提供了新的实物资料。通过这次发掘的墓葬材料来看，时代有汉代、唐代至清代，也出土了较多的随葬品，但唯独缺乏魏晋南北朝时期的墓葬，这种缺环现象也同样存在于滏阳营、湾漳营区段的发掘中。结合目前所发掘区域位于北朝墓群范围内的情况，这似乎也说明了当时（尤其是北朝时期）针对王陵及贵族墓区是有着明确的规划和相当力度的监管的。槐树屯 M12 出土的墓志上明确记载了其"葬于滏阳县西南一十里之平原"。这为研究磁县的历史沿革及县城地理位置范围大小等课题提供了一个侧面的佐证。

41. 邯郸市林村墓群

林村墓群位于邯郸故城的西北林村、户村、酒务楼村一带，分布在渚河南支与输元河之间。墓群为战国至汉代古墓，北始户村东，南至霍北村南，东至酒务楼村西。在南北长达 8km，东西宽约 8km 的范围内，可见夯筑的封土堆 15 座，无封土者尚有若干座。封土高 2～20m，直径 20～70m 不等。因分布范围大，间杂多个不同时代的遗址和墓葬区，历次调查内容增多但名称相沿，林村墓群实际成为一个包含多处遗址和墓区的区域性遗存概念。2005—2008 年对林村墓群区域进行勘探发掘。总计勘探 780000m²、发掘 20125m²，共分为五个发掘区。

第一发掘区：西小屯村西遗址及墓葬，2006 年发掘，面积 2700m²。清理灰坑 144 座，水井 14 眼，墓葬 15 座，灰沟 5 条。遗址初步定为春秋晚期—战国前期。8 座土坑墓和 4 座洞室墓为战国前期，3 座砖室墓为东汉时期。

第二发掘区：西小屯村西墓区，该区发掘 6990m²（2005 年和 2006 年发掘），分为 A、B、C 三个亚区，以兆域沟为界。各亚区发掘面积：A 区，2005 年完成发掘 4510m²；B 区，2006 年发掘 1130m²；C 区，2006 年发掘 1050m²；兆域沟，2006 年解剖 300m²。发掘战国墓葬 50 座、战国车马坑 1 座、解剖战国兆域沟 9 条、战国水井 1 眼、汉代瓦棺葬 1 座、清代墓葬 2 座。

西小屯村西遗址第一发掘区　　　　西小屯村西墓区第二·A　　　　西小屯村西墓区第二·A
0004 号墓（M0004）陶器组合　　　发掘区 2 号墓形制　　　　　　发掘区兆域沟

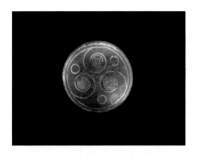

林村墓群西小屯村西墓区　　　　西小屯村西墓区第二·A 发掘区　　　西小屯村西墓区第二·B 发掘区
第二·C 区墓葬排列情况　　　　1 号车马坑出土铜泡　　　　　　1016 号墓器物组合

1016 号墓出土的鼎　　　　　　1016 号墓出土的莲盖壶

第三发掘区：霍北村东南墓区，2006 年发掘 4200m²。发掘墓葬 56 座，龟镇 1 座，清理沟渠 1 条，时代为清代。霍北村东墓区和霍北村东遗址有部分重合。

第四发掘区：分为四个亚区。其中 2007 年发掘霍北村东墓区和霍北村东遗址南部（第四发掘区 A、B、C 亚区）3580m²，清理十六国时期墓 1 座、隋墓 1 座，唐墓 1 座，金元时期墓葬 47 座，清代墓葬 76 座，灰坑 21 个，灶 1 座，龟镇 1 座。霍北村东遗址，2008 年发掘 1875m²，发掘灰坑 67 个、沟 3 条。遗址时代为夏商之际。

第五发掘区：户村村东墓区，2008 年发掘 780m²。发掘汉代墓葬 2 座。出土罐、勺、耳杯、樽、盖弓帽等铜、陶文物 6 件。

林村墓群第四·C 发掘区
霍北村东墓区航拍图

林村墓群战国墓葬可分大、中、小三型，均为土坑竖穴墓，大部分都有熟土二层台，少数墓葬设长方形或半圆形龛。个别墓葬底部发现有数条生土隔梁。墓内填土为夯土，大型墓葬有封土。葬式多为单人葬，以直肢葬为主，部分屈肢葬，方向不一。葬具为一棺一椁，一椁或一棺，皆为长方形，一些墓葬周围发现车马坑，平面形状分长方形、曲尺形和"凸"字形。随葬品可分陶、铜、铁、玉石、玛瑙、水晶、蚌、骨器等类。等级较高、墓室较大者，随葬品多置于棺椁之间的四周；墓室小者则随葬品较少，多置于人架的头端、脚下或身侧，有龛者则置于龛内；但比较贵重的小件器物，如水晶、玛瑙、玉石等器及兵器则多随墓主人置于棺内。随葬陶器多为鼎、豆、壶、盘、匜组合，有的还随葬碗等器物。随葬铜器多为甗、尊、罐、鉴、提梁三足壶、双耳三足罐、鹗尊、鸟柱盘与筒形器。较大的墓有青铜戈、剑、镞以及车马器和成套的玉石佩饰出土。

西小屯墓区（第一区、第二区）是继林村墓群百家村战国墓地之后，发掘的又一处重要的有地域特征的战国墓地。大型墓有 2 座：HXM3 为"中"字形木椁墓，HXM1016 土坑竖穴式木椁墓。中型墓均为仰斗形土坑竖穴木椁墓，小型墓为土坑竖穴式和竖穴墓道洞室墓。土坑木椁墓的形制和鼎、豆、壶、盘、匜的陶礼器组合是大中型墓葬的突出特点。HXM3 有与中山王**譽**墓相似且保存相对完整的封土结构，而 HXM1016 亦残存封土层，另外在个别中型墓葬中亦残存有封土层，说明至少在战国中晚期，封土应是普遍现象。西小屯 HHM3 墓室东南侧发现 1 座曲尺形车马坑。第二区的围墓沟在河北战国时期墓葬发掘中还是首次发现。围墓沟将不同的亚区分割开来，较为少见，而所分割的墓区在级别上以及内部墓葬排列规则上均有不同。

林村墓群封土石块群

林村墓群西小屯 XHM3
封土西北部结构

林村墓群西小屯 HXM3 西侧
墓道夯层上的夯窝

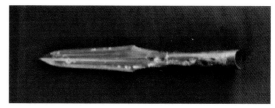

石磬　　　　　　　　　铜洗　　　　　　　　　　　铜矛

铜镈　　　漆卮箍件　　　铜豆　　　白瓷碗　　　白瓷罐

　　自公元前 386 年至公元 213 年，近 600 年中除秦汉先后设邯郸郡各约 20 年，其余时间邯郸均为历代赵王都城。其间战国时期作为七雄之一的赵国国都长达 158 年之久，是最负盛名的铁冶中心。西汉末，邯郸进而跻身除京师之外的全国五大都会之列，为"富冠海内"的北都。这座跨越了先秦和秦汉两大时期，发展延续了几百年之久的政治、经济、文化中心，一直为人类密集聚居区，故形成了以赵王城—赵王陵为中心的文物丰富区，遗址、墓群处处相连，几乎无间断之处。除全国重点文物保护单位赵王城、赵王陵外，林村墓群是其中最为重要的组成部分，它东距邯郸故城大北城约 3000m，遥望东南，2000m 以外的赵王城城墙明晰可辨。在林村墓群所在的区域内，除记录在案的 49 座战国到汉代大型封土墓葬外，还有在全国具有很大影响的以龙山时代遗存为主的大型中心聚落遗址和百家村战国贵族墓群，这里曾经出土成组的青铜礼器和精美的水晶、玛瑙玉石饰品。在配合南水北调对林村墓群的调查中新发现的除 4 处墓地外，还有西小屯春秋遗址、霍北先商遗址、霍北汉代遗址、户村汉代遗址等。通过此次配合南水北调的考古勘探和发掘，基本掌握了林村墓群在南水北调渠线内的墓葬及相关遗址分布情况，对林村墓群的内涵有了较为明晰的概念，对于赵国墓葬区相对于城址的地理位置有了新的认识。同时获得了一批价值很高的考古资料，首次揭示了邯郸地区赵国墓葬一个较为完整墓区的墓葬排列规律；春秋战国之际的遗址发掘为研究邯郸聚落群增添了重要资料；尤其是战国时代赵国墓地兆域沟、大型墓葬 HXM3 的特殊结构，以及战国前期竖向土洞墓的发现，都填补了考古空白。

　　42. 邯郸市霍北村东遗址

　　霍北村东遗址地处太行山东麓低缓的丘陵和平原混合地带，渚河北支的南岸台地上，遗址时代较单一，遗迹主要为灰坑和灰沟。出土石、陶、骨等类器物。可辨器型有瓮、鬲、盆、罐、鼎、甗、豆、甑、器盖、陶拍、斧、铲、镰、镞、针、网梭等。遗址时代推测为夏商之际。霍北村东遗址处在先商文化（下七垣文化）漳河型分布区内，此次发掘丰富了先商文化的器型种类，为探讨先商文化"漳河型"的发展过程以及与周边文化的相互影响提供了重要线索。

43. 永年县申氏家族墓地

申氏家族墓地当地俗称为申家坟，位于永年县洺关镇大油村南，墓地处于山前丘陵地带，东、南、西三面为明山等太行山余脉。整个茔地占地面积约 60 亩。共清理明清时期的墓葬 191 座，出土文物 787 件（套）。

109 号墓

110 号墓

187 号、188 号、189 号墓

187 号墓

187 号墓朱书

188 号墓壁文字

墓葬形制以土洞墓为主。依洞室位置和形状特点可分为纵向、横向和偏向三种类型，其中绝大多数为纵向型洞室。墓道皆为长方形竖井式，洞口一般用土坯、石块、砖、石板封闭以隔绝洞室，洞室平面形状多为不规则的长方形，洞顶大多坍塌殆尽。

较大墓葬有 2 座砖室墓和 1 座灰石墓，均经前期迁墓扰乱，砖室墓的墓道已无存，墓主人为申化等祖孙三代。申化墓的墓室平面作方形，券顶，墓顶中部偏南有一个盗洞。墓室后墙正中有楷体朱书题壁"有明處士申公諱化直隸廣平府永年縣人……"。申化墓东南侧的灰石墓为其子申佳胤墓，该墓为长方形单室，整个墓室的内墙面裱糊一层 3cm 厚的白灰面，东墙南部有墨书题壁，为"明太僕寺寺丞申公諱佳胤崇禎辛未科進士北直永年縣人甲申殉國難元配勅封安人靳氏合葬"。墓道中的墓志盖上篆刻"明忠臣申公暨配靳安人合葬墓誌銘"。此墓因采用白灰掺细石子的混合灰浆浇筑而成，非常坚实厚重，是这三座墓葬中唯一未遭到早期盗扰的墓葬。申佳胤墓西南侧为其子申涵光墓。墓门墙中开三个拱券门，砖砌墓室由三个并列的长方形单室组成，墓顶均为砖砌拱券。中室墓顶上发现两处盗洞，中室和西侧室的后墙也有因扰乱形成的孔洞。

从墓地总体发掘情况来看，除个别墓葬为单葬外，余皆为夫妻同穴合葬。整个墓地墓葬排列紧凑有序，表现出明显的家族墓地特征。

明代申氏一族出仕入宦的人很多，在当地是一方望族。申佳胤曾任吏部考工司员外郎和太仆寺丞，明末甲申之变中自尽以殉国难，以其忠为后人称道。申涵光是申佳胤长子，生处明清易代之际，一生潜心于诗书理学，不事于朝，是河朔诗派的领袖人物。而根据墓地出土或征集得到的其他墓志志文记载，其墓主人或为知县、推官、通判，或为按察司副使、翰林院检讨或乡贡进士，亦皆为一地的士绅官宦和名士。

申氏家族在当地属于名门望族。申氏后裔在国内如香港、天津、广州、台湾，国外如新加坡、美国、加拿大等国家都有定居。海外申氏经常回到家乡寻根祭祖。在洺关镇大油村，清代后期所建申氏家族祠堂犹存，在祠堂内有申氏家族的家谱，供奉祖先的牌位，并经常举办祭祀活动。在申氏祠堂内，还保存申氏家族坟茔规划布局图，与规划图相比较，考古发掘发现的申氏家族墓地的排列布局与规划图规划布局十分吻合。因此，此次发掘清晰地反映了明、清时期家族墓地的埋葬习俗和埋葬制度，具有重要的学术价值。同时，墓中出土文物对明清时期相关器物的断代研究提供了重要依据。墓中发现的题壁以及出土的石碑和墓志铭，充实并拓展了明清时期申氏家族兴衰史的研究，也为明清时期历史文化研究提供了可资借鉴的资料。

三、北京市段文物保护成果

（一）概述

北京段总计发掘遗址点 11 处，清理墓葬 125 座、灰坑 171 座、窑址 14 处，其他遗迹 15 处，发掘面积总计 16360m²，出土陶、石、铜、瓷、玉、铁等各类文物 1115 件（套），并采集有土样、人骨、墓砖、铜钱等大量标本。

2005 年 11 月下旬，考古工作陆续展开。2006 年 3 月初，考古发掘工作全面展开。在拆迁和征地工作尚未完成的情况下，克服重重困难和阻力，争取文物考古发掘工作先行。本着"重点发掘、重点保护"和"既有利于文物保护、又有利于基本建设"的原则，对文物勘探发现的 12 处文物遗迹点进行了合并确认，对 8 处进行了考古发掘保护。

按由南及北的顺序，依次为岩上墓葬区、南正遗址墓葬区、坟庄和六间房遗址墓葬区、皇后台遗址区、顺承郡王家族墓葬区（新街、周口、辛庄、西周各庄、瓦井）、丁家洼遗址区、前后朱各庄村墓葬区、果各庄（大苑村、小苑上等）遗址区等 8 处，发掘总面积 16360m²。其中南正遗址墓葬区是全面勘探过程中新增加的 1 处面积最大、遗存最丰富、出土文物最多的文物埋藏区。

（二）重要成果

1. 岩上墓葬区

岩上墓葬区位于北京市房山区长沟镇岩上村东南，在南水北调中线工程北京段管线范围 HD5＋976～HD6＋115 之内。发掘区处于一地势东高西低的缓坡上，北面紧邻"三八"水渠。

2005 年 8 月，北京市南水北调考古队对岩上墓葬区进行了大面积勘探，采用普探与密探的方法，基本确定了岩上墓葬区的位置。原定发掘面积 2000m²，通过勘探确认，并经国家发展和改革委员会批准，发掘面积增加到 3250m²，实际发掘面积 3250m²。2006 年 5 月 8 日至 7 月 11 日，对岩上墓葬区进行了正式考古发掘。

岩上墓葬区发掘采用布方法，根据墓葬的分布范围及发掘区的地势情况，共发掘探方 33

个。发掘的平均深度为 2.2m。发现各种类型的墓葬共 70 座，可分为瓮棺葬、竖穴土坑墓、砖室墓、砖石混构墓等。根据墓葬的开口层位、打破关系和墓葬的形制、随葬器物等，墓葬可以分成三个时期：战国至西汉初期、东汉至南北朝时期、清代。

（1）战国至西汉初期墓葬。包括瓮棺葬 14 座、竖穴土坑墓 30 座。瓮棺葬均为南北方向，一般南北长 0.83～1.45m，东西宽 0.45～1m，距地表深 0.6～0.9m。葬具由 2 件或 3 件陶器组成。埋葬时陶器的口沿部南北相对或相套接。在其中 5 座瓮棺内发现了残存的人骨痕迹和少量牙齿。

岩上发掘区全景航拍图

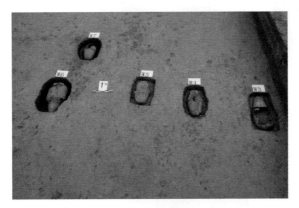

岩上墓地瓮棺葬

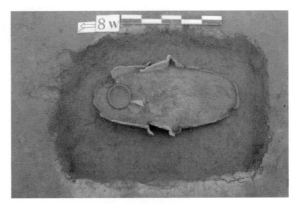

8 号瓮棺葬

竖穴土坑墓平面为长方形，墓向均为南北方向，木棺、椁和人骨的保存状况较差。棺的底部和四周铺有青膏泥。出土的随葬器物有夹云母红陶鬲、灰陶豆、素面的青铜带钩、铜印等。

陶鬲

铜印

（2）东汉至南北朝时期墓葬。包括带墓道的砖室墓 10 座，竖穴砖石墓 2 座。砖室墓中，仅 M28 的墓向为东西方向，墓道位于墓室的东部，其余均为南北方向，墓道或在墓室北部或在南部。依据砖室墓的形制，可将其分为单室墓（7 座）、双室墓（1 座）、多室墓（2 座）三个类型。这些砖室墓均已遭到不同程度的破坏，但仍保留下相当数量的随葬器物，有陶器、铜器、铁器、琉璃器等。陶器以夹云母红陶为主，还有夹云母灰陶、泥质红陶、灰陶等，器型包括罐、盘、釜、甑、耳杯、灶、仓、井、猪圈、人物俑、动物俑等；铜器有铜钱（五铢、货泉等）、铜环等；还有铁质削刀、琉璃耳珰。

岩上 M28 封门

铜戒指

陶灶

岩上 34 号墓

随葬品分布状况

陶罐

陶钵

岩上 39 号墓

随葬品分布状况

陶罐

陶釜

岩上 40 号墓

随葬品分布状况

陶井

陶灶

陶盆

岩上 46 号墓

墓底状况

第二节　中线总干渠文物保护成果

陶猪　　　　　　　　陶俑　　　　　　　　陶仓　　　　　　　　陶井身

岩上48号墓　　　　　　　随葬品分布状况　　　　　　　陶灶

陶井　　　　　　　陶甑　　　　　　　琉璃耳珰　　　　　　岩上33号墓

随葬品分布状况　　　　　　　陶盆　　　　　　　　陶钵

岩上 1 号墓铭文砖　　　　　　　　铁铺首　　　　　　　　　　陶罐

（3）清代墓葬。共 14 座，竖穴土坑墓。墓向均为东西方向。可以分为单人墓、双人合葬墓、三人合葬墓三大类。大多数人骨保存状况较好。葬具均为木棺。随葬器物有釉陶罐、青花瓷碗、铜钱（康熙通宝、乾隆通宝、嘉庆通宝等）、铜簪、铜饰件、银镯等。

2. 南正遗址

南正遗址位于房山区长沟镇南正村北。该遗址为南水北调工程文物勘探工作中新发现的文物地点，涉及南水北调工程北京段管线 HD6＋900～HD7＋172。

根据输水管线的分布情况及遗址的地形特点，将发掘区自西向东分为三个大区，分别以 I 区、II 区、III 区表示。发掘面积总计 6660m²。

I 区发掘面积共计约 1860m²。清理陶窑 2 座、墓葬 3 座、灰坑 2 座、陶灶 1 座、灰沟 2 条，出土陶器、铜器等遗物。

南正遗址发掘区全景航拍图　　　　　　　　　　南正 I 区航拍图

II 区实际发掘面积共计约 1000m²。清理墓葬 9 座、陶窑 1 座、灰坑 1 座，墓葬中出有陶器、铜器等。

III 区发掘面积共计约 3800m²。清理灰坑 39 座、墓葬 12 座、陶窑 4 座、陶灶 5 座、灰沟 4 条。出有石器、陶器、骨器等遗物。

此外，在 III 区以东约 248m 处经勘探发现墓葬 1 座（M13），并对之进行了清理。

南正Ⅱ区航拍图　　　　　　　　　　　　南正Ⅲ区航拍图

　　Ⅰ～Ⅲ区共清理灰坑42座、墓葬26座、陶窑7座、灰沟6条、灶5座。出土陶器、石器、铜器、铁器等大量遗物。

　　南正遗址共清理墓葬26座，均为砖室墓。

　　汉代墓葬共清理23座。少数属西汉晚期，绝大多数应属东汉中期至晚期。墓葬皆为长方形砖室墓，以东西向为多，南北向少数，大部分受不同程度的盗掘。墓葬由墓道、墓门、墓室、甬道等几个主要部分组成。由于墓主人的等级、身份不同，墓葬分为形制不同的几种类型，有单室墓15座，双室墓5座，多室墓3座。

　　葬具皆已腐朽无存，部分墓残有棺床痕迹。骨架保存状况较差，大部分已然不存。

　　出土的墓葬陶器分为实用陶器及模型明器（俑）两大类。实用陶器有罐、瓮、釜、瓶、耳杯、器盖等，以夹云母红陶、灰陶等占绝对多数。模型明器有仓、井、灶、动物及人塑等，分以泥质灰陶、泥质红陶、夹砂红陶三种。

　　铜器出有镜、剑、带钩等。铜镜镜表深绿色，半球形钮，柿蒂座，内区为八内向连弧纹，上可识镌有"长宜子孙"四字。

　　墓葬中还出有大量的铜钱，上有"五铢""货泉"等字样。

南正1号墓　　　　　　　　南正5号墓　　　　　　　　南正10号墓

随葬品分布状况

南正 15 号墓

南正 17 号墓

南正 23 号墓

南正 7 号墓

随葬品分布状况

南正 22 号墓

南正 12 号墓

随葬品分布状况

陶奁

陶壶

耳杯

陶仓

陶灶

陶狗

陶鸡

陶猪

陶猪厕

陶井

陶勺

陶楼

陶鼎

陶灯　　　　　　　　　　　　陶磨　　　　　　　　　　　　陶案

陶俑　　　　　　　　　　　　陶俑　　　　　　　　　　　　陶俑

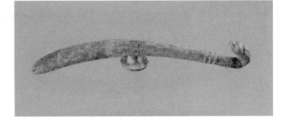

铁镢　　　　　　　　　　　　　　　　　　铜带钩

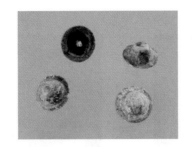

铜镜　　　　　　　　　　　　铜饰　　　　　　　　　　　　铜削

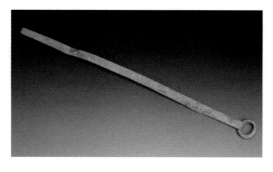

铜刀

铜镜

辽金时期墓葬 3 座。

南正 18 号墓

瓷碗

共清理不同时期灰坑 40 余座。其形状有椭圆形锅底状、圆形筒状、不规则形等；剖面有筒状、锅底状等。坑壁、底没有明显加工痕迹。其用途主要古人堆放废弃用品。

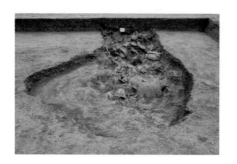

南正 8 号灰坑

瓦当

南正 14 号灰坑

陶瓮及器座

清理陶窑 7 座。5 座为战国晚期，2 座属汉代。可分为升焰窑和半倒焰窑两种。陶窑一般由窑室、火道、烟道、工作间等几部分组成。窑内出有大量形态相同的可复原陶器，以陶釜居多，说明陶窑烧制陶器已有专门化分工。这些发现为了解当时陶窑的形制结构、操作方式及汉代的制陶业提供了有价值的线索。

南正 2 号窑址

陶釜

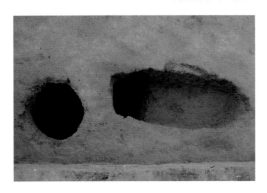

南正 3 号陶灶

清理陶灶 5 座。灶为古人造火所遗留，一般由灶室、火道（有的还包括出烟口）组成。因长期烧烤，外壁均有一周的红烧土痕迹。灶址的发现证明了古人在此地进行定居生活。根据 3 号陶灶（Z3）的开口层位，推断为汉代。

清理灰沟 6 条。从出土文物和地层判断，多为西汉时期形成。

3. 北正遗址和六间房墓葬区

北正遗址位于房山区长沟镇北正村地界，六间房墓葬区位于房山区长沟镇六间房村地界。发掘面积 1000m²，其中北正遗址发掘面积 650m²，六间房墓葬区发掘面积 350m²。

（1）北正遗址。北正遗址现存范围东西长约 30m，南北长约 60m，面积约 1800m²。南水北调中线工程北京段输水管线 HD9＋20～HD9＋200 由南向北穿遗址而过。

北正遗址发掘战国至西汉的大型灰坑 2 座，出土大量夹砂红陶釜、红陶盆和瓮等碎片。

北正发掘区全景

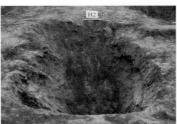

北正 2 号灰坑

铁镰

北正遗址所出陶片，以夹云母红陶为主，器型多为釜及瓮。陶质及种类均极为单一。由此推断，遗址在当时（战国至汉代）应为烧制专类陶器之所在，应为汉代一处作坊遗址。

（2）六间房墓葬区。南水北调中线工程北京段输水管线 HD9＋800～HD9＋870 自南而北穿过该墓区。

六间房墓葬区发掘的 10 座墓葬，均为清代的土坑竖穴墓，头向皆朝北。出土随葬品有瓷瓶、瓷碗、铜手镯、铜钱、铜簪和银头饰等。以双人合葬墓为多，有明显的迁葬习俗。

 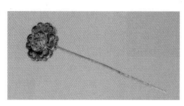  

六间房 5 号墓　　　　　　　铜簪　　　　　　　　六间房 6 号墓　　　　　　瓷罐

4. 天开墓葬发掘区

天开墓葬发掘区位于房山区韩村河镇天开村东。发掘区分为东区和西区，南水北调中线工程（北京段）输水管线 HD14＋792～HD15＋837 自西南而东北穿遗址而过。发掘面积总计为 $500m^2$。

天开墓葬发掘区

东区清理墓葬 2 座，均为墓道向南的砖室墓。其年代判断为辽代。

西区清理陶窑 1 座。形状为"凸"字形，东北—西南向，结构土圹。由操作坑、火门、火膛、窑室、烟道组成，全长为 12.4m，南北宽 0.74～2.4m，券顶、窑门被破坏塌落严重。其年代判断为辽代。

皇后台遗址所在地天开村，辽代即建有天开寺，寺庙规模宏大，本地区较为知名。所发掘的墓葬从形制和出土文物判断也为辽代风格。此次考古发掘，证实了辽代这一地区确有大量的居民。考古发掘也为研究辽代葬俗、习俗提供了极为珍贵的实物资料。辽代瓦窑址的发掘，表明了这一地区较为发达的陶器烧造业和陶器产业在辽代的发展已较为普及。

天开 2 号墓

瓷瓶

陶罐

5.顺承郡王家族墓葬区（包括新街、周口、瓦井、辛庄、西周各庄等）

天开 1 号窑址

顺承郡王家族墓葬区范围较大，在前期的调查和规划中列入文物保护区，经过全面勘探。在该墓葬区的范围内发现的文物以古代窑址、清代墓葬为主。原规划发掘面积 500m²，实际完成发掘面积 600m²。共计发掘墓葬 13 座，古代窑址 4 座。

（1）新街墓葬区。新街墓葬区位于新街村西南，分为两区。西区布 5m×5m 探方 6 个（编号为 T1～T6），东区布 5m×5m 探方 3 个（编号为 T7～T9），加上扩方，实际发掘面积约 220m²。共清理清代墓葬 10 座。出土随葬品有铜钱、铜佩饰、铜环、镏金镯、铜镜、铜簪、砚台、瓷缸、白瓷碗等。

南水北调中线工程（北京段）输水管线 HD21＋550～HD21＋680 自西南向东北穿遗址而过。

新街 6 号墓

新街 10 号墓

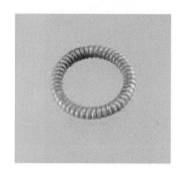

铜饰　　　　　　　　　　　包金手镯　　　　　　　　　　银戒指

瓷瓶　　　　　　　　　　　石砚　　　　　　　　　　　铜镜

（2）周口遗址。周口遗址位于周口店镇周口店村北。南水北调中线工程（北京段）输水管线 HD23＋510～HD23＋760 自西南而东北从窑址的东部经过。

周口遗址发掘面积100m²。清理窑址 1 座。1 号窑（编号 Y1）由平面呈葫芦形的坡形台阶式的操作坑，近似长方形的火门，半圆形拱顶火膛，近似方体平底窑室，残存部分拱顶，以及出烟口组成。推断窑的大体年代为辽代前期。

周口 1 号窑址　　　　　　　　　　　　　周口 1 号窑址细部

（3）辛庄墓葬。辛庄墓葬区位于辛庄村西南。南水北调中线工程（北京段）输水管线HD20＋560～HD20＋640自西南向东北穿遗址而过。

辛庄墓葬区发掘面积75m²。共清理墓葬3座，根据葬式特点和出土文物判断，属清代墓葬。

辛庄3号墓

陶罐

（4）西周各庄遗址。西周各庄遗址位于韩村河镇西周各庄村西。南水北调中线工程（北京段）输水管线HD15＋890～HD16＋230自西南向东北穿其而过。

西周各庄陶窑遗址发掘面积100m²。陶窑由前室、火门、火膛、窑室和排烟设施五部分组成。东西长约6.6m，南北宽2.6～3.5m，火膛、窑室顶部和排烟设施上部均无存。

西周各庄1号窑址

西周各庄1号窑址窑室细部

窑内出土器物较少，且多为残片。其中窑室内以青灰色板瓦残片居多，推测此窑是以烧制该类型板瓦为主；其次是一些瓷器残片，可辨器型者有碗。

6. 丁家洼遗址

丁家洼遗址位于房山区城关镇丁家洼村西南，南水北调中线一期工程管线穿过遗址中心地带。位于南水北调管线桩HD30＋190～HD30＋345之间。经勘探，遗址总埋藏面积约60000m²，其中南水北调管线发掘面积2850m²。实际发掘面积2850m²。

丁家洼遗址内涵丰富，发掘区内共发现东周时期（部分文物早到西周晚期）灰坑127个、灰沟 4 条，时代介于春秋早中期至春秋战国之际间，是一处居住生活区遗址。

遗址区内灰坑分布密集，部分灰坑之间存在着复杂的叠压和打破关系，这或许意味着原住居民对这块土地反复的、频繁的利用。

丁家洼发掘区全景航拍图　　　　　　　　丁家洼遗址遗迹间打破关系

发现的遗物以陶器为主，同时发现少量铜器、玉器、动物骨骼等。陶器主要器型包括鬲、豆、盆、罐、甑、纺轮等，其中高足的燕式鬲颇具地方特色。

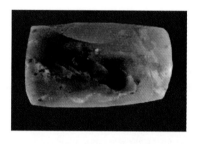

陶豆　　　　　　陶盆　　　　　　玉器　　　　　　铜器

铜器包括小件饰片及素面残铜片，以细线条蟠虺纹构成的浅浮雕风格兽面饰件，体现了春秋时期燕文化青铜器别具特色的工艺特征。

根据出土遗物形制及其层位关系，丁家洼遗址发现的遗存大致可以分为三个时期，各期时代分别相当于春秋早中期、春秋晚期、春秋战国之际，其中春秋早中期发现遗存较少，而春秋晚期到春秋战国之际的遗存发现较多，无疑为该遗址较为繁荣的时期。

7. 前后朱各庄村墓群（包括丁家洼村东南墓葬、羊头岗村北墓和村南窑址）

前后朱各庄村墓群行政区划隶属房山区城关镇，包括丁家洼村东南墓群和羊头岗村墓群两个小区。实际发掘面积 1000m²。

丁家洼村东南墓群位于南水北调主干线桩号 HD31＋250～HD31＋350 之间。羊头岗村墓葬及窑址位于南水北调主干线桩号 HD31＋600～HD31＋750 之间。

在丁家洼村东南墓葬区共发现 3 座唐代墓葬、2 座窑址，出土各种质地文物 20 件。其中陶器 11 件，有罐、碗、盘、钱模等；铜器 6 件，有铜带扣、铜簪等；瓷器 3 件，其中有 2 件完整的瓷碗。在羊头岗村发现墓葬和窑址各 1 座，墓葬出土各类随葬品 12 件，其中灰陶罐 6 件，酱釉瓷罐、瓷瓶各 1 件，铜簪、铜镜、铜带扣各 1 件，铁炉 1 件。现将发现的重要遗迹按发掘顺序简述如下。

前后朱各庄1号墓

陶罐

1号窑（Y1）位于丁家洼村东南，南水北调管线 HD31＋300 桩号以西 16m 处，由烧坑、火塘、窑室组成。其时代为东周时期。

前后朱各庄1号窑址

白瓷碗

2号窑（Y2）北距 Y1 约 9m，由烧坑、火塘、窑室、烟室等四部分组成，是一座典型的半倒焰马蹄窑。该窑的年代为北宋时期。

3号窑（Y3）位于羊头岗村南，南水北调管线 HD31＋700 桩号以西 26m 处，由烧坑、火塘、窑室等部分组成。该窑结构为横穴窑。其年代定为辽代。

此次发掘发现有墓葬、陶窑、灰坑等多处遗迹，时间跨度较大，出土遗物丰富，具有重要的考古研究价值。

在 Y2 火塘内侧发现的小鬶和白瓷碗，应和祭窑有关。这类遗迹和遗物，在燕山南麓地区尚属首次发现。

发现的"咸平元宝"铭陶质钱玩具，为研究辽国货币提供了新资料。通常认为，辽国使用自己的年号制钱，同时也大量使用前朝货币和宋币。对于在辽国流通的宋币，多认为是从宋输入的。而在辽国境内新发现的"咸平元宝"铭陶质钱玩具，则表明这些宋币，其中有一部分可能是辽国盗铸的。

小苑2号灰坑

8. 果各庄发掘区（小苑村、大苑上村）

果各庄发掘区分别位于房山区青龙湖镇的大苑上村和小苑村。实际发掘 500m²。小苑村遗址发掘面积 200m²，发现辽金时代的灰坑 2 座；大苑上村遗址发掘面积 300m²，发现清代砖窑。

第三节　湖北省汉江中下游治理
工程文物保护成果

一、概述

根据国务院南水北调办、国家文物局批复情况，湖北省文物局及时组织湖北省文物考古研究所、荆州博物馆等 15 家文博单位，对湖北省汉江中下游治理工程涉及的 39 处文物保护项目进行了抢救发掘，签订考古发掘合同 43 份，圆满完成规划工作量。

（1）新石器时代遗存。累计实施 9 处，涉及考古发掘面积 1.207 万 m²。

（2）夏商周时期遗存。累计实施 30 处，涉及考古发掘面积 6.13 万 m²。

二、重要成果

南水北调中线引江济汉、兴隆水利枢纽工程地跨湖北省荆州市、荆门市和潜江市、天门市，穿越江汉平原腹地。这里气候温暖湿润，日照充足，土地肥沃，水网发达，适宜人类生产生活和繁衍生息，素有"鱼米之乡"的美称，物华天宝，人文荟萃，自古以来就留下了众多不同时期的人类活动踪迹，形成比较完整的文化发展序列。

根据《关于南水北调东、中线一期工程初步设计阶段文物保护方案的批复》（国调办征地〔2009〕188 号），汉江中下游工程共涉及文物点 30 处（其中，引江济汉工程涉及文物点 23 处，兴隆枢纽工程涉及文物点 7 处），规划总发掘面积 7.261 万 m²、普通勘探 10.838 万 m²。

1. 沙洋县严仓墓群

严仓墓群位于沙洋县后港镇松林村 2 组，2009 年为配合南水北调引江济汉工程建设，受湖北省文物局委托，湖北省文物考古研究所承担了该项目的勘探和发掘工作任务。

发掘工作于 2009 年 10 月至 2010 年 1 月进行，主要对该墓群中的獾子冢（编号 M1）及其车马坑（编号 CH1、CH2）进行发掘与保护。由于该墓规模大，发掘工作引起了省文化厅、省文物局的高度重视，成立了发掘领导小组，指导并协调该次发掘工作。湖北省博物馆、湖北省文物考古研究所对此次发掘制定了详细的发掘方案并动员了全部的力量参与到了此次发掘中。荆门市政府和沙洋县政府及其相关部门也投入了相当多的力量，保证了发掘工作的顺利完成。发掘是采用探方布方发掘的，先对封土进行 1/4 对角解剖，了解封土的填埋情况及是否有墓上建筑设施，然后逐层发掘填土，直至清理完毕。

通过发掘，共清理墓葬 1 座即 M1，车马坑 2 座即 CH1、CH2。M1 为严仓墓群中规模最大的一座，为大型墓葬，封土保存基本完好，封土直径 57.1～71.5m、高约 8.31m。M1 墓口平面为"甲"字形，墓口长 34m，宽 32m；墓道位于东部，长 18.85m，方向 103°。在封土的南面有长约 41m，宽 5～6m，高约 3.5m 的"封"，系挖开封土紧密夯打而成。从墓口到椁盖板共有 15 级台阶，台阶宽 0.3～0.5m，高 0.6～0.7m。在第 8、第 9 级台阶上发现 2 周系绳的小木桩，可能与葬俗有关。墓口至椁盖板深 10.5m。椁盖板长 6.4m，宽 5.5m，由 15 块厚 0.28～0.32m 的木板搭盖而成。椁室内空长 5.56m，宽 4.59m，深 1.75m，由东、南、西、北、中共 5 个室构成。棺室位于椁室中部，由三重棺组成，外棺为方形，长 3.13m，宽 1.67m，高 1.63m，中棺为悬底弧棺，长 2.71m，宽 1.14m，高 1.16m，内棺虽遭破坏，通过拼接仍可知其为方棺，长 2.04m，宽 0.55m，高 0.57m。由于有三个盗洞打穿了椁盖板，墓内随葬品多被盗，尽管如此，仍出土了一批有价值的文物。这些文物主要出土在南室、西室和中室内。南室出土有竹简、铜镞、竹笥、银鉥等器物 20 余件；西室出土有铜矛、箭镞、玉首削刀、竹简、竹笥等；中室出土有银片、玉珠、角簪、竹签牌等，竹简、竹签牌上均有文字。中室所出角簪雕刻精美，堪称精品。

车马坑位于 M1 西部，由两个南北并列的坑组成。CH1 在北，其北部被破坏。坑口残长 18.2m，宽 4.45m。坑道位于西部车马坑西侧的中部，与主墓墓道东西相对。坑底部东侧挖有一条南北向的轮槽沟，五辆车车轮均置于沟内。坑内陪葬 5 辆车 12 匹马。车舆东衡西，由南向北横向排列。除 2 号车保存较好外，其余车舆保存较差，但车型与结构基本能复原。马头西尾东，两马背向，侧卧于辕的两侧。马匹的配备除 2 号车为 4 匹马外，其余 4 车均为 2 匹马。CH2 在南，坑口平面"凸"字形。坑口南北长 3m，东西宽 3.66m。坑底东侧挖有两个轮坑，车轮置于坑内。在坑东、南壁放置旗杆一根。旗杆镈在西南角，旗杆由西向东沿坑壁至东北角，旗杆尖呈弧形下垂。东壁旗杆下有两件戟靠东壁而放（下部安有铜戟镈），两件兵器杆之上，放有一件权杖，上面有两个八棱形铜箍。车舆内有铜铙、铜戈、马衔、银节约等。

虽然墓葬被盗，但从 M1 和 CH1、CH2 中仍出土了较多文物，出土遗物总数达 90 余件（套），有铜器、银器、陶器、漆木器、竹器、骨角器、玉器等，铜器有铜削刀、铜矛、铜戈、铜戟、铜斧、铜铙、铜壁插、铜镞、铜车軎、铜马衔、衡帽、轭帽等，银器有节约等，陶器有陶罐、陶豆，漆木器有木禁、漆木几、车壁皮带框及车构件，竹器有竹笥、竹扇、竹简，骨角器有角簪、骨贝，玉器有玉珠。其中玉首削刀、铭文铜戈、彩绘浮雕车壁皮带框、漆木几、角簪等均相当精美。玉首削刀为玉首，铜刀身，身首用金片相连。漆木几为矮座，椭圆形几面，两侧为虎首形饰，彩绘浮雕车壁皮带框为半框形，边框顶部和中部均有龙蛇相蟠的浮雕图案。铭文铜戈出于 CH2 中，戈内上有三行铭文，共 12 个字，"二十六年晋国上库工师虞治濕"，这件戈是魏惠王 26 年（公元前 344 年）制造的，为三晋兵器。角簪为角质，一端为扁圆状，另一端首部为挖耳状，其下为龙蛇相蟠的微雕图案。竹简分别出土于南室和西室，竹简虽不完整，但仍能知道简上内容，西室为卜筮祷告简，南室为遣册。内棺通过室内拼合基本可以复原，为彩绘内棺，盖板为菱形纹图案，墙板、挡板均为人物车马图案，仿佛一幅活生生的人物生活场景。

发掘前全景

1 号墓及 1 号、2 号车马坑

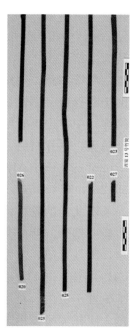

| 漆木几 | 有铭铜戈局部 | 角簪 | 竹简 |

此次发掘主要收获有以下几点：

（1）墓葬的年代与墓主身份。从墓葬的形制结构及出土遗物分析，其相对年代当为战国中晚期。而通过出土竹简的释读，可知其下葬年代为公元前 300 年左右，同时也可知墓主人为大司马卲憼，由此也可知严仓墓群当为一个高等级的贵族墓地，这为研究楚国贵族墓葬的墓地埋葬制度提供了新材料。

（2）通过发掘，获取了一批相当精美的文物，彩绘浮雕车壁皮带框、微雕角簪等相当精美，这为研究当时的手工工艺艺术提供了不可多得的资料。

（3）1 号墓有两个车马坑陪葬，且 2 号车马坑葬实用车，应该是一种葬俗的反映，或者有死后追封。

（4）1 号墓台阶上的小木桩以及南部有封土等现象，可能是埋葬习俗或埋葬制度的反应，为研究当时的埋葬制度提供了新的资料。

（5）竹简的发现，对研究楚国文字具有相当重要的意义。

2. 沙洋县黄歇村东周墓群

黄歇村东周墓群隶属沙洋县后港镇黄歇村 10 组。1 号墓位于黄歇村东周墓群南部一条南北走向的自然岗地中部，东、南两面为长湖，北临灌溉渠，东南距严仓墓群约 9km，北距黄歇家约 600m，西北距后港镇约 4km，东北距沙洋县约 17km。

2010 年 11—12 月，为了配合南水北调引江济汉文物保护工程，湖北省文物考古研究所承担沙洋县后港镇黄歇村东周墓群 1 号墓的抢救发掘项目，发掘面积 2400m²。清理出战国中晚期中型楚墓（M1）及车马陪葬坑 1 座，宋墓（M2）1 座。

1 号墓平面呈"甲"字形，墓道朝东。墓口长约 18.6m，宽约 16.2m。墓坑东部设有墓道，长 12.3m。墓坑设 7 级台阶。坑内填五花土，在椁室四周填有一层青灰土，坑内填土土质较硬，未发现夯筑痕迹。椁室保存较好，椁长 4.6m、宽 2.8m，由头厢、边厢、棺室三部分组成，葬具为一椁二棺，主棺内骨架保存完好。该墓地面保留有封土，封土直径在 18～27m 之间，高 5.5m。在封土顶部发现一古代盗洞，盗墓贼由头厢与边厢交界处进入椁室，该墓虽然早期被盗，但仍出土了一批具有较高观赏和研究价值的精美文物。生活器有铜盆、撮箕、勺、匕，青铜礼器仅残留鼎足、鼎耳；乐器有漆瑟；漆木器有漆案、几、猪形盒、豆、耳杯、酒具盒、木俑；竹器有竹笥、席、长柄扇；兵器有戈、盾、镞、箭箙；装饰品有玉璧、佩饰、带钩；车马器有车轊、马衔、马镳、伞；丝织品有衣服、鞋；文字方面有竹简、漆字及刻划符号等。

1号墓封土剖面

1号墓头箱出土酒具盒场景

1号墓内棺丝织品清理

1号墓漆木器保护

1号墓出土的麻鞋鞋底

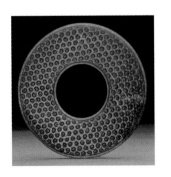

1号墓出土的玉璧

车马坑位于1号墓的西侧，相距12.8m。平面呈南北长方形，坑口南北长16.2m、东西宽4.5m、深0.3m。在坑口西壁中轴线南侧设有象征性坑道，东西长1m，南北宽0.9～1m。坑内葬5车8马。其中1号、2号车配2马，3号车配4马，4号、5号车无配（未发现马痕）。除1号车保存较好外，其他车保存较差。

2号墓位于1号墓的东南向。坑口平面近方形，南北向，墓口南北长3.1～3.4m、东西宽2.48m、深0.3m。坑内填小花土，土质较硬。坑内左右并列一长一短的两具棺，右棺北端向外伸出，作斜边波折状弧形，用红漆描边，棺外髹黑漆，棺内髹红漆。左棺北部发现两枚牙齿，出土瓷碗、瓷盏、瓷碟，石砚、铜镜、铜笄、耳勺、铜钱及漆木器等。右棺北部出土铜镜、笄、瓷碗、瓷盏、瓷碟及墓志铭等。

通过本次发掘，进一步了解了黄歇村墓群的文化内涵。墓葬年代包含战国中晚期楚墓和宋墓，出土一批较精美的漆木器、车马器。宋代的雕花瓷碗也是难得的精品。双手合立俑与丝织鞋在楚墓中属首次发现。这批文物的出土，为研究古代丧葬制度补充了新的实物资料。丝织鞋对研究战国时期楚国的纺织技术有着重要意义。特别是双手合立俑的发现，对研究楚文化与汉文化的发展与继承具有重要的考古学价值。

3. 荆州市高台古井群

高台古井群位于荆州市荆州区纪南镇高台村6组，处在引江济汉工程的河道之中。荆州博物馆从2012年3月25日至9月30日，经过近五个月的发掘工作，共清理战国时期古井88座。

此次发掘的古井，根据井圈的材质分为陶圈、陶圈与竹圈相结合、楠木圈、竹圈4种，其中，陶圈井6口，陶井圈与竹井圈结合井13口，楠木圈井1口，竹圈井68口。

陶圈井剖面　　　　　　　竹圈井剖面　　　　　　　井内发掘状况

陶圈井，即从井口至底部全部由陶圈堆砌而成，以J66与J67为代表。J66整体呈圆柱形，此井整体现存7节半井圈，相互堆叠，竖立于井坑之中，并用填土将井坑壁与井圈之间缝隙砌合。第一层破损的井圈尚余45cm，其余七节大小均等，外壁通体绳纹。

木圈井，即井圈为木质结构。此次发掘的木井，即J77，整个井圈由两根圆木雕空，竖直立于井坑而成，分三节。在两节井圈交接的位置，用一圈不规则凸起木方围绕，用于固定，第二节与第三节井圈交接位置也是如此，第一节木井圈四周有三个方形小孔，两孔之间距离不等，每孔内均有一根竹棒伸出并嵌入井壁之中。

陶井圈与竹井圈结合结构，即古井开口至井底约1.5m处均为陶圈堆砌，其下用竹圈，而陶圈与竹圈交接处用两根木方嵌入坑壁，用于支撑陶圈。竹圈井，顾名思义，整个井圈均为竹片编制，无其他材质，此类竹圈井占发掘古井数的 77%，数量是最多的。

高台古井群共发掘 88 口古井，出土精美珍贵的文物共 1175 件。此外，于 J67 中出土 3 枚战国竹简，实为罕见。古井群位于秦汉时代的郢城与战国时代的楚故都纪南城之间，面积约 8000m²。如此规模的古井群对研究战国时期楚国经济、政治、文化都有着重要的历史价值。经过对现场的分析及对出土文物的研究，初步认定这里是战国一处作坊区域，密集的古井反映了当时这里需水量极大，由此可以推断出此处早在战国就是手工业比较集中和发达的地区，而周边则是人口聚集、商业繁荣的区域。

第六章　东线一期工程文物保护成果

第一节　江苏省段文物保护成果

一、概述

2002 年 12 月 27 日，以江苏段三阳河、潼河、宝应站工程和山东段济平干渠工程开工为标志，国家宣布南水北调工程正式动工。2012 年，江苏省文物局、省南水北调办公室联合召开了南水北调工程江苏段文物保护总结表彰大会，标志着江苏省南水北调工程田野考古工作和地面文物保护工作全面结束，田野考古工作转入室内整理，维修整治工程也需要进一步整理汇编资料。

经过十年的考古工作，南水北调一期工程江苏段文物保护工作共勘探面积 154020m²、发掘面积 53420m²，维修保护地面文物 2 处，迁建地面文物点 1 处。揭示了旧石器时代、新石器时代、商周、两汉、唐宋至明清的各类遗址近 30 处、发掘出土墓葬 100 多座，出土各时代各类器物几千件。

由于历史上苏北许多地区屡遭黄泛冲击，众多古文化遗迹被深埋地下，因而此前苏北地区的考古发现相对较少，古文化面貌还不清晰。南水北调工程文物保护工作的深入开展，为探索了解苏北地区的古文化面貌提供了契机。

南水北调东线工程江苏段穿越徐州、宿迁、淮安、扬州四市，其中徐州、淮安、扬州是国家级历史文化名城，蕴藏有丰富的地下和地面文物资源，其中一些重要的历史文化遗存对于研究中华文明多元一体格局的形成及中国古代文明的进程具有重要的学术价值。

徐州地区南水北调工程的考古工作，主要有梁王城遗址、龟山汉墓群、山头东汉墓地，对于苏北黄淮平原地区的新石器大汶口文化、西周文化、春秋战国城址和东汉家族墓葬的发掘提供了新的考古学资料。梁王城遗址发掘出一座完整的春秋战国城址，获得了 2007 年度"全国十大考古新发现"提名，并获得了国家文物局田野考古三等奖；山头东汉家族墓地，揭示出 40 多座东汉家族墓，对东汉家族墓葬制度研究提供了丰富的实物资料；淮安板闸地区明清墓葬的发掘，揭示了一批元明清时期的墓葬群，反映了当地在元明清时期漕运的发达与繁盛，为了解淮安地区明清时期的政治经济状况提供了丰富的史料；泗洪小龙头遗址隶属宿迁市，遗址出土了大量瓷器，揭开了宋代文化的深厚埋藏，为研究泗洪的历史文化提供了重要的资料；盱眙泗州城遗址、项王城遗址、戚洼墓地等的发现，充分展现了淮河两岸的古代文化。特别值得一提的是盱眙县泗州城遗址，因康熙十九年（1690年）黄河夺淮而被洪水整体淹没在水底，已沉睡了300多年，经过此次的考古发掘，已系统揭开了寺庙、塔基、城墙、道路等城址内的基础设施，因为埋在地下未被破坏，现在被发掘出土正赶上大遗址保护的好时机，当地正在进行规划，准备建设考古遗址公园。泗州城遗址等一大批考古遗址的发掘，深刻揭示出盱眙地区的丰富历史，与盱眙已有的大云山汉墓、铁山寺、明祖陵遗址等一起，纳入盱眙古文化遗址整体规划保护的范畴，为做好大遗址保护和考古成果的转化利用、推动当地经济社会发展具有重要意义。盱眙县文广新局正以此为契机，创建全国文物保护工作先进县，促进全县文物保护工作再上新台阶。扬州段因为三阳河、潼河的开挖，考古工作是最先开始的、也是时间最紧迫的一段，土桥化石地点、万民村化石地点、三垛遗址、陶河遗址、临西墓地的发掘，充分揭示出远古时期扬州高邮宝应地区的生态环境，反映了唐宋至明清时期扬州地区的经济繁荣。尤其是高邮三垛唐宋遗址的发掘，清理出唐宋时期的房屋基址、灰坑、宋代水井等遗迹，出土了以宜兴窑、长沙窑、越窑、景德镇窑、龙泉窑等为主的各窑口唐宋时期瓷器。这些遗迹与遗物的发现，充分证明三垛镇在唐宋时期即为货物集散的集镇，将三垛镇的历史提早了300多年。该地区"韩瓶"的大量出土，证实此处为南宋抗金前线，正与南宋时期江淮地区为南宋与金拉锯战的战场相吻合，再次印证了历史。高邮市文广新局利用陶河遗址、临西墓地两次发掘出土的文物，举办专题展览，对外展示南水北调工程高邮段文物保护发掘的成果，取得了良好的社会反响。高邮三垛民居目前已按规划整体搬迁，现在作为高邮民俗博物馆对外开放。

南水北调的考古工作为沿线各城市发现了许多新的文物点，丰富了其历史内涵和文物资源，对于做好环境整治和旅游开发、提升当地的经济发展软实力有重要作用。

二、重要成果

南水北调东线一期工程江苏段文物保护项目共33个，其中第一批控制性文物保护项目10处，第二批控制性文物保护项目15处，非控制性文物保护项目8处。现将主要遗址介绍如下。

1. 淮安市楚州区周湾古生物化石地点

周湾古生物化石地点为南水北调东线工程江苏段第一批控制性文物保护项目。2006年10—12月，南京博物院、楚州区博物馆联合组成考古队对该地点进行了发掘。

周湾古生物化石地点位于淮安市楚州区三堡乡周湾三组，新河西岸，北距楚州市区约10km，南距白马湖约15km。中心地理坐标为北纬33°26′064″，东经119°06′644″，海拔为9m，面积约1200m²。本次发掘面积为25m²。1983年开挖新河河道时曾出土古生物化石，楚州区博物馆进行了采集。结合以往调查材料，1983年出土古生物化石的层位应为遗址第8层与第9层，时代属更新世时期。

2. 淮安市楚州区杨庄古生物化石地点

杨庄古生物化石地点位于淮安市楚州区白马湖农场杨庄，新河西岸，北距楚州市区约25km，南距白马湖约1km。中心坐标为北纬33°23.513′，东经119°07.449′，海拔为8m，面积

周湾古生物化石地点采集化石　　　　　　　周湾古生物化石地点采集化石

约 1500m²。1983 年开挖拓宽新河河道时曾出土古生物化石，楚州区博物馆进行了采集。本次发掘布 18m×15m 探方一个，发掘面积为 270m²。根据以往调查材料，1983 年出土古生物化石的层位应为遗址第 8 层，时代属更新世时期。

杨庄古生物化石地点采集化石　　　　　　　杨庄古生物化石地点采集化石

　　杨庄古生物化石地点与周湾古生物化石地点地理位置邻近，都处于淮河下游地区，地貌上属河流冲积平原。两地所出化石遗存的种属基本相似，化石年代应属同一时期。同时，两处化石地点的发掘，为以往出土的古生物化石找到了明确的地层依据，确定化石所出的地层为含有大量砂姜石的土层，时代为更新世。而对各层位取样土壤进行的孢粉分析测试等相关工作，为进一步复原淮河流域的古地理和古生态环境的研究提供了重要的资料。

　　3. 盱眙县戚嘴（七嘴）古生物化石地点

　　戚嘴（七嘴）古生物化石地点位于盱眙县鲍集镇大嘴村戚嘴组，地理坐标为北纬33°11.445′，东经 118°15.297′，高程 12～13m。此前，南京博物院、南京大学、中国科学院古脊椎动物和古人类研究所等机构做过调查和发掘，出土属于晚上新世的动物化石。

　　2004 年 5 月 17 日南京博物院复查。遗址地表有化石暴露，有些被农民用来砌筑猪圈。2012 年 3 月 12 日至 5 月 10 日，由南京大学历史系对该地点进行考古发掘，发掘位置在大嘴村东南麦地内，发掘面积 1000m²。

　　本次发掘共出土化石 276 件，丰富了戚嘴古动物化石内涵；新发现了古树木化石；首次揭露了厚达 7m 的地层剖面，发现地表下 6m 埋藏有厚达 2m 以上的凹凸棒土。该位置距离发现下草湾人的地点仅 2km。

　　以下是已经清理的部分古生物化石照片，性质待鉴定。

发掘现场　　　　　　　　　　　　　　　　　　探方典型剖面

古化石

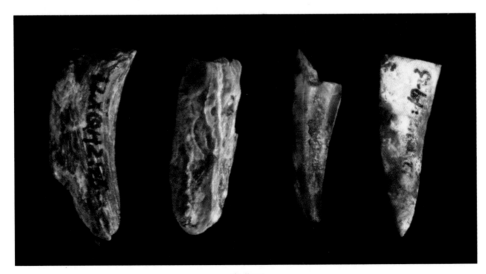

古化石

4. 盱眙县戚洼汉代墓地

戚洼汉代墓地位于淮安市盱眙县官滩镇戚洼村大孟庄组东北部，在洪泽湖西侧的台地上，该台地现为农田。2004年考古调查时，在地表发现有汉代的花纹砖。

2011年发掘面积600m²，由南京博物院和重庆师范大学联合发掘。出土汉代墓葬13座，清理出竖穴土坑墓12座，砖室墓1座，除3号墓（M3）、4号墓（M4）、7号墓（M7）和12号墓（M12）为南北向外，其余均为东西向。出土各类器物共70余件，其中陶器43件，器型有罐、壶、盒、鼎等，金属器物有铜镜、铜钱、铜带钩、铁剑等。

2012年发掘面积2000m²，由南京博物院和徐州博物馆联合发掘。发掘出土墓葬15座，其中汉代墓葬5座、唐代墓葬7座、清代墓葬3座。出土陶器、瓷器、铜器等器物20余件。

2011年发掘全景

1号墓

1 号墓出土的陶壶、陶盒

4 号墓出土的铜镜

4 号墓

4 号墓出土的陶罐

5 号墓

5 号墓出土的陶罐

7 号墓（南北向）

7 号墓出土的陶罐、陶壶

7 号墓出土的铁剑

7 号墓出土的铁质眉刷柄

　　2012 年共发掘唐代墓葬 7 座，除 28 号墓（M28）为竖穴土坑墓外，其余 6 座均为砖室墓。墓葬多被破坏，仅存四侧砖壁，墓室顶部已基本无存，甚至有的墓砖都被起走。共出土包括陶罐、执壶、瓷碗、铜镜等器物 10 余件。

18 号墓

第一节　江苏省段文物保护成果

18 号墓出土的陶碗

23 号墓

28 号墓出土的长沙窑执壶

汉墓是戚洼墓地的一个重要组成部分，虽然墓葬规格较小，但分布密集，数量较多，且多保存完好。从其位置来看，应与汉代富陵城有着密切的关系。"富陵城，汉县，属临淮郡。高祖十一年，黥布反，击荆王贾，贾走死富陵，即此。后汉废。后魏亦置富陵县，属淮阴郡。后齐废"。据考证富陵城遗址已被洪泽湖淹没。

　　唐墓是该墓地的又一重要组成部分，其分布范围更大，沿湖边连绵约2km，墓葬数量众多，形制多样，除出土距离较近的寿州窑产品外，还出土像褐彩执壶这样的长沙窑精品，凸显出该地区水路交通优势。

　　5.盱眙县项王城遗址

　　项王城遗址位于淮安市盱眙县官滩镇甘泉山西侧。据史料记载，为秦汉时期盱眙县治。遗址由城址和墓葬区组成。

　　据钻探，该城址仅发现北城墙和东城墙，大部为淮河冲毁。其中北城墙大

遗址远景

部被现代水运码头所破坏，仅部分残存，东西长115m、墙基宽约8m。东城墙保存尚好，叠压于淮河大堤之下，南北长约130m、墙基宽约7.5m。城墙距地表深0.7～1.7m，残高1.3～3.3m。城址现存面积约15000m²。由于受淮河大堤和淮河水位影响，不能对城墙进行发掘、解剖。

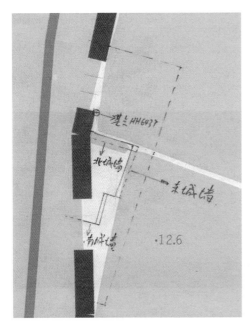

城址平面图

墓葬区分布图

此次考古工作，仅对城址内部和墓葬区进行了局部发掘。经过发掘，城址中揭露房址10座，并清理出青砖铺筑的道路1处、水井1眼、灰坑28个、灰沟8条，出土可修复的陶、瓷、铁、骨、玉、铜器等各类文物近400件。器型有瓦当、筒瓦、板瓦、砖、碗、矛、豆、钱币、印章、罐等，时代从汉代到唐宋，其中尤以六朝时期的遗物为多。在墓葬区发掘墓葬4座，时代从秦末至西汉，特征鲜明，时代性较强，最重要的是首次发现了可能属于楚汉战争时期的墓葬。

发掘后全景

瓷豆

花形方砖

玉牌饰

桌凳山 1 号墓发掘前

桌凳山 1 号墓发掘后

发掘现场

清理后器物出土情况

经过发掘，对项王城遗址有了以下的认识和了解：

（1）从考古学上确认了项王城与东阳城、泗州城一样是古盱眙境内 3 座最重要的城市之一。

（2）已进行的发掘工作表明，项王城在南北朝时期地位显要，应是当时淮河两岸最重要的城市之一，隋唐时期基本延续了南北朝时期的辉煌。

（3）已发掘出土的文物种类丰富，其中青瓷器、瓦当的考古学演化发展序列清晰，部分青瓷器质量上乘，瓦当个体大，图案精致，对于研究这一地域的物质文化具有重要意义。

（4）所揭露的唐代道路及其两侧的房屋建筑遗存保存较好，布局较为完整，遗物较多，且不少尚保留原始位置，表明本次发掘区可能是古项王城内一处规模较大的邸肆。

（5）依据发掘情况，项王城遗址发掘区的时代最早为唐代。在唐代地层下，遍布大小不一的唐代灰沟，说明该遗址在唐代就已经破坏严重。但大量汉、六朝遗物的出土，表明该遗址的时代应该更早。这也可以从墓葬区所体现出的时代性来印证。本次发掘，不仅对于研究古代盱眙，而且对于研究古淮河流域乃至大运河流域的古代经济、政治活动具有重要的价值。

6. 高邮市陶河遗址、临西墓地

2004 年 5 月，南京博物院考古研究所对南水北调东线工程江苏段的调查时发现了陶河遗址，当时在遗址地表捡拾到唐宋时期的陶瓷片，并在遗址的剖面上发现有地层堆积。因当时南水北调第一期工程开工在即，南京博物院考古研究所受江苏省文物局委托对遗址进行配合工程的抢救性考古发掘。考古队进场后在遗址东部施工河道内发现有墓葬存在，经过勘探，确定其为一处北宋时期的小型墓地，故增加为第一期工程的补充考古发掘项目。此次发掘遗址部分正式发掘 900m²，墓地部分正式发掘 1000m²，因遗址和墓地涉及的范围极大，仅在开挖的河道部分就有 20000m²，河道开挖施工速度较快，故未能进行更大规模的发掘，而是在施工过程中全线跟踪，进行随工清理，抢救文物及考古资料。

陶河遗址、临西墓地位于江苏省扬州市高邮市周巷乡和临泽镇交界处，处在京杭大运河以东 15km 三阳河向北延伸部分的前户沟西岸，面积 60000m²，临西墓群位于其东岸。因遗址大部分位于周巷乡陶河村内，墓地则大部分位于临泽镇临西村境内，固将遗址命名为陶河遗址，墓地命名为临西墓地。遗址、墓地地理坐标为北纬 33°01′692″，东经 119°35′734″，高程 4m。

发掘和随工清理中发现宋代水井 11 口、墓葬 5 座及灰坑、灰沟等遗迹现象，共出土陶、瓷器、钱币等文物 50 余件。

瓷碗

水注

5 号墓清理情况

据遗址第 4、第 5 层内包含物推断，遗址的时代从唐代开始，一直延续到明清。因发掘所在地点为陶河遗址的边缘部分，堆积较为简单，仅能确定第 4 层为南宋时期，第 5 层为唐代。

墓地的时代因层位在发掘前就已缺失，故根据墓葬的形制以及墓葬出土的随葬品对比江淮地区宋代墓葬的特点，推断墓地时代为北宋中期。

遗址及随工清理的 11 座水井较为重要，其如此集中分布在遗址的边缘一线，而且水井中出土汲水用"韩瓶"数量较多，时代又明确为南宋时期，此正与南宋时期江淮地区处于南宋与金拉锯战的战场相吻合。

通过发掘，证实陶河遗址为一处从唐代到宋代逐步形成的集镇遗址，位于东部的墓群是埋葬区。南宋时，此处是抗金前线，成为抗金队伍的驻扎之地，从水井的分布密度和水井中出土的大量"韩瓶"分析，当时的驻军有一定的规模。

史书记载，隋文帝开皇七年（587 年）为平陈而开凿的大运河的一部分"山阳渎"即通过此处。隋炀帝为了提高山阳渎的航运能力，与通济渠配套，对这条古运河做了较为彻底的治理。在凿通济渠的同时，即大业元年（605 年），他又征调淮南 10 余万人投入这一工程。当时除了按照通济渠的标准，浚深加宽渠道，修筑道路、离宫外，又穿凿了新的入江渠口。由于长江沙洲的淤涨，原山阳渎的入江渠口堵塞严重。这次扩建，便将南段折而向西，开了几十里的新渠，使其从扬子（江苏仪征东南）入江。陶河遗址即因河而兴的一处集镇遗址。这处遗址和相邻墓区的揭露，对研究古运河开凿、发展、变迁的历史，唐宋时期运河在沿岸集镇的形成、发展、衰落的过程中所起的作用，以及运河在政治、经济、军事上的作用有极重要的意义。

7. 高邮市三垛遗址

三垛遗址位于高邮市三垛镇，北邻邮兴公路，东界三阳河，南近北城子河，西距高邮城约20km。遗址南北长160m、东西宽100m，面积约16000m²，地理坐标为北纬32°48′55.1″，东经119°39′18.8″，海拔2m。遗址上多清代、民国时期的房屋建筑，其中有5处市级文物保护单位，因工程建设需要全部拆除了这批老建筑。

三垛镇是南水北调东线工程最南端的开挖地段，也是整个东线工程最早开挖的试验段，在北线还处于方案设计论证阶段，工程建设资金未落实，国家文物保护工作未能及时跟上的情况下，该区域即已进入全面、快速的建设施工中。扬州市文物考古研究所与建设单位协商后，在施工现场选择了遗址一处文化层较厚的地点，进行了抢救性发掘，开5m×5m探方4个，发掘面积100m²，同时一边派人跟踪建设进程随工清理，清理面积700m²。发现了一些遗迹，出土了一批遗物。现将主要收获介绍如下。

三垛遗址文化层堆积厚度深浅不一，基本呈中心厚四周浅的分布特点，中心厚达3m，向周边渐次变浅至0.8m左右，本次发掘大体在遗址的中心区域，4个探方的文化层厚度均到3m。第2层为明清时期，第3层为元代时期，第4、第5层为南宋时期，第6层为北宋时期，第7层为唐代时期。

三垛遗址发掘和随工清理灰坑13座、碌墩2个、墙基4排、房基3座、水井2口。

12号灰坑

1号井

三垛遗址出土器物较多，但类型不丰富，有陶器、瓷器、石器和铁器。陶器数量较少，瓷器占绝对多数，石器仅1枚石球，铁器只有1件铁权。

通过这次发掘和跟踪清理，明确了三垛遗址的文化内涵及分布范围。确认三垛遗址是一处由唐代至清代前后延续1000余年的居住遗址。

盘   碗

  三垛遗址上出土了全国各地诸多窑口生产的陶瓷器,既有南方长沙窑、寿州窑、宜兴窑、景德镇窑、龙泉窑等窑口的产品,又有北方巩县窑、定窑、磁州窑等的瓷器,时代跨度从唐代中晚期直至明清时期,以宋元时期的瓷器数量最多。这与三垛镇便利的水运位置密不可分。流经三垛镇的古河道有三条:南北向的三阳河与东西向的北澄子河在镇上交汇,另一条是位于镇东北角与三阳河平行的第三沟。三阳河古称山阳河、山阳渎,各朝州志及一些文献均有明确记载:"山阳河在州治东四十五里,南通樊汊镇,接甘泉、泰州界,北自三垛桥口入射阳湖达淮安山阳界。隋开皇七年扬州开山阳渎以通漕运。"三阳河又曾经是古邗沟的一部分。北澄子河又名城子河、漕河、东河、闸河、运盐河,明隆庆《高邮州志》上的《明代高邮州境图》即标注为运盐河,三阳河标注为山阳河,于宋元祐元年(1086年)开凿。起初,这条河主要起运送漕粮的作用,所以称为漕河,宋嘉祐时称为运盐河,兴化各盐场的盐货通过此河运往扬州。

  东西向的漕河乃至运盐河与南北向的沟通江淮的山阳河在三垛交汇,使三垛形成了集散货物的码头,在此基础上逐渐发展为繁华的集镇。早在唐代中晚期,三垛就已经是人口聚居的小集镇了,宋元时最为兴盛。考古发掘的结果充分印证了这样的历史史实。

  三垛遗址的发掘为研究历史时期江淮区域的经济、社会发展,水路交通提供了珍贵的第一手资料,起到了印证历史、补充文献记载的作用,为今后这一区域历史时期的考古发掘与研究提供了有益的线索。

  8. 淮安市楚州区六朝至元明清墓地

  2006年10月18日至2007年1月20日,为配合南水北调东线江苏段清安河清淤工程,南京博物院考古研究所联合淮安市楚州区博物馆,对淮安市楚州区运东村的楚州六朝至元明清墓地进行了考古发掘。

  墓地位于楚州城西南约1.5km运东村以南,在历史上该区域为淮安城南郊墓葬区,发掘的重点主要在村南侧的清安河两侧,与淮河入海水道的距离约300m。本次发掘共清理从南朝、唐到明清时期墓葬9座,展示了楚州当地四个朝代的不同阶层、身份的墓葬特点,具有一定的研究价值。

  这次发掘的墓葬大部分没有文字资料出土,墓葬的保存情况也不理想,砖室墓全都有不同程度的倒塌、变形,木棺墓也由于当地土质原因大多腐烂严重。有几座还曾被盗掘,原始状况受到破坏，对这些墓葬的断代，主要是根据墓葬结构形制和出土物的时代特征进行判断。

HCYM9出土了墓志铭。虽大部分字迹模糊，但开首文字"大唐……墓志铭"可辨。时代为唐代无疑。

另外，在HCYM6内出土了一盒墓志铭，上盖为阴文篆书12字"明威将军淮安卫指挥周公墓"，下盒为小楷书体。共有264字，记录明威将军周学文为官清廉、公正、爱兵如子、生活简朴，生有一男一女等简历。下落"永乐七年七月十五日"。

4座土坑竖穴木棺墓大小结构相近。该区域在1999年为配合淮河入海水道工程进行考古发掘时，出土了大量此类木棺墓，随葬器物均为一只酱釉紫砂小罐置于棺木前挡板外侧。此为清代典型墓葬风格。

这次在楚州运东村所发掘的9座墓葬，反映了楚州当地多个时期，不同等级的墓葬形制及规格，有了一个时代的延续性，也为研究苏北地区砖室墓葬及土坑竖穴木棺墓充实了资料。

9. 盱眙县陡北遗址

陡北遗址位于淮安市盱眙县兴隆乡陡北村。遗址中心地理坐标为北纬33°02′15.6″，东经118°23′54.6″。陡湖自东、南、西三面环绕陡北村，海拔16.84～13.9m。遗址地处陡湖冲积而成的阶地上，为周边呈缓坡状的台形遗址。北部被现村庄叠压，现为农田，种植有水稻、小麦、玉米、花生等农作物。

2004年5月16日，南京博物院考古研究所在进行考古调查时发现了陡北遗址，面积约4万m²，位于洪泽湖抬高蓄水影响范围内。遗址地表残留有汉代墓砖、陶片，以及宋、明、清时期的陶、瓷片。

自2011年9—12月，为了配合南水北调东线二期工程，由南京博物院和吉林大学文化遗产保护中心组成的考古队对陡北遗址进行了考古复查、勘探和发掘。计划勘探总面积为4万m²，重点勘探面积5000m²，发掘面积2000m²。

此次发掘共发现宋代土坑竖穴墓5座、砖室墓1座、宋代灰沟1条、灰坑2个；明清时期灰沟4条，灰坑4个。

陡北遗址第一发掘区全景

本次发掘发现的 5 座宋代土坑竖穴墓位于第一发掘区（Ⅰ区），4 座大体为西北—东南向（IM1～IM4），1 座呈东北—西南向（IM5），大体成排排列。在葬式上，既有以 IM3 为代表的双人合葬，又有以 IM1 为代表的人骨与骨灰合葬，还有以 IM2 为代表的迁葬后留下的空穴。在葬具方面，由于保存状况较差，大多数墓葬的葬具无存，仅余部分棺钉和少量棺木残段，在 IM1 和 IM3 的底部均可以见到黑色织物痕迹，应为下葬时铺于墓主人身下的被褥或衣物腐朽后的痕迹。1 条宋代灰沟位于第一发掘区，环绕着西北—东南向的 IM1～IM4，可能与这 4 座土坑墓存在一定的空间关系。从布局上看，这 5 座土坑墓可能属于宋代的一或两个小型平民家族墓地。

Ⅰ区 3 号墓

　　发现的一座宋代砖室墓位于第三发掘区（Ⅲ区），为圆角长方形土坑竖穴砖室墓。墓室用青砖平铺错缝叠砌而成，共有 8 层。墓室从第 2 层开始起券。因墓顶已经坍塌，形状不详。墓葬内出土的"宣和通宝"为北宋徽宗时期的铜钱，"宣和"是宋徽宗使用的最后一个年号，使用时间在 1119—1125 年。据铜钱和填土中出土的青瓷器口沿判断，该墓葬的年代不早于北宋徽宗宣和年间（1119—1125 年），大约为北宋末期至南宋初年。

Ⅲ区 1 号墓券顶

此次发掘出土了完整和可复原的遗物及陶、瓷片标本 50 余件，包括汉代、宋代及明清时期的遗物。汉代遗物主要为采集品，有花纹砖等。宋代遗物主要有釉陶鼓腹罐、四系罐、买地券以及"宣和通报"铜钱及青瓷器口等。明清时期的遗物主要有青花瓷碗残片和瓷佛头等。

陡北遗址地处江苏省北部的淮河北岸，北与黄淮地区相连，南隔淮河与江淮地区相望。本次考古发掘对陡北遗址汉至明清时期的考古学文化遗存有了初步的认识。陡北遗址发现的宋代小型土坑竖穴墓对研究宋代小型平民家族墓葬的丧葬习俗、墓葬间的空间位置与亲缘关系等问题提供了宝贵资料。陡北遗址发现的汉、宋和明清时期遗存还为研究陡湖、洪泽湖以及淮河的水文环境的变迁和人地关系提供了线索。

Ⅱ区 1 号灰坑出土的瓷佛头

10. 泗洪县小龙头遗址

小龙头遗址位于泗洪县龙集镇南店村南，处于洪泽湖北岸的高岗上，其地理坐标为北纬 33°20′30.47″，东经 118°31′02″，海拔 12.5～13m。遗址东西长约 1200m、宽约 110m，总面积约 15 万 m²。由于受围湖造塘影响，遗址大部分遭到破坏。

小龙头遗址远景

2010 年 11 月至 2011 年 1 月，南京博物院对小龙头遗址进行了抢救性考古发掘。2011 年 6—7 月，四川大学考古系承担了小龙头遗址的部分发掘任务，共发掘清理宋代灰坑 2 个、墓葬 1 座。遗物主要以陶、瓷器为主，陶器多为灰、黑陶，器型主要有瓦当、滴水、筒瓦等，还有黑陶盆、罐、砖及少量宋三彩器。瓷器主要有影青、白、黑、青、红瓷等，其中以影青为主，其次有白瓷、黑瓷，器型有碗、盏、罐、碟。另外，还出土大量动物骨骼，种属有马、牛、猪、狗等。

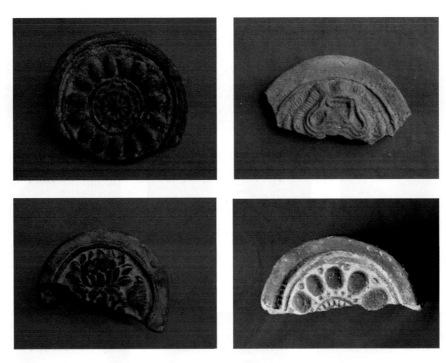

出土的陶瓦当

出土的陶器

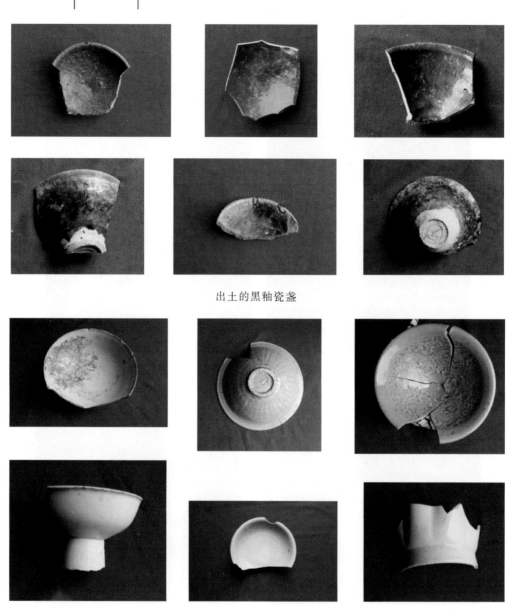

出土的黑釉瓷盏

出土的白瓷、青瓷器

出土的彩釉陶器标本

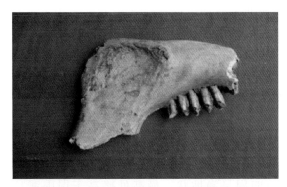

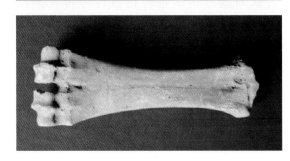
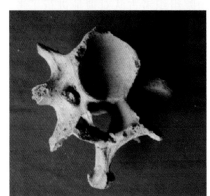

出土的大量兽骨标本

出土的青白瓷碗碗底内印有"宋"或"詹"字款等

从出土遗物来看，该遗址主要文化堆积应属北宋时期。据地层堆积分析，北宋时期洪泽湖岸尚未达今日水面范围。北宋之后，约在两宋之际，洪泽湖水经历了一个泛滥期，遗址周围成为湖岸，约在宋明之际遗址被淹没。到清代湖水略退，遗址附近重新成为湖岸地貌。直到现代，遗址再次被淹没。

小龙头遗址的发掘为研究洪泽湖两岸古今文化变迁提供了不可多得的宝贵材料。

11. 泗阳县王屋基遗址

王屋基遗址位于泗阳县高渡镇高集村邢庄自然村西北约1.5km，原徐庄自然村（已拆迁）西500m，东北距卢集镇薛嘴村大李庄自然村约1km。遗址西临成子湖，跨成子湖大堤分布，位于沿湖的略呈东西脊向椭圆形岗地上，岗地四周呈漫坡状，最高处略高于周围滩地1.5m。1962年春，南京博物院调查发现，当时采集的遗物有周代的夹砂灰绳纹陶鬲、罐、盘，唐代的青瓷四鼻罐，宋代的军持等，判断遗址从周代延续到宋代。

经国家文物局批准，2010年11月开始，为配合南水北调工程进行的第二期文物保护工程，南京博物院组织考古队对遗址进行了考古发掘，发掘面积3000m²。遗址分为7层，清理了房址1座、灰坑4座、水井1座、柱洞37个，遗址南部有东西向河道，本次发掘中进行了解剖。

2011年6—9月，南京师范大学组织考古队对遗址再次进行抢救性考古发掘，发掘了2000m²。地层堆积分为耕土层、明清堆积层和宋代层。宋代层中发现有水沟遗迹、古河道、手工作坊区，水沟共计发现12条，呈规整的长条状，总长度达100m，沟宽0.3m、沟深0.15m，沟内堆积出有宋代青瓷、白瓷残片及钱币等遗物；古河道遗迹1处，位于发掘区的最南部，受发掘区域的限制，仅揭露了河北岸的一段。作坊区发现长方形的房基遗迹和大型石磨一组，房址呈长方形，有墙基槽、门道等，出土宋代碎瓷片及"祥符通宝"铜钱等。结合房址遗迹、大型石磨、土坑遗迹的分布状况，初步推定此处很可能是建有工棚性质的手工作坊区。

王屋基遗址典型地层剖面

砖铺面全景

水井

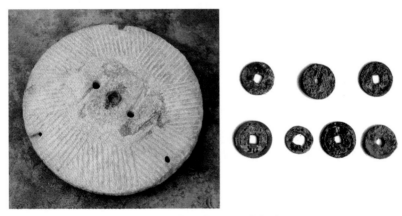

出土的宋代石磨盘与历代铜钱

　　　　　　　　第一节　江苏省段文物保护成果

本次发掘显示，遗址地表和第 2 层夹贝壳沙层包含的遗物与遗址文化层遗物差别较大，这是因为第 2 层为水浪冲沙堆积成贝壳岗的原因，遗址地表和第 2 层包含的鬲足等早期遗物是洪水泛滥或湖水高水位时期浪积形成贝壳层同时带来的，不属于本遗址，其来源地尚无法确认。

王屋基遗址宋、明、清遗迹的发掘对于研究洪泽湖地区古代居民的生活状况与古环境的变迁具有重要意义。

12. 淮安市楚州区白马湖农场二站遗址

白马湖农场二站遗址位于淮安市楚州区白马湖农场二站北侧约 300m 处，北距楚州市区约 15km。遗址紧邻新河大堤，沿新河西岸分布。遗址中心地理坐标为北纬 33°24′17.1″，东经 119°7′0.4″，海拔约 9m。南北长约 200m，东西宽约 100m，总面积约 2 万 m²。

2006 年 10 月，在南水北调东线工程江苏段一期控制性文物保护项目实施过程中，南京博物院和楚州区博物馆组成的考古队在考古调查中发现二站附近区域取土过程中出土大量陶片、瓷片及石磨等文物，经确认为一处历史时期古文化遗址。同年 10 月，考古队对遗址所在区域进行了钻探和抢救性发掘，开 10m×10m 探方一个（T1），连同扩方，发掘面积共为 115m²，同时清理工程取土暴露面积 980m²。

白马湖农场二站遗址出土物以第 3 层最为丰富。

第 3 层遗物，陶器以泥质陶和硬陶为主，有一定数量的夹砂陶和釉陶。瓷器有白瓷和青瓷，白瓷占大多数，青瓷少量。陶器占出土器物的 45.48%，瓷器占出土器物的 54.52%。陶器以泥质陶和硬陶为主，有一定数量的夹砂陶和釉陶。泥质陶在陶器中占 51.98%，硬陶占 29.80%，夹砂陶占 12.15%，釉陶占 6.07%。器物表面以素面为主，纹饰有弦纹、绳纹、篮纹、条纹等。泥质陶器物种类有盆、罐、钵、缸、甑等。瓷器以白瓷为多，有少量青瓷。白瓷占出土瓷器总数的 75.595%，青瓷占出土瓷器总数的 24.405%。

碗

第 3 层所出遗物中，以白瓷器数量出土最多，且最具时代特征。从其装饰风格看，白地绛褐彩或白地绛黑彩当为磁州窑系产品典型特征。而碗内口沿下划两道绛褐色弦纹，碗心饰卷草纹、点彩纹及书有"王""化""豆""毛"等字则是金元时期磁州窑系产品的时代特点。从整体特征上看，这批白瓷制作较粗，当为日用粗瓷。其胎质多呈灰白色或黄白色，内夹砂粒，淘洗不精。施绘工艺上，先施一层白色化妆釉，且多半施釉不及底，外壁中部以下及圈足多露胎。而施透明釉和绘彩则有两种流程：一种是先直接在白色化妆釉上绘彩，而后再施透明釉；另一种是待白色化妆釉风干后，先施透明釉，然后在透明釉上绘彩，施绘完毕风干之后再入窑装烧，从碗心多残留垫饼痕迹看，其应采用正面多层叠烧技术入窑装烧。从垫饼残留物看，垫饼成分当与化妆土相同，唯所含砂粒较粗，以增强硬度。根据上述瓷碗内部的纹饰特点及随意的施绘流程，结合这一时段内磁州窑系各窑口的生产特点及产品特征，初步认为，这批白瓷窑口可能与皖北、豫南一带金元时期的磁州窑系窑场有关。

长期以来，楚州地区宋元时期的考古资料中，基本局限于墓葬材料，而本次发掘的白马湖农场二站遗址则是经过正式发掘的宋元时期村落遗址，反映了当时人们日常生活的物质面貌，为本地区这一时期的考古研究提供了新的材料。同时，遗址出土的大量磁州窑系白瓷，所透露出来的工艺流程信息，为这一时期磁州窑系地方窑口和相关陶瓷史的研究提供了资料。

13. 盱眙县泗州城遗址

泗州城遗址位于盱眙县淮河镇城根村、沿河村及大桥渔场三个自然村，北有扁担河，南为淮河，面积约 2.4km²，其中有约 1/6 面积处在淮河及其支河的河道里，因淤垫很深，遗址保存状况较好。

泗州城始建于唐代，宋代扩建，明代最为鼎盛并渐衰落，为历代州郡所在，城内建筑众多。除官府州衙外，"泗州十景""僧伽塔"最为有名。泗州城是盛极一时的唐宋名城，与扬州齐名，是中国建筑艺术的典范；有着"水陆都会""徐邳要冲""漕运中心""兵家必争"等诸多称呼；清康熙《泗州志》、宋初《太平寰宇记》等文献对泗州城都有描述。

泗州城"因水而盛、因水而亡"，是中国现存较好的一座州城遗址。有人称之为东方的"庞贝"古城。泗州城衰落的原因有两个方面：一是水患，尤其是黄河夺泗入淮（1194 年）后，带来大量泥沙，堤坝经常决口；二是人为因素，统治者的治水方略。明万历六年总理河漕的潘季驯推行"蓄清刷黄济运"的治漕、治河方针，在泗州淮口下游大筑高家埝，人为把淮水蓄高，使泗州地区受害惨重，注定了泗州城的命运。

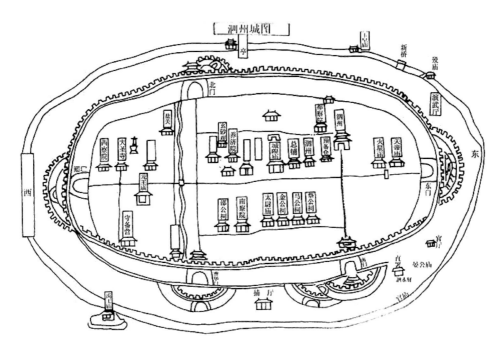

明泗州城图（选自曾惟诚《帝乡纪略》）

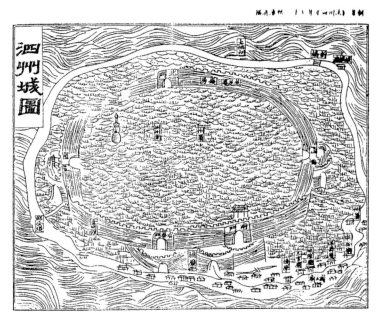

康熙《泗州志》附"泗州城图"

2010 年 12 月至 2011 年 4 月，对泗州城遗址进行了全面的调查勘探，确定了泗州城遗址的结构和布局，发现多处遗迹现象，包括内城墙一段、外城墙一段、城门一座及大面积的砖石建筑堆积。具体情况如下：

（1）内城墙。已探明的部分为内城垣的一段，此段城墙大致接近东西走向，方向约为 82°，已探明段墙体宽度最窄处 17m、最宽处 24m，已勘探出的墙体长度约 338m。内城墙修筑月城处，略向城外突出。墙体断面呈底宽顶窄的梯形，为石块包墙。

（2）城门。采取在城墙外修筑月城的方法，月城呈月牙形，如半个环形扣在城门外。经勘探，月城东西最大径 118m，南北进深 56.6m（由月城外壁至内城墙内壁距离最大处），月城墙体宽约 6m，墙体推测为外包石块或由石块砌筑。

（3）外城墙。已勘探出的一段为外城垣的一段，为东北—西南走向，方向为 65.5°，已探明段墙体宽度约 6m，长度约 132m（向东及向西延长部分未探）。此段内外城墙之间的距离约为 70～80m。

（4）大面积砖石建筑堆积。在沿河村四组居民区南面，发现面积约 12 万 m² 的砖石堆积，距地表 1.2～2.8m。

勘探工作为下一步选点发掘及文物保护提供了科学翔实的第一手基础性资料。

根据勘探工作的成果，将整个遗址分为六区，制定发掘目标，在原有钻探资料的基础上，尽量将某一处建筑基址完整揭露出来，发掘面控制在最晚一期居住面上，尽量不破坏建筑的整体面貌。

2011 年 4 月至 2012 年 9 月，共发掘面积 20000m²，揭示出五处建筑基址及城内一条东西向的主街道；揭露出南城墙一段及城门、月城一处；解剖外城墙，了解其结构；对城墙局部进行解剖，发现至少有三个时代的城墙；对城门进行解剖，发现有至少五个时期早晚叠压的道路。

（1）1号基址。2011年清理，共揭露房址2座，砖铺路面3条。建造年代还不明确，此次发掘区中出土的明代的香炉表明，该房址的起始使用年代应不晚于明代，在房址的废弃堆积中，清理出了大量清代遗物，推测该建筑也毁于康熙时的大水。

1号基址

（2）4号基址。位于1号基址东侧，揭露部分南北长约80m，东西宽约65m。主要包括三部分的建筑：塔基和以塔基为轴线的中路建筑、西塔院和东塔院。位于基址北部的塔基最为宏伟，现存石砌塔基及残余部分砖砌塔座，塔基主体呈方形，台明广约38m，进深约40m，塔基未完全清理至当时地面，据当前发掘情况，塔基残高已暴露2m。南边接一方形月台，广22.48m，进深13.5m，总平面呈倒"凸"字形。塔基内填夯土，共30层，外围用条石错缝平

4号基址西塔院

砌并层层向内叠涩，形成收分。每层条石均向内缩进 2～3cm，条石之间用石灰黏结。塔基西南侧清理出一石碑，目前仅发现碑座和碑额，未见碑身。碑额正面有三列 15 个阴刻篆字，上书"大元敕建泗州普照禅寺灵瑞塔之碑"，可知 4 号基址的石砌塔基即为灵瑞塔塔基。叠压于 4 号基址之上的废弃堆积中清理出带有模印铭文"朐山""朐山县""盐城"的青砖，其中"朐山县"在今连云港东海一带，而朐山县治在明初洪武年间已经废除，可知灵瑞塔上所用青砖烧造于明初以前。塔基夯土中出土瓷片年代最晚可至元代，并且出土的瓷片中不见青花，推测塔基部分的建造年代极有可能为元代。

1号、4号基址全景

（3）2 号基址。位于 4 号基址东北部，主体布局已基本清楚，揭露部分南北长约 90m，东西宽约 30m。西与 5 号基址及 1 号广场相对，为南北向长方形的一组建筑群，呈两头高中间低的布局形态，以 L1 为中轴线，方向 150°，左右两侧的厢房或配殿基本对称，通过道路和门厅

2号基址

分割，各成独立的空间，由三进院落约40间房子组成。据文献记载，2号基址所在地域为观音寺遗址所在地，出土文物中有"观音寺"墨书的红陶罐底。出土的陶装饰构件上刻有"天启四年五月吉旦 龙凤 临淮县□人周于礼造"的铭文，可知该基址建于天启年间。

（4）东西大道。位于2号基址南侧，东西向，宽约4m，揭露部分长约60m。

东西大道

（5）5号基址。位于东西大道北侧，距离2号基址F2约20m，中间为广场，为一处房屋基址。该房址为长方形，南北长14.9m、东西宽12.86m。东西大街位于发掘区最南部，方向60°，大致呈东北—西南走向，揭露出的地面东西长80m、宽3.6m，该道路主要由垫土基础、砖石混筑路面和排水沟三部分组成。

（6）3号基址。包括城墙内侧的道路1条（L2）、房屋建筑遗迹8组（F1～F8）。道路大致呈东西向，由西向东渐宽，并趋规整。L2筑于明代晚期，被清代早期地层（9B）叠压。8组房屋建筑遗迹沿L2分南北两排布置，南侧为F1～F4，北侧为F5～F8，均由房基与庭院组成。

2号、5号基址及东西大道全景

3号基址

　　（7）香华门。平面呈长条形，南北长 16.4m、内宽 3.4m；墙体用石头砌成，外侧包有青砖，青砖长 0.3m，宽 0.14m，厚 0.08m，垒砌整齐。香华门东西两侧有耳房与香华门和月城相连接。门内发现有不同时期的路面五处，呈南北走向，均用砖石铺设。

　　香华门及月城依南城墙而建，处在整个南城墙的西段。平面基本呈圆角方形，南北内长16.30m，东西内宽 12.5～15.8m。月城墙建筑方法同城墙一样，亦为砖石包墙，内填土夯筑，月城宽约 7m，残高 1.55m。月城门宽 3.7m，进深 8.5m，城门两侧各有墩台，墩台南北长8.52m、宽 3.5m。月城内发现有道路、灶、排水沟等遗迹现象。

香华门

南城墙、香华门及 3 号基址全景

泗州城遗址作为历史上一座重要的"水陆都会"，城内各类建筑遗迹众多，人类活动频繁，因此出土遗物极为丰富。除石质及陶制建筑构件外，瓷器、陶器、石器、铁器、铜器、骨器、牙器等生活用品也非常丰富，出土器物初步统计约千余件（组）。

石质的建筑构件有抱鼓石、户对、雀替、石神像、石狮子等，还出土了石香炉、石磨盘、礌石等石制品。陶制的建筑构件有花纹砖、瓦当、滴水、脊兽等。

出土有青瓷、白瓷残片、酱釉碗和大量的青花瓷碗、盏残片，还出土了釉陶壶、梳子、发簪、象棋、骰子、铜勺等生活用品以及铁镞、铁蒺藜等武器。4 号基址倒塌堆积中出土的一件铜质筒瓦，长

1 号基址出土的滴水

85cm，大端宽 15cm，小端宽 14cm，厚 0.7cm，小端有一直径 1.5cm 的圆孔，应当为珍贵的建筑材料。

1 号基址出土的脊兽

1 号基址出土的香炉

2 号基址出土的青花瓷盘

2 号基址出土的建筑构件

3 号基址出土的抱鼓石

泗州城的钻探、发掘工作已开展了两年多的时间，已确认了遗址的范围，了解了地层堆积和城内一些重要建筑遗迹的情况。泗州城的兴衰与大运河息息相关，而作为大运河重要组成部分的汴河，就在泗州城内穿城而过。对泗州城范围内的汴河进行清理，一方面可以印证泗州城的历史，另一方面对大运河漕运史的研究也有着重大的意义。

14. 淮安市楚州区鸭洲村明清墓地

南水北调东线工程淮安四站位于苏北灌溉总渠南、淮安二站西、新河干渠东面，地属楚州区三堡乡鸭洲村，工程自开工建设以来，南京博物院考古研究所和淮安市博物馆相继组织了一系列的考古调查、勘探和发掘工作，2005 年 10—11 月，南京博物院考古研究所在淮安四站征地范围进行了考古钻探，此后淮安市博物馆派专人随时跟踪调查，及时掌握工程进度，和施工单位密切配合，做到了工程建设和文物保护两不误，在跟踪调查中，淮安市博物馆先后发现并清理了明清土坑竖穴木棺墓 27 座（07HSM1～07HSM27），出土了一批较为珍贵的文物。

4 号墓发掘现场

此次发现的墓葬分布较零散，规模均为小型墓葬，竖穴浅坑，木质棺具，墓口一般长 2.3～3m、宽 1.5～2m，深 2m 左右，棺具长 2m、宽 0.5～0.8m，高 0.5m 左右，墓向不一，基本没有规律可循，有一坑一棺和一坑双棺之分，双棺并列应为夫妻合葬墓，随葬品以青花瓷碗、银饰件如发簪、手镯等，陶瓶、陶罐以及钱币为多，棺底一般铺垫有白石灰或用火纸包裹石灰，用来防潮和稳固尸骨，多见人骨，在棺外紧贴棺首处一般放置一陶瓶，似为这一地区同时期墓葬的共同特点。

鸭洲村地处京杭运河西侧，为历史文化名城楚州的西郊。此域地下古墓分布密集，1980 年在修建

4 号墓出土的瓷碗

淮安一、二站时曾发现大量的汉唐时期砖室结构墓，出土了大批文物。2002年在淮河入海水道淮安枢纽建设工程中又发现一批宋代砖室墓。此次所抢救发掘的27座古墓均为明清时期墓葬，从墓葬所处的地层看，清代墓葬一般开口在黄泛沙层中，墓坑都比较低浅；明代墓葬基本开口在黄泛层下的黑土层上，墓坑也比较深。从随葬器物来看，明代的墓葬棺内多数随葬一对瓷碗，棺具厚重者以青花瓷碗或龙泉瓷碗为佳，这些碗具都比较精细。棺具单薄者亦放置成双的粗瓷碗。棺首外壁常见粗陶罐或尖底硬陶瓶等，反映了这一时期的葬俗特点。清代的墓葬棺内很少见到瓷器一类的随葬品，仅见一些银饰件和钱币。棺外壁放置一些绿釉陶壶、酱釉陶钵的小件陶器。这批墓葬的文化面貌与淮安其他地区基本类似。此次发掘对丰富淮安明清时期考古资料，研究该地区明清墓葬制度与丧葬习俗及淮安历史文化名城的发展都具有重要的意义。

15. 淮安市楚州区白马湖一区二窑明代墓地

2004年5月，南京博物院考古研究所、淮安市博物馆、楚州区博物馆联合组织专业力量在南水北调东线工程淮安新河段考古调查中发现了白马湖一区二窑明代墓地，在地表发现有属于不同墓葬的棺木（有的施有黑漆）、棺钉和墓砖等遗物。墓地位于淮安市楚州区白马湖一区二窑窑厂东南约200m，距现新河西岸30m，其对岸为周湾三组，墓地中心地理坐标为北纬33°26′668″，东经119°06′865″，海拔9m，面积约2000m²。

墓地现为窑厂取土区，部分已被取土坑破坏，部分为种植小麦的农田，保存现状较差。2007年3月27日至4月1日，江苏省考古研究所、淮安市博物馆组成联合考古队对该墓地进行了考古发掘，共发现明代墓葬3座（07HBM1～07HBM3），出土器物数件。

白马湖一区二窑明代墓地由于窑厂取土破坏十分严重，墓葬中也没有出土有明确纪年的随葬物，但根据墓葬形制、随葬器物的特征，可以对墓葬时代、性质得出一些认识，明清时期，淮安市楚州区（原淮安县）政治经济文化十分发达，近些年来在该地区发现了大量明清时期的遗存，出土了丰富的实物资料，淮安白马湖一区二窑明清墓地地处楚州城南面，与淮安四站明清墓地及淮安二站唐—明清墓地相隔不远，墓葬形制一致，出土器物比较相似，M1、M2出土的小陶壶和银簪与楚州区翔宇花园唐—明清墓群清代墓葬所出土的小陶壶和银簪形制基本一致，与南水北调东线工程淮安夹河明清墓地所出土的陶壶、银簪十分相似，此类小陶壶应为淮安地区明清时期墓葬中比较典型的随葬明器。白马湖一区二窑明清墓的发掘对研究明清时期淮安地区的丧葬习俗及经济文化的研究有一定的价值。

墓地外景

16. 淮安市楚州区夹河明清墓地

夹河村介于京杭运河与里运河之间，现属楚州区淮城镇管辖，与楚州区板闸镇隔河相望，河东为明清运河钞关遗址，西北200m为宁连公路高架桥，河堤东部与福缘村河口组毗邻。夹河明清墓葬群主要分布在清安河两岸。中心地理坐标为北纬33°28.800′，东经119°05.500′，海拔9m。

2006年10月18日至12月6日，淮安市博物馆考古队在清安河夹河段进行考古勘探，在沿河岸纵向1000m、横向60m范围内，初步确认地下古墓54

座。2006 年 12 月 20 日至 2007 年 2 月 1 日，根据墓葬的分布情况，选择三处墓葬聚集点为发掘区，共探掘土坑竖穴墓 19 座，清理棺木 24 具，收集随葬器物 27 件，其中古钱币 46 枚，采集人骨架 19 具，完成发掘面积 380m²。

此次发掘共分三个墓葬发掘区。

第一发掘区：在双河组居民生活区西北部，

第一区发掘现场

位于清安河南岸，向北 270m 为宁连一级公路高架桥。此区墓葬掩埋十分密集，为此次发掘主要地点。此区共探掘墓坑 15 座，清理棺木 17 具，收集随葬器物 12 件，采集人骨架 12 具。本区墓葬编号的首位数为 1，已登记墓葬 07HJM101～M115。

第二发掘区：位于第一发掘区北 40m，紧靠清安河北岸，东侧 50m 为明清时期的京杭运河，俗称"里运河"。此区与清安河南面的第一发掘点应属同一时代的墓地。当地俗称"乱葬坟"。勘探时发现墓葬 10 余座。墓口以上黄沙淤积 1.5m 左右。发掘 2 座夫妻合葬墓，清理棺木 5 具，收集随葬器物 13 件，其中钱币 46 枚，采集人骨架 5 具。本区墓葬编号的首位数为 2，已登记墓葬 07HJM201～M202。

第三发掘区：在双河组居民生活区西部，距第一发掘区东南 280m，濒于清安河南岸。该区地层与一区、二区基本相同，均系黄泛沉积地带。此处为蔬菜大棚与水芹田种植区，地下墓葬分布密集，距地表深浅不一，时代有早晚。此区共探掘夫妻合葬墓 2 座，清理棺木 2 具，收集随葬器物 2 件，采集人骨架 2 具。本区墓葬编号的首位数是 3，已登记墓葬 07HJM301～M302。

此次发掘的 19 座土坑竖穴墓均为小型墓葬，三处发掘区皆为平民墓地，多数安葬者家境贫寒。除 M113、M201、M202、M301、M302 计 5 座为夫妻合葬墓外，其余皆为单棺葬墓。三处发掘区地层堆积大致相同，墓口之上覆盖深厚的黄沙层，分为 6～8 层，距地表深度 1.5～2.1m，墓坑地层为青灰色或灰黑色黏性土。墓坑之上多数见有低矮的封土堆，因洪水浸圮和风雨流失，现存高度一般在 30～60cm。墓坑形状基本为长方形，个别墓坑呈椭圆形。墓坑较浅，一般棺盖距坑口的高度在 50～80cm。棺具多数简陋轻薄，盖板常用 3～4 根木料拼合，棺具尚好者用两根木料拼合。夫妻合葬墓形制比较规整，男棺居左，女棺居右。M201 为一男二女合葬墓，3 具棺木保存都很好。在位置摆放上男前女后，

M110、M111、M112 清理现场

妻在中，妾（或继妻）在右，显示出封建社会男尊女卑，妻妾有别的等级制度。从三个发掘区墓葬揭示情况来看，葬制凌乱，墓向不一，纵横交错，有的墓葬相互叠压，说明安葬的时代有早有晚。根据棺具的好坏及夫妻合葬的情况，可以反映这些安葬者生前经济状况是有贫富差异的。

　　此次清理的 24 具棺葬中，墓内随葬品稀少，大部分棺内无器物，一般在棺首外壁放置一件硬陶尖底瓶或四系小罐（M301 两棺各置 1 件粗瓷罐）。M201 男女棺内随葬有纪年的钱币 46 枚，另有铜镜、银簪、戒指等，这对考证墓葬的时代提供了重要的依据。

硬陶尖底瓶

酱釉四系罐

戒指

铜镜

　　此次探掘的 19 座墓葬都具有明清时期的形制特征，在葬制与礼俗上与淮安其他地区基本相同，如在棺首外壁放置罐、瓶、壶等一类的随葬品，这些器皿都有一定的时代特征，像尖底瓶、四系罐、粗瓷罐之类的器物在明代墓葬中比较常见；像小口酱釉壶、盘口绿釉壶、敞口圆腹小罐、马蹄尊之类的器物在清代墓葬中尤为多见。明清之际，放置在棺具头部的陶瓷器一般是由大变小，由粗变精，釉质与花纹都有明显的不同。夹河 M201 男棺出土的 46 枚钱币，多数为明代钱币，时代最晚为"崇祯通宝"，同出土的铜镜、银簪、戒指等也具有明代晚期的风格。据已往淮安境内明墓发掘资料考证，明代中期以前棺内随葬瓷碗的现象比较普遍，中期以后逐渐稀少。而此次发掘的 24 口棺具中未发现一件生活瓷器。从地理位置上来讲，夹河一带亦属黄泛影响范围，明代以前地面为湖相沉积，成陆较晚，在墓坑的地层中可见有一些螺贝、蚬壳。据地方志记载，明成化七年（1471年），黄河湮没京杭运河20里；清乾隆三十九年（1774年），黄河在清江浦东郊老坝口决堤，大水吞噬运河两岸。由此可证，夹河一带的黄泛淤积，应从明末清初逐渐形成。从已揭示的19座墓葬地层来看，除M108开口于黄沙层中，其余墓葬均开口于黄沙层下。从地层剖面观察，黄沙层覆盖在封土堆之上，说明坟冢形成早于黄泛沉积的时代。鉴于上述两点，可以初步确定此次发掘墓葬的时代应在明末清初。

夹河明清墓群考古发掘为南水北调东线一期控制性文物保护项目。此次发掘取得了阶段性成果，使人们初步了解了夹河一带明清墓葬的形制与特征，为研究明清时期丧葬制度提供了新的实物资料，也为今后在河网密集的高水位地区进行考古发掘积累了工作经验。从地理位置上来讲，夹河彼岸为板闸历史文化名镇，明清时期运河税关设置于此。旧时水岸两侧，商船云集，市井繁荣，沿岸居民多以商贩为生。夹河明清墓葬群就是这一历史的见证，它是古运河宝贵的文化遗存。据考古勘探，夹河两岸尚有大量的古代墓葬未经发掘，地方文物行政部门可经过勘查核实后划定地下文物埋藏区。在今后的截污导流与经济建设中应事先做好工程范围内地下古墓的勘探与发掘工作。保护和发掘这批古代墓葬，对研究京杭大运河的发展史及淮安明清时期经济文化都具有重要的历史价值。

17. 盱眙县老庙滩遗址

老庙滩遗址位于盱眙县明祖陵镇沿淮村，东临溜子河，西接沿淮村，向北是洪泽湖，于2004年5月南京博物院调查发现。中心地理坐标为北纬33°08′008″，东经108°29′435″，海拔11m。遗址现为农田，地表可见少量的唐宋陶瓷片和较多的明清青花瓷片。由于靠近河畔，遗址北部地表暴露大量蚌和螺蛳壳。遗址面积约10万 m²，位于洪泽湖抬高蓄水位影响范围内，需进行抢救性发掘，规划发掘面积1000m²。

第一批探方发掘全景

T208 北壁

T208 第 4 层下局部蚌壳层

　　根据钻探，选取有地层和含蚌壳沙层堆积的水文界地带东西向布方，以弄清遗址的地层分布情况，也便于对遗址的形成原因进行探讨。南侧一排探方以淤沙堆积为主，地层自北向南向上倾斜，含较多的螺蛳、蚌壳，北侧探方地层较为清楚，但时代都较晚，叠压 5～6 层，从包含物看，各层形成的时代不会相距太远，有新石器和商周等早期陶片，也有唐宋至明清的瓷片，与北侧淤沙中的包合物差别不大。出土大量陶片、瓷片，尚未进行整理，很少能复原。地层中陶瓷片所反映的各地层年代相去不会太远，出土陶片的磨圆度极高，说明它们被洪水携带而来经过了较远的距离。

发掘出土的陶瓷片标本

通过发掘，有以下几点初步认识：

（1）发掘地点位于老庙滩遗址的北部边缘，这里也是沙和蚌壳堆积的南部边缘，处在两种堆积的交界地带。螺蛳和蚌壳为多次冲淤而来，堆积的情况说明它们来自洪泽湖方向。本次发掘可以为历史时期洪泽湖和淮河变迁补充有用的材料。

（2）沙层和地层中的早期陶片和晚期瓷片也是洪泽湖形成过程中携带而来的，冲淤的时间应该在洪泽湖形成过程中，最晚的冲积应与清初的黄河夺淮入海有关。早期遗址可能在老庙滩以北直至洪泽湖一带，或者就有洪泽湖成湖以前的地方。

（3）该遗址的意义在于，从考古材料上说明洪泽湖形成过程中的水文状况以及淤积情况，同时提示人们，在老庙滩以北较远的地方存在早期新石器时代和商周时期的遗址。清康熙十九年（1680年），黄河夺淮入海，渐成洪泽湖，淹没泗州城，大水持续十几年。老庙滩遗址的沙蚌堆积和上下地层中包合物时代相差不大的情况，正与清朝初期的大洪水的发生和持续时间相对应。

18. 淮安市楚州区板闸古粮仓遗址

板闸古粮仓遗址位于淮安市楚州区淮城镇板闸居委会淮关。里运河在此由东南向西北转折，北距淮安市区15km，南距楚州区5km，地理坐标为北纬33°26′668″，东经119°06′047″。遗址南北长约500m，东西跨运河大堤内外，宽20~50m，面积约20万m²。遗址的运河大堤内侧部分基本为原运河河湾淤塞后的滩地，现为农田；外侧部分为农田和民居。其北300m为明宣德四年（1429年）设立的榷关遗址，现保留有明代码头遗址、钞关旗杆基座及关卡石工堤400m。

　　遗址是 2004 年南水北调考古调查中发现的，属于南水北调东线工程江苏段的第一期控制性考古发掘项目。2006 年 10 月江苏省考古研究所联合楚州区博物馆开始对遗址进行发掘，发掘面积 232m²。

　　2006 年 10 月，为了配合国家大型水利工程——南水北调东线工程的顺利实施，同时也为了加强对运河施工沿线文物资源的保护，经国家文物局批准，南京博物院考古研究所联合楚州区博物馆组成考古队对板闸古粮仓遗址进行考古勘探与发掘工作。先期勘探面积 10000m²，发现运河大堤的外侧地面以下 1.5～1.9m 普遍存在粮食腐烂痕迹，遂确立了发掘区域。正式发掘布探方 3 个（T1～T3），探方顺运河及大堤走向分布，方向北偏西 320°。T1、T2 面积均为 10m×10m，间隔 1m，东西向排列，在 T2 以北 20m 布 T3，面积为 2m×10m，后沿探方西壁向北扩 2m×6m，发掘总面积为 232m²。发掘过程中发现了墙基、柱坑、居住面、砖铺地面、灰坑、灶、简易粮仓等遗迹，出土陶器、瓷器、紫砂器等遗物共 300 多件，还有少量的动植物遗存。

2 号房址清理情况

罐

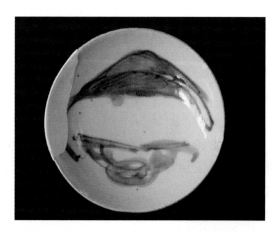

盘

| 粉盒 | 壶 |

板闸古粮仓遗址遗迹现象较为丰富，出土器物种类较多，数量较大，这在一定程度上揭示了清代中期运河大堤附近人们生活、工作的情形，对研究清中期运河沿岸社会的变迁提供了一定的实物资料。

遗址运河大堤内侧河面宽阔，东岸形成了一个河湾。据史载，淮关自明代设立以后所收税额非常巨大，是运河沿线设立最早、收税金额最多的钞关。板闸古粮仓遗址应为南北商船在此转运的见证。据清乾隆十四年《山阳县志》记载，城西北有大军仓，可能即为此。史载，清咸丰二年（1852年）"河决铜瓦厢（丰县），淮亦南涨而运道始梗"。从遗址中也能看到淮关的衰落。另外，出土的墨书"碧霞宫"陶罐在地方志上亦有相应的记载，为研究淮安地方史提供了珍贵的资料。

板闸古粮仓遗址的发掘，对研究明清时期的运河漕运史有十分重要的意义，充分证实了运河在古代南北漕运上的历史地位，也窥见繁华时期的板闸淮关舟楫成群、商贾云集、茶楼酒肆林立的景象。

19. 邳州市山头东汉墓地

邳州市山头东汉墓地是在中运河南水北调骆马湖水资源控制闸工程建设过程中发现的，随后纳入到南水北调东线工程江苏段文物保护规划中。墓地周围被宽 14m、深 1.4m 的环壕所围，东南方留有一个出入通道。墓地东西长 80m、南北长 160m，墓地占地 1.3 万 m²，有52 座墓葬，墓道全部朝着正北方，墓主人则是头南脚北葬在其中。墓葬多为券顶结构，由青砖砌成，规格略高的为砖石混砌，砖朝着墓室的一面烧有精美的几何纹样，各墓的墓砖花纹几乎一致，随葬品也大致相同，显然是一个家族墓地。几乎所有墓葬都在古代被盗过，此次出土的文物有漆器、铜镜、铁剑、绿釉陶器及铜钱等 245 件。21 号墓是墓园的中心墓葬，也是规格最高的墓。这座墓长 6m、宽 3.5m，分为前院后室，前院内有陶制的粮仓、井、灶、磨、猪圈和楼，以及带铜钉的漆器等，后室分两个墓室，是夫妻合葬墓，墓室有条石制成的直棂窗（类似横放的百叶窗）和石门，石门上基座还雕刻着石羊。虽然该墓已经被盗，所留文物不多，但仍能看出墓主人生前优裕的生活。山头东汉墓地大致分为三期，年代从东汉早期一直到东汉晚期。墓葬的分布大致两两成组，在空间上几乎不见打破关系。从墓地的结构和墓葬的空间分布、出土随葬品的数量和质量分析，山头东汉墓地应是一处中小地主阶层的家族墓地。

第二节 山东省段文物保护成果

一、概述

山东省是南水北调一期中、东线工程开工最早的地区，也是南水北调工程文物保护和田野发掘工作开展最早的地区，总计需要完成勘探面积 178 万 m²，发掘面积 8.8 万 m²，并对聊城土桥闸等 5 个地上文物实施维修保护。2002 年 5 月，山东省文化厅致函山东省水利厅联系济平干渠（胶东引黄调水）文物保护工作。自那时算起，到 2011 年年底，历时近十年，经过全省文物工作者艰苦的努力，在包括胶东输水段在内的长达上千米、宽约 500m 的地带内，进行了拉网式的初步调查及重点复查。累计完成勘探面积 220 万 m²、发掘面积 9.3 万 m²。

二、重要成果

南水北调一期工程山东段是分期分段实施的。下面以南北干渠由南至北、东西干渠自西向东的地理位置为序，分别介绍各个工程段主要文物保护项的基本情况。

（一）南四湖至东平湖段

本段主要体现在 2005 年控制性项目中的梁济运河段，包括汶上县梁庄宋金遗址、济宁市程子崖东周汉唐遗址、梁山县马垓宋元墓地、梁山县薛垓汉宋墓地等地点。

梁庄遗址发掘区场景　　　　　　　　　　　　　　　房址

1. 汶上县梁庄宋金遗址

梁庄宋金遗址位于汶上与嘉祥两县交界处的梁济运河内，东北距南旺镇的梁庄村约 500m。周围地势低洼，为开阔的冲积平原。新中国成立前后，遗址的西部及北部仍存在大面积的水域，为宋、元、明、清以来的梁山泺、南旺湖、马踏湖所在。经勘探，遗址平面大致呈南北向延伸的长椭圆形，南北长约 700m、东西宽约 300m，大部分在梁济运河的两侧大堤内。文化堆积厚 1~2m，呈慢坡状向四周渐低，至边缘处最薄，普遍被厚 1~3m 不等的水成堆积覆盖。梁济运河的水道由东南向西北占压遗址的中西部，运河开挖时遗址曾遭大面积破坏。2006 年 5 月至 2007 年 4 月，山东省文物考古研究所在工程占压范围内发掘 3000m²，发现房址 20 余座，另有陶窑、沟、灰坑、灶等遗迹数百座，获取大量陶、瓷、铁、石器和炭化植物颗粒等遗物。

为了解遗址的整体布局情况，考古工作者在河道的两侧布置南、北、西三个发掘区，分别位于遗址的东南、北及西南部。南区文化堆积的暴露高度由北向东南渐低，均覆盖厚 1~1.7m 不等的自然堆积。发现的遗迹主要有残房基 12 座、陶窑 1 座及零散的灶坑。由房基的布局看，至少有 3 座房子南北成列，推测在发掘区内应存在 3 排东西向延伸的房子，中间的一排房子的东侧还有一座长方形房基，与中间的房基形成拐尺状。房基前为多层垫土和活动面，当为房前的活动场所，如是，这两座房子则属于由正房和厢房组成的院落。房基均为长方形，地面式建筑，门多向南或西。一般两开间或三开间，个别房内残存砖砌隔墙墙基，跨度 10m 左右、进深 4~5m。残墙体保存较高的约 0.4m，有的仅存砖或石砌底部墙基，还有的墙基均遭破坏。墙体一般地面起建，底部以碎石块或砖块垒砌，上部用黄花土堆筑，个别在土墙体外侧用单砖包边，还有的在地面上直接用黄花土版筑起墙，仅在房子四角垫一块方形石板。墙体宽 0.6~0.8m。房内的活动面保存较好，多用黄花土或灰土铺垫，个别以青砖铺地，一般存多层活动面，两层活动面间夹杂垫土或淤土。活动面上多有一两个灶，呈圆形或瓢形，有土坑或地面上青砖垒砌的两种灶坑形式。

出土谷物

灶坑

另外，有的房内发现残火炕，破坏严重，仅存灶坑和部分火道，多以青砖砌成，仅 1 例为土炕，残存土坑灶和版筑火道。由房内灶和炕的布局推测，多间房屋内应存在功能分区。房屋外发现陶窑 1 座，残存窑室、火塘、烟道、窑门和工作间几部分。窑室和工作间皆为圆形，直径 1.3~1.5m。窑室近袋形，周壁烧结严重，不见窑箅，后壁向外掏挖一条斜向上圆洞式烟道，两侧窑壁上还掏挖多个长方形壁龛，龛壁面均烧结。窑室和工作间之间掏挖出长方形窑门，以两石块封堵。

北区位于河道的东岸、南距南区约 325m，地势低洼，文化堆积埋藏较深，普遍覆盖厚达 2~2.3m 的自然堆积。发现的遗迹主要有房址、灶、沟等，房址、灶的形制结构及建造方法基本同南区。

西区位于河道的西岸，向东南与南区隔河相望，发现的遗迹主要有 10 多座房基及其相关的

建筑构件

石砚

瓷碗

瓷碗

瓷器盖

路、院墙、灶、坑等。房基均为长方形，门向南或东或西，一般面阔 2 间或 3 间，进深 5～7m
不等。其中两座正房面积较大，长 20 多 m，宽约 7m，墙基用石块垒砌，室内砖铺地面，仅局
部尚存，不见灶。还有的房址可能为木结构建筑，房角铺石板，石板上透挖圆形洞，可能用以
套立木柱，前墙上等距放置两块大石板，后墙遭破坏，但与前墙对应处有两个椭圆形坑，室内
还有小圆形坑，这些坑与石板应为立柱所在。另有几段残墙基，长 20～30m，以砖或石混合砌
筑，当属院墙，其中一条墙基上还放置两具凌乱人骨，属二次迁葬，其寓意耐人寻味。另外，
发现一条小路紧靠一道长墙，与之并行，宽约 2m，揭露部分长 20m，延伸到发掘区外。

出土遗物主要有陶、瓷、铁、石器等。陶器以残砖、瓦等建筑材料居多，发现精美的鸱吻残件、兽面瓦当及绿釉瓦等，其次有较多的罐、缸、盆等生活用具。瓷器以白釉碗、盘、碟为主，偶见炉及枕的残片，其中少量器物有白釉划花、刻花或白底黑花图案。黑釉盏、盘较多，黑釉器的内、外表常见呈"油滴"状的褐色斑。铁器主要为刀、镢、镰、钉等。石质遗物多为墙基或门枢、槛底部的垫石，还有少量的碾、杵、臼等工具及佛像的底座、莲花座刻石等佛教遗物。在房址内外的垫土中发现较多的铜钱，除个别属唐代外，其余均为北宋中、晚期铜钱，还有较多的铁钱，均锈蚀严重，钱文不清。另外，在灶或房基的垫土中，浮选出较多的炭化植物种子或果实颗粒，可辨的种属有小麦、水稻、红豆、大麦、菱角、枣核等。

根据瓷器的形制特征及所出铜钱判断，揭露遗迹的年代约属北宋晚期至金代前期。在调查和部分遗迹的解剖中，还发现假圈足或玉璧足的白瓷碗残片及绳纹鬲足等，推测宋、金堆积下应有唐、周及晚商的遗存，由于地下水位较高，发掘至距地表 2.5m 处无法进一步揭露。

通过大面积的勘探和发掘，证明该遗址是一处文化内涵丰富的重要堌堆遗址，主要以宋、金时期遗存为主，包含晚商、周及唐代不同时期的遗存。通过调查，周围近 10km² 内已发现多处堌堆遗址，皆有周代遗物，故该遗址与周围的遗址一起组成了一个庞大的周代堌堆遗址群，这对探讨文献所载鲁国的"阚城"地望及其相关历史状况具有重要价值。宋、金时期聚落的大规模发掘，在山东地区尚属首次，从全国范围看，所做工作也不多，无疑这次发现为我国该阶段的考古研究增添新的资料。佛像残块等佛教遗物及鸱吻、绿釉瓦的出现，推测周围应存在庙宇或寺院等高规格建筑，这对认识该地区的重要性及区域性地位提供了参考资料。成组房址的发现，为研究该时期基层社会组织状况提供了可靠的实证，在一定程度上可弥补我国正史典籍中所载基层社会历史状况的不足。同时，深厚的自然堆积及丰富的文化遗存，为诠释该区域自然环境的变迁及历史演变具有重要意义，也为更加全面了解宋、金时期基层社会政治、经济、文化的面貌提供了第一手资料。

2. 济宁市程子崖东周汉唐遗址

程子崖东周汉唐遗址位于济宁市任城区长沟镇程子崖村北，傅街村南，南抵张山和王山，梁济运河穿过遗址北部。遗址是新中国成立后文物普查中发现的，为济宁市文物保护单位。国家文物局考古领队培训班、济宁市文物考古研究室多次进行调查，并进行了发掘。

为配合南水北调工程梁济运河段的施工，在山东省文化厅南水北调文物保护办公室的统一组织协调下，山东省文物考古研究所对工程经过的济宁市程子崖遗址进行了详细的考古勘探和发掘。

勘探工作自 2006 年 1 月上旬开始，至 4 月中旬结束，对整个工程范围内遗址部分进行了细致的勘探。确认程子崖遗址平面略呈椭圆形，南北长约 1000m，东西宽约 800m，面积约 60 万 m²。文化内涵包括龙山文化和西周、东周、汉代、隋唐等多个时期的文化遗存，在以往的调查

瓮棺葬

与发掘过程中，还发现了北辛文化、大汶口文化和商代的遗物。在遗址南部，程子崖村下发现一座城址，南北长约 260m，东西宽约 210m，城墙宽约 10m，墙外有壕沟，沟宽 30～50m，深 4m 以上。由历年调查、发掘与本次勘探的情况分析，城址的时代最早为战国时期，可能到汉代及以后继续延用。

发掘工作自 2006 年 3 月开始，至 6 月结束，发掘区域位于遗址北部，傅街村南，京杭大运河北岸二滩上，分东、西两个发掘区。共开 5m×5m 探方 80 个、10m×10m 探方 20 个，实际发掘面积 3500m²。清理一批东周、东汉、隋唐时期的遗迹和遗物。

东发掘区位于遗址北部，文化堆积在开挖运河与排水沟时遭到部分破坏，除河岸斜坡上外，遗址上普遍堆积厚达 2m 以上的现代垫土。发掘区地层堆积可分 6 层。第 4～5 层为东汉时期，出土泥质灰陶板瓦、筒瓦、盆、罐、圆陶片等残片。第 6 层为东周时期，出土泥质灰陶豆、盆、罐、圆陶片等残片。遗迹有建筑基址、灰坑、沟、瓮棺葬等，出土遗物有铜镞、环、五铢、大泉五十、铁器、陶豆、盆、板瓦、筒瓦、罐、缸、钵、甑、器盖、纺轮、圆陶片、弹丸等。

西发掘区位于遗址西北部，接近遗址边缘，文化堆积也在开挖运河与排水沟时遭到破坏，除河岸斜坡上外，遗址上普遍堆积厚 1.5～2m 的现代地层，其下即为隋唐时期的文化堆积。清理的遗迹主要有水井、灰坑、墓葬等。出土遗物有瓷碗、瓶、罐、盘、杯、珠等。

通过这次调查、勘探与发掘，确定了遗址的范围，大体了解了遗址南部城址城墙及壕沟的情况，对遗址局部的文化堆积及内涵有了清晰的认识，为今后该遗址进一步的保护工作提供了翔实的资料。

3. 梁山县薛垓汉宋墓地

薛垓汉宋墓地位于梁山县韩垓乡薛垓村西运河两岸，呈东北—西南分布，绵延将近 2km，墓葬数量较多，是一处比较重要的古代墓地，时代从汉代一直延续到北宋，可分为 6 个小的墓区。1958 年开挖的运河河道正好从墓地中穿过，破坏了大量的古墓。

薛垓墓地的考古勘探分两个阶段：第一阶段自 2006 年 4 月 25 日至 5 月 20 日，历时 25 天，初步完成了墓地中心区域的普探工作；第二阶段自 6 月 16 日至 7 月 5 日，历时 20 天，完成了整个墓地的考古勘探工作，勘探面积 13150m²。勘探结果表明，墓地南北长 340m，总面积约 13600m²。墓葬密集，可分为多个墓区。本次勘探的范围集中在沿运河西岸长 300m、宽 40m 的范围内，发现 6 处墓葬密集区，分布有 200 余座墓葬。由于发掘区处于 1958 年挖掘运河时的堆土区，在厚达 100cm 的自然淤土上，还有一层很厚的现代堆积土，墓葬的开口多在 3m 左右，少数墓葬开口深度甚至超过 4m。在一些墓葬的填土中，还发现早于墓葬的文化遗物，如商周时期的鬲足、新石器时代的石斧等。在墓地的北端，还发现了早期的灰坑遗迹，证明墓地选择在早期人类的居住遗址上面。墓葬形制比较一致，大致分为石椁墓和砖室墓两种，也有少量的砖石混合墓。

薛垓墓地埋藏集中，保存较好，但是由于埋藏深度较大，必须进行大面积的揭露，将叠压其上的土层全部翻开，发掘工作才能进行，耗费了大量的人力物力。发掘工作共分两季，春季发掘区选择在墓葬最为集中的琉璃河两岸台地，4—7 月，揭露土方 2200m²，清理汉代至北宋时期墓葬 93 座，发现银、玉、铁、铜、陶、瓷等各类随葬品 150 余件，取得了较大收获。

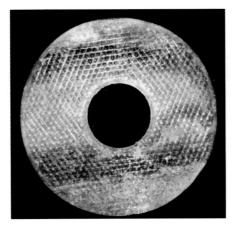

玉璧

瓷罐

　　在琉璃河南岸的第一发掘区内，均为汉代墓葬，其中包括石椁墓、砖椁墓和土坑墓。在北岸的第二发掘区，上层是北宋时期的砖室墓和大量儿童墓，下层是与南区相同的汉代墓葬。在93座墓葬中，汉代墓65座，北宋墓28座。在汉代墓葬中，石椁墓21座，砖椁墓34座，土坑墓8座，形制不明的2座；北宋时期墓葬砖室墓11座，土坑墓3座，儿童墓14座。

　　汉代石椁墓结构简单，先使用石条铺设椁室底板，再使用带榫卯的4块条石构筑长方形椁室，然后用2块或3块石盖板封盖，构成一个严密的石椁，将木棺放置其中。砖椁室是在铺地砖上使用条砖垒砌椁室，最后用石盖板封盖。不论是石椁墓或者砖椁墓，大部分墓葬在脚部一侧都有砖砌器物箱。器物箱内多放置3个陶罐，也有1个或者5个，全部为单数，有的陶罐内还发现动物骨骼。随葬器物出土160余件，质地有银、玉、铜、铁、陶、瓷等。银器多为头饰，玉器只发现1件璧，铜器有盆、簪等，铁器主要是剑、环首刀，陶器有壶、罐、盆、碗等，瓷器有罐、碗等。

　　秋季发掘区选择在琉璃河北岸的台地上，紧邻春季发掘区。发掘工作从10月持续到12月，揭露面积1500m²，发现汉代至宋代墓葬74座，其中汉代墓29座，宋代墓26座，形制不明的19座。汉代墓葬中，石椁墓10座，砖椁墓10座，砖室券顶墓8座，画像石墓1座。宋代墓葬中，砖室墓12座，儿童墓14座。由于发掘区邻近运河，很多墓葬被破坏，随葬品遗留较少。汉代墓葬的陶器多数放置在器物箱内，个别的直接放在椁室外面。宋代墓葬除了木棺内发现少量铜钱外，在砖室的头部有壁龛，多放置瓷罐、碗各1件，个别是陶罐，在一些墓葬的头龛内发现被熏黑的现象，可能与长明灯有关。随葬品质地分铜、铁、陶、瓷等，共发现各类器物35件，以陶罐和瓷罐居多。

　　薛垓墓地不仅面积大、分布密集，而且埋藏有序，是汉代一处重要的家族墓地。在琉璃河北岸较高的台地上，还发现了北宋时期的砖室墓，特别是儿童墓分布密集，值得注意。汉代墓葬中，砖椁墓和石椁墓占据了绝大部分，但是墓葬被盗的情况很严重，在椁室内发现的随葬品很少。在多数墓葬中，发现的陶器、五铢钱等都表现出西汉时期的特征，只有少数汉代墓葬即砖室券顶墓时代较晚，出土的陶器也表现出晚期的特点，应该是东汉时期的墓葬。宋代墓葬中发现的钱币有多种年号，但全部是北宋时期的年号，因此可以确定为北宋时期墓葬。总之，薛垓墓地埋藏集中，是一处比较重要的汉代、宋代墓地，为研究当时的社会状况提供了一手资料。

4. 梁山县马垓宋元墓地

马垓宋元墓地位于梁山县韩垓乡马垓村西，运河东岸河滩上。勘探发现马垓墓地可以分为东马垓、西马垓两个墓区。

（1）东马垓墓地。位于东马垓桥南河西，东西宽 40m，南北长 200m，其面积为 8000m²。2006 年 4 月 23 日正式开始勘探，至 5 月 8 日勘探工作结束，历时 16天。除去村民取土较深已达到水面部分不能勘探外，实际勘探面积约 4000m²，发现墓葬 3 座。随即进行了发掘清理，3 座墓

东马垓砖室墓

葬均为砖室墓，破坏较为严重，未见随葬品。其中 M1 位于勘探范围的中部偏南，土塘的断崖处，大部分被破坏，只存墓的西半部，墓底砖为错缝平铺，墓壁为单砖错缝平砌，墓顶已被破坏掉，墓宽 1.1m，长度不清，墓底至地表 1.9m。M2 只存墓底的北半部，结构与 M1 相同。M3 仅存墓底，结构与 M1、M2 大致相同。

东马垓墓地因破坏严重，所清理的墓葬未出随葬品，只能根据其结构形制大概判断为宋元时期平民家族墓地，其范围应在生产路以东，根据走访村民了解，在近一两年村民取土时发现墓葬约 30 座。本次发掘的 M1、M2 应为墓地的西部边缘，大部分墓葬已被挖土和河道破坏殆尽。

（2）西马垓墓地。通过调查，在西马垓桥北约 270m 处发现被破坏的砖室墓 3 座。2006 年 5 月 7 日，对残墓周围进行了勘探，在约 60m² 内又发现墓葬 3 座，至 5 月 14 日勘探结束，勘探面积约 2500m²，发现墓葬 8 座。5 月 15 日开始发掘，至 5 月 25 日结束。因发掘区的地层下部是流沙层，水位较高，而墓葬在水位以下，为防止塌方，采取扩大地表开方面积，逐级留台的方式进行发掘，揭露面积为 190m²，清理墓葬 8 座，均为二次葬，无随葬品。埋葬个体 1～7人不等，头向无规律。M1～M7 均为圆形，直径在 1.55～2.35m 之间，墓壁用单砖错缝平砌，M1、M4～M6 的墓壁砌有斗拱及窗子，墓顶均坍塌不清，墓底用砖无规律平铺，墓门

西马垓砖室墓

向南，墓道有等宽与"八"字形两种，墓门用砖错牙封墙。M8 为长方形砖石结构，长 1.4m，宽 0.61～0.78m，墓壁用单砖错缝平砌，墓顶北半部用石板棚顶，南半部用砖砌为穹隆顶，墓底对缝平铺。

通过对西马垓墓地的勘探、发掘，对该墓地的墓葬分布及时代有了全面的了解，本次发掘的 8 座墓葬应是该墓地的西部边缘，东部的墓葬被河道破坏，因未出随葬品，只能根据其结构形制大致判断为宋元时期的家族墓地。

（二）济平干渠段

济平干渠段经过发掘的文物点集中在济南市长清区域，包括大街遗址、大街南汉画像墓、四街墓地遗址、卢故城汉代墓地、小王庄汉代墓地、归南墓地。另有济南平阴县境内的"牛头"石桥需要搬迁。

1. 济南市长清区大街东周唐宋遗址

大街东周唐宋遗址位于济南市长清区孝里镇大街和四街村西100m，东北距长清区政府驻地约27km，西距黄河约4km，东距齐长城西部端点约400m。遗址所在地属山前冲积平原，地势低洼，东部为矮山丘陵，向东地势渐高。由调查、钻探知，整个遗址呈条带状南北延伸，长约2100m，宽约300m，面积约54万 m²。由南向北文化遗存分布有渐晚的趋势，其中，大街村西南以商、周时期的堆积为主，大街村西北主要是东周时期的遗存，还有较多的宋元及隋唐时期的遗迹，而最北部，即四街村西北，主要为战国、汉、唐及宋时期的墓地。2005年1—3月，山东省文物考古研究所、长清区文物管理所联合组队发掘。发掘区位于大街村西北、四街村西，属遗址的中段东边缘。在工程占压范围内布5m×10m探方27个，实际揭露面积达1200多 m²，发现战国、唐、宋、元时期的灰坑、沟、陶窑、井等遗迹190多个，获取陶、瓷器等遗物数百件。

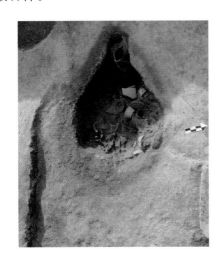

战国陶窑

宋元时期1号陶窑

战国遗迹有陶窑1座，灰坑20余座，多分布于发掘区的西部。陶窑为横穴式，仅存窑室、火塘的底部。窑室呈圆角方形，窑壁残存不足10cm，底部有烧结的光滑红烧土平面。火塘位于窑室的西下方，瓢形、近直壁、平底，壁面烧成青黑色，其内堆满残陶器，主要器型为圈足器和直口折腹盆形器，还有豆等。灰坑形制以圆形、直壁、平底者居多，口径一般1.2～1.6m、深0.8～1.5m不等，少量椭圆形和不规则形。不规则形坑面积较大，约10m²，深1.5～1.8m，坑内有多层堆积，包含物较丰富，出土大量陶片，有的还含较多红烧土块、草木灰、木炭等。灰坑中所出陶器有豆、盆、罐、盂等。

唐代的遗迹均为灰坑，仅有几座，形制多为圆形、直壁。所出遗物较少，仅发现少量的瓷器残片，器型有青、白瓷的假圈足碗等。

389　　　　　　　　　　　　　第二节　山东省段文物保护成果

宋元时期的遗迹最多,有灰坑 100 多座、沟几条、陶窑 2 座、井 1 眼。灰坑平面多呈圆形,其次为长方形,少量为椭圆形和不规则形。圆形、椭圆形坑的口径多在 1.2~2m 间,深一般 1m 多;长方形坑有的为长条状,长 2~4m,宽 0.3~0.6m,深 0.3~0.5m,还有圆角长方形者,形制较规则,一般为直壁、平底,底部多较平整、光滑,口部长 1.2~1.6m、宽 0.6~0.9m、深不足 0.5m。不规则形坑多较大,口径 2.5~3.5m,深 2~3m。沟一般宽 0.2~0.4m,长数米,深 0.5m 左右。

陶窑 2 座,分别位于发掘区的西部和西北部,均为竖穴式馒头窑,保存较好,形制结构相近,皆由操作间、窑门、火塘、窑室、烟道、烟囱几部分组成。操作间为椭圆形,底部向窑室倾斜;在操作间和窑室间掏挖出券顶小门;火塘位于窑室的前下方,约占窑室面积的 1/3;窑室为圆袋形,口径 3.5m 左右,底部用青砖砌成窑床;烟道和烟囱位于窑室的后方,两窑的形制不同,1 号窑(Y1)用青砖砌成长方形烟囱,在隔墙下留出 7 个长方形烟道;2 号窑(Y2)是在窑壁外掏挖 3 个长方形竖穴小孔,底部用青砖砌出长方形烟道与窑室相通。井位于 Y1 的东北部,圆形,口部用石块垒砌,由于水位较浅,未清理到底。该时期的遗物有瓷器和陶器,主要器型有黑、白、青或青花瓷的碗、碟及灰、红陶罐、缸、青砖、瓦等。

陶窑及周围相关遗迹的揭露是这次发掘的重要收获。战国时期遗迹主要集中于发掘区西部的陶窑附近,由层位关系分析,这些遗迹应同时。灰坑内的堆积包含有大量的红烧土块、木炭灰、残陶器及制陶工具等,有的坑较大且不规则,推测这些坑与陶窑有关,或许是烧陶器时的取土、垃圾坑。另外,陶窑火塘内残存的烧陶器具及灰坑内同类器物的存在,为寻求这些遗迹间的相互关系提供了更直接的物证。同样,在宋元时期的 2 座陶窑周围,也发现了许多大型坑、长条形的浅坑或沟及水井等遗迹。由窑室内遗物推测,Y1 用于烧瓦,Y2 烧青砖,它们与同期的周围遗迹可能反映了从取土到烧造的生产场景。由此推测,该发掘区当为战国时期日用陶器及宋元时期建筑材料的烧造区。它们均布局于聚落的边缘,规模似不大,可能反映了当时社会手工业的组织形式,对推断发掘区的功能及其该遗址的整体布局提供了重要参考信息,对探讨当时制陶手工业的发展亦具有较大价值。

大街遗址紧邻齐长城源头,所获东周遗物与齐长城时代相当,故其东周遗存应与齐长城关系密切,若将二者结合起来做进一步的探索,对深化齐长城的保护和研究无疑具有重要学术价值。

2. 济南市长清区大街南汉画像墓

大街南汉画像墓位于山东省济南市长清区孝里镇大街村西北约 100m,东依黄米山,西距黄河约 0.6km,南距齐长城起点遗址约 1km。墓地所处地势较低洼,水位较高,当地人称为"孝里洼",东部为低山丘陵,山峦起伏。2005 年 6—8 月,山东省文物考古研究所、长清区文物管理所对墓地进行了抢救性发掘。由于墓地墓葬所处地势低洼,水位较高,墓葬又位于济平干渠内,墓室基本上淹没于水中,为墓葬的发掘工作带来了极大的难度。在后期发掘墓室的工作中,只有整夜抽水,第二天才能进行发掘。经过两个多月的艰苦努力,较圆满地完成了发掘任务,清理汉代大型墓葬 2 座(M1、M2),出土一批随葬品和画像石。

(1)墓葬形制。M1 位于墓地东部,由砖石混筑,平面呈方形,其建造过程是先挖出东西宽 10.12m、南北长 10.68m、深约 3.2m 长方形土圹至基岩后,再向下凿出浅石圹。因东部依

大街南墓地1号墓初步揭露状况

山，地势较高，下部墓壁为陡直的基岩，上有清晰的凿痕。石圹开凿完成后，于圹内基岩上构筑墓室。墓室上部填土内有大量碎砖，四周填有青黑色碎石。

墓室南北向，墓门南向，方向187°，平面略呈"凸"字形，东西宽9.4m、南北长10.3m，由双墓道、双墓门、双前室、四中室、三后室组成。两个前室和四个中室均为石筑，由过梁和立柱构成主体框架结构，各室之间相通。前室、中室的部分过梁在营建墓室时就已残断，并在残断缺失的地方以石灰填补。各室平面呈长方形，叠涩顶，由21块石板构成，分5层，用长方形石板封顶。石板间以白石灰抹缝。中墓室西侧两个墓室顶部损毁。

大街南墓地1号墓前中室

后室以长方形和楔形青砖砌筑。三个后室均遭严重破坏，仅余底部部分墙，平面形状不明。室内出土陶盘等陶器残片和漆皮，推测可能有棺或漆器，砖墙下部以长方形砖砌一层墙基，其上部砌筑墙，券顶由楔形砖砌筑。

墓道有东、西两条，均南向。两条墓道各对一座墓门，有两扇门扉，向外开，楣石上有枢窝。门口有一块残封门石。墓门门楣上部有一道砖墙，两排砖，以二顺一丁法砌筑。

墓葬填土内发现有大量碎砖块，西侧门扉也已被向外打开；前室、中室墓室内壁均附着一层黑灰，墓底也发现有一层淤泥和黑色灰烬，残存有陶器及少量人骨、兽骨，表明墓葬早年被盗，墓室被火焚烧过。墓内大量积水漂移，残存的一具骨架零乱地散布于第1中室及西后室内，葬具、葬式和下葬人数均无从得知。

M2位于M1西部约3m，被破坏严重，采集到3块长条形石板，其中一个是门楣，另两个是过梁。门楣一侧有门枢窝，门楣两侧、过梁均有画像。据采集的这些块石板形状分析，形制应与M1相似。

（2）画像石。画像石是本次发掘最重要的收获。M1除中室过梁外，在前室、中室各室过梁及墓门门楣石上，均有画像，共计15块，画像30余幅。刻有画像的部分均经过磨光。雕刻技法均为剔地平面线刻。部分画像仅刻出画像细线，未剔地。M2采集的3块长条形石板均有画像，其中一个是门楣，另两个是过梁，分为4幅画像。画像内容丰富，有胡汉战争图、车骑出行图、狩猎图、庖厨图、收租图，历史人物，以及青龙、白虎、朱雀、玄武四神图，并有"左青龙右白虎"的题刻，另外还有几何形装饰图案等。这些画像雕刻精美，技法娴熟，与嘉祥武氏祠画像石雕刻技法相似，但较粗糙。

大街南墓地1号墓画像石拓片

大街南墓地2号墓画像石拓片

（3）随葬品。墓葬内随葬的器物散乱地分布于西部两个中室和两个后室，且多已残碎，有陶、铜、铁器等，共约57件，以陶器数量最多，有56件，除17件为釉陶外，余均为泥质红（褐）陶、灰陶。器型有鼎、壶、罐、樽、仓、熏炉、案、盘、甑、魁、钵、耳杯、灯、井等。其中鼎皆泥质红胎绿釉陶。壶分泥质红陶壶、釉陶壶和扁壶三类。釉陶壶皆泥质红胎绿釉陶。扁壶皆泥质红陶。其余罐、樽、奁盖、楼、钵、盘、圆案、甑、耳杯、魁、高柄灯、井等为泥质红（褐）、灰陶。熏炉均为绿釉陶。铜器仅见1件残片，器型不明。另有1枚剪轮"五铢"铜钱。出土陶器均为明器，多泥质红陶，有的上绿釉，形制与山东地区部分东汉晚期墓葬中出土的陶器相似，如济南市闵子骞东汉墓、济南市长清区大觉寺村M1和M2。故两座墓葬的时代应为东汉晚期。

大街南墓葬规模较大，形制特殊，在山东地区发现较少，罕有相似者。较为丰厚的随葬品和内容丰富的画像石，表明墓主具有一定的社会地位，为长清，也为山东地区增添了丰富的画像石资料；对山东地区东汉时期墓葬的研究，尤其是画像石等方面的研究具有重要的意义。

陶灯

陶扁壶

陶楼

陶鼎

3. 济南市长清区四街周汉宋元遗址及墓地

四街周汉宋元遗址及墓地位于济南市长清区孝里镇四街村西北约 100m 处。其南邻大街周代遗址的部分遗迹，如窑址、灰坑等延伸至四街墓地的南部。南距齐长城遗址西端约 2km。济平干渠穿过该遗址墓地的中部，在配合南水北调山东段济平干渠水利工程考古调查时发现，面积约 5 万 m²，为一个隆起的土丘，东侧与山坡相连，土丘西侧部分墓葬早年被鱼塘破坏，地表散布有大量的石板及砖石、陶器残片等。2004 年 5 月 1—22 日，山东省文物考古研究所及长清区文物管理所联合对该墓地进行了发掘。发掘墓葬 44 座，其中战国墓葬 3 座，汉代墓葬 35 座，宋元时期墓葬 6 座。出土文物多达 150 余件，包括陶器、铜器、玉器、骨器、石器以及泥塑明器等。

（1）战国墓葬。战国墓葬3座。M18平面呈"甲"字形，斜坡式墓道，偏西南向。墓葬开口近方形，四壁斜直，壁面抹一层厚2～5mm的细泥，外表再施一薄层白灰；墓上口北壁长12.6m、东壁长12.36m、西壁长13m、南壁长12.4m；下口北壁长11.82m、东壁长11.4m、西壁长12.75m、南壁长11.6m。

二层台宽4m左右，残高1.7m，台面上撒有白灰面及大量的石圭残片，在北侧二层台面中间有1只殉狗，狗颈部套有1串骨珠，其形态看似捆绑殉葬；东侧二层台的南端有一陪葬坑K1，约1m见方，深约1m，直壁平底，内有残存的宽约90cm的木箱板痕，残高15cm，其内放置有21件泥质的狗、猪、马、虎、人俑及小明器等，大多已经残碎。

椁室呈长方形，南北长4.1m、东西宽3.6m、深约2.7m。早年被盗掘破坏，椁室的形制结构不清。木椁下部有1个腰坑，出土1件陶匜及部分碎骨。

出土遗物有陶、石、骨、贝以及少量的玉器、铜器等。铜器仅发现2件，1件残铜戈和1件残铜剑。陶器有鼎、豆、壶、簋等，大多施有红色彩绘。对椁室内所有的淤泥土进行水洗筛选，发现大量骨质管件、铜泡及少量玛瑙珠、环等。陪葬坑只有1个，陪葬有泥塑的动物明器等。

陶鼎

陶匜

陶簋

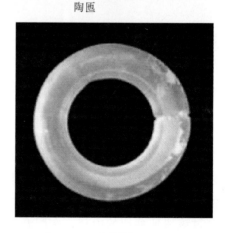

水晶环

另2座为土坑竖穴单棺墓，墓室长2.55～3m、宽1.5～1.7m、深1.2～3m。出土遗物极少，其中M41出土铜剑1柄。

（2）汉代墓葬。汉代墓葬35座，墓葬形制包括石椁墓、砖椁墓、土坑竖穴墓等。石椁墓大部分带有壁龛，壁龛内一般随葬有鼎、壶等，棺内有铜钱、铜带钩等，其中M31出土有数件铜铃。砖椁墓及单棺墓基本上随葬品极少，有零星的铜钱及个别陶罐、铜桥形器等。

石椁墓24座，典型墓例为M10、M14、M15、M22、M25、M28等。如M10，位于墓地中南部，为长方形土坑竖穴石椁墓，南北长2.6m，东西宽1.45m，残深1.8m。用大小不等、厚薄不均的石板构筑而成。墓内人骨架两具，西侧仰身直肢葬，东侧为二次葬。出土遗物有陶罐、盘、耳杯、勺、樽、案、铅器等。M14墓室东壁有一壁龛，出土遗物有铜带钩、铜钱、铜印章、铜镜、铁环手刀、铁釜、彩陶罐、鼎等。M15东壁下有一壁龛，棺椁之间两个陶罐，棺内有铜钱，壁龛内两件漆木器皆朽烂。M22墓室长2.62m、宽1.25m、残深1.55m。人骨一具，头向北，面向西，仰身直肢葬。壁龛内有陶壶、彩陶壶、鼎3件，棺内有铜带钩。该墓东侧为M23，可能两墓并穴合葬。M28墓室长3m、宽1.5m、残深2m。人骨一具，随葬彩陶壶、鼎、罐各1件，棺内铜钱数枚。

M1椁室内景　　　　　　　　　　M14石椁及壁龛挡板

铜铃　　　　　　　　　　　　　　陶勺

砖椁墓 4 座，皆长方形土坑竖穴砖椁墓，可能有木质单棺葬具。砖椁四壁有单砖竖向垒砌、双砖竖向垒砌之分，皆砖铺底。砖椁顶部皆遭破坏，结构不清。出土遗物极少。如 M29 砖椁长 2.5m、宽 1.2m、残深 0.58m。砖椁四周由灰砖平行错缝平砌而成。灰砖长 27.5cm、宽 13.5cm、厚 5cm，砖的一宽面饰绳纹。砖椁内人骨一具，头向北，面向东，屈肢葬。出土遗物有铜磬形器、铜布币。

M33 内景

土坑竖穴墓 7 座，为长方形，木质单棺。个别有生土二层台，木棺台上由石板盖顶。随葬遗物极少。如 M43 墓向 20°，墓室长 2.3m、宽 0.7m、深约 1.45m。木质单棺上生土二层，上面盖有三块石板。人骨一具，头向北，面向西，仰身直肢葬。随葬有陶罐 1 件。

（3）宋元墓葬。宋元墓葬 6 座，大部分位于墓地南部，其中 5 座为圆形券顶砖室墓，1 座为圆形券顶石室墓，都带有南向墓道，都有棺床。大部分人骨多具，迁葬多次。墓室顶部早年基本都遭破坏，出土遗物极少。如 M3 砖室，墓门南向 191°。墓室上部已遭破坏，东西直径 1.6m，南北直径 1.4m，残深 0.8m。底部有转铺底的棺床，人骨 2 具，头向西。斜坡式墓道，无遗物。M35 石室，位于发掘区的中北部偏西。墓室直径约 3.5m、残深 2.5m。墓门南向 190°，斜坡式墓道。棺床上四具人骨，头向均朝西，骨架较凌乱，可能为迁葬或早年经盗扰所致。有木质棺灰、棺钉发现，但结构不清。遗物只有 1 面铜镜。M4 随葬品稍多，有瓷碗、瓷罐等。

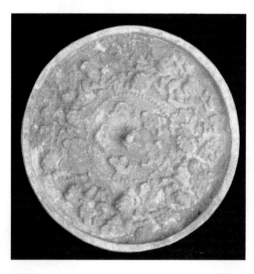

铜镜

陶罐

（4）遗迹。四街遗址位于四街墓地的南部，可能为大街周代遗址北向的延伸。文化堆积极薄，皆被工程机械施工破坏，只残留有部分遗迹的底部。发现的遗迹有窑址、灰坑等。

窑址共清理3座，其中Y1、Y2为战国时期，Y3可能为汉代。Y1位于发掘区的南部，是在自然土层中掏挖而成，窑室早年遭破坏，现存由工作间、火道、火塘、窑箅、火眼等部分组成，火道位于炉膛南部，火塘底呈长方形，长约116cm，宽40cm。窑箅厚约12cm，大部分已被破坏，只残存东部小部分的5个火眼，直径在8～10cm之间。

四街墓地南距齐长城西端约2km，其南侧为大街周代遗址以及大街南商周遗址，北侧高地上的战国墓M18与墓地南侧的大街周代遗址时代基本一致，或许同齐长城有某种内在联系，对于该地区的战国及汉代乃至唐宋时期的考古学研究具有重要意义。

4. 济南市长清区卢故城国街汉代墓地

卢故城位于济南市长清区归德镇国街村西，东至国街北首，南至前刘庄南首，西至周庄、董岗西首，北至褚家集北首。城址平面呈方形，边长约2km，现为县级文物保护单位。在卢故城周围，现居住着大批卢姓村民。

卢故城1号墓　　　　　　　　　　　　　　卢故城64号墓

卢故城春秋时为卢邑；西汉初置卢县，属泰山郡管辖；汉文帝、武帝时置济北国，为济北王都城；汉武帝后元二年（公元前89年），国除为县，至东汉和帝永元二年（公元90年），分泰山郡置济北国，又为济北王都城。地表城垣已破坏殆尽，散见豆、鬲、罐等器物的残片及较多的素面或绳纹青砖、板瓦、筒瓦等。从附近村民取土的断崖上，可看出暴露有1m多厚的文化层，以及许多汉代至宋、元、明、清历代墓葬；尤以汉代墓葬最多。济平干渠南北向穿过城址的东部，即国街村西150m处的汉代墓地。2004年5—7月，山东省文物考古研究所会同济南市考古研究所及长清区文物管理所对该墓地进行了考古发掘，共发现各类墓葬70余座，出土陶鼎、陶罐、陶灶、陶釜、陶盖壶、刻纹陶壶、铜镜、铜钱、铜钵等各类文物达200余件；获得了一批极其重要的实物资料。

墓葬形制可分为长方形竖穴土坑砖椁墓、长条形斜坡墓道砖室墓，还有前后室砖室墓等。单室砖椁墓一般为2.5m×1.2m；有的墓在木棺的后侧，置有砖砌的器物箱。前后室砖室墓一般在3m×7.5m左右，墓深一般为2～4m。根据其墓葬的形制特点及出土器物判断，长清国街这批墓葬的时代，应为西汉中、晚期到东汉时期。

长清国街汉代墓地发现的这70余座中、小型墓葬，可能是济北国一般平民的墓地，对探讨山东省济南西部地区汉代的政治、经济及当时的葬制、葬俗等，均具有较为重要的意义和研究价值。

卢故城墓地出土的汉代陶勺

卢故城墓地出土的汉代陶罐

卢故城墓地出土的汉代陶鼎

卢故城墓地出土的汉代陶釜

5. 济南市长清区小王庄汉代墓地

小王庄汉代墓地位于济南市长清区平安店镇小王庄村东北方向180m处，东西达300m左右，南北约有150m，墓区东半部因村民取土形成一个较大的圆坑。坑底和地表散见较多的砖块、瓦片、盆口沿等，断崖上暴露有许多残破陶器及墓砖。采集有砖块、盆口沿等。2004年6月27日至7月30日，山东省文物考古研究所、济南市考古研究所与长清区文物管理所组成考古队，对该墓地进行了重点考古勘探与发掘，发现墓葬70余座。由于是雨季，有七八座墓葬积水较深，并且大都为以前当地村民取土所破坏，因此这次发掘只清理了50余座。

墓葬形制分为长方形竖穴土坑单室墓、券顶砖椁单室墓、长条形斜坡墓道前后室砖室墓、长方形小前室后室带壁柱的砖室墓，以及极少数洞室墓等。单室砖椁墓10余座，较小，保存较好，墓室一般为2m×1.2m；有的砖椁墓在木棺后侧，置有砖砌器物箱。前后室砖室墓20余座，破坏较为严重，墓室一般在3.5m×12.5m左右，在前室一侧置有较长的斜坡墓道；墓深一般为2~5m。

随葬品有陶盖鼎、陶壶、陶罐、陶灶、陶釜、陶井、陶樽、陶

小王庄墓地41号墓券顶

盖壶、铜镜、铜钱、铁剑、铁刀等各类文物达200余件，获得了一批极其重要的实物资料。根据墓葬的形制特点及出土器物判断，年代应为西汉中、晚期至东汉晚期；洞室墓和个别的墓室带有壁柱，时代可晚到魏晋时期。长清小王庄这批汉代中、小型墓葬的发掘，对探讨济南西部地区汉代至魏晋时期的政治、经济、埋葬制度及埋葬习俗等，具有较为重要的意义和研究价值。

6. 济南市长清区归南东汉清代遗址（墓地）

归南东汉清代遗址（墓地）位于济南市长清区归德镇归北村西约700m，北濒南大沙河，与河北岸的大觉寺村隔河相望，遗址西部约100m处为县级文物保护单位——归南墓地，济平干渠段穿过遗址中部，南大沙河提水闸矗立于遗址的北部。2004年11月下旬至12月，山东省文物考古研究所与长清区文物管理所联合组队发掘。由于施工部门在河道两侧已堆筑数米高大堤，且已挖出10m宽的排水渠，仅在提水闸南施工间隙选定发掘区域，面积约500m²。为了解遗址的文化内涵及堆积状况，在遗址中部布3m×25m的探沟1条，编号为TG1，同时清理了工程排水沟东断崖剖面及横切干渠的东西向剖面，编号分别为PM1、PM2，两者共长约90m，发现的遗迹有活动面、路基、垫土、灰坑、灰沟等，遗物有大量的板瓦及少量的陶器、瓷器、骨器等。根据TG1及PM1、PM2的剖面，可以将发掘区的地层堆积分为8层。清理墓葬共8座，保存完整者仅有3例，其余遭受严重破坏，仅存墓穴的底部或部分砖椁。年代分属东汉、清代，出土陶器、瓷器10余件。

M7位于发掘区的北部，上部被挖掘机破坏，开口层位不清，为长方形土坑竖穴砖椁墓。墓圹长2.5m，宽1.4m，残深1.3m。砖椁长2m，宽0.42m，高0.75m，有铺底砖，上部用条砖封口，有铁棺钉，木棺已朽。棺外东南角砌一器物龛，宽0.3m，进深0.19m、高0.37m。葬一具骨架，为二次葬，仰身直肢。随葬品有铜钱及陶器6件，器型有陶魁、耳杯、盘、罐，时代为东汉。

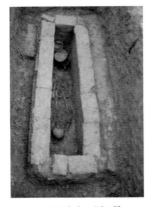

7号墓发掘后场景

3号墓砖椁揭露后场景

陶魁

耳杯

M3 位于发掘区的西南部,开口于 1 层下,为长方形土坑竖穴砖椁墓。墓圹长 3.85m、宽 3.0～3.2m、深 0.9m。墓圹内并置两砖椁,皆为梯形,头端宽,脚端窄,由青砖叠砌而成。左椁长 2.6m、宽 0.62～1.02m、高 0.2m,随葬瓷罐 1 件,放于头部,脚端有铜钱。右椁长 2.68m、宽 0.66～0.95m、高 0.2m,亦有随葬瓷罐 1 件和铜钱。木棺皆朽,仅见铁棺钉。人骨皆仰身直肢,头向北,时代为清代。

这次发掘规模虽小,但摸清了该遗址文化内涵及总体概况,为今后该遗址的保护奠定了基础。文化堆积第 5～8 层主要属隋唐时期,发现有活动面及人工垫土和路土,推测发掘区的周围可能有建筑。东汉、清代墓葬的发掘也为该地区同时期葬制、葬俗研究提供了宝贵的实物资料。

(三) 鲁北输水段

鲁北输水段的部分干渠与京杭大运河平行或重合,涉及的文物点大多与运河水工设施或运河的运行有关,主要包括大运河阳谷县七级下闸、阳谷县七级码头、东昌府区白马寺遗址、东昌府区汉代墓葬、东昌府区土桥闸、临清市明清窑厂遗址、聊城市西梭堤遗址、临清市戴闸遗址、武城县大屯水库墓地的勘探发掘。

1. 大运河阳谷县七级下闸

七级下闸又称七级北闸,是京杭大运河会通河段上一座石质船闸,是京杭大运河通航期间重要水工设施,始建于元代,历经明、清两代复建和重修,清末裁撤闸官后废弃。20 世纪 60 年代改建为桥。2012 年 12 月至 2013 年 1 月,山东省文物考古研究所在聊城市文物局和阳谷县文物管理所的配合下,对船闸进行了考古发掘。

七级下闸坐落在纵穿阳谷县七级镇的京杭大运河故道上,所属区域为阳谷、东阿、东昌府三县(区)交界地带,西南至阳谷县城 26km,北行 21km 达聊城市区暨东昌府区政府驻地,东北离东阿县城 21km,东南距黄河仅 15km。自下闸沿运河故道北上 6000m 为周家店闸,河道向南 300m 可至七级码头,再南下 900m 为七级上闸旧址所在。清代《山东通志·漕运》记载:"七级下闸在上闸北三里,周家店闸在其北十二里。"

南水北调东段工程通过京杭大运河故道,为保护七级下闸,拟建输水渠道为绕避船闸的引水涵洞,并在河道中设挡水墙。由于施工不慎,对闸体造成部分损伤。考古队进驻七级镇后,首先对被破坏部位进行抢救性清理。揭露面积 3600m²。船闸全部显露后对前期遭破坏部位进行局部解剖,以了解船闸内部结构和构建方法。

因所在运河故道常年季节性积水,土壤水分呈饱和状态,土质黏重,剖面层次明显,虽然深浅不一,但地层状况基本一致,自上而下可明确分为五大层。

第 1～3 层,厚 2m 多,为近现代扰土层。第 4 层,为青灰色淤沙,分布均匀,厚约 0.5m;土质疏松,有较大沙粒;包含物较多,有明清瓷片、铁器、铜器、石器等;船闸内 4 层下为平铺石板。第 5 层,为青灰色淤泥,分布于船闸外的河道中,因涌水不断,无法下挖。

七级下闸虽经改造,整体结构基本完整,由闸墩、闸口、迎水燕翅、跌水燕尾(又称雁翅或翼墙)、裹头、闸底板、荒石、木桩等组成。

闸墩又称墩台,是船闸的主体建筑,从两侧岸堤对向河道中间延伸,形成拦截水流的两段对向墩式坝体和闸口。迎水燕翅、跌水燕尾从闸口两侧呈"八"字形分别向河堤南北伸延。镇水兽、绞关石立于两侧台边。闸墩的构筑工序为先挖出基槽，夯砸木桩桩基，用三合土分层夯筑坝体，然后用规整的石材包砌坝体，形成陡直的石砌墙体。东、西闸墩相距（即闸口宽度）6.2m，内端宽度（即闸口长度）6.8m。墙体原来砌有18层条石，高约7.5m；现仅存4层，高1.85m，上部为改建时补建。东闸墩南部因南水北调挡水墙施工，造成长9m、深2m的缺口。西闸墩的迎水

七级下闸发掘场景

燕翅和跌水燕尾折弯处4层条石之上被掏空，另砌一道直墙，改为桥洞。

闸口指船闸中部的流水通道，其宽度决定运河漕船的最大宽度，由东、西闸墩内侧的石砌墙体构成的空间，以及闸门、门槛石等组成。现仅存4层，高1.85m，其上均为改建后重修，石材除部分原石外还有各种石碑，长短、厚薄差异较大。新修各层及条石间俱用水泥抹平，缝隙明显宽于原墙。闸门已失，闸墩墙体下部4层的中间留有宽0.3m、进深0.29m的闸门导槽。门槛石顶面平整光滑，由5块长短不等，高0.03m、宽0.3m的条石组成，两端嵌入墙体。

迎水燕翅位于闸墩南侧，呈"八"字形沿闸口两侧张开，以导引来水进入闸口。墙体与闸口相同，是用18层条石组成的扇形折弯石墙，原高当在7.5m左右，由内外两层条石错缝垒砌而成，同层条石间用铁锔扣互连固定，即在两块条石间的上面凿出亚腰形的卯口，将铁质锔扣置铆入，再用灰浆灌注，以保证船闸整体性，有效地抗击水流冲击。石材用料不尽一致，长0.4～1.05m、宽0.4～0.5m、高0.38～0.5m不等。东侧迎水燕翅总长22.5m，连接闸口处为直墙，长8m，原墙现存4层，折弯后石墙呈内弧形，长14.5m，现存9～13层。西侧迎水燕翅总长24.4m，自闸口至折弯处墙体因修桥改建遭到破坏，第5层残存一块条石，其下4层完整，长7.9m，折弯后直墙长16.5m，今存15层。

铁锔

瓷碗

瓷罐　　　　　　　　　　　　　　陶模具

　　跌水燕尾又称分水燕尾，位于闸北，崩塌损毁严重。形状、高度、层数、构成以及建筑方式等大致与迎水燕翅相同，长度明显增加。东侧燕尾总长 26.5m，连接闸口的直墙长 8m，现存 4 层，折弯后的墙体呈小波浪弧形，长 18.5m，现存 9～16 层。西侧总长 30.6m，连接闸口的直墙长 8.1m，因修桥遭到破坏，现存 4 层，个别区段残存 5 层的条石，折弯后的墙体长 22.5m，现存 9～14 层。

　　裹头是燕翅、燕尾末端连接两岸河堤的横向堵头。建筑材料俱为石料，其高度、层数、构成以及建筑方式与燕翅、燕尾相同。迎水燕翅西侧裹头长 5.1m，石墙现存 14 层。东侧裹头长 8m，现存 9 层。燕尾西侧裹头长 4.6m，仅存 4 层。东侧裹头因在路基下无法发掘，长度不详。迎水燕翅东、西裹头相距 43m。跌水燕尾东侧裹头未发掘，根据走向推测，两侧裹头相距应在 55m 以上。

　　闸底板是用条石平铺的闸口底平面，前后左右以铆扣互连，设计高程略高于河床。以闸口中间的门槛石为界分南、北两部分，分别铺至迎水燕翅、跌水燕尾墙体折弯处；南部和北部分别有侧立的边石，总长 20m，宽 6.2～15.3m。构筑工序是先在河床上打下密集的木桩作为基础，桩基之上铺设一层长条形木板，然后铺装条石。因大桥过往车辆常年负重挤压，以门槛石为中心出现下陷。

　　荒石仅见于闸北底板外侧，大小不一。主要作用是减缓水流，防止冲刷，以保护闸体基础和航道。

　　木桩是构筑闸体桩基、护围闸体构筑物的主要材料。发掘所见木桩皆为尖头圆木，直径在 0.05～0.15m 间，排列紧密。南部闸底板外侧发现两层木桩保存完好，长 15.5m、宽 0.12～0.18m。闸北底板外未见木桩。东侧闸墩南有一排护坡木桩与护墙木桩相连。

　　遗物以青花瓷片较为多见，还有白瓷、青瓷、蓝釉瓷、黄釉瓷、彩瓷等，可辨器型有碗、罐、盘、碟、杯、笔洗等，另有陶器（如圆形陶模具）、铁器、石器少许。其中绞关石 2 件，原位置在顶部闸口闸门槽两侧，两两相对，其间安装升降闸门的辘轳。缆桩石柱 1 件，青石，圆柱形，顶部有纽，底面平整，原址不明，似下部埋于地下；柱面有 7 层深浅、大小不一的勒痕，系多年拴绳摩擦造成；通高 77.5cm、直径 32cm。

　　《元史·河渠志》载：七级有二闸，北闸至南闸三里；北闸大德元年（1297 年）五月一日兴工，十月六日工毕，夫匠四百四十三名；长一百尺，阔八十尺，两直身各长四十尺，两雁翅各斜长三十尺，高二丈，闸空阔二丈。元代所记船闸间的距离与清代相同，可见七级下闸自兴建以来未曾改变位置，但其所记尺寸和今日所见不同。

《阳谷县志》光绪版载，明成祖永乐九年（1422年）重开会通河后，令阳谷县丞黄必贵重修七级下闸等阳谷境内的六座船闸，明嘉靖十三年知县刘素对境内六闸进行了重修，清朝康熙十一年知县王天壁增修雁翅，55年后即乾隆年间又大修。该闸有据可查的最后一次维修在道光二十四年（1844年）。《清实录·宣宗实录》此年有载："修捕河厅七级下闸，从河道总督钟祥请也。"

通过发掘基本了解了七级下闸的形制、结构、尺寸及改建状况，为南水北调工程的文物保护提供了重要资料；发现的遗物对研究明清时期社会生活、船闸运行方式有重要意义。

2. 大运河阳谷县七级码头

七级码头位于阳谷县七级镇西北部、京杭大运河故道东岸。东北26km抵阳谷县城，西南21km到东阿县城，正北21km是聊城市城区暨东昌府区政府驻地，东南15km即黄河。其地今属七一村，隔运河与七三村相望。七级码头是供船舶停靠、装卸货物和上下旅客的水工建筑，与聊城市文物保护单位"七级镇运河古街区"相接。左前方有现代桥连接东西交通，沿河南下900m达七级上闸旧址，北上300m至七级下闸。

2011年3—4月，山东省文物考古研究所会同聊城市文物局、阳谷县文物管理所，对七级码头进行了全面的清理发掘。发掘按照运河岸自然方向（349°）布5m×5m探方36个，实际发掘面积850m²。发掘深度0.5m后，道路和石铺平台显现，打掉所有隔梁，继续发掘至码头形制完全揭露。

遗址地层堆积可分三大段：1段属修筑码头之前的堆积；2段为码头使用期间的堆积；3段系码头停用后叠压在其上者。2段仅见于边缘地带。3段基本为生活垃圾与人工垫土，由东向西呈斜坡状分布。

七级码头由石铺平台、石砌慢道、夯土坡脚和石砌道路四部分组成，属于常见的顺岸重力斜坡码头，结构简单，易于维护，投资较少，对水位变化适应性强。因停用后不久即被填埋，整体形制未遭破坏。

遗址场景

石铺平台

石砌慢道

出土瓷器残片

（1）石铺平台。位于运河东岸的堤岸上，近河道一侧与石砌慢道相连，远河道一侧通过石砌道路七级镇街区相接，是用长条形块石夯筑在地面铺砌的前方堆场，即装卸、转运的临时货物堆存的场地。其东、西、南三侧外围平铺形状不一的块石，被晚期房基打破，损毁缺失严重，残存东西长 11m、南北宽 6.8m。

（2）石砌慢道。为码头的斜坡式台阶，是码头的主体，上接石铺平台，下部伸入河道，系装卸货物和上下旅客的必经之路。采用扶壁式砌筑，由踏步和两侧护坡边石组成。共 17 级，坡度 28°，南北总宽度 5.4m、坡长 7.8m，垂直高度 3.32m。保存良好，个别边角略有残缺。构筑工序是先依河岸坡度开挖基槽，经整理夯打，再顺势铺砌一层由青色条石构成的踏步和侧边石。踏步所用条石长宽不等，踏步石厚 0.13～0.20m 不等，各层踏步石相互叠压噬合 0.1～0.2m。踏步台面进深在 0.3m 左右，最窄者 0.23m；上数第 8 级和第 13 级进深较宽，第 13 级达 0.6m，应是为漕船停靠安放搭板的特别设置，亦可作为七级码头漕船停靠作业船舷高度的参考值。护坡边石位于踏步石阶的两侧，北侧有两块断裂，略有沉陷，用料为宽 0.25m 的长条石。护坡边石最下端有竖立深埋的条石，以稳固坡脚，支撑坡面。边石外侧河堤可见不同高度的水位线，最高者达第 15 阶，或为运河的最高水位。据慢道总宽度推测，七级码头只能满足单船停靠作业。

（3）夯土坡脚。为支撑石砌漫道而设，是石砌漫道下端呈斜坡状深入河道的沉台。南北长 9.6m、东西宽 5.5m、厚 0.8m。夯土坡脚经过多次整修，土质致密，坡面可见不同高度水线痕迹。坡面上分布有大小不一的圆形桩孔，个别中间残留断木。桩孔间有打破关系，开口出现于不同夯土层位，应为行船泊靠的桩柱遗存。

（4）石砌道路。位于石铺平台东侧，是石铺平台（前方堆场）与七级镇内的后方堆场的连接线。叠压在今街道地表以下 0.5m，宽 1.5m，两侧有近现代房基，中间铺装 0.5m 宽的条石，两侧用小石板拼砌，方向与石铺平台垂直。石板磨损程度较大，修筑时间或更早。石砌道路之下尚有三层土质道路，其下第 1 层和第 2 层路土中出土有明、清常见的青瓷、青花瓷片、陶片、铜钱等。最下层路土的包含物皆属宋、元时期。

七级码头是京杭大运河使用期间的重要漕运设施，是明、清两代平阴、肥城、阳谷、莘县、东阿、朝城等县漕粮转运的集结地。清代阳谷、东阿、莘县在七级分别设有"兑漕水次仓（漕粮存放场所）"，沿石砌道路东行 200m，至今可见一空旷的场院，即"东阿厫（即兑漕水次仓）"旧址。

明末顾祖禹《读史方舆纪要》："《水经注》'河水历柯泽'有七级渡。今运河经县东北六十里，有七级上下二闸，或以为古阿泽是其处。"清人高士奇《春秋地名考略·卫·阿泽》中指出："东阿县故城西有七级渡，今运河所经，古阿泽是其处，地在阳谷县东与东阿接界。"《水经注》所说河水为黄河，柯泽即阿泽，是春秋时已然存在的大泽，曾与黄河相通。《中国古今地名大词典》载，阳谷县毛镇有古渡，为航运码头，因台阶为七级，故北魏（386—557 年）时改称七级。在明清两代编纂的县志中，七级古渡均为阳谷八景之一。根据连接码头顶部平台道路的演变和不同层位的包含物，此码头在元代当已存在，后经过重修，最后一次发生在清代乾隆十年。

本次发掘，清理出一座保存良好的京杭大运河航运码头，为阳谷县七级镇名由来提供了考古实证，确定了码头的结构、尺寸、构筑方法，对运河河水与河道的变化状况以及船只停靠驳岸的方式有了深入的了解，同时为南水北调工程文物保护提供了重要的资料。

3. 聊城市东昌府区明清白马寺遗址

白马寺遗址位于聊城市东昌府区朱老庄乡杭海村西南，据现存碑文、史料记载和历代老人们相传得知，白马寺兴建于唐代，衰落于清代末年，民国时期和"文化大革命"期间接连遭到损毁。

2012 年 3 月下旬，南水北调施工单位在聊城市朱老庄乡杭海村西南附近河道进行施工时发现碑刻。东昌府区文物保护管理所闻讯后立即赴现场核实，确定碑刻为白马寺遗址文物，经调查走访，认为在距白马寺东北 150m、西北 100m 之间约 1400m² 的区域内还有其他碑刻存在。省、市有关领导对此事极为重视，决定对白马寺遗址进行抢救性发掘。4 月 5—12 日，在市文物事业管理局文物专家的现场指导下，东昌府区文物保护管理所组织人员对上述区域进行了详细的考古调查勘探和局部清理。发现 32 通碑刻残件和 12 件建筑构件。其中残碑身 18 通，碑帽 5 个，碑座 7 尊，柱础 2 个。碑刻大多残损，内容多为对白马寺繁华的描述、重修碑记、彰功表德以及供养捐资人碑记等。碑帽 5 个，保存较好，上有二龙戏珠的浮雕文饰，十分精美，镌刻有"名同登史""慧日法云"等字；碑座 7 尊，都保存比较完整，其中赑屃碑座 2 尊，雕刻精细。

明万历五年（1577 年）十二月"重修白马寺碑"，是这次发现的年代最早的碑刻，已残断，厚 35cm，宽 92cm，残长最长处 60cm，两侧有龙纹，残存 70 余字。万历四十五年（1617 年）"白马寺重修山门记"碑则是最为完整的一块，长方形，碑首两角斜抹，呈梯形，高 140cm、宽 59cm、厚 19cm。方形抹角碑首，上部有卷云纹饰，两侧雕有吉祥花卉图案，根据原碑文拓片整理共 293 字，现残缺 3 字。其他如清嘉庆六年六月十五日"重修大殿"断碑、清代重修残碑和"创修大王庙碑记"残碑等都是具有重要史料价值的碑刻。

"创修大王庙碑记"残长 102cm、宽 78cm、厚 26cm，上部有卷云龙纹。碑文残缺，文意尚可通读："同治六年秋八月癸卯运河突决水势，大王出现……神明鉴之，当即水势停消，虽晚禾不无湮没而……大王神灵之默祐，即皆郑老父台诚心之感也。诸乡耆恪遵明谕乐实愿……大王庙方欲兴工，贼匪犯境，延至癸酉，东省平静杜……大王庙一座，山门垣墙，影壁火池，告厥成功。并修补白……词鲜研，岂予所敢望哉！予第即事叙明，则大王之灵祐不泯。郑老父台之美意以彰杜氏之功德亦与之并传不朽……钦加道衔即补府前任聊城县正堂王恩湛捐银十两。大清同治十三年岁次甲戌梅月□日。"

白马寺遗址出土的部分碑刻

碑记所谓"大王"为金龙四大王河神谢绪,《古今图书集成》《清朝文献通考》《续文献通考》《铸鼎余闻》等都有相关记载。谢绪是谢安的后裔,南宋谢太后的侄子,生于乱世,不愿做官,隐居在浙西山区。南宋度宗咸淳年间,捐粮救活过不少饥民,并在朝代更替中靖节而死,当地民众建祠纪念。元末朱元璋因徐州之战得其神灵相助,封其为金龙四大王。金龙四大王之封,始于明洪武间,永乐、景泰、隆庆、天启间,屡有敕封,清顺治三年又敕封显佑通济之神。我国的江河码头地方,多有大王庙,供奉河神"大王"。其最显著者即为金龙四大王。明清两代均重漕运,更以金龙四大王兼为运河神,所以当时无论官民,皆虔奉之。"创修大王庙碑记"的出土,表明此段运河当时仍在营运。

出土石刻表明,白马寺在一千多年的历史中,遭到多次破坏,又经过多次重修。这些石刻对于研究鲁西地区佛教文化、运河历史文化和民俗风情都具有重要意义。

4. 聊城市东昌府区前八里屯东汉墓葬

2012年南水北调工程施工时,在聊城市东昌府区前八里屯村东南约200m调水干渠的底部发现大量墓砖。8—9月,山东省文物考古研究所、聊城市文物局、东昌府区文物管理所对干渠占压地段进行了勘探和发掘。发现汉墓4座,破坏较为严重,出土了少量的陶器、铜钱等。

斜坡墓道多室砖室墓2座。M1墓道长7.1m,墓向200°。南向砖砌券顶短甬道,长1.22m。墓室由前庭、前耳室、并列双前室、中室、后室组成。墓道与前庭,前庭与墓室、耳室、墓室与墓室之间有券顶甬道联通。两个前墓室结构与尺寸相同,均为弧边长方形,四隅券进顶(穹隆顶),顶部残。南北长1.7m、东西宽1.42m、高1.76m。中室呈东西长方形,东西长3.52m、南北宽1.88m、残高1.38m。后室为南北长方形墓室,南北长3m、东西宽2.3m,

残高 1.5m。墓室早期被盗掘，北壁残存有盗洞。墓底平铺单层斜行砖，出有陶案、耳杯、盆、瓮，以及漆耳杯、漆木器铜饰件、五铢钱等。

发掘区场景　　　　　　　　　　　　　　陶案

M3 墓道长 5.8m，墓向 190°，"中"字形砖砌甬道，墓室分为前室和后室，其间有长 2.1m、宽 0.75m 的甬道连通。前室南北长 6.08m、东西宽 5m，仅墓底周边留存断续砖墙。后室墓穴南北长 3.44m、东西宽 2.6m，仅存西墙与部分北墙。墓底平铺单层斜行砖。出土数枚五铢钱。

斜坡墓道单室砖室墓 1 座。M4 墓向 195°，墓室南北长 4.6m、宽度约 3.32m。有砖砌甬道长 2.3m、内宽 0.7m 短甬道与墓道相连，墓顶部结构不清。

长方形竖穴砖椁墓 1 座。M2 墓穴长约 4m、宽约 2.96m、残深约 0.6m。残存部分砖椁和墓底的单层席纹砖。未见骨架，出土 9 枚五铢钱。

3 座长墓道砖室墓各有特点，M1 墓室的顶部采用四隅券进式，多室复杂的结构也不同于东汉晚期的墓葬，可能为东汉末年或更晚。M4 砖券长甬道，墓室近方形，其顶部可能为四隅券进顶。M3 为短甬道、前后室砖室墓，前室面积大、近似方形，也可能为多室布局，与以往东汉晚期墓葬的扁长方形不同。推测这些长墓道砖室墓的时代较集中，可能为东汉末年或更晚的家族墓地。为研究鲁西北地区古代丧葬习俗提供了一批崭新的材料，对于东汉末年墓葬的断代具有较为重要的参考价值。

5. 大运河聊城市东昌府区土桥闸

土桥闸位于聊城市东昌府区梁水镇土闸村京杭运河故道（小运河）。2010 年 8—12 月，山东省文物考古研究所、聊城市文物局、东昌府区文物管理所为配合南水北调东线工程山东段的建设，对土桥闸一带进行了调查发掘。

土桥闸由船闸、月河、减水闸、穿运涵洞组成，附近还有大王庙、关帝庙等建筑遗址。

（1）船闸。由闸墩、迎水燕翅、闸口、分水燕尾、裹头、闸底板、木桩、弧形石墙、荒石等组成。

闸墩是船闸的主体建筑，是两岸伸入河道、中部留有缺口的墩式坝体。坝体用三合土夯打，外部用条石错缝包砌，石间有锔扣固定，从而形成闸口和燕翅、燕尾。石砌墙体内有二层衬里石，石内有青砖。暴露的基础部分可见密集的木桩桩基。

木桩是构筑闸体桩基、护围闸体构筑物的主要材料。所见木桩皆为尖头圆木，直径 0.05～0.15m，排列紧密。闸南底板外木桩保存完好，清理部分南北长 3.7m。闸北底板外暴露木桩自南至北高度渐低，清理部分东西长 16.5m、南北宽 4.5m。东侧闸墩北有一排较高木桩，共 18

根，直径0.12～0.18m、南北间距0.08～0.2m。

土桥闸闸体全景

镇水兽

闸口，南北长6.8m、宽6.2m、高7.5m，闸门已失，东、西闸墩内端石砌外墙中间有闸门导槽和槽下门槛石，闸门导槽宽0.25～0.3m、进深0.2～0.25m；门槛石由5块长短不等、宽0.5m的条石组成，其石面经加工斜凸0.06m，承接闸门的上凸部分宽0.27m，顶面平整。

迎水燕翅，呈八字扇形张开，位于闸南，保存基本完好。主体为用条石单层错缝垒砌成的18层折弯直墙，最高7.8m、东侧长21.7m、西侧长18.2m。石材用料不统一，长0.4～1.05m、宽0.4～0.5m、高0.38～0.5m。同层条石间用铟扣相连。唯西侧迎水用少许青砖筑基，其上仍为石墙。墙内有一层混掺三合土的不规则衬里石，石内可见垒砌青砖。

分水燕尾，形制与迎水燕翅相同，长度明显增加，崩塌损毁严重，东侧墙体原暴露部分外凸，残存最高6.8m、东侧长31.3m、西侧长28.7m。

裹头指燕翅、燕尾外端横折石墙，用条石垒砌加铟扣相连而成，其内为夯土。燕翅东、西裹头相距36.8m，分水燕尾东、西裹头相距56.3m。燕翅东侧裹头在村民院内未全部暴露，长度不明，西侧裹头长1.2m。燕尾东侧裹头长1.97m、西侧长1.38m。

闸底板用条石平铺，前后左右以铟扣互连，南北总长22.8m，由闸口门槛分为南、北两部分，有侧立的边石。南部长11.4m、宽7.2～16.8m，北部长10m、宽7.2～17.4m。

弧形石墙为闸墩下护坡设施，用条石错缝砌筑，铟扣固定连接。墙内高度与底板基本相平，亦有木桩桩基。东侧石墙长14.2m、南距燕尾分水石墙4.5～8m。西墙塌落严重。

荒石散落于闸北底板护桩外侧的河道中，能减缓流速，降低闸激流对河道的冲刷力度。其大小不一，无规则。

(2)月河。是连接船闸上下游的月牙形水道，进水口高于河道，低于闸顶，汛期闸门关闭时洪水从进水口溢流入月河，船闸维修时航船亦可从月河绕行。清乾隆年间刊印的《东昌府志·卷七》载土桥闸下有月河一道。乾隆年间编印的《山东运河备览·卷七》载土桥闸月河长185丈，即592m。经调查勘探，土桥闸下的月河位于船闸东侧，呈南北长的不规则半圆形，外有月河堤，西岸借用运河东堤，月河淤塞时间远早于运河。残存故道被民国时修建的村围沟截断，东侧月河堤部分被马颊河大堤叠压。据勘探月河东堤距闸口约180m，闸南月河进水口距闸口约130m。闸北月河终点在闸口北约180m处，与历史记载基本相符。对月河试掘6m，均为黄色淤沙土，未见底部。

(3)减水闸。是分泄洪水的水工设施。《山东运河备览·卷七》载土桥闸东岸有一减水闸。

《东昌府志·卷七》也记录土桥闸北东岸有四孔闸滚水坝减水。闸口向北约 200m 东侧大堤上，有一明显低洼处，在此发现一条石，其制式和闸上所用条石相同。村民证实，早年平整农田时这里曾挖出许多大石，石下有木桩，据此推测，此处应为减水坝旧址。

（4）穿运河涵洞。闸体以北约 600m 处有一与运河相交、穿过运河底部的地下涵洞。涵洞两端有石砌引水、分水燕尾，洞口用青砖垒砌、石券顶。西侧之水可通过涵洞进入运河东岸的马颊河。文献记载运河西岸原有进水闸，导引西岸之水入运河，后随运河河床的抬高，西岸之水低于运河，进水闸失其作用，每逢雨季运河西即形成内涝。穿运涵洞即为解决这种问题。村中存有张鸿烈题"中华民国二十六年马颊河北支穿运涵洞"石碑一方，系村民从涵洞处取回。该涵洞应为民国 26 年（1937 年）前后修建的排水设施。

（5）大王庙遗址。位于东侧闸墩边缘，坐东向西，东西进深 5m，南北暴露部分 7m，用石块垒砌基础，青砖砌筑直墙，原铺地砖仅存少许。推测该建筑南北应有 3 间，面阔在 12m 左右。在东侧墙基内发现一通"康熙二十八年抚院明文"石碑，是祭祀河神金龙四大王谢绪的庙宇，多见于京杭运河沿岸村镇。

（6）关帝庙遗址。位于运河西岸，南距船闸约 80m。《清实录》载康熙四十六年（1707 年）御舟泊土桥时，遣官祭关圣帝君。此庙规模较大，应为多重建筑，惜其基址全部被民房占压。

（7）出土遗物。出土镇水兽 3 件，均为整石圆雕。其中一件标本土③：3048，出土于闸北河道，其状为一蹲踞猛兽，四肢粗壮、头部饰有鬃毛，嘴部张开，可见上下两排清晰獠牙，鼻梁隆起，凤目圆瞳，头顶三只角，中间一角明显较大，似狮尾底部蓬松，长 98cm、宽 42cm、高 48cm。

另有瓷片上万件，主要为青花瓷，还有部分青瓷、白瓷、青白瓷、蓝釉瓷、粉彩、釉上彩等，年代多属明清时期。有少量宋元时期瓷片，器型有碗、盘、壶、杯、盒、人物塑像；底款有花草、文字、年号、符号。铁器近千件，包括生活用具、船工器具、船闸相关设施附件等，主要有木桩铁套、铁锔扣、船篙撑杆戈状铁钩、铁箍、环、网坠、刀、锯、锚、铆钉等。出土明清铸币近千枚，以永乐通宝、康熙通宝、乾隆通宝最为常见，另有一枚日本的宽永通宝。此外还有陶质、木质、石质工具、日用器皿、建筑构件等。

据《明实录》记载，土桥闸始建于成化七年（1471 年）。《清实录》载乾隆二年（1737 年）、二十三年（1758 年）两次拆修。通过土桥闸的发掘，对其基本结构、建造维修、配套设施和构筑物有了比较清楚的认识，出土的大量明清时期的遗物，对于研究明清运河的运行维护、工艺技术、文化习俗、宗教信仰都具有重要意义，为京杭大运河申报世界文化遗产提供了一批新资料。

6. 临清市河隈张庄明清窑厂遗址

窑厂遗址位于临清市东南约 12km 的运河右岸，京九铁路穿越遗址西侧，属省级文物保护单位。窑址沿河集中分布在西起河隈张庄村西，东至陈官营村西北，东西绵延约 1500m 的范围内。距河道最近者仅五六十米，远者约 700m。绝大多数窑址已被夷为平地，个别尚存高出周围 2～3m 的土堆。2010 年 11 月至 2011 年 5 月，在临清市文化局、博物馆的大力协助下，山东省文物考古研究所于河隈张庄村东南部展开大规模发掘，揭露面积 4800m²。清理明清时期烧砖窑址 18 座及相关的取土坑、道路、灰坑、活动面等遗迹，并发现了运河北侧的一段大堤。

窑址结构基本一致，均有长梯形斜坡式操作间、火门、长方形火塘、马蹄形或长方形窑室及方形烟囱构成。不同时期的窑址形制及规模大小不同，建造方式则大体相同，皆在原地面上挖相应部位形制的浅坑，周壁用青砖砌成，以砖铺底。多数仅存底部，有的窑室及工作间尚存1m的广度。

发掘区场景

明代窑址

清代窑址

带有铭文之砖

明代窑址2座，位于发掘区北部，两窑并列。操作间朝东，长方形斜坡式坑，两侧单砖砌墙，局部仅存底部墙基，宽2.28～2.60m、长5～6m。火塘呈横长方形深坑，东与操作间相连，内径横宽约2.5m，纵深0.8m，深约0.9m。火门损毁。窑室平面近马蹄形，内径横宽5.6～6.5m、纵深1.9～2.6m，单砖砌墙，局部尚存4～5层砖，砖的一侧多数戳印款铭，可辨者有"天启五年上廠窑户王甸作头张义造"，底部以小砖铺底，平行摆成多排，每排略弧。窑室后部等距分布3个方形烟囱，其中两侧的对称外伸。烟囱和窑室间立两块砖，隔出三个烟道。

清代窑址16座，均遭严重破坏，墙和底部砖被取走。窑室形制有两种：近方形和圆角扁长方形。方形窑室者皆位于发掘区东部，5座南北并列成排。操作间朝西北，窑室近方形，纵深长方形火塘，窑室后部砖砌两个方形大烟囱。窑室规模相当，内径横宽4.2～4.9m、纵深

4.6～5.2m。圆角扁长方形窑室类的窑址主要分布于发掘区东西两侧，东侧的一排工作间大多朝向西北，个别向东南，西侧的一排工作间均朝向东南。窑室的后部等距分布砖砌的 3 个方形烟囱，烟囱与窑室间立两块砖隔出 3 个烟道。东部一排遭严重破坏，窑室周壁、底及操作间两侧墙上的砖基本被取走。唯西部 2 座保存较好，窑室及工作间的局部尚存 0.5～1m 高的砖墙，铺地砖保存完好。规模大小不一，大窑室内径横宽约 7.8m、纵深约 4.3m，工作间长 8.8～9.4m、内径 1.5m，通长 16～18m。小窑室内径横宽约 6.5m、纵深约 2.7m，工作间长 5.2m、内径 1.4m，通长 9.5m。

此外，还发现道路 2 条，其中 1 条向河道内延伸，有明显的车辙痕，可能与砖的外运有关，但没有发现码头类遗迹，可能因机械清淤破坏。另外，清理了取土坑、垃圾坑、储灰坑、局部活动面及右侧的一段大堤等遗迹。

遗物主要为大量青灰砖，其中完整者且戳印款铭的 100 多块，有款铭的残块数百块。款铭格式、内容一致，长方形单线框内单行楷书，内容有纪年、窑户及作头姓名，但不同时代款铭的位置、内容有变化。明代款铭皆戳印于砖的长侧面，阳文楷书，发现有"万历"纪年的残块，其余为"天启元年""天启三年"或"天启五年"，窑户为"王甸"，完整款铭如："天啟五年上廠窑户王甸作头张義造"。清代砖款铭均戳印于端面，绝大部分为阳文楷书，少量为阴文楷书，纪年跨顺治、康熙、雍正、乾隆、道光几代。完整且字迹清晰者有"康熙拾伍年临清窑户孟守科作頭巖守才造""乾隆九年临清砖窑户孟守科作頭崔振先造""乾隆四十二年窑户孟守科作頭崔成造""道光十年临砖程窑作頭崔貴造"等。还发现几块有红色印章的砖，印记位于砖的长侧面，长方形粗线红框内印单行 6 字红色楷书，字体较大，字迹清晰可辨者为"東昌府临清砖"，相对应的侧面戳印款铭，纪年为乾隆九年。另外，还发现少量青花瓷碗、盘及黄绿釉红陶盆等生活用器残片。

从出土的款铭砖判断，窑址大多属康熙、乾隆年间，个别应早到天启年间，最晚的属道光时期。

据明清史籍及《临清州志》记载，永乐初，工部在临清设营缮分司督理烧砖业，岁征城砖百万，顺治十八年裁营缮分司，由山东巡抚领之。至今在故宫、天坛、十三陵及清西陵等皇家建筑内，均发现有临清砖的标志。临清成为明清两朝皇家建筑用砖主要基地，临清的砖窑厂在当地也被称为"官窑"。虽然明清史籍中多有临清砖的记载，但也只言片语，内容主要涉及窑厂的管理。这次发掘，是明清烧砖"官窑"遗址的首次大规模揭露，使明清以来坊间一直充满诸多神秘色彩的贡砖"官窑"得以重新面世，填补了史籍中有关窑址形制、结构及窑厂规模大小等记载的阙如。对国家级非物质文化遗产——明清贡砖烧造技艺的研究具有重大的推动作用，也为运河文化的深入研究及大运河申报世界文化遗产提供了重要的实物资料。

7. 大运河临清市戴闸遗址

戴闸横亘在临清市戴湾镇戴闸村京杭大运河故道之上，2012 年 12 月 13 日至 2013 年 1 月 31 日，山东省文物考古研究所与聊城市文物局、临清市博物馆对戴闸进行了全面发掘，揭露出一座保存较好的船闸，发现了保存较好的闸板，出土了少量的陶瓷片和铁器。实际发掘面积 4000m²。

该段河道为东西向，船闸南北向横亘在河道上。闸体由迎水燕翅、闸口、分水燕尾组成。迎水燕翅位于东侧，南北宽 51m；闸口宽 6.3m，东西进深 7.3m；分水燕尾位于西侧，宽

66m，燕尾中部出现一段南北向直墙、南北两端向东折收。闸口两侧直墙中间有闸槽，槽宽0.3m、进深0.25m。闸槽下有梯形石头门槛，宽30cm，高约5cm，与闸板相扣，密封严实。闸口底板用长方形石块平铺而成，石头四边雕凿有燕尾形槽口，内用铁锔扣连接，加固结实，底板平整如新。

戴闸全景

闸口俯视

闸门闸槽与闸板

闸底板贴锔扣

闸槽内有木头闸板仍存，残存高度1.85m、厚约0.27m、宽6.8m，由上下10块木板组成，上面的8块木板分为四组，用榫卯两两相连，坚固结实。闸板的南北两端各有一条铁链从顶部搭在两侧，北侧铁链的下端东西各拴有一带双孔的圆形大石坠，对闸板起到压镇和固定的作用。

闸的南侧保存有弧形月河，在闸的东西两侧与运河连接。文献记载及百姓传说，南侧闸墩上原有一带院墙的大王庙，坐南向北。闸口上面原有弓形木桥，后被毁坏。

戴闸是继2010年聊城市东昌府区土桥闸之后，在山东段京杭大运河上发掘的又一座大型船闸，具有重要学术价值。与土桥闸相比有三个特点：①规模大，土桥闸宽40~57m，戴闸宽51~66m；②燕尾部分的平面形制有别于土桥闸，燕尾中部存在一段南北向直墙，南北两段向东折勾；③在闸槽内发现了保存较好的木头闸板，高达1.85m。

《山东运河备览》载：戴闸于"明成化元年建，国朝乾隆九年修。金门宽一丈八尺八寸，高二丈三尺"；"月河长一百十六丈"，东岸石桥三，曰赵官营、曰戴家湾、曰陈官营。通过发掘，明确了闸门的布局与尺寸，摸清了古代闸门的建造工序，为闸门的维修保护提供了科学依据，为京杭大运河申报世界文化遗产提供了新的展示景点。

8.聊城市东昌府区西梭堤金元遗址

西梭堤金元遗址位于山东省聊城市东昌府区梁水镇西梭堤村西约300m处，东距小运河约

发掘区场景

600m，南距西新河约2300m。遗址南北长750m，东西宽650m，面积48.75万㎡。鲁北输水工程占压面积为80500㎡。2010年9—12月，山东大学博物馆与东方考古研究中心对西梭堤遗址进行了抢救性考古发掘。发掘面积3000㎡，分东西两个发掘区，发现了金元时期的房址、灶址、沟渠和墓葬等遗迹。

房址5座，以规整的长方形为主，集中分布在发掘区东部。灰坑有35个以上，多分布在房址周围，平面形状以椭圆形和圆形为主，多数灰坑为斜直壁平底，少量灰坑呈浅圜底。沟渠共有

5条。分析可能与排水有关，另一部分可能和农业生产的灌溉有关。灶址是本次发掘的又一重要发现。灶址12座，部分集中分布在发掘区西北部，形制多样，保存较为完整。灶坑中出土了时代特征明确的陶瓷片。在灶址的西邻发现残存的踩踏硬面。西部发现道路1条，有明显的车辙痕迹，墓葬2座。

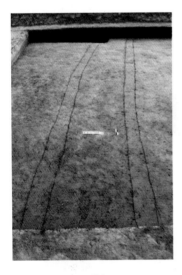

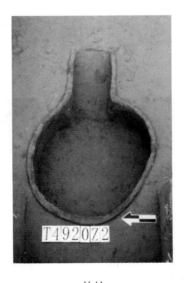

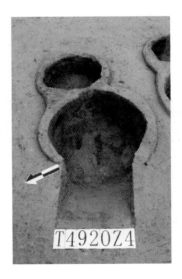

车辙　　　　　　　　　　灶址　　　　　　　　　　灶址

发掘资料表明，当时居住区选择在地势相对较高的地方，聚落规划较为整齐。房屋皆地面式砖房，墙体为双层青砖垒砌，内填碎砖瓦。房外挖沟以保证雨水以及生活用水能顺利排到居住区之外。垃圾选择在附近地表低洼处堆填和挖坑堆填。房址附近的灰坑中出土了数件建房压瓦时用的亚腰形砖坠，应与房屋的建造和修缮有关。

通过大面积的发掘揭露，获得了金元时期丰富的遗迹与遗物资料，特别是从遗址中发掘获取的房址、灰坑、灶址、道路、墓葬等丰富的遗迹现象以及采集、复原的器物和标本，使人们

对金元时期民众的日常生活以及生业结构等都有了进一步的了解。

元朝至元二十六年（1289年），开建会通河，发掘出土的丰富资料有利于进一步丰富和补充对运河沿岸聚落的形态以及兴衰演变的认识。此次考古发掘对于了解运河，更深入地研究运河文化，沿运河城镇的兴起繁荣与发展等问题都有重要意义。

9. 武城县大屯水库唐代墓地

大屯水库唐代墓地位于武城县大屯水库的西北部，东西长200m，南北宽200m，发掘面积40000m²。在前期调查、钻探的基础上，山东省文物考古研究所与德州市文物处、武城县文化局组成考古队，于2010年10月20日至12月2日，对水库内发现的古墓群进行了考古发掘。

该墓地地势较低洼，地下水位较高，墓葬上层淤积较厚，大多数墓葬的深度都在3～4m，而下挖不到1m就开始渗水，必须采取边抽水边清理的方法。经过一个半月的艰辛工作，克服了发掘中所出现的种种困难，较好地完成了发掘任务，清理唐代墓葬20余座。

12号砖室墓穹顶清理状况　　　　　　　　12号砖室墓马蹄形砖室清理后状况

唐三彩炉　　　　　　　　　　　　　　　瓷罐

墓葬大都保存完好，只有6座墓葬曾在早年修路挖沟时遭到不同程度的破坏。出土陶罐、陶壶、三彩炉、青瓷碗、瓷壶、瓷灯盏、瑞兽葡萄铜镜、开元通宝铜钱、铜带扣、铁釜、铁炉、铁鼎等各类文物30余件；其中有几件保存较好的精美瓷器。

墓葬形制可分为穹隆顶马蹄形砖室墓、长方形券顶砖室墓和长方梯形砖椁墓3种类型。第一种穹隆顶马蹄形砖室墓，墓室用平砖垒砌成呈马蹄状，墓室面积直径一般在2m左右，墓室南侧置有一券顶墓门，其外有一条长 2～3m、宽 1m 左右连接墓门的斜坡墓道。墓室之上置有用平砖和楔砖垒砌的穹隆状墓顶。第二种是较为常见的长方形券顶砖室墓，墓室面积长宽一般在 2.2m×1.5m 左右。第三种长方梯形砖椁墓，墓室面积长宽一般在 2.4m×1.6m 左右。其形制特点与西汉时期的砖椁墓的墓室基本相同，不同之处在于，砖椁墓室的上面，又用平砖自下而上的垒砌成梯形状。根据墓葬的形制特点及出土文物初步判断，墓葬的时代应为唐代中晚期。

武城大屯水库唐代墓葬的发掘，极大丰富了德州武城一带的历史文化内涵，为研究鲁西北一带唐代中晚期的政治、经济、文化、艺术，以及当时的葬制、葬俗等，均提供了极其珍贵的实物资料，具有非常重要的意义和研究价值。

（四）济南至引黄济青段

济南至引黄济青段是胶东输水工程的西段，西接济平干渠的睦里庄闸，沿小清河北侧，经济南章丘、淄博高青、滨州邹平、博兴、东营广饶、潍坊寿光，东至昌邑宋庄分水闸，与南水北调胶东输水段，即胶东引黄调水工程（胶东输水工程的东段）连接。整个工程段的文物保护项目，包括寿光双王城水库盐业遗址、高青县陈庄遗址、胥家庙遗址、南县合遗址、博兴县寨卞遗址、东关遗址、博兴县瞳子遗址等 7 个项目，荣获 2008 年度、2009 年度两项"全国十大考古新发现"。其中寿光双王城盐业遗址群又分为 4 个具体发掘项目，现分述如下。

1. 寿光市双王城 07 商周宋元盐业遗址

双王城 07 商周宋元盐业遗址群地处寿光市羊口镇双王城调蓄水库库区及其周边地段，由 80 余处与古代制盐有关的遗址组成，分布在南至寇家坞村、北至六股路村、30km² 的范围内。这里是古巨淀湖（清水泊）的东北边缘，地势平坦，东北距今海岸线 25km。07 盐业遗址位于双王城遗址群东北部，经勘探，遗址面积约 2 万 m²。遗址地势中部略隆起。南部被排水沟和生产路破坏和占压，其余部分为农田。东、西各有数条南北向排水沟穿过遗址。南水北调东线双王城水库工程占压全部遗址，占压面积约 2 万 m²。遗址周围普遍覆盖着淤土堆积，文化堆积厚 0.2～0.5m，耕土层下即为文化层堆积，周缘文化堆积薄、埋藏稍深，排水沟两侧暴露出较薄的灰土，地表散见大量绳纹陶片等。2008 年 4 月至 2010 年 11 月，山东省文物考古研究所、北京大学考古文博学院、寿光市博物馆联合进行了发掘，共开 5m×5m 探方 400 个，发掘面积 10000m²，发现了商周和宋元两个时期的文化遗存。

商周时期盐灶遗迹

宋元时期盐灶遗迹

宋元时期车辙遗迹　　　　　　　　　宋代卤水沟

（1）商周遗存。主要集中在遗址中部的隆起位置，保存有完整的制盐作坊，卤水井、盐灶、储卤坑等位于地势最高的中部；制盐过程产生的垃圾如盔形器（煮盐坩埚）碎片、烧土和草木灰则倾倒在盐灶周围空地。

卤水井上口大体呈圆形，井坑上部为敞口、斜壁，下变为直口、直壁，口径变小，坑井下部周壁围以用木棍和芦苇编制的井圈。

盐灶由工作间、火门、圆形灶室、一条烟道和圆形烟筒以及左右两个储卤坑组成。盐灶大型灶室的南北两侧各有一个圆角长方形坑，坑周壁、底部都涂抹一层薄薄的深褐色黏土和灰绿色砂黏土，并经加工，应是储卤坑。出土遗物多为制盐的主要工具——盔形器残片，可复原的较少，生活用具极少，且均为残片，可辨器型有鬲、罐等。

（2）宋元遗存。遗迹有卤水井、灶、沟、灰坑等，还发现了纵横交错的数条车辙。

卤水井 4 口，位于 07 遗址南部的现代水沟内。井口上部已被破坏，暴露部分的口径在4m 以上，井周壁围以木棍和芦苇加固，内淤积着黑色淤泥。由于地下水位较高，没有进行清理。

盐灶 30 余座，单个灶址的规模小于商周时期的同类遗存，其形状结构基本相同，均由工作间、火道、灶室与烟道组成。

宋代卤水沟 2 条，呈直条状，直壁，平底，宽 0.5～1.0m，深 0.4～0.8m，沟内堆积着灰白色淤沙和淤泥层，清理部分长度约 10m。还有一种造型别致的过滤沟，如 G22 底部有等距离的小方坑。

该遗址的发掘，对古代尤其是商周、宋元时期的盐业工艺流程比如制盐所需原料、取卤、制卤、成盐等过程，古代煮盐活动与环境的关系等研究具有重要的意义。

2. 寿光市双王城 014 商周宋元盐业遗址

双王城 014 商周宋元盐业遗址位于双王城盐业遗址群西部，经钻探，发现遗址中部有一条25m 宽的生土带，把遗址分为北、南两部分，分别编号为 014A、014B 遗址。014A 遗址位于北部，主要为商代晚期的制盐作坊遗址，南北长 60m，东西宽 70m，面积约 4000m²。014B 遗址位于南部，主要为西周早期的制盐作坊遗址，东西长 80m、南北宽 70m，面积近 6000m²。2008年 4 月至 2009 年 12 月，山东省文物考古研究所、北京大学和寿光市博物馆联合进行了发掘，发掘面积 2400m²。发现了商代晚期、西周早期和宋元时期的制盐作坊。

商代晚期制盐作坊全景

卤水井

盔形器（煮盐坩埚）

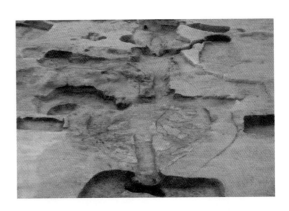

盐灶

（1）商代晚期作坊。主要见于 014A 遗址。该遗址南北长 60m，东西宽 70m，面积约 4000m²。在堆积最为丰富的西半部进行了清理，揭露一处比较完整的制盐作坊。整体布局以卤水井、盐灶、储卤坑等构成东西向中轴线，安排在地势最高的中部；卤水沟和成组的坑池对称分布在南北两侧，制盐过程产生的垃圾，如盔形器（煮盐坩埚）碎片、烧土和草木灰则倾倒在盐灶周围空地和废弃的坑池、灰坑内。

卤水井位于中轴线西端，共发现不同时期坑井（盐井）3 口。由于不断清淤和掏挖，早期坑井被晚期坑井破坏。保存较好的一口为晚期坑井，编号 KJ1，口大体呈圆形，直径 4.2～4.5m，深 3.5m。井坑上部为敞口、斜壁，1m 以下变为直口、直壁，口径变小，约 3m。坑井下部周壁围以保存完好的、用木棍和芦苇编制的井圈，坑井底部还铺垫芦苇。井圈保存高度约 1m，以（至少八组）木棍为筋骨（为经），以拧成束状的芦苇为纬编制而成。木棍长 1.2m，直径约 10cm，一端插入井底。

盐灶由工作间、烧火坑、火门、椭圆形大型灶室、长条状灶室、三条烟道和圆形烟筒以及左右两个储卤坑组成，总长 17.2m、宽 8.3m。东部和中部被晚期堆积破坏，保存较差，西部地势较高，烟道和烟筒保存较好。

盐灶大型灶室的南北两侧各有一个圆角长方形坑（编号 H37、H38）。南部坑（H38），长 1.9m、宽 1.2m、存深 0.25m；北部坑（H37），长 1.4m、宽 0.9m、深 0.3m。坑周壁、底部都涂抹一薄层深褐色黏土和 5cm 厚的灰绿色砂黏土，应是储卤坑。

（2）西周早期作坊。主要见于014B遗址。该遗址位于014A遗址的南部，两者相距25m。遗址东西长80m、南北宽70m，面积近6000m²。这次发掘主要是对作坊中部的西周早期盐灶、储卤坑及相关遗迹进行了清理。

014B遗址盐灶除了工作间被现在的排水沟破坏外，其余保存较好。盐灶由火门、椭圆形大型灶室、长方形灶室、长条形烟道和圆形烟筒及左右两个储卤坑组成（编号H2、H3），现存长13m、宽9m。外围两侧各有一排12个粗大的类似柱洞遗迹（右侧的洞未清理），构成了完整的制盐作坊。这种类似"柱洞"遗迹的性质尚无定论，可能与过滤卤水有关（见类似"柱洞"遗迹解剖图）。

在盐灶西部废弃的坑池内，集中堆积着盔形器碎片和烧土块，可分为六层。出土的盔形器（煮盐坩埚）为商代末期至西周早期的遗物，与盐灶内出土的盔形器一致，说明这里是煮盐后倾倒的生产垃圾。

灶室南部废弃的坑池堆积着厚达半米的草木灰层，夹杂着坚硬的灰白色钙化块，出土的盔形器也与盐灶出土的形态一致，也是盐灶制盐时产生的垃圾。

出土遗物主要是制盐的主要用具——盔形器（煮盐坩埚），多为残片。另有极少量的生活用器具，主要为鬲、甗、罐等。

以现有发掘资料观察，商代晚期与西周早期的制盐作坊结构基本一致。一个作坊由卤水井、盐池、盐灶等组成。人们从卤水井中提取卤水，在盐池内浓缩卤水，在盐灶上煮盐；煮盐使用的盔形器的底部一般都涂有较厚的草拌泥。

盐灶

盐灶西部废弃的坑池

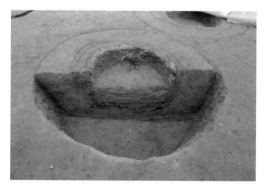

类似"柱洞"遗迹解剖图

盔形器

（3）宋元时期的相关遗迹。主要是宋元时期与制盐有关的卤水沟、过滤沟、灶、房屋等，主要见于014A遗址。014B遗址较少，只有几条沟，分布较凌乱，还看不出作坊的整体布局。

卤水沟1条，见于014A遗址，直壁，平底，宽0.5～1.0m，深0.4～0.8m，揭露长度约30m。沟内堆积着灰白色淤沙和淤泥层。

过滤沟2条，见于014A遗址，在发掘区内的长度约25m，沟宽1m左右，深半米以上。沟平面呈长条弧形，底部一端向另一端倾斜。沟底等距离分布着十几个长方形小坑，坑长0.8m、宽0.5m、深0.6m，坑与坑之间距离在1.5m。小坑内堆满淤土淤沙。

盐灶20余座，见于014A遗址，多位于过滤沟的两侧，一般两座并列为一组。盐灶一般由工作间、储灰坑、灶室、烟道组成。盐灶的平面形状可分长方形和圆形两类，前者规模很大，总长超过10m；圆形盐灶规模小，灶室直径不足1m。工作间比灶室、烟道略深，烟道由灶室一端向外倾斜，便于烧火和火焰流动。

半地穴式房屋3座，2座为窝棚式。其中1座面积较大，在20m²以上，平面呈长方形，坑穴深半米，门道位于南部，室内还保存活动面、灶以及与灶相连接的火炕。出土的遗物主要有瓷碗、盘、罐及陶瓮、盆、板瓦、青砖等。

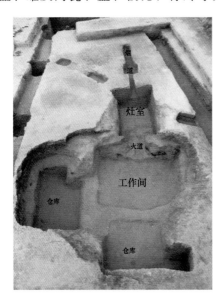

宋元时期的盐灶

宋元时期的房址

寿光双王城盐业遗址调查发现80余处不同时期与制盐有关的遗址，是目前发现的规模最大的盐业遗址群。此次发掘揭露了比较完整的商周时期盐业作坊遗迹，对了解古代尤其是商周时期的盐业工艺流程比如制盐所需原料、取卤、制卤、成盐等过程，以及古代煮盐活动与环境的关系等问题，具有重要的意义。如此完整的揭露整个制盐作坊，在全国乃至世界都是首次。双王城水库的考古发掘工作，为研究中国古代制盐业提供了非常重要的资料，同时也提出更深层次的问题，今后还需要加强多学科协作，探索一些尚待解决的问题。

3. 寿光市双王城SS8商代宋元盐业遗址

SS8商代宋元盐业遗址位于双王城盐业遗址群西南部，014遗址南部。经勘探，遗址东西宽110m、南北长150m，总面积1.5万m²。2009—2010年，山东省文物考古研究所与北京大学考古文博学院联合对 SS8 遗址进行了发掘，共开 $5m \times 5m$ 探方 80 余个，发掘面积 $2000m^2$，发现了卤水井、盐池、蓄卤坑、大型盐灶等大量商代晚期、宋元时期与制盐有关的重要遗迹，比较完整地展现了商代晚期制盐作坊的全貌。

（1）商代晚期作坊。其基本布局为：以盐灶为中轴线，南北两侧对称分布有储卤坑，盐池围于四周。生产垃圾如盔形器碎片、烧土和草木灰倾倒在盐灶南北两侧。与 014A 遗址布局不同，SS8 遗址盐井位于盐灶北侧，上口大且内收，直径近 3m，下口竖直，直径 1m，下部有厚近 1m 的草木灰。

盐灶由工作间、火门、椭圆形大型灶室、长条状灶室、两条烟道和圆形烟筒组成。灶室的南北两侧各有一个圆角长方形坑，坑周壁均涂抹一层薄薄的深褐色黏土，并经加工，应是

遗址全景

储卤坑。5 个坑池分布于盐灶四周，其间有沟渠相连通，底部多加工有一层防渗水的黏土。出土遗物多为制盐用具——盔形器，多为残片，极少生活用器具，主要为鬲、甗、罐等。

（2）宋元制盐遗迹。有卤水井、盐灶、沟、灰坑等。沟很长，揭露部分约 30m，底部有等距离的方坑。出土的器物如盆、瓮，体型较大。

遗迹分布状况

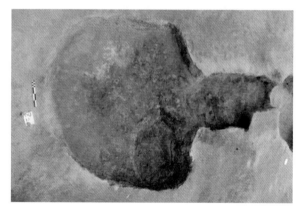

盐灶

SS8 遗址的发掘，对商代及宋元时期的盐业工艺研究具有重要的意义。商代制盐作坊盐井与坑池的布局和 014 遗址的不同，宋元时期的盐井、盐灶、沟等遗迹以及体型较大的盆、瓮等制盐器具的发现，为研究当时的制盐工艺、生产方式提供了新的重要实物资料。

4. 寿光市双王城 09 宋元盐业遗址

双王城 09 宋元盐业遗址位于双王城盐业遗址群西部，SS8 遗址南部，遗址北部被一条东西向深沟破坏，中部被一条南北向，宽 5m、深 2.5m 的现代沟打破。经勘探，遗址东西长 110m、南北宽 100m，总面积约 1 万 m^2。地表散布有少量残碎瓷片。山东省文物考古研究所、北京大学考古文博学院于 2010 年 6—10 月对 09 遗址进行了发掘。此次发掘分两个发掘区，东发掘区

09 遗迹

位于遗址东部，南北向现代沟东，开 5m ×5m 探方 24 个，发掘面积 600m²。西发掘区位于遗址西部，南北向现代沟西，开 5m×5m 探方 40 个，发掘面积 1000m²。清理了一批宋元时期与制盐有关的遗迹，如沟、灰坑等。

G1 位于西发掘区西北角，东北—西南向斜跨 12 个探方内，并向西南延伸至发掘区以外。清理长度 22.5m，宽 1.75m，深 0.8m。沟内填土均为浅灰褐色淤积土，内夹杂少量红烧土颗粒和草木灰，包含有少量碗等残碎瓷片。H1 位于西发掘区中部，平面呈椭圆形，长径 4m，短径 3.5m，斜直壁，圆底，深 1m。坑内堆积可分二层：第 1 层为深灰褐色粉砂土，夹少许烧土颗粒和草木灰，较紧密，厚 0.5～0.6m；第 2 层为浅灰褐色粉砂淤积土，较疏松，纯净，厚 0.4～0.5m。出土的器物有碗等瓷器残片。该遗址的发掘，对宋元时期的盐业研究具有一定的意义。

5. 高青县陈庄西周唐宋遗址

为配合南水北调东线工程山东段的建设，2008 年 10 月至 2010 年 1 月，山东省文物考古研究所对高青县陈庄—唐口遗址进行了大规模勘探和发掘工作。在工程占压范围内，揭露面积近 9000m²，确认该遗址为西周时期的城址及东周的环壕，并在城内清理了房基、灰坑、窖穴、道路、水井、陶窑等生活遗迹，尤其重要的是清理了多座贵族墓葬、车马坑以及可能与祭祀有关的夯土台基，获取大量的陶器及较多的蚌器、骨器等遗物。令人振奋的是墓葬出土了几十件青铜器，其中多件有铭文，另有少量的精美玉器及蚌、贝串饰，取得重要成果。

陈庄遗址位于淄博市高青县花沟镇陈庄村东，坐落于陈庄和唐口村之间的小清河北岸，东北距县城约 12km，北距黄河约 18km，为地势平坦的黄河冲积平原。遗址中部被一条南北向的水渠破坏，将遗址分成东、西两部分，南部压于小清河北大堤下。经钻探知，遗址总面积约 9 万 m²，文化堆积普遍被淤积层叠压，大部分距地表 0.5～1.5m，厚达 2～3m。周缘文化堆积薄、埋藏深，被水冲积破坏严重，距地表 1.8～2.8m。文化内涵以周代遗存为主，西周时期的最丰富，还有唐、宋、金时期的文化遗存，但周代后的遗迹仅有零星发现。

（1）西周城址。这是这次发掘的重要收获。经勘探及东墙的解剖，城址近方形，城内东西、南北各约 180m，城内面积不足 4 万 m²。东、北两面城墙保存略好，尚存高度 0.4～1.2m，顶部宽 6～7m，底部宽 9～10m。西墙大部分尚存，残高不足 0.4m。南墙基本被大水冲掉，局部残存墙体的底部。墙体皆用花土分层夯筑而成，夯层厚 5～8cm，可见圜底的单棍夯窝。东南、西北及西南拐角也遭破坏。南墙中部应有一个城门，城内有宽 20～25m 的道路通往南墙中部，但揭露后发现城门已被唐代的砖窑完全破坏。其余三面城墙经密探后没有发现缺口。四周壕沟环绕，与城墙间距 2～4m，西北角有小块低洼地，可能为积水区，东北角壕沟向东北延伸，应为城外排水沟。从探沟剖面堆积判断，壕沟经多次开挖、清淤、拓宽，从西向东可分为 4 条沟。西周时壕沟绝大部分被春秋时的沟清理掉，仅存沟内侧的少量堆积。其余 3 条沟分属

　　　　　　　　第二节　山东省段文物保护成果

春秋与战国时期。

（2）夯土祭坛。另一重要发现是位于城内中部偏南的夯土基台。其中心部位近圆台形，北部略凸，直径5.5～6.0m，面积近20m²，残存高度0.7～0.8m。平面从内向外依次为圆圈、方形、长方形及圆圈、椭圆形圈相套叠的夯筑花土堆积，土色深浅有别。据解剖分析，中心的小圆圈及外套的方形皆是在长方形的夯筑土台上挖浅坑，再填土夯筑而成。中心小圆圈正下方又挖一个方形坑，打破了台基起建的黄沙土地面，内埋置一具小动物骨架。中心圆

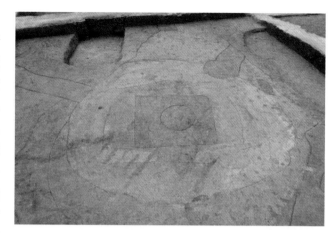

夯土祭坛

台的外围仍有多层水平状的堆积向外延伸，每层堆积厚5～12cm不等，有的两层间夹杂薄层白色沙土或灰烬，也有活动面，推测为中心圆形台基使用期形成的堆积。外围堆积平面大致为长方形，周缘被大量的灰坑破坏，从形成过程分析，可分两期。由于周缘多被东周遗迹打破，唯北边界尚存，呈斜坡状，其余三面外围原始边界不清。东西残存宽度约19m，南北长约34.5m。根据台基形制和所处位置判断，应为一处大型祭坛。

（3）西周贵族墓葬和车马坑。城内东南部发现了6座出青铜器的西周贵族墓葬，大多一棺一椁，有随葬陶器、铜器的头厢内，个别棺内有少量玉器或海贝串饰。有2座为"甲"字形大墓。

贵族墓葬

马坑

两座"甲"字形大墓与圆形夯土台基之间，集中发现了5座马坑与1座车马坑。马坑皆为竖穴长方形土坑，仅有马骨架，无马具或马饰。两座坑内葬8匹马，头向南，面朝南或东南，后腿弯曲伸向西北，骨架分南北两排依序并列摆放，每排4匹；另两座坑葬6匹马，头亦向南，其中一座坑内骨架分南北两排摆放整齐，前排2匹，后排4匹，由西向东依序摆放。还有一座坑内马骨架摆放方式较特殊，6匹马两两成对放置，呈轴线对称，但头向不一。在马坑的中间竖立一牛角。仅有一座坑内埋2匹马，头向北，嘴朝西南，其中东侧马的臀部斜压于西侧马上，四肢伸直。

青铜盘	青铜盉	青铜鼎

车马坑呈长方形，南北长 14m、东西宽 3.4m。内置 3 辆车，腐朽严重，仅存 2～3mm 宽的浅灰痕。3 辆车从南向北依次前后相连。前两辆车前各驾 4 匹马，头部均佩戴精美的马饰。后车驾马两匹，仅有颈带饰。

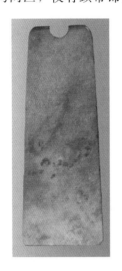

玉铲	凤鸟纹玉牌饰	陶鬲

出土青铜器几十余件，器型有鼎、簋、瓹、爵、甗、尊、卣、盉、觥、壶、盘等礼器，另有少量的戈、矛等武器与銮铃、车軎、车辖等车马器。多件青铜容器有铭文，且铭文大部分字迹清晰。铭文内容有"丰启作厥文祖甲齐公尊彝"等。有两件方座簋的盖和器内底部分别有 70 多字的长篇铭文，还有少量雕刻精美的玉器及贝、蚌串饰。此外，该遗址还出土周代卜甲、卜骨，其中一残片上残存有刻辞，这是山东地区发现的首例西周刻辞卜甲。

（4）唐代排灶砖窑。高青陈庄遗址还有少量唐宋时期的遗存，比较重要的遗存是唐代大型排灶砖窑。长方形窑室，长达 10m，呈西北东南向。南侧有一字排开的 10 个火塘灶坑和工作间。东端窑室保存较好，窑床上还有少量未出窑的青砖，火塘、工作间仅存底部；西部窑室破坏严重。火塘、操作间保存较好。

陈庄遗址是山东地区所确认最早的西周城址。从层位关系推测，始建年代不会早于西周早期晚段，废弃于西周中期晚段。结合城内所出高规格的墓葬及祭台等重要遗迹，该城应为西周早、中期的一个区域性中心。夯土台基可能为祭坛，为山东周代考古的首次发现，在全国范围内来说也比较罕见，为研究周代的祭祀礼仪制度提供了宝贵的实物资料。"甲"字形大墓当为西周时期高规格的贵族墓葬，这对解读该城址的地位与属性可能具有重大意义。铜器铭文中的"齐公"字样为金文资料中首次发现，且该城址又位于齐国的腹心区域，当与早期齐国有重大关系。上述成果是半个世纪以来齐文化考古研究的突破性进展，有可能修正或补充汉代以来几千年典籍有关早期齐国的若干认识。总之，陈庄的考古发掘成果填补了山东周代考古的多项空白，意义非凡，价值重大。

唐代排灶砖窑

6. 高青县南县合宋金明清遗址

南县合宋金明清遗址位于高青县高城镇南县合村南 500m 小清河与支脉河之间，东西长 650m、南北宽 300m，面积约 19 万 m²。济南至引黄济青段干渠穿过遗址北部，占压面积 6.5 万 m²。遗址核心区域文化层深达 1.0~1.5m，周边地段逐渐变薄。山东省文物考古研究所于 2008 年 9 月至年底对遗址展开了大规模的考古勘探和发掘工作。选定了两个发掘区，一区位于西关桥西南一侧，二区位于一区以东 200m 遗址核心区域偏东区域。

（1）墓葬。清理墓葬 5 座，均为小型墓葬。分为砖室墓和竖穴土坑墓两种。

1号墓外观

1号墓发掘后内景

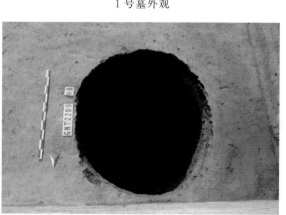

8号灰坑发掘后场景

砖室墓 1 座，宋金时期，编号 M1，由长方形素面和单面绳纹青砖砌筑而成，出土人骨架一具，女性，头向南，面向上，仰身直肢。身高 1.45~1.50m。墓主头部东侧随葬有红陶罐和白釉瓷碗各一件。

竖穴土坑墓 4 座，开口均在第 4 层下，都没有发现随葬品。从开口层位和填土包含物观察，墓葬年代均应为明清时期。

（2）灰坑、灰沟。灰坑、灰沟是本次发掘发现的主要遗迹。现举例介绍如下。H8 平面呈圆形，直径 1.5m，深 1m。坑内填土为灰褐色，土质较软，包含有少量白釉瓷碗残片。G1 东北西南走向，发掘总长 23.5m、宽 0.80～1.0m、深 0.30～0.45m。沟内填土为浅灰色，土质较软，不见任何遗物。

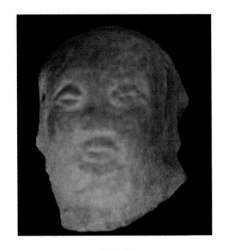

陶俑头

穿带瓷瓶

白瓷碗

白瓷盏托

（3）出土遗物。包括砖瓦建筑材料、陶俑、日用陶瓷器皿、钱币等。另出土有大量白釉、黑釉和青花瓷片。铜钱共出土 11 枚，均为圆形方孔，大部分锈蚀严重，字迹无法辨认，有"道光通宝"。

南县合遗址一区的第 3、第 4 层除出土有数量较多的泥质红陶片外，还包含有大量的青花瓷片和黑、白釉瓷片，其时代应属于明清时期；第 5 层内出土有少量的白釉瓷片，时代可以判定为宋元时期；一区的 M1 属于宋金时期；由此可以推断，一区的文化层为宋到明清时期的地层。二区的文化堆积均属于明清时期。综上分析，南县合遗址的时代应为宋至明清时期。根据史书记载，从宋至明清时期此地一直是高苑县城所在。本次所发掘的南县合遗址为认识古代高苑县城变迁及其周边环境、宋至明清时期当地的民俗状况提供了宝贵的资料。

7. 高青县胥家庙北朝唐宋遗址

胥家庙北朝唐宋遗址位于高青县黑里寨镇胥家村东南约 200m，南距小清河约 100m，连贯黄河与小清河的青胥沟由北而南打破遗址的中心区域，小清河北侧外堤压在遗址中南部。遗址长、宽均约 400m，面积约 16 万 m²。济南至引黄济青段干渠穿过遗址中心，占压面积 3.5 万 m²。

2008 年 9 月至 2009 年 4 月，山东省博物馆组建考古队对该遗址进行了为期 7 个月的大规模勘探和发掘，勘探面积约 16000m²，发掘面积 6700m²，发现一处大型建筑群遗迹和少量灰坑，出土北朝至宋金文物 80 余件。

此次发掘地层可分为七大层，第 6、第 7 层为文化层，出土大量的砖瓦残块，少量的陶瓷片、造像残件及铜钱等。初步判段第 6 层为建筑坍塌后形成的废墟层，第 7 层为唐代文化层，建筑基址主要叠压在 7 层层面上。

发掘时发现，遗址在现代遭到严重盗掘，在发掘区内发现近 30 个盗坑，有挖掘机盗掘的，有炸药炸开的，还有用铁锹等工具挖掘的。所有盗坑均在地表层开口，坑内残留装炸药的塑料管残片、青色的树枝条，有的还见印有"华龙"字样的方便面包装袋，甚至有"2002 年"的时间标志，说明盗掘是现代人所为。

佛教造像

此次发掘发现的主要遗迹为一处大型建筑群基址，包括 4 组建筑基址群。第 I 组建筑为横长方形，整体东西排列，东西长约 22m、南北宽约 6m，墙体厚 60～75cm，夹心砖墙内筑土。共揭露 4 间，方向呈南向。第 II 组建筑为长方形，整体东西排列，东西长约 20m、南北宽约 20m，墙体厚约 70cm，夹心砖墙内填碎砖块等物。由东向西有房屋 3 间，方向呈南向约 184°。第 III 组建筑位于第 II 组建筑的东南侧，位于发掘区的中心，部分被青胥沟破坏，整体建筑分为两间。第 IV 组建筑方向大体同第 III 组建筑，南北向，为廊庑式建筑，前侧为走廊，后侧为房间。这些建筑仅存墙基，多为夹心砖墙结构，即两侧为砖，中间夹土或残砖块。建筑多呈东西向横长方形，残留墙基，房屋结构和门道清晰可见。

出土遗物以砖瓦残块为主，约占总数的 95% 以上，另有陶器、瓷器、铁器、铜钱和石造像等遗物 80 多件，其中以造像和造像座等佛教遗物最为重要。石造像形体较小，多为残件，集中出土建筑基址之中。石造像座均为方形，可见北齐"天保""皇建""武平"等纪年题记，其中 1 件在文字的一侧还有阴线刻供养人像，非常精美。有的造像座残缺，仅存一两个字。除此之外，佛教文物还有泥质红陶罗汉塑像 2 件、白陶佛像 2 件、白陶菩萨像 1 件、白陶造像残件 1 件、白陶造像座 6 件。出土铜钱中，除一枚隋五铢外，其余全部是开元通宝。其中，白陶菩萨立像出土于 III 号基址，残高 14.9cm，肩宽 4.3cm，下衣摆宽 6.5cm，厚 0.8～1.5cm。头、足残失，右手置右腿侧持莲蕾，左手贴左胸部，腹部略凸。菩萨衣饰繁缛，双肩立圆形饼饰，戴项饰、手镯，上身着右袒衣，下着长裙。披巾于腹部呈"X"形交叉，肩角和下摆略外挑。璎珞亦呈"X"形，由束联珠状和小珠状饰件串联而成。

此次发掘虽然出土了不少北朝时期的佛教文物，但除造像座外，基本出土于上层的砖瓦砾和扰土之中。建筑基址内发现利用北齐石质造像座作为柱础，由此判断这些建筑基址当为北周灭佛之后的遗存。同时建筑基址叠压的 7 层为唐代文化层，基址内发现的灰坑中出土的遗物为唐代。根据建筑材料的形制和文化遗物的型式判断，胥家庙遗址建筑基址群应为唐代建筑，推测至宋代毁废。高青胥家庙遗址地处山东青州佛教中心区内，北距北朝时期临济城只有 4km，发现的北朝佛像和像座反映了当时佛教繁荣的历史真实，为研究唐代寺院建筑、佛教发展和传播提供了新的资料。

8. 博兴县寨卞战国汉代至元明清遗址

寨卞战国汉代至元明清遗址位于博兴县湖滨镇寨卞村北，西北距县城约 7.5km，南距寨卞村约 1km。遗址南靠小清河，北临溢洪河。遗址四周有夯筑和堆筑的城墙墙体，传为殷商时期蒲姑城。城址平面大体呈方形，东西长约 380m，南北宽约 350m。占压遗址北部边缘，主要为城墙外的壕沟、墙体以及城墙内侧的少部分堆积。城墙可分为早、晚两大期。早期墙体仅在东墙北部和北墙东部发现，被春秋早期的墓葬和春秋早期的遗迹打破叠压，其下又叠压商代文化层，墙体内的包含物也属于晚商时期。早期墙体的相对年代上限不早于商代晚期，下限不晚于春秋早期。晚期城墙叠压春秋时期的灰坑和墓葬，年代属于战国时期。2008 年 10—12 月，山东省文物考古研究所、博兴县博物馆为配合南水北调东线胶东调水工程对博兴寨卞遗址进行了考古发掘，分三个发掘区，共开 5m×5m 探方 127 个，实际发掘面积约 3200km²。对城墙、壕沟进行解剖发掘，同时清理灰坑、墓葬、窑址、水井等战国至明清时期的各类遗迹近百处，并出土了部分铜、铁、陶、瓷等各类器物标本。

城墙夯层剖面

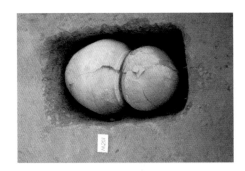
汉代瓮棺葬

元代瓷壶

清代瓷罐

汉代有灰坑和瓮棺葬；元代遗物主要是灰坑中出土的陶瓷器和瓷羊；清代遗物主要是墓葬出土的随葬品。下面主要介绍战国秦汉城墙。

城墙形成于战国秦汉时期，分三大期。第一期为墙的主体，现保存宽度为11.8m，夯层平整，夯具痕迹清晰，夯层厚10~20cm，夯具痕迹4~6cm，保留最高处1.35m。底部有深20~30cm的基槽。第二期在主墙体内外两侧，夯层厚度不一，有的呈倾斜状，是修补主墙体形成的。第三期叠压在第一期城墙北半部和外侧第二期墙体上部，夯层质量不佳，厚薄不同，属于再次修补城墙所为。第一期、第二期城墙修筑的间隔时间短，时代相近，属于战国时期；第三期城墙大约属于秦汉时期。

城壕内的堆积表明该城址在宋元时期逐渐废弃。

城门，本次发掘对2002年勘探发现的北城墙缺口处进行了清理，发现下部为路土，证明为北城门通道。城门宽度在20m左右，路土分上、下两大层，上层属于宋元以后的道路，宽度在20m左右；下层属于战国秦汉时期，道路宽约17m，道路两侧与城墙相交处并有多次修补的痕迹。

城内堆积。发掘区位于城门西侧，主要的文化堆积可分为三大层：第1层为属于清代至民国时期的黄河淤积层，有民国至清代晚期的墓葬；第2层主要属于宋元时期的堆积；第3层为战国末期至秦汉初期形成的文化堆积。

据文献记载，春秋战国时期这一带属于齐国的贝丘邑，是齐国都城临淄北部重要的城邑，是守卫临淄城的重要门户。这次发掘证明，寨卞遗址有可能是贝丘邑的邑城，直到西汉博昌城的出现，该城才逐渐废弃。宋元时期这里仍然是一处重要的村落。这次发掘，虽然未发现早于战国时代的地层和遗迹，但在战国至宋元的遗存中出土了不少商周时期的陶器残片，证明了2002年发掘的发现，可以确认该遗址在商周时期已存在，但是否殷商时期蒲姑城或齐国胡公所迁薄姑的都城，目前仍难以确认。

9. 博兴县东关商代遗址

东关商代遗址地处鲁北平原，位于博兴县博城镇东关村南，北据黄河，南临小清河，河道大堤压在遗址南部，博张铁路穿过遗址西边。东西长150m，南北宽120m，面积近2万m²。遗址中部高四周低，形态接近所谓堌堆。南水北调大堤利用原来溢洪河北大堤，穿过东关遗址南部边缘。2008年11—12月，山东省文物考古研究所与淄博市文物局、烟台市博物馆联合对遗址进行了发掘，发掘分两个区，分别位于大堤南北两侧，面积约2500m²。

商代房基

遗址上覆盖很厚的淤土层，其时代分别约为明清、北朝隋唐、汉、战国时期。

淤土层下为文化堆积，可分三层：第1层即战国时期地层，见于大堤北侧发掘区，灰褐色土层，时代属战国时期，出土盆、瓦等战国时期陶片，其下开口少量灰坑；第2层见于大堤南北两侧发掘区，时代属于商代；第3层亦属于商代。由于出水，遗址没有发掘到底。

发现的遗迹可分两类。其一是位于遗址上部淤土层中的墓葬，主要是汉代墓葬，另有2座宋元墓葬。汉代墓葬均为长方形土坑竖穴墓，有的发现砖椁，均被破坏，墓向北，人骨保存极差，随葬品寥寥无几，出土一灰陶壶和两片板瓦，另见一残破铜铁复合器。墓葬分布比较分散，只在大堤北侧发掘区西端可见三两座的组合，当初应为一小的墓地。宋元墓葬均为圆形土坑竖穴，墓道向南，出土少量陶瓷冥器。

其二是淤土层下的文化层中的各类遗迹现象，有灰坑、房址、灶坑、灰沟、大型堆筑工事等。房址只发现一角，大部分压于大堤之下，均为方形，包括两种建筑形式，挖基槽的和版筑墙体的，室内地面平整坚实。灶坑为近圆形，深十多厘米，打破一座房址的东墙。最重要的发现是位于遗址边缘的大型堆筑工事，开口于商代层下，贴敷于遗址边缘，由内侧到外侧逐次逐层堆筑，土层采自遗址上的文化层和遗址下的生土层，逐层交互叠压，层层夯打加工形成，应该是当时为维护遗址所做的建筑遗迹，可能也起到一定的防御功能。

出土遗物包括陶、石、骨角器，陶器有鼎、鬲、盆、罐、豆、壶、簋、盔形器等器型，以鬲、盆、罐、豆为主；石器主要是镰，骨角器有锥等。由出土陶器来看，这里的商代遗存时代较早，早的相当于中原地区所谓中商时期，晚的相当于殷墟早期左右。

东关遗址的发掘为了解鲁北地区商代文化特别是商文化最初东渐拓殖时期的面貌提供了重要资料，也为了解那个时期鲁北地区聚落形态提供了第一手资料。特别是堆筑工事，为这一地区聚落考古增加了新的内容。近年来，鲁北沿海地区发现了商代大规模制盐遗址，其中最重要的制盐工具是盔形器，现在东关遗址也发现了盔形器，而且时代较早，为研究本地区商代制盐业的开始提供了新的线索。

10. 博兴县疃子村唐至明清遗址

疃子村唐至明清遗址位于博兴县锦秋街道疃子村北，处于小清河与支脉河之间。遗址南北长约220m、东西宽约150m，面积约3万m²。溢洪河穿过遗址北部，老博安路穿过遗址东部。2010年10—12月，山东省博物馆考古队对遗址进行了发掘，发掘面积1000m²，分A、B两个发掘区。A区位于遗址的南部。B区位于遗址的东北角，发掘土层可分6个层位。

1号墓发掘后场景

唐代执壶

唐代瓷碗

唐代瓷罐

　　本次发掘共发现 32 个遗迹，其中 21 个灰坑，6 条灰沟，2 座建筑址，2 座墓葬，1 个土埂。其中，A 区 28 个遗迹，以 H2 最为重要，出土复原器物多达 26 件。坑底有倒塌的青砖，出土大量陶、瓷器及骨、石制品等，包括部分较为精美的白瓷和青瓷器，分属耀州窑、景德镇窑等多个窑口。M1 破坏严重，仅存底部；M2 保存相对较好。2 座墓葬均为砖室，规模不大，初步判断为唐代中晚期墓葬。2 座建筑址破坏较严重，仅见铺地砖，疑似房址。B 区 4 个遗迹，仅 H11 为唐宋时期遗迹，其他均为明清以后遗迹。此次发掘共出土遗物 76 件，少数完整，有陶器、瓷器、铜钱、铁器、玉石、漆器等。其中以瓷器为主，器型中以碗为主，另有罐、钵、盆、饰件等。初步判断，大部分器物为唐至宋时期的遗物，少部分为明清以后遗物。此次发掘基本弄清了该遗址的性质及时代，遗址以唐宋遗存为主。这次出土的一批瓷器较为重要，对山东地区瓷器的研究有着重要意义。

第七章 南水北调文物保护学术成果

第一节 概 述

南水北调东、中线一期工程文物保护工作实施以来，取得了一系列学术成果，集中体现为保护成果的出版。涉及的湖北、河南、河北、江苏、山东五个省份以及北京市的相关文物保护和高等院校等机构，陆续发表了考古报告（简报/保护研究报告）大约200篇（见表7-1-1），出版了一批考古发掘报告和文物图录单行本。据不完全统计，目前已经正式出版大约80部（见表7-1-2）。还有一大批考古报告（简报）正在编写或已处于出版流程之中。

表7-1-1 刊物上发表的考古报告（简报/保护研究报告）一览表（据不完全统计）

题 目	著作责任者	刊物名称	期 数
丹江口库区鳖盖山墓群发掘简报	薛琳、潘敏、刘宝山等	中原文物	2009（6）
湖北郧西张家坪遗址发掘简报	郭长江	江汉考古	2010（3）
湖北郧县白鹤观遗址东周墓发掘简报	肖友红、陆成秋、张君	江汉考古	2010（3）
湖北郧县店子河遗址发掘简报	宋海超、余西云	考古	2011（5）
湖北丹江口市八腊庙墓群第二次发掘简报	张俊、宋纪章、陈明芳等	江汉考古	2012（2）
湖北武当山遇真宫西宫建筑基址发掘简报	康予虎、谢辉、唐宁等	江汉考古	2012（2）
湖北郧县乔家院墓地出土战国及东汉铜器的成分与金相分析	金锐、罗武干、王昌燧等	文物保护与考古科学	2013（2）
湖北郧县尖滩坪遗址发掘简报	符德明、陈晖、张昌平	江汉考古	2015（3）
丹江口库区旧石器考古调查记	李学贝、笪博、刘越	大众考古	2015（7）
丹江口库区双河一号旧石器地点发掘简报优先出版	陈昌富、张居中、杨晓勇	人类学学报	2016（3）
武当山遇真宫保护工程论证实施与世界文化遗产的真实性保护	王风竹	中国文化遗产	2016（3）

题　目	著作责任者	刊物名称	期　数
湖北郧县辽瓦店子遗址发现两座南朝墓葬	曹昭、周青、王然	考古	2016（4）
湖北省郧县龙门堂墓地 M37 与 M56 汉墓发掘简报	刘尊志、刘毅、袁胜文等	中原文物	2016（6）
湖北郧县李营发现的铸铜遗存	张昌平、陈晖	考古	2016（6）
湖北郧县龙门堂墓地 M50 等四座汉墓发掘简报	刘尊志、刘毅、袁胜文等	中国国家博物馆馆刊	2017（10）
湖北郧县龙门堂墓地两座汉墓发掘简报	刘尊志、刘毅、袁胜文等	中国国家博物馆馆刊	2017（10）
湖北郧县龙门堂墓地战国及秦代墓葬	袁胜文	考古	2017（3）
"本刊专稿——南水北调工程河南段考古新发现"编后记	本刊编辑部	考古	2008（5）
河南安阳市固岸墓地 II 区 51 号东魏墓	潘伟斌、裴韬、薛冰	考古	2008（5）
河南卫辉大司马墓地晋墓（M18）发掘简报	白彬、党志豪、赵振江等	文物	2009（1）
河南新乡市金灯寺汉墓发掘简报	靳松安、郑万泉、曹艳朋等	华夏考古	2009（1）
新乡金灯寺宋墓发掘简报	靳松安、曹艳朋、郑万泉等	中原文物	2009（1）
河南安阳固岸墓地考古发掘收获	潘伟斌、聂凡	华夏考古	2009（3）
河南新乡市老道井明代 101 号墓发掘简报	韩国河、张贺君、蔡亚林等	华夏考古	2009（3）
河南新郑胡庄韩王陵考古发现概述	马俊才、祝贺	华夏考古	2009（3）
河南荥阳关帝庙遗址考古发现与认识	李素婷、祝贺	华夏考古	2009（3）
河南荥阳市新店金元水井清理简报	刘岐山、任向坤、陈国乾等	华夏考古	2009（4）
河南镇平县程庄墓地汉代墓葬发掘简报	李锋、郜向平、魏青利等	华夏考古	2009（4）
河南省新乡市老道井墓地东同古墓区汉墓清理简报	韩国河、赵海洲、杨晓静等	四川文物	2009（6）
"南水北调中线工程考古发现与研究学术研讨会"纪要	张志清、梁法伟	华夏考古	2010（3）
在"南水北调中线工程考古发现与研究学术研讨会"上的讲话	张忠培	华夏考古	2010（3）
河南新乡市杨村商代遗址试掘简报	傅山泉、明永华	中原文物	2010（4）
河南博爱县西金城龙山文化城址发掘简报	王青、王良智	考古	2010（6）
河南淅川县马川墓地东周墓葬的发掘	刘文阁	考古	2010（6）
河南禹州市新峰墓地 M10、M16 发掘简报	张广东、苏辉、陈军锋等	考古	2010（9）

题　目	著作责任者	刊物名称	期　数
河南淅川吴营遗址屈家岭文化遗存发掘简报	韩国河、赵海洲、王凯等	江汉考古	2011（2）
河南淅川县下寨遗址 2009—2010 年发掘简报	河南省文物考古研究所等	华夏考古	2011（2）
河南淅川县杨岗码头汉墓群发掘简报	郭智勇、王晓毅、孙先徒	华夏考古	2011（2）
河南鲁山县薛寨遗址发掘简报	王龙正、孙清远、李晓培等	华夏考古	2011（3）
关于"河南淅川沟湾遗址 2007 年度植物浮选结果与分析"一文重要补正		四川文物	2011（3）
淅川吴营遗址春秋墓发掘简报	韩国河、赵海洲、王凯等	中原文物	2011（3）
河南安阳县北齐贾进墓	孔德铭、焦鹏、申明清	考古	2011（4）
河南淅川县阎杆岭 83 号墓发掘简报	胡永庆、马新常、蒋中华等	华夏考古	2012（1）
河南荥阳市官庄遗址春秋墓葬发掘简报	陈朝云、单晔、鲁红卫等	华夏考古	2012（1）
河南宝丰史营遗址战国至汉代墓葬	张国硕、孙明、赵俊杰等	文物	2012（4）
郑州市站马屯西遗址新石器时代遗存	赵春青、邵天伟、金彩霞等	考古	2012（4）
河南安阳市宋代韩琦家族墓地	孔德铭、李贵昌、申明清等	考古	2012（6）
浅谈河南省南水北调中线工程文物保护工作	余亚男、孙向鹏	河南水利与南水北调	2012（7）
河南中牟县宋庄遗址发现裴李岗文化遗存	张松林、刘彦锋、张吉民等	考古	2012（7）
河南禹州新峰墓地东汉墓（M127）发掘简报	张广东	文物	2012（9）
河南郏县黑庙 M79 发掘简报	王红卫、娄群山、张春峰等	华夏考古	2013（1）
郑州黄岗寺北宋纪年壁画墓	信应君、吴倩、潘寸敏等	中原文物	2013（1）
河南荥阳后真村汉代遗存发掘简报	靳松安、孙凯、王富国等	华夏考古	2013（2）
河南禹州新峰墓地两座汉代画像砖墓	姚军英、陈军锋、冀克强等	中原文物	2013（2）
河南禹州杨庄墓地汉墓 M100 发掘简报	陈军锋、姚军英、刘彦龙等	中原文物	2013（2）
河南禹州新峰墓地东汉画像石墓发掘简报	姚军英、陈军锋、刘彦龙等	华夏考古	2013（3）
南水北调河南辉县路固汉代墓群出土白色粉块的化学分析及相关问题	赵春燕、岳洪彬、岳占伟	华夏考古	2013（3）
南水北调中线工程焦作苏蔺段汉代窑址发掘简报	冯春艳、张满堂、皇小够等	中原文物	2013（4）
河南焦作山后墓地汉墓发掘简报	朱亮、贺辉、胡小宝	华夏考古	2014（1）
河南淅川仓房新四队战国、秦墓发掘简报	刘尊志、袁胜文、刘毅等	中原文物	2014（1）
南阳出土楚汉青铜器撷英	冯好	收藏家	2014（1）

题　目	著作责任者	刊物名称	期　数
荥阳娘娘寨遗址二里头文化遗存发掘简报	张松林、张家强、黄富成等	中原文物	2014（1）
河南南阳夏响铺鄂国贵族墓地	王巍、赫德川、崔本信	大众考古	2014（10）
河南淅川泉眼沟汉代墓葬发掘报告	罗二虎、吕千云、陈亚军等	考古学报	2014（3）
焦作白庄汉墓 M121 出土陶仓楼彩绘考	韩长松、成文光、韩静	中国国家博物馆馆刊	2014（4）
许昌再现画像砖	王豫洁	中原文物	2014（4）
河南荥阳市晏曲宋代遗址发掘简报	翟霖林、田野、徐昭峰等	四川文物	2014（5）
辉县市张雷遗址发掘简报	李慧萍、王升光、冉焕琴等	中原文物	2014（5）
荥阳后真村墓地唐、宋、金墓发掘简报	靳松安、张建、王富国等	中原文物	2015（1）
河南淅川王庄汉墓群发掘简报	明朝方、宋国定、罗武干等	华夏考古	2015（2）
河南淅川县单岗遗址宋元时期遗存发掘简报	靳松安、孙凯、张建等	四川文物	2015（2）
河南淅川李沟汉墓发掘报告	叶植	考古学报	2015（3）
焦作温县苏王墓地发掘简报	朱亮、王炬、任广等	中国国家博物馆馆刊	2015（4）
河南淅川县申明铺墓地 25 号战国墓	何晓琳、王然、李洋	考古	2015（5）
河南淅川龙山岗遗址西周遗存发掘简报	贾连敏、瓮兆功、鲁红卫等	中国国家博物馆馆刊	2015（7）
河南漯河固厢墓地战国墓发掘简报	楚小龙、张珂、刘晨等	文物	2015（8）
南水北调工程考古纪实——河南邓州王营墓地发掘	李长周	大众考古	2015（8）
河南淅川简营遗址发掘简报	马晓姣、陈代玉、何昊等	江汉考古	2016（1）
河南淅川全寨子墓地东汉墓的发掘	李翼、乔保同、袁东山等	中原文物	2016（1）
郑州航空港区冢刘战国墓（2013ZZM9）发掘简报	信应君、张永清、王玉红等	文物	2016（11）
河南淅川熊家岭墓地 M24 发掘简报	杨海青、赵小光、燕飞等	华夏考古	2016（2）
河南宝丰县廖旗营墓地东汉画像石墓	李锋、姚智辉、王芳等	考古	2016（3）
南阳市博物馆收藏的三件倒钩阔叶铜矛	刘霞、胡保华	江汉考古	2016（3）
河南淅川单岗遗址屈家岭文化遗存发掘简报	靳松安、赵江运、张建等	中原文物	2016（4）
河南淅川县马岭汉代砖室墓发掘简报	余西云、郝晓晓、赵新平	考古	2016（6）
河南淅川县双河镇 51 号墓发掘简报	杨俊峰、李翼、林擎	华夏考古	2017（1）
河南淅川单岗遗址 2013 年度两周遗存发掘简报	靳松安、张建、赵江运等	中国国家博物馆馆刊	2017（11）
河南武陟东石寺遗址发掘报告	赵志文、张志亮、王生慧等	华夏考古	2017（2）
河南淅川双河镇 M3 发掘简报	李翼、余杭、陈海金	华夏考古	2017（2）

题 目	著作责任者	刊物名称	期 数
河南淅川沟湾遗址王湾三期文化遗存发掘简报	靳松安、张贤蕊、李鹏飞等	华夏考古	2017（3）
河南淅川下寨遗址龙山时代末期至二里头早期墓葬发掘简报	楚小龙、曹艳朋、王瑞雪等	华夏考古	2017（3）
河南宝丰廖旗营墓地明代家族墓发掘简报	祝贺、张清池、姜凤玲等	文物	2017（4）
河南淅川大石桥宋墓发掘简报	张俊民、马兰英、李青娥等	考古与文物	2017（4）
河南淅川申明铺东遗址文坎沟东地点汉墓发掘简报	靳松安、李鹏飞、张建等	华夏考古	2017（4）
河南荥阳官庄遗址 M1、M2 发掘简报	韩国河、赵海洲、刘彦锋等	文物	2017（6）
河南安阳出土北齐刘通墓志考释	邱亮、孔德铭	中国国家博物馆馆刊	2017（9）
唐县淑闾东周墓葬发掘简报	刘连强、高建强、韩金秋等	文物春秋	2012（1）
唐县淑闾遗址Ⅲ区发掘简报	刘连强、郭荣成、毛小强等	文物春秋	2012（4）
河北邯郸薛庄遗址发掘报告	井中伟、霍东峰、胡保华	考古学报	2014（3）
河北邯郸薛庄遗址汉至宋代遗存发掘简报	林雪川、霍东峰、井中伟等	北方文物	2015（3）
河北涞水西水北遗址发掘获得重要收获	冉万里、陈洪海	西北大学学报（哲学社会科学版）	2011（6）
河北蠡县王庄唐代墓群发掘简报	徐海峰、马力、李宗强等	文物春秋	2015（5）
河北临城西古鲁营商代遗址发掘简报	任雪岩、郭少青、张志军	文物春秋	2016（1）
河北临城县补要村遗址北区发掘简报	王迅、常怀颖、朱博雅等	考古	2011（3）
河北临城县补要村遗址南区发掘简报	王迅、常怀颖、朱博雅等	考古	2011（3）
河北满城荆山汉墓发掘简报	刘连强、佟宇喆、樊书海等	文物春秋	2014（3）
河北省南水北调配套工程保沧干渠工程文物保护启示	刘向华、张颖	河北水利	2016（8）
河北赞皇县北魏李翼夫妇墓	沈丽华、朱岩石、汪盈	考古	2015（12）
河北赞皇县北魏李仲胤夫妇墓发掘简报	汪盈、朱岩石、沈丽华	考古	2015（8）
河北正定县吴兴墓地战国墓葬发掘简报	韩国祥、蔡强、于俊玉等	考古	2012（6）
河北正定野头墓地发掘简报	蔡强、万雄飞、赵代盈等	文物	2012（1）
通古达今的水路——南水北调东线工程江苏段文物保护侧记	吕春华	艺术百家	2010（S2）
江苏盱眙县泗州城遗址出土大铁锅的现场保护	李军、范陶峰	文物保护与考古科学	2017（3）
山东寿光市双王城盐业遗址 2008 年的发掘	燕生东、党浩、王守功等	考古	2010（3）
陈庄西周古城发掘记	高明奎	大众考古	2014（2）
山东聊城土桥闸调查发掘简报	李振光、吴志刚、孙淮生等	文物	2014（1）

表 7 - 1 - 2　　　　考古发掘报告和文物图录单行本一览表（据不完全统计）

书　名	著作责任者	出版社	出版时间	所属丛书
湖北南水北调工程考古报告集（第一卷）	湖北省文物局、湖北省移民局、南水北调中线水源有限责任公司	科学出版社	2013 年 1 月	南水北调中线一期工程文物保护项目湖北省考古发掘报告集
湖北南水北调工程考古报告集（第二卷）		科学出版社	2014 年 2 月	
湖北南水北调工程考古报告集（第三卷）		科学出版社	2014 年 2 月	
湖北南水北调工程考古报告集（第四卷）		科学出版社	2014 年 8 月	
湖北南水北调工程考古报告集（第五卷）		科学出版社	2014 年 12 月	
湖北南水北调工程考古报告集（第六卷）		科学出版社	2015 年 3 月	
郧县老幸福院墓地		科学出版社	2007 年 1 月	
丹江口牛场墓群		科学出版社	2013 年 6 月	
丹江口潘家岭墓地		科学出版社	2013 年 6 月	
郧县上宝盖		科学出版社	2013 年 12 月	
武当山柳树沟墓群		科学出版社	2015 年 6 月	
武当山遇真宫遗址		科学出版社	2017 年 9 月	
沙洋塌冢楚墓	湖北省文物局、湖北省南水北调管理局	科学出版社	2017 年 3 月	
荆州张家台遗址		科学出版社	2018 年 2 月	
湖北省南水北调工程重要考古发现 1	湖北省文物局	文物出版社	2007 年 11 月	
湖北省南水北调工程重要考古发现 2	湖北省文物局	文物出版社	2010 年 11 月	
湖北省南水北调工程重要考古发现 3	湖北省文物局	文物出版社	2012 年 12 月	
汉丹集萃——南水北调工程湖北库区出土文物图集	湖北省文物局	文物出版社	2009 年 9 月	
楚都丹阳探索	徐少华、尹弘兵	科学出版社	2017 年 12 月	南水北调中线一期工程文物保护项目湖北省研究报告

书　　名	著作责任者	出版社	出版时间	所属丛书
鹤壁刘庄：下七垣文化墓地发掘报告		科学出版社	2012 年 8 月	
百泉、郭柳与山彪		科学出版社	2010 年 7 月	
南阳镇平程庄墓地		科学出版社	2011 年 2 月	
新乡老道井墓地		科学出版社	2011 年 11 月	
淅川东沟长岭楚汉墓		科学出版社	2011 年 4 月	
淅川刘家沟口墓地		科学出版社	2011 年 7 月	
安阳韩琦家族墓地		科学出版社	2012 年 7 月	
辉县孙村遗址		科学出版社	2012 年 6 月	
淇县大马庄墓地		科学出版社	2013 年 6 月	
淅川柳家泉墓地		科学出版社	2013 年 3 月	
新乡王门墓地		科学出版社	2013 年 10 月	
安阳北朝墓葬		科学出版社	2013 年 7 月	
平顶山黑庙墓地		科学出版社	2014 年 10 月	
辉县汉墓（一）		科学出版社	2014 年 5 月	
禹州新峰墓地		科学出版社	2015 年 3 月	
淅川新四队墓地		科学出版社	2015 年 6 月	
淇县黄庄墓地二区发掘报告	河南省文物局	科学出版社	2015 年 3 月	南水北调中线工程文物保护项目河南省考古发掘报告
淇县西杨庄墓地、黄庄墓地Ⅰ区发掘报告		科学出版社	2015 年 3 月	
卫辉大司马墓地		科学出版社	2016 年 1 月	
荥阳官庄遗址		科学出版社	2015 年 6 月	
汤阴五里岗战国墓地		科学出版社	2016 年 5 月	
许昌考古报告集（一）		科学出版社	2016 年 5 月	
新乡金灯寺墓地		科学出版社	2016 年 4 月	
淅川马川墓地东周楚墓		科学出版社	2016 年 12 月	
淅川阎杆岭墓地		科学出版社	2016 年 5 月	
淅川赵杰娃墓地		科学出版社	2016 年 5 月	
淅川全寨子墓地		科学出版社	2016 年 5 月	
淅川蛮子营墓地		科学出版社	2016 年 12 月	
鲁山杨南遗址		科学出版社	2016 年 4 月	
淅川下寨遗址：东晋至明清墓葬发掘报告		科学出版社	2016 年 6 月	
禹州阳翟故城遗址		科学出版社	2017 年 11 月	
淅川熊家岭墓地		科学出版社	2017 年 2 月	

书　　名	著作责任者	出版社	出版时间	所属丛书
辉县路固	中国社会科学院 考古研究所	科学出版社	2017 年 2 月	
荥阳薛村遗址人骨研究报告	河南省文物局	科学出版社	2015 年 12 月	
河南省南水北调考古发掘出土文物集萃（一）	河南省文物局	文物出版社	2009 年 2 月	
河南省南水北调考古发掘出土文物集萃（二）墓志精选	河南省文物局	西泠印社	2014 年 2 月	
河南省南水北调工程考古发掘出土文物集萃（三）安阳北朝陶俑	河南省文物局	河南大学出版社	2015 年 6 月	
流过往事——南水北调中线工程河南段文物保护成果展❶》	河南省文物局	河南大学出版社	2016 年 9 月	
徐水西黑山：金元时期墓地发掘报告	南水北调中线干线工程建设管理局、河北省南水北调工程建设委员会办公室、河北省文物局	文物出版社	2007 年 10 月	南水北调中线一期工程文物保护项目河北省文物发掘报告
唐县高昌墓地发掘报告		文物出版社	2010 年 10 月	
内丘张夺发掘报告		科学出版社	2011 年 10 月	
唐县南放水：夏周时期遗址发掘报告		文物出版社	2011 年 12 月	
徐水东黑山遗址发掘报告		科学出版社	2014 年 6 月	
石家庄元氏、鹿泉墓葬发掘报告		科学出版社	2014 年 6 月	
常山郡元氏故城南程墓地		科学出版社	2015 年 1 月	
北京段考古发掘报告集	北京市文物研究所	科学出版社	2008 年 5 月	南水北调中线一期工程文物保护项目北京市考古发掘报告
房山南正遗址		科学出版社	2008 年 12 月	
海淀中坞——北京市南水北调配套工程团结湖调节池工程考古发掘报告		科学出版社	2017 年 11 月	

---

❶ 即河南省南水北调工程考古发掘出土文物集萃（四）。

书　　名	著作责任者	出版社	出版时间	所属丛书
盛世调吉水　古都遗博珍——南水北调中线一期工程北京段出土文物	北京市南水北调工程建设委员会办公室，北京市文物局	科学出版社	2009年4月	
北城村——冀中平原的新石器时代文化	中央民族大学民族学与社会学学院、涿州市文物保管所	科学出版社	2014年8月	
梁山薛垓墓地	山东省文物局、山东省南水北调工程建设管理局	文物出版社	2013年8月	南水北调东线一期工程文物保护项目山东省考古发掘报告
邳州山头东汉墓地	南京博物院、邳州博物馆	科学出版社	2010年4月	南水北调东线工程文物保护项目江苏省考古发掘报告
大运河两岸的历史印记：楚州、高邮考古报告集	南京博物院、江苏省文物局、江苏省南水北调办公室	科学出版社	2010年5月	
邳州梁王城遗址发掘报告·史前卷	南京博物院、徐州博物馆、邳州博物馆	文物出版社	2013年10月	

南水北调一期工程文物保护项目部分出版物

南水北调一期工程文物保护项目部分出版物

此外，在国内外学术界享有盛誉的《考古》杂志也及时予以跟进，推出相关出版物的简介（见表7-1-3），对于扩大学术影响、推广相关成果具有重要意义。

表 7-1-3　　　　　　　　　　　《考古》中相关出版物的简介

名　称	作者	期　数
《湖北省南水北调工程重要考古发现Ⅰ》简介	萧汶	2008（4）
《北京段考古发掘报告集》简介	叶知秋	2008（9）
《淅川东沟长岭楚汉墓》简介	叶知秋	2011（7）
《淅川刘家沟口墓地》简介	叶知秋	2011（7）
《内丘张夺发掘报告》简介	文耀	2012（3）
《唐县南放水夏、周时期遗址发掘报告》简介	叶知秋	2012（6）
《鹤壁刘庄：下七垣文化墓地发掘报告》简介	雨珩	2012（7）
《湖北南水北调工程考古报告集》（第三卷）简介	付兵兵	2014（5）
《辉县汉墓（一）》简介	肖文	2014（6）
《平顶山黑庙墓地》简介	文耀	2015（2）
《常山郡元氏故城南程墓地》简介	瑞琪	2015（5）
《荥阳官庄遗址》简介	文耀	2015（7）
《武当山柳树沟墓群》简介	古樟	2015（8）
《淅川新四队墓地》简介	古樟	2015（8）
《淅川下寨遗址：东晋至明清墓葬发掘报告》简介	丰秣	2016（8）
《禹州阳翟故城遗址》简介	冬藕	2017（11）
《淅川熊家岭墓地》简介	文耀	2017（3）
《沙洋塌冢楚墓》简介	雨珩	2017（7）
《武当山遇真宫遗址》简介	雨珩	2017（9）

下面，分省（直辖市）对于南水北调一期文物保护工作所取得的学术成果做一个简明扼要的介绍。

第二节　北　京　市

一、发表的成果

南水北调北京段的考古发掘，自其开始便得到学术界的关注。多家学术刊物对考古发现予以介绍。发掘的同时，工作人员抓紧整理资料，较早、较好地完成了发掘报告的出版。《北京文博》期刊2006年全年四期追踪报道北京段重要考古成果。出版了《北京段考古发掘报告集》《房山南正遗址》等发掘报告，以及《盛世调吉水 古都遗博珍》图录一部。此外，南水北调北京段的考古成果在《北京考古发现与研究》《北京考古史》中被大量引用。

《北京段考古发掘报告集》

《盛世调吉水 古都遗博珍》

二、解决的重大学术问题

南水北调北京段的考古发掘资料，已展现出巨大的学术张力，就目前已知的情况看，为考古学研究增添了浓重的一笔。

丁家洼遗址是北京地区首次系统发掘的春秋时期燕文化居住生活遗址，填补了东周燕文化既往考古发现所遗留下来的空白。遗址内涵丰富，为东周燕文化的研究提供了翔实具体的资料，也必然使学界对于东周燕文化面貌的认识更加深入。

南正遗址的遗迹种类丰富，有墓葬、陶窑、灰坑、灰沟等，出土的陶片、石器、铁器等遗物多达上千筐，为构建燕山以南地区战国中晚期至汉代早期考古学文化的谱系提供了重要的支持。

岩上墓葬区内的墓葬数量较多，其空间分布较为集中，时间延续较长。根据考古发掘现场同一时期内墓葬排列方向判断：战国时期的竖穴土圹墓多南北向，东西并排。土圹墓的周围有瓮棺葬且也有规律地东西并排。汉代砖室墓墓道多向北，墓葬东西并排。以上现象，对认识和研究战国和东汉末期本地区的家族关系、民俗等是极为重要的实物证据。特别是大量战国时期瓮棺葬和北魏纪年墓葬都是以往工作中较少见到的。

周口、西周各庄陶窑的发掘，对于了解该地区古代陶窑的结构、制陶工艺以及生产模式具有重要意义，同时对于填补该地区古代制陶业演进中的缺环也起到重要的作用。

前后朱各庄遗址发掘的陶窑，为研究东周及辽金时期燕山南麓地区的制陶工艺提供了重要实物，对研究陶窑形态的发展演变具有重要价值。

前后朱各庄发掘的唐墓，为研究唐代燕山南麓地区的葬制葬俗提供了新资料。这三座唐墓具有明确的纪年，时代相距较近。其中一座带斜坡墓道，两座为竖井墓道，对研究晚唐时期墓葬的分期以及斜坡墓道向竖井墓道的转变等问题具有重要研究价值。

第三节 河 北 省

一、发表的成果

河北省文物部门出版了《徐水东黑山遗址发掘报告》《内丘张夺发掘报告》《石家庄元氏、鹿泉墓葬发掘报告》等多部考古发掘报告，还在刊物上发表了若干篇简报、报告和研究论文。这些论著的问世，既是南水北调工程文物保护工作成果的结晶，也是文物工作者回报社会的体现。

《徐水东黑山遗址发掘报告》　　　　　《内丘张夺发掘报告》　　　　《石家庄元氏、鹿泉墓葬发掘报告》

二、解决的重大学术问题

在南水北调中线工程文物保护抢救工作中，发现了新石器时代至清代各时期的文物遗存，基本建立了河北中南部地区考古学文化序列，即：后冈一期，相当于新石器时代仰韶时期（邓底遗址、容城北城村遗址、补要村遗址等）→后冈二期，相当于新石器时代龙山时期（台口遗址、薛庄遗址等）→夏时期（北放水遗址、南城村遗址、淑闾遗址等）→早商时期（南马遗址）→晚商时期（后留村北遗址）→西周时期（南放水遗址）→东周时期（南放水遗址）→战国时期（东武仕遗址、林村墓地、西水北遗址等）→汉代（林村墓地、东黑山遗址、高昌墓群等遗址、墓地）→魏晋南北朝（磁县北朝墓群、赞皇西高墓地）→唐代（薛庄遗址、南白娄墓群、补要村遗址）→宋代（南中冯墓地、邢家庄墓地、东武仕遗址）→元代（徐水西黑山墓地）→明代（邢台贾村墓群、南中冯墓地）→清代（保定满城靳辅家族墓地、林村墓群等）。发现了一些重要的考古学文化遗存，出土一批精美的文物。有三项入选年度全国考古重要发现，一项入选年度"全国十大考古新发现"。

（一）新石器时代考古，取得突破性进展

南水北调中线工程共发现 7 处新石器时代考古学文化遗存，通过发掘，邯郸县邓底遗址、临城县补要村遗址、容城县北城村遗址后冈一期考古学文化遗存的发现，基本确立了后冈一期考古学文化遗存的文化面貌和分布范围。涞水县大赤土遗址雪山一期文化遗存是河北省乃至京津冀地区首次大面积揭露，基本弄清了该考古学文化性质。

（二）夏时期考古，成果丰硕

本次南水北调中线工程文物保护最大收获莫过于夏时期遗存的集中发现，从磁县南城村遗址、邯郸市薛庄遗址、林村墓地，临城县解村东遗址、补要村遗址，赞皇县南马遗址，唐县北放水遗址、南放水遗址、淑闾遗址，徐水县北北里遗址等，均发现夏时期考古学文化遗存。这些夏时期遗存的集中发现，充分证明太行山前平原地区是夏时期居民生活的重要区域，并形成了富有自身特色的考古学文化。同时，通过南城村、淑闾、北放水等遗址的发掘，也反映了本地夏时期考古学文化与山东、河南、山西中南以及北方地区夏时期考古学文化融合交流的关系。

（三）战国及汉代墓葬发掘，为墓葬制度研究提供了翔实的资料

在南水北调中线工程渠线上，发现战国及汉代墓葬上千座。这些墓葬，在埋藏的形式上，有土坑竖穴墓和砖室墓；在墓葬的结构上，有单室墓和多室墓；在埋葬的等级上，从平民到贵族再到王侯；在随葬的器物上，从一两件至近百件。通过对这些墓葬的发掘，对战国到汉代墓葬制度、埋葬习俗、随葬方式、墓葬结构、当时社会经济状况等相关学科的研究提供了充分的翔实的资料。

（四）北朝时期墓葬考古，突出了重要的学术价值

在磁县北朝墓群考古工作中，相继发掘了北朝时期 M001、M003、M039、M063、M072等大中型墓葬，尽管多数墓葬被盗扰，仍出土陶俑百余件。值得一提的是，在仅存的一座未被盗掘的北朝时期 M003 墓葬中，出土一批陶俑、模型明器、陶瓷器、墓志等随葬器物组合。据墓室内出土的墓志记载，该墓为东魏皇室宗族元祐的墓葬。通过这些墓葬的发掘，结合以往的考古发掘成果，基本明确了磁县北朝墓群东魏、北齐皇室陵寝的兆域范围。元祐葬于东魏天平四年（537 年），为北朝墓葬的研究提供了年代标尺。与此同时，在北齐 M039 高孝绪墓墓道两侧出土了较为完整的墓主人出行仪仗壁画，为研究北朝时期的仪卫等级制度、社会生活状况提供了重要的实物资料。在赞皇西高墓发现 9 座赵郡李氏家族墓葬。墓群规模庞大、排列有序，是目前已发现少有的北朝大型家族墓地，具有重要的学术价值和历史意义。西高墓群随葬品丰富、组合清晰、纪年明确，尤其是墓地出土的墓志、青瓷器等遗物反映了北朝时期颇具时代特色的艺术风格，是研究古代艺术史的珍贵实物资料，通过综合研究可以成为北朝墓葬研究的标尺。

（五）唐、宋瓷器的批量出土，丰富了河北省瓷器窑系的研究内容

在南水北调中线工程河北段的渠线唐、宋时期的墓葬中，出土了一批精美的唐宋时期的瓷

器，有类银、类雪的唐代邢窑白瓷，有色彩鲜艳的三彩瓷器；有胎薄质白、造型精美的宋代定窑白瓷，还出土了代表贡瓷"官窑"的定窑"官"字款瓷器。这些唐、宋时期瓷器的出土，明确了邢窑、定窑这两支窑系的分布范围，一些瓷器新器型的发现，丰富了这两支窑系的研究内容。

第四节 河 南 省

一、发表的成果

河南省文物部门出版了《南阳镇平程庄墓地》《百泉、郭柳和山彪墓地》《新乡老道井墓地》《淅川刘家沟口墓地》《淅川东沟长岭楚汉墓群》《辉县孙村遗址》《鹤壁刘庄遗址》《安阳韩琦家族墓地》《淅川柳家泉墓地》等30部考古发掘报告，编辑出版了《河南省南水北调工程考古发掘出土文物集萃（一）》《河南省南水北调考古发掘出土文物集萃（二）墓志精选》等图录。

南水北调一期工程文物保护项目
部分河南省出版物

《汤阴五里岗战国墓地》

二、召开的学术会议

2009年3月23—24日，河南省文物局召开了"2008年度南水北调考古工作汇报会"。承担2008年和2007年跨年度文物保护项目的考古发掘单位汇报考古发掘的主要情况和收获。国家文物局考古处，南水北调中线建管局、中线水源公司，河南省南水北调水办有关人员参加会议，国家文物局的专家参加会议并作点评。

《河南省南水北调考古发掘出土
文物集萃（二）墓志精选》

《河南省南水北调工程考古发掘
出土文物集萃（一）》

三、解决的重大学术问题

（一）先商文化研究

2005—2006 年，河南省文物考古研究所在鹤壁刘庄发现了大批仰韶时代晚期大司空类型遗迹、遗物以及大规模的先商文化墓地，墓地布局清楚、保存完整、随葬品较为丰富，取得了重要考古收获。夏代中原地区，如此大规模墓地的发现尚属首次，为先商文化的发掘研究填补了一项空白，是该研究领域的一项重大考古新发现。它的发现与揭露对先商文化葬俗葬制、社会结构、商人渊源、夏商关系等重要学术问题的研究起到巨大的推进作用。这一时期的石棺墓在黄河中下游地区也是前所未见的，石棺以及其简化形式墓葬的发现抑或提供了探讨商族起源的新线索。

（二）对于早期楚文化的研究提供了极为重要的材料

丹江口库区发现墓葬以东周时期最多，而且大多是家族墓地，如徐家岭、东沟长岭、熊家岭、郭庄、水田营、文坎、申明铺、阎杆岭、马川等墓地，这些墓地大多保存较好，出土遗物丰富，而且等级和早晚演变关系明确。淄河乡文坎遗址是丹淅流域调查时新发现的地点，发现东周墓葬 45 座，车马坑 2 座，其中铜器墓葬 15 座，大部分出有成组器物，均未被盗掘，保存完好，铜器组合多为鼎、簋、壶、缶等，陶器墓葬等级也明显，发现出有彩绘陶礼器墓葬 2 座，尺寸较大，一座出有鼎、豆、壶、盘、匜，另一座组合为鼎、豆、壶，其他墓葬组合有鼎、豆、壶，鼎、盂、壶，鬲、豆、罐等几种，这些墓葬排列较规律，方向较为接近，且多成组分布，不同的器物组合当属不同时期，通过随葬器物来看其年代应属春秋晚期至战国早中期，这对于完善楚文化发展序列、楚系墓葬综合研究提供了新的材料。徐家岭 M11 出土的小口鼎，肩部有 49 字的铭文，不仅标示了器物的名称、墓主人的身份，尤为珍贵的是根据铭文可以推断出器物的年代为公元前 507 年，为该类器物断代提供了准确的标尺，同时也确定了楚国用太岁、岁星纪年的历法史实，是目前所见最早的使用太岁、岁星纪年的古代历法的实物资料，对于我国古代天文历法研究具有重大的学术意义。

（三）填补了西周晚期春秋早期鄂侯考古发现的空白

2012年河南省文物考古研究所、南阳市文物考古研究所在南阳夏响铺发掘西周晚期墓葬20座，出土青铜礼器和复合兵器100余件，带铭文铜器38件。据其中一座墓葬中出土的一件铜器上的铭文判断，该墓葬为西周晚期春秋早期的鄂侯墓葬，填补了鄂侯考古发现的空白，对于鄂侯及其家族的研究具有极为重要的价值。

（四）填补了战国晚期王陵考古的空白

新郑市胡庄墓地是以两座带封土的高级贵族夫妇合葬大墓为核心的战国晚期韩国王陵，夫人与王陵东西并列。2006年河南省文物考古研究所开始发掘，2008年度发掘的主要任务是清理战国末年韩国两座"中"字形大墓的地下部分墓室与墓道。M1南北总长75m，墓室平面为不规则长方形，南北长18.45~26m，东西宽18.4~21.3m，深约6m。M2南北总长78m，墓室南北长26m，东西宽约33m，深9m左右，东部被M1打破约10m。两墓的葬具均为双椁双棺，积石积炭，出土青铜礼器、乐器、兵器、车马器、杂器、玉器，陶器，骨器等各种质地文物500余件。在多件器物上发现了"王后""王后官""太后""少府""左库"等刻铭，可以确定这是一组战国晚期韩国王陵，填补了韩国王陵的发现空白；发现的由环沟、"中"字形封土与建筑、陵旁建筑构成的陵园形态填补了韩王陵考古发现的空白；陵体建筑、陵内临时建筑、椁室建筑揭示了韩王陵筑墓和埋葬的顺序；这些发现在东周陵墓考古方面意义重大，当选为2008年度"全国十大考古新发现"。

（五）宋代宰相家族墓地考古发掘新突破

安阳韩琦家族墓地发现了韩琦及其家族墓葬，韩琦墓是第一次对宋代宰相一级高级贵族墓葬的科学考古发掘，特别是韩琦墓上的地上建筑和照壁类建筑基址的发现，是在宋代墓葬考古中第一次发现，对研究宋代宰相一级的高级贵族墓葬形制、陵园制度及其宋代丧葬文化习俗提供了科学的实物资料，具有重要的考古价值。韩琦墓位居墓地的主要位置，规模宏大，独特的砖石构筑形制，地宫式的椁室设置，墓道写意式的壁画装饰，是宋代墓葬建筑的代表作之一。

第五节　湖　北　省

一、发表的成果

以南水北调工程文物保护为契机，在抓紧开展文物抢救保护的同时，多措并举，促进学术研究，是湖北省南水北调工程文物保护工作的基本落脚点之一。为此，湖北省文物局一是及时组织文物保护成果出版，先出版了南水北调工程考古报告——《郧县老幸福院墓地》，此后陆续面世的有《丹江口牛场墓群》《武当山遇真宫遗址》、多卷本《汉丹集萃——南水北调工程湖北库区出土文物图集》和多卷本《湖北省南水北调工程重要考古发现》等图录，以及多卷本

《湖北省南水北调工程考古报告集》等10多部考古报告，还率先在全国核心期刊《考古》杂志刊发南水北调文物保护专刊（2008年第4期），刊发了郧县辽瓦店子遗址、郧县乔家院墓群等4个项目的考古简报，在《江汉考古》等核心期刊发表的考古报告（简报）共20余篇。其中《湖北省南水北调工程重要考古发现Ⅰ》被评为2007年度"全国十佳文博考古图书"。

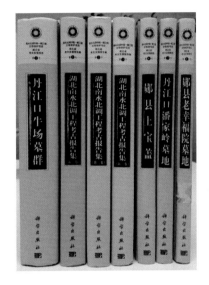

南水北调一期工程文物保护项目部分湖北省出版物

《武当山遇真宫遗址》

二、召开的学术会议

先后4次召开南水北调工程文物保护工作汇报会，组织参与湖北省南水北调工程文物抢救保护工作的单位，及时汇报交流文物抢救保护成果。

三、解决的重大学术问题

本着以南水北调文物保护为契机，廓清南水北调湖北省库区历史文化面貌的目的，自南水北调规划阶段开始，就根据已有的考古发掘成果，结合湖北省库区文物保护工作的实际情况，拟订了10余个学术研究的重点和难点课题方向，并于2007年8月正式启动了课题立项工作，收到10余家项目承担单位申报的科研课题17项，湖北省文物局于2008年5月聘请故宫博物院、北京大学、天津市文化遗产保护中心等单位的9位专家召开立项评审会，评审确立了14项科研课题，共有7位博士生导师领衔承担课题负责人，2位博士后和近20位博士、硕士及研究员参加课题研究。

在上述努力之下，湖北省南水北调工程文物抢救保护工作对于相关重大学术问题的研究起到了重要的促进作用。表现在：①建立并丰富了鄂西北地区新石器时代考古学文化系列；②在辽瓦店子遗址中清理出的夏时期文化遗存保存完好，遗迹、遗物十分丰富，是新中国成立以来长江流域发现的规模最大、出土遗物最多的夏时期的聚落遗址，各类遗迹分布有序，聚落形态较为清晰，遗物内涵丰富、特征鲜明，是夏时期一支新的区域文化类型，极大丰富了对夏时期文化的整体认识；③辽瓦店子遗址中发现的西周时期的文化遗存是鄂西北、陕东南及豫西南一带发现的一种新的区域文化类型，该文化类型与遗址中发现的大量东周时期典型的楚文化遗存层位关系直接叠压，文化面貌一脉相承，将楚文化的发展线索上溯到西周早期，是早期楚文化研究的重大突破。

第六节 山 东 省

一、发表的成果

北京大学考古文博学院专题刊发了《黄河三角洲盐业考古国际研讨会纪要》《2007年鲁北沿海地区先秦盐业考古工作的主要收获》，山东省文物考古研究所、北京大学中国考古学研究中心等联合发表《山东寿光市双王城盐业遗址2008年的发掘》，燕生东发表《山东寿光双王城发现大型商周盐业遗址群》，崔剑锋发表《山东寿光双王城制盐遗址的科技考古研究》和王云鹏发表《古代煮盐"豆浆提纯工艺"解析》。

此外，在报刊上发表了《山东高青西周遗址首次发现"齐公"铭文，与姜太公直接相关》（郑同修，《光明日报》，2010年1月18日）、《山东高青陈庄西周遗址考古发掘获重大成果》（郑同修、高明奎、魏成敏，《中国文物报》，2010年2月5日）、《对陈庄西周遗址的几点认识》（方辉，《中国文物报》，2010年3月5日）等文章，山东省文物考古研究所等机构还发表了考古简报《山东高青县陈庄西周遗址》（《考古》，2010年第8期）、《山东高青县陈庄西周遗址发掘简报》（《考古》，2011年第2期），以及《高青陈庄西周遗址勘探报告》（《考古》，2011年第2期）等。此外，山东省文物考古研究所编辑出版的《海岱考古》第四辑，集中刊载了李学勤、李零、张学海、王恩田等专家学者对高青陈庄遗址相关问题的研究文章。

"佛教艺术与考古学术研讨会"相关论文有20余篇，刊载在《齐鲁文物》（第一辑）（科学出版社，2012年12月）。

此外，还出版考古报告《梁山薛垓墓地》。

《梁山薛垓墓地》

二、学术会议

2007年12月19日，邀请国家文物局专家组成员、中国社会科学院研究员徐光冀、国家博物馆考古部研究员信立祥、北京大学教授秦大树、淄博市文物局副局长张光明、烟台市博物馆馆长王锡平等专家，举办了文登崮头集晚唐至明代墓地发掘成果鉴定及新闻发布会，形成专家论证意见。新闻部门及时对发掘成果进行了报道，取得了良好的社会效果。

2008年12月11日，山东省文物局邀请中国社会科学院考古研究所、北京大学考古文博学院、山东省文博界的有关专家和新闻媒体，在寿光召开了专家论证会及新闻发布会。与会专家认为：在30km^{2}范围内发现如此密集的制盐遗址，揭露完整制盐作坊，在全国乃至世界尚属首次，是中国盐业考古取得的突破性进展。

2010 年 4 月 24—26 日，山东省文物局和北京大学中国考古学研究中心联合，在山东省寿光市主办了"黄河三角洲盐业考古国际学术研讨会"。自 2002 年以来，山东北部莱州湾沿岸盐业考古遗址调查和寿光双王城商周制盐遗址的发掘为契机，将鲁北—莱州湾地区发现的制盐遗址群放在全球视野下予以对比研究，以期将方兴未艾的中国盐业考古推向一个更高的水平。来自美国、加拿大、法国和中国的 60 余位专家学者，代表国内外 20 多家考古研究机构和高校出席了会议。北京大学考古文博学院著名考古学家严文明、李伯谦、原国家文物局文物保护司司长关强出席了会议。与会代表参观考察了寿光双王城盐业遗址发掘工地和昌邑市境内新发现一批东周时期的制盐遗址，并就中国鲁北、山西、四川等地区，日本，中欧、中美洲、东南亚等国家的盐业考古的成果进行了交流研讨。

2007 年 8 月，山东省文化厅在南水北调山东运河段先期调查的基础上，配合国家"十一五"科技支撑计划课题"空间信息技术在大遗址保护中的应用研究（以京杭大运河为例）"，启动了"山东京杭运河资源调查项目"，在济南市召开了有德州、聊城、泰安、济宁、枣庄等沿线五市参加的工作会议。在充分发挥沿线各市县主观能动性的前提下，组织省属文物科研保护等专业机构，从课题研究的角度，对京杭大运河山东段沿线河道、水工设施和相关遗存进行了全面调查。据不完全统计，发现与运河功能相关的各类文物点 200 余处。在此基础上，根据国家文物局的统一部署，委托中国文化遗产研究院、山东省文物考古研究所、山东省文物保护科技中心共同编制大运河（山东段）遗产保护规划。

2009 年 1 月、8 月、9 月，分别召开了大运河遗产保护和申遗规划协调会、评审会和征求意见会。专家组经评审认为，《大运河遗产山东段保护规划》结构基本完整，内容丰富，重点突出，特色鲜明，保护区域划定较为合理，保护策略及保护管理措施可行。

2010 年 4 月 12 日，邀请考古学、古文字学、植物考古学等方面的专家学者，就山东省高青县陈庄西周遗址发掘成果进行专题学术研讨会。

2011 年 9 月下旬，在济南市召开了"佛教艺术与考古学术研讨会"，50 余名专家学者出席了会议，对以往的相关发现作了集中探讨。

三、解决的重大学术问题

根据全线文物分布情况和特点制定了课题研究规划，设置了"运河文化的研究""山东地区古代环境变迁的研究""古代城址研究""盐业考古研究""齐长城研究""古代建筑研究""古代佛教建筑及佛教造像研究""重要遗迹、遗物保护技术研究"等八个学术专题，并对相关专题涉及的文物点，研究方向和课题内容等问题提出了建议设想，要求各项目承担单位注重学术研究和课题设置，以强化参与者的课题意识。为南水北调东线一期工程山东段文物保护工作科学有序、保质保量地顺利推进奠定了良好的基础。相关课题如盐业考古研究、古代城址研究、齐长城研究、运河文化的研究，特别是盐业考古和高青陈庄发掘成果的解读等，取得了较好的进展。

其中，较为重要、具有时代或地域典型代表意义的重要发现主要有：招远老店龙山文化遗址、寿光双王城盐业遗址群、高青陈庄西周早期城址、梁山薛垓汉代墓地、长清大街南汉代画像石墓葬、长清四街周汉宋元遗址及墓地、高青胥家庙隋唐寺院、文登崮头集晚唐至明代墓地、汶上梁庄宋金村落遗址、大运河聊城土桥闸、阳谷七级码头、临清贡砖窑址等，其中寿光双王城盐业遗址、高青陈庄西周早期城址的发掘，分别获 2008 年度和 2009 年度"全国十大考古新发现"，阳谷七级码头和聊城土桥闸的发掘获 2010 年度"全国十大考古新发现"。

京杭大运河是中国水利工程的杰作，凝聚着劳动人民智慧的结晶，承载着运河发展变迁的历史，是古代中国国运兴衰的历史见证。运河漕运中断后，聊城段河道逐步干枯废弃，有的河段变成了垃圾场或臭水沟，船闸、码头等水工设施受自然和人类活动的影响，损毁严重，面目全非。南水北调东线工程占用了聊城段七级码头和七级闸、土闸、戴闸等水工设施。如果采取工程绕避的消极保护，这些历史杰作将处于永久废弃状态，不符合"抢救第一，保护为主，合理利用，加强管理"的文物工作方针，更无助于这些运河水工设施的永久保护和展示。为此，山东省文物部门根据有关专家的建议，积极呼吁，主动协调，与工程建设部门达成了调整工程设计方案的共识，即在相关水工设施的地段，采用月河或涵洞的方式开通调水干渠，既保护了运河原有的水工设施，又使古代船闸、码头周围有一定的水量，使文物保护与工程建设达到了有机的结合。

《鲁北沿海地区古代盐业考古的收获与展望》概括地介绍了鲁北盐业考古调查、发掘的主要成果，提出了多学科合作，推动开展"商周盐业"和"齐国盐业"课题研究的思路。对鲁北地区近年来盐业考古取得的丰硕成果给予了高度评价。同时，对研究中存在的问题，比如制盐工艺复原的证据周延性，对相关遗迹的性质和检测数据的解读等提出了建设性指导意见。

《关于盐业考古研究的几个重要问题》从对卤水的成分、海盐提取原理、传统海盐提取工艺流程、莱州湾地下卤水浓度、草木灰淋卤和豆浆点卤、煮盐和晒盐效率等问题的分析入手，结合双王城 014B 遗址发现的大型硬化盐池（所谓蒸发池），对双王城盐业作坊的性质和功能提出了独到的见解。上古人类发明煮盐工艺，是从经烈日暴晒的卤泉或海滩，经常在一些坑塘或水边留下白色的可食用盐的现象得到启发，从而掌握了使海水或卤水蒸发获取食盐晶体的基本原理。用火煎煮，不仅可以加速水分的蒸发，更可以让人们在不受天气条件制约的情况下获得急需的食盐补充，这应是早期煮盐工艺得以流行的重要原因。而内地盐泉、盐井地处山高沟窄，草木繁盛，燃料充足，则应是煮盐得以推广的外部条件。与内地盐场不同，地处山前冲积平原的黄河三角洲地区，有大片平坦且无法耕种的盐碱地，具备开辟大型盐池、采用日晒法制盐的客观条件。

双王城 014A 遗址发现的"底部经防漏处理，铺垫灰绿色黏土，并经夯打，底面平整、光滑、坚硬"，加工技术十分成熟，与现代海盐传统盐场"结晶池"极为接近的所谓大型硬化"蒸发池"。014B 遗址现代排水沟近盐灶一侧的断面上，显示出南北长达 25m，水平状、加工考究的大型硬化盐池的底部断面，无可争议地表明，至少在商代晚期，黄河三角洲地区的人们已充分了解日晒对水分的蒸发作用和功效。因此不能仅仅根据并不详尽的文献记载，排除上古已有"盐池晒盐"制盐工艺的可能性。否则，在生产效率相对低下的商代，人们何以要耗费如此巨大的人力物力去打造原本并不需要做防漏处理的硬化蒸发池？在鲁北不生乔木，只有荒草和芦苇的盐碱滩上，如何获取大量燃料支撑这种高密度作坊区的生产规模，也是一个需要解释的问题。特别是双王城商代制盐作坊遗址和高青陈庄西周早期城址的发现，填补了山东乃至全国西周考古、商周时期中国乃至世界古代海盐业史研究的空白，为山东地区的相关考古研究提出了新的课题。了解渤海南岸商周以迄宋元时期的制盐规模、生产方式、生产流程、社会分工，以及与制盐生产有关的社会和环境相互关系等问题，都具有极为重要的意义，在昌邑市进行东周时期齐国盐业遗址的调查，发现不同等级的盐业遗址，为齐国盐业管理和工艺流程研究提供了极为珍贵的考古资料，是当代重大专项考古学术课题。对齐国早期历史和商周夷夏关系、中国制盐史研究都具有极为重要的意义。分别荣获 2008 年度、2009 年度"全国十大考古新发现"。

为将研究工作引向深入，山东省文物考古研究所邀请北京大学环境学院、中国科技大学、中科院研究生院、中国文化遗产研究院、山东大学考古系等单位，就遗址的年代、环境、动植物种类，以及相关遗迹、遗物的化学成分等，进行多学科、多层次的综合研究。2008 年，该项目被列为国家文物局"指南针计划——古代盐业的创造与发明"专项试点研究之"早期盐业资源的开发与利用"的子课题、教育部重大项目"鲁北沿海地区先秦盐业考古研究"课题和山东社科课题"山东渤海南岸盐业考古的调查与研究"。这些课题已经通过结项验收，相关成果正在进一步的整理之中。

南水北调东线一期工程山东段济南至引黄济青段干渠穿越齐国腹地北部，在临淄齐国故城西北直线距离约 54km 的高青县花沟镇小清河北岸的陈庄和唐口村之间发现一座平面呈方形，东西、南北分别长约 180m 的西周早中期城址。城内发现了夯土祭坛、"甲"字形贵族大墓、马坑、车马坑等重要遗迹，出土大量陶器及较多的骨器、铜器和少量的精美玉器及蚌、贝串饰等珍贵文物。显示出某种程度的"国都等级"。尤为重要的是，铜器有"丰般作文祖甲齐公尊彝"的铭刻。其中簋、觥、甗、卣等有"丰启作乍祖甲齐公尊彝"的铭文。给人以广阔的想象空间。

此外，该遗址还出土 1 片山东地区唯一一件的西周甲骨刻辞，这些迹象比较清楚地说明了"夯筑土坛"的祭坛属性。

陈庄遗址的西周早中期城址、贵族大墓、夯土祭坛、甲骨刻辞，以及相关青铜铸铭，填补了山东周代考古的多项空白，对于研究早期齐国的历史具有十分重要的意义，引起了学术界的广泛关注。其中，西周早中期城址是山东地区迄今能够确认的最早周代城址；西周早中期夯土祭坛、贵族墓葬、铭文中的"齐公"和西周甲骨刻辞均为山东周代考古的首次发现，在全国也十分罕见，特别是"齐公"在已知金文资料中亦属首见，对于解读该城址属性、寻找齐国早期都城和齐国早期历史的研究都具有不可替代的资料价值，是山东周代考古的重大突破。

2009 年 4 月，邀请中国考古学会理事长、国家文物局专家组成员、国务院南水北调办文物保护专家组组长张忠培、中国社会科学院考古研究所研究员朱延平、故宫博物院研究员杨晶来山东检查南水北调工程第二批控制性文物保护工作，分别考察了高青陈庄遗址和寿光双王城遗址发掘现场，对两处遗址的发掘工作及重要发现给予充分肯定，认为陈庄西周早期城址和双王城盐业遗址的发现，对于齐国早期历史、中国乃至世界盐业史的研究都具有极为重要的作用，要求进一步加强遗址的保护工作。2009 年 10 月，原中国考古学会理事长徐苹芳、王巍现场考察了高青陈庄遗址的发掘工作，在充分肯定陈庄遗址重要发现的同时，明确提出了工程改线、绕避西周城址的问题。

2009 年 11 月，山东省文物局邀请国家文物局考古专家组组长黄景略、南水北调工程文物保护专家组组长张忠培等专程考察陈庄遗址的发掘与保护情况，召开了有山东省南水北调工程建设管理局的领导及山东省水利勘察设计院的设计人员参加的座谈会。会议一致认为，陈庄遗址的发现，对研究山东乃至全国西周时期的历史、对研究齐国早期历史具有重要的意义。

近年来山东省文物部门联合国内外相关学术机构，开展了一系列宗教考古工作，包括与德国海德堡大学合作的南北朝摩崖刻经的调查研究，与瑞士苏黎世大学、北京大学联合进行的临胸小时庄寺院遗址、博兴龙华寺遗址考古调查和研究工作。南水北调工程山东段涉及高青胥家庙、大张庄，东昌府区白马寺等与宗教有关的寺院遗址。山东省博物馆在高青胥家庙发现了由4组建筑基址组成的大型建筑群和一些佛教遗物。结合其与日本合作进行的佛教寺院研究课题，承担了与佛教寺院遗址相关的项目。

第七节 江 苏 省

一、发表的成果

南水北调东线一期工程江苏段文保工作在考古发掘的同时，亦及时将发掘资料进行整理和发表。2010年4月和5月，南水北调东线工程江苏段第一批控制性文保项目以及邳州山头东汉墓地已经完成出版《大运河两岸的历史印记——楚州、高邮考古报告集》（2010年4月，科学出版社），《邳州山头东汉墓地》（2010年4月，科学出版社）；《梁王城遗址发掘报告·史前卷》于2013年10月由文物出版社出版。目前第二批控制性文物保护项目的整理工作正在进行，考古报告在编写完成后也将结集出版。

南水北调一期工程江苏段出版的考古报告

二、解决的重大学术问题

2002 年 12 月 27 日，以江苏三阳河、潼河工程的开挖标志着举世瞩目的南水北调东线工程正式动工。因为东线工程主要是利用大运河向北输水，江苏段的文物保护工作基本是围绕遗产廊道大运河展开的。东线工程所穿越的扬州、淮安、徐州是国家级历史文化名城，蕴藏有丰富的地下和地面文物资源，其中一些重要的历史文化遗存对于研究中华文明多元一体格局的形成以及中国古代文明的进程具有重要的学术价值。

2004 年 5—9 月，由南京博物院考古研究所牵头，会同南京大学、南京师范大学和沿线相关县市 25 个单位的 50 余名文物保护工作者，深入江苏段工程沿线，分别对工程沿线的地下、地面文物进行全面、深入的复查、补查，并有选择、有重点地对地下文物进行了勘探、试掘，对古码头、船闸、桥梁、古街道等与大运河文化有关的专题项目进行了补充调查，进一步查清了江苏段工程沿线的文物状况，而且对该区域文物的分布、内涵、特征、价值等方面也有了较为深入的认识。规划组专门设立了课题小组，系统梳理了江苏段文物资源的特征，提出了若干指导今后工程沿线文物保护工作的学术课题指南。

在沿线调查勘探的基础上，规划组编制了《南水北调东线工程江苏省文物调查报告》，并在其基础上形成《南水北调东线工程江苏省文物保护专题报告》。江苏段工程沿线文物点共 142 处，其中 82 处文物点由文物部门留取资料，并提请水利部门在施工过程中注意保护；其余 60 处文物点与工程密切相关，需要文物部门采取措施加以保护。

从文物价值上看，文物点中的古遗址和墓葬突出反映了江苏历史文化发展和文明演进之路，作为长江、黄河两大流域之间重要的过渡地带，中国南北古代文化相互交流、碰撞、融合的轨迹在此依稀可辨，可以说是探索研究人类起源、发展以及中华文明形成等重大课题的关键区域之一，具有十分重要的科学、历史、文化价值；大量的码头、船闸、古街道、古建筑、古桥梁等文物点集中反映了大运河文化的繁盛。调查情况显示，江苏段文物点量大、面广、类型多、价值高、工作任务重。

第一期控制性项目中文物点共有 10 处，地下文物点 8 处，地面文物点 2 处。第二期控制性文物保护项目共 15 处，均为地下文物点。其中 7 处文物点为配合扬州段的三阳河和潼河河道开挖、宝应站工程建设而列入文物保护项目（7 处文物点为三垛遗址、耿庭遗址、岗西遗址、陶河遗址、土桥化石地点、万民村化石地点、临西墓地）。7 处文物点涉及面积约 33300m²，发掘面积为 2700m²。另外 8 处文物点为受洪泽湖抬高蓄水位而受影响的项目（8 处文物点为泗州城遗址、项王城遗址、老庙滩遗址、戚洼墓地、陡北遗址、小龙头遗址、王屋基遗址、旧后遗址）。8 处文物点涉及面积约 280 万 m²，发掘面积约 44000m²。

第一期和第二期以外的非控制性文物保护项目共有 8 处：瓦屋滩遗址、叶嘴遗址、七嘴古生物化石地点、填塘遗址、刘家洼汉墓群、龟山汉墓群、铜山岛墓地、洪泽湖大堤维修加固。8 处文物点共涉及面积约 51000m²，发掘面积 3620m²。

南水北调东线一期工程江苏段文物保护项目共有 33 处，其中古生物化石地点有 5 处，汉唐时期遗址和墓地有 10 处，宋元明清时期遗址和墓地有 18 处。

（一）古生物化石地点

南水北调东线工程江苏段古生物化石地点共有 5 处，分别是楚州周湾化石地点、杨庄古化石地点、宝应土桥化石地点、万民村化石地点、盱眙戚嘴古生物化石地点。此外，在徐州铜山岛汉代墓地调查中还采集到大象牙齿化石。其中以宝应县万民村化石地点、盱眙戚嘴古生物化石地点、楚州周湾和杨庄古化石地点等比较重要。

2003年9月，在宝应县夏集镇万民村潼河施工过程中发现象牙化石。宝应县博物馆进行了清理。出土象牙化石1枚，另有零散象体其他部位骨骼化石。据初步考证，此次发现的化石属史前猛犸象化石，是江苏境内发现的最大的猛犸象牙化石，具有较高的科学研究价值。该化石为研究江淮地区更新世时期古气候、古地理及海岸线的变迁，古动植物的分布和生存状况及大型哺乳动物的迁徙、灭绝等提供了珍贵的资料。

楚州的周湾与杨庄古生物化石地点地理位置邻近，都处于淮河下游地区，地貌上属河流冲积平原。两地所出化石遗存的种属基本相似，化石年代应属同一时期。同时，两处化石地点的发掘，为以往出土的古生物化石找到了明确的地层依据，确定化石所出的地层为含有大量料姜石的土层，时代为更新世。而对各层位取样土壤进行的孢粉分析测试等相关工作，为进一步复原淮河流域的古地理和古生态环境的研究提供了重要的资料。

戚嘴古生物化石地点为研究江淮地区晚上新世时期古气候、古地理及海岸线的变迁，古动植物的分布和生存状况提供了珍贵的资料。

（二）汉唐考古

南水北调东线工程江苏段汉唐时期的遗址或墓地共有10处，分别是楚州唐至明清墓地、高邮三垛遗址、陶河遗址、临西墓地，盱眙项王城遗址、填塘遗址、戚洼墓地、刘家洼汉墓群、龟山汉墓群，铜山县铜山岛墓地等。此外，后来发掘的南水北调骆马湖水资源控制闸邳州山头东汉墓地也取得了重要发现。邳州山头墓地发现了一处比较完整的东汉时期的墓地，出土了200多件器物。盱眙戚洼墓地发现了一处汉代和唐代的墓地，汉代墓葬都保存得比较完好，唐代墓葬保存一般。盱眙项王城遗址的勘探和发掘确定了城址的具体位置，丰富了城址的内涵。这些遗址为江苏省汉唐文化新增了非常重要的考古学资料，对研究环洪泽湖流域汉唐时期的经济、文化、艺术等方面具有重要意义。

邳州山头东汉墓地的发掘对研究东汉时期徐州地区的社会发展情况、生产力水平、经济生活以及埋葬习俗具有重要意义。

盱眙戚洼墓地，共发掘面积2600m²，发现汉代墓葬18座，唐代墓葬7座。汉代墓葬分布密集，排列有序，年代亦有早晚之分，是一处十分典型的汉代家族墓地，未发现有被盗痕迹，保存较为完整。此次发掘丰富了洪泽湖地区的汉墓考古资料，对进一步研究该地区汉代葬俗，了解汉代家族组织、社会形态等诸多重要问题有积极作用。唐代墓葬说明当时陆路和水路交通还比较便利，与外界的经济和文化交流还比较顺畅。戚洼墓地临近洪泽湖边，周围环境保存条件严峻，学术研究价值很大，今后可适当再进行发掘。

位于洪泽湖南岸的盱眙项王城遗址，据史料记载为秦汉时期盱眙县治。此次考古工作，仅对城址内部和墓葬区进行了局部发掘，也仅发掘了4座秦末至西汉墓葬。但这些墓葬特征鲜明，时代性较强，是首次发现的可能属于楚汉之争时期的墓葬。这一点很重要。此外，从考古学上确认了项王城是与东阳城、泗州城相提并论的古盱眙境内三座最重要的城市之一；已进行的发掘工作表明，项王城在南北朝时期地位显要，应是当时淮河两岸最重要的城市之一，隋唐时期基本延续了南北朝时期的辉煌；已发掘出土的文物种类丰富，其中青瓷器、瓦当的考古学演化发展序列清晰，部分青瓷器质量上乘，瓦当个体大，图案精致，对于研究这一地域的物质文化具有重要意义；所揭露的唐代道路及其两侧的房屋建筑遗存保存较好，布局较为完整，遗物较多，且不少尚保留原始位置，表明本次发掘区可能是古项王城内一处规模较大的邸肆。依据发掘情况，项王城遗址发掘区的时代最早为唐代。在唐代地层下，遍布大小不一的唐代灰沟，说明该遗址在唐代就已经破坏严重。但大量汉、六朝遗物的出土，表明该遗址的时代应该更早。这也可以从墓葬区所体现出的时代性来印证。本次发掘，不仅对于研究古代盱眙，而且对于研究古淮水流域乃至大运河流域的古代经济、政治活动具有重要的价值。

位于洪泽湖南岸的官滩镇刘家洼汉墓群、老子山镇龟山汉墓群以及微山湖东岸的铜山县铜山岛汉墓群，在考古调查时均发现有汉代墓地的迹象。本次三处文物点发掘面积虽然小，但发掘的现象都表明该区域存在有大量墓葬。在铜山岛汉墓地中还采集到了东汉时期的画像石以及大象的牙齿化石，画像石的存在说明墓葬的规格不低，动物牙齿化石的发现说明该区域为一处古生物化石地点，对研究当时的环境具有重要意义。

位于扬州高邮的三垛遗址、陶河遗址均发现有唐代遗存。三垛遗址发现有较厚的唐代文化层，有少量灰坑发现，出土有较多窑口的瓷器和标本，窑口有长沙窑、寿州窑、宜兴窑等。这与三垛镇便利的水运位置密不可分。流经三垛镇的古河道有三条：南北向的三阳河与东西向的北澄子河在镇上交汇，另一条是位于镇东北角与三阳河平行的第三沟。三阳河又曾经是古邗沟的一部分。北澄子河又名城子河、漕河、东河、闸河、运盐河。东西向的漕粮河乃至运盐河与南北向的沟通江淮的山阳河在三垛交汇，使三垛形成了集散货物的码头，在此基础上逐渐发展为繁华的集镇，早在唐代中晚期，三垛就已经是人口聚居的小集镇了，考古发掘的结果充分印证了这样的历史史实。三垛遗址的发掘为研究历史时期江淮区域的交通、经济、社会提供了珍贵的第一手资料，起到了印证历史、补充文献记载的作用，为今后这一区域历史时期的考古发掘与研究提供了有益的线索。

（三）宋元明清考古

南水北调东线一期工程江苏段宋元明清时期遗址主要有楚州白马湖农场二站遗址、白马湖一区二窑明代墓地、板闸古粮仓遗址、夹河明清墓地，高邮三垛遗址、陶河遗址、临西墓地，盱眙泗州城遗址、陡北遗址、老庙滩遗址、瓦屋滩遗址，泗洪小龙头遗址，泗阳王屋基遗址等18处。这时期的遗址较多，大多数分布在京杭运河和淮河的两岸、洪泽湖的周围。遗址的类型也比较丰富，除了一般的古遗址、墓地外，还有古城址、粮仓遗址等。这些遗址的发掘对研究京杭大运河的发展史、淮河的变迁，以及洪泽湖流域的经济社会发展提供了非常重要的资料。

泗阳县王屋基遗址和泗洪县小龙头遗址所发现的宋、明、清遗迹，对于研究洪泽湖地区古代居民的生活状况与古环境的变迁具有重要意义。

泗州城"因水而盛、因水而亡"。该遗址保持状况较好。作为一个灾难性遗址，整个城市的面貌都被定格在康熙十九年洪水淹城的一刹那，可以说是研究清代"州城"的活化石。从2010年12月开始，两年多的钻探、发掘工作确认了遗址的范围，了解了地层堆积和城内一些重要建筑遗迹的情况。充分利用泗州城钻探发掘所获得的第一手资料，对泗州城的城市布局、古代建筑、历史沿革等方面的情况进行研究。泗州城的历史价值、文物价值、旅游开发价值都非常可观。国内的很多考古专家都曾经参观过泗州城的发掘现场，他们在惊叹于其保存完好的同时，都不约而同的建议在泗州城遗址之上建立一座大型的遗址公园。泗州城遗址本身的"先天条件"也非常适合建立一个遗址公园。考古工作在这一进程中大有可为。

白马湖农场新河二站宋元遗址位于京杭运河与白马湖之间，紧靠新河古河道，水陆交通便捷，出土的文物对相关的交通史研究提出了新问题，对复原宋元乡村社会的日常景象，进一步了解当时人们的家庭生活提供了便利，更对宋元基层社会研究提供了新的视角和材料。而遗址中出土的大量磁州窑系白瓷，其所透露出来的釉下施彩和釉上施彩两种不同的工艺流程，对宋元时期磁州窑对江淮区域地方窑口制瓷工艺的影响及相关的陶瓷史研究提供了材料。

楚州元明清墓地位于古淮安城南门外，是唐代以来淮安的主要墓地之一，对了解唐代以来淮安居民的南北文化交流、生活风俗等具有较高的史料价值。

楚州区淮城镇夹河明清墓葬群可能为家族墓地，是古运河宝贵的文化遗存。淮安板闸古粮仓遗址应为南北商船在此转运的见证。板闸古粮仓遗址的发掘，对研究明清时期的运河漕运史有十分重要的意义，充分证实了运河在古代南北漕运上的历史地位，也窥见繁华时期的板闸淮关舟楫成群、商贾云集、茶楼酒肆林立的景象。

据《左传》记载，哀公九年（周敬王三十四年，公元前486年）吴王夫差在打败越国和楚国后，为挺进中原争霸，自邗城脚下起开邗沟，沟通了长江与淮河之间的水上交通。京杭大运河全长约1794km，在江苏境内就有690km，约占大运河总长的2/5。大运河作为我国南北交通大动脉，对促进我国南北经济文化的交流和发展起了巨大的作用，早在唐代，大运河流经的江淮地区即已为全国财赋的中心区域。"当今赋出于天下，江南居十九"。徐州、淮安、扬州均为运河重镇，是运河沿线重要战略物资和各类商品的集散中心。明代，徐州与淮安以及山东的临清、德州并称运河上的"天下四大粮仓"，淮安地扼漕运之冲，向有"南船北马，九省通衢"之誉，作为运河襟喉要地，曾创年漕运量800万石的中国古代漕运之最；自明代以来，淮安就是国家漕粮和淮盐的集散中心，国家的河、漕、盐、榷（关税）管理机构都驻节在这一带，大小官署鳞次栉比，使淮安享有"运河之都"称誉；到了清乾隆年间，淮安已成为运河"四大都会"之一。上述考古项目的实施，为研究淮安地方史和大运河历史提供了珍贵的资料。

第八章　南水北调文物保护成果总体评价

第一节　文物优先理念的确立及作用

理念决定行动。南水北调文物保护工作之所以能够顺利地开展，有效地实施，能够取得累累硕果，根本上取决于"文物优先"理念的确立和贯彻落实。这一理念，就是把文物保护工作视为南水北调工程建设的重要组成部分，同时也是开展工程建设的先行条件。

我国的文物保护工作，遵循"保护为主、抢救第一、合理利用、加强管理"的方针，20世纪90年代实施的三峡库区文物保护工作，采用了"先规划、后实施"的管理模式，为开展大型工程中的文物保护工作提供了可资借鉴的范例。在南水北调工程建设之初，经过部分政协委员、专家学者、文物部门的呼吁和努力，尤其是党和国家领导人就南水北调文物保护工作做出重要批示之后，"文物优先"的理念才逐渐形成和确立。"文物优先"理念的深入人心，是南水北调文物保护工作顺利实施的思想基础，发挥了重要作用。

首先，文物部门始终把文物保护放在第一位。2005年，在文物保护经费无法完全到位、征地拆迁没有完成的情况下，为有效缓解文物保护与工程建设工期的矛盾，工程沿线各省文物部门积极努力，克服重重困难，多方筹措资金，力争文物保护先行，对于制约工程进度的文物点实施考古发掘清理。

基于文物优先的理念，文物保护工作成为南水北调工程建设的重要组成部分。工程开工之前，国家文物局会同国务院南水北调办等相关部门，组织沿线各省市文物部门进行先期文物调查，摸清文物家底，形成文物保护规划，为进一步的实施提供了坚实的基础。在文物保护规划批复之前，先后分三批对保护工作量大、保护方案复杂、对南水北调东中线一期工程建设工期构成制约的控制性文物保护项目实施提前做出安排，涉及投资4.36亿元，占东中线一期工程文物保护规划总投资的40%，保障了工程建设的顺利实施。

工程线路确定之后，当工程渠线与文物保护出现冲突时，对于具有重要价值需要原址保护的文物，采取改变工程线路避让文物的做法，最大限度地保护了文物的环境信息。比如，河北省常山郡故城遗址是我国现存较完整的一座汉代城址，具有重要文物价值。国家文物局根据专家意见，将其列入向国务院推荐的第六批全国重点文物保护单位名单。为保护该城址的完整性，经国家文物局与水利部门磋商，明确了南水北调干渠避让故城遗址的意见，水利部门编制了比选方案，最终干渠避让常山故城遗址。

对于文物保护工作实施过程中新发现的具有重要价值需要原址保护的文物，采取避让的做法。位于山东省高青县的陈庄遗址，是为保障南水北调东线胶东输水段工程建设先期（2007年）安排的第二批控制性文物保护项目。随着遗址的发掘，发现陈庄遗址属西周早中期，是目前山东地区所确认最早的西周城址，也是鲁北地区目前所发现的第一座西周城址，文物价值极高。经山东省工程建设主管部门与文物部门多次沟通，并报经国家文物局和国务院南水北调办公室同意，工程线路在此处做出调整，整体避开遗址。

第二节　创新领导体制的建立及作用

南水北调工程文物保护工作吸取三峡等大型工程文物保护工作的经验和教训，积极进行管理创新，切实加强各部门之间的沟通协调。在开展的初期阶段，南水北调工程文物保护工作建立了"国家文物局主导，中央相关各部门共同参与协调"的领导体制，具体地说，就是在南水北调工程文物保护工作中，国家文物局负责对南水北调工程文物保护工作进行协调、指导和监督，国务院南水北调工程建设委员会办公室参与指导、协调、监督南水北调工程文物保护工作，国家文物局会同国务院南水北调办等有关部门共同组成工作协调小组，就南水北调工程文物保护工作中出现的重大问题进行研究协商。

2004年5月，南水北调工程文物保护工作协调小组在北京召开第一次会议，即提出文物保护工作是南水北调工程的重要组成部分，要求各有关部门都应按照《中华人民共和国文物保护法》的规定以及国家文物局、水利部《关于做好南水北调东、中线工程文物保护工作通知》和国家基本建设程序的要求，高度重视、认真做好南水北调工程中的文物保护工作，既要确保南水北调工程的顺利实施，又要保护好我国珍贵的历史文化遗产。

通过这种新型的领导机制，有力地组织实施了文物保护专题报告、文物保护方案及投资概算的编制、论证、审批等工作，为文物保护工作的开展打下了坚实的基础。在这种新型的领导机制下，积极创新工作机制，实施控制性文物保护工作，即对时间紧、任务重的文物保护点实施：打破工程总体审批程序，优先安排资金进行抢救性保护。在南水北调东、中线一期工程可行性研究总报告尚未批准，文物保护专题报告不能及时审批的情况下，根据南水北调工程文物保护协调小组有关会议研究，国家文物局联合国务院南水北调办先后于2005年和2006年向国家发展改革委上报了第一批和第二批控制性文物保护项目，有效缓解了文物保护与工程建设工期的矛盾。通过对丹江口库区和遇真宫文物保护的专项审批等方式，既解决了南水北调工程文物的整体保护，又解决了突出的较难保护的文物面临的难题。

事实证明，这种新型领导体制，有力地强化了文物、水利、规划、移民各相关部门之间的沟通和交流。在应对南调工程中出现的重大问题时，起到了关键性作用，有力地推动了南水北调文物保护工作的进展。

第三节　文物保护与征地移民
工作良好的衔接

文物保护与征地移民工作，作为南水北调工程的两个重要组成部分，二者之间有着密切的联系。工程开展伊始，国家文物局会同国家发展改革委、国务院南水北调办等相关部门，组成南水北调工程文物保护工作协调小组，就文物保护、征地移民以及其他相关方面的工作，建立了协调机制，地方文物部门与征地移民等相关部门建立了相应的协调机制，相互之间保持着及时、有效地沟通，使得文物保护与征地移民工作做到了良好的衔接和配合。

沿线各省市征地移民主管部门及时向文物主管部门拨付文物保护经费。根据《南水北调工程建设征地补偿和移民安置资金管理办法》和相关法规，国家文物局会同国务院南水北调办联合下发了《南水北调工程建设文物保护资金管理办法》，为南水北调主体工程建设征地补偿和移民安置资金中用于文物保护方面资金的使用、管理和监督提供了制度保障，各地征地移民主管部门也将经费及时拨付文物部门。

第四节　良好职业道德与敬业精神在确保
大型工程实施中的作用

在南水北调工程文物保护工作实施过程中，奋战在第一线的文物工作者表现出了扎实、严谨的工作作风，艰苦奋斗、吃苦耐劳的拼搏精神，良好的职业道德和敬业精神，他们顶严寒、冒酷暑，用自己的青春和汗水，取得了一项又一项重要的成果，顺利而出色地完成了党和国家交给文物工作者的任务。事实证明：良好的职业道德与敬业精神，是实现文物保护与工程建设和谐推进的重要条件，在南水北调工程文物保护工作中，文物工作者不畏艰苦，不避寒暑，在工期紧张的情况下，第一时间投入文物保护工作第一线，高效及时地完成了文物保护工作，做到了"既保护文物，又保证工程建设"。在工期紧、任务重的情况下，文物工作者本着科学、严谨的态度，完成每一处文物点的保护工作，有效地保护了大批珍贵文物，解决了许多学术问题，在繁重、复杂而紧迫的文物保护工作中创造出了优秀的成果，高质量、高水平完成了南水北调文物保护工作。良好的职业道德与敬业精神，确保了文物的安全。广大文物工作者与艰苦条件做斗争，及时抢救出大量珍贵文物，使之免于沉没之虞；许多文物点所在区域比较偏僻，引起盗墓者的垂涎，广大文物工作者配合公安部门与盗墓等罪恶势力作斗争，对文物点加强巡护和防盗工作，保证了文物的安全。

第五节　一批重大考古发现填补了
考古研究的空白

南水北调工程文物保护工作中，发现了一批在研究中华文明进程中能起重大推动作用的文化遗产。举其要者，简述如下。

1. 新郑市唐户遗址

唐户遗址 60 余座房址及房屋外围的灰坑和窖藏遗迹的发现具有重要意义，是裴李岗文化至今最重要的考古发现。

唐户遗址位于河南省新郑市观音寺镇唐户村南部和西部、积水河与九龙河两河交汇处的夹角台地上。该遗址是第六批全国重点文物保护单位，面积约 140 万 m^2，文化遗存堆积丰富，包含有裴李岗文化、仰韶文化、龙山文化、二里头文化及商、周文化，是一处跨时代的聚落群址。其中仅裴李岗文化遗存面积即达 20 万 m^2。

此次考古发掘最大的收获是发现了大面积裴李岗文化时期的居住基址。发掘表明，唐户遗址裴李岗文化时期的居住基址可分为四组相对独立的单元，中间被生土隔离。房址均为半地穴式，平面有椭圆形、圆形、圆角长方形和不规则形等。门道方向有西南向、南向、东南向几种，大多朝向地势较低的一面。房子以单间式为主，共 57 座，双间式 3 座。房内居住面和墙壁大部分经过处理，门道以斜坡式为主，共 56 座，阶梯式 4 座。有 6 座房内发现有用灶迹象，灶设在房屋中间或门道一侧。房址按结构型式可大致分为斜坡门道单间式、阶梯门道单间式和斜坡门道双间式 3 种类型。此外，在居住基址内发现排水系统 1 处。该排水设施共有 3 条支流，依地势由北向南伸展，其中一条支流由东北向西南延伸，另两条支流从西北向东南延伸，最后这三条支流交汇在一起，流向西南。该排水系统从居住区房址外围穿过。排水系统的发现，说明当时人们已经懂得利用自然地势来建造排水设施，反映了较为先进的建筑理念。目前在全国 150 多处裴李岗文化遗址中，除舞阳贾湖遗址发现 45 座、新密莪沟遗址发现 6 座房址外，其他均为零星发现。

2. 荥阳市关帝庙遗址

关帝庙遗址是目前黄河南岸正式大规模发掘的第一个商代晚期聚落遗址，发掘所见商代晚期居址、墓葬区、手工业作坊址、祭祀区布局清晰，表明了聚落内部不同区域之间功能的差异。地质地貌、动物、植物、人骨、石制品以及各类测试土样等考古信息的全面采集为聚落考古、古代环境复原、生业、人类行为等学术课题的综合研究构建了基础。

关帝庙遗址位于河南省荥阳市豫龙镇关帝庙村西南部。遗址现存平面形状略呈梯形，东西长约 370m，南北宽 260（东）～310（西）m，面积约 10 万 m^2，南水北调干渠略呈东南—西北向穿过遗址北半部。

商代晚期的文化遗存是该遗址主要的文化遗存，遍布整个发掘区。该时期文化堆积较厚，文化遗迹丰富，灰坑、窖穴、房基、陶窑、水井、墓葬、灶坑等大量发现。

通过发掘可知，该遗址以商代晚期遗存为主，堆积较丰富的是在遗址东部和南部，文化年代以殷墟二期为主，遗址内部有功能分区：居住址集中在遗址的中部偏东处（发掘区的西部），居址中及其周围分布有生活用水井；制陶作坊和居址没有明显的分界，但陶窑周围有类似水窖的遗存；发掘区南部为祭祀区，分布有燎祭遗存和瘗埋遗迹；遗址的东北部为墓葬区，墓葬排列比较整齐，鲜见打破现象；居址和墓葬之间，有沟相隔。

3. 湖北郧县辽瓦店子遗址

辽瓦店子遗址文化序列完整、特征鲜明，可作为汉江上游区域文化发展序列的标尺。湖北郧县辽瓦店子遗址获 2009 年度"全国十大考古新发现"。通过三年的发掘和初步整理，发现在辽瓦店子遗址存在一批新石器时代晚期、夏、商、西周、东周、汉、唐宋等几个大的时期的丰富的文化遗存，特别是夏、商、两周时期的遗存，保持完好、内涵丰富、意义重大。

研究表明，辽瓦店子遗址扼守汉江通道要塞，出土大量丰富的新石器时代、夏、商、两周时期的遗迹、遗物，且有很多遗存都是首次新发现，填补了这一区域文化发展的空白。辽瓦店子遗址夏及商早期的遗存总体自身特点突出，部分受陕东南同时期文化的影响，同中原二里头文化也有一定的联系。商代中期和中原典型的商文化如出一辙。商晚、周初的文化面貌又呈现浓厚的自身特点，出现一组以扁足鬲为代表的新器物群。西周中期典型的周文化侵入此地发展迅速，西周中期以后到东周则属楚文化的范畴。

4. 山东寿光双王城盐业遗址

寿光双王城盐业遗址调查发现 80 余处不同时期与制盐有关的遗址，是发现的规模最大的盐业遗址群。此次发掘揭露了比较完整的商周时期盐业作坊遗迹，对了解古代尤其是商周时期的盐业工艺流程比如制盐所需原料、取卤、制卤、成盐等过程，以及古代煮盐活动与环境的关系等问题，具有重要的意义。如此完整的揭露整个制盐作坊，在全国乃至世界都是首次。双王城水库的考古发掘工作，为研究中国古代制盐业提供了非常重要的资料，同时也提出更深层次的问题。今后还需要加强多学科协作，探索一些尚待解决的问题。

山东寿光双王城盐业遗址荣获 2008 年度"全国十大考古新发现"。双王城水库盐业遗址群位于寿光市羊口镇双王城水库周围，南至寇家坞村，北至六股路村，东北距今海岸线 27km。这一带属于古巨淀湖（清水泊）东北边缘，地表平坦，地势低洼。从 2008 年 4 月开始，山东省文物考古研究所、北京大学考古文博学院联合对双王城水库工程范围内遗址群中 07、014 遗址进行了大规模考古发掘，发掘面积 2600m²，发现商周时期和宋元时期大量与制盐有关的重要遗迹。

5. 河南荥阳娘娘寨城址

河南荥阳娘娘寨城址是近年来新发现的布局较为清晰的两周时期城址，是河南乃至全国西周城址考古的新发现和新突破。娘娘寨城址是郑州地区唯一能够确认的西周时期城址，为西周时期的筑城方法、城墙结构、设防措施和功能布局等研究提供了重要的新材料，对于认识郑州地区西周文化遗存面貌具有突破性价值。

河南荥阳娘娘寨遗址荣获 2008 年度"全国十大考古新发现"。娘娘寨城址位于郑州市荥阳市豫龙镇寨杨村西北，遗址西、北为索河。2005 年以来，为配合南水北调中线一期工程干渠建设项目，郑州市文物考古研究院正式对娘娘寨城址进行考古发掘，发掘面积 1.5 万 m²，2008年又组织对娘娘寨城址内城外部分进行勘探，发现了外城垣、护城河，确认城址总面积 100 多万 m²。考古发掘表明，该城址建于西周晚期，沿用至战国时期，分内城和外郭城，内、外城墙外均设有护城河。内城内分布有"十"字形主干道和宫殿区、作坊区，四面城墙中部均有城门与城内道路相通。

娘娘寨遗址出土遗物非常丰富，遗物有陶、石、骨、蚌、铜、玉器等。其中以陶器为主，陶器极为丰富。陶器有泥质和夹砂之分，多为灰陶，有少量红褐陶。纹饰以绳纹、旋纹、弦纹、附加堆纹为主，有相当多的素面陶。器型有鬲、罐、豆、盆、碗、甗、簋等。

6. 山东高青县陈庄遗址

为配合南水北调东线山东段建设工程，自 2008 年 10 月至 2010 年 1 月，山东省文物考古研究所对高青县陈庄遗址进行了大规模的考古勘探和发掘工作。发现西周早中期城址、西周贵族墓葬、祭坛、马坑、车马坑等重要遗迹，出土大量陶器及较多的骨器、铜器、玉器等珍贵文物，取得重要成果。

陈庄遗址考古发掘是在南水北调东线胶东输水段工程中进行的发掘项目，也是在配合南水北调工程中新发现的一处古代遗址。调水工程由西向东穿越该遗址的南部，此次考古发掘工作仅限于调水工程占压范围内。发掘工作以南北向灌溉水渠为界，分东、西两个发掘区。通过考古发掘，确认该遗址为西周时期的一座城址，时代为西周早中期，城墙四周普遍有壕沟。这次发掘区域主要在城圈之内，在城内清理了房基、灰坑、窖穴、道路、水井、陶窑等生活遗迹，尤其重要的是清理了多座贵族墓葬、车马坑、马坑及可能与祭祀有关的夯土台基。尤其重要的是墓葬出土了数十件青铜器，已发现6件铜器上有铭文，另有少量的精美玉器及蚌、贝串饰等珍贵文物。

西周城址是这次发掘的重要收获。另外，该遗址还出土周代卜甲、卜骨，其中一残片上残存有刻辞，这是山东地区发现的首例西周刻辞卜甲。在许多方面填补了山东周代考古的空白，在学术界引起广泛关注。由于城址所在地域位于齐国近畿之地，出土铜器上的铭文又表明其与齐国有直接的关系，因此，这一发现对于研究早期齐国的历史具有十分重要的意义。主要表现在以下几个方面：陈庄遗址所发现的城址属西周早中期，是山东地区所确认最早的西周城址，也是鲁北地区所发现的第一座西周城址。城内的夯土台基由其结构和所处位置初步判断，很可能与祭祀有关，或称其为"祭坛"，此为山东周代考古的首次发现，在全国这一时期也十分罕见，为研究周代的祭祀礼仪提供了宝贵的资料。有关齐国的考古工作已经进行了半个多世纪，始终未发现属于西周时期的贵族墓葬，这次发现的一批大中型墓葬，由其墓葬规模和随葬品的情况应属于西周时期的贵族墓葬。特别是两座带墓道的"甲"字形大墓属于西周时期高规格的贵族墓，这对解读该城址的地位与属性可能具有重大意义。由铜器上的铭文内容表明其与齐国有直接的关系，尤其是铭文中的"齐公"字样为金文资料中首次发现，对研究早期齐国的历史无疑具有重要价值。西周刻辞卜甲在山东地区也是首次发现。因此，陈庄遗址的考古发掘在许多方面填补了山东周代考古的空白，是半个世纪以来山东周代考古特别是齐国历史考古的突破性进展。

7. 河南新郑胡庄墓地

河南新郑胡庄墓地荣获2008年度"全国十大考古新发现"。胡庄墓地位于新郑市城关乡胡庄村，是河南省文物考古研究所为配合南水北调中线工程建设而进行的文物保护项目。

经过考古发掘，发现胡庄墓地由陵园和两座带封土大墓组成。经过考古发掘，胡庄墓地出土文物丰富，出土鼎、豆、编钟、戈、车马器、构件等青铜器，箸、箍扣、节约等银器，大圭、璧、璜等玉器，玛瑙环，陶器，骨器，石磬等各种质地文物500余件，其中银器46件，还有大量的铜镞、铜珠、骨钉等，是战国韩国文物的一次重要发现。式样繁多的构件不仅体现了韩国高超的青铜器铸造技术和机械设计水平，也揭示了外椁有大帐的现象。已在100余件铜器上发现刻铭，内容多为方向序号。其中在铜鼎、戈、樽和银箍扣上发现的多组"王后""王后官"和"太后"刻铭，与"少府""左库"等韩国官署名称，确定这是一组战国晚期韩国王陵。

考古发掘表明，该墓地是以2座高级贵族夫妇合葬大墓为核心的战国晚期韩国王陵。在出土的500余件珍贵文物中，有数十件铜器上保存"王后""王后官"和"太后"刻铭。此次发掘，填补了韩王陵园形态的考古学空白，揭示了韩王陵筑墓和埋葬的顺序，印证了《左传》中有关"椁有四阿，棺有翰桧"的椁顶结构的记载，首次发现了韩国王侯级大墓棺椁的完整形态，是韩国王陵考古的重要突破，对东周陵墓考古学研究具有重大意义。

8. 磁县北朝墓群——东魏元祜墓

磁县北朝墓群是全国重点文物保护单位，此次发掘的 M003 号墓是勘探南水北调渠线时在北朝墓群中新确认的北朝墓葬之一。M003 位于磁县县城南、京广铁路之西，属于北朝墓群南部的一座墓葬。它东距邺城遗址 7km，西北距天子冢约 3.5km。经过发掘清理得知，磁县北朝墓群 M003 是东魏皇族元祜的墓葬，该墓未被盗掘，随葬品组合完整，墓室残存壁画格局基本清晰。

元祜墓出土的墓志，明确了磁县北朝墓群中东魏皇宗陵的地域所在。元祜墓是磁县北朝墓群中仅见的未被盗掘的墓葬，出土了较丰富的随葬品，190 余件出土遗物组合清晰，保存状态良好，是研究当时社会制度、生产技术难能可贵的资料。该墓年代明确，其墓葬形制和出土遗物成为北朝墓葬研究的标尺。元祜墓墓室壁画格局新颖，是迄今难得一见的东魏王朝画迹。陶俑的雕塑风格写实，技艺精湛。这些作品是研究南北朝时期艺术风格之源流的宝贵资料。

9. 河南安阳固岸墓地

安阳固岸墓地是首次发现有明确纪年的东魏墓葬，墓地出土了大批北齐时期陶俑、瓷器和多方北齐、东魏墓志等重要文物，出土的北齐白瓷是在国内考古界的第二次发现，出土的一件有明确纪年的北齐黑瓷器，也是整个北方地区的首次发现，发现的东魏时期围屏石榻，是我国目前发现的唯一一座以二十四孝子为题材的围屏石榻，具有很高的考古价值、文物价值和艺术价值，这些文物的出土，对于研究豫北地区北朝时期的丧葬习俗和陶塑艺术，对于研究白瓷、黑瓷的起源和制作工艺，对于研究北齐和东魏时期的书法艺术等众多学术课题均提供了十分宝贵的实物资料。

第六节　促进考古学学科建设，锻炼文博行业专业队伍

南水北调工程文物保护工作自始至终，文物主管部门根据学科发展要求和专家意见，在工程实施中加强考古学与多学科的合作。结合工程考古发掘和发现，就多学科运用于文物保护和研究。南水北调中线工程的文物保护工作引入气象学、环境学、建筑学、遥感、物探等多学科参与，避免了传统的单纯的考古造成的大量历史信息丢失，留取气候、周围环境、自然资源、岩石土壤等相关信息。南水北调工程文物考古工作中，遥感考古、生物遗传学考古、音乐考古纷纷介入，众多不同学科的工作者开始参与考古发掘，并取得了显著成效。

北京市在工程实施中引用多学科，将探讨燕文化的课题纳入南水北调工程考古发掘中。河北省和河南省结合多学科研究，解决了先商文化的重大学术课题，对先商时期的居住环境、葬俗等专业性空白课题进行了研究；湖北省专门设立了"旧石器时代以来汉水中游地区环境变迁""丹江口库区文物管理信息系统""重要遗迹遗物的保护技术研究""楚文化多学科研究"等课题。山东省设立了盐业考古专题。

可以说，南水北调工程文物保护工作，给考古学科的发展由量到质的转变提供了机遇。南水北调工程文物保护工程的实施，使考古学在社会的影响力更为广泛，队伍更加壮大和专业化。2011年，教育部将考古学科定为一级学科。

南水北调文物保护工作中，国家文物局主导，地方文物部门为实施的主体，可谓中央和地方双方协同作战；各地文物部门、高校和科研院所，进行跨区域的支援、合作，这从纵、横两个方面，提高了整个文博行业对于大型文物保护工程的应对能力。

南水北调文物保护工作中，大批市、县基层文博工作者的专业素质、业务能力得到培训和提高。湖北、山东等省份结合田野考古工作实际情况，开展田野考古工作培训班，邀请专家、学者授课，组织市、县级博物馆、考古所（队）文物工作者参加学习，对于提高基层文博专业工作人员素质，具有重要作用。

第七节　南水北调东、中线一期工程保护的文物将取得重大的社会效益和经济效益

（一）南水北调工程文物保护有长远的社会效益

文物是民族文化的灵魂、先民宝贵的遗产，具有深厚的历史、艺术、科学价值。有效保护文物、合理开发利用文物，不仅是继承和弘扬民族优秀传统文化的需要，而且对于加快推动经济社会全面协调可持续发展具有十分重要的意义。

南水北调工程文物保护先行，保障了工程的顺利实施。南水北调解决了沿线约7亿人的饮水问题，促进了当地城市化的进程、文化资源的发掘和积累。人们从南水北调工程文物保护过程和结果中，知晓了居住地的过去和现在，增强了当地民众的文化凝聚力和自豪感，对建设和谐社会和当地文化大发展有不可估量的社会效益。

南水北调文物保护工作硕果累累，发现了涵盖中华文明各个阶段的遗存，出土了约10万件（套）珍贵文物。依托南水北调工程文物保护出土文物，湖北省在十堰市博物馆加挂"湖北南水北调博物馆"的牌子，举办南水北调出土文物精品展，展出精美文物309件（套），开馆第一个月就免费接待观众22万人次。丹江口市新建博物馆，专门存放丹江口库区出土的文物，南水北调文物展已成为当地对外宣传和市民了解当地历史的重要窗口。

（二）南水北调工程文物保护成果具有显著的经济效益

南水北调工程文物保护成果除了间接促进当地经济和社会发展外，从某种程度上带来了一定的经济发展。南水北调工程文物保护的实施，带动工程实施地无城市打工和就业能力的农民，增加其收入。通过文物保护工程的实施，培养了一批当地的文物技术工人，有力地促进了当地农民知识的更新和就业。全国奋战在一线的考古技术工人，多数从南水北调文物保护工程中培养成长。

此外，南水北调工程文物保护出土的一批极为珍贵的文物，增加了国家的不可贬值的有形资产，还可通过文化交流、商业展览、文物交流等不同形式，连续产生永久的经济效益。

（三）南水北调工程文物保护成果具有显著的人居环境改善效益，让文物活起来造福当地

东线工程多处通过历史大运河河道、闸、桥等文物遗迹，通过南水北调工程文物保护工作，一大批废弃的古运河文物得到复生和复兴，使中华民族的优秀文化遗产得以再次发扬光大。一批运河历史文物得到了发掘、修复和展示，部分地点已建成国家考古遗址公园，申报为世界文化遗产，既解决了沿线的城市、农业用水，改善了生态人居环境，又成为当地发展旅游经济的主要资源。

（四）南水北调工程是人类的一笔文化遗产财富

南水北调工程是我国水利工程史上的一次壮举，无论是工程规模还是设计与施工的水平，在世界水利工程建设方面都将留下宝贵的财富，因此，南水北调工程本身今后也将成为文化遗产。可以说，从长远看，文物发掘和保护的意义比工程本身还大，文化遗存保存得越多，将来越引以为豪，到那时，它的价值将取决于今天保留了多少祖先遗迹。唐代的大运河遗产已成功申报世界文化遗产就是最好的证明。

第八节　南水北调工程对我国大型基本建设工程文物保护的启示

南水北调工程文物保护工作顺利实施，得力于国家的重视和社会各界的支持；得力于水利、文物主管部门的密切配合和良好沟通；得力于部门之间建立良好的管理机制和制度建设；得力于水利工程和文物保护专业人员的敬业精神，取得了良好的社会效益和长远的经济效益。同时，总结南水北调工程文物保护实施前、实施中和实施后的整个过程，对大型基本建设工程文物保护会得到一些启示。

（一）大型基本建设工程在项目可研和初步设计阶段进行文物保护工作是最佳时机

2002 年 12 月，国务院批复了《南水北调工程总体规划》，南水北调工程正式启动。南水北调东中线一期工程涉及中、东线，线路穿越中华文明的腹地。从文物的特点和保护工作的程序而言，文物保护工作应在工程施工之前进行，也就是应在移民之前进行。工作初期，主要是线路设计变化、移民等工作较为复杂，文物保护工作也相对缓慢。总结经验，建设项目文物保护工程应事前开展，既有利于文物保护，又为工程建设项目排除风险。

（二）通过南水北调工程文物保护工作的实施，使我们充分认识文物保护工程是工程建设的重要组成的重要性

早在 20 世纪 90 年代，南水北调工程的文物保护工作就引起了国家有关方面的重视，强调"南水北调文物保护是工程的重要组成部分"。2002 年 12 月，国务院批复了《南水北调工程总体规划》后，相关部门以部委文件的形式，确认"文物保护工作是南水北调工程的重要组成部分"。2003 年 6 月，国家文物局、水利部联合印发了《关于做好南水北调东、中线工程文物保护工作的通知》，强调了文物保护工作是南水北调工程的重要组成部分，对于工程部门及时提供了工程线路设计图纸、文物保护经费、施工中意外发现文物的保护等六个方面的问题提出了原则性的意见。通过南水北调工程文物保护工作的实施，国家各部委、社会各界通过文物保护成果的发现和宣传，认识到了大型基本建设工程文物保护的重要性。

（三）文物保护管理工作要与时俱进

南水北调东中线一期工程涉及湖北、河南、河北、北京、天津、江苏和山东，以上省（直辖市）除湖北省文物部门外，都没有管理大型工程文物保护的经验。文物保护工程实施前的招投标、实施中的检查、监理，实施后的验收等程序，作为工程的组成部分需要有一套衔接的管理制度和管理模式。在北京、山东、江苏等省（直辖市），文物保护工程在实施中因不懂工程管理给文物保护工作带来了一定的困难。

通过南水北调工程文物保护工作的实施，文物部门向建设、水利等部门学到了很多现代工程管理的理念。通过健全制度、引进监理、加强质量管理和资金审计等程序，完善了大型基本建设文物工程的管理程序和经验。

（四）南水北调工程文物保护经费构成为大型基本建设工程文物保护起到了示范作用

南水北调工程充分重视"科学保护，合理利用"。考虑到地下文物的不可预知性，以及出土文物的整理修复和科学研究。《考古调查、勘探、发掘经费预算定额管理办法》中，没有涉及预备费和文物库房费，在南水北调工程中考虑到地下文物的不可预见性，增列了预备费、文物库房费和出版费、培训费等。南水北调工程结束后，大量的出土文物得到了及时修复、入库、展览和研究，最大可能地使文物活起来。

（五）分次批复大型基本建设工程文物保护工作符合文物工作规律

南水北调工程因工程巨大，各项方案论证和审批时间长、过程复杂，因主体工程施工前文物保护工作必须全面结束。鉴于此，国务院南水北调办公室、国家发展和改革委、水利部、国家文物局等部门成立联合小组，对南水北调工程文物保护目标分轻重缓急，分次批复文物保护工程，显示了大型基本建设工程中文物保护的灵活性，既保护了地下文物，又保障了工程的顺利实施。

（六）重大文物保护工程充分听取专家意见

南水北调工程涉及的世界文化遗产武当山遇真宫的保护工作，主管部门多次组织专家论证，多次修改方案，充分考虑文物的重要性和保护工程的特殊性，在经费和时间上不惜投入，完全听取专家保护建议，对重大文物进行保护，充分体现了国家在南水北调工程中重要文物、重大工程的科学决策机制。

（七）大型工程探索建设专题博物馆

从工程管理者的角度看，南水北调工程是目前世界上实施的最大型水利工程，涉及部门、行业、人员等极为庞杂，实施这样一个宏伟的工程涉及几代人，从创意者、创业者、实施者到工程实施后的效果等，都需要建立一个专题性博物馆。

从文物保护和展示利用的角度看，南水北调工程穿越中国古代文化、文明的核心地区，中线、东线一期工程线路连接着夏商文明、荆楚文化、燕赵文化、齐鲁文化等中国历史上重要的文化区域，共计涉及文物点 710 处，其中世界文化遗产 2 处，全国重点文物保护单位 6 处，文物价值非常重大。据初步统计，考古发掘清理出土重要文物 107500 余件（套），具有重要的历史、艺术、科学价值。河南荥阳娘娘寨遗址、河南荥阳关帝庙遗址、河南淅川沟湾遗址、河北磁县东魏元祐墓、山东高青陈庄西周城址等 9 个南水北调考古项目，因其在其所处的时代或者所处的区域，具有特别重要的价值，陆续入选当年的"全国十大考古发现"。河南新郑胡庄墓地、湖北郧县辽瓦店子遗址等项目还荣获了国家文物局田野考古奖。

南水北调东中线一期工程沿线的城市、村庄也需要一个展示工程前、工程中和工程后的发展对比过程。比如，河南省在这方面做了积极尝试，对需要搬迁复建的 11 处地面建筑原样复建，作为展示移民搬迁前居住原貌和移民回乡怀旧的场所。

（八）小结

南水北调东中线一期工程文物保护工程文物保护项目计列投资 109440.99 万元，其中中线干渠计列投资 41644.62 万元，丹江口库区计列投资 54025.15 万元，汉江中下游计列投资 3633.01 万元。东线工程计列投资 10138.21 万元。抢救和保护古代文化遗存 154 万 m²，发掘保护文物 107500 余件（套），抢救保护古建筑 40 余处。事实证明，文物保护工程既保障了南水北调工程整体进行，又为沿线省、市、县留存了永久而丰厚的文化遗产资源。"盛世调吉水，中华遗博珍"。南水北调工程文物保护的成果将永远造福于这片土地的人民！

文 物 保 护 大 事 记

2002 年

3月25日，河北省文物局向水利部上报《关于南水北调中线工程加强文物保护的函》（冀文物函〔2002〕6号）。

5月，山东省文化厅致函山东省水利厅《关于做好南水北调工程山东段文物保护工作的函》（鲁文物〔2002〕58号），就南水北调文物保护工作进行联系、协商。

5月，北京市文物研究所组织人员对南水北调中线总干渠经过之地进行了初步调查和勘探，并在此基础上制定《文物保护规划》。

6月17日，河北省文物局组织召开南水北调工程文物保护工作座谈会。

7月3—20日，河北省文物研究所开展南水北调工程线路文物调查工作，共发现文物遗存点150处。

8月11日，河北省文物研究所编制完成《河北省南水北调中线工程文物保护规划（初稿）》上报河北省文物局。河北省文物局经研究，向河北省水利厅提出线路绕行全国重点文物保护单位和河北省级文物保护单位的意见。

8月15日，河北省文物局召开南水北调工程文物保护工作第一次会议。会议成立了南水北调领导小组，成立了"河北省文物局南水北调文物保护办公室"。会议宣布了《河北省配合南水北调建设工程文物保护实施方案》和《配合南水北调建设工程文物保护工作实施步骤》。

11月14—30日，山东省文物考古研究所对济平干渠段工程沿线进行了考古调查，正式揭开山东省南水北调工程文物保护工作的序幕。

2003 年

1月22日，水利部副部长张基尧在水利部会见国家文物局局长单霁翔一行4人，双方就南水北调工程沿线文物保护工作进行了会商。

2月12日，山东省文化厅给山东省水利厅发函《关于进一步做好南水北调工程山东段文物保护工作的函》（鲁文物〔2003〕10号），附《南水北调工程山东段济平干渠考古调查和复查报告》《南水北调工程山东段济平干渠考古勘探工作经费预算》。

3月，山东省文化厅南水北调工程文物保护工作领导小组成立。28日，山东省文化厅配合重点工程考古办公室成立，具体负责山东省南水北调工程文物保护工作的组织和实施。

3—10月，山东省文物考古研究所对济平干渠段地下文物进行了考古勘探，根据勘探结果，确定对大街等六处遗址（墓地）进行考古发掘工作。

3月26日，江苏省文化厅发函扬州市文物局《关于委托扬州市文物局组织实施配合南水北调扬州段建设工程进行考古调查、勘探和发掘工作的意见函》，江苏省南水北调文物保护工作正式启动。

5月，湖北省成立南水北调中线工程文物保护工作领导小组，下设办公室（与三峡办公室合署办公）负责日常工作。

5月15日，山东省文化厅呈送给省政府《关于南水北调工程文物保护工作的报告》（鲁文物〔2003〕88号），副省长陈延明、蔡秋芳分别做了重要批示，要求省计委和水利厅拿出解决南水北调工程文物保护工作有关问题的办法和方案。

6月，山东省文物考古研究所委托山东省文物科技保护中心编制《南水北调东线工程山东段鲁北输水段古代建筑保护方案》。

8月12日，河北省文物局召开南水北调工程文物保护领导小组会议。

9月，江苏省文化厅、水利厅、公安厅以苏文物〔2003〕164号文联合转发了国家文物局、水利部联合下发的《关于做好南水北调东、中线工程文物保护工作的通知》，并根据通知精神提出了江苏省的具体实施意见。

9月，江苏省文物管理局下发《关于开展南水北调工程东线工程江苏段文物考古调查工作的通知》，就该工程涉及的文物保护工作做出统一部署，指定了组织协调和具体实施单位，并制订了工作计划。

9月，北京市文物局成立南水北调文物保护工作领导小组，责成北京市文物研究所成立南水北调文物保护考古工作队，会同沿线各区、县文物部门对主干渠中线北京段工程及配套水厂工程沿线进行了初步的文物调查。

9月2日，国家文物局组织召开南水北调工程文物保护工作会议，对南水北调工程文物保护工作进行了部署。

9月9日，河北省文物局就落实国家文物局工作部署，组织召开南水北调文物保护工作座谈会。

11—12月，河北省文物研究所组织对南水北调工程沿线文物遗存再次进行复查，并对部分遗存进行了文物勘探和试掘工作。

2004 年

2004年年初，河南省文物局成立南水北调中线工程（河南段）文物保护工作领导小组，负责文物保护工作的组织与管理。

1月14日，河北省文物局召开《河北省南水北调中线工程文物保护规划》专家论证会，并根据专家意见对规划进行了补充、修改和完善。

2月，山东省文化厅成立南水北调东线工程济平干渠考古工作领导小组，下设由山东省文物考古研究所、济南市考古研究所、长清区文物管理所等单位业务人员组成的山东省文化厅南水北调东线济平干渠考古队。

2月，湖北省文化厅成立"南水北调中线工程丹江口水库淹没区湖北省文物保护规划组"，湖北省文物局组织开展考古调查、复查工作，确认湖北省库区共有文物点210处，其中地下文物176处，地上文物34处。在此基础上编制了《文物保护规划》。

2 月 17—20 日，江苏省文化厅与水利厅联合对南水北调东线江苏省境内工程进行调研。

2 月 25 日，山东省配合重点工程考古办公室与山东省南水北调工程建设指挥部签订《南水北调东线济平干渠工程文物保护工作协议》。

3 月，河北省文物研究所在文物复查的基础上，编制了《河北省南水北调中线工程文物保护规划》。

3 月，江苏省文化厅成立"江苏省南水北调文物保护工作领导小组"和"南水北调东线工程江苏省文物保护规划组"。

3 月 11 日，河北省文物局召开《南水北调中线工程文物保护规划》专家讨论会。

3 月 14 日，国家文物局局长单霁翔一行赴南水北调中线北京段主干渠工程途经的丁家洼聚落和镇江营两处遗址进行现场调研。

3 月 14—15 日，国家文物局局长单霁翔一行到河北省检查南水北调工程文物保护工作，实地考察了南水北调工程涉及的磁县北朝墓群、临城邢窑山下遗址、元氏常山郡故城等 3 处全国重点文物保护单位，并召开南水北调文物保护工作座谈会。

3 月 16 日，河北省文物局组织召开南水北调文物保护专题会议，研究提出绕行方案，并报河北省人民政府。

3 月 16—18 日，国家文物局局长单霁翔到湖北省调研南水北调中线工程文物保护工作，与湖北省人民政府副省长刘有凡主持召开了南水北调中线工程湖北省文物保护工作会议。

3 月 20 日，国家文物局局长单霁翔等到山东济宁、聊城进行调研，考察南水北调东线工程山东段的文物保护工作情况，并召开座谈会。会议形成了座谈纪要，并报国务院和国家发展改革委。

3 月 30 日，国务院南水北调办主任张基尧、副主任李铁军会见了国家文物局局长单霁翔一行，就南水北调工程涉及的文物保护工作进行了沟通。

3 月 30 日，国家文物局组织专家考察河北省南水北调工程穿越全国重点文物保护单位和河北省级文物保护单位情况。

4 月，湖北省文物局组织编制《"引江济汉"工程文物保护规划报告》。

4 月，山东省文化厅成立"南水北调东线工程山东段文物保护规划领导小组"和"南水北调东线工程山东段文物保护规划小组"，以加强南水北调山东段文物保护规划的编制工作。

4 月初，国家文物局在北京召开"南水北调中线工程文物保护规划论证会"，论证了湖北省和河南省的文物保护规划。

4 月 13 日，河北省文物局分别向河北省文物研究所和河北省南水北调建设委员会办公室下发《关于配合做好调整南水北调工程河北段线路的函》和《关于调整南水北调中线工程河北段线路的函》。

4 月 28 日，国务院南水北调办副主任李铁军主持召开了南水北调工程北京段文物保护工作座谈会。北京市水利局、北京市文物局、北京市文物研究所有关同志，南水北调办环境与移民司、投资计划司、中线建管局筹备组有关负责同志参加了会议。

4 月 28 日，河北省政府办公厅印发《关于做好南水北调工程文物保护工作的通知》（办字〔2004〕70 号），要求各级政府要充分认识做好南水北调工程文物保护工作的重要性；要协助文物部门做好南水北调工程文物保护工作。

5月，河北省文物研究所联合河北省水利规划设计研究院，对河北省内南水北调工程沿线155处文物遗存点核查确认。

5月，南水北调一期工程文物保护工作协调小组在京成立。成员有国家发展改革委、水利部、国家文物局、国务院南水北调办等四部（委、局、办），并召开第一次文物协调小组会议，形成了会议纪要。

6—8月，湖北省文物局组织对淹没区内暴露和面临破坏的丹江口市、郧县等重点遗址、重点墓地进行抢救性勘探、发掘工作，抢救性发掘丹江口市熊家庄遗址875m²，郧县老幸福院墓群4000m²，各类墓葬60多座。

6月30日，江苏省文化厅和水利厅共同发文《关于进一步做好南水北调江苏境内工程文物保护工作的意见》（苏文物〔2004〕125号），并组成了"江苏省南水北调文物保护工程协调小组"。

7月12日，河北省文物局联合河北省南水北调办，向国家文物局、国务院南水北调办上报《关于尽快开展南水北调河北段干线工程文物勘探、考古发掘工作的请示》，提出漕河渡槽段文物勘探、考古发掘经费申请。

7月23—25日，国务院南水北调办副主任李铁军一行，到湖北省南水北调中线工程丹江口水库考察文物保护工作，并召开湖北省丹江口库区文物保护工作汇报会。

7月29日，国务院南水北调办副主任李铁军与水利部调水局负责同志商谈南水北调工程文物保护前期工作问题。

8月，河北省文物局、河北省南水北调办现场考察南水北调工程天津干渠线路穿越易县和徐水全国重点文物保护单位——燕长城情况。

8月初，水利部水利水电规划设计总院在北京主持召开南水北调东、中线一期工程文物保护专题报告大纲审查会，对南水北调文物保护规划作出了具体的要求。国务院南水北调办、国家文物局和水利部有关司局、长江委、淮委以及工程沿线京、津、冀、豫、鄂、鲁、苏七省（直辖市）南水北调、文物、移民行政主管部门和工程设计单位的有关负责同志和代表参加了会议。

8月3日，水利部南水北调规划设计管理局在北京组织召开南水北调东、中线一期工程文物保护专题报告工作会议。会议根据国家有关法律法规和三峡等国家特大型建设工程文物保护的实施情况，就南水北调一期工程文物保护工作的指导思想、原则、进度等进行了总结和安排。水利部、国务院南水北调办、国家文物局有关负责同志参加会议。

9月，河北省文物研究所联合河北省水利规划设计研究院，对河北省内南水北调工程沿线文物点进行最终勘查，确认总干渠沿线涉及文物遗存点104处，天津干渠涉及文物遗存点8处，共计112处，包括磁县北朝墓群、燕南长城、磁县南营村遗址、林村墓群等文物保护单位。至此，南水北调工程避开了赵王陵、临城山下邢窑遗址、月明寺等一些重要文物保护单位。

9月6日，山东省发展改革委、山东省水利厅联合给国家发展改革委发函《关于申请增列南水北调济平干渠文物保护经费的请示》（鲁计农经〔2004〕413号）。

9月8日，河北省南水北调文物保护办公室与河北省南水北调办召开南水北调文物保护工作协调会，成立河北省南水北调文物保护协调领导小组，聘请山西省考古研究所承担河北省南水北调工程文物保护监理工作，并研究成立了南水北调工程文物保护专家组。

9—10月，山东省文物考古研究所会同地市、县文物主管部门和业务单位对南水北调东线工程山东段涉及的文物点进行了大规模的考古勘探和试掘工作。

9月15日，北京市文物研究所先期开始对南水北调中线北京段岩上及坟庄两处遗址进行了试掘工作。

9月20日，水利部长江水利委员会在武汉组织召开丹江口大坝加高工程文物保护规划协调会，标志着南水北调中线工程文物保护规划工作正式启动。会议确认了丹江口库区前期文物保护领导小组、工作小组、专家组以及专家工作组的名单。

9月28日，南水北调中线工程丹江口水库文物保护规划第一次专家工作会在武汉召开。

10月9—12日，国务院南水北调办副主任李铁军赴河南考察南水北调中线工程文物情况。

11月，山东省文物考古研究所完成《南水北调东线工程山东省文物调查报告》《南水北调东线工程山东省文物保护专题报告》。

11月中旬，河北省文物研究所完成《南水北调中线总干渠暨天津干渠文物调查及文物保护专题报告》的编制工作。

11月20日，河南省文物考古研究所、长江勘测规划设计研究院、河南省水利勘测设计院共同编制的《南水北调中线工程（河南段）文物保护专题报告》通过专家初审。

11—12月，山东省水利勘测设计院与山东省文物考古研究所有关人员对在南水北调东线第一期工程中发现的文物点的数量、挖压和影响面积进行了复核并予以确认。

12月，《南水北调东线一期工程江苏段文物保护规划》编制完成。

12月2日，河北省文物局在北京组织召开南水北调中线总干渠暨天津干渠河北省文物调查及文物保护专题报告专家论证会。

12月12日，山东省文化厅在北京组织召开《南水北调东线工程山东省文物调查报告》《南水北调东线工程山东省文物保护专题报告》专家论证会。

12月29日，南水北调东中线一期工程文物保护工作协调小组在北京召开第二次会议。会议总结了前一阶段南水北调东中线一期工程文物保护前期工作，对文物保护专题报告的汇总并纳入工程总体可行性研究报告、文物保护工作投资及重点文物保护项目的方案编制等问题进行了研究。会后印发了会议纪要。

2005 年

1月，北京市文物研究所正式成立南水北调考古工作队。

1月，湖北省文物局委托清华大学建筑设计研究院编制完成《遇真宫保护方案可行性研究报告》，对抬升、搬迁、围堰三种方案进行了比选后，上报国务院南水北调办。长江勘测规划设计研究院同时初步拟订了垫高方案、异地迁建方案和工程防护方案（又分为大防护、小防护和中防护3种方案），并纳入《南水北调中线一期工程文物保护专题报告》中做了比选。

1月20日，国务院南水北调办副主任李铁军主持会议，听取湖北省、河南省文物局负责同志有关南水北调工程文物保护问题的汇报。

2月28日至3月1日，水利部淮河水利委员会在安徽省蚌埠市主持召开了南水北调东线一期工程文物保护专题报告评审会。山东省文化厅和山东省考古研究所派员参加会议。

3月18日，南水北调东中线一期工程文物保护工作协调小组在北京召开第三次会议。会议总结了前一阶段南水北调东中线一期工程文物保护前期工作的进展情况，对汇总文物保护专题报告、编制文物保护控制性项目和当年拟开工的四个单项工程的文物保护等问题进行了研究。会后印发了会议纪要。

3月25—31日，南水北调中线干线工程建设管理局组织召开南水北调中线干线工程文物保护工作专家咨询会，针对各省（市）文物部门提出的控制性（先期实施）文物保护项目专题报告进行咨询和研究。国家文物局文物保护司，水利部调水局，水规总院，长江勘测规划设计研究院，河南省移民办，河南省、河北省、北京市、天津市的调水办、文物部门的代表参加了会议。会议研究确定了中线干线的控制性文物项目。

3月31日，河北省南水北调办与河北省文物局签订《南水北调中线干线漕河段工程文物保护工作委托协议》，由于漕河渡槽工程施工紧迫，考古发掘工作提前进行。9月22日，漕河渡槽段考古发掘工作完成，河北省文物局组织专家对考古发掘工地进行验收。

4月13日，水利部调水局、长江水利委员会、河北省南水北调办、河北省文物局及其有关专家在石家庄召开《南水北调中线一期工程文物保护专题报告》座谈会，就专题报告河北段的内容进行了协商和讨论，确定了河北段文物勘探和考古发掘的面积。

4月15日，南水北调中线工程总干渠河南省文物保护抢救工作正式启动。

4月26日，南水北调工程河北段文物保护规划论证会在石家庄召开，长江水利委员会、水利部调水局、河北省南水北调办、河北省文物局有关负责同志参加会议。论证会确定了南水北调工程河北段文物勘探和考古发掘面积。

5月2日，国家文物局局长单霁翔视察北京段文物保护工作。

5月17日，山东省文化厅和山东省南水北调工程建设管理局联合给国务院南水北调办、国家文物局呈报《南水北调一期工程山东段2005年控制性文物保护项目方案和投资概算》。

5月初，国家文物局局长单霁翔率由国家文物局、水利部调水局、国务院南水北调办、全国政协教科文卫委员会等单位人员组成的调研组及新华社、中央电视台等随行媒体记者一行11人，深入湖北丹江口库区调研南水北调中线工程文物保护工作。调研组先后到丹江口大坝、武当山遇虚宫和均县镇北泰山庙墓地考古发掘工地考察调研。

6月14日，国务院南水北调办副主任李铁军与国家文物局有关负责同志研究加快南水北调一期工程控制性文物保护项目工作的有关问题。

7月31日，河北省文物局在北戴河召开全省南水北调工程文物保护工作调度会，对文物保护工作进行总体部署。国家文物局、南水北调中线建设管理局、河北省政府有关领导出席会议。会后，工程沿线相关设区市文物部门成立了文物巡查保护小组。

8月，北京市文物研究所制定《北京市文物研究所南水北调文物保护工程工地管理制度》《探方发掘记录要点》等技术规范。

8月，为全面配合南水北调中线引江济汉工程建设，系统做好工程沿线的文物保护工作，湖北省文物局编制完成《南水北调中线引江济汉工程文物保护规划报告》。

8月，山东省文物考古研究所会同济南市考古研究所、长清区文化局等单位，完成对长清区大街、归南遗址，大街南、四街、卢氏故城、小王庄墓地等6处文物点考古发掘工作。

9月，国家发展改革委、国家文物局在石家庄市召开控制性项目概算审查会议，审定湖北省水库淹没区4处文物点纳入控制性项目计划，发掘面积10700m²，勘探面积120000m²，文物保护经费 520 万元。

9月，湖北省文物局委托湖北省文物考古研究所对兴隆水利枢纽工程涉及范围进行了文物调查，依据相关标准编制完成了文物保护规划基础报告，共涉及文物点 7 处，计划发掘面积 7600m²，勘探面积 16300m²，涉及文物保护经费 333.09 万元。

9月1日，南水北调东中线一期工程文物保护工作协调小组在北京召开第四次会议。国家发展改革委农经司，水利部调水局，国务院南水北调办投资计划司、环境与移民司和国家文物局文物保护司的有关同志参加会议。

9月6日，元氏县文物局、水务局和石家庄市文物局就南水北调线路穿越河北省级文物保护单位——常山郡故城问题与国家文物局沟通磋商，提出避让常山郡故城遗址的意见。

9月9—20日，全国政协副主席张思卿率全国政协"南水北调工程中的文物保护"考察团在山东、江苏、湖北实地考察南水北调工程文物保护工作。

9月12—15日，国家发展改革委国家投资项目评审中心组织对 2005 年度控制性文物保护项目投资概算进行了审查。

10月24日，水利部淮河水利委员会在安徽省蚌埠市召集山东省调水局和文化厅有关负责同志，协调山东省南水北调第一期工程文物保护经费的问题。

11月，北京市文物研究所完成南水北调中线北京段主干线渠工程拒马河以北至大宁水库全面普探和局部重点勘探工作。分为 44 个探区，在 5 个月内勘探总面积 272 万 m²。

11月10日，国务院南水北调办下发《关于南水北调东、中线一期工程控制性文物保护方案的批复》（国调办环移〔2005〕97 号），批准南水北调中线工程河南省第一批控制性文物保护项目 11 个，其中总干渠 10 个，丹江口库区 1 个。河北省磁县北朝墓群、磁县南营商周遗址和战国墓地、邯郸林村墓群、唐县北放水、易县燕长城、徐水燕长城 6 处文物遗存纳入第一批控制性文物保护项目。

11月14日，山东省南水北调工程建设管理局与山东省文化厅联合给水利部淮河水利委员会发函《关于报送南水北调东线一期工程山东段文物保护方案及经费概算的函》（鲁调水计财〔2005〕24 号）。

11月14日，国务院南水北调办召开南水北调文物保护工作进展新闻媒体通气会，新华社、人民日报、中央电视台、中央人民广播电台、经济日报、中国日报等中央主要新闻媒体记者参加。

11月23日，国务院南水北调办副主任李铁军主持召开南水北调工程文物保护工作座谈会。

12月1日，国务院南水北调办副主任李铁军主持座谈会，调研南水北调工程文物保护工作。国家文物局、水利部、国务院南水北调办环境与移民司有关负责同志参加。

12月7日，国务院南水北调办副主任李铁军主持召开会议，研究南水北调工程文物保护工作有关问题。经济与财务司、环境与移民司有关负责同志参加。

12月8日，国务院南水北调办副主任李铁军与长委设计院有关同志座谈中线文物保护专题报告的情况。

12月14日，国务院南水北调办副主任李铁军与文物保护专家以及水利部、国家文物局、淮委及山东省文物局、江苏省文物局有关负责同志座谈大运河的保护方案。

12月14日，国家发展改革委印发《关于核定南水北调东、中线一期工程控制性文物保护项目概算的通知》（发改投资〔2005〕2138号），批准了第一批控制性文物保护工程投资概算。

2006 年

2月6日，北京市南水北调办与北京市文物局签订《2005年度南水北调中线工程北京段控制性文物保护工作协议》，并一次性支付了2005年度南水北调中线工程北京段控制性文物保护资金。

2月7日，山东省文化厅成立南水北调工程文物保护领导小组，下设办公室。

3月22日，国家发展改革委、国务院调水办、国家文物局等部门联合检查北京段文物保护工作。

3月22—26日，南水北调工程文物保护协调小组（国家文物局、国务院南水北调办、发展改革委、水利部）赴北京、河北、河南、湖北四省（直辖市），实地检查2005年控制性文物保护项目实施情况，研究实施中的问题和加快文物保护工作的措施。

3月25日，山东省文化厅南水北调工程文物保护领导小组在济南市召开2005年控制性文物保护项目邀标会，确定各项目的承担单位、监理单位、协作单位，并分别签订了相关的协议。山东省南水北调工程建设管理局派员出席。

4月6日，国务院南水北调办组织召开南水北调京石段文物保护座谈会，国家文物局、国务院南水北调办、南水北调中线建管局、河北省文物局、北京市文物研究所有关负责同志参加座谈会。会议就京石段文物保护提前实施，并与工程建设相衔接问题、京石段文物保护经费问题、工程施工过程中发现文物保护问题广泛交换了意见。

4月10日，山东省文化厅党组听取了南水北调文物保护工作办公室关于南水北调东线一期工程文物保护情况汇报。

4月11日，南水北调工程文物保护工作协调小组在北京召开第五次会议。会议简要总结了前一阶段南水北调东、中线一期工程文物保护前期工作，结合2005年控制性文物保护项目实施情况的检查，对南水北调东、中线一期工程下一步文物保护工作进行了研究。会后印发了会议纪要。

4月13日，山东省文化厅在济宁程子崖遗址召开南水北调东线工程山东段文物保护工程开工典礼。山东省调水局、济宁市政府相关部门及2005年控制性保护项目的承担单位、监理单位、协作单位参加了典礼。

5月19日，山东省文化厅南水北调文物保护工作办公室与山东省南水北调建设管理局法规处联合对控制性项目进行了中期检查。

6月，在江苏省文物局的统一组织下，南水北调东线工程江苏段第一批控制性文物保护项目全面启动。6月中旬和7月末，京石段河北境内工程考古发掘工作第二阶段验收工作结束。37项考古发掘项目已经结束了28项，占总工作量的75%。据统计，共完成勘探面积71万 m²，发掘面积69540m²，出土陶、瓷、铜、铁、石器等文物近3000件，发现一批重要的文化遗存。考古发掘工作取得阶段性成果。

8月，山东省文化厅与山东省胶东地区调水工程建设管理局签订胶东地区输水工程文物保护工作协议。

8月，北京市文物研究所完成了南正、北正、丁家洼、前后朱各庄、大苑上、小苑上、天开、周各庄遗址，新街、六间房、辛庄、岩上墓葬区的发掘。整个发掘工作历时一年。

8月30日，山东省文化厅南水北调文物保护工作办公室邀请文物及水利部门的有关专家就山东段2005年控制性文物保护项目方案调整问题举行专家论证会。

9月，北京市文物局、北京市文物研究所向北京市调水办呈交《南水北调中线工程北京段（拒马河至大宁水库）文物保护工程工作报告》。

9月，湖北省文物局、省移民局、省南水北调办联合印发《湖北省南水北调中线工程文物保护管理暂行办法》。

9月1日，北京市文物局组织专家对北京段文物保护工作进行验收。验收合格，并给予高度评价。

9月14日，国务院南水北调办下发《关于尽快组织上报南水北调工程第二批控制性文物保护项目保护方案及投资概算的通知》（综环移函〔2006〕188号）河北省47项纳入南水北调工程第二控制性文物保护项目，其中，包括京石段文物遗存37项，第一批控制性文物保护项目延续项目2项，新增项目7项。并编制成正式文本上报国家文物局和国务院南水北调办批准。

9月18日，湖北省文物局在武汉召开全国支援南水北调工程湖北丹江口库区考古工作会议，全面启动了湖北省南水北调考古发掘工作。

9月18日，北京市文物局下发《关于南水北调中线一期工程北京段拒马河至大宁水库涉及文物保护工程标段同意施工的函》（京文物〔2006〕1192号）。

9月20日，国家文物局举办的"文物保护世纪行——南水北调工程文物保护宣传大行动"正式启动。

10月，山东省文化厅与山东省胶东地区引黄调水工程建设管理局签订《山东省胶东地区引黄调水工程文物保护工作协议书》。胶东调水工程文物保护工作开始启动。

10月，南水北调中线建管局、北京市调水办、北京市文物局等部门领导考察出土文物。

10月13日，国家文物局与国务院南水北调办召集工程沿线五个省的文化与水利部门到北京参加第二批控制性项目申报会议。要求各省于10月25日前上报第二批控制性文物保护项目的方案及经费概算。

10月31日，国务院南水北调办副主任李铁军主持召开韩琦墓座谈会。国家文物局，国务院南水北调办环境与移民司、中线建管局，河南省南水北调办、文物局、移民办有关负责同志参加。

11月，国家文物局、国务院南水北调办在郑州市联合召开南水北调工程第二批控制性文物保护项目审查会。

11月，山东省文化厅副厅长谢治秀召集省直项目承担单位，对胶东调水工程文物保护工作做了初步安排。此后山东省文物考古研究所开始对平度市口埠遗址进行勘探发掘工作。

11月6日，山东省文化厅副厅长谢治秀召开2005年控制性保护项目承担单位情况汇报会。

12月，北京段第一批控制性项目考古发掘取得了重要成果，一期控制性文物保护项目基本完成。

12月，山东省文化厅南水北调文物保护工作办公室前后历时10个月，组织项目承担单位对2005年控制性文物保护项目进行勘探、发掘工作。勘探工作基本结束，发掘工作完成80%以上，完成平度段的考古勘探、发掘工作。取得重要考古发现。

12月5日，国务院南水北调办副主任李铁军主持会议，研究丹江口库区湖北省境内文物保护工作有关问题。国务院南水北调办环境与移民司，湖北省文物局、移民局，中线水源公司负责同志参加。

12月7日，国务院南水北调办副主任李铁军与国家文物局负责同志就南水北调工程文物保护有关事宜交换意见。南水北调办环境与移民司、国家文物局文物保护司负责同志参加。

12月17—24日，湖北省文物局组织对南水北调工程湖北丹江口库区抢救性考古发掘项目进行了检查验收。

12月26日，国务院南水北调办副主任李铁军主持会议，研究文物保护工作的有关问题。投计司、建管司、环境与移民司负责同志参加。

2007 年

1月，南水北调东中线工程第一本考古学专题报告——《郧县老幸福院墓地》正式由科学出版社出版。

1月9—10日，国家发展改革委评审中心在北京市召开南水北调第二批控制性文物保护项目经费概算审查会。山东省济平干渠段、胶东输水西段和双王城库区的19个项目被列为第二批控制性文物保护项目。

1月15日，国务院南水北调办副主任李铁军听取监管中心负责同志汇报南水北调工程文物保护有关课题的研究情况。

3月10日，山东省文化厅南水北调领导小组在青岛召开胶东调水工程文物保护工作会议。根据会议安排，山东省文化厅南水北调文物保护工作办公室分别与项目承担单位及协作单位签订了协议。

3月13日，江苏文物局组织专家对一期控制性文物保护项目进行了验收。

4月，湖北省文物局、省移民局联合印发《湖北省南水北调中线工程丹江口水库文物保护经费使用管理办法（试行)》。

4月，山东省文物局成立山东胶东调水文物保护工作监理、验收小组。

4月5日，审计署赴山东省南水北调建设工程和治污项目专项审计进点会议在济南市南郊宾馆举行。会议之后，南水北调第一次审计工作全面展开。

4月10日，国务院南水北调办公室下发《关于南水北调东、中线一期工程第二批控制性文物保护方案的批复》(国调办环移〔2007〕32号)，批准南水北调中线工程第二批控制性文物保护项目。河南省65个，其中总干渠43个，丹江口库区22个。

5月，"中国文化遗产日"期间在北京市太庙展示南水北调中线工程北京段考古成果。

5月12日，国家发展改革委印发《关于核定南水北调东、中线一期工程第二批控制性文物保护项目投资概算的通知》（发改投资〔2007〕552号)，批准了第二批控制性文物保护项目概算。

5月20日，山东省文化厅组织邀请专家就南水北调东线工程涉及的招远市老店遗址龙山文化环壕遗址及夯土台基的保护问题进行了现场考察，召开了论证会并形成专家论证意见。

5月29—30日，湖北省南水北调工程2006年考古发掘工作汇报会在十堰市召开。

7月1日，国内首家以南水北调命名的博物馆——湖北南水北调博物馆在十堰市正式建成并对外开放,《南水北调湖北库区出土文物展》同时展出,共展出湖北省南水北调库区目前已出土的文物 259 件。

7月26—27日,经国务院南水北调办批准,湖北省移民局在北京市主持召开南水北调丹江口库区武当山遇真宫保护方案论证会。由考古、文物保护和水利等方面专家组成的专家组对遇真宫保护方案进行了再次讨论,并形成了专家组论证意见。

12月26—29日,国务院南水北调办环境与移民司、国家文物局文物保护司组织检查南水北调工程丹江口库区文物保护工作。

2008 年

1月4日,湖北省文物局组织开展了"2006—2007 年度南水北调工程湖北库区重要考古发现、优秀考古工地及优秀领队"的评选工作。

2月4日,国家文物局、国务院南水北调办以文物保发〔2008〕10 号文件联合印发《南水北调东、中线一期工程文物保护管理办法》。

2月13日,国家文物局、国务院南水北调办以文物保发〔2008〕8 号文件联合印发《南水北调工程建设文物保护资金管理办法》。

3月20—21日,国务院南水北调办副主任李津成考察南水北调北京段工程,检查了南水北调文物成果。

4月,北京市文物研究所编著的《北京段考古发掘报告集》由科学出版社出版。

4月2日,湖北省文物局在武汉市召开南水北调工程湖北库区 2008 年度考古发掘工作会议,安排部署 2008 年度库区文物抢救保护工作,并对 2006—2007 年度库区重要考古发现、优秀考古工地、优秀考古领队的单位和个人进行了表彰奖励。

4月23日,南水北调工程湖北库区田野考古发掘培训班开班。该培训班历时 3 个月,共有专业技术人员 30 人参加此次培训。

5月26日,山东省文化厅与山东省南水北调工程建设管理局签订《南水北调东线一期工程山东段第二批控制性项目文物保护工作协议书》。

6月4日,国务院南水北调办下发《关于南水北调中线一期工程丹江口库区文物保护项目的批复》(国调办环移〔2008〕88 号),批准了南水北调中线工程河南省丹江口库区文物保护项目 27 个。

7月13日,山东省南水北调第二批控制性文物保护项目招标会举行。

8月13日,山东省文化厅、山东省水利厅、山东省南水北调工程建设管理局联合召开南水北调文物保护工作座谈会,就文物保护工作的原则及具体问题达成一致意见,从而保证了第二批控制性文物保护项目的顺利开展。

8月31日,国务院南水北调办副主任宁远到武当山考察南水北调工程涉及的世界文化遗产——武当山遇真宫文物保护工作。

11月1日,山东省文化厅南水北调文物保护工作办公室、山东省文物考古研究所联合在高青县迎宾馆举行第一期"南水北调东线山东段田野考古技术培训班"开学典礼。全省 13 地市的文博干部参加学习并于 2009 年 1 月 3 日结业。

11月15—18日,国家文物局对南水北调中线一期工程河南、湖北两省文物保护工作进行检查。国务院南水北调办环境与移民司派员参加检查。

12月9—12日，国家文物局组织专家对山东南水北调东线工程第二批控制性文物保护项目的七个发掘工地进行了检查。

12月19—20日，湖北省文物局在武汉召开了南水北调工程湖北库区2008年度考古工作汇报会，17家项目承担单位的28位领队和各协调、协作以及监理单位负责人汇报了本年度的工作情况。

2009 年

1月21日，山东省文化厅南水北调工程文物保护领导小组召开会议，对南水北调工程山东段第二批控制性文物保护项目具体问题进行了讨论，对部分遗址的发掘面积进行调整。

2月25日，国务院南水北调办与国家文物局就文物保护初步设计的编制及年度工作计划安排进行协调。

3月27日，湖北省文物局召开了湖北省南水北调工程2009年度考古工作会议，安排部署本年度南水北调工程丹江口库区、引江济汉和兴隆水利枢纽工程抢救性文物保护工作。14家省外团体领队资质单位和17家省内文博单位负责人，以及湖北省南水北调工程涉及市、县的文物主管部门有关负责同志参加了会议。

3—5月，山东省文化厅南水北调文物保护工作办公室、山东省文物考古研究所联合在高青陈庄举办第二期"南水北调工程山东省田野考古技术培训班"。

4月2日，山东省文物局举行"2008年全国十大考古新发现——山东寿光双王城盐业遗址考古"新闻发布会，省文物局、省南水北调工程建设管理局、潍坊市文化局、寿光市文化局等单位参加了新闻发布会。

4月，北京市南水北调工程建设委员会办公室、北京市文物局编著的《盛世调吉水　古都遗博珍》由科学出版社出版。

7月13日，山东省南水北调工程建设管理局邀请文物及水利部门的有关专家，对山东省文化厅南水北调文物保护工作办公室与山东省文物考古研究所联合编制的《南水北调东线一期工程山东省文物保护工作初步设计报告》进行了初审。

7月14—17日，国务院南水北调办副主任张野一行考察湖北省南水北调工程武当山遇真宫保护现场、郧县博物馆南水北调出土文物展，并召开会议听取了湖北省南水北调工程文物保护工作情况汇报。

7月22—23日，国务院南水北调办副主任宁远赴考察河南省南水北调文物保护工作。

8月24—28日，国务院南水北调办会同国家文物局在河北组织召开了南水北调东、中线一期工程初步设计阶段文物保护方案和概算评审审查会。

9月，国务院南水北调办、国家文物局召开了南水北调中线工程文物保护项目初步设计报告评审会，批准河南省南水北调中线工程总干渠地下文物保护项目89项，地面建筑2项。丹江口库区地下文物保护项目65项，地面文物13项。

11月21日，湖北省文物局在北京召开了南水北调工程丹江口库区武当山遇真宫防护方案风险评估论证会。

12月底，南水北调石家庄段田野考古工作结束。

2010 年

1 月 7—9 日，湖北省文物局在荆州市召开湖北省南水北调工程 2009 年度考古工作汇报会。

1 月 10 日，在北京召开的中国社科院考古论坛上，山东省高青县陈庄西周遗存被评为 2009 年度"中国六大考古新发现"。

2 月 25 日，南水北调河北省文物保护业务汇报会在河北省文物研究所召开。

3 月 10 日，湖北省文物局在武汉召开会议，安排部署湖北省 2010 年度南水北调工程考古工作。

3 月 23—26 日，河北省南水北调田野考古汇报会在石家庄召开。

4 月，南水北调东线工程江苏段第一批文物保护项目成果《大运河两岸的历史印记——楚州、高邮考古报告集》《邳州山头东汉墓地》由科学出版社出版。

4 月 12 日，"高青陈庄西周遗址发掘专家座谈暨成果新闻发布会"在济南市举行。

4 月 20 日，国家文物局局长单霁翔一行专程深入湖北省丹江口库区，实地考察、调研湖北省南水北调工程文物保护工作。

6 月 24—28 日，国务院南水北调办主任张基尧考察南水北调中线丹江口大坝加高工程、文物保护及库区水源保护及水土保持工作。

7 月 23 日，山西省考古研究所对北京段的考古发掘进行监理，认可完工。

7 月 24 日，山东省文化厅南水北调文物保护工作办公室邀请有关专家在济南举行南水北调工程山东段文物保护项目招标会。

9 月，江苏省南水北调第二批控制性文物保护项目启动。

11 月 27—28 日，国务院南水北调办、国家文物局联合组成检查组，深入湖北省丹江口库区检查南水北调工程文物保护工作。

12 月，南水北调中线总干渠河南段地下文物考古发掘工作全部结束。共完成 144 处地下文物点的考古发掘工作，完成考古发掘面积 53 万 m^2，累计出土石器、陶器、铜器、玉器、铁器、金银器等各类文物 6 万余件（套）。

2011 年

3 月，河北省历时 5 年多的南水北调工程文物保护发掘工作结束。"河北省南水北调工程文物保护成果展"在河北省博物馆展出。配合展览的系列讲座于 5 月 15 日启动。

4—7 月，湖北省文物局组织地方文物部门，对丹江口水库消落区进行了详细的调查，新发现了月亮地、岩屋沟、谭家沟等 20 多处暴露墓葬较集中的墓葬及古文化遗址，并及时组织开展了抢救性发掘保护。

7 月 12 日，山东省文化厅南水北调工程文物保护工作办公室组织专家对阳谷七级码头进行检查验收，并召开成果鉴定及保护工作协调会。

10 月 21—23 日，国务院南水北调办、国家文物局组织开展湖北省丹江口库区检查南水北调工程文物保护工作。

12 月，山东省南水北调文物保护工作的田野工作基本完成。完成勘探面积 80 余万 m^2，发掘面积约 3 万 m^2，地上维修项目正在进行中。

2012 年

2 月，江苏省南水北调非控制性文物保护项目启动。

3 月 15—17 日，国务院南水北调办副主任蒋旭光赴湖北十堰调研丹江口库区移民内安和文物保护工作。

3 月 19 日，江苏省南水北调办、江苏省文物局共同召开了江苏南水北调文物保护座谈会，听取了南京博物院考古研究所关于南水北调东线一期工程江苏段控制性文物保护工作进展情况汇报，并对当年的工作安排作了说明。

6 月，南水北调东线工程江苏段第二批控制性保护项目和非控制性保护项目基本完成野外考古发掘。

6 月 28 日，河北省文物局组织召开了南水北调工程协作方文物保护工作会议，会议对南水北调工程协作方文物保护后续工作进行了部署，对协作方文物保护协作经费使用范围提出了明确要求。

8 月 3 日，文化部副部长、国家文物局局长励小捷率国家文物局、财政部有关司室负责同志组成的调研组，对湖北南水北调工程文物保护工作进行了调研。

9 月，北京市文物研究所在南水北调东干渠工程亦庄调节池项目考古发掘工作全部完成，并通过了专家和北京市南水北调办公室的验收。

9 月 29 日，江苏省南水北调办公室、江苏省文物局在南京联合组织专家对第二批控制性文物保护项目和非控制性文物保护项目进行了验收。专家组通过评审，同意通过阶段验收。

11 月，由北京市南水北调工程建设委员会办公室、北京市南水北调工程拆迁办公室、北京市南水北调工程建设管理中心等单位相关人员以及文物保护专家组成的联合验收组，在北京市文物局组织下，召开了北京市南水北调配套工程南干渠工程考古工作验收会。

12 月 5—7 日，国家文物局组织检查江苏南水北调工程及大遗址保护考古工地。

12 月 13—14 日，国务院南水北调办、国家文物局组织检查湖北省丹江口库区南水北调工程文物保护工作。

12 月底，湖北丹江口库区完成 127 处地下文物点的考古发掘工作，13 处为新发现的文物点，完成考古发掘面积 32.8 万 m²，出土文物 3.7 万余件（套）。

12 月底，南水北调东线工程江苏段文物保护项目历经十年，圆满完成了田野考古工作，取得了重要的考古成果，并顺利通过了验收。

2013 年

1 月 16 日，武当山遇真宫整体顶升工程圆满结束。

1 月 8—10 日，江苏省文物局在南京市召开了南水北调工程、泰东河工程文物保护工作总结表彰大会暨 2010—2011 年度全省考古工作汇报会。

5 月，河南省文物局成立了丹江口库区文物保护项目验收工作领导小组（豫文物办〔2013〕8 号），负责丹江口库区文物保护项目的验收工作。

6 月，国务院南水北调办、国家文物局组织中国文化遗产研究院、陕西省考古研究院、南京博物院考古研究所等单位的专家组成南水北调丹江口水库蓄水前文物保护终验技术性初步验收专家组，对湖北省、河南省丹江口库区文物保护工作进行了评审验收。专家组一致认为库区文物保护工作达到了丹江口水库按期通水的要求，通过专家验收。

11月13日，"楚风汉韵——南水北调中线工程渠首水源地南阳文物展"在北京市首都博物馆开幕。

2014 年

10月，河南省南水北调中线工程总干渠河南段、丹江口水库淹没区和受水区供水配套工程的田野发掘任务或搬迁复建工作历时十年圆满完成。

11月，为迎接南水北调中线工程通水，全面展示河南段文物保护取得的丰硕成果，河南省文物局调集了省内包括库区和干渠在内的8个地市的文物共6000余件，在安阳博物馆举办《流过往事——南水北调中线工程河南段文物保护成果展》。

2016 年

3月，武当山遇真宫原地垫高保护工程文物复建启动。

12月，河南省南水北调丹江口库区移民安置指挥部办公室、河南省文物局在郑州市主持召开了南水北调中线工程丹江口库区河南省文物保护项目初验技术验收会。专家组一致同意通过南水北调中线工程丹江口库区河南省文物保护项目初验技术验收。

2017 年

12月29日，国家文物局、国务院南水北调办联合发出《关于做好南水北调东、中线一期工程文物保护验收工作的通知》(文物保发〔2017〕29号)。

附　　录
南水北调文物保护重要文件目录

1. 关于召开配合南水北调工程文物保护工作会议的通知（办发〔2003〕36 号）

2. 国家文物局、水利部关于做好南水北调东、中线工程文物保护工作的通知（文物保发〔2003〕42 号）

3. 关于进一步做好配合南水北调工程文物保护工作的通知（文物保函〔2003〕998 号）

4. 关于成立南水北调工程文物保护工作领导小组的通知（文物保发〔2004〕11 号）

5. 关于召开南水北调中线工程文物保护规划评审会议的通知（办函〔2004〕79 号）

6. 关于请报送南水北调工程文物保护规划的函（文物保函〔2004〕135 号）

7. 关于印发南水北调一期工程文物保护工作协调小组第二次会议纪要的通知（文物保发〔2005〕1 号）

8. 关于上报南水北调一期工程控制性文物保护项目方案的通知（保函〔2005〕2 号）

9. 关于印发《南水北调工程建设征地补偿和移民安置资金管理办法（试行）》的通知（国调办经财〔2005〕39 号）

附件：南水北调工程建设征地补偿和移民安置资金管理办法（试行）

10. 关于南水北调东中线一期工程控制性文物保护方案的批复（国调办环移〔2005〕97 号）

11. 国家发展改革委关于核定南水北调东、中线一期工程控制性文物保护项目概算的通知（发改投资〔2005〕2138 号）

12. 关于做好南水北调干线工程征迁 2006 年统计工作的通知（国调办环移〔2006〕73 号）

13. 关于尽快组织上报南水北调工程第二批控制性文物保护项目保护方案及投资概算的通知（综环移函〔2006〕188 号）

14. 关于印发《南水北调工程文物保护协调小组第五次会议纪要》的通知，附：南水北调工程文物保护协调小组第五次会议纪要（文物保函〔2006〕445 号）

15. 关于印发南水北调工程文物保护协调小组第二次会议纪要的通知（文物保发〔2005〕1 号）

16. 关于南水北调东中线一期工程第二批控制性文物保护方案的批复（国调办环移〔2007〕32 号）

17. 国家发展改革委关于核定南水北调东、中线一期工程第二批控制性文物保护项目投资概算的通知（发改投资〔2007〕552 号）

18. 关于印发〈南水北调东、中线一期工程文物保护管理办法〉的通知（文物保发〔2008〕8号）

19. 关于印发〈南水北调工程建设文物保护资金管理办法〉的通知（文物保发〔2008〕10号）

20. 关于南水北调东、中线一期工程初步设计阶段文物保护方案的批复（国调办征地〔2009〕188号）

21. 关于南水北调东线一期工程涉及山东高青陈庄遗址保护工作的意见（办保函〔2010〕240号）

22. 关于大运河遗产山东阳谷段七级码头维修保护方案的意见（办保函〔2012〕155号）

23. 关于京杭大运河山东聊城段土闸保护方案的批复（文物保函〔2012〕265号）

24. 关于进一步做好南水北调工程文物保护工作的通知（文物保函〔2012〕1925号）

《中国南水北调工程 文物保护卷》
编辑出版人员名单

总 责 任 编 辑：胡昌支

副总责任编辑：王 丽

责 任 编 辑：冯红春 吴 娟 沈晓飞

审 稿 编 辑：冯红春 吴 娟 王 勤 方 平

封 面 设 计：芦 博

版 式 设 计：芦 博

责 任 排 版：吴建军 郭会东 孙 静 丁英玲 聂彦环

责 任 校 对：黄 梅 梁晓静

责 任 印 制：崔志强 焦 岩 王 凌 冯 强